U0160516

"十四五"时期国家重点出版物出版专项规划项目
量子信息前沿丛书

量子计算导论

（下册）

**Introduction to Quantum Computation
(Volume 2)**

韩永建　郭光灿　著

科 学 出 版 社
北 京

内 容 简 介

本书全面而系统地介绍了量子计算领域的基本理论、核心概念、关键方法和重要结论，并兼顾近期的前沿进展。本书内容主要包括：经典和量子计算的复杂性理论、计算复杂度与物理理论间的关系；基本量子算法；不同量子计算模型及其与量子线路模型的等价；基于离子阱系统、超导系统及光学系统的量子计算的物理实现；量子纠错码与容错量子计算。本书既突出了每个章节的逻辑完整性，也强调了不同章节间内容上的联系，保证了量子计算学科的完整性和自洽性。本书中的重要结论都给出了详尽的证明，使读者不仅能学到量子计算的相关知识，也能学到解决这类问题所需的典型技能，有能力解决未来科研中遇到的新问题。

本书可供量子科学与技术专业、物理专业及计算机专业的高年级本科生、研究生、大学教师和量子计算相关科技工作者阅读和参考。

图书在版编目（CIP）数据

量子计算导论：全 2 册/韩永建，郭光灿著. —北京：科学出版社，2023.10
（量子信息前沿丛书）
ISBN 978-7-03-076640-3

Ⅰ.①量… Ⅱ.①韩… ②郭… Ⅲ.①量子计算机 Ⅳ.①TP385

中国国家版本馆 CIP 数据核字 (2023) 第 196083 号

责任编辑：钱　俊　李香叶 / 责任校对：彭珍珍
责任印制：张　伟 / 封面设计：无极书装

科学出版社 出版
北京东黄城根北街 16 号
邮政编码：100717
http://www.sciencep.com

北京建宏印刷有限公司印刷
科学出版社发行　各地新华书店经销
*
2023 年 10 月第　一　版　开本：720 × 1000 1/16
2024 年 7 月第二次印刷　印张：55
字数：1 109 000

定价：228.00 元（上下册）
（如有印装质量问题，我社负责调换）

"量子信息前沿丛书"编委会名单

主　　　编：郭光灿　院士

副　主　编：韩永建　研究员

编委会委员（按姓氏拼音排序）：

编 委 秘 书：段开敏

"量子信息前沿丛书"序言

量子力学与相对论一起构成现代物理学的两大支柱。与相对论不同，基于量子力学理论已经产生了一系列对人类社会具有深远影响的技术，而这些技术已经潜移默化地改变了我们的生活。

基于量子力学的技术可以分为两大类：一类是基于量子系统能谱的技术，而另一类是基于量子系统量子态的技术。在 20 世纪 80 年代以前，人们主要研究基于前者的量子技术，并已经产生了以激光和半导体为代表的一系列新技术，这些技术的影响已经深入到我们生活的方方面面。可以毫不夸张地说，量子技术已经改变了人类的思维和生活方式。从 20 世纪 80 年代起，科学家们开始研究基于量子态操控的量子信息技术，近年来量子信息技术已经成为最前沿的颠覆性技术，它对人类社会和技术的影响深度和广度都将不亚于基于量子能谱的技术对人类的影响。探索基于量子态操控的技术极限是二次量子革命的重要课题，基于此已经产生了量子计算与模拟、量子密钥分配与量子通信、量子传感与量子精密测量等一系列颠覆性技术：利用量子态的叠加特性、量子演化的幺正性以及量子测量的离散特性，以实现普适、容错量子计算为终极目标，量子计算在大数因式分解（Shor 算法）等关键问题上相对于经典计算有指数级加速；基于量子纠缠和不可克隆定理，量子密钥分配可实现信息传输原理上的绝对安全，是解决后量子时代信息安全的有力武器，是信息传输的安全盾；基于量子纠缠及量子态对环境的敏感性，利用量子态可实现超越经典极限的精密测量。

国际量子信息技术研究兴起于 20 世纪 80 年代，特别是 1982 年费曼提出利用量子系统模拟量子多体系统以后。Ekert 码和 BB84 码是量子密钥分发系统以及量子通信发展的关键性事件；而 Shor 算法和 Grover 算法的发现是量子计算引起广泛关注的里程碑。随着量子密钥分配在百公里级的实用化，量子密钥分配已经逐渐走出实验室，进入产业化和商业化。在量子计算方面，Google 的悬铃木已在量子随机线路采样中实现了量子计算相对于经典计算的优越性，各种量子计算在不同领域的应用也在蓬勃发展，实现普适容错的量子计算是下一个关键目标。进入 21 世纪 20 年代，在量子力学建立即将 100 年之际，量子信息技术已经发展成为颠覆性技术的前沿和各国政府及商业公司必争的高地。

我国的量子信息研究起源于 20 世纪 80—90 年代，与国际量子信息研究并没有明显的代差。本人在 20 世纪 80 年代就开始量子光学的研究，在 90 年代率先进行量子信息方面的研究，并迅速通过量子避错码以及概率性量子克隆的发现使研究团队成为国际量子信息研究的重要组成部分，成为中国量子信息研究的主要发源地。2001 年中国科学院量子信息重点实验室（其前身为 1999 年成立的中国科学院量子通信与量子计算开放实验室）的成立是我国量子信息研究的重要转折点：它不仅是我国量子信息领域的第一个省部级重点实验室，更重要的是，以此实验室为依托，本人作为首席科学家承担了我国量子信息领域的首个 973 项目（量子通信与量子信息技术），这为我国量子信息科学的研究奠定了基础，并为此领域培养了重要的科研骨干。中国科学院量子信息重点实验室的研究领域涵盖量子信息科学的主要方向并取得了一系列重要成果，包括对量子信息基础理论进行系统研究；2002 年首次实现了国内 6.4 公里的光纤密钥分配，2005 年率先实现北京和天津之间、国际最长的实用光纤量子密钥分配，率先实现量子路由器，实现芜湖政务网等关键技术的突破；实验室在 2005 年开始布局量子计算方向的研究，已建立基于量子点的量子计算系统和基于离子阱的量子计算系统，并已实现量子计算方面的关键突破；实验室也开展了基于金刚石 NV 中心的量子精密测量研究。

在进行量子信息科学研究的同时，实验室研究人员在中国科学技术大学率先开展了量子信息科学的教学工作。从 1998 年开始组织"量子信息导论"的本硕贯通课程，并不断完善课程内容和组织方式，教学至今已超过 20 年。鉴于量子科学与技术已经成为我国重要的科技创新方向，而量子科学与技术也已经成为我国高等院校的本科专业，将有大量的科研人员及研究生进入这一领域。我们整理中国科学院量子信息重点实验室 20 多年的科研和教学经验，帮助有志于量子信息研究的研究生和科研人员迅速进入这一领域。量子信息科学是一门典型的交叉学科（即将成为新的一级交叉学科[①]），我们整理出版这一套量子信息前沿丛书，从基础到前沿，从不同的角度、不同的方向来介绍这一领域的主要成果。希望为进入这一领域的研究者提供借鉴，聊尽微薄之力。

诚然，由于我们的学识所限，不妥之处在所难免，望大家批评指正。

郭光灿

2021 年 4 月于中国科学院量子信息重点实验室

---

① 量子科学与技术已于 2021 年底获批一级交叉学科，学科编号 9902。

前　言

从人类生产、生活的早期开始，计算就一直伴随着人类的进步与发展。从结绳记事到现在利用超级计算机模拟宇宙的演化，计算理论已经从早期的算术发展成为一门庞大的学科，而计算工具也从早期的算盘发展到"太湖之光"这样的超级计算机。

在图灵（Turing）于 1936 年提出图灵机模型（丘奇（Church）也提出了等价的模型）以后，计算理论和计算工具都得到了飞速发展。图灵模型使得人们能够精确地定义算法，其本身也成为现代计算机的雏形。基于 Church-Turing 论题，任何可计算函数都可通过图灵机计算（也可看作可计算函数的定义）。Church-Turing 论题也说明，函数的可计算性与计算模型、实现模型的物理理论（经典的还是量子的）以及实现计算的一切外在因素等都无关。计算的普适性使我们可以在同一个计算模型下通过"编程"的方式实现不同的计算任务，进而可以比较不同计算任务的复杂程度（所消耗的时间和空间资源），而计算复杂度问题是计算科学的核心问题之一。

尽管不同的计算模型（如确定性图灵机与量子图灵机）在问题的可计算性上是一致的，但它们对同一问题的计算效率并不相同。因此，不同计算模型在解决相同问题时所消耗的资源也就不尽相同。研究基于不同普适计算模型的计算复杂度之间的关系尤其重要。量子计算基于量子力学，其量子叠加特性使得它在解决某些问题时比经典计算机拥有更高的效率。量子计算的这一优势最早是费曼 (Feynman) 在 1982 年指出，并用以解决多体物理中经典模拟的希尔伯特空间随系统规模指数增长的难题（指数墙问题）。如果说 Deutsch-Jozsa 算法第一次让人们在一个人工构造的问题上看到了量子计算的优势，那么，Shor 算法就切实地让人们在一个实际的重大问题上看到了量子计算的颠覆性能力：它可在多项式时间内解决大数因式分解问题，相较于任何已知的经典算法都有指数加速。鉴于大数因式分解问题在 RSA 密钥系统中的核心作用，量子计算的价值得到了充分的展现。而随后 Grover 发现的以其名字命名的搜索算法，再次提供了量子计算相对于经典计算具有算力优势的经典案例。

除了算法优势，量子计算还解决了提升经典算力的另外两个瓶颈。一直以来，计算机算力的提高都依赖于微处理器芯片集成度的提高，集成度的提高遵循 Intel

公司的创始人之一 Moore 提出的以他名字命名的定律：在价格不变的情况下，芯片的集成度每 18—24 个月提高一倍。在过去的几十年间，这一定律都被很好地遵守。显然，这一趋势无法永远持续下去。一方面，随着元件集成度的提高，芯片单位体积内的散热将增加，进而限制集成度的上限；另一方面，当元件做到纳米甚至是埃的尺度时，微观客体的运行机制将服从量子力学（比如量子隧穿效应将不可避免），芯片将不再遵循经典理论（芯片设计理论基于经典理论）。而量子计算可以同时解决这两个方面的问题。量子计算原理上遵循量子力学，第二个问题自动解决。而对于计算机的热耗效应，美国科学家 Landauer 发现，热耗产生于计算过程中的不可逆操作，如果消除了计算过程中的不可逆操作，从物理上讲，就不存在计算的能耗下限。因此，可逆计算就可以解决热耗的问题。而量子计算中的操作是幺正变换，天然具有可逆性。

量子计算的算力优势最终需在具体的物理系统上实现。自离子阱系统作为实现量子计算的方式提出以来，超导系统、光学系统、量子点系统、中性原子系统以及拓扑系统等不同系统都被视为实现量子计算的潜力系统进行研究。虽然各个量子系统都有其自身的优势，但同时也存在内在的不足，迄今为止还没有一个能在所有 DiVencenzo 判据上都表现良好的系统。基于离子阱和超导约瑟夫森结的系统是现阶段相对成熟的系统，是实现普适量子计算的强有力候选。事实上，人们已经能在超导系统中实现中等规模的含噪声量子比特系统（NISQ），在此系统中，一些特定的采样问题（玻色采样和随机线路采样）已初步展示了量子计算相对于经典计算的优势。尽管已经取得了巨大的成就和进展，但要实现量子计算在重要问题上的应用以及普适量子计算，还需对量子比特进行编码，对噪声进一步压缩。总而言之，实现容错的普适量子计算仍还要解决一系列理论和技术难题。

本书的目的是为学习量子计算的研究生和科研工作者提供量子计算全面而系统的知识和技术（书中涉及理论及技术的 Credit 完全归属于原发现者），我们期望读者不仅能从中学到量子计算的相关知识，也能学到解决相关问题所需的典型技能，未来有能力解决科研中遇到的新问题。本书共 5 章（每一章都尽量做到自明且逻辑独立）：第一章主要介绍了经典计算和量子计算的复杂性理论，并阐明计算复杂度与物理理论之间的关系；第二章主要介绍了基本的量子算法；第三章介绍了几个不同的量子计算模型以及它们与线路模型之间的等价性；第四章介绍了实现量子计算的 DiVencinzo 判据以及基于离子阱系统、超导系统和光学系统的量子计算；第五章介绍了量子纠错码以及容错量子计算的基本理论和方法。由于本书篇幅较大，在使用本书进行学习和教学时，可根据自身的背景和目标进行选择性使用。为控制本书定价，在出版社建议下，正文中彩图均采用黑白印刷，但在图和公式旁附二维码便于读者通过手机扫码获取彩色原图。诚然，由于时间、精力和学识有限，不当之处在所难免，望大家批评指正。

特别感谢中国科学技术大学周正威教授为第一章提供了部分讲义。本书在写作过程中得到了中国科学技术大学陈哲、陶思景、王以煊、张昊清、徐小惠等众多研究生的协助，在此表示感谢。中国科学技术大学林毅恒教授、周祥发副教授、吴玉椿副教授，清华大学魏朝晖副教授，中山大学李绿周教授，福建师范大学叶明勇教授，南京大学于扬教授、姚鹏晖副教授，中国工程物理研究院李颖研究员，国防科技大学陈平形教授，中国人民大学张威教授，中国海洋大学顾永建教授，电子科技大学李晓瑜副教授，合肥幺正量子科技有限公司贺冉博士等同仁对本书的书稿进行了阅读并提供了宝贵意见，一并表示感谢。

本书主要在新冠肺炎疫情期间完成，感谢辛勤付出使我能安静工作的所有人。特别感谢我的夫人于慧敏女士、女儿韩筱庭以及儿子韩世虞所营造的舒适工作环境，没有他们的理解和鼓励本书不可能完成。

本书是 2022 年度中国科学技术大学研究生教育创新计划项目优秀教材出版项目。

韩永建

2023 年 7 月于中国科学院量子信息重点实验室

目　　录

第四章　量子计算的物理实现

Quantum computing is the physicist's dream and the engineer's nightmare.

——Issac Chuang

从前面（第二、第三章中）介绍的量子算法中可见，量子计算相对经典计算具有潜在的巨大优势。然而，要想将这些算法优势转化为算力优势，需将它们在实际的物理系统上执行。离子阱是最早用作量子计算的理想系统，随后基于约瑟夫森结的超导系统、光学系统、中性原子系统以及量子点系统等都在量子计算方面展现了其巨大潜力。量子计算的物理实现已取得了突破性进展：在超导系统中已实现基于随机线路采样的量子优越性，而在光学系统中也已实现了基于玻色采样的量子优越性。尽管如此，要实现普适容错的量子计算仍面临巨大的技术挑战。在本章中，我们首先介绍量子计算系统需满足的 DiVincenzo 判据，然后对离子阱系统、超导系统以及光学系统分别阐述（包括 DiVincenzo 判据的满足情况）其实现普适量子计算的基础理论和方法。

4.1　DiVincenzo 判据

能实现普适量子计算的（量子）系统需满足一系列（苛刻的）条件[①]：

(1) **量子比特**（DV1）：量子计算系统由一系列"定义良好"（well defined）的二能级系统（作为量子比特）组成。所谓"定义良好"是指：作为比特的两个能级与其他能级相隔绝，它们具有长寿命且在比特操作下保持比特空间的封闭性（不对外泄漏信息）。按此定义，谐振子系统中的任意两个能级都不是定义良好的量子比特（其比特操作会导致信息泄漏）。

(2) **初态制备**（DV2）：所有量子比特都能被准确地制备到一个已知初始量子态（一般为 $|+\rangle$ 或 $|0\rangle$）。由于量子系统的未知状态无法被拷贝（不可克隆定理），按在第一章中的讨论，制备已知初态（多个拷贝）是实现普适量子计算必不可少的条件。在原子系统中，往往通过光学泵浦的方法将单个原子的内态制备到某个

① 参见文献 D. P. DiVincenzo, Fortschritte der Physik, **48**, 771-783 (2000).

特定能级。

(3) **普适逻辑门**（DV3）：能精确实现普适逻辑门，包括每个量子比特上的 H 门和 $\frac{\pi}{8}$ 门以及任意两比特间的 CNOT 门（也可选择其他普适门集合）。值得注意，在只能实现近邻比特 CNOT 门的超导等系统中，通过近邻 SWAP 门的辅助，仍能实现普适量子计算。

(4) **可实施量子纠错**（DV4）：相干时间内能实现量子纠错（高保真门操作数目要足够多）。量子纠错过程包括逻辑比特的错误探测以及纠正过程，根据纠错码的性质，纠错过程所需量子门的数目需达到 10^4[①]。另一方面，相干时间内能完成的门操作数目由 $\frac{t_c}{t_o}$ 确定，其中 t_c 为整个系统的相干时间，t_o 为单个量子门的操作时间（假设单比特和两比特门操作时间相等）。因此，为实现 $\frac{t_c}{t_o} > 10^4$ 的目标，可从两方面优化：增加系统的相干时间，使量子计算系统与环境高度隔离，降低环境影响；减少门操作时间，通过增强量子比特与操作场的有效相互作用实现。这两个要求相互联系时，需仔细平衡它们之间的制约。

(5) **高效读出**（DV5）：快速、高效地读出计算结果。从读出结果无法区分其错误的来源，因此，读出误差与门操作误差以及退相干误差同等重要。特别地，在容错量子计算中，稳定子算符需进行频繁的测量和读出，读出错误以及读出时间都将对量子纠错过程产生重要影响。现阶段，超导系统中的读出误差仍高于门操作误差；而离子阱系统地读出误差原则上可通过增加测量时间任意减小。

(6) **可寻址**（DV6）：每个量子比特都可被单独寻址和操作。在量子算法中，每个量子比特上的操作都不尽相同，因此，实现量子比特的单独寻址是实现量子算法的基本要求。在超导系统中不同比特间的距离不随系统规模变化，因此其寻址不存在困难。然而，单个离子阱中比特间的距离随粒子数增加而减小，这给大规模囚禁离子的寻址提出挑战。

(7) **可扩展性**（DV7）：在保持比特性能的基础上可扩展至大规模系统。可扩展性是普适量子计算的基本要求，也是量子计算当前所面临的主要挑战之一。随着量子计算系统所含比特数目的增加，前面几个条件的实现难度也会显著增加，如大系统的相干时间会显著减小（与环境作用增强）。实现系统可扩展的关键是实现小规模系统的编码和纠错，使编码比特比物理比特拥有更好的性能。

(8) **与量子网络的兼容性**（DV8）：量子计算系统中的编码信息与通信波段的光子态之间能进行有效的信息转换。此条件并非量子计算本身所要求，它仅在计算系统得到的量子态需进行远程传输时才必要。通信波段光子（飞行比特）是远

---

① 详情参见第五章容错量子计算中容错逻辑门中的"位"数目，参见表 5.4。

距离传输量子信息的不二选择，此条件也是组建量子网络的重要基础。离子阱系统中离子内态与通信波段光子状态之间的转换相对超导系统更容易。

这些条件统称为 DiVincenzo 判据（DiVincenzo criterion）[1]。一个量子系统要同时满足所有 DiVincenzo 判据异常困难。事实上，到现在为止，人们还未找到一个能在所有判据上都表现优秀的量子系统。每个量子系统都有其自身的优缺点：在某些判据上表现优秀，但在另一些判据上表现一般或很差。例如，光学系统有很好的二能级系统（DV1），单比特操作精度也很高，初态制备（DV2）容易且相干时间长；但光子间的相互作用很弱且只能实现概率性两比特量子门。我们将不同系统在 DiVincenzo 判据中的表现汇总为表4.1。

表 4.1　实现量子计算的几种典型系统：不同物理系统对 DiVincenzo 判据的满足情况
**　　　按 E（Excellent, 优秀），M（Mediate, 中等）和 P（Pool, 差）进行评价**

	DV1	DV2	DV3	DV4	DV5	DV6	DV7	DV8
离子阱系统	E	E	E	E	E	M	M	M
超导系统	E	E	E	E	M	M	E	P
光学系统	E	E	P	M	M	E	M	E
拓扑系统	P	E	E	E	E	E	E	P
氮空位色心	E	E	E	E	P	E	P	P
量子点	E	E	E	M	M	E	M	E
中性原子	E	E	E	E	E	M	M	M

本章我们将分别介绍离子阱系统、超导系统和光学系统对 DiVincenzo 判据的满足情况，以及如何实现普适量子计算。

4.2　离子阱量子计算

离子阱系统是最早用于量子计算的物理系统。在理论方案（1995 年）提出不久[2]，实验研究（1995 年）就随即展开[3]。这一方面得益于离子阱系统技术的长期储备（20 世纪 60 年代开始）；另一方面也说明离子阱系统适合实现量子计算。为此，我们来分析离子阱系统对 DiVincenzo 判据的满足情况。

量子比特：选择离子的两个内能级（精细结构、塞曼劈裂或长寿命能级）作为量子比特。由于离子种类以及离子本身能级的丰富性，根据不同需求可提供多样化选择。

---

[1] 我们单独列出了可扩展性和可寻址性，以强调它们在量子计算中的重要性。

[2] 参见文献 J. I. Cirac and P. Zoller, Phys. Rev. Lett. **74**, 4091-4094 (1995).

[3] 参见文献 C. Monroe, D. M. Meekhof, B. E. King, W. M. Itano, and D. J. Wineland, Phys. Rev. Lett. **75**, 4714-4717 (1995).

初态制备：每个离子的初始状态可通过光学泵浦进行制备，而初态制备保真度可通过延长光学泵浦时间进行提高，原则上，初态保真度可任意高。在离子阱计算系统中，除作为比特的离子内态外，还需用到离子运动的声子态，它们也可通过冷却制备到 0 声子状态。

门操作：离子阱中的单比特操作可通过调节激光与离子内态的共振耦合（耦合强度和时间）实现；而两比特门（如 CNOT 门、CZ 门）可在声子的辅助下实现。值得注意，由于声子的非局域特性，同一个势阱中相距较远的两个量子比特也可通过声子实现门操作。因此，同一个离子阱中的量子比特具有全连通性。在离子阱系统中，单比特门操作保真度已达 99.9999%[1]，而两比特门保真度也达到 99.9%[2]，均已超过容错量子计算的阈值（基于平面码计算）。

量子纠错性能：离子阱处于真空环境（真空度约为 10^{-11}Torr，通过低温环境（4K）真空度还可进一步提高），与环境能很好隔离。经过动力学解耦等特殊技术，单离子的相干时间已达到一个小时[3]。在单个离子阱中已能完成 10^6 量级的逻辑门操作[4]，已达到了编码和纠错的要求。

高效读出：利用辅助能级的荧光探测技术几乎能以 100% 的精度读出。读出结果的精度由荧光收集效率和读出时间确定，一般来说，收集效率越高、读出时间越长，精度就越高。实验上，人们已经可以在 11μs 内达到 99.93% 的态读出精度[5]。

可寻址性：在简谐势阱中，离子间的距离会随着粒子数目 N 按 $1/N^{0.559}$ 减小，寻址会变得越来越困难。为解决此寻址困难，人们提出了两种途径：① 将离子阱进行分段，每段阱中的离子数目较少（可寻址），而不同阱间的量子门操作通过移动离子来实现；② 通过设计控制电压使离子间距均匀，此时离子阱的轴向势阱非简谐。

扩展性：为使一维线性阱中的离子可寻址，每个阱中囚禁的离子数目都受到限制（每个阱中的离子数目是 10 到 100）。为实现离子阱系统的扩展性，需通过其他方式将不同的离子阱纠缠起来。为此，人们提出了两种不同的方案：① QCCD（quantum charge-coupled device）方案[6]。通过调节 DC 电压使离子在不同阱之

---

① 参见文献 T. P. Harty, D. T. C. Allcock, C. J. Ballance, L. Guidoni, et al, Phys. Rev. Lett. **113**, 220501 (2014).

② 参见文献 C. J. Ballance, T. P. Harty, N. M. Linke, M. A. Sepiol, et al, Phys. Rev. Lett. **117**, 060504 (2016); A. Bermudez, X. Xu, R. Nigmatullin, J. O' Gorman, et al, Phys. Rev. X **7**, 041061 (2017).

③ 参见文献 P. Wang, C. Y. Luan, M. Qiao, M. Um, J. Zhang, Y. Wang, X. Yuan, M. Gu, J. Zhang, and K. Kim, Nat. Commun. **12**, 233 (2021).

④ 离子阱的两比特门的操作时间一般为百微秒量级。

⑤ 参见文献 A. H. Myerson, D. J. Szwer, S. C. Webster, D. T. C. Allcock, et al, Phys. Rev. Lett. **100**, 200502 (2008).

⑥ 参见文献 D. Kielpinski, C. Monroe, and D. J. Wineland, Nature, **417**, 709-711 (2002).

间穿梭，进而实现不同离子阱间的纠缠。此时，不同的离子阱一般设计在同一块平面芯片上。② 通过光子作为不同离子阱之间相互作用的载体将不同离子阱系统纠缠起来[①]。

与量子网络兼容性：通过离子状态与光子状态的纠缠，既可以实现不同离子阱间的纠缠，也可实现离子状态的远程传输（此时需将光子的频率转换为通信波段）。因此，离子阱系统与量子网络具有较好的兼容性。

综上可见，离子阱系统是实现量子计算的理想平台，尽管它的扩展性现阶段还不成熟，但人们已经提出了多种解决方案。

4.2.1 离子阱及单离子动力学

1. 离子阱的结构

对离子的稳定囚禁是实现量子比特的前提。如何将一个离子囚禁于真空中是一个高度非平凡的问题。由于带电离子受到电场和磁场的作用，自然的想法是通过电场或磁场来囚禁它。然而，静电场中的 Earshaw 定理告诉我们：带电粒子（正电）的能量沿电力线一直下降且电力线在真空中无中断。换言之，静电场在真空中无能量极小值，无法囚禁住离子。因此，要实现对离子的囚禁必须使用非静电场（随时间变化的射频电场、Paul 阱[②]）或静磁场（Penning 阱[③]）。

射频电场与静电场一起可实现对离子的囚禁，这类阱由 Wolfgang Paul 在 20世纪 60 年代发明（故称 Paul 阱），Paul 也因此获得 1989 年诺贝尔物理学奖。初期的 Paul 阱使用双曲面形电极，离子在此阱中的运动可被解析求解。尽管这种结构复杂的阱作为一种高精度质谱仪得到迅速发展，但由于其通光性差，严重妨碍对囚禁离子的观察和操作，并不适合作为量子计算的载体。为增加通光性和对囚禁离子的操作性，人们用四极杆阱（由四根圆柱形电极组成）取代双曲面阱，形成四极杆阱（典型装置如图 4.1 所示）。

此装置中两个对角电极施加直流电压（图 4.1 中浅色分段电极），而另两个对角电极施加射频电压（图 4.1 中深色电极）。设两个直流电极提供的静电势为

$$\Phi_{dc} = \frac{U_{dc}}{2}[\alpha_{dc}x^2 + \beta_{dc}y^2 + \gamma_{dc}z^2] \tag{4.1}$$

而两个射频电极提供的随时间变化的电势为

$$\Phi_{rf} = \frac{U_{rf}\cos\omega_{rf}t}{2}(\alpha_{rf}x^2 + \beta_{rf}y^2 + \gamma_{rf}z^2) \tag{4.2}$$

---

① 参见文献 C. Simon, and W. T. M. Irvine, Phys. Rev. Lett. **91**, 110405 (2003).

② 参见文献 W. Paul, and H. Steinwedel, Z. Naturforsch. A **8**, 448-450 (1953).

③ 参见文献 F. M. Penning, Physica, **3**, 873-894 (1936).

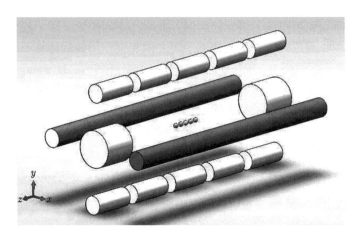

图 4.1 Paul 阱示意图：离子囚禁由 4 个电极实现：深色的一组对角电极提供射频场，而浅色的分段电极提供直流电场

（已假设交流电势和直流电势的二次项主轴重合）其中 U_{dc} 是直流电极上的电压，而 U_{rf} 是射频电极上的峰值电压，且 ω_{rf} 为射频电场的频率。因此，四极杆系统的总电势可表示为 $\Phi(x, y, z) = \Phi_{dc} + \Phi_{rf}$。根据麦克斯韦方程，真空中总电势 $\Phi(x, y, z)$ 应满足拉普拉斯方程：

$$\Delta\Phi(x, y, z) = \frac{\partial^2\Phi}{\partial x^2} + \frac{\partial^2\Phi}{\partial y^2} + \frac{\partial^2\Phi}{\partial z^2} = 0$$

将直流电势（式（4.1））和射频电势（式（4.2））的表达式代入此方程，得到其电势参数之间的关系：

$$\begin{cases} \alpha_{dc} + \beta_{dc} + \gamma_{dc} = 0 \\ \alpha_{rf} + \beta_{rf} + \gamma_{rf} = 0 \end{cases} \tag{4.3}$$

满足条件式（4.3）的参数可有不同的选择，如
（1）选择

$$\alpha_{dc} = 0, \quad \beta_{dc} = 0, \quad \gamma_{dc} = 0$$

$$\alpha_{rf} + \beta_{rf} = -\gamma_{rf}$$

此时直流电势为零，离子的束缚仅由射频电场提供。
（2）选择

$$-(\alpha_{dc} + \beta_{dc}) = \gamma_{dc} > 0$$

$$\alpha_{rf} = -\beta_{rf}, \quad \gamma_{rf} = 0$$

此时 x 和 y 方向上的囚禁由射频场提供，而 z 方向上的囚禁由静电场提供（此即 Paul 阱（图 4.2））。

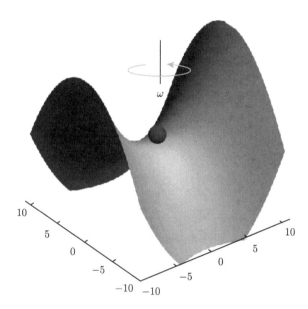

图 4.2 动力学简谐势：任一给定时刻，Paul 阱中势能为一个马鞍面。射频场驱动此马鞍面转动，形成动力学简谐势

在量子计算中，我们主要使用 Paul 阱，如无特殊说明，下面的离子阱均指 Paul 阱。尽管 Paul 阱形成的三维电势在任意时刻仍不存在局域极小值，但在射频场驱动下，系统存在时间平均意义下的动力学极小值。射频电场在 Paul 阱中的作用可用一个马鞍面的转动来形象说明。在每一瞬时，对每个给定的 z，系统电势都是一个马鞍面，它没有能量最低点，但存在鞍点 f（电势在一个方向（如 x 方向）上为极小值，但在另一个方向（如 y 方向）上为极大值）。离子在鞍点 f 处并不稳定，在微小扰动下就会沿 y 方向运动以继续降低能量。由于射频电势驱动此马鞍面转动，且转动的速度足够快，离子来不及从 y 方向逃逸，马鞍面就已将 x 方向转至 y 方向。在此情况下，时间平均后的总电势场形成一个抛物面，它存在势能最小点，而离子将被囚禁于此最小值附近。此时若将电势在动力学极小值附近做微扰展开，那么，离子感受到的电势就可用一个三维谐振子势近似。一般而言，x 和 y 方向上的约束比较强，而 z 方向上的约束相对较弱，离子将沿 z 方向形成一维阵列。下面我们来严格化离子在 Paul 阱中的运动。

2. 单离子在线性 Paul 阱中的运动

势场 $\Phi(x, y, z)$ 中单个离子的经典运动方程可写为 $m\ddot{\boldsymbol{X}} = -Z_e\nabla\Phi(x, y, z)$

（其中 $\boldsymbol{X} = \{x, y, z\}$），即

$$\begin{cases} \ddot{x} = -\dfrac{Z_e}{m}\left[U_{dc}\alpha_{dc} + U_{rf}\alpha_{rf}\cos\omega_{rf}t\right]x \\[3mm] \ddot{y} = -\dfrac{Z_e}{m}\left[U_{dc}\beta_{dc} + U_{rf}\beta_{rf}\cos\omega_{rf}t\right]y \\[3mm] \ddot{z} = -\dfrac{Z_e}{m}U_{dc}\gamma_{dc}z \end{cases}$$

其中 m 为离子质量，Z_e 为离子带电量。离子在 x、y 和 z 方向上的运动都可转化为标准的马修（Mathieu）方程[①]：

$$\frac{d^2\mu}{d\xi^2} + [a_\mu - 2q_\mu\cos(2\xi)]\mu = 0 \tag{4.4}$$

其中 $\xi = \dfrac{\omega_{rf}t}{2}$。不同方向对应于不同的马修参数。

- x 方向：

$$a_x = \frac{4Z|e|U_{dc}\alpha_{dc}}{m\omega_{rf}^2}, \quad q_x = \frac{2Z|e|U_{rf}\alpha_{rf}}{m\omega_{rf}^2}$$

- y 方向：

$$a_y = \frac{4Z|e|U_{dc}\beta_{dc}}{m\omega_{rf}^2}, \quad q_y = \frac{2Z|e|U_{rf}\beta_{rf}}{m\omega_{rf}^2}$$

- z 方向：

$$a_z = \frac{4Z|e|U_{dc}\gamma_{dc}}{m\omega_{rf}^2}, \quad q_z = 0$$

根据马修方程的性质，其级数解 $e^{is\xi}\displaystyle\sum_{n=-\infty}^{\infty}c_{2n}e^{i2n\xi}$ 中的特征指数 s 与马修方程中的参数 a_μ、q_μ 满足如下等式：

$$\sin^2\left(\frac{s\pi}{2}\right) = \Delta_0\sin^2\left(\frac{\sqrt{a_\mu}\pi}{2}\right)$$

其中

---

① 马修方程的求解及性质参见附录 IVa。

$$\Delta_0 = \begin{vmatrix} \cdot & \cdot & \cdot & \cdot & \cdot & \cdot \\ \cdot & 1 & \dfrac{q_\mu}{36-a_\mu} & 0 & 0 & \cdot \\ \cdot & \dfrac{q_\mu}{a_\mu-16} & 1 & \dfrac{q_\mu}{16-a_\mu} & 0 & \cdot \\ \cdot & 0 & \dfrac{q_\mu}{a_\mu-4} & 1 & \dfrac{q_\mu}{4-a_\mu} & \cdot \\ \cdot & 0 & 0 & \dfrac{q_\mu}{a_\mu} & 1 & \cdot \\ \cdot & 0 & 0 & 0 & \dfrac{q_\mu}{4-a_\mu} & \cdot \\ \cdot & \cdot & \cdot & \cdot & \cdot & \cdot \end{vmatrix}$$

若参数 a_μ 和 q_μ 已知，则 s 可求解。

仅当特征指数 s 为实数 $\left(\text{即参数}\ a_\mu、q_\mu\ \text{满足条件}\ 0<\Delta_0\sin^2\left(\dfrac{\sqrt{a_\mu}\pi}{2}\right)<1\right)$ 时，马修方程的解才是稳定的（此时离子仅在有限空间内运动）。为将离子的运动囚禁于有限空间中，所有方向的解都需稳定（详细推导参阅附录 IVa）。一般而言，满足稳定条件的区间有多个，我们称 $a_\mu\ q_\mu=(0,0)$ 附近的稳定区间为第一稳定区。

若在 Paul 阱中进一步引入静电场的柱对称假设，即 $\alpha_{dc}=\beta_{dc}=-\dfrac{\gamma_{dc}}{2}$，则三个方向上马修方程的参数满足条件：$a_z=-2a_x=-2a_y$, $q_z=0$, $q_x=-q_y$。按此条件，系统仅有两个自由参数，其稳定区间如图 4.3 所示。

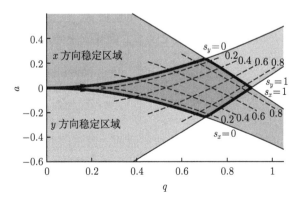

图 4.3　离子的稳定囚禁区域：柱对称静电场下 Paul 阱的稳定区域（图中粗黑线围成的区域），其中 $a_x=a_y=-\dfrac{a_z}{2}=a, q_x=-q_y=q, q_z=0$

特别地，当马修方程中的参数满足条件 $|a_\mu|$, $q_\mu^2 \ll 1$ 时，马修方程的解可近似为（求解过程参见附录 IVa）

$$\mu(t) \approx \mu_0 \cos\left(\Omega_\mu \frac{\omega_{rf}}{2}t\right)\left[1 - \frac{q_\mu}{2}\cos(\omega_{rf}t)\right]$$

式中的第一项表示离子的久期运动（secular motion），而第二项表示离子的微运动（micro-motion）。久期运动的频率 $\frac{\Omega_\mu}{2}\omega_{rf}$（$\Omega_\mu \sqrt{a_\mu + \frac{q_\mu^2}{2}}$）远小于微运动的频率 ω_{rf}（与射频场相同）。因此，在久期运动的时间尺度下，微运动可被时间平均消除。换言之，电势 $\Phi(x, y, z)$ 对时间平均后得到一个抛物面型赝势，离子在此赝势中的运动即为久期运动。在量子计算中，常通过微运动补偿来降低微运动对量子比特相干性的影响。

值得注意，因我们假设线性阱中射频电势与直流电势的二次项主轴重合，离子三个方向的运动方程（马修方程）才相互独立并能解析求解。对于一般的情况，直流电势与射频电势的二次项主轴并不一致，离子在三个方向上的运动方程将相互耦合，此时只能数值求解。值得注意，尽管我们对单离子运动的求解采用的是经典处理方法，但其结果与直接采用海森伯（Heisenberg）方程进行求解结果一致。

4.2.2　线性阱中的多离子动力学

当一串离子被囚禁于线性 Paul 阱中时（沿 z 方向排列），由于离子带同种电荷，它们之间存在库仑力排斥作用。与固体物理中的晶格系统类似，库仑相互作用将使离子在其（动力学）平衡位置附近做集体振动（产生声子模式）。若进一步通过激光诱导声子模式与离子内能级（量子比特）之间相互作用，就能实现不同离子间的有效相互作用（进而实现量子门）。为此，我们首先来研究一维离子串在库仑作用下的动力学行为。

若不考虑库仑相互作用，每个离子都相互独立，仅受到一个有效简谐势（微运动已被平均掉）的作用。而考虑库仑势后，线性阱中 N 个囚禁离子的总哈密顿量为

$$H = \sum_{i=1}^{N} \frac{|\boldsymbol{p}_i|^2}{2m} + \sum_{i=1}^{N} \frac{m}{2}(\omega_x^2 x_i^2 + \omega_y^2 y_i^2 + \omega_z^2 z_i^2) + \sum_{i=1,j>i}^{N} \frac{e^2}{4\pi\epsilon_0|\boldsymbol{r}_i - \boldsymbol{r}_j|} \quad (4.5)$$

第一项为离子的动能项，第二项为简谐势能项，第三项为离子间的库仑势（它产生离子间的相互作用，已假设为离子带的 一个基本电荷）。假设 $\omega_x, \omega_y \gg \omega_z$，此时 x、y 方向上简谐运动的能隙 $\hbar\omega_x$（$\hbar\omega_y$）远大于 z 方向上简谐运动的能隙 $\hbar\omega_z$。换言之，我们假设 x、y 方向的简谐运动处于基态，只需研究 z 方向的运动（z 方向的运动不足以激发 x、y 方向的能级跃迁）。此时，离子系统的总哈密顿量（式（4.5））在 z 方向的运动可与其他方向解耦和，其拉格朗日量为

$$\begin{cases} L = H_0 - V \\[2mm] H_0 = \sum_{i=1}^{N} \dfrac{p_{iz}^2}{2m} \\[3mm] V = \sum_{i=1}^{N} \dfrac{m}{2}\omega_z^2 z_i^2 + \sum_{i=1,j>i}^{N} \dfrac{e^2}{4\pi\epsilon_0 |z_i - z_j|} \end{cases} \tag{4.6}$$

此系统可用研究固体物理中晶格振动的方法进行研究。首先，通过势能函数 V 的极小值位置来确定每个离子的平衡位置。为此，设 N 个离子的平衡位置为 $\bar{\boldsymbol{Z}} = (\bar{z}_1, \bar{z}_2, \cdots, \bar{z}_N)$，则由势能函数极小值条件 $\dfrac{\partial V}{\partial z_m} = 0$ 可得方程

$$\tilde{z}_k - \sum_{j=1}^{k-1} \frac{1}{(\tilde{z}_k - \tilde{z}_j)^2} + \sum_{j=k+1}^{N} \frac{1}{(\tilde{z}_k - \tilde{z}_j)^2} = 0 \tag{4.7}$$

其中 $\tilde{\boldsymbol{Z}} = \bar{\boldsymbol{Z}}/\gamma$ 是 $\bar{\boldsymbol{Z}}$ 的无量纲化且 $\gamma^3 = \dfrac{e^2}{4\pi\varepsilon_0 m\omega_z^2}$。

这是一个 N 元方程组，对 $N = 2$ 和 3 的情况可解析求解

$$\begin{aligned} \tilde{z}_1 = -\sqrt[3]{1/4}, \quad \tilde{z}_2 = \sqrt[3]{1/4} \quad & (N=2) \\ \tilde{z}_1 = -\sqrt[3]{5/4}, \quad \tilde{z}_2 = 0, \quad \tilde{z}_3 = \sqrt[3]{5/4} \quad & (N=3) \end{aligned} \tag{4.8}$$

而对 $N > 3$ 的情况，可通过数值求解。图 4.4 (a) 给出了一些平衡位置 $\bar{\boldsymbol{Z}}$ 的分布示意图。从图 4.4 中可以看到：当离子数增加时，离子 k 与 $k+1$ 平衡位置的间距会减小（如 $\sqrt[3]{5/4} < 2\sqrt[3]{1/4}$）。数值计算表明近邻离子平衡位置间的最小间距出现在离子串的正中间，且随着离子数增加近似以如下形式减小：

$$\Delta\bar{z}_{\min}(N) \simeq \frac{\gamma}{N^{0.559}} \tag{4.9}$$

其中 γ 为常数。平衡位置 $\bar{z}_k$ 与 $\bar{z}_{k+1}$ 的间距随离子数 N 增长而减小，给离子寻址和操控带来额外的困难，因而对系统的扩展性造成不利影响。

显然，离子并非静止于平衡位置 $\bar{z}_k$ $(k = 1, 2, \cdots, N)$，而是在平衡点附近做简谐运动。由于库仑相互作用，任何离子的运动都将通过其近邻离子向整个系统传播，最终形成集体的简谐运动。为研究这些集体运动模式，将势能 V 在平衡位置附近做泰勒展开

$$V(\bar{z}_1 + q_1(t), \bar{z}_2 + q_2(t), \cdots, \bar{z}_N + q_N(t))$$

$$= V(\bar{z}_1, \bar{z}_2, \cdots, \bar{z}_N) + \sum_{k=1}^{N} \frac{\partial V}{\partial z_k(t)}\bigg|_{q_k=0} q_k(t)$$

$$+\frac{1}{2}\sum_{k,l=1}^{N}\left.\frac{\partial^2 V}{\partial z_k(t)\partial z_l(t)}\right|_{q_k,q_l=0}q_k(t)q_l(t)+\cdots$$

其中 $q_k(t)$ 描述离子 k 随时间对平衡点 $\bar{z}_k$ 的偏离，它是个小量。由于在平衡点附近展开，其一阶项始终为 0，最低的非零项为二阶小量。将最低阶近似的势能表达式代入系统的拉格朗日量，得到

$$L(\dot{q}_k,q_k)=\frac{m}{2}\left(\sum_{k=1}^{N}\dot{q}_k{}^2-\omega_z^2\sum_{k,l=1}^{N}V_{kl}q_kq_l\right)\tag{4.10}$$

其中

$$V_{kl}=\frac{1}{m\omega_z^2}\left.\frac{\partial^2 V}{\partial z_k(t)\partial z_l(t)}\right|_{q_k,q_l=0}=\begin{cases}1+\displaystyle\sum_{j=1,j\neq k}^{N}\frac{2}{|\tilde{z}_k-\tilde{z}_j|^3}&(k=l)\\[3mm]-\dfrac{1}{|\tilde{z}_k-\tilde{z}_l|^3}&(k\neq l)\end{cases}\tag{4.11}$$

组成势能函数 V 的正定 Hessian 矩阵 H_V。

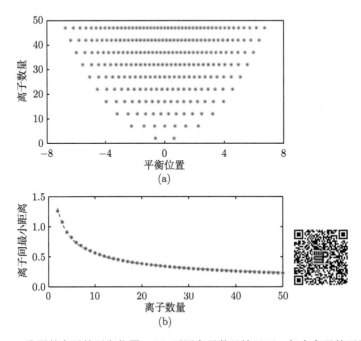

图 4.4　一维囚禁离子的平衡位置：(a) 不同离子数目情况下，每个离子的平衡位置；
(b) 一维离子串中最小距离（正中间两个离子平衡位置间的距离）随囚禁离子数的变化。
蓝色点线为计算所得的最小距离，而红色虚线是表达式（4.9）对应的曲线

囚禁离子的动力学由如下拉格朗日方程确定:

$$\frac{d}{dt}\frac{\partial L}{\partial \dot{q}_k} - \frac{\partial L}{\partial q_k} = 0 \tag{4.12}$$

即由

$$\ddot{q}_k + \omega_z^2 \sum_{l=1}^{N} V_{kl} q_l = 0 \tag{4.13}$$

确定。这是一组线性常微分方程组,可用标准的特征方程法求解。

微分方程求解

微分方程(4.13)对应的特征方程为

$$\det \left| \omega_z^2 H_V - \nu^2 \boldsymbol{I} \right| = 0 \tag{4.14}$$

此方程有 N 个不同的本征值(特征频率),我们记为 $\nu_\alpha\,(\alpha = 1, 2, \cdots, N)$。每个本征值 ν_α 都对应一个特征振动模式 $e^{-i\nu_\alpha t}$。另一方面,每个本征值 ν_α 都对应一个 H_V 的本征矢量 $\boldsymbol{D}^\alpha$。H_V 的本征矢有如下性质。

(1)矩阵 H_V 的两个最小本征值对应于如下形式的本征矢:

$$\boldsymbol{D}^1 = \frac{1}{\sqrt{N}}(1, 1, \cdots, 1) \qquad (\nu_1 = 1)$$

$$\boldsymbol{D}^2 = \frac{1}{\sqrt{\sum\limits_{k=1}^{N} \tilde{z}_k^2}}(\tilde{z}_1, \tilde{z}_2, \cdots, \tilde{z}_N) \qquad (\nu_2 = 3)$$

(2)若将 $\boldsymbol{D}^1$ 代入本征矢之间的正交关系可得

$$\sum_{k=1}^{N} D_k^\alpha D_k^\beta = \delta_{\alpha\beta} \Longrightarrow \sum_{k=1}^{N} D_k^\alpha = 0 \quad (\alpha = 2, 3, \cdots, N)$$

若将两离子和三离子的平衡位置表达式(4.8)代入 $\tilde{V}$,经过简单的计算可得其本征矢为

(1)两离子情况:

$$\boldsymbol{D}^1 = \frac{1}{\sqrt{2}}(1, 1) \qquad (\nu_1 = 1)$$

$$\boldsymbol{D}^2 = \frac{1}{\sqrt{2}}(-1, 1) \quad (\nu_2 = 3)$$

（2）三离子情况：

$$\boldsymbol{D}^1 = \frac{1}{\sqrt{3}}(1,1,1) \qquad (\nu_1 = 1)$$

$$\boldsymbol{D}^2 = \frac{1}{\sqrt{2}}(-1,0,1) \quad (\nu_2 = 3)$$

$$\boldsymbol{D}^3 = \frac{1}{\sqrt{6}}(1,-2,1) \quad (\nu_3 = 29/5)$$

按线性微分方程组理论可知方程（4.13）的解都具有如下形式：

$$\boldsymbol{q} = \sum_{\alpha} C_{\alpha}(e^{-i\nu_{\alpha}t}\boldsymbol{D}^{\alpha}) \tag{4.15}$$

其中 $\boldsymbol{q}$ 和 $\boldsymbol{D}^{\alpha}$ 为矢量。

若令 $Q_{\alpha}(t) = C_{\alpha}e^{-i\nu_{\alpha}t}$，则表达式（4.15）可表示为

$$q_k = \sum_{\alpha=1}^{N} D_k^{\alpha}Q_{\alpha}(t) \qquad (k = 1,2,\cdots,N) \tag{4.16}$$

将其代入拉格朗日量（式（4.10））得到

$$L = \frac{m}{2}\sum_{\alpha=1}^{N}(\dot{Q}_{\alpha}^2 - \nu_{\alpha}^2 Q_{\alpha}^2)$$

其中 Q_{α} 和 ν_{α} 分别称为正则模式和正则频率。若进一步定义 $P_{\alpha} = m\dot{Q}_{\alpha}$，则通过前面的拉格朗日量可得到哈密顿量

$$H = \frac{1}{2m}\sum_{\alpha=1}^{N}P_{\alpha}^2 + \frac{1}{2}m\sum_{\alpha=1}^{N}\nu_{\alpha}^2 Q_{\alpha}^2$$

对其实施正则量子化，引入声子的产生、湮灭算符：

$$Q_{\alpha} \to \hat{Q}_{\alpha} = \sqrt{\frac{\hbar}{2m\nu_{\alpha}}}(a_{\alpha}^{\dagger} + a_{\alpha})$$

$$P_{\alpha} \to \hat{P}_{\alpha} = i\sqrt{\frac{\hbar m\nu_{\alpha}}{2}}(a_{\alpha}^{\dagger} - a_{\alpha})$$

则有

$$\hat{H} = \sum_{\alpha=1}^{N}\hbar\nu_{\alpha}\left(a_{\alpha}^{\dagger}a_{\alpha} + \frac{1}{2}\right) \tag{4.17}$$

这是一个典型的谐振子系统,其对应的玻色子就是库仑作用下离子的集体运动模式(声子)。在声子算符下,离子的位置 $z_j(t)$ 可表示为

$$
\begin{aligned}
z_j(t) = \bar{z}_j + q_j(t) &= \bar{z}_j + \sum_{\alpha=1}^{N} D_j^\alpha Q_\alpha(t) \\
&= \bar{z}_j + \sum_{\alpha=1}^{N} D_j^\alpha \sqrt{\frac{\hbar}{2m\nu_\alpha}}(a_\alpha^\dagger + a_\alpha) \\
&= \bar{z}_j + \sum_{\alpha=1}^{N} K_j^\alpha (a_\alpha^\dagger + a_\alpha)
\end{aligned}
\tag{4.18}
$$

其中 K_j^α 表征第 j 个离子在第 α 个声子模式中的振幅。声子是离子的集体运动模式,它与离子的内能级无关,为实现离子内能级与声子模式的耦合,还需有激光的参与。

4.2.3 光与离子的相互作用

线性离子阱中一维离子阵列与激光的作用如图 4.5 所示。

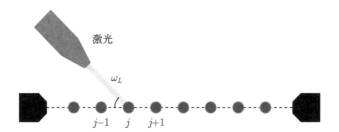

图 4.5 离子与激光作用示意图:离子在阱中被囚禁成一维长链,一束频率为 ω_L 的激光与第 j 个离子相互作用

为简单计,设入射激光为单色平面行波[①]:

$$
\boldsymbol{E} = E_0 \boldsymbol{\epsilon} \cos(\omega_L t - \boldsymbol{k} \cdot \boldsymbol{r} + \phi)
\tag{4.19}
$$

其中 E_0 为振幅;ω_L 为激光频率;ϕ 为初始相位;$\boldsymbol{\epsilon}$ 为极化矢量;$\boldsymbol{k}$ 为激光波矢,其大小为 $k = |\boldsymbol{k}| = \dfrac{\omega_L}{c}$($c$ 为光速);$\boldsymbol{r}$ 为空间的位置矢量。

当此激光作用于线性阱中的第 j 个离子时,其作用主要为电偶极作用[②]:

$$
V_j = -e\boldsymbol{r}_j \cdot \boldsymbol{E}(t, \boldsymbol{R}_j)
$$

[①] 驻波情况可类似讨论。

[②] 若电偶极作用禁戒,则需考虑磁偶极作用或电四极作用,以此类推。

其中 $\boldsymbol{R}_j$ 为离子 j（原子核）所在的空间位置（即 4.2.2 节中的位置 $z_j(t)$）；$e\boldsymbol{r}_j$ 表示离子 j 的偶极矩[①]。将激光光场和离子的偶极矩表达式代入 V_j 可得

$$V_j = -e\hat{\boldsymbol{r}}_j \cdot \frac{E_0\boldsymbol{\epsilon}}{2}[e^{-i[\omega_L t - k_z z_j + \phi_j^0]} + \text{h.c.}]$$

$$= -e[(\boldsymbol{r}_{eg})_j \sigma_j^+ + (\boldsymbol{r}_{eg})_j^* \sigma_j^-] \cdot \frac{E_0\boldsymbol{\epsilon}}{2}[e^{-i[\omega_L t - \sum_\alpha \eta_{\alpha j}(a_\alpha^\dagger + a_\alpha) + \phi_j]} + \text{h.c.}]$$

其中

（1）第二个等号使用了 $z_j(t)$ 的表达式（4.18），且 Lamb-Dicke 系数

$$\eta_{\alpha j} = k_z K_j^\alpha = D_j^\alpha k_z \sqrt{\frac{\hbar}{2m\nu_\alpha}}$$

用于表征第 α 个声子模式与第 j 个离子间由激光诱导的耦合强度[②]，$a_\alpha, a_\alpha^\dagger$ 是第 α 个声子的湮灭、产生算符。

（2）偶极矩表达式中

$$(\boldsymbol{r}_{eg})_j = \langle e_j|\boldsymbol{r}_j|g_j\rangle, \quad \sigma_j^+ = |e_j\rangle\langle g_j|, \quad \sigma_j^- = |g_j\rangle\langle e_j|$$

且 $|e_j\rangle$, $|g_j\rangle$ 是第 j 个离子中两个欲操控的能级。

若离子 j 仅与单个声子模式（如质心模式）耦合[③]，则 V_j 中的声子模式指标 α 可去除

$$V_j = -e[(\boldsymbol{r}_{eg})_j \sigma_j^+ + (\boldsymbol{r}_{eg})_j^* \sigma_j^-] \cdot \frac{E_0\boldsymbol{\epsilon}}{2}[e^{-i[\omega_L t - \eta_j(a^\dagger + a) + \phi_j]} + \text{h.c.}] \tag{4.20}$$

此时，系统总哈密顿量可表示为

$$H = H_0 + V_j$$

其中 $H_0 = \dfrac{\hbar\omega_0}{2}\sigma^z + \hbar\nu a^\dagger a$（$\hbar\omega_0$ 为离子内能级 $|e_j\rangle$ 与 $|g_j\rangle$ 间的能量差，ν 为声子频率）为自由哈密顿量。为研究方便，将哈密顿量 H 变换到相互作用表象中[④]：

$$H_I(j) = e^{\frac{iH_0 t}{\hbar}} V_j e^{\frac{-iH_0 t}{\hbar}}$$

---

① 偶极矩由电子和原子核组成，$\boldsymbol{r}_j$ 表示离子 j 中电子相对其原子核的位置。

② 相位因子 $k_z \tilde{z}_j$ 已被吸收到 ϕ_j 中。

③ 可通过调节激光实现。

④ 推导中使用了等式：

$$e^{\frac{i}{2}\omega_0 t\sigma^z}\sigma^+ e^{-\frac{i}{2}\omega_0 t\sigma^z} = \sigma^+ e^{i\omega_0 t}, \qquad e^{i\nu t a^\dagger a}a^\dagger e^{-i\nu t a^\dagger a} = a^\dagger e^{i\nu t}$$

和旋波近似（舍去高频项）。

$$= \frac{\hbar \lambda_j}{2} e^{-i\phi_j} \sigma_j^+ e^{i\eta_j(a^\dagger e^{i\nu t} + a e^{-i\nu t})} e^{-i\delta t} + \text{h.c.} \tag{4.21}$$

其中 $\lambda_j = -\frac{eE_0}{\hbar}[(\boldsymbol{r}_{eg})_j \cdot \boldsymbol{\epsilon}]$，$\delta = \omega_L - \omega_0$ 为失谐量。

不妨设失谐量 $\delta = \omega_L - \omega_0 = k\nu$（$k$ 为任意整数），则利用 Baker-Campbell-Hausdorff 公式

$$e^{\beta_1 a^\dagger + \beta_2 a} = e^{\beta_1 a^\dagger} e^{\beta_2 a} e^{\frac{\beta_1 \beta_2}{2}}$$

可将相互作用表象下的哈密顿量 $H_I(j)$ 表示为

$$H_I(j) = \frac{\hbar \lambda_j}{2} \sigma_j^+ \left(e^{i\eta_j(a e^{-i\nu t} + a^\dagger e^{i\nu t})} \right) e^{-i\delta t} e^{-i\phi_j} + \text{h.c.}$$

$$= \frac{\hbar \lambda_j}{2} \sigma_j^+ \left(e^{-\frac{\eta_j^2}{2}} e^{i\eta_j a^\dagger e^{i\nu t}} e^{i\eta_j a e^{-i\nu t}} \right) e^{-ik\nu t} e^{-i\phi_j} + \text{h.c.}$$

$$= \frac{\hbar \lambda_j}{2} \sigma_j^+ e^{-i\phi_j} e^{-\frac{\eta_j^2}{2}} \sum_{\alpha=0}^{\infty} \frac{(i\eta_j a^\dagger)^\alpha e^{i\alpha\nu t}}{\alpha!} \sum_{\beta=0}^{\infty} \frac{(i\eta_j a)^\beta e^{-i\beta\nu t}}{\beta!} e^{-ik\nu t} + \text{h.c.}$$

$$= \frac{\hbar \lambda_j}{2} \sigma_j^+ e^{-i\phi_j} e^{-\frac{\eta_j^2}{2}} \sum_{\alpha,\beta=0}^{\infty} (i\eta_j)^{\alpha+\beta} \frac{(a^\dagger)^\alpha}{\alpha!} \frac{a^\beta}{\beta!} e^{i\nu t(\alpha-\beta-k)} + \text{h.c.} \tag{4.22}$$

若进一步使用旋波近似[①]，则上式中仅需保留满足 $\alpha - \beta - k = 0$ 的项。因此，$H_I(j)$ 简化为[②]

$$H_I(j) = \begin{cases} \dfrac{\hbar}{2} \sigma_j^+ (a^\dagger)^k \mathcal{F}_k(\hat{N}) + \dfrac{\hbar}{2} \sigma_j^- \mathcal{F}_k^\dagger(\hat{N}) a^k, & k \geqslant 0 \\[3mm] \dfrac{\hbar}{2} \sigma_j^+ \mathcal{F}_k(\hat{N}) a^{|k|} + \dfrac{\hbar}{2} \sigma_j^- (a^\dagger)^{|k|} \mathcal{F}_k^\dagger(\hat{N}), & k < 0 \end{cases}$$

其中

$$\mathcal{F}_k(\hat{N}) = \lambda_j e^{-i\phi_j} e^{-\frac{\eta_j^2}{2}} (i\eta_j)^{|k|} \sum_{\gamma=0}^{\infty} (i\eta_j)^{2\gamma} \frac{\hat{N}(\hat{N}-1)\cdots(\hat{N}-\gamma+1)}{\gamma!(\gamma+|k|)!}$$

当 $k \geqslant 0$ 时，$\mathcal{F}_k(\hat{N})$ 中的参数 γ 取式（4.22）中的 β；当 $k < 0$ 时，γ 取式（4.22）中的 α。

最后，将 $H_I(j)$ 在声子数态 $|n\rangle$ 和原子态 $|g_j\rangle$、$|e_j\rangle$ 上展开得到

---

① 对所有形如 $e^{in\nu t}(n \neq 0)$ 的振荡因子作时间平均（结果为 0）。

② 推导中使用了生成、湮灭算符与粒子数算符 $\hat{N}$ 的对易关系：$\hat{N}a = a(\hat{N}-1)$ 和 $\hat{N}a^\dagger = a^\dagger(\hat{N}+1)$。

$$H_I(j) = \begin{cases} \hbar \sum_{n=0}^{\infty} \left[\dfrac{\Omega_j^{n,k}}{2} \left(|e_j\rangle\langle g_j| \otimes |n+k\rangle\langle n| \right) + \text{h.c.} \right], & k \geqslant 0 \\[4mm] \hbar \sum_{n=0}^{\infty} \left[\dfrac{\Omega_j^{n,k}}{2} \left(|e_j\rangle\langle g_j| \otimes |n\rangle\langle n+|k|| \right) + \text{h.c.} \right], & k < 0 \end{cases} \tag{4.23}$$

其中拉比（Rabi）频率 $\Omega_j^{n,|k|}$ 为

$$\Omega_j^{n,|k|} = \langle e_j|\langle n+|k|| \sigma_j^+ (a^\dagger)^{|k|} \mathcal{F}_k(\hat{N}) |n\rangle |g_j\rangle$$

$$= \langle n+|k|| (a^\dagger)^{|k|} \mathcal{F}_k(\hat{N}) |n\rangle$$

$$= \langle n| \sqrt{\frac{(n+|k|)!}{n!}} \mathcal{F}_k(\hat{N}) |n\rangle$$

$$= \lambda_j e^{-i\phi_j} e^{-\frac{\eta_j^2}{2}} (i\eta_j)^{|k|} \sqrt{\frac{(n+|k|)!}{n!}} \sum_{\gamma=0}^{n} (i\eta_j)^{2\gamma} \frac{1}{\gamma!(\gamma+|k|)!} \cdot \frac{n!}{(n-\gamma)!}$$

$$= \lambda_j e^{-i\phi_j} e^{-\frac{\eta^2}{2}} (i\eta_j)^{|k|} \sqrt{\frac{n!}{(n+|k|)!}} \sum_{\gamma=0}^{n} (-1)^\gamma \frac{(n+|k|)!}{(|k|+\gamma)!(n-\gamma)!} \frac{(\eta_j^2)^\gamma}{\gamma!}$$

$$= \lambda_j e^{-i\phi_j} e^{-\frac{\eta_j^2}{2}} (i\eta_j)^{|k|} \sqrt{\frac{n!}{(n+|k|)!}} L_n^{|k|}(\eta_j^2) \tag{4.24}$$

对拉比频率 $\Omega_j^{n,|k|}$ 的表达式（4.24），我们有如下说明。

（1）L_n^α 为广义 Laguerre 多项式，其定义为

$$L_n^\alpha(x) = \sum_{m=0}^{n} (-1)^m \frac{(n+\alpha)!}{(\alpha+m)!(n-m)!} \frac{x^m}{m!}$$

例 4.1 低阶 $L_n^\alpha(x)$ 函数

低阶的广义 Laguerre 多项式的表达式如下：

$$L_0^0(x) = 1, \quad L_1^0(x) = 1 - x$$

$$L_2^0(x) = 1 - 2x + \frac{x^2}{2}, \quad L_3^0(x) = 1 - 3x + \frac{3}{2}x^2 - \frac{1}{6}x^3$$

$$L_0^1(x) = 1, \quad L_1^1(x) = 2 - x$$

$$L_2^1(x) = 3 - 3x + \frac{1}{2}x^2, \quad L_3^1(x) = 4 - 6x + 2x^2 - \frac{1}{6}x^3$$

$$L_0^2(x) = 1, \quad L_1^2(x) = 3 - x$$

$$L_2^2(x) = 6 - 4x + \frac{1}{2}x^2, \quad L_3^2(x) = 10 - 10x + \frac{5}{2}x^2 - \frac{1}{6}x^3$$

（2）$\eta_j = D_j k\sqrt{\dfrac{\hbar}{2m\nu}}$[①]称为 Lamb-Dicke 系数。当 $\eta_j \ll 1$ 时，称系统满足 Lamb-Dicke 极限。

离子 j 在声子 Fock 态 $|n\rangle$ 中的波包大小（用位置不确定度度量）为

$$\langle n|\Delta z_j|n\rangle = \sqrt{\langle n|z_j^2|n\rangle - (\langle n|z_j|n\rangle)^2}$$

$$\propto \sqrt{\frac{\hbar}{2m\nu}}\sqrt{\langle n|(a^\dagger + a)^2|n\rangle - (\langle n|a^\dagger + a|n\rangle)^2}$$

$$= \sqrt{\frac{\hbar}{2m\nu}}\sqrt{2n+1}$$

其中使用了 z_j 的表达式（4.18）。特别地，离子在零声子态 $|0\rangle$ 中的波包 $\langle 0|\Delta z_j|0\rangle$ 约等于 $\sqrt{\dfrac{\hbar}{2m\nu}}$。而离子 j 在一般声子态 $|\psi\rangle$（声子 Fock 态 $|n\rangle$ 的叠加态）中的波包大小可表示为

$$\langle \Delta z_j \rangle \propto \sqrt{\frac{\hbar}{2m\nu}}\sqrt{2\bar{n}+1}$$

其中 $\bar{n}$ 是 $|\psi\rangle$ 的平均声子数。由此可得

$$\eta_j \propto k\sqrt{\frac{\hbar}{2m\nu}} \propto \frac{1}{\lambda}\cdot\frac{\langle\Delta z_j\rangle}{\sqrt{2\bar{n}+1}} = \frac{1}{\sqrt{2\bar{n}+1}}\cdot\frac{\langle\Delta z_j\rangle}{\lambda}$$

这表明：Lamb-Dicke 极限下，离子的波包远小于激光波长 λ（作为低阶近似可认为离子 j 感受到的光场强度不随离子的运动而变化）。

在 Lamb-Dicke 极限下，由于 η_j 是个小量，任意含参数 η_j 的算符 $\hat{A}(\eta_j)$ 均可按 η_j 的幂次展开，然后按近似需求做截断，如在二阶近似下 $\hat{A}(\eta_j) \approx \hat{A}(0) + \eta_j\hat{A}'(0) + \dfrac{\eta_j^2}{2}\hat{A}''(0)$。特别地，在 Lamb-Dicke 极限下，Laguerre 多项式 $L_n^\alpha(x)$ 可近似到 x 的一阶；而式（4.21）中光与原子的相互作用可近似为

$$H_I(j) = \frac{\hbar\lambda_j}{2}\sigma_j^+ e^{-i\phi_j}\left[e^{-i\delta t} + i\eta_j(a^\dagger e^{i(\nu-\delta)t} + ae^{i(-\nu-\delta)t})\right] + \text{h.c.} \qquad (4.25)$$

---

① 在第一个模式中，所有 D_j 都相等，指标 j 可去除，此时可记为 η。

（3）在 Lamb-Dicke 极限下，拉比频率 $\Omega_j^{n,k}$ 有如下性质：

- 将 Laguerre 多项式近似到 0 阶并代入拉比频率的公式（4.24）得到

$$\Omega_j^{n,-1} = i\eta_j\sqrt{n}\,\Omega_j^{n,0}$$

$$\Omega_j^{n,1} = i\eta_j\sqrt{n+1}\,\Omega_j^{n,0}$$

这表明边带跃迁的拉比频率与声子数相关，且蓝边带比红边带大[①]。

- 按拉比频率 $\Omega_j^{n,k}$ 的表达式（4.24），声子数 $|k|$ 出现于 η_j 的指数上。因此，在 Lamb-Dicke 极限下（η_j 为小于 1 的小量），拉比频率随着 $|k|$ 的增加而急剧减小。此时，$\Omega_j^{n,\pm1}$ 将远大于 $|k| > 1$ 的拉比频率 $\Omega_j^{n,k}$。因此，在边带冷却以及两比特门的边带操作中声子数变化均选为 1，以此来获得最大拉比频率（耦合强度）。

哈密顿量 $H_I(j)$（式（4.23））对应的幺正演化算符可直接表示为

$$U_j(t) = \sum_{n,\,n+k\geqslant 0} \cos\left(\frac{|\Omega_j^{n,k}|t}{2}\right)\left[(|g_j\rangle\langle g_j| \otimes |n\rangle\langle n|) + (|e_j\rangle\langle e_j| \otimes |n+k\rangle\langle n+k|)\right]$$

$$- i\sum_{n,\,n+k\geqslant 0} \sin\left(\frac{|\Omega_j^{n,k}|t}{2}\right)\left[e^{i\bar{\phi}_j}(|e_j\rangle\langle g_j| \otimes |n+k\rangle\langle n|)\right.$$

$$+ \left. e^{-i\bar{\phi}_j}(|g_j\rangle\langle e_j| \otimes |n\rangle\langle n+k|)\right] + \Delta_k \tag{4.26}$$

其中

$$\Delta_k = \begin{cases} \displaystyle\sum_{n=0}^{|k|-1}(|g_j\rangle\langle g_j| \otimes |n\rangle\langle n|) & (k < 0) \\[2mm] 0 & (k = 0) \\[2mm] \displaystyle\sum_{n=0}^{k-1}(|e_j\rangle\langle e_j| \otimes |n\rangle\langle n|) & (k > 0) \end{cases} \tag{4.27}$$

表示哈密顿量 $H_I(j)$ 作用下的不变子空间，且 $e^{i\bar{\phi}_j} = \Omega_j^{n,k}/|\Omega_j^{n,k}|$。

通过控制激光与离子的作用时间 t 可实现不同的门操作，如

- 4π 脉冲：控制时间 t 使得 $\Omega_j^{n,k}t = 4\pi$[②]，此时，通过将式（4.26）中的 Δ_k 吸收到前面的项中，得到

$$U_j^{4\pi} = \sum_n [|g_j\rangle\langle g_j| \otimes |n\rangle\langle n| + |e_j\rangle\langle e_j| \otimes |n\rangle\langle n|] = \mathbf{1}$$

---

① 当 $k = 0$ 时的跃迁称为载波跃迁（carrier transition），此时无声子参与；当 $k = -1$（1）时的跃迁称为红（蓝）边带跃迁（red（blue）sideband transition），此时有一个声子参与。

② 一般而言，$\Omega_j^{n,k}$ 随声子数 n 变化，仅当声子数确定时才能实现 4π 脉冲。

它对任意量子态均无影响。

• 2π 脉冲：控制时间 t 使得 $\Omega_j^{n,k} t = 2\pi$（2π 脉冲），此时

$$U_j^{2\pi} = - \sum_{n,n+k \geqslant 0} (|g_j\rangle\langle g_j| \otimes |n\rangle\langle n|) + (|e_j\rangle\langle e_j| \otimes |n+k\rangle\langle n+k|) + \Delta_k$$

当 $k = 0$ 时，它使系统量子态增加一个整体相位 -1。

• π 脉冲：控制时间 t 使得 $\Omega_j^{n,k} t = \pi$（π 脉冲），则

$$U_j = -i \sum_{n,n+k \geqslant 0} [e^{i\bar{\phi}_j}(|e_j\rangle\langle g_j| \otimes |n+k\rangle\langle n|) + e^{-i\bar{\phi}_j}(|g_j\rangle\langle e_j| \otimes |n\rangle\langle n+k|)] + \Delta_k$$

此时，原子内能级间实现了互换，即 $|e_j\rangle \longleftrightarrow |g_j\rangle$，这对应于比特 j 上的 $\dfrac{\pi}{2}$ 门。

• $\pi/2$ 脉冲：控制时间 t 使得 $\Omega_j^{n,k} t = \dfrac{\pi}{2}$，则

$$U_j = \sum_{n,n+k \geqslant 0} \frac{1}{\sqrt{2}} [(|g_j\rangle\langle g_j| \otimes |n\rangle\langle n|) + (|e_j\rangle\langle e_j| \otimes |n+k\rangle\langle n+k|)]$$

$$- i \sum_{n,n+k \geqslant 0} \frac{1}{\sqrt{2}} [e^{i\bar{\phi}_j}(|e_j\rangle\langle g_j| \otimes |n+k\rangle\langle n|) + e^{-i\bar{\phi}_j}(|g_j\rangle\langle e_j| \otimes |n\rangle\langle n+k|)]$$

$$+ \Delta_k$$

此时 $|e_j\rangle$ 和 $|g_j\rangle$ 被等权叠加，这相当于 $\dfrac{\pi}{4}$ 门。

事实上，通过控制 U_j 中的参数和作用比特 j 就可以实现普适的量子计算。

4.2.4 离子的冷却

离子的冷却在离子阱量子计算中起着关键作用：冷却使离子动能小于赝势深度，进而可被稳定囚禁；冷却使受环境噪声影响的离子重新回到量子计算中。尽管量子信息存储于离子的内能级（量子比特），但量子比特的操作（如两比特门）需声子模式参与，因此，系统加热产生的噪声将通过声子影响量子比特[①]，进而影响量子计算。冷却是降低或消除加热效应对量子比特影响的最有效方式，事实上，高效的离子的冷却在量子计算过程中起着关键作用[②]。离子阱中的常用的冷却方法包括 Doppler 冷却、边带冷却、EIT 冷却等，它们的冷却机制也各不相同。

---

① 在 Cirac-Zoller 门中，声子需冷却到基态。

② 在 Shuttling-based 的离子阱量子计算中，离子的冷却占用主要时间。

4.2.4.1　Doppler 冷却

Doppler 冷却的物理机制可解释为：由于 Doppler 效应，运动离子感受到的激光频率[①]具有各向异性（特别地，与激光波矢方向相同和相反方向感受到的激光频率不同），进而导致离子对光子的吸收也具有各向异性。另外，离子自发辐射的光子具有各向同性。正是离子吸收的各向异性和发射的各向同性，使得多次散射（吸收 + 自发辐射）后，离子在迎着激光方向上的动量减小，进而达到冷却的效果[②]。

具体地，冷却过程可定性描述如下：

（1）根据 Doppler 效应公式：

$$\omega'_L = \left(1 - \frac{\boldsymbol{k} \cdot \boldsymbol{v}}{c}\right)\omega_L$$

其中 ω'_L 是离子感受到的激光频率，而 ω_L 是实验室坐标系中的激光频率，两者相差 $-\tilde{\boldsymbol{k}} \cdot \boldsymbol{v}$ $\left(\tilde{\boldsymbol{k}} = \frac{\omega_L}{c}\boldsymbol{k}\right.$ 为激光波矢方向的单位矢量，而 $\boldsymbol{v}$ 为离子在实验室坐标系中的速度$\left.\right)$。显然，由于 $\tilde{\boldsymbol{k}} \cdot \boldsymbol{v}$ 项的存在，离子感受到的激光频率 ω'_L 对离子的运动方向和速度敏感：迎着激光运动的离子感受到的激光频率大于与激光同向运动的离子感受到的激光频率。

（2）若将激光频率调到红失谐（比离子能级 $|g\rangle$ 与 $|e\rangle$ 间的共振频率小 $\Delta\omega$），则在 Doppler 效应下，迎着激光运动的离子感受到的频率更接近共振频率，也更容易被吸收。根据动量守恒，离子吸收激光动量后，迎着激光方向的动量会减少 $\hbar k$（单个光子动量）。一段时间（由能级寿命决定）后，吸收的光子将以自发辐射的方式释放。根据动量守恒定理，光子的释放会对离子产生反冲动能，但由于自发辐射的光子在整个空间上各向均匀，多次光子辐射平均后对离子动量的总贡献为 0。因此，大量光子吸收和自发辐射过程的净效果是离子迎着激光方向的动量减小了，达到了冷却的效果。

（3）在对自由离子（原子）的 Doppler 冷却和捕获中，一般需六束相对的激光对 x，y，z 三个运动方向进行冷却（图 4.6），最终被束缚在三束激光的交点。在离子阱中，由于离子受到阱的束缚，一束在 x，y，z 三个方向上都有分量的激光即可完成 Doppler 冷却。

为定量分析冷却过程，在相互作用表象下，设经典激光与离子的相互作用（半经典理论）为

---

① 实验室参考系中频率相同。

② 参见文献 D. Wineland, and H. Dehmelt, B. Am. Phys. Soc. **20**, 637 (1975); T. W. Hänsch, and A. L. Schawlow, Opt. Commun. **13**, 68-69 (1975).

$$\mathcal{V} = -\frac{\hbar\Omega_R}{2}(e^{-i\phi+i\tilde{\Delta}t}\sigma^+ + \text{h.c.})$$

其中 Ω_R 为拉比频率，$\tilde{\Delta} = \boldsymbol{k}\cdot\boldsymbol{v} - \delta$ 为总失谐，$-\boldsymbol{k}\cdot\boldsymbol{v}$ 为 Doppler 频移，且 $\delta = \nu - \omega$ 是实验室参考系中激光频率 ν 与跃迁频率 ω[①]间的失谐。值得注意，与式（4.21）相比，此相互作用中没有声子算符（离子未被束缚，其本征态为动量本征态而非声子本征态）。由于自发辐射的存在，离子（原子）的动力学应由 Lindblad 主方程描述：

$$\dot{\rho} = \frac{1}{i\hbar}[\mathcal{V},\rho] - \frac{\Gamma}{2}(\sigma^+\sigma^-\rho - 2\sigma^-\rho\sigma^+ + \rho\sigma^+\sigma^-)$$

其中 Γ 为上能级 $|e\rangle$ 的自然线宽。令 $\dot{\rho} = 0$ 可得系统的稳态解：

$$\rho_{ee} = \frac{\Omega_R^2}{4\tilde{\Delta}^2 + \Gamma^2 + 2\Omega_R^2}, \quad \rho_{gg} = 1 - \rho_{ee}, \quad \rho_{ge} = \rho_{eg} = 0$$

此稳态表明：在光子的吸收与自发辐射平衡时，有 ρ_{ee} 的原子处于激发态。平均而言，这些处于激发态的原子都将在 $\frac{1}{\Gamma}$ 的时间内完成自发辐射，并在相同的时间内重新吸收 ρ_{ee} 个光子并处于激发态，进而达到平衡。因此，原子在这段时间内受到的平均作用力可表示为动量变化与时间相除，即

$$\langle \boldsymbol{F} \rangle = \frac{\hbar\boldsymbol{k}\cdot\rho_{ee}}{\frac{1}{\Gamma}} = \hbar\boldsymbol{k}\rho_{ee}\Gamma \tag{4.28}$$

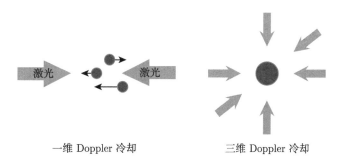

一维 Doppler 冷却   三维 Doppler 冷却

图 4.6 Doppler 冷却示意图

因此，平均而言，激光对离子提供了一个与波矢 $\boldsymbol{k}$ 方向相同的力。激光频率一般选为红失谐（$\delta < 0$），当离子迎着激光运动时，$\tilde{\Delta}$ 最小（$\boldsymbol{k}\cdot\boldsymbol{v} < 0$），因此，$\rho_{ee}$

---

① 能级 $|e\rangle$ 与 $|g\rangle$ 间的能量差为 $\hbar\omega$。

和 $\langle \boldsymbol{F} \rangle$ 最大；相反地，当离子与激光运动同向时，$\tilde{\Delta}$ 最大 ($\tilde{\boldsymbol{k}} \cdot \boldsymbol{v} > 0$)，则 ρ_{ee} 和 $\langle \boldsymbol{F} \rangle$ 最小。因此，力 $\langle \boldsymbol{F} \rangle$ 是一个阻尼力，它使离子速度减小。

那么，Doppler 冷却能否将离子冷却到基态呢？回答是否定的。尽管自发辐射的各向同性使离子的反冲动量平均后为 0，但离子的动能（它由动量的平方或动量的涨落确定）不为 0。换言之，离子的自发辐射过程依然会对离子进行加热。当自发辐射的加热与吸收光子导致的冷却达到平衡时，Doppler 冷却就不能继续降低离子的温度了。

为获得此极限温度 $T_{\min}$，我们做如下粗略的考虑（详细的计算请参见附录 IVb）。因式（4.28）中的 ρ_{ee} 含有离子速度 $\boldsymbol{v}$（通过参数 $\tilde{\Delta}$），力 $\boldsymbol{F}$ 是离子运动速度 $\boldsymbol{v}$ 的函数。在离子速度 v 为小量时（设离子迎着激光运动，不再考虑速度和力的矢量性），力 F 可近似为

$$F \approx F_0(1 + \kappa v) \tag{4.29}$$

其中 $F_0 \propto \hbar k$ 和 κ 均为与 v 无关的常数。由此可得激光对离子的冷却速率为

$$\dot{E}_c \approx \langle Fv \rangle \approx F_0 \kappa \langle v^2 \rangle \propto \hbar k^2 \langle v^2 \rangle$$

其中已利用 $\langle v \rangle = 0$。另一方面，$\frac{1}{\Gamma}$ 时间内 ρ_{ee} 个光子发生了自发辐射，而每个辐射光子产生的反冲能为 $E_{\text{recoil}} = \frac{(\hbar k)^2}{2m}$，因此，自发辐射引起的加热速率为

$$\dot{E}_h \approx \frac{(\hbar k)^2}{2m} \Gamma \rho_{ee}$$

在冷却极限处这两者应相等，即

$$\dot{E}_c = \dot{E}_h \Longrightarrow \hbar k^2 \langle v^2 \rangle \approx \frac{(\hbar k)^2}{2m} \Gamma \rho_{ee} \Longrightarrow 2m\langle v^2 \rangle \approx \hbar \Gamma$$

其中 ρ_{ee} 近似到 v 的零阶（参考式（4.29））。由于 $k_B T_{\min} \propto m\langle v^2 \rangle$，因此，温度极限为

$$T_{\min} \propto \frac{\hbar \Gamma}{2k_B}$$

对于通常的参数选取，此温度对应于声子数期望值在 1 的量级。因此，欲将离子冷却至基态，还需使用其他冷却方法。

4.2.4.2　边带冷却

当离子被冷却至 Doppler 极限时，声子模式的声子数在 1 的量级，此时离子运动的经典描述不再适用，需使用量子（声子）理论。设离子的内能级为 $|g\rangle$ 和

$|e\rangle$，其声子态为 $|n\rangle$（$n = 0, 1, \cdots$）。$|g\rangle$ 与 $|e\rangle$ 的能级差 $\hbar\omega_{eg}$ 远大于单个声子的能量 $\hbar\nu$（ν 为声子频率），因此，声子态将上下能级分别展开为梯状（图 4.7）。

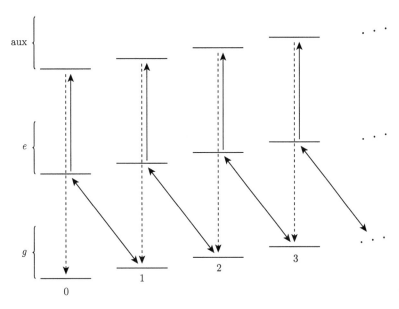

图 4.7　边带冷却：将激光频率调为红边带跃迁，此时离子的基态能级 $|g\rangle$ 吸收一个光子和一个声子跃迁至激发态 $|e\rangle$。将激发态 $|e\rangle$ 泵浦到辅助能级 $|\mathrm{aux}\rangle$ 然后再自发辐射回基态 $|g\rangle$。此时原子状态回到初始状态，而声子数减少一个

根据光与离子的相互作用哈密顿量（式（4.23）），若调节激光频率 ω_L 使其耦合一阶红边带跃迁，则通过如下步骤实现边带冷却[1]：

（1）将激光频率调到 $\omega_L = \omega_{eg} - \nu + \delta$（其中 $\delta \ll \nu$）以实现红边带跃迁

$$|g, n\rangle \rightarrow |e, n-1\rangle$$

（2）将原子泵浦至辅助能级 $|\mathrm{aux}\rangle$，然后自发辐射回基态 $|g\rangle$[2]，即

$$|e, n-1\rangle \rightarrow |\mathrm{aux}, n-1\rangle \xrightarrow{\text{自发辐射}} |g, n-1\rangle$$

其中 $|\mathrm{aux}\rangle$ 的寿命 $1/\Gamma$ 极短，离子在受激后能迅速回到 $|g, n-1\rangle$ 态。

（3）前面两个步骤完成后，声子数减少 1，而离子内态保持不变。因此，重复前面的两个步骤，每重复一次声子数就减少一个，直到离子被冷却到基态为止。

---

[1] 参见文献 D. Wineland, and H. Dehmelt, B. Am. Phys. Soc. **20**, 637 (1975).

[2] $|e\rangle$ 作为比特能级具有较长的寿命，其自发辐射回 $|g\rangle$ 态的时间会比较长，不适合快速冷却。

对 ^{40}Ca^{+} 这类光学量子比特（4.2.5 节中将介绍），一束激光即可完成边带冷却；而对 ^{171}Yb^{+} 这类使用超精细能级的微波量子比特，需使用拉曼（Raman）过程（两束光）来完成。前面的边带冷却过程仅针对一个特定声子模式，事实上，N 个离子组成的 1-维链共有 $3N$ 个运动模式。在离子数较少时，不同模式之间的频率差异较大，可对某个特定声子模式（如质心模式）进行单独的边带冷却，而其他模式仍处于 Doppler 冷却后的状态。然而，随着离子数目的增加，不同模式之间的频率差会越来越小，此时很难对单个模式进行冷却，需同时冷却多个模式。

4.2.4.3　EIT 冷却

除边带冷却外，另一种常用的亚 Doppler 冷却技术是电磁感应透明（electromagnetically induced transparency，EIT）冷却[①]，它可同时将多个模式冷却到 Doppler 极限以下。利用三能级系统与激光相互作用时产生的相干现象，通过调节激光参数将红边带跃迁的概率提高，并同时抑制载波和蓝边带跃迁（整体表现为声子数减小）就可实现对离子的冷却。

在如图 4.8 (a) 所示的 Λ 型三能级系统中，一束频率为 $\omega_r = \omega_{er} + \Delta_r$ 的强泵浦光失谐耦合能级 $|r\rangle$ 和 $|e\rangle$（$\hbar\omega_{er}$ 为能级 $|r\rangle$ 与 $|e\rangle$ 之间的能量差），其耦合强度为 Ω_r；同时，另一束频率为 $\omega_g = \omega_{eg} + \Delta_g$ 的探测激光也失谐耦合能级 $|g\rangle$ 和 $|e\rangle$（$\hbar\omega_{eg}$ 为能级 $|g\rangle$ 与 $|e\rangle$ 之间能量差），其耦合强度为 Ω_g。此系统的哈密顿量可写为

$$H = \hbar(\Delta_g|g\rangle\langle g| + \Delta_r|r\rangle\langle r|) - \frac{\hbar}{2}(\Omega_g|e\rangle\langle g| + \Omega_r|e\rangle\langle r| + \text{h.c.}) \tag{4.30}$$

EIT 哈密顿量的严格推导

根据光与离子（二能级）相互作用的哈密顿量得到

$$H^{eg} = \hbar\tilde{\omega}_e|e\rangle\langle e| + \hbar\tilde{\omega}_g|g\rangle\langle g| - e(\boldsymbol{r}_{eg}|e\rangle\langle g| + \text{h.c.})\frac{E_0}{2}(\boldsymbol{\epsilon}e^{-i(\omega_g t + \phi_0)} + \text{h.c.})$$

$$= \hbar(\omega_{eg} + \tilde{\omega}_g)|e\rangle\langle e| + \hbar(\tilde{\omega}_g - \Delta_g)|g\rangle\langle g| + \hbar\Delta_g|g\rangle\langle g|$$

$$- e(\boldsymbol{r}_{eg}|e\rangle\langle g| + \text{h.c.})\frac{E_0}{2}(\boldsymbol{\epsilon}e^{-i(\omega_g t + \phi_0)} + \text{h.c.}) \tag{4.31}$$

---

① 参见文献 F. Schmidt-Kaler, J. Eschner, G. Morigi, C. F. Roos, et al, Appl. Phys. B **73**, 807-814 (2001); G. Morigi, J. Eschner, and C. H. Keitel, Phys. Rev. Lett. **85**, 4458-4461 (2000); C. F. Roos, D. Leibfried, A. Mundt, F. Schmidt-Kaler, et al, Phys. Rev. Lett. **85**, 5547-5550 (2000).

其中 $\hbar\tilde{\omega}_{e(g)}$ 表示能级 $|e\rangle$（$|g\rangle$）的能量。此时，令哈密顿量的自由部分为 $H_0 = \hbar(\omega_{eg} + \tilde{\omega}_g)|e\rangle\langle e| + \hbar(\tilde{\omega}_g - \Delta_g)|g\rangle\langle g|$，则系统变换到相互作用表象后得到

$$H_I^{eg} = \hbar\Delta_g|g\rangle\langle g| - e(\boldsymbol{r}_{eg}e^{i(\omega_{eg}+\Delta_g)t}|e\rangle\langle g| + \text{h.c.})\frac{E_0}{2}(\boldsymbol{\epsilon}e^{-i(\omega_g t + \phi_0)} + \text{h.c.})$$

$$\approx \hbar\Delta_g|g\rangle\langle g| - \frac{\hbar}{2}(\Omega_g|e\rangle\langle g| + \text{h.c.}) \tag{4.32}$$

其中约等号使用了旋波近似，且定义拉比频率为 $\Omega_g = e\boldsymbol{r}_{eg} \cdot \boldsymbol{\epsilon}e^{i\phi_0}E_0/\hbar$。对另一束耦合能级 $|r\rangle$ 和 $|e\rangle$ 的激光，相同的推导可得哈密顿量 H_I^{er}。因此，总哈密顿量为

$$H = H_I^{eg} + H_I^{er}$$

$$= \hbar(\Delta_g|g\rangle\langle g| + \Delta_r|r\rangle\langle r|) - \frac{\hbar}{2}(\Omega_g|e\rangle\langle g| + \Omega_r|e\rangle\langle r| + \text{h.c.})$$

这与式（4.30）一致。

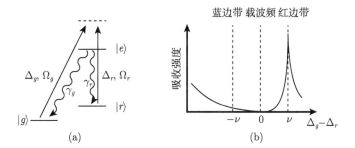

图 4.8　EIT 冷却：(a) EIT 冷却中的能级示意图；(b) 通过调节激光参数实现吸收强度的双峰结构（左边为宽峰，右边为窄峰），且红边带与窄峰的中心频率对齐，此时红边带吸收被增强，而载波跃迁被压制。图中 ν 为声子频率

设从能级 $|e\rangle$ 自发跃迁到 $|g\rangle$ 的跃迁率为 γ_g，而从能级 $|e\rangle$ 自发跃迁到 $|r\rangle$ 的跃迁率为 γ_r（能级 $|e\rangle$ 的总自发跃迁率为 $\gamma = \gamma_g + \gamma_r$），此耗散系统的动力学过程可通过密度矩阵 ρ 的刘维尔方程（主方程）描述：

$$\frac{\partial\rho}{\partial t} = \mathcal{L}_0\rho = \frac{1}{i\hbar}[H, \rho] + \mathcal{K}\rho \tag{4.33}$$

其中耗散部分等于

$$\mathcal{K}\rho = -\frac{\gamma}{2}[|e\rangle\langle e|\rho + \rho|e\rangle\langle e|] + \sum_{j=g,r}\gamma_j\langle e|\rho|e\rangle|j\rangle\langle j|$$

刘维尔方程（4.33）可按约化密度矩阵元展开：

$$\begin{cases}
\dfrac{\partial\rho_{gg}}{\partial t} = -i\dfrac{\Omega_g}{2}(\rho_{ge} - \rho_{eg}) + \Gamma_g\rho_{ee} \\[2mm]
\dfrac{\partial\rho_{rr}}{\partial t} = -i\dfrac{\Omega_r}{2}(\rho_{re} - \rho_{er}) + \Gamma_r\rho_{ee} \\[2mm]
\dfrac{\partial\rho_{gr}}{\partial t} = -i\left[(\Delta_r - \Delta_g)\rho_{gr} + \dfrac{\Omega_r}{2}\rho_{ge} - \dfrac{\Omega_g}{2}\rho_{re}\right] \\[2mm]
\dfrac{\partial\rho_{ge}}{\partial t} = -i\left[\left(\left(\dfrac{\Omega_g}{2}(\rho_{gg} - \rho_{ee}) + \dfrac{\Omega_r}{2}\rho_{gr}\right) - \Delta_g\right)\rho_{ge}\right] - \dfrac{\Gamma}{2}\rho_{ge} \\[2mm]
\dfrac{\partial\rho_{re}}{\partial t} = -i\left[\left(\left(\dfrac{\Omega_r}{2}(\rho_{rr} - \rho_{ee}) + \dfrac{\Omega_g}{2}\rho_{rg}\right) - \Delta_r\right)\rho_{re}\right] - \dfrac{\Gamma}{2}\rho_{re}
\end{cases}$$

其他矩阵元的方程可通过 ρ 的厄密性以及 $\text{Tr}(\rho) = 1$ 获得。我们仅关心 ρ_{ee}（对应于此系统的吸收谱）与探测激光的失谐量 Δ_g 之间的关系，求解前面的方程组可得

$$\rho_{ee} = \frac{4(\Delta_g - \Delta_r)^2\Omega_g^2\Omega_r^2\Gamma}{Z}$$

其中 Z 为如下的复杂表达式：

$$\begin{aligned}
Z = {} & 8(\Delta_g - \Delta_r)^2\Omega_g^2\Omega_r^2\Gamma + 4(\Delta_g - \Delta_r)^2\Gamma^2(\Omega_g^2\Gamma_r + \Omega_r^2\Gamma_g) \\
& + 16(\Delta_g - \Delta_r)^2(\Delta_g^2\Omega_r^2\Gamma_g + \Delta_r^2\Omega_b^2\Gamma_r) - 8\Delta_g(\Delta_g - \Delta_r)\Omega_r^4\Gamma_g \\
& + 8\Delta_r(\Delta_g - \Delta_r)\Omega_g^4\Gamma_r + (\Omega_g^2 + \Omega_r^2)^2(\Omega_g^2\Gamma_r + \Omega_r^2\Gamma_g)
\end{aligned}$$

很容易看到，当 $\Delta_g = \Delta_r$ 时，ρ_{ee} 等于 0（无布居），这就是著名的相干布居囚禁现象（coherent population trapping），此时两个不同的跃迁路径（$|g\rangle \to |e\rangle$ 和 $|r\rangle \to |e\rangle$）相干相消形成暗态。在一般情况下，耦合强度 Ω_r（强光耦合）远大于探测光的耦合强度 Ω_g，此时，吸收谱 ρ_{ee} 表现出双峰结构（固定其他参数，仅改变 Δ_g）：$\Delta_g = 0$ 附近的宽吸收峰和 $\Delta_g = \Delta_r$ 附近（右侧）的窄吸收峰（图 4.8(b)）。

利用此吸收结构，若通过调节两束激光的参数 Ω_r、Ω_g 和失谐量 Δ_g、Δ_r，使得窄峰的中心频率与囚禁离子的红边带频率对齐。此时频率被窄峰包含的所有声子模式，其红边带散射率都远大于蓝边带，且载波跃迁被压制为零。因此，利用此现象可实现亚 Doppler 冷却。

4.2.5 离子中的量子比特

能成为量子计算的承载比特，囚禁离子须具有良好的能级结构，使其能实现声子模式的冷却、声子和量子比特的初始化、量子比特的操作与读取以及足够长的相干时间。对离子（原子）能级的具体要求包括参与操作的所有内能级形成闭合的循环光学跃迁，使信息无法泄漏；比特能级处于稳定状态，具备较长的相干性时间。

根据离子中作为量子比特的两个能级之间的能量差所在的波段，比特分为光学比特和射频比特（图 4.9）。

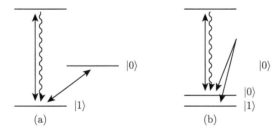

图 4.9 离子中的量子比特：(a) 光学比特，可通过一束激光直接操控；(b) 射频比特，需通过两束激光的拉曼过程操控

(1) **光学比特**：离子的基态 $|g\rangle$ 与一个亚稳态 $|e\rangle$ 一起组成光学比特（这两个能级之间的频率间隔为光学频段）。如 Ca^+ 中的基态能级 $S_{1/2}$ 与亚稳态能级 $D_{5/2}$（寿命超过 1 秒）一起形成一个光学比特。光学比特中上能级（亚稳态）的寿命是其相干时间的上限：寿命越长，其理论相干时间就越长。由于上能级寿命较长，其线宽较窄，因此，用于操控光学比特的激光，其频率需稳定到 Hz 量级。

(2) **射频比特**：射频比特的能级可选为基态的塞曼（Zeeman）劈裂或其超精细结构。

• 由塞曼劈裂组成的量子比特也称塞曼比特。塞曼劈裂可由电子轨道角动量与自旋耦合产生，也可由外磁场产生。由于塞曼劈裂受外磁场影响，磁场的不稳定性（导致塞曼能级变化）将导致量子比特的退相干。对某些原子的能级，存在一个磁场强度使得比特的能级差对磁场变化不敏感，进而减小磁场变化导致的退相干。

• 原子核自旋与轨道耦合形成超精细能级。两个超精细结构可组成一个量子比特，如 $^{171}Yb^+$ 中的能级 $F = 0, m_F = 0$ 和 $F = 1, m_F = 0$。超精细能级对一阶磁场不敏感，因而具有长相干时间。

一般射频比特的能级劈裂为 GHz 量级，其操控可直接使用微波或拉曼激光实现。

(1) 初态制备。

离子比特的初态制备往往通过光学泵浦（optical pumping）来实现。理论上，足够长的泵浦时间可将初态保真度提高到任意接近 100%，但在实际的初态制备中，其保真度还受限于驱动激光的偏振品质等因素。

(2) 态读出。

使用 electron shelving 方法对离子（原子）的量子态进行读取。此方法需一个辅助能级 P，它与量子比特（光学比特或射频比特）中的一个能级（称为亮态）通过激光跃迁和自发辐射联系，而对另一个能级（称为暗态）禁戒。探测光照射到离子上时，若离子处于亮态，则它将被激发到辅助能级 P，然后通过自发辐射回到亮态，同时自发辐射出一个光子，通过探测此光子就能获得离子处于亮态的信息。相反地，若离子处于暗态，则在探测期间，离子不会发出任何荧光。原则上，测量精度可通过延长测量时间来提高。如通过 145μs 的测量，在 ^{40}Ca^{+} 中的探测效率可以达到 99.99%[①]。通过 11μs 的测量，^{171}Yb^{+} 中的探测效率可达 99.931(6)%[②]。

目前使用的常见离子包含碱土金属离子（如 Be^{+}, Mg^{+}, Ca^{+}, Sr^{+}, Ba^{+}）和一些过渡金属离子（Zn^{+}, Cd^{+}, Hg^{+}, Yb^{+} 等，如元素周期表所标注）以及它们的同位素（图 4.10）。

图 4.10　元素周期表：常用的比特离子处于红色方框中

---

① 参见文献 A. H. Myerson, D. J. Szwer, S. C. Webster, D. T. C. Allcock, et al, Phys. Rev. Lett. **100**, 200502 (2008).

② 参见文献 S. Crain, C. Cahall, G. Vrijsen, E. E. Wollman, et al, Commun. Phys. **2**, 1-6 (2019).

　　每种离子都有其自身的优点和缺点，下面我们来讨论离子阱量子计算中常使用的几种离子。

　　(1) $^{43}Ca^+$。

　　$^{43}Ca^+$ 的核自旋为 7/2，它与轨道角动量作用形成超精细结构，其能级结构如图 4.11 所示。$^{43}Ca^+$ 中超精细能级形成的射频比特有两种：一种是由 $|F = 4, M_F = 0\rangle$ 和 $|F = 3, M_F = 0\rangle$ 组成的时钟比特（clock qubit）；另一种是由 $|F = 4, M_F = 4\rangle$ 和 $|F = 3, M_F = 3\rangle$ 组成的 stretch 比特。前者的优点是对磁场变化不敏感（$M_F = 0$），但难以制备和读取；后者的优点是可高保真制备和读出，但易受磁场影响。以下我们以时钟比特为例子进行说明。

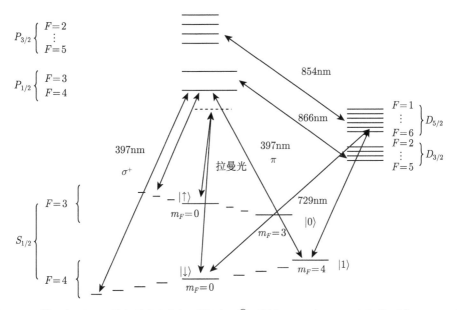

图 4.11　$^{43}Ca^+$ 量子计算相关能级图（磁场中）[1]。图中 $S_{1/2}$ 与 $P_{1/2}$ 之间的两束 397nm 激光用于双光子暗共振的 Doppler 冷却；标有"拉曼光"的两束光用于实现时钟比特（即 $|F = 4, M_F = 0\rangle$，$|F = 3, M_F = 0\rangle$）的耦合；而 854nm 与 866nm 激光用于将处于 D 亚稳态能级的布居重新泵浦回 P 能级；729nm 用于态制备与测量

　　• $^{43}Ca^+$ **的光电离制备**：如图 4.12(a) 所示，先用 423nm 的激光将原子从 $4S$ 态激发到 $4P$ 态；然后用 389nm 的激光将电子从 $4P$ 态电离。此方法对同位素具有选择性（^{40}Ca 不会被电离，当然也就没有 $^{40}Ca^+$ 被囚禁）。

　　• **离子的冷却**：在弱磁场环境下，$^{43}Ca^+$ 的 Doppler 冷却使用带宽 3.2GHz

① 引自文献 J. Benhelm, G. Kirchmair, C. F. Roos, and R. Blatt, Phys. Rev. A **77**, 062306 (2008).

的 397 nm 激光激发 $4S_{1/2} \longrightarrow 4P_{1/2}$ 能级的跃迁。由于电子有一定的概率跃迁到亚稳态 $3D$，因此，还需使用 866 nm 的激光使离子从亚稳态 $3D$ 重新回到 $4S_{1/2}$（通过能级 $4P_{1/2}$），形成封闭的跃迁。

当在强磁场环境时，系统能级会在磁场中劈裂（塞曼效应），Doppler 冷将变得更复杂。此时，需使用如图 4.11 中所示的两束 397nm 激光，实现双光子暗共振 Doppler 冷却[1]。

- **量子态读取**[2]：首先用一束 729nm 的光将处于下态（$|F = 4, M_F = 0\rangle$）的电子激发到 $3D_{5/2}$ 态（图 4.11），然后再用一束 397 nm 的探测光照射离子。由于能级 $3D_{5/2}$（这是长寿命能级）上的离子不会被 397 nm 的探测光照亮（处于暗态），而处于上态（$|F = 3, M_F = 0\rangle$）的离子将会被 397 nm 的探测光照亮（激发并辐射出 397 nm 的光子），因此，通过对散射荧光进行计数就能高保真地探测到 $^{43}Ca^+$ 的状态（图 4.12）。

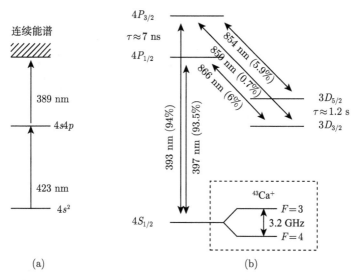

$$(a) \qquad\qquad\qquad (b)$$

图 4.12　$^{43}Ca^+$ 量子计算相关能级图（无磁场）：(a) $^{43}Ca^+$ 电离化相关能级，图中 423 nm 激光用于将电子态从 $4s^2$ 激发为 $4s4p$，389 nm 激光用于电离 $4p$ 电子；(b) 与 $^{43}Ca^+$ 的冷却和读取相关的能级。图中 397 nm 的激光用于 Doppler 冷却，而 866 nm 及 854 nm 的激光用于将 $3D$ 态的离子重新泵浦回冷却循环中

此离子中所使用的激光均为可见光波段。

① 参见文献 D. T. C. Allcock, T. P. Harty, M. A. Sepiol, H. A. Janacek, et al, New J. Phys. **18**, 023043 (2016).

② 参见文献 J. Benhelm, G. Kirchmair, C. F. Roos, and R. Blatt, Phys. Rev. A **77**, 062306 (2008).

(2) $^{40}\text{Ca}^+$。

与 $^{43}\text{Ca}^+$ 不同，$^{40}\text{Ca}^+$ 的核自旋为 0，其能级如图 4.13 所示。能级 $\left| S_{1/2}, \right.$

$\left. m = \dfrac{1}{2} \right\rangle$ 和 $\left| D_{5/2}, m = \dfrac{5}{2} \right\rangle$ 组成光学比特，值得注意，$S - D$ 跃迁为四极跃迁

（偶极跃迁禁戒），其耦合强度比偶极跃迁要弱很多。

- $^{40}\text{Ca}^+$ 的离子化：与 $^{43}\text{Ca}^+$ 类似，利用 423 nm 和波长短于 390 nm 的激光可对原子进行光电离（图 4.13（a））。

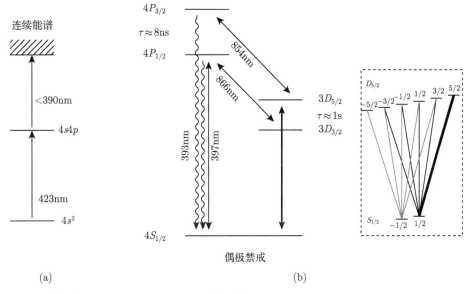

图 4.13　$^{40}\text{Ca}^+$ 量子计算相关能级：(a) $^{40}\text{Ca}^+$ 中与电离相关的能级，图中 423 nm 激光用于将原子的电子态激发为 $4S4P$，而波长短于 390 nm 的激光用于电离 $4P$ 电子；(b) $^{40}\text{Ca}^+$ 中与离子冷却和读出相关的能级，虚线框内表示磁场下对应能级的塞曼劈裂，图中 397 nm 激光用于 Doppler 冷却，866 nm 激光用于将 $3D$ 态的离子重新泵浦回冷却循环中

- 离子的冷却：与 $^{43}\text{Ca}^+$ 的 Doppler 冷却类似，$^{40}\text{Ca}^+$ 的 Doppler 冷却也需使用一束 397 nm 激光和一束 866 nm 激光（其中 866 nm 的激光用于使离子回到冷却循环中）。729 nm 的连续激光既用于光学比特的操作[①]，也同时用于边带冷却。由于激光线宽和上能级线宽已远小于声子频率，该激光可很好地在频率上区分载波跃迁和红、蓝边带跃迁。
- 量子态读取：在量子态读取过程中，使用 397 nm 的探测光和 866 nm 的泵

[①] 由于 D 态的能级寿命长达到 1s，因此，实验上对 729 nm 激光的线宽要求很高（激光频率需稳定到 1 Hz 量级）。

浦光，将处于 S 能级的态照亮，而处于 $3D_{5/2}$ 的态处于暗态。

(3) $^{171}\text{Yb}^+$（图 4.14）。

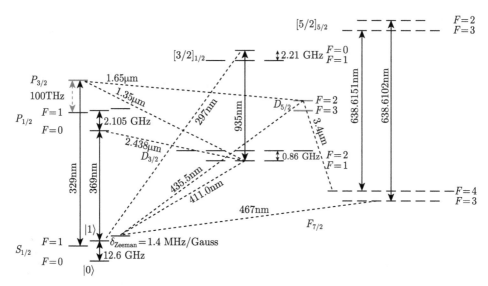

图 4.14　$^{171}\text{Yb}^+$ 能级结构示意图

$^{171}\text{Yb}^+$ 中基态 $2S_{1/2}$ 的超精细劈裂 $|F=0, m_F=0\rangle$ 和 $|F=1, m_F=0\rangle$ 组成频率差约为 12.6 GHz 的量子比特。此比特的上能级寿命非常长，可用作微波频率的原子钟。

• **Yb 的离子化**：与钙离子类似，Yb 原子通过光电离方法进行离子化。通过 399 nm 的激光将原子从 $6s^2$ 激发到 $6s6p$，随后利用 369 nm 的激光将其电离。

• **离子的冷却**：用红失谐 10 MHz 的 369 nm 激光在能级 $2S_{1/2}$ 和 $2P_{1/2}$ 间对离子进行 Doppler 冷却。处于能级 $2P_{1/2}$ 的离子有千分之五的概率跃迁到能级 $2D_{3/2}$；而由于背景气体的碰撞，离子有可能进入 $2F_{7/2}$ 能级，为形成封闭的 Doppler 循环，需使用 935 nm 和 638 nm 的激光将掉出循环之外的离子重新泵浦到冷却循环内（图 4.15）。

• **量子态操控**：$^{171}\text{Yb}^+$ 中量子比特的操作既可使用共振微波，也可使用激光以受激拉曼跃迁的形式实现。常用的拉曼光为 355 nm 皮秒脉冲光。与连续激光不同，皮秒脉冲光在时域上为皮秒宽度的光脉冲，脉冲的重复频率为 70—120 MHz；而皮秒脉冲光在频域上则具备梳齿状的频率间隔。通过对频率梳齿进行匹配，可使其中大部分梳齿的频率差为 12.6 GHz，从而能将光脉冲的大部分能量用于量子态操作。单个皮秒脉冲就能完成单比特的旋转，因此，单比特门的操作时间可达皮秒量级，远超其他操作手段。但受限于皮秒脉冲的重复频率，多个脉冲才能完成两比特门，因此，两比特门的操作时间与连续激光相当。

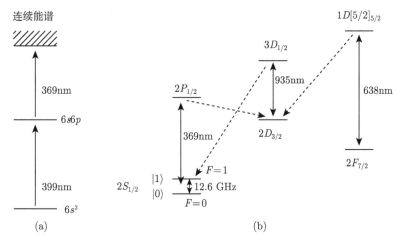

图 4.15 Yb 原子的相关能级：(a) 与 Yb 电离相关的能级，图中 399 nm 的激光将原子的电子态从 $6s^2$ 激发为 $6s6p$，369 nm 的激光将 $6p$ 电子电离；(b) Yb 中与离子冷却和读取相关的能级，图中 369 nm 的激光用于 Doppler 冷却，935 nm 及 638 nm 的激光用于将冷却循环外的离子重新泵浦回循环

• **量子态读取**：态探测由 369 nm 的光完成。若离子处于上能级 $|F=1, m_F=0\rangle$，则 369 nm 的激光会不断地激发 ^{171}Yb$^+$ 的 $|2S_{1/2}, F=1\rangle \rightarrow |2P_{1/2}, F=0\rangle$ 跃迁，进而散射出大量的光子，通过光子计数，就能得到离子演化的末态。

^{171}Yb$^+$ 的优点是能级结构简单，对激光线宽的要求低，比特能级的相干性好。通过使用动力学解耦、磁屏蔽等方法，可实现十分钟乃至一个小时的相干时间，远远超过门操作时间。操作上，可以使用多种操作方法，如微波、拉曼光或者编码到 $S-D$ 跃迁上使用光学比特等等，给人们提供了丰富的技术选择路径。

4.2.6 逻辑门的实现

根据光与原子的相互作用，通过控制激光的频率、作用时间等就能实现量子比特上的任意逻辑门。下面我们来说明如何在离子阱系统中实现普适量子门操作：任意的单比特幺正变换和两比特 CNOT（或 CZ 门）门。

4.2.6.1 单比特逻辑门

单比特操作中无需声子介入，此时激光频率与两个比特能级间共振（$k=0$）。在此条件下，式（4.26）中的幺正变换 $U_j(t)$ 简化为

$$A_j(\theta,\phi) = A_j(t) = \cos\frac{\theta}{2}(|e_j\rangle\langle e_j| + |g_j\rangle\langle g_j|) + \sin\frac{\theta}{2}(|e_j\rangle\langle g_j|e^{i\phi} - |g_j\rangle\langle e_j|e^{-i\phi})$$

$$= \begin{bmatrix} \cos\dfrac{\theta}{2} & e^{i\phi}\sin\dfrac{\theta}{2} \\ -e^{-i\phi}\sin\dfrac{\theta}{2} & \cos\dfrac{\theta}{2} \end{bmatrix} \tag{4.34}$$

其中

（1）$\theta = |\Omega_j^{n,0}|t$，$\phi = \bar{\phi}_j - \pi/2$。

（2）尽管单比特操控中声子不直接参与，但由于 $\Omega_j^{n,0}$ 与声子数 n 相关[①]，单比特操作仍对声子数 n 敏感。

（3）若实际操作中系统声子数 n 保持不变，则参数 θ 由时间 t 唯一确定。

（4）与第一章中单比特旋转表达式（引理 1.2.1）对比可知，矩阵 $A_j(\theta,\phi)$ 就是标准的单比特么正变换，通过调节参数 θ 和 ϕ 就可实现任意的单比特变换。

4.2.6.2   两比特逻辑门

除单比特逻辑门外，实现普适量子计算还需两比特逻辑门，我们下面将介绍几种实现两比特逻辑门的方案。

1. Cirac-Zoller 门

Cirac-Zoller 方案是离子阱中最早提出的两比特逻辑门（CNOT 门或 CZ 门）实现方案[②]（图 4.16）。此方案有如下特征：

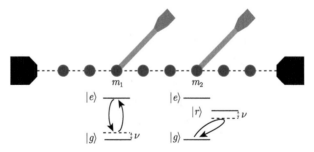

图 4.16   Cirac-Zoller 门：两束激光分别作用于离子 m_1 和 m_2（能级 $|e\rangle$ 和 $|g\rangle$ 组成量子比特）上。作用于离子 m_1 上的激光（失谐量等于声子频率 ν）使激发态 $|e\rangle$ 通过释放一个声子变为基态 $|g\rangle$，或通过吸收一个光子将基态 $|g\rangle$ 变为激发态 $|e\rangle$（同时获得相位 $-i$）；而作用于离子 m_2 上的激光（失谐量也等于声子频率 ν）使处于基态 $|g\rangle$ 的离子，在声子态为 $|1\rangle$ 时产生相位因子 -1（在能级 $|r\rangle$ 辅助下实现）

（1）实现离子 m_1 与 m_2 间的 CNOT（CZ）门除使用它们自身的比特能级外，还需使用离子 m_2 上的辅助能级 $|r\rangle$；

[①] 对不同声子数 n，相同的时间 t 将会获得不同的参数 θ（对应不同逻辑门），进而影响操作精度。

[②] J. I. Cirac, and P. Zoller, Phys. Rev. Lett. **74**, 4091-4094 (1995).

（2）整个 Cirac-Zoller 门都需严格控制声子模式的状态：声子模式要么为零声子态 $|0\rangle$，要么为单声子态 $|1\rangle$，且初始系统需冷却到零声子态 $|0\rangle$；

（3）声子作为数据线（data bus）参与 CNOT（CZ）门，离子 m_1 与 m_2 间无空间位置限制（无需相邻）；

（4）CNOT（CZ）门的实现过程基于两个基本幺正变换：无声子参与的单比特幺正变换（此时激光频率调为共振频率 $\omega_L = (E_e - E_g)/\hbar$）：

$$A_j^l(\phi) = \cos\left(\frac{l\pi}{2}\right)\mathbf{1} + \sin\left(\frac{l\pi}{2}\right)[e^{i\phi}|e_j\rangle\langle g_j| - e^{-i\phi}|g_j\rangle\langle e_j|]$$

以及单声子参与的幺正变换 $B_j^{l,\mathrm{I}}$ 和 $B_j^{l,\mathrm{II}}$（前者的激光频率设置为 $\omega_L = \omega_{eg} - \nu$，后者调为 $\omega_L = \omega_{rg} - \nu$）：

$$
\begin{aligned}
B_j^{l,\mathrm{I}} = &\cos\left(\frac{l\pi}{2}\right)[(|e_j\rangle\langle e_j| \otimes |0\rangle\langle 0|) + (|g_j\rangle\langle g_j| \otimes |1\rangle\langle 1|)] \\
&- i\sin\left(\frac{l\pi}{2}\right)[(|e_j\rangle\langle g_j| \otimes |0\rangle\langle 1|) + (|g_j\rangle\langle e_j| \otimes |1\rangle\langle 0|)] \\
&+ |g_j\rangle\langle g_j| \otimes |0\rangle\langle 0| + |e_j\rangle\langle e_j| \otimes |1\rangle\langle 1|
\end{aligned}
$$

$$
\begin{aligned}
B_j^{l,\mathrm{II}} = &\cos\left(\frac{l\pi}{2}\right)[(|r_j\rangle\langle r_j| \otimes |0\rangle\langle 0|) + (|g_j\rangle\langle g_j| \otimes |1\rangle\langle 1|)] \\
&- i\sin\left(\frac{l\pi}{2}\right)[(|r_j\rangle\langle g_j| \otimes |0\rangle\langle 1|) + (|g_j\rangle\langle r_j| \otimes |1\rangle\langle 0|)] \\
&+ |g_j\rangle\langle g_j| \otimes |0\rangle\langle 0| + |r_j\rangle\langle r_j| \otimes |1\rangle\langle 1|
\end{aligned}
$$

在这两类基本幺正变换基础上，离子 m_1 和 m_2 间的 CNOT 门可通过如下操作序列实现：

$$U_{\mathrm{C\text{-}z}} = A_{m_2}^{1/2}(\pi)A_{m_2}^1\left(\frac{\pi}{2}\right)B_{m_1}^{1,\mathrm{I}}B_{m_2}^{2,\mathrm{II}}B_{m_1}^{1,\mathrm{I}}A_{m_2}^1\left(-\frac{\pi}{2}\right)A_{m_2}^{1/2}(0)$$

其中算符 $B_{m_1}^{1,\mathrm{I}}B_{m_2}^{2,\mathrm{II}}B_{m_1}^{1,\mathrm{I}}$ 实现了比特 m_1 与 m_2 间的 CZ 操作。由幺正变换的线性性质，仅需计算比特 m_1 和 m_2 的基矢量在算符 $B_{m_1}^{1,\mathrm{I}}B_{m_2}^{2,\mathrm{II}}B_{m_1}^{1,\mathrm{I}}$ 下的变换即可。设初始时声子处于基态（零声子态），则

（1）将 $l=1$ 代入 $B_{m_1}^{l,\mathrm{I}}$ 中 $\left(\cos\frac{\pi}{2}=0,\ \sin\frac{\pi}{2}=1\right)$ 得到 $B_{m_1}^{1,\mathrm{I}}$ 为

$$-i[(|e_{m_1}\rangle\langle g_{m_1}| \otimes |0\rangle\langle 1|) + (|g_{m_1}\rangle\langle e_{m_1}| \otimes |1\rangle\langle 0|)] + \Delta_I$$

其中 $\Delta_I = |g_{m_1}\rangle\langle g_{m_1}| \otimes |0\rangle\langle 0| + |e_{m_1}\rangle\langle e_{m_1}| \otimes |1\rangle\langle 1|$ 为平凡部分。它表明 m_1 离子的激发态 $|e_{m_1}\rangle$ 通过释放一个声子跃迁回基态 $|g_{m_1}\rangle$，并同时获得相位 $-i$（或其逆过程）。因此，当第一个算符 $B_{m_1}^{1,\mathrm{I}}$ 作用于零声子系统时，仅含有 $|e_{m_1}\rangle$ 的基矢量会获得非平庸变换：

$$|e_{m_1}\rangle|g_{m_2}\rangle|0\rangle \longrightarrow -i|g_{m_1}\rangle|g_{m_2}\rangle|1\rangle$$

$$|e_{m_1}\rangle|e_{m_2}\rangle|0\rangle \longrightarrow -i|g_{m_1}\rangle|e_{m_2}\rangle|1\rangle$$

（2）将 $l=2$ 代入 $B_{m_2}^{l,\mathrm{II}}$ 中 $\left(\cos\dfrac{2\pi}{2}=-1,\sin\dfrac{2\pi}{2}=0\right)$，则 $B_{m_2}^{2,\mathrm{II}}$ 门变为

$$-[(|r_{m_2}\rangle\langle r_{m_2}|\otimes|0\rangle\langle 0|)+(|g_{m_2}\rangle\langle g_{m_2}|\otimes|1\rangle\langle 1|)]+\Delta_{\mathrm{II}}$$

其中 $\Delta_{\mathrm{II}}=|g_{m_2}\rangle\langle g_{m_2}|\otimes|0\rangle\langle 0|+|r_{m_2}\rangle\langle r_{m_2}|\otimes|1\rangle\langle 1|$。它表明在能级 $|r_{m_2}\rangle$ 的辅助下，系统含 $|g_{m_2}\rangle|1\rangle$ 的基矢量将获得相位 -1。因此，仅当第二个算符 $B_{m_2}^{l,\mathrm{II}}$ 作用于系统（由比特 m_1、m_2 以及声子组成）的如下基矢量时获得非平凡变换：

$$-i|g_{m_1}\rangle|g_{m_2}\rangle|1\rangle \longrightarrow i|g_{m_1}\rangle|g_{m_2}\rangle|1\rangle$$

$$-i|g_{m_1}\rangle|e_{m_2}\rangle|1\rangle \longrightarrow -i|g_{m_1}\rangle|e_{m_2}\rangle|1\rangle$$

（3）当第三个算符 $B_{m_1}^{1,\mathrm{I}}$ 作用时，仅含有 $|g_{m_1}\rangle|1\rangle$ 和 $|e_{m_1}\rangle|0\rangle$ 的项获得非平凡相位 $-i$，即

$$|g_{m_1}\rangle|g_{m_2}\rangle|0\rangle \longrightarrow |g_{m_1}\rangle|g_{m_2}\rangle|0\rangle$$

$$|g_{m_1}\rangle|e_{m_2}\rangle|0\rangle \longrightarrow |g_{m_1}\rangle|e_{m_2}\rangle|0\rangle$$

$$i|g_{m_1}\rangle|g_{m_2}\rangle|1\rangle \longrightarrow |e_{m_1}\rangle|g_{m_2}\rangle|0\rangle$$

$$-i|g_{m_1}\rangle|e_{m_2}\rangle|1\rangle \longrightarrow -|e_{m_1}\rangle|e_{m_2}\rangle|0\rangle$$

至此，声子态已回到初始状态（零声子态），它与所有离子的内态（比特能级和辅助能级）均解纠缠。若只看离子 m_1 和 m_2 的比特能级组成的希尔伯特空间，则实现了如下变换：

$$B_{m_1}^{1,\mathrm{I}}B_{m_2}^{2,\mathrm{II}}B_{m_1}^{1,\mathrm{I}}=|g_{m_1}\rangle\langle g_{m_1}|\otimes\mathbf{1}_{m_2}+|e_{m_1}\rangle\langle e_{m_1}|\otimes\sigma_{m_2}^z$$

此即 CZ 门。

将 $l=1/2$ 和 $\phi=\pi$ 代入 $A_{m_2}^l(\phi)$ 可得

$$A_{m_2}^{1/2}(\pi)A_{m_2}^1\left(\frac{\pi}{2}\right)=\frac{i}{\sqrt{2}}[|g_{m_2}\rangle\langle g_{m_2}|+|e_{m_2}\rangle\langle g_{m_2}|+|g_{m_2}\rangle\langle e_{m_2}|-|e_{m_2}\rangle\langle e_{m_2}|]=iH$$

其中 H 为 Hadamard 门。同理可知 $A_{m_2}^1\left(-\dfrac{\pi}{2}\right)A_{m_2}^{1/2}(0)=-iH$。因此，$U_{\mathrm{C\text{-}Z}}$ 实现了 CNOT 门。

由于实现 $U_{\mathrm{C\text{-}Z}}$ 门的整个过程中声子数需确定为 0 或 1，Cirac-Zoller 方案对声子数涨落和离子加热极为敏感，这对实现高保真度 CNOT 门提出严峻挑战。人

们期望找到对声子数涨落不敏感的方案，M-S 门就是其中的典型代表。

2. Molmer-Sorensen（M-S）门

M-S 门[①]通过双光子共振来降低两比特逻辑门对声子的敏感度。如图 4.17 所示，两束失谐量互补的激光（一束红失谐，一束蓝失谐）同时作用于离子 m_1 和 m_2 上，此时系统哈密顿量为

$$H = \hbar\nu\left(a^\dagger a + \frac{1}{2}\right) + \underbrace{\frac{\hbar\omega_{eg}}{2}\sum_{k=m_1,m_2}\sigma_k^z}_{H_0} + \underbrace{\sum_{k=m_1,m_2}V_k}_{H_1} \tag{4.35}$$

其中 V_k 表示离子 k 与两个激光场的作用（式（4.20）），H_0 为初始哈密顿量。哈密顿量 H 在相互作用表象下可写为

$$H_I = \sum_{k=m_1,m_2}\frac{\hbar\lambda_k}{2}\sigma_k^+ e^{i\eta_k(a^\dagger e^{i\nu t}+ae^{-i\nu t})}(\underbrace{e^{-i(\delta^1 t-\phi_k^1)}}_{\text{激光 1}} + \underbrace{e^{-i(\delta^2 t-\phi_k^2)}}_{\text{激光 2}}) + \text{h.c.}$$

其中 $\delta^i = \omega^i - \omega_{eg}\ (i=1,2)$ 为第 i 束激光的失谐量[②]；已假设激光 1、2 与同一个离子的耦合强度相等，即 $\lambda_k^1 = \lambda_k^2 = \lambda_k$；$\phi_k^1$ 和 ϕ_k^2 为离子 k 处的初始相位。

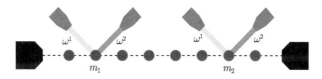

图 4.17 Molmer-Sorensen 门：两束失谐量互补的光同时作用在离子 m_1 与 m_2 上

在 M-S 门中，为匹配双光子共振条件，两束激光的频率失谐量需互补，因此，令

$$\delta^1 = -\delta^2 = \nu - \delta$$

其中 ν 是声子频率，δ 是总失谐量（它是声子频率与激光失谐量 $\delta^{1,2}$ 间的差值）。在 Lamb-Dicke 区（$\eta_k \ll 1$），哈密顿量 H_I 在 η_k 的一阶近似下可表示为

$$H_I \approx \sum_{k=m_1,m_2}\frac{\hbar\lambda_k}{2}[\sigma_k^+(1+i\eta_k(ae^{-i\nu t}+\text{h.c.}))(e^{i(-(\nu-\delta)t+\phi_k^1)}+e^{i((\nu-\delta)t+\phi_k^2)})] + \text{h.c.}$$

进一步利用旋波近似 (保留最低频率的含时项 $e^{\pm\delta t}$)，哈密顿量 H_I 可简化为

---

① 参见文献 K. Mølmer, and A. Sørensen, Phys. Rev. Lett. **82**, 1835-1838 (1999); A. Sørensen, and K. Mølmer, Phys. Rev. Lett. **82**, 1971-1974 (1999); S. L. Zhu, C. Monroe, and L. M. Duan, EPL **73**, 485 (2006).

② ω^i 为激光束 i 的频率，而 $\hbar\omega_{eg}$ 为离子比特能级间的能量差。

$$H_I \approx \sum_{k=m_1,m_2} \frac{i\hbar\eta_k\lambda_k}{2}(\sigma_k^+ a^\dagger e^{i(\delta t+\phi_k^1)} + \sigma_k^+ a e^{i(-\delta t+\phi_k^2)} - \text{h.c.})$$

$$= \sum_{k=m_1,m_2} \frac{i\hbar\eta_k\lambda_k}{2}[a^\dagger e^{i\delta t}(\sigma_k^+ e^{i\phi_k^1} - \sigma_k^- e^{-i\phi_k^2}) + a e^{-i\delta t}(\sigma_k^+ e^{i\phi_k^2} - \sigma_k^- e^{-i\phi_k^1})]$$

$$= \sum_{k=m_1,m_2} \frac{\hbar\eta_k\lambda_k}{2}(a^\dagger e^{i(\delta t+\phi_k^l)} + a e^{-i(\delta t+\phi_k^l)})(\sigma_k^+ e^{i\phi_k^r} + \sigma_k^- e^{-i\phi_k^r}) \tag{4.36}$$

其中 $\phi_k^l = \frac{\phi_k^1 - \phi_k^2}{2}, \phi_k^r = \frac{\phi_k^1 + \phi_k^2 + \pi}{2}$。此时，$H_I$ 仍为含时哈密顿量，为获得 H_I 对应的有效哈密顿量 H_{eff} 及其幺正变换 $U(t) = \mathcal{T}\exp\left[-i\int_0^t H_I(t)dt\right]$，我们需使用 Magnus 展开[①]。

Magnus 展开

若含时算符 $Y(t)$ 满足线性演化方程：

$$\frac{\partial Y(t)}{\partial t} = A(t) \cdot Y(t)$$

($A(t)$ 为已知含时算符) 且初始条件为 $Y(0) = I$，则 $Y(t)$ 的解可表示为某个含时算符 $\Omega(t)$ 的指数形式，即 $Y(t) = \exp(\Omega(t))$，且 $\Omega(t)$ 可通过下面的 Magnus 级数逼近：

$$\Omega(t) = \int_0^t A(t_1)dt_1 + \frac{1}{2}\int_0^t\int_0^{t_1}[A(t_1), A(t_2)]dt_1 dt_2 + \cdots$$

对任意给定的含时哈密顿量 $H(t)$，它对应的幺正演化算符 $U(t)$ 满足方程：

$$\frac{\partial U(t)}{\partial t} = \frac{1}{i\hbar}H(t) \cdot U(t)$$

且 $U(0) = I$。因此，幺正演化算符 $U(t)$ 满足 Magnus 展开条件，它可展开为 $U(t) = \exp(\Omega)$ 且

$$\Omega = \Omega_1 + \Omega_2 + \cdots = \frac{1}{i\hbar}\int_0^t H(t_1)dt_1 + \frac{1}{2i\hbar^2}\int_0^t\int_0^{t_1}[H(t_1), H(t_2)]dt_1 dt_2 + \cdots$$

① 参见文献 W. Magnus, Commun Pur. Appl. Math. **7**, 649-673 (1954).

而有效哈密顿量 H_{eff} 则可表示为

$$H_{\text{eff}} = i\hbar\Omega$$

根据 Magnus 展开，含时哈密顿量 H_I 对应的幺正演化算符 $U(t)$ 可近似为

$$U(t) = \exp\left[\frac{1}{i\hbar}\int_0^t dt_1 H_I(t_1) + \frac{1}{2\hbar^2}\int_0^t dt_1 \int_0^{t_1} dt_2 [H_I(t_1), H_I(t_2)] + \cdots\right]$$

直接计算可得

$$
\begin{aligned}
\Omega_1 &= \frac{1}{i\hbar}\int_0^t dt_1 H_I(t_1) \\
&= \sum_{k=m_1,m_2} \frac{\eta_k\lambda_k}{2i}\int_0^t dt_1 (a^\dagger e^{i(\delta t_1+\phi_k^l)} + a e^{-i(\delta t_1+\phi_k^l)})\sigma_k(\phi_k^r) \\
&= \sum_{k=m_1,m_2} \frac{\eta_k\lambda_k}{2i}\left(a^\dagger e^{i\phi_k^l}\frac{e^{i\delta t}-1}{i\delta} + a e^{-i\phi_k^l}\frac{1-e^{-i\delta t}}{i\delta}\right)\sigma_k(\phi_k^r) \\
&= \sum_{k=m_1,m_2} \frac{-i\eta_k\lambda_k}{\delta}\sin\frac{\delta t}{2}\left(a^\dagger e^{i\left(\frac{\delta t}{2}+\phi_k^l\right)} + a e^{-i\left(\frac{\delta t}{2}+\phi_k^l\right)}\right)\sigma_k(\phi_k^r)
\end{aligned}
$$

其中 $\sigma_k(\phi_k^r) = \sigma_k^+ e^{i\phi_k^r} + \sigma_k^- e^{-i\phi_k^r}$。而第二项为

$$
\begin{aligned}
\Omega_2 &= \frac{1}{2\hbar^2}\int_0^t dt_1 \int_0^{t_1} dt_2 [H_I(t_1), H_I(t_2)] \\
&= \frac{1}{2\hbar^2}\int_0^t dt_1 \int_0^{t_1} dt_2 \Bigg[\sum_{k=m_1,m_2}\frac{\hbar\eta_k\lambda_k}{2}(a^\dagger e^{i(\delta t_1+\phi_k^l)} + a e^{-i(\delta t_1+\phi_k^l)})\sigma_k(\phi_k^r), \\
&\qquad \sum_{k=m_1,m_2}\frac{\hbar\eta_k\lambda_k}{2}(a^\dagger e^{i(\delta t_2+\phi_k^l)} + a e^{-i(\delta t_2+\phi_k^l)})\sigma_k(\phi_k^r)\Bigg] \\
&= \frac{1}{2\hbar^2}\int_0^t dt_1 \int_0^{t_1} dt_2 \Bigg[\frac{\hbar^2}{4}(\eta_{m_1}^2|\lambda_{m_1}|^2 + \eta_{m_2}^2|\lambda_{m_2}|^2)(e^{i\delta(t_2-t_1)} - e^{-i\delta(t_2-t_1)}) \\
&\quad + \frac{\hbar^2\eta_{m_1}\eta_{m_2}\lambda_{m_1}\lambda_{m_2}}{4}(e^{i\delta(t_2-t_1)}e^{i(\phi_{m_2}^l-\phi_{m_1}^l)} + e^{i\delta(t_2-t_1)}e^{i(\phi_{m_1}^l-\phi_{m_2}^l)} \\
&\quad - e^{-i\delta(t_2-t_1)}e^{-i(\phi_{m_2}^l-\phi_{m_1}^l)} - e^{-i\delta(t_2-t_1)}e^{-i(\phi_{m_1}^l-\phi_{m_2}^l)})\sigma_{m_1}(\phi_{m_1}^r)\sigma_{m_2}(\phi_{m_2}^r)\Bigg] \\
&= i\underbrace{\frac{\eta_{m_1}\eta_{m_2}\lambda_{m_1}\lambda_{m_2}}{2\delta}\left(\frac{\sin(\delta t)}{\delta} - t\right)\cos(\phi_{m_1}^l - \phi_{m_2}^l)}_{\chi_{12}}\sigma_{m_1}(\phi_{m_1}^r)\sigma_{m_2}(\phi_{m_2}^r)
\end{aligned}
$$

$$+ \text{const} \tag{4.37}$$

其中 const 表示常数项（仅带来整体相位，可忽略）。

对系统参数进行精细控制就能实现给定的两比特门，我们以两比特门 $U = \exp\left(i\frac{\pi}{4}\sigma_{m_1}^x\sigma_{m_2}^x\right)$ 的实现为例来说明如何控制系统参数。

(1) 控制演化时间 t（δ 已给定）使 $\delta t = 2n\pi$（n 为非零整数），则 $\Omega_1 = 0$。

(2) 将参数 δ 以及前一步确定的时间 t 代入表达式（4.37）中的 χ_{12}，求解控制参数 λ_{m_1} 和 λ_{m_2} 使得 $\chi_{12} = \frac{\pi}{4}$。若令 $\lambda_{m_1} = \lambda_{m_2}$，则其解存在且唯一。

(3) 进一步调节激光相位使 $\phi_k^r = 0$。

将这些参数代入 Magnus 展开就能得到两比特门 $U = \exp\left(i\frac{\pi}{4}\sigma_{m_1}^x\sigma_{m_2}^x\right)$。

在前面的讨论中，我们仅考虑了单个声子模式（其他声子模式均为大失谐）。若考虑多个声子模式，则 Ω_1 变为与多个声子模式相关的复杂函数：

$$\Omega_1 = \sum_{k=m_1,m_2}\sum_\alpha \frac{-i\eta_{k\alpha}}{\delta(\alpha)}$$

$$\cdot \underbrace{\lambda_k \sin\frac{\delta(\alpha)t}{2}\left(a_\alpha^\dagger e^{i\left(\frac{\delta(\alpha)t}{2}+\phi_k^l\right)} + a_\alpha e^{-i\left(\frac{\delta(\alpha)t}{2}+\phi_k^l\right)}\right)}_{\xi_{k\alpha}}\sigma_k\left(\phi_k^r\right) \quad (4.38)$$

其中 α 表示不同声子模式，ν_α 为第 α 个声子模式的频率，且总失谐量 $\delta(\alpha) = \nu_\alpha - \delta^L$ 表示声子频率与激光失谐量之差。如果要使 $\Omega_1 = 0$，则需 $\xi_{k\alpha} = 0$ 对所有 α 和 k 成立。对 n 个声子的情况，共有 $2 \times 2n$ 个方程。一般取 $\lambda_{m_1} = \lambda_{m_2} = \lambda$，则方程数目降为 $2n$ 个，且均为 λ 的线性方程。若将 λ 均匀的分成 $2n$ 段且每段为一个未知常数 λ^i（$i = 1, 2, \cdots, 2n$），则方程数量与未知数 λ^i 的数量相等，因此，可唯一解得满足 $\Omega_1 = 0$ 的分段函数 λ。若进一步要求 $\chi_{12} = \frac{\pi}{4}$ 在多声子情况下仍成立（多出一个方程），则需增加一个额外的变量，即设 λ 由 $2n+1$ 段常函数组成。通过此方法，即使在多声子情况下，仍能通过调控参数实现两比特门 $U = \exp\left(i\frac{\pi}{4}\sigma_{m_1}^x\sigma_{m_2}^x\right)$。

M-S 门对声子数的不敏感性

M-S 门对声子数的不敏感性可通过如下计算来定性说明。

失谐量为 $\omega_1 - \omega_{eg} = \mu - \delta$ 或 $\omega_2 - \omega_{eg} = -\mu + \delta$ 的单个光子即使在声子辅助下也无法完成离子能级 $|e\rangle$ 与 $|g\rangle$ 间的跃迁。但两个失谐量互补的光子可通过双光子共振实现能级 $|ggn\rangle$ 与 $|een\rangle$ 间的跃迁。换言之，如图 4.18 所示的能级 $|egn\pm1\rangle$、$|gen\pm1\rangle$、$|egn\rangle$ 和 $|gen\rangle$ 均为虚能级（系

统在这些能级上无布居）。此双光子共振过程有两条不同的相干路径（路径上的中间态均为虚过程），声子数起伏的影响被这两条路径的相干所抵消。此抵消效应可从能级 $|ggn\rangle$ 与 $|een\rangle$ 间的拉比频率 $\tilde{\Omega}$ 中看出。由于 $|ggn\rangle$ 与 $|een\rangle$ 间的跃迁为二阶微扰，则

$$
\tilde{\Omega} = \frac{2}{\hbar} \left| \sum_m \frac{\langle een|H_{\text{int}}|m\rangle\langle m|H_{\text{int}}|ggn\rangle}{E_{ggn} + \hbar\omega_i - E_m} \right|
$$

$$
\approx \frac{1}{\hbar} \left| \frac{\langle een|H_{\text{int}}|egn+1\rangle\langle egn+1|H_{\text{int}}|ggn\rangle}{E_{ggn} + \hbar\omega_1 - E_{egn+1}} \right.
$$

$$
\left. + \frac{\langle een|H_{\text{int}}|gen-1\rangle\langle gen-1|H_{\text{int}}|ggn\rangle}{E_{ggn} + \hbar\omega_2 - E_{gen-1}} \right|
$$

$$
= \frac{1}{2} \left| \frac{\langle een|\eta_2\Omega_2\sigma_2^+ ae^{i(-\delta t+\phi_2)}|egn+1\rangle\langle egn+1|\eta_1\Omega_1\sigma_1^+ a^\dagger e^{i(\delta t+\phi_1)}|ggn\rangle}{-\hbar\delta} \right.
$$

$$
\left. + \frac{\langle een|\eta_1\Omega_1\sigma_1^+ a^\dagger e^{i(\delta t+\phi_1)}|gen-1\rangle\langle gen-1|\eta_2\Omega_2\sigma_2^+ ae^{i(-\delta t+\phi_2)}|ggn\rangle}{\hbar\delta} \right|
$$

$$
= \frac{\eta_1\eta_2\Omega_1\Omega_2}{2} \left| \frac{n+1}{-\delta} + \frac{n}{\delta} \right|
$$

$$
= \frac{\eta_1\eta_2\Omega_1\Omega_2}{\delta}
$$

它与声子数 n 无关。

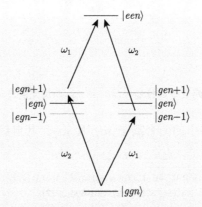

图 4.18 M-S 门原理示意图：当两束激光的失谐量相加等于零时，双光子共振产生两
条相干的不同路径，它们之间相干使声子数影响相互抵消

从 Magnus 展开还可直接得到系统的有效哈密顿量，即

$$H_{\text{eff}} = -i\hbar(\Omega_1 + \Omega_2) \tag{4.39}$$

通过控制系统参数，可用于模拟不同的物理系统。与实现两比特量子门情况类似，先控制参数使 $\Omega_1 = 0$，则哈密顿量仅由

$$\Omega_2 = i \sum_{k_1 \neq k_2} \left[\left(\sum_\alpha \eta_{\alpha k_1} \eta_{\alpha k_2} \Lambda_{k_1 k_2} \right) \sigma_{k_1}(\phi_{k_1}^r) \sigma_{k_2}(\phi_{k_2}^r) \right]$$

（其中 $\Lambda_{k_1 k_2}$ 表示式（4.37）中的其他项）确定。因此，有效哈密顿量具有伊辛形式：

$$H_{\text{eff}} = -\hbar \sum_{k_1 \neq k_2} \left[\left(\sum_\alpha \eta_{\alpha k_1} \eta_{\alpha k_2} \Lambda_{k_1 k_2} \right) \sigma_{k_1}(\phi_{k_1}^r) \sigma_{k_2}(\phi_{k_2}^r) \right] \tag{4.40}$$

通过调节失谐 u，可调节此有效哈密顿量中两个自旋间的相互作用强度呈多项式衰减[1][2]。

3. 几何相位门

几何相位门通过自旋依赖力实现：声子被自旋依赖力驱动在相空间中移动，当移动路径在相空间中形成一环路时，每个自旋态都将产生一个与自旋状态依赖的几何相位[3]（图 4.19）。

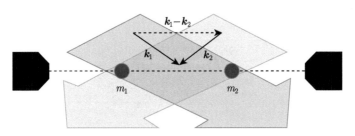

图 4.19　几何相位门：两束全局拉曼光照射离子，两束光的波矢差平行于阱轴（z 方向）

考虑囚禁于同一阱中的两个离子 m_1 和 m_2，其自旋依赖力由两束全局拉曼

① Zhang J, Pagano G, Hess P W, et al. Observation of a many-body dynamical phase transition with a 53-qubit quantum simulator. Nature, 551(7682): 601-604(2017).

② Kim, K. et al. Entanglement and tunable spin-spin couplings between trapped ions using multiple transverse modes. Phys. Rev. Lett. 103, 120502 (2009).

③ 参见文献 A. Sørensen, and K. Mølmer, Phys. Rev. A **62**, 022311 (2000); G. J. Milburn, S. Schneider, and D. F. V. James, Fortschr. Phys. **48**, 801-810 (2000); X. Wang, A. Sørensen, and K. Mølmer, Phys. Rev. Lett. **86**, 3907 (2001); D. Leibfried, B. DeMarco, V. Meyer, D. Lucas, et al, Nature, **422**, 412-415 (2003).

光产生。这两束拉曼光的频率分别设为 $\omega_1 = \omega_0 + \Delta$ 和 $\omega_2 = \omega_0 + \Delta + \nu + \delta$，其中 $\hbar\omega_0$ 为两个比特能级间的能量差，ν 为声子频率且 $\Delta \gg \nu \gg \delta$（$\Delta$ 为大失谐，δ 为小失谐）。进一步设两束光的波矢差 $\boldsymbol{k}_1 - \boldsymbol{k}_2 = \Delta k \hat{z}$ 平行于阱轴（z 方向），且满足 $\Delta k \cdot d = 2\pi n$（其中 d 为两离子平衡位置间的距离，n 为整数），此时两离子在激光场中的相位相同。在此设定下，单个离子 m 受到的电场为

$$\boldsymbol{E} = \boldsymbol{E}_1 + \boldsymbol{E}_2 = E_1 \boldsymbol{\epsilon}_1 \cos(\omega_1 t - \boldsymbol{k}_1 \cdot \boldsymbol{r}_m + \phi_1) + E_2 \boldsymbol{\epsilon}_1 \cos(\omega_2 t - \boldsymbol{k}_2 \cdot \boldsymbol{r}_m + \phi_2)$$

其中 $\boldsymbol{r}_m$ 表示离子 m 所在的位置。在相互作用表象及旋波近似下，这两束光与离子 m 相互作用的哈密顿量为

$$H_m = \frac{\hbar\lambda}{2} \sigma_m^+ e^{i\eta_m(a^\dagger e^{i\nu t} + a e^{-i\nu t})} \left(e^{-i(\Delta t - \phi_1)} + e^{-i((\Delta + \nu + \delta)t - \phi_2)} \right) + \text{h.c.}$$

$$\approx \frac{\hbar\lambda}{2} \sigma_m^+ e^{-i\Delta t + i\phi_1} + \frac{i\hbar\lambda\eta_m}{2} \sigma_m^+ a^\dagger e^{-i(\Delta + \delta)t + i\phi_2} + \text{h.c.}$$

其中已假设 λ 与激光束和离子均无关（$E_1 = E_2$）。

考虑到 $\Delta \gg \nu \gg \delta$，在 Magnus 展开的一阶表达式中，我们将含 Δ 的高频部分平均掉，仅保留含 δ 的低频部分，并去除常数部分，则得到离子 m 上的有效哈密顿量为

$$H_{\text{eff}}^m = \frac{1}{t} \int_0^t H_1(t_1) dt_1 + \frac{i}{2\hbar t} \int_0^t \int_0^{t_1} [H_1(t_1), H_1(t_2)] dt_1 dt_2 + \cdots$$

$$\approx \frac{-i\hbar\lambda^2 \eta_m}{4\Delta} \sigma_m^z \left(e^{i(\delta t - \phi)} a - e^{-i(\delta t - \phi)} a^\dagger \right) \tag{4.41}$$

其中 $\frac{1}{\Delta} \ll t \ll \frac{1}{\delta}$，$\phi = \phi_2 - \phi_1$。

有效哈密顿量与驱动力

若对一个频率为 ν，质量为 M 的谐振子系统施加一个近共振驱动力 $F_0 \sin[(\nu + \delta)t - \phi]$，则其哈密顿量变为

$$H = \underbrace{\frac{1}{2M}\hat{P}^2 + \frac{1}{2}M\nu^2\hat{Z}^2}_{H_0} + \underbrace{\hat{Z}F_0 \sin[(\nu + \delta)t - \phi]}_{V}$$

其中 $\hat{Z}$ 和 $\hat{P}$ 分别为 z 方向上的坐标算符和动量算符。引入谐振子生成湮灭算符：

$$a = \frac{i}{\sqrt{2M\hbar\nu}}[\hat{P} - iM\nu\hat{Z}], \qquad a^\dagger = \frac{-i}{\sqrt{2M\hbar\nu}}[\hat{P} + iM\nu\hat{Z}]$$

哈密顿量 H 变为

$$H = \hbar\nu\left(a^\dagger a + \frac{1}{2}\right) + \frac{z_0 F_0}{2i}(a + a^\dagger)(e^{i[(\nu+\delta)t-\phi]} - e^{-i[(\nu+\delta)t-\phi]})$$

其中 $z_0 = \sqrt{\dfrac{\hbar}{2M\nu}}$。在相互作用表象和旋波近似下，哈密顿量变为

$$H_I = -i\frac{z_0 F_0}{2}(e^{i(\delta t-\phi)}a - e^{-i(\delta t-\phi)}a^\dagger)$$

对比此哈密顿量与式（4.41）中的有效哈密顿量可知：式（4.41）中的声子 j 感受到一个与离子 m 的状态相关的力：

若离子 m 处于 $|e\rangle$ 态，则声子受到驱动力 $F\sin[(\nu+\delta)t-\phi]$；

而若离子 m 处于 $|g\rangle$ 态，则声子受到驱动力 $-F\sin[(\nu+\delta)t-\phi]$，

其中 $F = \dfrac{\hbar|\lambda_1|^2\eta_1}{2\Delta z_0}$。这样的力我们称为自旋依赖力。按自旋依赖力的理解和式（4.38）的表达式可知：M-S 门也由自旋依赖力驱动。

由作用力与反作用力的关系，离子自身也同时受到与其自身状态相关的力。为简单计，设系统中的声子模式为呼吸模式，则离子 m_2 受到的自旋依赖力在自旋相同时与离子 m_1 相反（呼吸模中 $\eta_2 = -\eta_1$）。因此，若两个离子处于自旋态 $|eg\rangle$ 或 $|ge\rangle$，则它们受到的力同向；若两个离子处于 $|ee\rangle$ 或 $|gg\rangle$ 时，则它们受到的力反向（相互抵消）。

事实上，有效哈密顿量（式（4.41））对应的幺正演化算符

$$U(T_2, T_1) = \mathcal{T}\exp\left(\int_{T_1}^{T_2} -iH(t)dt\right)$$

可写为一系列幺正算符按时序的乘积：

$$U(T_2, T_1) = U(T_2, t_N) \cdot U(t_N, t_{N-1}) \cdots U(t_2, t_1) \cdot U(t_1, T_1)$$

其中每个 $U(t_{i+1}, t_i)$ 都是一个与离子状态依赖的无穷小声子平移算符（displacement operator）[1]：

$$D(d\alpha) = e^{d\alpha a^\dagger - d\alpha^* a} \tag{4.42}$$

---

[1] 平移算符 $D(\alpha) = e^{\alpha a^\dagger - \alpha^* a}$ 是量子光学中的基本算符，其性质可请查阅：郭光灿，周祥发《量子光学》，科学出版社（2022 年）。

其中 $d\alpha = \dfrac{d\alpha}{dt}dt = -\dfrac{|\lambda|^2\eta_m}{4\Delta}\langle\sigma_m^z\rangle e^{-i(\delta t-\phi)}dt$ (dt 为演化时间)。通过改变有效哈密顿量(式(4.41))中的参数(光强、频率、相位等)和作用时间可驱动声子在相空间中移动,我们下面来计算系统在相空间中移动产生的几何相位。

几何相位的产生

由于生成算符 $a^\dagger$、湮灭算符 a 间有对易关系 $[a^\dagger, a] = 1$,则平移算符 $D(\alpha)$ 的合成满足如下关系:

$$D(\alpha)D(\beta) = D(\alpha + \beta)e^{i\,\mathrm{Im}(\alpha\beta^*)} \tag{4.43}$$

这表明声子移动将产生额外的相位 $e^{i\,\mathrm{Im}(\alpha\beta^*)}$。若将相空间中的移动轨迹分割成 N 个小区间 $\Delta\alpha_1, \Delta\alpha_2, \cdots, \Delta\alpha_N$(每个小区间对应一个平移算符),并将平移算符的合成法则(式(4.43))依次应用于轨迹中的每个平移算符,则有

$$
\begin{aligned}
D(\mathrm{path}) &= D(\Delta\alpha_N)D(\Delta\alpha_{N-1})\cdots D(\Delta\alpha_2)D(\Delta\alpha_1) \\
&= D\left(\sum_i \Delta\alpha_i\right)\exp\left[i\,\mathrm{Im}\left(\sum_{j=2}^{N}\Delta\alpha_j\left(\sum_{k=1}^{j-1}\Delta\alpha_k^*\right)\right)\right] \\
&\equiv D\left(\int \frac{d\alpha}{d\tau}d\tau\right)e^{i\Phi(t)} \qquad (\Delta\alpha_i \to 0)
\end{aligned}
$$

其中 $\Phi(t) = \mathrm{Im}\left(\displaystyle\int \alpha^*(\tau)\frac{d\alpha}{d\tau}d\tau\right)$。特别地,若 $\alpha(t)$ 为相空间(复平面)上的闭合回路,则可将上面的路径积分转化为面积积分,此时,总平移算符为

$$D(\mathrm{cycle}) = D(0)e^{\mathrm{Im}[\oint \alpha^*(\tau)d\alpha]} = D(0)e^{i\frac{A}{\hbar}}$$

其中 A 为闭合回路在相空间中围成的面积。由于移动前后声子状态不变,系统仅获取一总体相位,且此相位仅与路径围成的面积相关(与路径细节无关),我们称 $e^{i\frac{A}{\hbar}}$ 为几何相位。

在式(4.42)中我们看到,平移算符 $D(d\alpha)$ 与离子的状态相关,因而,系统获取的几何相位 $e^{i\frac{A}{\hbar}}$ 也与离子状态相关。若两个离子(m_1 和 m_2)处于量子态 $|ee\rangle$ 或 $|gg\rangle$ 且调控声子模式为呼吸模式,则它们对声子平移的相位贡献相互抵消,进而声子状态保持不变。若两个离子处于量子态 $|ge\rangle$ 或 $|eg\rangle$,则 m_1 和 m_2 对声子平移的相位贡献相同,此时平移算符 $D(\alpha)$ 中的参数 α_{ge} 与 α_{eg}(在复平面上)

满足

$$\frac{d\alpha_{ge}}{dt} = -\frac{d\alpha_{eg}}{dt} = \Omega_D e^{-i(\delta t - \phi)}$$

其中 $\Omega_D = \frac{Fz_0}{\hbar} = \frac{|\lambda|^2 \eta_{m_1}}{2\Delta}$。积分可得

$$\alpha_{ge}(t) = -\alpha_{eg}(t) = \frac{i\Omega_D e^{i\phi}}{\delta}(e^{-i\delta t} - 1) \qquad (4.44)$$

由此可得,系统在时间 t 内积累的总相位 $\Phi_{ge}(t)$,$\Phi_{eg}(t)$ 为

$$\Phi_{eg}(t) = \Phi_{ge}(t) = \mathrm{Im}\left(\int \alpha_{eg}(t)\frac{d\alpha_{eg}^*}{dt}dt\right)$$

$$= \int \frac{i\Omega_D e^{i\phi}}{\delta}(e^{-i\delta t} - 1) \cdot \Omega_D e^{i(\delta t - \phi)}dt$$

$$= \frac{\Omega_D^2}{\delta^2}[\sin(\delta t) - \delta t]$$

式(4.44)表明平移算符积累的相位具有周期 $\frac{2\pi}{\delta}$(复平面上的轨迹为闭合回路),因此,可控制相互作用时间 t 使复平面上的轨迹正好为闭合回路(图 4.20)。此时,系统累积的相位为

$$\Phi_{eg}\left(\frac{2\pi}{\delta}\right) = -2\pi\frac{\Omega_D^2}{\delta^2}$$

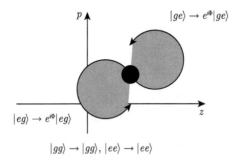

图 4.20 声子相空间平移轨迹示意图:其中黑色原点表示声子初态,沿着圆圈箭头平移一圈后回到原点并积累相位 Φ,它与平移路径包围的面积成正比

利用上述相位对离子状态的依赖性,耗时 $\frac{2\pi}{\delta}$ 就可实现变换:

$$|gg\rangle \to |gg\rangle, \quad |ee\rangle \to |ee\rangle, \quad |ge\rangle \to e^{i\Phi}|ge\rangle, \quad |eg\rangle \to e^{i\Phi}|eg\rangle$$

其中相位 $\Phi = -2\pi\dfrac{\Omega_D^2}{\delta^2}$ 由失谐量 δ 和参数 Ω_D 共同决定。

值得注意，几何相位门对声子数也不敏感。前面的推导中都仅考虑了一个声子模式，与 M-S 门类似，在多离子和多声子模式情况下，通过对激光强度和相位进行精细调制仍能得到高保真量子门。

4. 超快脉冲两比特门

提高量子门的操作速度，使相干时间内能完成更多的逻辑门是实现普适量子计算的重要条件。离子阱系统中可通过超快脉冲来实现超快逻辑门[①]。在超快门中，脉冲激光不直接操控比特能级间的跃迁，而是通过让它们与更高能级的作用（同时）来诱导比特能级间的有效耦合（通过大失谐和绝热去除）。

三能级系统的大失谐和绝热去除

一个如图 4.21 (a) 所示的三能级系统（其中能级 $|g\rangle$ 和 $|e\rangle$ 用于编码量子比特，其能级差为 $\hbar\omega_{eg}$）与一束频率为 $\omega = \omega_{rg} - \Delta \gg \omega_{eg}$（$\Delta$ 为失谐量，$\hbar\omega_{rg}$ 为能级 $|g\rangle$ 与 $|r\rangle$ 的能量差）的激光[ⓐ]

$$\boldsymbol{E} = \frac{1}{2}(\boldsymbol{\epsilon}E(t)e^{-i(\omega t + \Phi(\boldsymbol{r}))} + \boldsymbol{\epsilon}^*E(t)e^{i(\omega t + \Phi(\boldsymbol{r}))})$$

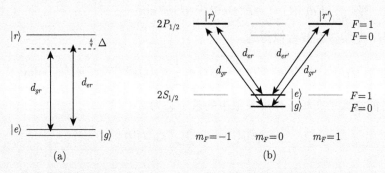

图 4.21 多能级的绝热去除：(a) 一束频率为 ω 的激光同时激发 $|g\rangle \leftrightarrow |r\rangle$ 和 $|e\rangle \leftrightarrow |r\rangle$ 间的跃迁，通过绝热去除（Δ 为大失谐）能级 $|r\rangle$ 得到能级 $|g\rangle$ 与 $|e\rangle$ 间的有效哈密顿量。(b) Yb 离子中的跃迁能级，激光激发的跃迁，通过绝热去除能级 $|r\rangle$ 和 $|r'\rangle$ 得到 $|g\rangle$ 与 $|e\rangle$ 间中的有效作用

---

① 参见文献 L. M. Duan, Phys. Rev. Lett. **93**, 100502 (2004); W. C. Campbell, J. Mizrahi, Q. Quraishi, C. Senko, et al, Phys. Rev. Lett. **105**, 090502 (2010); A. M. Steane, G. Imreh, J. P. Home and D. Leibfried, New J. Phys. **16**, 053049 (2014); V. M. Schäfer, C. J. Ballance, K. Thirumalai, L. J. Stephenson, et al, Nature, **555**, 75-78 (2018).

（其中 $\Phi(\boldsymbol{r}) = \boldsymbol{k} \cdot \boldsymbol{r} + \phi_0$ 为位置依赖的相位）相互作用。此激光同时耦合能级 $|g\rangle$ 和 $|e\rangle$ 与能级 $|r\rangle$ 间的跃迁，但无法直接耦合 $|g\rangle$ 与 $|e\rangle$ 间的跃迁。此系统的哈密顿量表示为

$$H = \underbrace{\sum_{n=g,e,r} \hbar\omega_n |n\rangle\langle n|}_{H_0} - \underbrace{(V_{gr}|g\rangle\langle r| + V_{er}|e\rangle\langle r| + \text{h.c.})}_{V} \tag{4.45}$$

其中 $\hbar\omega_n$ 为原子能级 $|n\rangle$ 的能量；$V_{kr} = \langle k|\boldsymbol{p} \cdot \boldsymbol{E}|r\rangle$（$k = e, g$）是电偶极作用；$\boldsymbol{p}$ 是原子的电偶极矩。

将此哈密顿量变换到相互作用表象中：

$$\begin{aligned} H_{\mathrm{I}} &= \left(\frac{1}{2}d_{gr}(t)e^{-i(\omega+\omega_{rg})t} + \frac{1}{2}d_{gr}^*(t)e^{i(\omega-\omega_{rg})t}\right)|g\rangle\langle r| \\ &+ \left(\frac{1}{2}d_{er}(t)e^{-i(\omega+\omega_{re})t} + \frac{1}{2}d_{er}^*(t)e^{i(\omega-\omega_{re})t}\right)|e\rangle\langle r| + \text{h.c.} \end{aligned} \tag{4.46}$$

其中

$$\begin{cases} \omega_{rk} = \omega_r - \omega_k \\ d_{kr}(t) = -E(t)e^{-i\Phi(\mathbf{r})}\langle k|p \cdot \boldsymbol{\epsilon}|r\rangle \end{cases} \quad (k = e, g) \tag{4.47}$$

对 H_I 继续做旋波近似得到

$$H_I = \frac{1}{2}d_{gr}^*(t)e^{i(\omega-\omega_{rg})t}|g\rangle\langle r| + \frac{1}{2}d_{er}^*(t)e^{i(\omega-\omega_{re})t}|e\rangle\langle r| + \text{h.c.}$$

设三能级原子在相互作用表象中的量子态为

$$|\psi_I(t)\rangle = \sum_{n=e,g,r} c_n(t)|n\rangle$$

将其代入相互作用表象中的薛定谔方程，则参数 $c_n(t)$ 应满足方程：

$$\begin{cases} i\hbar\dot{c}_g(t) = \frac{1}{2}d_{gr}^*(t)e^{-i\Delta t}c_r(t) \\ i\hbar\dot{c}_e(t) = \frac{1}{2}d_{er}^*(t)e^{-i(\Delta-\omega_{eg})t}c_r(t) \\ i\hbar\dot{c}_r(t) = \frac{1}{2}d_{gr}(t)e^{i\Delta t}c_g(t) + \frac{1}{2}d_{er}(t)e^{i(\Delta-\omega_{eg})t}c_e(t) \end{cases} \tag{4.48}$$

若进一步假设 $c_g(t)$，$c_e(t)$，$d_{gr}(t)$，$d_{er}(t)$ 均为缓变量（随时间变化远慢于 $e^{i\Delta t}$，其中 Δ 为大失谐），则由上述微分方程组可解得

$$c_r(t) = \frac{d_{gr}(t)}{2\hbar\Delta}(1 - e^{i\Delta t})c_g(t) + \frac{d_{er}(t)}{2\hbar(\Delta - \omega_{eg})}(1 - e^{i(\Delta - \omega_{eg})t})c_e(t)$$

其中已假设 $c_r(0) = 0$。将其代入微分方程组（4.48）得到

$$\begin{cases} i\hbar\dot{c}_g(t) = \dfrac{|d_{gr}(t)|^2}{4\hbar\Delta}(e^{-i\Delta t} - 1)c_g(t) \\ \qquad\qquad + \dfrac{d_{gr}^*(t)d_{er}(t)e^{-i\omega_{eg}t}}{4\hbar(\Delta - \omega_{eg})}(e^{-i(\Delta - \omega_{eg})t} - 1)c_e(t) \\ i\hbar\dot{c}_e(t) = \dfrac{d_{er}^*(t)d_{gr}(t)e^{i\omega_{eg}t}}{4\hbar\Delta}(e^{-i\Delta t} - 1)c_g(t) \\ \qquad\qquad + \dfrac{|d_{er}(t)|^2}{4\hbar(\Delta - \omega_{eg})}(e^{-i(\Delta - \omega_{eg})t} - 1)c_e(t) \end{cases}$$

利用大失谐（$\Delta \gg \omega_{eg}$）和旋波近似，上述方程组变为

$$\begin{cases} i\hbar\dot{c}_g(t) = -\dfrac{|d_{gr}(t)|^2}{4\hbar\Delta}c_g(t) - \dfrac{d_{gr}^*(t)d_{er}(t)e^{-i\omega_{eg}t}}{4\hbar(\Delta - \omega_{eg})}c_e(t) \\ i\hbar\dot{c}_e(t) = -\dfrac{d_{er}^*(t)d_{gr}(t)e^{i\omega_{eg}t}}{4\hbar\Delta}c_g(t) - \dfrac{|d_{er}(t)|^2}{4\hbar(\Delta - \omega_{eg})}c_e(t) \end{cases}$$

这就得到了比特空间中的有效哈密顿量：

$$H_{\text{eff}}^I = -\frac{\hbar}{2}\begin{bmatrix} 2\delta\omega_g & \Omega e^{-i\omega_{eg}t} \\ \Omega^* e^{i\omega_{eg}t} & 2\delta\omega_e \end{bmatrix} \tag{4.49}$$

其中 $\Omega = \dfrac{d_{gr}^*(t)d_{er}(t)}{2\hbar\Delta}$ 为拉比频率；$\delta\omega_k = \dfrac{|d_{kr}(t)|^2}{4\hbar\Delta}$ $(k = e, g)$ 是比特能级的移动。

将 H_{eff}^I 从相互作用表象变换回薛定谔表象，由此得到薛定谔表象中的相互作用

$$V_{\text{eff}} = -\frac{\hbar}{2}\begin{bmatrix} 2\delta\omega_g & \Omega \\ \Omega & 2\delta\omega_e \end{bmatrix} \tag{4.50}$$

为方便计算已设 Ω 为实数。因此，薛定谔表象中的总有效哈密顿量（比特空间中）为

$$H_{\text{eff}} = H_0 - V_{\text{eff}} = \hbar\begin{bmatrix} \omega_g - \delta\omega_g & -\dfrac{1}{2}\Omega \\ -\dfrac{1}{2}\Omega & \omega_e - \delta\omega_e \end{bmatrix}$$

$$= -\frac{\hbar}{2}\Omega\sigma^x - \frac{\hbar}{2}(\omega_{eg} + \delta\omega_g - \delta\omega_e)\sigma^z + \frac{\hbar}{2}(\omega_g + \omega_e - \delta\omega_g - \delta\omega_e)I$$

其中单位矩阵项可略去；而比特能级差的改变量 $\delta\omega_g - \delta\omega_e$ 一般很小（如 Yb 离子中它比 Ω 小四个量级），也可忽略。因此，有效哈密顿量的最终形式为

$$H_{\text{eff}} = -\frac{1}{2}\hbar\Omega\sigma^x - \frac{1}{2}\hbar\omega_{eg}\sigma^z \tag{4.51}$$

由此可见，通过大失谐和绝热去除方法可诱导比特能级间的有效相互作用（其第一项为有效作用项，第二项为自由项）。

ⓐ 参见文献 B. Lounis, and C. Cohen-Tannoudji, J. Phys. II France, **2**, 579-592 (1992).

上述推导可推广至多束激光情况，此时三能级系统的有效哈密顿量 H_{eff} 与式（4.51）具有相同形式，仅将其拉比频率改为

$$\Omega = \frac{1}{2\hbar\Delta}\left(\sum_k d_{gr,k}^*(t)\right)\left(\sum_k d_{er,k}(t)\right) \tag{4.52}$$

其中 k 表示不同的激光。若这些激光不仅耦合 $|g\rangle$ 和 $|e\rangle$ 与能级 $|r\rangle$ 间的作用，还耦合它们与能级 $|r'\rangle$ 的作用，则其拉比频率需进一步改写为

$$\Omega = \frac{1}{2\hbar\Delta_r}\left(\sum_k d_{gr,k}^*(t)\right)\left(\sum_k d_{er,k}(t)\right)$$
$$+ \frac{1}{2\hbar\Delta_{r'}}\left(\sum_k d_{gr',k}^*(t)\right)\left(\sum_k d_{er',k}(t)\right) \tag{4.53}$$

其中 $\Delta_r = \omega_{rg} - \omega$，$\Delta_{r'} = \omega_{r'} - \omega_g - \omega$。

设两束偏振方向正交的线偏光（波矢差为 $\Delta\boldsymbol{k}$，频率差为 ω_A）t_0 时刻同时作用于 Yb 离子上并诱导 Yb 离子中如下能级

$$\begin{cases} |g\rangle = |{}^2S_{\frac{1}{2}}, F=0, m_F=0\rangle \\ |e\rangle = |{}^2S_{\frac{1}{2}}, F=1, m_F=0\rangle \\ |r\rangle = |{}^2P_{\frac{1}{2}}, F=1, m_F=1\rangle \\ |r'\rangle = |{}^2P_{\frac{1}{2}}, F=1, m_F=-1\rangle \end{cases}$$

间的耦合（图 4.21 (b)）。在绝热去除上能级 $|r\rangle$ 和 $|r'\rangle$ 后得到 $|e\rangle$ 和 $|g\rangle$ 空间中

如式（4.51）所示的有效哈密顿量，则其有效拉比频率 Ω 由式（4.53）确定。

将 Yb 中相关能级以及激光的表达式代入 d_{gr} 的定义式（4.47），利用 Wigner-Eckart 定理可得到如下关系：

$$d_{gr,1} = -d_{er,1} = d_{gr',1} = d_{er',1},$$

$$-d_{gr,2} = d_{er,2} = d_{gr',2} = d_{er',2}$$

又因 $\Delta_r = \Delta_{r'}$，故式（4.53）可化简为

$$\Omega = -\frac{2}{\hbar\Delta_r}\mathrm{Re}(d_{gr,1}^* d_{gr,2}) \tag{4.54}$$

将 $d_{gr,1}^*$ 和 $d_{gr,2}$ 的表达式代入前式得到有效哈密顿量：

$$H(t) = -\frac{\hbar}{2}(\underbrace{2\sqrt{\Omega_1(t-t_0)\Omega_2(t-t_0)}\cos[\Delta\boldsymbol{k}\cdot\boldsymbol{r} + \Delta\phi(t)]}_{\Omega}\sigma^x + \omega_{eg}\sigma^z) \tag{4.55}$$

其中 $\Omega_{1(2)}$ 为第一（二）束激光产生的拉比频率，$\Delta\phi(t) = \omega_A t + \phi_0$ 且 ϕ_0 为两束激光的相对相位。

到目前为止，我们仍未对激光场的强度 $E(t)$ 做任何限制。我们假设两束激光均为如图 4.22 所示的超快脉冲且它们的强度 $E(t)$ 可用同一个 δ 函数序列描述。

(1) 单脉冲作用。

首先考虑两个单脉冲在量子比特上诱导的操作。设两个 δ 函数型单脉冲在 t_0 时刻作用于某个离子上，其拉比频率近似为

$$\Omega_1(t-t_0) = \Omega_2(t-t_0) = \theta\delta(t-t_0) \tag{4.56}$$

其中 $\theta = \int_{t_0-\frac{\delta t}{2}}^{t_0+\frac{\delta t}{2}} \Omega(t-t_0)dt$（$\delta t$ 为脉冲宽度）。将此表达式代入有效哈密顿量（4.55）中的相互作用项，并将坐标 z 换为含声子模式的表达式（4.18），得到

$$H(t) = H_0 - \hbar\theta\delta(t-t_0)\cos[\Delta\boldsymbol{k}\cdot\boldsymbol{r} + \Delta\phi(t)]\sigma^x$$

$$= H_0 - \underbrace{\hbar\theta\delta(t-t_0)\cos\left[\sum_\alpha \tilde{\eta}_\alpha(a_\alpha + a_\alpha^\dagger) + \Delta\phi(t)\right]\sigma^x}_{H_V(t)} \tag{4.57}$$

其中 $\tilde{\eta}_\alpha = \Delta k\sqrt{\dfrac{\hbar}{2m\nu_\alpha}}$ 且 ν_α 为声子模式的角频率。为计算方便，将 $H(t)$ 变换到相互作用表象：

$$H_I(t) = -\hbar\theta\delta(t-t_0)\cos\left[\sum_\alpha \tilde{\eta}_\alpha(a_\alpha e^{-i\nu_\alpha t} + a_\alpha^\dagger e^{i\nu_\alpha t}) + \Delta\phi(t)\right]$$
$$\times (\sigma^+ e^{i\omega_{eg}t} + \sigma^- e^{-i\omega_{eg}t}) \tag{4.58}$$

为简单计，我们仅考虑单声子模式（标记 α 可去除）的情况，此时哈密顿量 $H_I(t)$（式 (4.58)）对应的幺正演化算符为

$$U(t_0) = \exp\left(-\frac{i}{\hbar}\int_{t_0-\frac{\delta t}{2}}^{t_0+\frac{\delta t}{2}} H_I(\tau)d\tau\right)$$
$$= \exp(i\theta(\sigma^+ e^{i\omega_{eg}t_0} + \sigma^- e^{-i\omega_{eg}t_0})\cos[\tilde{\eta}(ae^{-i\nu t_0} + a^\dagger e^{i\nu t_0}) + \Delta\phi(t_0)])$$
$$= \sum_{n=-\infty}^\infty i^n J_n(\theta(\sigma^+ e^{i\omega_{eg}t_0} + \sigma^- e^{-i\omega_{eg}t_0}))e^{in\tilde{\eta}(ae^{-i\nu t_0}+a^\dagger e^{i\nu t_0})}e^{in\Delta\phi(t_0)}$$
$$= \sum_{n=-\infty}^\infty i^n J_n(\theta)(\sigma^+ e^{i\omega_{eg}t_0} + \sigma^- e^{-i\omega_{eg}t_0})^n e^{in\Delta\phi(t_0)}D(in\tilde{\eta}e^{i\nu t_0})$$

其中 $D(\alpha)$ 表示平移为 α 的平移算符；第四个等号利用了等式 $(\sigma^+ e^{i\omega_{eg}t_0} + \sigma^- e^{-i\omega_{eg}t_0})^{2m} = I$ $(m\in\mathbb{Z})$；第三个等号利用了 $\exp(\cos x)$ 型函数的 Bessel 展开且 $J_n(x)$ 为 n 阶 Bessel 函数。

> **例 4.2**
>
> 　　Bessel 函数 $J_n(x)$ 满足条件 $J_{-n}(x) = (-1)^n J_n(x)$ 且它的前几阶表达式为
> $$\begin{cases} J_0(x) = 1 - y^2 + O[y^4] \\ J_1(x) = y - \frac{1}{2}y^3 + O[y^5] \\ J_2(x) = \frac{1}{2}y^2 - \frac{1}{6}y^4 + O[y^6] \\ \quad\vdots \end{cases}$$
> 其中 $y = \frac{x}{2}$。

若 θ 为小量，则 $U(t_0)$ 可被展开为（保留到 θ 的一阶）

$$U(t_0) \approx 1 + \frac{i}{2}\theta[e^{i\Delta\phi(t_0)}D(i\tilde{\eta}e^{i\nu t_0}) + e^{-i\Delta\phi(t_0)}D(-i\tilde{\eta}e^{i\nu t_0})](\sigma^+ e^{i\omega_{eg}t_0} + \text{h.c.})$$

$$= 1 + \frac{i}{2}\theta[e^{i\phi_0}D(i\tilde{\eta}e^{i\nu t_0})(e^{i\omega_+ t_0}\sigma^+ + e^{-i\omega_- t_0}\sigma^-) + \text{h.c.}] \tag{4.59}$$

其中 ϕ_0 为两束激光的初始相位差，而 $\omega_\pm = \omega_{eg} \pm \omega_A$（$\omega_A$ 为两束激光的频率差）。显然，此幺正演化与脉冲作用时间 t_0 密切相关。

(2) 脉冲组作用（SDK 算符）。

若有如图 4.22 所示一组（N 个）形状相同的脉冲按时序 $t_0 + \Delta t$，$t_0 + 2\Delta t$，$\cdots$，$t_0 + N\Delta t$ 依次作用于离子上，并假设这组超快脉冲所用的总时间满足条件 $N\Delta t \ll \frac{1}{\nu}$（$N\Delta t\nu \ll 1$）（此时可做近似 $e^{\pm i\nu t} \approx e^{\pm i\nu t_0}$）。令单个脉冲的面积 θ 为 $\frac{\Theta}{N}$（Θ 为这组脉冲的总面积），则 t_0 时刻开始的这组脉冲（含 N[①]个脉冲）对应的演化算符可表示为

$$\tilde{U}(t_0)$$

$$= \lim_{N \to \infty} \prod_{k=1}^{N} U(t_0 + k\Delta t)$$

$$= \lim_{N \to \infty} \prod_{k=1}^{N} \left(1 + \frac{i\Theta}{2N}[e^{i\phi_0}D(i\tilde{\eta}e^{i\nu(t_0+k\Delta t)}) \right.$$

$$\left. \cdot (e^{i\omega_+(t_0+k\Delta t)}\sigma^+ + e^{-i\omega_-(t_0+k\Delta t)}\sigma^-) + \text{h.c.}]\right)$$

$$= \lim_{N \to \infty} \prod_{k=1}^{N} \left(1 + \frac{i\Theta}{2N}[e^{i\phi_0}D(i\tilde{\eta}e^{i\nu t_0})(e^{i\omega_+(t_0+k\Delta t)}\sigma^+ + e^{-i\omega_-(t_0+k\Delta t)}\sigma^-) \right.$$

$$\left. + \text{h.c.}]\right) \tag{4.60}$$

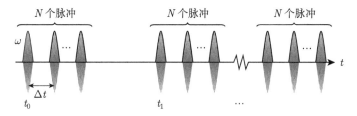

图 4.22 激光脉冲序列：ω 为激光频率，每个脉冲的时间间隔为 Δt。整个脉冲光被分为不同的组别（分别用组别中第一个脉冲的中心时间标记为 $t_0, t_1, \cdots$），每个组中均包含 N 个脉冲

---

① 尽管 $N\Delta t\nu \ll 1$，但 N 仍为大数。

其中已使用条件 $N\Delta t \ll 1$ $(N\Delta t \approx 0)$。为进一步简化前述表达式，调节两束激光的频率差 ω_A 使得

$$
\begin{cases}
\omega_+(t_0 + k\Delta t)/2\pi \in \mathbb{Z}, & k = 1, 2, \cdots \\
\omega_-(t_0 + k\Delta t)/2\pi \notin \mathbb{Z}, & k = 1, 2, \cdots
\end{cases}
\tag{4.61}
$$

（其中 $\mathbb{Z}$ 为整数集合）则仅有含 $e^{\pm i(\omega_+(t_0 + k\Delta t))}$ 的项得以保留（类似旋波近似，我们将在后面给出严格证明）。因此，$\tilde{U}_1(t_0)$ 简化为

$$
\tilde{U}(t_0) = \cos\frac{\Theta}{2} I + i\sin\frac{\Theta}{2}[e^{i\phi_0} D(i\tilde{\eta} e^{i\nu t_0})\sigma^+ + e^{-i\phi_0} D(-i\tilde{\eta} e^{-i\nu t_0})\sigma^-]
\tag{4.62}
$$

式（4.62）的证明

我们来说明如何从式（4.60）得到式（4.62）。将式（4.60）中第三个等号后的连乘展开，按 Θ 的方次整理。

(a) Θ 的 0 次方项为 1；

(b) Θ 的 1 次方项为

$$
\mathrm{Term}(\Theta) = \frac{i\Theta}{2N}\left[O\left(\sum_{k=1}^{N} e^{i\omega_+(t_0 + k\Delta t)}\sigma^+ + \sum_{k=1}^{N} e^{-i\omega_-(t_0 + k\Delta t)}\sigma^- \right) + \mathrm{h.c.} \right]
$$

$$
= \frac{i\Theta}{2}[O\sigma^+ + O^\dagger\sigma^-]
$$

其中 $O = e^{i\phi_0} D(i\tilde{\eta} e^{i\nu t_0})$ 为幺正算符，且使用了条件式（4.61），即

$$
\begin{cases}
\dfrac{1}{N} \sum_{k=1}^{N} e^{i\omega_+(t_0 + k\Delta t)} = 1 \\
\dfrac{1}{N} \sum_{k=1}^{N} e^{i\omega_-(t_0 + k\Delta t)} = 0
\end{cases}
\tag{4.63}
$$

(c) 由 σ^+ 和 σ^- 的等式关系

$$
\sigma^-\sigma^+ + \sigma^+\sigma^- = I, \quad \sigma^+\sigma^+ = 0, \quad \sigma^-\sigma^- = 0
$$

$$
\sigma^+\sigma^-\sigma^+ = \sigma^+, \quad \sigma^-\sigma^+\sigma^- = \sigma^-
$$

可知，多个 $\sigma^\pm$ 乘积的结果（满足厄密性）仅有三种情况：I、σ^+ 或 σ^-（与 Pauli 算符的性质相同）。因此，Θ 的高阶项可按 I、σ^+ 和 σ^- 分别进行

整理。

对 Θ 的奇次幂项有

$$\text{Term}(\Theta^{2m+1})$$

$$= \left(\frac{i\Theta}{2N}\right)^{2m+1} \Bigg[\sum_{\substack{k_1 > k_2 > k_3 \\ > \cdots > k_{2m+1}}} (OO^\dagger O \cdots O^\dagger O e^{i\omega_+(t_0+k_1\Delta t)}) e^{-i\omega_+(t_0+k_2\Delta t)}$$

$$\times e^{i\omega_+(t_0+k_3\Delta t)} \cdots e^{i\omega_+(t_0+k_{2m+1}\Delta t)} \sigma^+\sigma^-\sigma^+\cdots\sigma^+ + \text{h.c.}\Bigg]$$

$$= \left(\frac{i\Theta}{2N}\right)^{2m+1} \sum_{\substack{k_1 > k_2 > k_3 \\ > \cdots > k_{2m+1}}} (O\sigma^+ + O^\dagger\sigma^-)$$

$$= \frac{(-1)^m i}{(2m+1)!} \left(\frac{\Theta}{2}\right)^{2m+1} (O\sigma^+ + O^\dagger\sigma^-)$$

第一个等式已忽略对 $e^{\pm i\omega_-(t_0+k_i\Delta t)}$ 项的求和（其结果远小于 N^{2m+1}）；第二个等号中使用了等式（4.63）。

同理，对 Θ 的偶次幂项有

$$\text{Term}(\Theta^{2m})$$

$$= \left(\frac{i\Theta}{2N}\right)^{2m} \Bigg[\sum_{\substack{k_1 > k_2 > k_3 \\ > \cdots > k_{2m}}} (OO^\dagger \cdots OO^\dagger) e^{i\omega_+(t_0+k_1\Delta t)} e^{-i\omega_+(t_0+k_2\Delta t)}$$

$$\times \cdots e^{i\omega_+(t_0+k_{2m-1}\Delta t)} e^{-i\omega_+(t_0+k_{2m}\Delta t)} \sigma^+\sigma^-\cdots\sigma^+\sigma^- + \text{h.c.}\Bigg]$$

$$= \left(\frac{i\Theta}{2N}\right)^{2m} \sum_{\substack{k_1 > k_2 > k_3 \\ > \cdots > k_{2m}}} (\sigma^+\sigma^- + \sigma^-\sigma^+)$$

$$= \frac{(-1)^m}{(2m)!} \left(\frac{\Theta}{2}\right)^{2m} I$$

综上可得

$$\tilde{U}(t_0) = \lim_{N\to\infty} \sum_{m=1}^{N} \left[\frac{(-1)^m}{(2m)!} \left(\frac{\Theta}{2}\right)^{2m} I + \frac{(-1)^m i}{(2m+1)!} \left(\frac{\Theta}{2}\right)^{2m+1} (O\sigma^+ + O^\dagger\sigma^-) \right]$$

$$= \cos\frac{\Theta}{2} I + i\sin\frac{\Theta}{2} (e^{i\phi_0} D(i\tilde{\eta}e^{i\nu t_0})\sigma^+ + e^{-i\phi_0} D(-i\tilde{\eta}e^{i\nu t_0})\sigma^-) \qquad (4.64)$$

若再假设总面积 $\Theta = \pi$，则

$$\tilde{U}(t_0) = i(e^{i\phi_0}D(i\tilde{\eta}e^{i\nu t_0})\sigma^+ + \text{h.c.}) \tag{4.65}$$

其中 $D(i\tilde{\eta}e^{i\nu t_0})$ 为相空间中的平移算符（与时刻 t_0 相关）。与 M-S 门和几何门类似，式（4.65）中的演化算符也是一个自旋依赖算符（常称之为 spin-dependent kick (SDK) 算符）。

(3) 两比特门的实现。

为满足脉冲组条件 $N\Delta t \ll 1$（脉冲越窄，N 可越大），需对脉冲按时序进行分组，每个脉冲组对应一个 SDK 算符 $U_{\text{SDK}}(t_i)$（t_i 为第 i 个脉冲组开始作用的时间）。与几何门中类似，可通过设计一系列算符 $U_{\text{SDK}}(t_i)$ 驱动声子在相空间中形成一个闭合回路，利用此回路中的自旋依赖性实现两比特逻辑门。

为简单计，设每个 kick（脉冲组）均包含 N 个脉冲，则相邻的两个 SDK 算符间的时间差为 $T = N\Delta t$。为获得两比特量子门的明确形式，我们首先将算符 $\tilde{U}(t_0)$ 重新表示为含离子位置算符 z 的形式：

$$\tilde{U}(t_0) = i(e^{i\phi_0}e^{i\Delta kz}e^{i\nu t_0}\sigma^+ + \text{h.c.})$$

（已假设 Δk 沿 x 方向）。若考虑两个离子（m_1 和 m_2）情况，此时的演化算符 $U_{\text{SDK}}(t_0)$ 为

$$\begin{aligned}
U_{\text{SDK}}(t_0) &= (e^{i\phi_0}e^{i\Delta kz_{m_1}}e^{i\nu t_0}\sigma^+_{m_1} + \text{h.c.})(e^{i\phi_0}e^{i\Delta kz_{m_2}}e^{i\nu t_0}\sigma^+_{m_2} + \text{h.c.}) \\
&= \sigma^+_{m_1}\sigma^+_{m_2}e^{2i\phi_0}e^{2i\nu t_0}e^{i\Delta k(z_{m_1}+z_{m_2})} + \sigma^+_{m_1}\sigma^-_{m_2}e^{i\Delta k(z_{m_1}-z_{m_2})} + \text{h.c.} \\
&= e^{2i\phi_0}\sigma^+_{m_1}\sigma^+_{m_2}D_C(i\tilde{\eta}_C e^{i\nu_C t_0}) + \sigma^+_{m_1}\sigma^-_{m_2}D_R(i\tilde{\eta}_R e^{i\nu_R t_0}) + \text{h.c.} \tag{4.66}
\end{aligned}$$

其中 $\tilde{\eta}_C$ 和 $\tilde{\eta}_R$ 分别对应于质心模式和呼吸模式声子的 Lamb-Dicke 系数，ν_C, ν_R 分别表示质心模式和呼吸模式声子的频率且整体相位已忽略。与几何门中类似，SDK 演化将驱动声子在相空间中移动，两种不同声子模式在相空间中的演化路径将不同，进而将积累不同的相位。

设第 k 个 $U_{\text{SDK}}(t_{k-1})$ 算符作用后，相空间中的声子态为 $e^{i\Phi_k}|\alpha_k\rangle$，则在算符 $U_{\text{SDK}}(t_k)$ 作用后，相空间的声子态将变为

$$e^{i(\Phi_k+\Delta\phi_{k+1})}|\alpha_k + ib_k\tilde{\eta}e^{i\nu(k-1)T}\rangle \tag{4.67}$$

其中 $b_k = 0, \pm 1$ 用于标记 kick 算符的存在与否（0 表示对应时间段内无脉冲），而 1 前面的符号 $\pm$ 表示 kick 的方向（可通过改变离子内态或 Δk 的方向来改变方向）；$\Delta\phi_{k+1} = \text{Re}(\alpha_k e^{-i\nu(k-1)T})b_k\tilde{\eta}$ 是第 k 个 kick 产生的相位变化量[①]。值得注意，根据式（4.66）每次 kick 也会使离子内态（比特状态）发生翻转。

---

① 由 $D(\alpha)|\beta\rangle = e^{(\alpha\beta^* - \alpha^*\beta)/2}|\alpha + \beta\rangle$ 获得。

因此，声子初态 $|\alpha_0\rangle$ 在 K 次 kick 后的终态 $e^{i\Phi}|\alpha\rangle$ 满足

$$
\begin{cases}
\alpha = \alpha_0 + i\sum_{k=1}^{K}\tilde{\eta}b_k e^{i(k-1)\nu T} \\
\Phi = \mathrm{Re}\left(\alpha_0\sum_{k=1}^{K}\tilde{\eta}b_k e^{-i(k-1)\nu T}\right) + \sum_{k=2}^{K}\sum_{n=1}^{k-1}\tilde{\eta}^2 b_k b_n \sin[(k-n)\nu T]
\end{cases}
\tag{4.68}
$$

通过优化序列 b_k 和参数（$T, \tilde{\eta}$）使质心模式和呼吸模式的声子均回到初始位置（其轨迹形成如图 4.23 所示的回路），即

$$
\sum_{k=1}^{K} b_k e^{ik\nu_i T} = 0 \qquad (\text{下标 } i = C, R)
$$

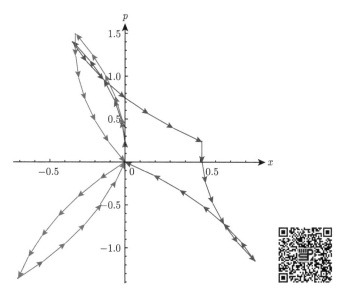

图 4.23 两比特量子态的相位门：蓝色为质心模式对应的轨迹；而呼吸模式对应于红色轨迹。每个箭头表示一个 U_{SDK} 算符驱动的相空间参数变化。显然，不同轨迹将获得不同的相位

由于 $\tilde{\eta}_C \neq \tilde{\eta}_R$ 且 $\nu_C \neq \nu_R$，则 $|gg\rangle$、$|ee\rangle$ 与 $|ge\rangle$、$|eg\rangle$ 将积累不同的相位，进而产生自旋依赖的相位差，通过设计此相位差就可实现两比特纠缠门（忽略整体相位）

$$
\begin{bmatrix}
e^{i(\Phi_g+\gamma)} & 0 & 0 & 0 \\
0 & 1 & 0 & 0 \\
0 & 0 & 1 & 0 \\
0 & 0 & 0 & e^{i(\Phi_g-\gamma)}
\end{bmatrix}
\tag{4.69}
$$

其中 $\Phi_g = \Phi_C - \Phi_R$ 是积累的相位差，而 γ 是比特演化过程中积累的动力学相位。

例 4.3

设 b_k 序列按如图 4.24 所示的方式选取：$\{\,(N_1,1),(N_2,0),(N_1,1),(N_3,0),(N_1,-1),(N_2,0),(N_1,-1)\,\}$，其中 (N_i,a) 表示 N_i 个连续的 kick 取相同的值 a。按此设定，计算可知

$$\sum_{k=1}^{M} b_k e^{ik\nu T} = \sum_{k_1=1}^{N_1} e^{ik_1\nu T} + \sum_{k_2=1}^{N_1} e^{i(k_2+N_1+N_2)\nu T}$$

$$- \sum_{k_3=1}^{N_1} e^{i(k_3+2N_1+N_2+N_3)\nu T} - \sum_{k_4=1}^{N_1} e^{i(k_3+3N_1+2N_2+N_3)\nu T}$$

$$= \frac{e^{i\nu T}}{1-e^{i\nu T}}(1-e^{iN_1\nu T})(1+e^{i(N_1+N_2)\nu T})(1-e^{i(2N_1+N_2+N_3)\nu T})$$

为形成回路，取

$$\begin{cases} (N_1+N_2)\nu_R T = (2n_1-1)\pi \\ (2N_1+N_2+N_3)\nu_C T = 2n_2\pi \end{cases}$$

其中 $n_1,n_2 \in \mathbb{Z}$。由此可得 $\omega_{\text{kick}} = 2\pi/T$ 需为 ν_R 和 ν_C 的有理数倍（若 $n_1=n_2=1$ 则为整数倍）。将离子阱（Yb 离子）中的质心模式与呼吸模式的频率 $\nu_C = 2\pi \times 1.253\,\text{MHz}, \nu_R = 2\pi \times 1.113\,\text{MHz}$，以及两束脉冲激光的波长 355 nm，波矢差 $\Delta k = 2k$（k 为脉冲激光的波矢）代入可知，当 $\omega_{\text{kick}} = 2\pi \times 80.16\,\text{MHz}$ 时，声子模式轨迹可形成回路（轨迹如图 4.23 所示）；而当 $N_1=6, N_2=30, N_3=22$ 时，$\Phi_C - \Phi_R = -0.508\pi$（此时，直积态 $|++\rangle$ 在此两比特门作用下已接近最大纠缠态）[a]。

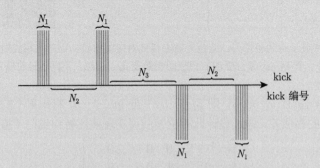

图 4.24　脉冲设计：将直积态 $|++\rangle$ 变为最接近最大纠缠态所对应的 b_k 序列，$N_1=6, N_2=30, N_3=22$

[a] $\Phi_C - \Phi_R = -0.5\pi$ 时为理想的最大纠缠态。

由此可见，通过设计算符 $U_{\text{SDK}}(t)$（脉冲序列）可实现两比特量子门，且此类两比特门可在微秒量级内完成，这比传统的两比特门快 1 个到 2 个量级，因此，称之为超快门。

5. 微波两比特门

在前面的操作中，我们主要使用光学波段的光子（激光）作为操控手段，而微波光子因动量较小，无法直接驱动离子运动状态变化（直接的耦合系数 η 太小，可忽略不计）而无法使用。但若在离子阱中施加较强的梯度磁场（不同离子将感受到不同的塞曼劈裂），则可通过微波来驱动两比特门。换言之，与位置相关的塞曼劈裂能级通过式（4.18）与声子耦合，进而可驱动两比特量子门[①]。同时，梯度磁场还提供了通过调节微波频率实现离子寻址的方法，这为解决离子系统的扩展提供了新的途径（图 4.25）。

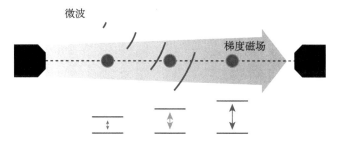

图 4.25　微波门实验示意图：沿 z 方向施加一个梯度磁场，离子的塞曼劈裂沿 z 方向逐渐增大。通过调节微波的频率可对离子进行寻址，并耦合声子进行操控

设一梯度磁场 $B(z)$ 沿 z 方向作用于离子阱中。在此磁场下，处于 z 处的离子将产生与 z 相关的塞曼劈裂，事实上，z 处离子的比特能级间的能量差为

$$\hbar\omega(z) = \hbar\omega_0 + \epsilon_1(B(z)) - \epsilon_0(B(z))$$

其中 $\hbar\omega_0$ 是磁场为 0 时比特能级之间的能量差；$\epsilon_i(B(z))$ 表示比特能级 i 在磁场 $B(z)$ 下的能量移动。当 $\partial_z\epsilon_1$ 与 $\partial_z\epsilon_2$ 不相等时，塞曼移动将产生与磁场梯度相关的态依赖力，这就可用来实现量子逻辑门。

因此含梯度磁场的离子阱系统中，位置 z 处离子的哈密顿量为

$$H_1(z) = \hbar\nu a^\dagger a + \frac{\hbar}{2}\omega_0\sigma^z - \hat{\boldsymbol{\mu}} \cdot (\boldsymbol{B}(z) + \partial_z\boldsymbol{B}\, dz)$$

---

① 参见文献 F. Mintert and C. Wunderlich, Phys. Rev. Lett. **87**, 257904 (2001); N. Timoney, I. Baumgart, M. Johanning, A. F. Varón, et al, Nature, **476**, 185-188 (2011); S. C. Webster, S. Weidt, K. Lake, J. J. McLoughlin, et al, Phys. Rev. Lett. **111**, 140501 (2013); B. Lekitsch, S. Weidt, A. G. Fowler, K. Mølmer, et al, Sci. Adv. **3**, e1601540 (2017).

$$= \hbar\nu a^\dagger a + \hbar \begin{bmatrix} \frac{1}{2}\omega_0 + \epsilon_1(B(z)) & 0 \\ 0 & -\frac{1}{2}\omega_0 + \epsilon_0(B(z)) \end{bmatrix}$$

$$+ \mu\partial_z B\, D_z \sqrt{\frac{\hbar}{2m\nu}}(a^\dagger + a)\sigma^z$$

$$= \hbar\nu a^\dagger a + \frac{1}{2}\hbar\omega(z)\sigma^z + \frac{1}{2}\hbar(\epsilon_0(B(z)) + \epsilon_1(B(z)))I + \frac{1}{2}\hbar\nu\eta_e(a^\dagger + a)\sigma^z$$

$$\approx \underbrace{\hbar\nu a^\dagger a + \frac{1}{2}\hbar\omega(z)\sigma^z}_{H_0} + \underbrace{\frac{1}{2}\hbar\nu\eta_e(a^\dagger + a)\sigma^z}_{V_1} \tag{4.70}$$

其中 $\hat{\boldsymbol{\mu}}$ 为原子的磁偶极矩；第二个等式利用了式（4.18）且假设磁场只在 z 方向上变化；最后一个等式中的常数项已省略；此哈密顿量仅考虑了单个声子模式（a、$a^\dagger$ 为其湮灭、产生算符，ν 为其频率）；$\eta_e = \dfrac{\mu\partial_z B\, D_z}{\hbar\nu}\sqrt{\dfrac{\hbar}{2m\nu}}$ 是有效 Lamb-Dicke 参数。

　　仅用梯度磁场并不能操控离子状态，需额外加上微波或射频场才能实现操控目标。假设一束频率为 ω_m 的微波作用于 z 处的离子上，其相互作用哈密顿量（磁偶极相互作用）可表示为

$$H_I(z) = \hat{\boldsymbol{\mu}} \cdot \boldsymbol{B}(z,t)$$

$$= \hat{\boldsymbol{\mu}} \cdot \boldsymbol{B}(\sigma^+ + \sigma^-)(e^{i(k_z z - \omega_m t)} + \text{h.c.})$$

$$= \frac{1}{2}\hbar\Omega(\sigma^+ + \sigma^-)(e^{i[\eta(a^\dagger + a) - \omega_m t]} + \text{h.c.})$$

其中 $\Omega = \dfrac{\hat{\boldsymbol{\mu}} \cdot \boldsymbol{B}}{\hbar}$，$\eta = D_z k_z \sqrt{\dfrac{\hbar}{2m\nu}}$ 表征耦合强度。

　　因此，系统的整体哈密顿量 H 为

$$H(z) = \underbrace{H_0 + V_1}_{H_1(z)} + H_I(z) \tag{4.71}$$

显然，V_1 和 H_I 均为小量，可对它们作微扰处理，进而写出 $H(z)$ 的有效哈密顿量。

Schrieffer-Wolf 变换

设多体哈密顿量为

$$H = H_0 + V$$

其中 V 为小量。设 Schrieffer-Wolf 变换的生成元为 S 且

$$[S, H_0] = -V \tag{4.72}$$

则在 Schrieffer-Wolf 变换下，哈密顿量 H 变为

$$e^S H e^{-S} = H + [S, H] + \frac{1}{2}[S, [S, H]] + \cdots$$

$$= H_0 + V + [S, H_0] + [S, V] + \frac{1}{2}[S, [S, H_0]] + \frac{1}{2}[S, [S, V]] + \cdots$$

$$= H_0 + \frac{1}{2}[S, V] + \cdots$$

因此，在 V 的一阶近似下，H 的有效哈密顿量为

$$H_{\text{eff}} = H_0 + \frac{1}{2}[S, V]$$

因此，Schrieffer-Wolf 变换的核心是找到满足条件式（4.72）的 S。

将 V_1 看作 $H_1(z)$ 的微扰项，此时可选择 $S = \frac{1}{2}\eta_e(a^\dagger - a)\sigma^z$，验证可知它满足条件式（4.72），即 $[S, H_0] = -V_1$。因此，在 Schrieffer-Wolf 变换下哈密顿量 $H_1(z)$ 变为

$$\tilde{H}_1(z) = e^S H_1(z)e^{-S} = H_0 + \frac{1}{2}[S, V] = H_0 - \frac{1}{4}\hbar\nu\eta_e^2$$

忽略常数项（第二项）后，此哈密顿量就是 H_0。

利用 S 与系统中的如下算符关系

$$\begin{cases} e^S a e^{-S} = a - \frac{1}{2}\eta_e\sigma^z, \\ e^S a^\dagger e^{-S} = a^\dagger - \frac{1}{2}\eta_e\sigma^z, \end{cases} \qquad \begin{cases} e^S \sigma^+ e^{-S} = \sigma^+ e^{\eta_e(a^\dagger - a)} \\ e^S \sigma^- e^{-S} = \sigma^- e^{-\eta_e(a^\dagger - a)} \end{cases}$$

可得哈密顿量 $H_I(z)$ 在 Schrieffer-Wolf 变换后的形式

$$\tilde{H}_I(z) = e^S H_I(z)e^{-S}$$

$$= \frac{1}{2}\hbar\Omega(\sigma^+ e^{\eta_e(a^\dagger - a)} + \text{h.c.})(e^{i[\eta(a^\dagger + a - \eta_e\sigma^z) - \omega_m t]} + \text{h.c.})$$

因此，在 Schrieffer-Wolf 变换下，哈密顿量 $H(z)$ 变为 $\tilde{H}(z) = H_0 + \tilde{H}_I(z)$。然后，将 $\tilde{H}(z)$ 变换到相互作用表象中并做旋波近似，得到

$$\tilde{H}_I = \frac{1}{2}\hbar\Omega(\sigma^+ e^{-i\Delta t}e^{i[(\eta + i\eta_e)ae^{-i\nu t} + (\eta - i\eta_e)a^\dagger e^{i\nu t}]} + \text{h.c.})$$

其中失谐量 $\Delta = \omega_m - \omega(z)$。若令 $\eta' = |\eta + i\eta_e|$[①]，则哈密顿量 $\tilde{H}(z)$ 就变成了场与离子作用的标准哈密顿量（对照式（4.21））：

$$\tilde{H}_I = \frac{1}{2}\hbar\Omega(\sigma^+ e^{i(\eta'ae^{-i\nu t}+\eta'a^\dagger e^{i\nu t})-i\Delta t} + \text{h.c.}) \tag{4.73}$$

在 η' 为小量（满足 Lamb-Dicke 极限）时，哈密顿量可进一步近似为

$$\tilde{H}_I = \frac{1}{2}\hbar\Omega\sigma^+(e^{-i\Delta t} + \eta'ae^{-i(\nu+\Delta)t} + \eta'a^\dagger e^{i(\nu-\Delta)t}) + \text{h.c.}$$

与式（4.25）形式一致。

从上面两式可知，即使在耦合系数 $\eta \to 0$ 时，有效耦合强度 $\eta' \approx \eta_e$ 仍可是一个较大的值（η_e 与磁场梯度成正比，可通过增加磁场梯度来使 η_e 变大。如在 40 个 Yb$^+$ 情况下，加上梯度为 54.7 T/m 的磁场时，η_e 可达 0.02），这远大于无梯度磁场时 Lamb Dicke 系数 10^{-7}。

原则上用式（4.73）中的表达式替换激光与离子的相互作用，就可如激光一样实现两比特逻辑门。然而，离子塞曼能级对磁场的敏感性，会使比特的相干性因磁场起伏而降低。因此，需将量子比特编码于对磁场的微小起伏不敏感的能级（通过缀饰态来实现），但同时该能级还需能利用塞曼劈裂实现微波对编码比特的操控。我们下面以 Yb 离子为例来说明如何做到这一点。

微波操作在 Yb 离子上的实现

Yb 离子的基态 $S_{1/2}$ 包含 $F = 1$ 和 $F = 0$ 的能级。在磁场作用下，$F = 1$ 的能级劈裂为 $|-1\rangle$、$|\tilde{0}\rangle$ 和 $|+1\rangle$ 三个能级；而 $F = 0$ 的能级（$|0\rangle$）不劈裂。其中能级 $|0\rangle$ 和 $|\tilde{0}\rangle$ 的磁量子数为 0，不受磁场变化影响；但 $|+1\rangle$ 和 $|-1\rangle$ 均对磁场敏感。为获得对磁场微小变化不敏感的量子态，需通过两束微波光产生系统的缀饰态，并利用缀饰态编码量子信息。

设有两个拉比频率相同的微波场使能级 $|0\rangle \leftrightarrow |-1\rangle$ 和 $|0\rangle \leftrightarrow |1\rangle$ 产生共振，在旋波近似下，此微波耦合系统在相互作用表象下的哈密顿量为

$$H_m = \frac{\hbar\Omega_m}{2}(|0\rangle\langle+1| + |0\rangle\langle-1| + \text{h.c.})$$

其中 Ω_m 为拉比频率。此哈密顿量可在 $|0\rangle$、$|\pm 1\rangle$ 组成的 3 维空间中对角化为

$$H_m = \frac{\hbar\Omega_m}{2}(|u\rangle u| - |d\rangle\langle d|)$$

[①] $\eta + i\eta_e$ 的相位可吸收到湮灭算符 a 的定义中。

其中

$$|u\rangle = \frac{1}{\sqrt{2}}(|B\rangle + |0\rangle)$$

$$|d\rangle = \frac{1}{\sqrt{2}}(|B\rangle - |0\rangle)$$

且 $|B\rangle = (|-1\rangle + |+1\rangle)/\sqrt{2}$。量子态 $|\tilde{0}\rangle$（未与其他能级耦合）和 $|D\rangle = \frac{1}{\sqrt{2}}(|+1\rangle|-|-1\rangle)$ 以及 $|u\rangle$、$|d\rangle$ 组成此 4 能级系统的一组完备基（4.26）。我们将量子信息编码于能级 $|D\rangle$ 和 $|\tilde{0}\rangle$。未加缀饰微波场时，三重简并（$|\tilde{0}\rangle$、$|D\rangle$ 和 $|B\rangle$）导致能级 $|D\rangle$、$|u\rangle$、$|d\rangle$ 和 $|\tilde{0}\rangle$ 均处于简并状态，微小磁场起伏就能导致它们间的跃迁，进而导致计算错误。而在缀饰微波场作用下 $|D\rangle$、$|u\rangle$ 和 $|d\rangle$ 的简并被解除，且 $|\tilde{0}\rangle$ 与它们不耦合，仅 $\hbar\Omega_m$ 量级以上的起伏才能导致能级跃迁。这就增加了编码比特对磁场起伏的鲁棒性。在此编码下，通过额外的操控微波就能实现逻辑门（图 4.26）。

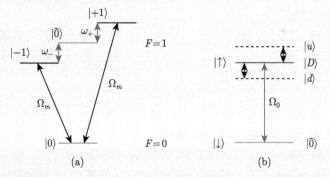

图 4.26 微波比特的构成：(a) 通过两束具有相同拉比频率 Ω_m 的微波光产生缀饰量子态；(b) 选择缀饰量子态 $|D\rangle = \frac{1}{\sqrt{2}}(|+1\rangle - |-1\rangle)$ 作为量子比特的上能级；而 $|\tilde{0}\rangle$ 作为下能级。量子态 $|u\rangle = \frac{1}{\sqrt{2}}(|B\rangle + |0\rangle)$ 和 $|d\rangle = \frac{1}{\sqrt{2}}(|B\rangle - |0\rangle)$（其中 $|B\rangle = \frac{1}{\sqrt{2}}(|+1\rangle + |-1\rangle)$）分列 $|D\rangle$ 的两侧，且能级差相同

1. 单比特量子门

单比特量子门通过共振射频场耦合 $|\tilde{0}\rangle \leftrightarrow |+1\rangle$ 和 $|\tilde{0}\rangle \leftrightarrow |-1\rangle$（当频率差 $\omega_+ = \omega_-$ 时，只需一束射频场）来实现。在相互作用表象和旋波近似下，此射频场对应的哈密顿量为

$$H_{rf} = \frac{\hbar\Omega_{rf}}{2}(e^{i\phi_{rf}}|-1\rangle\langle\tilde{0}| + e^{-i\phi_{rf}}|+1\rangle\langle\tilde{0}|) + \text{h.c.}$$

$$= \frac{\hbar\Omega_{rf}}{2}[\cos\phi_{rf}(|u\rangle + |d\rangle)\langle\tilde{0}| - (\sqrt{2}i\sin\phi_{rf}|D\rangle\langle\tilde{0}|) + \text{h.c.}]$$

其中 ϕ_{rf} 为相位。由此，单比特系统的整体哈密顿量为 $H_m + H_{rf}$，H_m 和 H_{rf} 诱导量子态间一个环形跃迁：$|0\rangle \leftrightarrow |+1\rangle \leftrightarrow |\tilde{0}\rangle \leftrightarrow |-1\rangle \leftrightarrow |0\rangle$，此环形跃迁有两个不同方向的 Feynman 跃迁路径，且这两条路径相干。两条路径间的干涉效果与它们的相位差密切相关，换言之，通过调节 H_{rf} 中的相位 ϕ_{rf} 可控制希尔伯特空间 $\{|\tilde{0}\rangle, |u\rangle, |d\rangle, |D\rangle\}$ 中的演化。特别地，当 $\phi_{rf} = \frac{\pi}{2}$ 时，哈密顿量 H_{rf} 变为

$$H_{rf} = \frac{\hbar\Omega_{rf}}{\sqrt{2}}i(|\tilde{0}\rangle\langle D| - |D\rangle\langle\tilde{0}|)$$

此时，两条 Feynman 路径相干相消，系统仅在量子比特所在的空间（由 $|D\rangle$ 和 $|\tilde{0}\rangle$ 组成）中演化，此时控制演化时间就能实现单比特操作。

2. 两比特门

与 M-S 门类似，离子 m_1、m_2 上的两比特量子门需用多束射频场来实现。作用在离子 i（$i = m_1$、m_2）上的两束射频场（标记为 α 和 β）的射频频率 ω_α^i 和 ω_β^i 满足条件：

$$\omega_\alpha^i = \omega_+^i - (\nu + \delta), \qquad \omega_\beta^i = \omega_-^i + (\nu + \delta)$$

其中 ν 为声子模式频率，δ 为失谐量。

选取离子能级 $|\tilde{0}\rangle$ 对应的能量为 0（因其磁量子数为 0，能量不受磁场影响，梯度场中所有离子能级的能量均以 $|\tilde{0}\rangle$ 为基准），则此系统的自由哈密顿量可选为

$$H_0 = -\hbar\omega_0|0\rangle_i\langle 0|_i - \hbar\omega_-^i|-1_i\rangle\langle-1_i| + \hbar\omega_+^i|+1_i\rangle\langle+1_i| + \hbar\nu a^\dagger a$$

其中 $\hbar\omega_\pm^i$ 表示离子 i 中能级 $|\pm 1\rangle$ 与 $|0\rangle$ 的能量差。而两束缀饰微波场以及操控射频场作用下，其哈密顿量在相互作用表象下表示为

$$H_I = \sum_{i=m_1,m_2} \underbrace{\hbar\nu\eta_i(a^\dagger e^{i\nu t} + a e^{-i\nu t})(|+1_i\rangle\langle+1_i| - |-1_i\rangle\langle-1_i|)}_{\text{梯度场耦合}}$$

$$+ \sum_{i=m_1,m_2} \underbrace{\frac{\hbar\Omega_m}{2}(e^{i(\omega_0+\omega_+^i)t}|0_i\rangle\langle+1_i| + e^{i(\omega_0-\omega_-^i)t}|0_i\rangle\langle-1_i| + \text{h.c.})}_{\text{缀饰微波场}}$$

$$+ \sum_{i=m_1, m_2} \frac{\hbar \Omega_{rf}}{2} (e^{-i(\nu+\delta)t}| + 1_i \rangle \langle \tilde{0}|_i - e^{-i(\nu+\delta)t}| - 1_i \rangle \langle \tilde{0}|_i + \text{h.c.})$$

$$\underbrace{\qquad\qquad\qquad\qquad\qquad\qquad\qquad\qquad\qquad\qquad\qquad\qquad\qquad}_{\text{操控射频场}}$$

其中 ν 为某个声子模式的频率，且参数 η_{m_1} 和 η_{m_2} 也与声子模式相关（特别的，对声子的呼吸模式 $\eta_{m_1} = -\eta_{m_2}$）。经过 Schrieffer-Wolf 变换，

$$U_p = \exp \left(\sum_{i=m_1, m_2} \eta_i (a^\dagger e^{i\nu t} - a e^{-i\nu t})(| + 1_i \rangle \langle +1_i| - | - 1_i \rangle \langle -1_i|) \right)$$

并在 Lamb-Dicke 极限下展开（展开到 η_i 的一阶），再按参数条件 $\delta \ll \frac{\Omega_m}{\sqrt{2}} \ll \nu$ 作旋波近似（仅保留 $e^{\pm i\delta t}$ 项）得到

$$H_{\text{gate}} = - \sum_{i=m_1, m_2} \frac{\eta_i \Omega_0}{2} (|D_i\rangle\langle\tilde{0}_i| - |\tilde{0}_i\rangle\langle D_i|)(a e^{i\delta t} - a^\dagger e^{-i\delta t})$$

$$= - \sum_{i=m_1, m_2} \frac{\eta_i \Omega_0}{2} (\sigma_i^+ - \sigma_i^-)(a e^{i\delta t} - a^\dagger e^{-i\delta t}) \qquad (4.74)$$

其中 $\sigma_i^+ = |D_i\rangle\langle\tilde{0}_i|$。与 M-S 门中的哈密顿量（4.36）对比，两者具有完全相同的形式 $\left(\text{调控} \phi^l = \phi^r = \frac{2}{\pi}\right)$，因此，经过相同的操控手段就能实现对应的两比特门。

ⓐ 与 M-S 门中不同，由于塞曼劈裂 ω_+ 和 ω_- 与离子 m_1 和 m_2 的位置相关，离子指标 i 不能省略。

4.2.7 相干性及扩展性讨论

4.2.7.1 相干时间的讨论

相干时间与门操作速度决定了门操作的有效数目，其中门操作的速度由拉比频率决定，现在我们来讨论相干时间问题。

对光学比特而言，相干时间的物理上限为亚稳态比特能级 $|e\rangle$ 的寿命。若将自发辐射视为离子与量子化真空场之间的相互作用（假设真空场始终处于基态），对所有真空模式求迹并作 Weisskopf-Wigner 近似[①]（仅计入真空中 $\omega = \dfrac{E_e - E_g}{\hbar}$

---

① 参见文献 M. O. Scully, and M. S. Zubairy, *Quantum Optics* (Cambridge University Press, Cambridge, 1997).

（E_e 和 E_g 分别为亚稳态及基态能量）附近的贡献$\Big)$，可得激发态寿命为

$$\tau = \frac{1}{\Gamma} = 4\pi\epsilon_0 \frac{3\hbar c^3}{4\omega^3 \wp_{eg}^2} \tag{4.75}$$

其中 $\wp_{eg} = q\langle e|\boldsymbol{r}\cdot\boldsymbol{\epsilon}|g\rangle$，其中 $q\boldsymbol{r}$ 为电偶极矩，$\boldsymbol{\epsilon}$ 为极化矢量，ϵ_0 为真空极化常数。从表达式（4.75）可知能级间隔 ω 与电偶极矩矩阵元 $\wp_{eg}$ 越小，亚稳态的寿命就越长。

　　然而，实际系统的相干时间比亚稳态的能级寿命要小得多，这意味着其他退相干因素起着主导作用。常见的退相干因素（噪声）包括如下几种：

　　（1）磁场起伏。

　　磁量子数不为 0 的比特能级将随磁场起伏而变化，进而使比特能级间的能量差发生变化，这将导致拉比频率起伏，破坏比特的相干性。

　　（2）声子加热。

　　在门操作讨论中，均假设在 Lamb-Dicke 近似下，且 Cirac-Zoller 门仅保留声子的基态项，而忽略了高声子数项。当声子加热时，高声子数态将被激发，不同声子数下的拉比频率不同，这也将导致相干性被破坏。

　　导致声子加热的物理机制有多种，如离子微运动导致其感受到的电场与理想电场不同，此电场波动导致声子被加热。然而，要确定实际实验中的主导加热机制还仍是一个开放问题。但将整个样品放入低温系统中已被证明有助于降低声子加热。

　　（3）量子比特丢失。

　　因禁于阱中的离子因声子加热严重或与背景气体碰撞会从阱中逃逸，从而破坏整个系统的相干性。在低温高真空条件下，与背景气体（主要是 H_2）的非弹性碰撞是造成量子比特丢失的主要因素。实验上，33 个离子的离子链中，4.7K 和 $< 10^{-13}$Torr 的压强下测得非弹性碰撞速率约为 10^{-5}s^{-1}[①]。

4.2.7.2　扩展问题讨论

　　扩展问题是制约离子阱系统实现大规模普适量子计算的主要困难。随着单个线性阱中离子数的增加，系统操作会遇到如下困难。

1. 寻址困难

　　由单个离子阱中离子平衡位置的方程（4.7）可知，随着离子数目增加，离子间距离将越来越短。[②]而在离子的操控方案中，均需对单个离子进行寻址（激光需

---

① G. Pagano, P. W. Hess, H. B. Kaplan, W. L. Tan, et al, Quantum Sci. Technol. **4**, 014004 (2019).
　② 尽管可通过减小谐振势束缚来增加离子间距，但这将带来一系列新问题，如阱的束缚变弱、门速度变慢以及声子更易被加热等。

照射在指定离子上）。通常激光的高斯光束的束腰直径约为 $1\,\mu\mathrm{m}$ 量级，若离子间距小于此量级，相邻离子间的串扰将不可避免[1]。这些串扰使激光对离子的精确操控变得异常复杂。另一方面，Lamb-Dicke 近似也不再成立，这也将导致精确控制的难度增加。

2. 门速度降低

随着离子数目上升，声子模式 D^{α} 按 $\dfrac{1}{\sqrt{N}}$ 下降，离子与激光的相互作用强度 η_i（与 D_i^{α} 成正比）也会随着离子数增加按 $\dfrac{1}{\sqrt{N}}$ 下降，这导致门的操控速度下降。

为克服单个 Paul 阱中的扩展困难，人们提出了使用多个线性阱实现量子计算的方案：每个线性阱中存放适量（10—100 个）离子[2]，而不同线性阱间通过光子或移动离子进行信息传递。下面我们来分别介绍这两种方案。

• **通过光子连接不同线性阱。**

多个线性阱实现量子计算的核心是如何建立不同阱中离子之间的纠缠。由于离子与其发射的光子之间可建立纠缠，通过光子上的纠缠交换就可建立离子间的纠缠。具体地，不同阱中两个离子间的纠缠可按如下方式建立[3]：

(1) 离子的能级如图 4.27 所示，将不同阱中的离子 a 和 b 同时泵浦到辅助能级 $|e'\rangle$，随后每个离子通过自发辐射与光子纠缠起来（当离子自发跃迁至 $|\downarrow\rangle$ 时将放出光子 $|\nu_\downarrow\rangle$；而当离子自发跃迁至 $|\uparrow\rangle$ 时将放出光子 $|\nu_\uparrow\rangle$）：

$$|\Psi\rangle = \frac{1}{\sqrt{2}}(|\downarrow\rangle|\nu_\downarrow\rangle - |\uparrow\rangle|\nu_\uparrow\rangle)$$

其中负号由 Clebsch-Gordan（CG）系数确定。因此，整个系统（离子和光子）处于状态 $|\Psi\rangle_a \otimes |\Psi\rangle_b$。

(2) 通过透镜收集这两个光子并让它们同时通过一个 50: 50 分束器，当光子探测器有符合计数时，两个光子处于反对称 Bell 态：

$$|\Psi^-\rangle_{\mathrm{photon}} = \frac{1}{\sqrt{2}}(|\nu_\uparrow\rangle_a|\nu_\downarrow\rangle_b - |\nu_\downarrow\rangle_a|\nu_\uparrow\rangle_b)$$

此时离子内态被投影到

$$|\Psi^-\rangle_{\mathrm{atom}} = \frac{1}{\sqrt{2}}(|\uparrow\rangle_a|\downarrow\rangle_b - |\downarrow\rangle_a|\uparrow\rangle_b)$$

---

[1] 对某个离子进行操作将影响其相邻离子；当探测时，相邻比特间的信号也将相互影响。

[2] 可通过设计非简谐电场来增加囚禁离子数目。

[3] 参见文献 C. Simon, and W. T. M. Irvine, Phys. Rev. Lett. **91**, 110405 (2003); D. N. Matsukevich, P. Maunz, D. L. Moehring, S. O. lmschenk, et al, Phys. Rev. Lett. **100**, 150404 (2008); C. Monroe, and J. Kim, Science, **339**, 1164-1169 (2013).

这就实现了两个不同阱中离子间的纠缠。值得注意，此纠缠只能概率性产生（但纠缠是否成功可通过符合测量的结果获知）[①]，且纠缠产生的速率为

$$\Gamma_{\mathrm{RE}} = \gamma_{\mathrm{rep}}(\eta_c \eta_d)^2/2$$

它受重复速率 γ_{rep}、光子收集效率 η_c 以及光子探测器效率 η_d 等限制。重复速率 γ_{rep} 理论上主要受限于辅助能级 $|e'\rangle$ 的寿命（通常约 10 ns）；但因纠缠建立过程再次开始前需对离子进行冷却和光学泵浦，实际的重复频率 $\gamma_{\mathrm{rep}} \approx 1$ MHz。但由于另外两个因素（特别是收集效率）的影响，实际实验所能达到的纠缠产生速率远低于 1 MHz[②]。

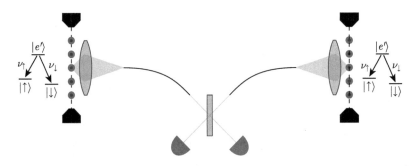

图 4.27 通过光子连接线性阱的示意图：通过离子从能级 $|e'\rangle$ 跃迁到不同的能级（$|\downarrow\rangle$ 或 $|\uparrow\rangle$）时放出的光子不同，可建立离子状态与光子状态间的纠缠。通过搜集光子并进行探测可完成纠缠交换，进而实现不同阱中离子之间的纠缠

- **通过移动离子实现不同线性阱的连接**

这一方案往往在芯片上使用，多个线性阱被集成在芯片上并按功能进行分区。通过离子在不同阱间的移动（通过改变芯片阱中的电极电压实现）来实现不同阱中离子的纠缠[③]（图 4.28）。

(1) 通过交换同一个线性阱中离子的位置，将欲移动到其他阱的离子移动到阱的边缘（移动中保持离子内态不变化，并保持声子不被加热）。此交换过程既可由物理交换完成，也可通过逻辑交换完成。前者可通过局部放松横向势场的束缚，使其最低的能量构型变为两个离子并排的形式，再局部收紧横向场（放松过程的

① 如何通过概率性成功的纠缠门有效实现大规模普适量子计算可参见线性光学量子计算部分。

② L. J. Stephenson, D. P. Nadlinger, B. C. Nichol, S. An, P. Drmota, et al, Phys. Rev. Lett. **124**, 110501 (2020).

③ 参见文献 D. Kielpinski, C. Monroe, and D. J. Wineland, Nature, **417**, 709-711 (2002); C. Monroe, and J. Kim, Science, **339**, 1164-1169 (2013); P. Kaufmann, T. F. Gloger, D. Kaufmann, M. Johanning, et al, Phys. Rev. Lett. **120**, 010501 (2018); J. M. Pino, J. M. Dreiling, C. Figgatt, J. P. Gaebler, et al, Nature, **592**, 209-213 (2021).

逆过程) 使两个离子在空间上实现物理交换; 后者可通过直接作用一个 SWAP 门在对应的两个量子比特来实现。此交换过程可高保真度地实现, 如 2 离子链中已实现过程保真度平均为 99.5(5)%, 所有声子模式 (6 个) 加热均小于 0.05(1) 个声子, 时长为 42μs 的离子交换[①]。

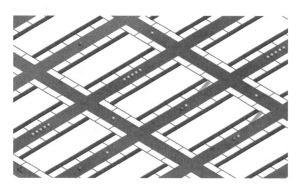

图 4.28 离子阱扩展的 QCCD 方案: 将离子分段囚禁在芯片的不同区域, 不同区域具有不同功能, 通过将离子移动到不同区域完成不同的操作

(2) 抬高留存离子和欲移动离子间的势阱, 使其分裂为双势阱 (留存离子在一个阱中, 欲移动离子在另一个阱中)。此过程通常将导致较严重的加热效应。

(3) 通过调节电压将欲移动离子运输到目标位置。通过优化平面阱的设计, 这一步也可高保真度完成。C. Wunderlich 组于 2018 年实现了单离子在 12.8μs 内运输 280μm, 其内态保真度仍达 99.9994%[②]。

(4) 最后将移动的离子与原离子链合为一串, 这是第二步的逆过程。

对磁场不敏感的离子内态在移动过程中受影响较小, 但声子在移动过程将不可避免被加热, 从而导致量子比特退相干。为解决此问题, 一方面可通过对系统不断进行冷却来使声子维持在基态, 但这需耗费大量的冷却时间; 另一个方面也可通过绝热移动的方法来降低加热。常通过寻找 "捷径" (shortcut) 的方法[③]来解决后一种方法中移动缓慢 (通常在 $\mathcal{O}(1)$ m/s 量级[④]) 的问题。具体而言, 需找到含时哈密顿量 $H(t)$ ($t_0 < t < t_1$) 使得初始时刻 t_0 和结束时刻 t_1 的哈密顿量与移动前后的静态势阱构型一致; 同时量子态的演化也满足 $|\psi(t_0)\rangle$

① H. Kaufmann, T. Ruster, C. T. Schmiegelow, M. A. Luda, et al, Phys. Rev. A **95**, 052319 (2017).

② P. Kaufmann, T. F. Gloger, D. Kaufmann, M. Johanning, and C. Wunderlich, Phys. Rev. Lett. **120**, 010501 (2018).

③ R. Bowler, J. Gaebler, Y. Lin, T. R. Tan, et al, Phys. Rev. Lett. **109**, 080502 (2012).

④ 参见文献 H. A. Fürst, M. H. Goerz, U. G. Poschinger, M. Murphy, et al, New J. Phys. **16**, 075007 (2014).

为 $H(t_0)$ 的基态，$|\psi(t_1)\rangle$ 为 $H(t_1)$ 的基态；但对系统中间时刻的量子态不作任何限制。满足上述条件的含时哈密顿量并不唯一（参见 3.4 节），我们从中选择一条快速的路径。

4.3　超导量子计算

超导系统是实现量子计算的另一个重要平台，由于固态系统所固有的特征，它具有良好的扩展性。超导系统中的量子比特由人工设计产生（根据需求可设计不同类型的量子比特），每个量子比特都具有可调参数（不同比特参数可不同）。与离子阱中量子比特的光操控不同，超导系统中的量子比特通过电操控，其量子门的操控速度远快于离子阱系统。超导系统的电操控方式与微加工技术都与现有微加工模式兼容。我们下面来分析超导系统对 DiVincenzo 判据的满足情况。

（1）**量子比特**：超导系统中的量子比特为人造比特，通过设计可实现不同类型的量子比特（电荷比特、磁通比特、相位比特等），而且通过精细化设计可提高量子比特性能。图 4.29 给出了不同超导比特间的进化树结构。

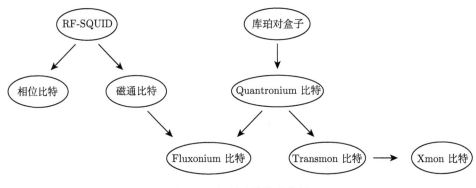

图 4.29　超导比特的进化树

（2）**初态制备**：通过量子比特与强耗散线路（冷却量子比特至基态）或与测量装置连接实现初态制备。

（3）**门操作**：超导量子比特（如 Transmon）通过电容与驱动电压耦合，通过调节电压就能实现单比特 σ^x 和 σ^y 门操作，而 σ^z 可通过调节 σ^x 或 σ^y 实现中的偏移相位顺带实现（由于未被真实执行，往往称为虚拟 Z 门）。两个超导比特间的 iSWAP 门可通过电容耦合实现；而 CZ 门可通过更高能级的参与绝热的实现。主要量子比特类型的门操作当前保真度如表 4.2 所示。

（4）**量子纠错性能**：根据表 4.2 中的信息，在 2 维 Transmon 和 Xmon 中，相干时间内已能实现 10^3 个门操作,已接近纠错所需的门数目 10^4[1]。量子相干时间还需进一步提高。

(5)**高效读出**:通过色散读出技术已能在 Transmon 上实现高效的单次读出,读出保真度最高已可达 99.2%[2]。

表 4.2 典型超导量子比特的典型性能参数[3]

	3 维 Transmon	2 维 Transmon	Xmon	Fluxonium
单比特门时间/ns	30—40	10—20	10—20	5—10
相干时间内单比特门个数	$> 10^3$	$> 10^3$	$> 10^3$	10^3
单比特门保真度	>0.999	0.999	0.9995	—
两比特门时间/ns	450	10—40	5—30	—
相干时间两比特门数目	10^2	10^3	10^3	—
两比特门保真度	0.96—0.98	0.99	0.9945	—
$T_1/(\mu)$s	100	40	50	55
$T_2^*/(\mu)$s	>140	40	20	40
T_2^{echo}	>140	40	—	85

(6)**可寻址**:由于超导系统中的量子比特为人工比特,其尺寸较大,不存在任何寻址问题。

(7)**可扩展性**:超导系统作为固态系统,其人工设计结构具有良好的扩展性,但低温环境以及控制线的扩展性仍存在挑战。

(8)**与量子网络兼容性**:超导系统中典型的谐振频率为微波频段,通信波段与微波频段之间差距较大,它们之间的转换存在一定的困难或转化效率极低。

由上面的分析可见,超导系统是一个实现量子计算的理想平台。

4.3.1 超导理论及约瑟夫森效应

超导顾名思义是指材料在温度低于某一阈值 T_c(超导转变温度)时,电阻变为 0 的现象。它最早由荷兰物理学家昂内斯在汞低于 4.15 K 时发现,昂内斯也因此获得 1913 年的诺贝尔物理学奖。尽管人们随后又发现了一系列新的超导材料,并由金兹堡和朗道等发展了超导的唯象理论,但直到 1957 年,超导的微观理论才由巴丁(Bardeen)、库珀(Cooper)和施里弗(Schrieffer)等发现。这个以他们名字命名的 BCS 理论为他们赢得了 1972 年的诺贝尔物理学奖[3]。

---

① 详见表 4.2。

② 参见文献 T. Walter, P. Kurpiers, S. Gasparinetti, P. Magnard, et al, Phys. Rev. Applied, **7**, 054020 (2017).

② 参考自 H. L. Huang, D. Wu, D. Fan, and X. Zhu, Sci. Chin Inf. Sci. **63**, 1-32 (2020).

③ 参见文献 J. Bardeen, L. N. Cooper, and J. R. Schrieffer, Phys. Rev. **106**, 162-164 (1957).

　　BCS 理论的核心部分指出：除电子-电子间的库仑作用外，电子与电子之间还可通过声子诱导出吸引作用，而此吸引作用将使电子在动量空间中配对（动量为 k 的电子与动量为 $-k$ 的电子配对，形成空间波函数对称但自旋反对称的整体波函数），配对后的两个电子对外形成一个称之为库珀对（Cooper pair）的整体。两个电子（费米子）配对后对外整体表现为一个玻色子，在超导转变温度以下，玻色子（库珀对）凝聚从而形成超流体（图 4.30）。

　　声子诱导的电子间的吸引力可通过如下方式形象理解：由于晶格响应缓慢，电子穿过晶格后，晶格仍保持形变状态且形成一个带正电荷的中心；若此时有另一个电子靠近此中心，则它会被此中心吸引。其整体效果等价于两个电子间诱导了一个吸引作用（事实上，这两个电子未在空间中相遇）。而库珀进一步证明在费米海中任意小的吸引作用都将导致电子的配对。

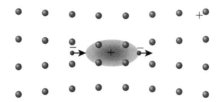

图 4.30　声子诱导电子间的吸引：一个电子与晶格作用使晶格发生形变并形成一个带正电的
　　　中心；当电子离开后，晶格由于弛豫时间较长而保持带正电，若在弛豫时间内有一个电子
　　　来到此区域，它将被此中心吸引。整个过程等效于两个电子间有等效的吸引作用

4.3.1.1　约瑟夫森效应

　　由库珀对的玻色凝聚可知，所有库珀对占据相同的能级、具有相同的波函数。因此，一个孤立超导体可用一个表示库珀对空间分布的波函数描述，即

$$\psi = \sqrt{n_c}e^{i\theta} \tag{4.76}$$

其中 n_c 为库珀对在空间中的密度分布，而 θ 为玻色凝聚体的整体相位[①]。一个孤立超导体的相位为整体相位，无直接的物理意义。但当两个超导体间存在弱连接时（weak link，此时库珀对的空间分布近似不变），两个超导体间的相位差将导致有趣的物理现象[②]。约瑟夫森效应[③]就是由两个超导体通过绝缘体薄层产生的弱连接形成的，而超导体-绝缘体-超导体形成的三明治异质结构也称为约瑟夫森结

---

① 参数 n_c 和 θ 均为时间 t 和空间 r 的函数。

② 这些现象均由相干产生。

③ 参见文献 B. D. Josephson, Physics Letters, **1**, 251-253 (1962); W. J. Johnson, PhD Thesis of University of Wisconsin (1968).

（Josephson junction）（图 4.31）(约瑟夫森因发现此效应而获得 1973 年的诺贝尔物理学奖)。当绝缘层足够薄时，左右超导体中的库珀对将作为整体遂穿到对面的超导体中，从而在两个超导体间产生相互作用。此时，单个超导体不再被看作一个孤立体系，而需将两个超导体作为一个整体。

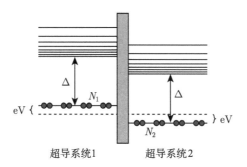

图 4.31 约瑟夫森效应：约瑟夫森结由两个能隙为 Δ 的超导体和一个绝缘体薄片组成。设超导体 1 中的库珀对数目为 N_1，它们都处于相同的量子态 $|\psi\rangle_1$；超导体 2 中的库珀对数目为 N_2，它们均处于量子态 $|\psi\rangle_2$。若库珀对通过隧穿从超导系统 1 跃迁至超导系统 2（量子态从 $|\psi\rangle_1$ 变为 $|\psi\rangle_2$），则系统将发生 2eV 的能量变化（V 为两个超导体间的偏置电压）

因超导体中所有库珀对均凝聚到相同的量子态 $|\psi\rangle$，我们用处于量子态 $|\psi\rangle$ 的库珀对数目 N 来标记系统状态（记为 $|N\rangle$，类似于 Fock 态）。因此，两个独立（无相互作用）超导体 1 和 2 的量子态可表示为 $|N_1\rangle$，$|N_2\rangle$（N_1 和 N_2 为大数）。若两个超导体间通过薄的绝缘层形成弱连接，当库珀对发生跃迁时，两个超导体须作为一个整体来处理。设系统的基矢量为

$$|n\rangle = |N_1 - n\rangle|N_2 + n\rangle, \qquad -N_2 \leqslant n \leqslant N_1$$

它表示 n 个库珀对从超导体 1 跃迁到超导体 2 后形成的量子状态。在这组基下，约瑟夫森结中的跃迁过程可表示为哈密顿量：

$$H = -\frac{1}{2}E_J^0 \sum_n (|n\rangle\langle n+1| + |n+1\rangle\langle n|) \tag{4.77}$$

其中 E_J^0 称为约瑟夫森耦合能，它刻画库珀对穿过约瑟夫森结的能力。E_J^0 仅与材料性质相关，可被近似为

$$E_J^0 = \frac{1}{2}\frac{\hbar}{(2e)^2}G_{\text{norm}}\Delta$$

其中 $G_{\text{norm}} = \dfrac{1}{R}$ 为正常态（非超导）的电导，而 Δ 为超导能隙。由此可见，库珀对隧穿约瑟夫森结的能力与两个超导体中库珀对的数目无关。换言之，若将前

面的哈密顿量看作一维格点上的 Hopping 过程，它具有平移对称性[①]（图 4.32）。

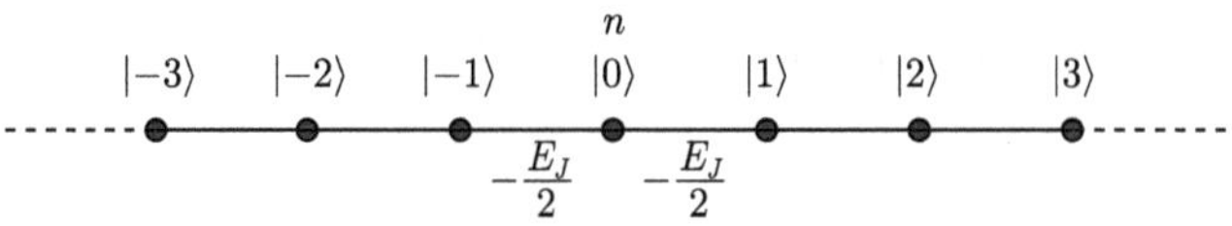

图 4.32　系统状态隧穿形成的一维链：由于隧穿强度与库珀对的数目无关，整个量子态 $|n\rangle$ 形成的格点模型具有平移对称性

　　动量是平移对称系统的守恒量（平移算符 $\hat{P}$ 与哈密顿量 H 对易），因此，动量本征态是平移对称系统的本征态[②]。因此，H 的本征态具有如下形式[③]：

$$|\varphi\rangle = \mathcal{N} \sum_n e^{in\varphi}|n\rangle$$

其中 $\mathcal{N}$ 为归一化常数。通过直接计算可知

$$H|\varphi\rangle = -E_J^0 \cos\varphi |\varphi\rangle$$

这表明 $|\varphi\rangle$ 是 H 的本征值为 $-E_J^0 \cos\varphi$ 的本征态。换言之，在本征态基矢量 $|\psi\rangle$ 下，哈密顿量 H 可写为

$$H = -E_J^0 \sum_\varphi \cos\varphi |\varphi\rangle\langle\varphi|$$

我们定义相位算符 $\hat{\varphi} = \sum_\varphi \varphi|\varphi\rangle\langle\varphi|$，它与库珀对数目算符 $\hat{n}$ 是一组对偶量。利用算符 $\hat{\varphi}$，哈密顿量 H 可写为 $H = -E_J^0 \cos\hat{\varphi}$。

　　穿过约瑟夫森结的电流 I（单位时间穿过结的电量）定义为算符：

$$\hat{I}_s = 2e\frac{d\hat{n}}{dt} = 2e\frac{i}{\hbar}[H, \hat{n}] = -i\frac{e}{\hbar}E_J^0 \sum_n (|n\rangle\langle n+1| - |n+1\rangle\langle n|)$$

　　若约瑟夫森结系统处于本征态 $|\varphi\rangle$，则有

$$I_s = \langle\varphi|\hat{I}_s|\varphi\rangle = I_c \sin\varphi \tag{4.78}$$

其中 $I_c = \dfrac{\Phi_0}{2\pi}E_J^0$ 是 $\varphi = \dfrac{\pi}{2}$ 时的最大电流 $\left(\text{其中 } \Phi_0 = \dfrac{h}{2e} \text{ 是磁通量子}(h = 2\pi\hbar)\right)$，这就是著名的约瑟夫森方程中关于电流的等式。

---

① 参考量子行走系统中的哈密顿量。
② $\hat{P}$ 与 H 对易，它们有共同本征态。
③ 它是图 4.32 中"空间"态 $|n\rangle$ 的傅里叶变换。

在哈密顿量（式（4.77））中，两个超导间的偏置电压为 0，此时，穿过约瑟夫森结的电流 I_s（不超过 I_c）仅与两个超导体（凝聚的库珀对）间的相位差 φ 相关[1]。而当两个超导体间存在电压差 V 时，一个库珀对的跃迁将导致系统能量发生 2eV 的变化，因此，系统哈密顿量需增加一项变为

$$H' = -\frac{1}{2} E_J^0 \sum_n (|n\rangle\langle n+1| + |n+1\rangle\langle n|) - 2\text{eV}\hat{n}$$

$$= -E_J^0 \cos\hat{\varphi} - 2\text{eV}\hat{n} \tag{4.79}$$

在此哈密顿量下，$\cos\hat{\varphi}$ 满足方程：

$$\frac{d\cos\hat{\varphi}}{dt} = \frac{i}{\hbar}[H', \cos\hat{\varphi}]$$

$$\Rightarrow -\sin\hat{\varphi}\frac{d\varphi}{dt} = \frac{-i2\text{eV}}{\hbar}[\hat{n}, \cos\hat{\varphi}]$$

$$\Rightarrow -\sin\hat{\varphi}\frac{d\varphi}{dt} = \frac{-i2\text{eV}}{\hbar}\frac{1}{2}\sum_n (|n+1\rangle\langle n| - |n\rangle\langle n+1|)$$

其中第二步使用了定义 $\cos\hat{\varphi} = \frac{1}{2}\sum_n (|n+1\rangle\langle n| + |n\rangle\langle n+1|)$。进一步利用等式 $\sin\hat{\varphi} = \frac{1}{2i}\sum_n (|n\rangle\langle n+1| - |n+1\rangle\langle n|)$ 可得

$$\frac{\partial\varphi}{\partial t} = \frac{2\text{eV}}{\hbar} \quad\Longrightarrow\quad V = \frac{\Phi_0}{2\pi}\frac{\partial\varphi}{\partial t} \tag{4.80}$$

此即著名的约瑟夫森方程中关于电压的等式。值得注意，在有电压偏置时，电流仍具有式（4.78）的形式[2]，即

$$I_s = I_c \sin(\varphi_0 + \omega t) \tag{4.81}$$

（其中 φ_0 为初始相位）。但此时的相位差 φ 将随时间变化 $\left(\text{变化频率 } \omega = \dfrac{2\pi V}{\Phi_0}\right.$ 可由电压方程获得$\Big)$。由于电流 I_s 仅由库珀对的遂穿产生，它具有无耗散的特性，常称为超电流（super-current）。

---

[1] 参见约瑟夫森方程 Feynman 方法中 φ 的定义。

[2] 电流仅与算符 $\hat{n}$ 相关，在有电压的情况下，增加项也仅含算符 $\hat{n}$，它与电流算符本身对易。

约瑟夫森方程的另一个推导

约瑟夫森方程（式（4.78）和式（4.80））还可通过下面的方式（Feynman 方法）获得。

两个弱连接超导体形成的一个整体，其波函数可表示为

$$|\psi(t)\rangle = C_1(t)|\psi\rangle_1 + C_2(t)|\psi\rangle_2$$

其中 $|\psi\rangle_1$ 和 $|\psi\rangle_2$ 分别表示超导系统 1 和 2 中库珀对占据的量子态，而 $C_1(t)(C_2(t))$ 表示系统在对应量子态上的振幅。若超导体 1、2 间的电势差为 V（可以为 0），则一个库珀对从超导体 1 跃迁到超导体 2 产生的能量差为 2eV。因此，在基矢量 $|\psi\rangle_1$ 和 $|\psi\rangle_2$ 下，系统哈密顿量可表示为

$$H = \begin{bmatrix} \mathrm{eV} & K \\ K & -\mathrm{eV} \end{bmatrix}$$

其中 K 是超导体 1 与 2 之间的耦合强度。将波函数 $|\psi(t)\rangle$ 代入薛定谔方程得到

$$\begin{cases} i\hbar\dfrac{dC_1(t)}{dt} = \mathrm{eV}C_1(t) + KC_2(t) \\ i\hbar\dfrac{dC_2(t)}{dt} = KC_1(t) - \mathrm{eV}C_2(t) \end{cases}$$

根据 $C_1(t)$ 和 $C_2(t)$ 的定义和式（4.76），它们可用如下形式近似：

$$C_1 = \sqrt{n_1}e^{i\theta_1}, \qquad C_2 = \sqrt{n_2}e^{i\theta_2}$$

若假设两块超导体为相同的材料，则有 $n_1 = n_2 = n_s$。因此，将 $C_1(t)$ 和 $C_2(t)$ 代入前面的方程得到

$$\begin{cases} \dfrac{dn_s(t)}{dt} = \dfrac{2Kn_s}{\hbar}\sin\varphi \\ \dfrac{d\theta_1(t)}{dt} = -\dfrac{K}{\hbar}\cos\varphi - \dfrac{\mathrm{eV}}{\hbar} \\ \dfrac{d\theta_2(t)}{dt} = -\dfrac{K}{\hbar}\cos\varphi + \dfrac{\mathrm{eV}}{\hbar} \end{cases}$$

其中 $\varphi = \theta_2 - \theta_1$ 称为约瑟夫森相位。通过约瑟夫森结的电流定义 $I_s = \dfrac{dn_s}{dt}$，可得如下约瑟夫森方程：

$$\begin{cases} I_s = I_c \sin\varphi \\ \hbar \dfrac{d\varphi}{dt} = 2eV \end{cases} \tag{4.82}$$

其中临界电流 $I_c = \dfrac{2Kn_s}{\hbar}$，它与超导之间耦合强度密切相关。

按约瑟夫森效应（约瑟夫森方程），约瑟夫森结具有电感特性，其等效电感[①]为

$$L = \frac{\Phi_0}{2\pi I_c \cos\varphi}$$

显然，此等效电感是相位差 φ 的非线性函数（约瑟夫森结的非线性电感特性在构造量子比特中起着关键的作用）。从电感角度，约瑟夫森结中存储的磁能为[②]

$$E = \int_0^t IV dt = \int_0^t I_c \sin\varphi \frac{\Phi_0}{2\pi} \frac{\partial\varphi}{\partial t} dt = E_J^0 (1 - \cos\varphi) \equiv -E_J^0 \cos\varphi \tag{4.83}$$

它与系统的 Hopping 能量一致。

实际的约瑟夫森结模型

前面讨论的是理想情况，事实上，超导体中除库珀对外，还可能存在未配对电子。当流过约瑟夫森结的电流 $I > I_c$ 时，除库珀对隧穿外，还会有正常电子（未配对）穿过约瑟夫森结[③]。此时，约瑟夫森结需用 RSJ 模型（resistively shunted model of Josephson junction）描述。

在 RSJ 模型中，约瑟夫森结用理想隧穿模型与电阻的并联表示（图 4.33）。此时，流过约瑟夫森结的总电流包含两部分：理想隧穿模型中的无耗散电流（由库珀对隧穿约瑟夫森结形成，不超过 I_c）；流过电阻的正常电子（无配对）产生的电流（它有能量耗散），即

$$I = \underbrace{I_c \sin\varphi}_{\text{库珀对隧穿}} + \underbrace{\frac{\Phi_0}{2\pi R} \frac{\partial\varphi}{\partial t}}_{\text{正常电流} V/R}$$

其中使用了约瑟夫森方程（4.82）中的电压表达式。通过求解此微分方程得到 $\varphi(t)$，并将其代入方程（4.82），最后得到约瑟夫森结两端的电压

[①] 将约瑟夫森方程中的电流和电压公式代入电磁感应定律 $V = L\dot{i}$ 得到。

[②] 最后一步已将常数项略去。

$$V(t) = R \cdot \frac{I^2 - I_c^2}{I + I_c \cos \omega t}$$

其中 $\omega = \dfrac{2\pi R}{\Phi}\sqrt{I^2 - I_c^2}$。显然，电压随时间振荡，且振荡频率 ω 与电流 I 超过临界电流 I_c 的数量相关。若对此电压在一个周期内求平均，则其有效电压 $\bar{V}$ 满足条件：

$$2\mathrm{eV} = \hbar\omega$$

它表明库珀对从超导体 1 跃迁到超导体 2 的能差 $2\mathrm{eV}$ 由一个电磁辐射量子（$\hbar\omega$）带走。

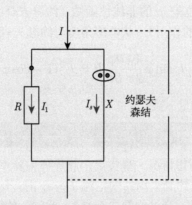

图 4.33　RSJ 模型：当电流 I 超过临界电流 I_c 时，一部分电流（I_s）由库珀对的隧穿组成，另一部分电流（I_1）由正常的电流组成。无耗散电流由约瑟夫森结中的理想隧穿表示，正常电流的耗散由电阻表示

　　RSJ 模型中还未考虑电荷之间的库仑作用，若考虑库仑作用，则电荷通过约瑟夫森结还会产生额外的能量变化。这部分能量可通过在 RSJ 模型中并联一个电容来描述，此即 RCSJ（resistively and capacitively shunted junction）模型。此模型可如图 4.34 表示。

　　按此模型，约瑟夫森结的总偏置电流等于三个并联线路上的电流之和：

$$I = I_c \sin \varphi + \frac{V}{R} + C\frac{dV}{dt}$$

其中 φ 依然是两个超导体间的相位差。将约瑟夫森方程 $V = \dfrac{\hbar}{2e}\dfrac{d\varphi}{dt}$ 代入此方程得到 φ 的二阶微分方程：

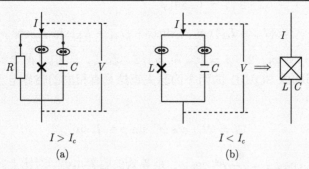

图 4.34 RCSJ 模型：(a) 当电流 I 超过临界电流 I_c 时，除库珀对隧穿，正常电子运动外，还有一部分由电容上的电荷变化产生；(b) $I < I_c$ 时，所有电流均由库珀对隧穿产生，无电阻，但电容仍存在

$$\frac{d^2\varphi}{d^2\tau} + \frac{1}{Q}\frac{d\varphi}{d\tau} + \sin\varphi = \frac{I}{I_c} \tag{4.84}$$

其中 $\tau = \omega t$，$Q = \omega RC$ 且 $\omega = \sqrt{\dfrac{2\pi I_c}{\Phi_0 C}}$。此方程对应于一个质量为 $\left(\dfrac{\Phi_0}{2\pi}\right)^2 C$ 的粒子在有效势能

$$V(\varphi) = -E_J^0 \cos\varphi - \frac{\Phi_0 I}{2\pi}\varphi$$

以及一个与速度相关的粘滞力 $\left(\dfrac{\Phi_0}{2\pi}\right)^2 \dfrac{1}{R}\dfrac{d\varphi}{dt}$ 作用下运动。

ⓐ 参见文献 W. C. Stewart, Applied Physics Letters, **12**, 277-280 (1968); D. E. McCumber, Journal of Applied Physics, **39**, 3113-3118 (1968).

4.3.1.2 直流 SQUID 作为可调约瑟夫森结

SQUID（superconducting quantum interference device）①是如图 4.35 所示的含两个约瑟夫森结的超导元件，通过改变穿过 SQUID 中间孔洞的磁通 Φ 可调节约瑟夫森结两侧的相位差。

事实上，SQUID 可看作一个相位差 φ 可调节的大约瑟夫森结。SQUID 中的总电流 I 由两个并联约瑟夫森结上的电流之和组成：

---

① 参见文献 R. C. Jaklevic, John Lambe, A. H. Silver, and J. E. Mercereau, Phys. Rev. Lett. **12**, 159-160 (1964).

$$I = I_{ca} \sin\varphi_a + I_{cb} \sin\varphi_b$$

$$= (I_{ca} + I_{cb}) \cos\varphi_e \sin\varphi + (I_{ca} - I_{cb}) \sin\varphi_- \cos\varphi$$

其中 $\varphi_- = (\varphi_a - \varphi_b)/2$，$\varphi = (\varphi_a + \varphi_b)/2$。若 $I_{ca} = I_{cb}$（两个约瑟夫森结上的 E_J^0 相同），即构成 SQUID 的两个约瑟夫森结具有相同的临界电流，则上式可简化为

$$I = 2I_{ca} \cos\varphi_- \sin\varphi \equiv I_c \sin\varphi$$

其中 $I_c = 2I_{ca} \cos\varphi_- = \dfrac{\Phi_0}{\pi} E_J^0 \cos\varphi_-$ 是等效的临界电流。对比上式和约瑟夫森方程（4.82）可知：若将 SQUID 等效为一个约瑟夫森结，则其临界电流 I_c 可由参数 φ_- 调节，而参数 φ_- 可由穿过 SQUID 中间的磁通 Φ 调节。根据 Aharonov-Bohm（AB）效应，闭合回路上的相位差可表示为

$$2\varphi_- = \varphi_a - \varphi_b = \varphi_4 - \varphi_1 - \varphi_3 + \varphi_2$$

$$= \frac{2e}{\hbar} \left(\int_1^2 \boldsymbol{A} \cdot d\boldsymbol{l} + \int_3^4 \boldsymbol{A} \cdot d\boldsymbol{l} \right)$$

$$\simeq \frac{2\pi}{\Phi_0} \oint \boldsymbol{A} \cdot d\boldsymbol{l} = 2\pi \frac{\Phi}{\Phi_0}$$

其中 φ_i $(i = 1, 2, 3, 4)$ 是图 4.35 中 i 处的相位；约瑟夫森结（绝缘体）非常薄，其上的矢势积分可忽略不计。因此，直流 SQUID 等效为一个临界电流 I_c 可通过磁通调节的约瑟夫森结。

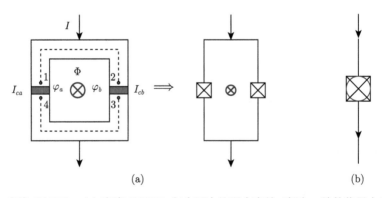

(a)   (b)

图 4.35 直流 SQUID：(a) 直流 SQUID 包含两个约瑟夫森结，流过 a 结的临界电流为 I_{ca}，而流过 b 结的临界电流为 I_{cb}，且 a 结两边的相位差为 φ_a，而 b 结两边的相位差为 φ_b。另外，有磁通 Φ 穿过超导围成的环。(b) 直流 SQUID 可看作可调节的约瑟夫森结

约瑟夫森结和 SQUID 是组成量子比特的基本单元，在介绍了它们的基本性

质后，我们就可以来构造量子比特了。

4.3.2 超导量子比特的设计

与离子阱系统中量子比特由天然原子的能级组成不同，超导系统中的量子比特由人工设计产生。一方面，超导系统量子比特的可设计性使其具有多样性和可控性（调整不同参数可产生不同性能的量子比特）；另一方面，人工量子比特不具有全同性，不同比特间相互作用的控制将变得更为复杂。我们首先来介绍如何设计不同性质的量子比特。

4.3.2.1 基于库珀对盒子的超导量子比特

1. 非线性量子 LC 电路

LC 电路是实现各种超导量子比特的基础，一个标准的 LC 电路可用图 4.36 中的电路表示。若设电容器（电容为 C）两端的电荷量为 Q，且电感（电感系数为 L）上的磁通为 Φ，则此系统的总能量（哈密顿量）H 为

$$H = \frac{Q^2}{2C} + \frac{\Phi^2}{2L} \tag{4.85}$$

其中第一项为存储于电容 C 上的电能，而第二项为存储于电感中的磁能。由于 $\dot{Q} = -\Phi/L$ 且 $\dot{\Phi} = Q/C$，则变量 Φ、Q 是一组共轭量，它们满足正则关系。因此，可引入升降算符 a，$a^\dagger$：

$$a = (\hat{\Phi} + iZ_r\hat{Q})/\sqrt{2\hbar Z_r}$$
$$a^\dagger = (\hat{\Phi} - iZ_r\hat{Q})/\sqrt{2\hbar Z_r} \tag{4.86}$$

其中，Z_r 表示 LC 电路中的特征阻抗，$a^\dagger$ 可理解为 LC 振荡电路中微波光子的产生算符。利用升降算符，哈密顿量可简化为谐振子形式：

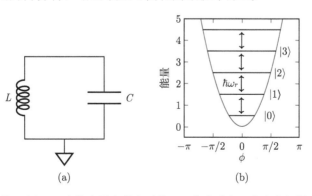

图 4.36 LC 电路：(a) LC 电路由两个基本元件（一个电感和一个电容）组成。(b) 量子化 LC 电路的谐振子能级，相邻能级的能量差均相等

$$H = \hbar\omega_r(a^\dagger a + 1/2)$$

其中 ω_r 为 LC 电路的谐振频率。

由于谐振子能级结构均匀，无法从中选出两个孤立（操作封闭）的能级作为量子比特。为构造非简谐能级，需在 LC 电路中引入非线性元件，破坏其能级的均匀性。特别地，若将基本的 LC 振荡电路中的电感元件替换为约瑟夫森结或 SQUID，则由约瑟夫森结的非线性特性，其能级分布将不再均匀。

在 RCSJ 模型中，总偏置电流 I 小于 I_c 且整个电流均为超导电流时，模型中的电阻不会出现，但电容仍存在。此时的约瑟夫森结模型可简化为理想约瑟夫森结与电容的并联（图 4.34（b））。按前面的讨论，理想约瑟夫森结可等效为一个非线性电感，因此，一个实际约瑟夫森结可用两个参数（电感 L 和电容 C）描述。

约瑟夫森结是构造超导比特的基础，图 4.37 所示的结构是组成电荷比特的基本结构（常称为库珀对盒子（Cooper pair box）[1]）。此系统中的能量包括两部分：储存于电容的电能以及存于约瑟夫森结中的磁能。因此，其哈密顿量 H 可写为

$$H = \underbrace{4E_C(\hat{n} - n_g)^2}_{H_C} - \underbrace{E_J^0 \cos\hat{\varphi}}_{H_J} \tag{4.87}$$

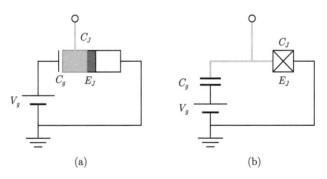

图 4.37　含约瑟夫森结的 LC 线路：用约瑟夫森结（由 E_J^0 和 C_J 刻画）代替 LC 电路中的元件 L。(a) 约瑟夫森结的线路，C_g 是门电容，它既是调控系统的参数，也是环境影响量子比特退相干的因素。而 V_g 是约瑟夫森结两端的偏置电压。(b)（a）对应的线路图

对此哈密顿量，我们有如下说明：

（1）第一项为存储于超导岛（图 4.37（a）中蓝色部分）上的电能，第二项（式（4.83））为理想约瑟夫森结（等效电感）中存储的等效磁能；

---

① 参见文献 V. Bouchiat, D. Vion, P. Joyez, D. Esteve, and M. H. Devoret, Phys Scripta, **1998**, 165 (1998); Y. Nakamura, Yu. A. Pashkin and J. S. Tsai, Nature, **398**, 786-788 (1999).

（2）电荷能（charge energy）$E_C = \dfrac{e^2}{2C}$（$C = C_J + C_g$ 是总电容）表示单个电子从零势能（接地）到超导岛所需的能量；

（3）算符 $\hat{n}$ 表示穿过约瑟夫森结的库珀对数目，而算符 $\hat{\varphi}$ 表示约瑟夫森结两端的相位差；

（4）门电荷 $n_g = \dfrac{C_g V_g}{2e}$（可通过电压 V_g 控制，这里使用了门电容 C_g 远小于 C_J 的近似条件[①]）用于调控超导岛上的静偏置电荷，它可取连续的值。

此哈密顿量在相位空间 φ 中可表示为[②]

$$H(n_g) = 4E_C \left(-i\frac{\partial}{\partial \varphi} - n_g\right)^2 - E_J^0 \cos \varphi$$

因此，$H(n_g)$ 能量为 ε_k 的本征函数 $\Psi_k(\varphi)$ 满足薛定谔方程：

$$4E_C \left(-i\frac{\partial}{\partial \varphi} - n_g\right)^2 \Psi_k(\varphi) - E_J^0 \cos \varphi \Psi_k(\varphi) = \varepsilon_k \Psi_k(\varphi) \tag{4.88}$$

且要求 $\Psi_k(\varphi)$ 满足边界条件 $\Psi_k(\varphi) = \Psi_k(\varphi + 2\pi)$（即具有周期 2π）[③]。

注意到，哈密顿量 $H(n_g)$ 中的门电荷 n_g 可通过幺正变换消除，即

$$e^{-in_g\varphi} H e^{in_g\varphi} = 4E_C \left(-i\frac{\partial}{\partial \varphi}\right)^2 - E_J^0 \cos \varphi \tag{4.89}$$

（右侧哈密顿量不再显含门电荷参数 n_g）。因此，若将 Bloch 形式的函数 $\psi_k(\varphi)$

$$\psi_k(\varphi) = e^{-in_g\varphi} \Psi_k(\varphi) \tag{4.90}$$

代入薛定谔方程（4.88）得到

$$\left(4E_C \left(-i\frac{\partial}{\partial \varphi}\right)^2 - E_J^0 \cos \varphi\right) \psi_k(\varphi) = \varepsilon_k \psi_k(\varphi) \tag{4.91}$$

尽管此方程中的本征值 ε_k 与 n_g 无关，但 $\Psi_k(\varphi)$ 的周期边界条件将使 ε_k 与 n_g 关联在一起。方程（4.91）可改写为

$$\frac{\partial^2}{\partial \varphi^2} \psi_k(\varphi) + \left(\frac{\varepsilon_k}{4E_C} + \frac{E_J^0}{4E_C} \cos \varphi\right) \psi_k(\varphi) = 0 \tag{4.92}$$

[①] 由安培环路 $V_g = \dfrac{Q_g}{C_g} + \dfrac{Q_J}{C_J}$。又由于 $C_g \ll C_J$ 且 $Q_g = 2en_g$，所以有 $n_g = \dfrac{C_g V_g}{2e}$。

[②] 算符 $\hat{n}$ 与 $\hat{\varphi}$ 对偶，因此，它在相位空间中表示为算符 $-i\dfrac{\partial}{\partial \varphi}$（对比动量算符 $\hat{P} = -i\dfrac{\partial}{\partial x}$）。

[③] 本征值 ε_k 与 n_g 的关系通过此周期性条件进行限制。

它是一个标准的马修方程[①]：

$$\frac{\partial^2 y(x)}{\partial x^2} + (a - 2q\cos 2x)y(x) = 0$$

且 $\Psi_k(\varphi)$ 是马修方程的解（详见附录 IVa）。因此，通过求解马修方程并利用 $\Psi_k(\varphi)$ 的周期条件就能获得哈密顿量（4.87）的全部信息[②]。

马修方程与哈密顿量（4.87）的关系

根据 Floquet 定理，设马修方程的一般解为

$$y(x) = e^{isx}\sum_{n=-\infty}^{\infty} c_n e^{2inx}$$

按方程（4.92）与马修方程的对应，以及变换关系（4.90）可得

$$\Psi_k(s,q,\varphi) = e^{in_g\varphi}e^{is\varphi/2}\sum_{n=-\infty}^{\infty} c_n e^{in\varphi} = e^{i(n_g+\frac{s}{2})\varphi}\sum_{-\infty}^{\infty} c_n e^{in\varphi}$$

由于 $\Psi_k(s,q,\varphi)$ 需具有 2π 周期性，要求 $e^{i(n_g+\frac{s}{2})\cdot 2\pi} = 1$，即 $n_g + \frac{s}{2} = k$ 为整数。在 n_g 给定的情况下，这表明特征指数 s 只能取一组分离的数

$$s_k = 2(k - n_g) \qquad (k \in \mathbb{N}) \tag{4.93}$$

每个 s_k 对应一个本征态 $\Psi_k(s_k,q,\varphi)$ 和本征值：

$$\varepsilon_k = \frac{E_c}{4}a_k = \frac{E_c}{4}\left(s_k^2 + \cfrac{1}{D_1 - \cfrac{1}{D_2 - \cfrac{1}{\ddots}}} + \cfrac{1}{D_{-1} - \cfrac{1}{D_{-2} - \cfrac{1}{\ddots}}}\right)$$

其中 $D_n = \dfrac{a - (2n+s_k)^2}{q}$。

能量 ε_k 一般随 k 的增加而增加，为此，需对 s_k 进行合理排序。图 4.38

[①] 二者的对应关系如下：

$$\varphi = 2x, \quad a = \frac{\varepsilon_k}{4E_C}, \quad q = -\frac{E_J^0}{8E_C}$$

[②] 马修方程的解中，满足周期条件的部分才是哈密顿量（4.87）的本征解。

给出了 $n_g = \dfrac{1}{4}$ 和 $\dfrac{1}{2}$ 时，$k = -1, 0, 1, 2$ 对应本征能量的相对大小。

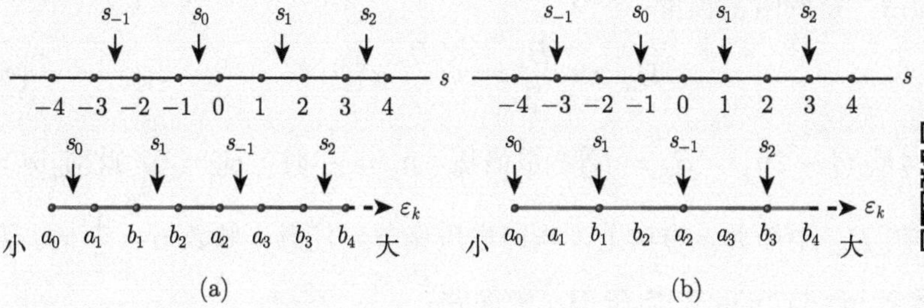

图 4.38　本征能量 ε_k 的排序：(a) $n_g = \dfrac{1}{4}$ 时，$s_{-1} = -2.5$，$s_0 = -0.5$，$s_1 = 1.5$，$s_2 = 3.5$，它们与整数特征指数以及与马修方程的本征值 a_r 和 b_r 之间的相对位置（q 小于零，本征值排序如图所示）。由于 s_k 均为实数，它们均处于稳定区。(b) $n_g = \dfrac{1}{2}$ 时，$s_{-1} = -3$，$s_0 = -1$，$s_1 = 1$，$s_2 = 3$，它们直接对应于马修方程的本征值 a_r 和 b_r，其相对位置（能量大小）。与附录中相同，红色线段表示稳定区，蓝色线段表示非稳定区（细节见附录 IVa）

当 s_k 处于某个稳定区间时，可用此稳定区间的边界能量（a_r 和 b_r）对其本征能量 ε_k 进行估计。详细推导见附录 IVa。

2. 基本电荷比特[①]

当参数 $E_J^0/E_C \ll 1$ 时，等效电感上的磁能远远小于电容上的电能。因此，基本哈密顿量（式（4.87））中的 $H_C = 4E_C(\hat{n} - n_g)^2$ 是主项，而 $H_J = -E_J^0 \cos \hat{\varphi}$ 是微扰项。主项 H_C 的本征态选为 $|n\rangle, n = 0, 1, 2, 3, \cdots$（$n$ 标记穿过约瑟夫森结的库珀对），在这组基下，微扰项 H_J 可表示为（参见式（4.79））

$$H_J = -\frac{E_J^0}{2} \sum_n (|n\rangle\langle n+1| + |n+1\rangle\langle n|)$$

特别地，若将哈密顿量 $H = H_J + H_C$ 投影到量子态 $|n = 0\rangle$ 和 $|n = 1\rangle$ 张成的子空间中[②]，则可得到一个 2×2 的厄密矩阵

$$H_2 = \begin{bmatrix} 4E_C n_g^2 & -\dfrac{E_J^0}{2} \\ -\dfrac{E_J^0}{2} & 4E_C(1 - n_g)^2 \end{bmatrix}$$

---

① 参见文献 V. Bouchiat, D. Vion, P. Joyez, D. Esteve, and M. H. Devoret, Phys Scripta, **1998**, 165 (1998); Y. Nakamura, Yu. A. Pashkin and J. S. Tsai, Nature, **398**, 786-788 (1999).

② H 在任意两个相邻量子态 $|n\rangle$ 和 $|n + 1\rangle$ 张成的子空间中的投影均具有类似结果。

$$= \frac{4E_C(1 - 2n_g + 2n_g^2)}{2} - \frac{4E_C(1 - 2n_g)}{2}\sigma^z - \frac{E_J^0}{2}\sigma^x$$

省略常数项后，得到哈密顿量：

$$H_2 \equiv -\frac{B_z}{2}\sigma^z - \frac{B_x}{2}\sigma^x \tag{4.94}$$

其中 $B_z = 4E_C(1 - 2n_g)$，$B_x = E_J^0$。很显然，$n_g = \frac{1}{2}$ 时，$B_z = 0$，此时 $|n=0\rangle$ 与 $|n=1\rangle$ 在 H_C 中简并。事实上，当门电压调节到任意半整数 $n + \frac{1}{2}$ 时，相邻的两个量子态 $|n\rangle$ 与 $|n+1\rangle$ 均在 H_C 中简并。

哈密顿量 H_2 的本征态为

$$\begin{aligned} |\tilde{0}_m\rangle = \cos\eta|0\rangle + \sin\eta|1\rangle, & \qquad E = -\frac{1}{2}\sqrt{B_z^2 + B_x^2} \\ |\tilde{1}_m\rangle = -\sin\eta|0\rangle + \cos\eta|1\rangle, & \qquad E = \frac{1}{2}\sqrt{B_z^2 + B_x^2} \end{aligned} \tag{4.95}$$

其中 $\eta = \arctan\dfrac{B_x}{B_z}$。显然，$|0\rangle$ 和 $|1\rangle$ 的简并已被微扰 H_J 消除。因此，通过调节门电压使 $n_g = 1/2$，选择系统本征态

$$\begin{aligned} |\tilde{0}\rangle &= \cos\eta|0\rangle + \sin\eta|1\rangle \\ |\tilde{1}\rangle &= -\sin\eta|0\rangle + \cos\eta|1\rangle \end{aligned} \tag{4.96}$$

形成量子比特（图 4.39）。

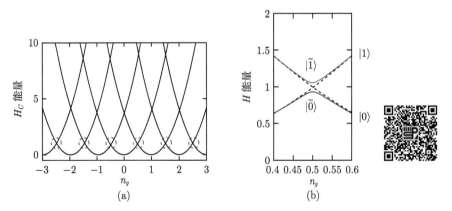

图 4.39 电荷比特能谱：(a) $E_c \gg E_J^0$ 时，H_C 为主部。H_C 中的 n 取分离整数值，而门电荷 n_g 取连续值。当 $n_g = n + \frac{1}{2}$ 时，相邻的两个量子态（$|n\rangle$ 和 $|n+1\rangle$）在 H_C 中简并（图中蓝圈处）；(b) 在 H_J 扰动下，$n_g = \frac{1}{2}$ 的简并（(a) 中红圈处）被消除，形成能级 $|\tilde{0}\rangle$ 和 $|\tilde{1}\rangle$，它们可编码一个量子比特

3. 含 SQUID 的电荷比特[①]

尽管前面量子比特中的控制参数 B_z （式（4.96））可通过门电压进行连续调节，但我们期望参数 B_x 也能被调控。为此，可将图 4.40 中的单个约瑟夫森结换为直流型的 SQUID（等效于一个可通过磁通调节的约瑟夫森结），得到线路（4.40）。此线路对应的哈密顿量为[②]

$$H = 4E_C(\hat{n} - n_g)^2 - E_J^0 \left[\cos\left(\hat{\varphi} + \pi\frac{\Phi_{\text{ext}}}{\Phi_0}\right) + \cos\left(\hat{\varphi} - \pi\frac{\Phi_{\text{ext}}}{\Phi_0}\right) \right]$$

$$= 4E_C(\hat{n} - n_g)^2 - \underbrace{2E_J^0 \cos\left(\pi\frac{\Phi_{\text{ext}}}{\Phi_0}\right)}_{E_J} \cos\hat{\varphi}$$

$$\equiv 4E_C(\hat{n} - n_g)^2 - E_J \cos\hat{\varphi} \tag{4.97}$$

其中 $\hat{\varphi}$ 是无磁通时约瑟夫森结两边的相位差，Φ_0 为磁通量子，而 Φ_{ext} 是穿过 SQUID 的外磁通[③]，E_C 中的电容 $C = C_{SQ} + C_g$ 为总电容 （$C_{SQ} = 2C_J$ 为 SQUID 上的等效电容）。此哈密顿量与基本哈密顿量（4.89）有相同的形式，仅需将 E_J^0 替换为可调参数 $E_J = 2E_J^0 \cos\left(\pi\dfrac{\Phi_{\text{ext}}}{\Phi_0}\right)$。因此，通过调节外磁通 Φ_{ext} （可实现量子比特沿 x 轴的任意转动）和门电压 V_g （可实现比特绕 z 轴的任意转动)，就能实现任意的欧拉转动（任意单比特幺正变换）。

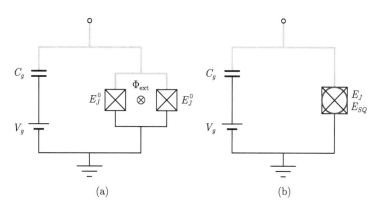

$$(a) \qquad\qquad\qquad\qquad (b)$$

图 4.40　SQUID 代替约瑟夫森结：将基本电荷比特中的约瑟夫森结替换为两个约瑟夫森结组成的 SQUID，可引入参数 Φ_{ext} （外磁场）来对系统进行调控

---

① 参见文献 J. R. Friedman, V. Patel, W. Chen, S. K. Tolpygo, and J. E. Lukens, Nature, **406**, 43 (2000).

② 已假设 SQUID 中的两个约瑟夫森结具有相同的参数 E_J^0 和 C_J。

③ 已假设 SQUID 本身的电感可忽略，总磁通 Φ 仅由外磁通 Φ_x 确定。

4. Transmon 量子比特[①]

由于 H_J 项的微扰，系统 H 的能量在 $n_g = \dfrac{1}{2}$ 处[②]形成局域极值（系统能量对 n_g 的一阶导为零）。因此，线性电荷噪声[③]不影响量子态 $|\tilde{0}\rangle$ 与 $|\tilde{1}\rangle$（量子比特）间的跃迁频率，因而也不影响量子比特的相干性（相干时间 T_2 长）。由此可见，在 $n_g = \dfrac{1}{2}$（常称为甜点（sweet point））附近对量子比特实施操作能有效减小电荷噪声对量子比特相干性的影响。但电荷 n_g 的长时间起伏仍会将系统推离甜点，对 n_g 的重置将不可避免，因此，实现电荷比特的长相干时间仍面临挑战。为获得长相干时间的量子比特，需对电荷噪声的影响进行深入研究。

(1) 量子比特的电荷色散。

与前面电荷比特中 $E_J/E_C \ll 1$ 不同，此处我们考虑另一个极限情况：$E_J/E_C \gg 1$。此时式（4.89）中的 H_J 作为主部，而 H_C 是微扰项。此时，此模型可看作 φ 空间中的一维紧束缚模型（如图 4.41，H_J 提供周期势能和局域量子态，而 H_C 提供跳跃项）。设 H_J 在最小值附近（势阱）的局域量子态为 $|n\rangle$（$n = 0, 1, \cdots$），微扰 H_C 使粒子在不同势阱中跳跃（在 $E_J \gg E_C$ 条件下，跃迁仅发生在近邻位置），进而使能级 $|n\rangle$ 变成一个能带（后面用 n 标记不同的能带，而能带内的不同能级用波矢 k_x 标记）。

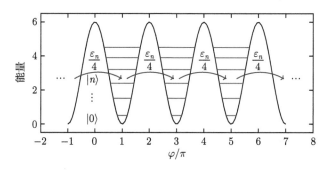

图 4.41　紧束缚模型：势阱底部形成一系列分离的局域量子态，微扰使近邻势阱中具有相同能量的能级相互跳跃，此跳跃过程使单个量子态 $|n\rangle$ 扩展为一个能带

设能级 $|n\rangle$ 对应的一维模型为

---

① 参见文献 J. Koch, T. M. Yu, J. Gambetta, A. A. Houck, D. I. Schuster, et al, Phys. Rev. A **76**, 042319 (2007); A. A. Houck, J. A. Schreier, B. R. Johnson, J. M. Chow, J. Koch, et al, Phys. Rev. Lett. **101**, 080502 (2008); R. Barends, J. Kelly, A. Megrant, D. Sank, et al, Phys. Rev. Lett. **111**, 080502 (2013).

② 电荷态 $|0\rangle$ 和 $|1\rangle$ 在 H_C 中于此处简并。

③ 电荷噪声（$1/f$ 噪声）是固态量子比特噪声的主要来源。

$$H_n = h_n \sum_i a_i^\dagger a_i + \frac{t_n}{4} \sum_i a_{i+1}^\dagger a_i + \text{h.c.} \tag{4.98}$$

其中 h_n 表示局域量子态 $|n\rangle$ 的能量；t_n 是最近邻跃迁的有效振幅；$a_i^\dagger$（a_i）表示在第 i 个势阱中产生（湮灭）量子态 $|n\rangle$（两个近邻势阱之间的晶格常数为 2π）。一维周期系统（4.98）的色散关系 $\mathcal{E}_n(k_x)$ 可表示为

$$\mathcal{E}_n(k_x) = h_n + \frac{t_n}{2} \cos 2\pi k_x \tag{4.99}$$

其中波矢 k_x 的取值为 $-\frac{1}{2} \leqslant k_x \leqslant \frac{1}{2}$。

根据 Bloch 定理，对具有平移对称性的哈密顿量 H_n，其波函数应具有形式：

$$\Psi_{n,k_x} = e^{ik_x\varphi}\psi_n(\varphi)$$

其中 n 为能带指标，$-\frac{1}{2} \leqslant k_x \leqslant \frac{1}{2}$ 为波矢，且 $\psi_n(\varphi)$ 具有 2π 的周期。对比此 Bloch 波函数与求解哈密顿量（4.89）时所使用的函数（4.92）可知：门电荷 n_g 起着一维周期势中波矢 k_x 的作用。因此，哈密顿量（4.89）的本征值 $E_n(n_g)$ 与色散关系具有类似的结构，即[①]

$$E_n(n_g) \simeq E_n\left(\frac{1}{4}\right) + \frac{\Delta E_n}{2} \cos(2\pi n_g)$$

其中 $\Delta E_n = E_n\left(\frac{1}{2}\right) - E_n(0)$.

为评估电荷噪声的影响，需计算本征能量 $E_n(n_g)$ 对门电荷 n_g 的导数，计算可知

$$\frac{\partial E_n(n_g)}{\partial n_g} \propto \Delta E_n = E_n\left(\frac{1}{2}\right) - E_n(0)$$

---

① 令 $E_n(n_g)$ 具有形式 $E_n(n_g) = a + \frac{b}{2} \cos 2\pi n_g$，则如下等式成立：

$$\begin{cases} E_n\left(\dfrac{1}{4}\right) = a + \dfrac{b}{2}\cos\dfrac{\pi}{2} = a \\[2mm] E_n\left(\dfrac{1}{2}\right) = a + \dfrac{b}{2}\cos\pi = a - \dfrac{b}{2} \\[2mm] E_n(0) = a + \dfrac{b}{2}\cos 0 = a + \dfrac{b}{2} \end{cases}$$

由此可解得 $a = E_n\left(\dfrac{1}{4}\right)$，$b = E_n(0) - E_n\left(\dfrac{1}{2}\right)$。

根据马修方程的特征指数 s_k 与 n_g 之间的关系 $s_k = 2(k - n_g)$（式（4.95）），$n_g = 0$ 和 $\frac{1}{2}$ 对应的特征指数为两个相邻的整数。依据整数特征指数 s 与马修方程本征值 a_r 和 b_r 之间的对应（参见附录 IVa）可知 $\Delta E_n = E_n\left(\frac{1}{2}\right) - E_n(0)$ 可由两个马修方程的相邻本征值之差估算。根据附录中的等式（IVa.12）可得

$$\Delta E_n \propto E_C \frac{2^{4n+5}}{n!} \sqrt{\frac{2}{\pi}} \left(\frac{E_J}{2E_C}\right)^{\frac{n}{2}+\frac{3}{4}} e^{-\sqrt{\frac{8E_J}{E_C}}} \qquad \left(\frac{E_J}{E_C} \gg 1\right) \qquad (4.100)$$

上式所表达的核心思想是：随着 E_J/E_C 增大，$E_n(n_g)$ 对门电荷 n_g 的敏感度呈指数下降。

我们引入量子比特电荷色散（charge dispersion）的概念来定量刻画电荷噪声对量子比特相干性的影响。比特电荷色散定义为比特能级间能量差 $E_{01} = E_1 - E_0$ 与门电荷 n_g（连续取值）的导数 $\partial E_{01}/\partial n_g$。它越小表明此量子比特受电荷噪声的影响越小，反之就越大。根据表达式（4.100）可知量子比特的电荷色散随 E_J/E_C 的增大而指数减小（增大 E_J/E_C 有利于增大相干时间）。值得注意，增大 E_J/E_C 的同时将导致系统非谐性的降低，这会增加量子信息的泄漏风险，并可能破坏系统的相干性。非谐性和电荷色散是一对竞争关系，为精确衡量增大 E_J/E_C 对非谐性的影响，需对非谐性进行更深入的定量研究。

(2) 非谐性。

我们用非谐性 β 或相对非谐性 β_r 来刻画系统偏离简谐运动的程度，它们定义如下：

$$\begin{cases} \beta = E_{12} - E_{01} = (E_2 - E_1) - (E_1 - E_0) \\ \beta_r = \dfrac{\beta}{E_{01}} \end{cases}$$

其数值越大则越偏离简谐运动。在 $E_C/E_J \gg 1$ 时，系统（式（4.89））的非谐性可通过其高阶（高于 2 阶）微扰来计算。将 $\cos\varphi$ 展开为 $1 - \dfrac{\varphi^2}{2} + \dfrac{\varphi^4}{24} + \cdots$ 后，哈密顿量 H 可近似为[①]

$$\begin{aligned} H &= 4E_C \hat{n}^2 - E_J \cos\hat{\varphi} \\ &\approx \underbrace{4E_C\hat{n}^2 \quad E_J\left(1 - \frac{\hat{\varphi}^2}{2}\right)}_{\text{简谐部分}H_0} \underbrace{-E_J\frac{\hat{\varphi}^4}{24}}_{\text{非简谐部分}H_1} \end{aligned} \qquad (4.101)$$

---

① 为计算简单，已令门电荷 $n_g = 0$。在 n_g 给定且非零情况下，令 $\hat{N} = \hat{n} - n_g$ 可得类似的结论。

此近似哈密顿量可分为简谐部分 H_0（此部分 $\beta = 0$）和非简谐部分 H_1。设简谐部分（谐振子）的产生、湮灭算符为 $a^\dagger$ 和 a，则算符 $\hat{n}$ 和 $\hat{\varphi}$ 用它们可表示为

$$\hat{n} = -i\left(\frac{E_J}{32E_C}\right)^{\frac{1}{4}}(a - a^\dagger), \quad \hat{\varphi} = \left(\frac{E_J}{2E_C}\right)^{-\frac{1}{4}}(a + a^\dagger)$$

代入哈密顿量 H 可得其二次量子化形式为

$$H \approx -E_J + \sqrt{8E_CE_J}\left(a^\dagger a + \frac{1}{2}\right) - \frac{E_C}{12}(a + a^\dagger)^4 \tag{4.102}$$

在 $E_C/E_J \gg 1$ 下，系统的本征能量 E_n 可表示为

$$E_n \approx \underbrace{-E_J + \sqrt{8E_CE_J}\left(n + \frac{1}{2}\right)}_{\text{含 } n \text{ 个谐振子的系统能量}} \underbrace{- \frac{E_C}{12}(6n^2 + 6n + 3)}_{\text{非谐能量修正}} \tag{4.103}$$

其中 n 为算符 $b^\dagger b$ 的本征值。由此可得系统的能级间隔为

$$E_{n+1,n} \equiv E_{n+1} - E_n \approx \sqrt{8E_CE_J} - (n+1)E_C$$

显然，它非均匀且随 n 的增大而减小。据此可计算其绝对和相对非谐性

$$\begin{cases} \beta = E_{12} - E_{01} = -E_C \\ \beta_r = -\dfrac{E_C}{\sqrt{8E_CE_J} - E_C} = \dfrac{1}{1 - \sqrt{\dfrac{8E_J}{E_C}}} \end{cases}$$

由此可见，相对非谐性仅与 E_J/E_C 相关，且随着 E_J/E_C 增大呈根号减小。尽管增加参数 E_J/E_C 使系统的电荷色散和非谐性均减小，但它们对参数 E_J/E_C（在 $E_J/E_C \gg 1$ 下）的依赖标度有巨大不同（电荷色散为指数依赖，非谐性为根号依赖，前者变化速度远超后者）。因此，通过增加 E_J/E_C 可有效抑制电荷噪声对量子比特的影响，并同时保证系统具有足够的非谐性。Transmon 比特就是通过在含 SQUID 的电荷比特中并联一个大电容 C_s 来增大约瑟夫森耦合能 E_J 与电荷能 E_C 之间的比值[①]，其结构如图 4.42 (a) 所示。

---

① 由于 E_C 与比特系统的总电容成反比，而两个电容并联后的总电容为各个电容之和。显然，电荷能 E_C 减小了，从而比值 E_J/E_C 增大。

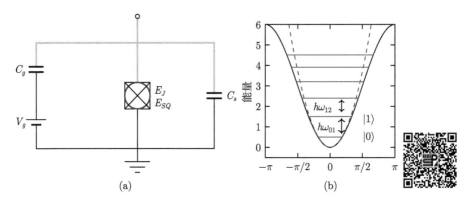

图 4.42   Transmon 量子比特电路：(a) 两个相同的约瑟夫森结（由 E_J^0 和 C_J 刻画）形成
SQUID 提供非线性电感，SQUID 中的磁通 Φ_{ext} 由外场提供。通过一个大电容 C_s 与
SQUID 并联来提高系统参数 E_J/E_C，进而抑制噪声对量子比特的影响。(b) 是 Transmon
结构对应的能级，取最低的两个能级作为量子比特的 $|0\rangle$ 和 $|1\rangle$，
系统势能曲线对蓝色虚线（谐振子势）的偏离表明系统具有良好的非谐性。
其中 $\hbar\omega_{01}$ 是比特能级间的能量差

Transmon 哈密顿量中的 E_C（由量子比特的总电容确定）在芯片制备完成后
就不再发生变化，但 SQUID 中的 E_J 会因外磁场 Φ_{ext} 的起伏而发生变化，即
$E_J = 2E_J^0 \cos\frac{\pi\Phi_{\text{ext}}}{\Phi_0}$。比特能级间的能量差（跃迁频率 ω_{10}）对外磁场 Φ_{ext} 的依
赖可表示为

$$\hbar\omega_{10} = E_1 - E_0 = \sqrt{16 E_C E_J^0 \sqrt{1 + d^2 \tan^2\left(\frac{\pi\Phi_{\text{ext}}}{\Phi_0}\right)} \left|\cos\frac{\pi\Phi_{\text{ext}}}{\Phi_0}\right|} - E_C$$

其中 $d = (E_{J_1}^0 - E_{J_2}^0)/(E_{J_1}^0 + E_{J_2}^0)$ 为 SQUID 中两个约瑟夫森结的不对称性。由
此可见，磁通噪声会对量子比特的相干性造成影响。图 4.43 给出了不同 d（约瑟
夫森结的非对称性）下，Transmon 的磁通调制线，从中可以看到 Transmon 比
特在频率 ω_{01} 的最大值处（甜点）对磁通噪声的敏感程度最低，此时量子比特可
保持长时间的相干。因此，实验过程中，Transmon 比特的工作点常被调到该点
附近。

因具有良好的相干特性，Transmon 比特成为实现大规模量子计算的有力竞
争者。为提高其综合性能，人们对其电容结构进行了进一步改进从而形成 Xmon
比特（图 4.52）。Xmon 比特既简化了量子比特的构造（为量子比特的扩展性铺平
了道路），也提高了量子比特的操控效率和相干时间。

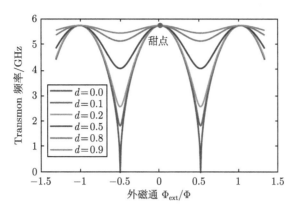

图 4.43 比特跃迁频率受磁通的影响：不同颜色表示不同对称性的 SQUID 下，外磁通 Φ_{ext} 对量子比特跃迁频率 ω_{01} 的影响。在频率最高点处，量子比特频率受外场 起伏的影响最小

5. 电荷比特间的耦合

在高品质量子比特的基础上，实现不同量子比特间的耦合是实现量子计算的前提。电荷比特间可通过不同方式进行耦合，我们以 Transmon 比特间的耦合为例来计算其有效哈密顿量。

我们先以两个谐振子的电容耦合为例来获得电容耦合的耦合哈密顿量。

电容耦合哈密顿量

若使用电容 C_c 将两个 LC 电路耦合，则整个系统的能量可分为电容中的电能和电感中的磁能两部分：

$$\begin{cases} T = \dfrac{1}{2}[C_1 V_1^2 + C_2 V_2^2 + C_c(V_1 - V_2)^2] \\ U = \dfrac{\Phi_1^2}{2L_1} + \dfrac{\Phi_2^2}{2L_2} \end{cases}$$

其中 C_i，L_i，V_i，Φ_i 分别表示第 i 个 LC 电路中的电容、电感、电容上的电压以及电感中的磁通。借助电磁感应关系 $\dot{\Phi}_i = V_i$，将 Φ_i 作为广义坐标，则可得系统拉格朗日量：

$$\mathcal{L} = T - U = \frac{1}{2}[C_1\dot{\Phi}_1^2 + C_2\dot{\Phi}_2^2 + C_c(\dot{\Phi}_1 - \dot{\Phi}_2)^2] - U$$

利用正则动量表达式 $Q_i = \dfrac{\partial \mathcal{L}}{\partial \dot{\Phi}_i}$ 得到方程：

$$\begin{bmatrix} Q_1 \\ Q_2 \end{bmatrix} = \begin{bmatrix} C_1 + C_c & -C_c \\ -C_c & C_2 + C_c \end{bmatrix} \begin{bmatrix} \dot{\Phi}_1 \\ \dot{\Phi}_2 \end{bmatrix}$$

利用勒让德变换 $\sum_i Q_i \dot{\Phi}_i - \mathcal{L}$ 得到系统哈密顿量

$$H = \frac{1}{2} \begin{bmatrix} Q_1 & Q_2 \end{bmatrix} \begin{bmatrix} C_1 + C_c & -C_c \\ -C_c & C_2 + C_c \end{bmatrix}^{-1} \begin{bmatrix} Q_1 \\ Q_2 \end{bmatrix} + U$$

若 $C_c \ll C_1, C_2$，则

$$\begin{bmatrix} C_1 + C_c & -C_c \\ -C_c & C_2 + C_c \end{bmatrix}^{-1} \approx \begin{bmatrix} \dfrac{1}{C_1} & \dfrac{C_c}{C_1 C_2} \\ \dfrac{C_c}{C_1 C_2} & \dfrac{1}{C_1} \end{bmatrix}$$

将其代入 H 并去掉两个自由 LC 电路的哈密顿量（4.87），得到两个 LC 电路的电容耦合哈密顿量为

$$H_c = \frac{C_c}{C_1 C_2} Q_1 Q_2$$

其中 Q_i 为第 i 个 LC 电路中电容上的电荷。利用电容上电荷与电压间的关系 $Q = CV$，耦合哈密顿量可重写为

$$H_{cc} = C_c V_1 V_2 \tag{4.104}$$

V_1，V_2 为耦合电容 C_c 两端的电压。此耦合表达式与具体线路无关，仅与电容两端的电压相关，它适用任意两个电路间的电容耦合（特别地，它适用于两个 Transmon 线路的电容耦合）。

（1）电荷比特间的电容耦合。

在两个电荷比特间加入一个小电容是实现比特耦合最简单的方式（图 4.44 (b)）。利用电容耦合公式（4.104），整个系统的哈密顿量可表示为

$$H = H_1 + H_2 + H_{cc}$$

其中 H_1 和 H_2 为电荷比特 1 和 2 对应的哈密顿量（4.89），而耦合哈密顿量 H_{cc} 在小电容耦合条件下表示为 $H_{cc} = C_c V_1 V_2$（其中 C_c 为耦合电容，V_1 和 V_2 是耦合电容两端的电压）。在 Transmon 比特中，耦合电容 C_c 两端的电压分别为 $V_i = \dfrac{2 e n_i}{C_i}$，其中 C_i 是比特 i 中的总电容。因此，系统总哈密顿量[①]写为

$$H = \sum_{i=1,2} [4 E_{C_i} \hat{n}_i^2 - E_{J_i} \cos \hat{\varphi}_i] + 8 e^2 \frac{C_c}{C_1 C_2} \hat{n}_1 \hat{n}_2$$

---

① 在 Transmon 比特中 $E_J \gg E_C$，系统对 n_g 不敏感，我们总假设 $n_g = 0$。

将 H_1 和 H_2 做二次量子化①，则此哈密顿量可表示为

$$H = \sum_{i=1,2} \left(\hbar\omega_i a_i^\dagger a_i + \frac{\beta_i}{2} a_i^\dagger a_i^\dagger a_i a_i \right) - \underbrace{g(a_1 - a_1^\dagger)(a_2 - a_2^\dagger)}_{H_I} \qquad (4.106)$$

其中 $\hbar\omega_i = \sqrt{8E_{C_i}E_{J_i}} - E_{C_i}$，$\beta_i = -E_{C_i}$ 分别为第 i 个 Transmon 比特能级间的能量差及绝对非谐性，$g = \frac{1}{2}\sqrt{(\hbar\omega_1 + \beta_1)(\hbar\omega_2 + \beta_2)}\dfrac{C_c}{\sqrt{C_1 C_2}}$ 为耦合系数。由于 $\langle n|a_2 - a_2^\dagger|n\rangle = 0$，相互作用项 H_I 仅含非对角元，常称之为横向（transverse）作用。若将 H_1 和 H_2 局限于最低的两个能级（量子比特能级），则哈密顿量（4.106）在比特空间中的有效作用可表示为

$$H_b = -\sum_{i=1,2} \frac{1}{2}\hbar\omega_i \sigma_i^z + g\sigma_1^y \sigma_2^y \qquad (4.107)$$

此即电容耦合下两个 Transmon 比特间的耦合作用。

(2) 谐振子耦合。

将前面电容耦合中一侧的量子比特换为谐振子（其生成（湮灭）算符为 $b^\dagger$（b）），则可实现量子比特与谐振子间的耦合：

$$H = -\frac{1}{2}\hbar\omega_1 \sigma^z + \hbar\omega b^\dagger b - ig\sigma^y(b - b^\dagger) \qquad (4.108)$$

其中 $\hbar\omega_1$ 是比特能级间的能量差，ω 为谐振子频率。若两个量子比特均通过电容与同一个谐振子耦合（图 4.44 (c)），则整个系统的哈密顿量可表示为

$$H = -\sum_{i=1,2} \frac{1}{2}\hbar\omega_i \sigma_i^z + \hbar\omega b^\dagger b - ig_1\sigma_1^y(b - b^\dagger) - ig_2\sigma_2^y(b - b^\dagger)$$

其中 b 为谐振子湮灭算符，g_i 为谐振子与比特 i 间的耦合强度。在条件 $g_i \ll$

---

① 忽略式（4.102）中的常数项得到

$$H = \underbrace{\sqrt{8E_C E_J} a^\dagger a}_{H_0} - \underbrace{\frac{E_C}{12}(a + a^\dagger)^4}_{V}$$

以 H_0 为自由项，在相互作用表象中做旋波近似（此时四次项中仅包含两个 $a^\dagger$ 和两个 a 的项被保留），最后再将结果变换回薛定谔表象得到

$$H = (\sqrt{8E_C E_J} - E_C)a^\dagger a - \frac{E_C}{2}a^\dagger a^\dagger aa \qquad (4.105)$$

（四次项已全部转化为标准形式 $a^\dagger a^\dagger aa$，且常数项已去除）。

$|\omega_i - \omega|\hbar$ 下, 谐振子可被绝热去除^①进而得到两个量子比特间的有效相互作用。若

定义 $\Delta = \dfrac{2|\omega_1 - \omega||\omega_2 - \omega|}{|\omega_1 - \omega| + |\omega_2 - \omega|}$, 则在满足 $|\omega_1 - \omega| \gg |\omega_1 - \omega_2|$ 条件时, 两比特间的等效作用为横向作用:

$$H = -\sum_{i=1,\,2} \frac{1}{2}\hbar\omega_i \sigma_i^z + \frac{g_1 g_2}{\hbar\Delta}\sigma_1^y \sigma_2^y \tag{4.109}$$

(两比特间的有效耦合强度为 $g_{12} = g_1 g_2/(\hbar\Delta)$)。

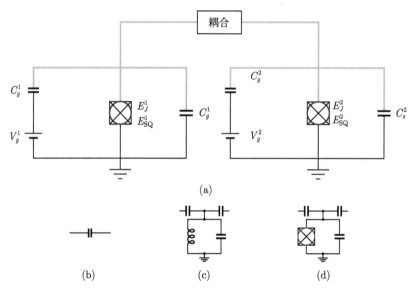

图 4.44   两个 Transmon 比特的耦合:(a) 两个 Transmon 比特之间可通过不同的方式进行
耦合;(b) 直接通过电容耦合两个比特;(c) LC 回路形成谐振子, 再通过它与两个
Transmon 耦合;(d) 通过 Transmon 数据线进行耦合

与电容耦合(往往仅耦合近邻比特)相比, 通过一个公共谐振腔(可由超导腔实现)可实现芯片上相距较远的两个量子比特间的耦合, 具有更好的连通性。

(3) 可调耦合。

在谐振子耦合下, 式 (4.109) 给出的比特间的有效耦合强度与谐振子频率相关, 因此, 通过调节谐振子频率可实现可调耦合。若将谐振子中的电感替换为 SQUID (图 4.44 (d)), 则可通过外场调控电感, 进而实现耦合强度的连续可调, 甚至可实现耦合强度为零。事实上, 此时的谐振子结构与一个 Transmon 比特相同。

---

① 此方法已在离子阱超快脉冲两比特门部分详细介绍过。

4.3.2.2 基于 rf SQUID 的量子比特

与电荷比特以库珀对盒子为基本结构不同，磁通比特和相位比特均以环形超导回路为基本结构，且都假设系统中的磁能 E_J 都远远大于静电能 E_C。此时，与 Transmon 比特类似，磁能哈密顿量作为主要部分，其局域极值点附近提供量子化的分离能级；而静电能部分作为微扰项，仅提供相邻极值点（能级）间的跃迁（隧穿）。根据磁能部分的势能形状不同，我们可得到不同的量子比特。

在具有超导环路的结构（图 4.45）中，利用 AB 效应可计算约瑟夫森结两侧 1 和 2 的相位差 φ（与直流 SQUID 情况类似）

$$\varphi = \frac{2e}{\hbar}\int_1^2 \boldsymbol{A}\cdot d\boldsymbol{l} \simeq \frac{2e}{\hbar}\oint \boldsymbol{A}\cdot d\boldsymbol{l} = 2\pi\frac{\Phi}{\Phi_0} \tag{4.110}$$

因绝缘体层厚度趋于 0，其上的矢势积分可忽略，$\simeq$ 号成立；$2e$ 表示一个库珀对所带的电量；$\boldsymbol{A}$ 为电磁场矢势；$\Phi_0 = \dfrac{\hbar}{2e}$ 是磁通量子，且 Φ 为穿过回路围成曲面的总磁通。

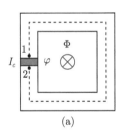 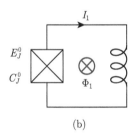

(a)　　　　　　　(b)

图 4.45　rf SQUID: (a) 在超导环路中有一个约瑟夫森结（I_c 为最大超导电流，φ 为结两边的相位差），超导环的总磁通 Φ 由外磁通和超导环路产生的磁通之和组成。(b) rf SQUID 等效的线路

一般而言，总磁通 Φ 是外场磁通 Φ_{ext} 与超导环自身磁通之和，即

$$\Phi = \Phi_{\mathrm{ext}} - L\underbrace{I_c\sin\varphi}_{I_s}$$

其中 L 为超导环的等效电感，I_c 为流过约瑟夫森结的临界电流（$I_c\sin\varphi$ 即为超导环电流 I_s，参见式 (4.80)）。当超导环的等效电感 L 可忽略时，总磁通 Φ 就等于外场磁通 Φ_{ext}。

为讨论简单，假设超导回路中含一个约瑟夫森结（如图 4.45 所示，此结构常称为 rf SQUID），则此 rf SQUID 系统的哈密顿量为

$$H = 4E_C(\hat{n}-n_g)^2 - E_J\cos\hat{\varphi} + \frac{1}{2}LI_s^2$$

$$= 4E_C(\hat{n} - n_g)^2 - E_J \cos \hat{\varphi} + \frac{(\Phi - \Phi_{\text{ext}})^2}{2L}$$

$$= 4E_C(\hat{n} - n_g)^2 - E_J \cos \hat{\varphi} + \frac{1}{2} E_L (\hat{\varphi} - \varphi_{\text{ext}})^2 \qquad (4.111)$$

其中前两项为约瑟夫森结上的磁能和电能，而第三项是存在超导环中的磁能且

$$E_L = \frac{\Phi_0^2}{(2\pi)^2} \frac{1}{2L}, \quad \varphi_{\text{ext}} = 2\pi \frac{\Phi_{\text{ext}}}{\Phi_0} = 2\pi f \ (f \ \text{为磁通量子})。$$

为研究此哈密顿量的能级方便，对其作幺正变换：$U = e^{i\varphi_{\text{ext}}\hat{n}} e^{-in_g\hat{\varphi}}$，则哈密顿量 H 变为

$$\tilde{H} = U^\dagger H U = \underbrace{4E_C \hat{n}^2}_{H_C} \underbrace{-E_J \cos(\hat{\varphi} + \varphi_{\text{ext}}) + \frac{1}{2} E_L \hat{\varphi}^2}_{V_0} \qquad (4.112)$$

由于参数 E_C、E_J、E_L 以及 φ_{ext} 均可调节，基于 rf SQUID 的超导系统可产生丰富的能级结构。在 $E_J \gg E_C$ 的条件下，根据偏置外场参数 φ_{ext} 的不同，可产生磁通比特和相位比特。此时，哈密顿量（4.112）的能级主要由势能项

$$V_0 = -E_J \cos(\hat{\varphi} + \varphi_{\text{ext}}) + \frac{1}{2} E_L \hat{\varphi}^2 \qquad (4.113)$$

确定。

1. 磁通量子比特[①]

给定参数 E_J 和 E_C，调节偏置外磁通 Φ_{ext} 时，势能 V_0 中的余弦函数将沿抛物线 $\frac{1}{2} E_L \hat{\varphi}^2$ 移动。特别地，若调节 Φ_{ext} 使参数 $\varphi_{\text{ext}} = \pi$（$f = 0.5$）（图 4.46 (a)），则余弦函数 $-E_J \cos(\hat{\varphi} + \varphi_{\text{ext}})$ 会在 V_0 的底部形成两个对称的双势阱结构。利用此对称双势阱结构中的两个最低能级，可定义一个量子比特，我们称之为磁通比特。

为提高磁通比特性能，在实际应用中常在超导环路上对称地制备多个约瑟夫森结。以超导环上对称分布 3 个约瑟夫森结情况为例，设两个大约瑟夫森结（作为非线性电感元件）具有相同的参数 $E_{J_1} = E_{J_2} = E_J$，$C_1 = C_2 = C$；而小约瑟夫森结 J_3 与大约瑟夫森结参数满足条件 $E_{J_3} = \alpha E_J$，$C_3 = \alpha C$，其主要用于传输磁通，且门电容 $C_g = \gamma C$。若超导环的电感忽略不计，则通过超导环的总磁通 Φ 等于外磁通 Φ_{ext}。此系统的哈密顿量 H 仍由约瑟夫森结上的磁能：

---

① 参见文献 T. P. Orlando, J. E. Mooij, L. Levitov, L. Tian, et al, Science, **285**, 1036-1039 (1999); T. P. Orlando, J. E. Mooij, L. Tian, C. H. van der Wal, et al, Phys. Rev. B **60**, 15398-15413 (1999).

$$V = -\sum_{i=1}^{3} E_{J_i} \cos \varphi_i$$

和电容[1]上的电能组成。由于磁能远大于电能，系统能级主要由磁能 V 确定。

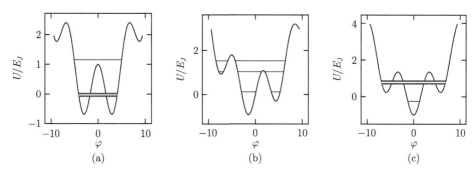

图 4.46 外磁通 Φ_{ext} 对势能 V_0 的调节；磁通偏置 φ_{ext} 对势能 V_0 的影响：(a) 将外磁通偏置到 $\varphi_{\text{ext}} = \pi$（$f = 0.5$），$V_0$ 在底部形成两个对称的势阱，势阱的最低能级在隧穿作用（由微扰 H_C 诱导）下形成量子比特；(b) 磁通偏置为 $\varphi_{\text{ext}} = \dfrac{\pi}{2}$（$f = 0.25$）；(c) 磁通偏置为 $\varphi_{\text{ext}} = 0$（$f = 0$）。图中参数选择为 $E_J/E_C = 15$

利用 AB 效应可知沿超导环路的相位变化 $\varphi = \varphi_1 + \varphi_2 + \varphi_3$（$\varphi_i$ 为第 i 个约瑟夫森结两侧的相位差）等于[2]

$$2\pi \frac{\Phi_{\text{ext}}}{\Phi_0} = 2\pi f$$

其中 f 为磁通量子。将此等式代入磁能表达式 V 中可消掉小约瑟夫森结中的参数 φ_3，得到

$$V = -E_J(2\cos\varphi_+ \cos\varphi_- - \alpha\cos(2\pi f + 2\varphi_-))$$

其中使用了三角函数的和差化积公式，且 $\varphi_{\pm} = \dfrac{\varphi_1 \pm \varphi_2}{2}$。这是含两个变量 φ_+ 和 φ_- 的势能函数。

（1）调节外场 Φ_{ext} 使磁通量子 f 为 0.5，则

$$V = -E_J[2\cos\varphi_+ \cos\varphi_- + \alpha\cos(2\pi f + 2\varphi_-)]$$

$$= -E_J[2\cos\varphi_+ \cos\varphi_- - \alpha\cos(2\varphi_-)]$$

---

① 共 5 个电容，其中 3 个为约瑟夫森结上的电容。

② 超导环本身的电感忽略，总磁通 Φ 与外磁通 Φ_{ext} 相同。

$$= E_J[2\alpha \cos^2 \varphi_- - 2 \cos \varphi_+ \cos \varphi_- - \alpha]$$

$$= 2E_J\alpha \left(\cos \varphi_- - \frac{\cos \varphi_+}{2\alpha} \right)^2 - E_J \left(\alpha + \frac{\cos^2 \varphi_+}{2\alpha} \right)$$

对任意给定的参数 $-\pi \leqslant \varphi_+ \leqslant \pi$，都存在两个符号相反的 φ_- 使得 $\cos \varphi_- = \frac{\cos \varphi_+}{2\alpha}$。因此，每个 $2\pi \times 2\pi$ 周期内，势能 V 均为对称的双势阱（两个势阱对应于流向相反的环形电流，顺时针电流和逆时针电流），由函数 $\cos \varphi_-$ 的周期性可知两个局域势阱中的能级相同。

（2）当 $f < 0.5$ 时，势能整体向左势阱倾斜（顺时针超导电流）；当 $f > 0.5$ 时，势能整体向右势阱倾斜（逆时针超导电流）。

双势阱 V 中两个局域阱的最低能级在 $f = 0.5$ 时简并，微扰项 H_C（静电能项）提供它们之间的跳跃（量子隧穿），使其简并解除并产生能隙 Δ。在 WKB 近似下，此能隙可估计为

$$\hbar\Delta \simeq 1.3\sqrt{E_J E_C}e^{-0.64\sqrt{\frac{E_J}{E_C}}}$$

由于 $E_J \propto A_J$ 和 $E_C \propto \frac{1}{A_J}$（其中 A_J 为约瑟夫森结的面积），Δ 强烈地受到约瑟夫森结面积的影响（呈指数关系）。因此，$f = 0.5$ 附近单个磁通量子比特的哈密顿量可表示为

$$H_{\mathrm{FQB}} = -\frac{1}{2}[2I_s\Phi_0(f - 0.5)\sigma^x + \hbar\Delta\sigma^z]$$

其中 I_s 为超导电流。与电荷比特中类似，我们还可通过将超导环上的某些约瑟夫森结换成直流 SQUID 来引入新的调控参数，以及通过引入旁路电容来抑制电荷噪声的影响（图 4.47）。

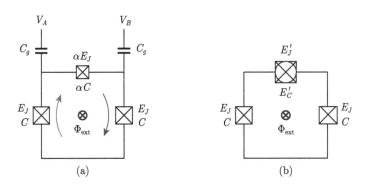

(a)   (b)

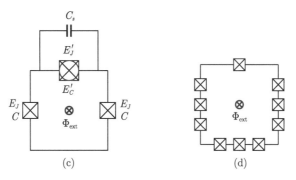

图 4.47 磁通比特：磁通比特以超导环路上分布若干约瑟夫森结为基本结构，且系统中的磁能远远大于电荷能（$E_J \gg E_C$）。(a) 含三个约瑟夫森结的磁通比特，其中两个大约瑟夫森结完全相同，而小约瑟夫森结主要用于传输磁通；(b) 将小约瑟夫森结换为 SQUID，通过 SQUID 的磁通可引入新的调控参数；(c) 与电荷比特中的 Transmon 类似，引入旁路电容以降低系统对电荷噪声的灵敏度;(d) 为 Fluxonium 比特

2. 相位量子比特[①]

与磁通比特中用两个对称阱中的最低能级组成量子比特不同，相位比特使用同一个阱中的两个最低能级作为量子比特。为使这样的量子比特存在，需使势能 V_0（或 V）中的局域势阱有足够的非谐性。从势能 V_0（或 V）的表达式可知：当外磁通被偏置到远离 $f = \dfrac{\Phi}{\Phi_0} = 0.5$ 时，势能将整体发生倾斜，形成搓衣板势（washboard）（图 4.48）。当倾斜足够时，局域势阱将产生足够的非谐性（即能量差 ω_{01} 与 ω_{12} 可被有效区分），此时局域势阱中仅包含少数几个分离量子态，将单个阱中的两个最低能级作为相位量子比特。

在搓衣板势的局域阱中，量子态 $|0\rangle$ 是亚稳态，$|1\rangle$ 是长寿命态（量子态 $|0\rangle$ 和 $|1\rangle$ 用于编码量子比特），而 $|2\rangle$ 则会快速遂穿至运动模式（电流）[②]。因此，$|2\rangle$ 态常用于对量子态的探测：通过频率为 ω_{12} 的驱动，将量子态 $|1\rangle$ 跃迁到量子态 $|2\rangle$，然后，通过测量由 $|2\rangle$ 遂穿产生的运动模式来实现对量子态的测量（图 4.48）。

3. 量子比特间的耦合

对磁通偏置的量子比特可通过电感来实现两个比特间的耦合，有如下几种不同的耦合方式：

(1) 直接电感耦合。

直接电感耦合利用比特间的互感来实现（图 4.49（a））。此时，两个比特之间的相互作用哈密顿量为

---

① 参见文献 J. M. Martinis, S. Nam, J. Aumentado, and C. Urbina, Phys. Rev. Lett. **89**, 117901 (2002); Y. Yu, S. Han, X. Chu, S. I. Chu, and Z. Wang, Science, **296**, 889 (2002).

② 这些量子态隧穿至运动模式的速率满足条件：$\Gamma_0 \ll \Gamma_1 \ll \Gamma_2$。

$$H_{\text{in}} = M_{12}I_1I_2$$

其中 M_{12} 是两个超导环间的互感，而 I_1 和 I_2 分别是比特 1 和比特 2 上的电流大小。对磁通比特，整个系统的哈密顿量为

$$H = \sum_{i=1,2}\left[4E_{C_i}\hat{n}_i^2 + \frac{1}{2}E_{L_i}\hat{\varphi}_i^2 - E_{J_i}\cos\hat{\varphi}_i\right] + M_{12}I_{c1}I_{c2}\sin\hat{\varphi}_1\sin\hat{\varphi}_2$$

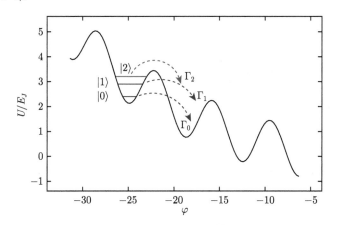

图 4.48 搓衣板势：调节外磁通 φ_{ext}（图中为 0）和 $\dfrac{E_J}{E_C}$（图中为 100）使势能 U 倾斜。此时倾斜的局域极值附近产生足够的非谐性，选择某个 φ 附近能量最低的两个能级作为量子比特。每个能级感受到的势垒高度不同，其隧穿出势垒的概率也不同。低能级隧穿的概率低，高能级隧穿的概率高

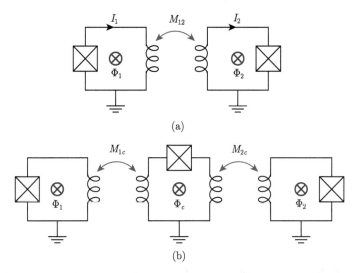

(a)

(b)

图 4.49 两个磁通比特的耦合：(a) 两个比特之间通过互感直接耦合；(b) 两个量子比特与同一个电感耦合器耦合，进而在两个比特之间产生有效耦合

假设在 $\varphi_{\text{ext}} = \pi$（$f = 0.5$）时，两个对称势阱之间的势垒足够高（两个阱中的基态近似为系统本征态），则两个近简并的量子态 $|0\rangle$ 和 $|1\rangle$ 分别处于两个势阱中。此时 $\langle 1| \sin \hat{\varphi} |1\rangle - \langle 0| \sin \hat{\varphi} |0\rangle \neq 0$[①]，因此，系统哈密顿量在比特空间中可表示为

$$H = -\sum_{i=1,2} \frac{1}{2} \hbar \omega_i \sigma_i^z + g \sigma_1^z \sigma_2^z$$

其中 g 为耦合强度。这种只改变对角元的耦合称为纵向（longitudinal）耦合。

(2) 通过耦合器（rf SQUID）间接电感耦合。

两个量子比特都和一个 rf SQUID 之间通过电感耦合（图 4.49(b)），再将 rf SQUID 绝热去除，形成两个量子比特间的有效相互作用（与电荷比特中通过谐振子耦合的方式类似）。

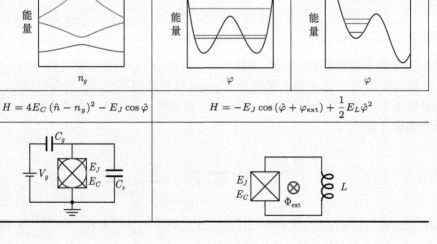

基于约瑟夫森结的不同量子比特对比

下面我们对前面介绍的几种基于约瑟夫森结的量子比特进行一些总结和对比。列出了三种基于约瑟夫森结量子比特的能级结构、哈密顿量与线路图，以及不同比特的大致参数区间。

[①] $\sin \hat{\varphi}$ 是 $\hat{\varphi}$ 的奇函数，由于 $|0\rangle$ 和 $|1\rangle$ 为两个对称势阱中的近简并量子态，$|\pm\rangle$ 作为 φ 的函数奇偶性相反，因此 $\langle -| \sin \hat{\varphi} |+\rangle \neq 0$。

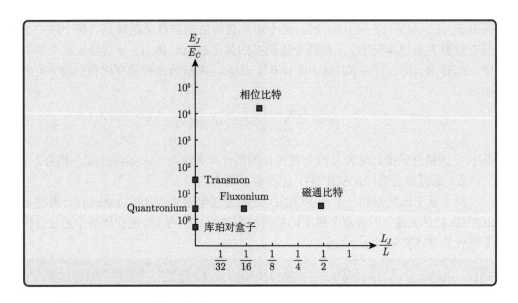

4.3.3 逻辑门的实现

实现普适量子门是实现普适量子计算的基本条件，在单个量子比特可控以及两比特之间的耦合可控的条件下，我们就可以实现基本的量子门。由于 Transmon 比特（Xmon）的优秀性质，我们下面的比特操作将以 Transmon 为例。

4.3.3.1 单比特门

一个完整的单比特调控需包括对含 σ^x、σ^y 和 σ^z 算符的完整调控。首先，我们来看如何实现含 σ^x 和 σ^y 算符的调控。

1. 微波驱动调控——XY 控制

通过如图 4.50 所示的电容将 Transmon 比特与控制电压的信号相耦合，通过控制电压实现对比特跃迁算符（σ^x 或 σ^y）的调控。包含电压驱动信号 V_d 的系统哈密顿量可表示为

$$H = \underbrace{4E_C\hat{n}^2 - E_J\cos\hat{\varphi}}_{\text{Transmon 哈密顿量}} + \underbrace{C_dV_d(t)\frac{2e\hat{n}}{C_\Sigma}}_{\text{电容耦合项}}$$

其中 C_d、C_s 分别为耦合电容和 Transmon 比特中的并联电容；而 $\dfrac{2e\hat{n}}{C_\Sigma}$ 是耦合电容处 Transmon 比特的电压且 $C_\Sigma = C_d + C_s$。在 Transmon 比特中引入生成、湮灭算符 $a^\dagger$ 和 a：

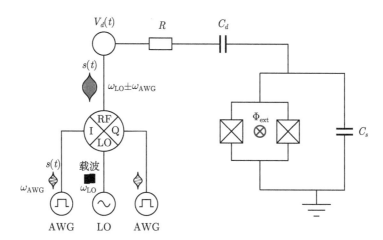

图 4.50 单比特操作：一个 Transmon 比特通过一个电容与控制电压相耦合。驱动信号 $V(t)$ 由任意波形发生器（AWG）产生的脉冲与局域振子（LO）的混频获得

$$\hat{n} = -i \left(\frac{E_J}{32E_C} \right)^{\frac{1}{4}} (a - a^\dagger), \quad \varphi = \left(\frac{E_J}{2E_C} \right)^{-\frac{1}{4}} (a + a^\dagger) \tag{4.114}$$

则哈密顿量变为

$$H = \underbrace{\hbar\omega_r a^\dagger a + \frac{\alpha}{2} a^\dagger a^\dagger a a}_{\text{Transmon}} - i \frac{C_d}{C_\Sigma} V_d(t) \sqrt{\frac{(\hbar\omega_r + E_C)C_s}{2}} (a - a^\dagger)$$

式中第一项为 Transmon 系统的哈密顿量且 $\hbar\omega_r = \sqrt{8E_C E_J} - E_C$ 为谐振子对应的能量，第二项为非谐项且 $\alpha = -E_C$（参见式（4.105）），第三项为外界驱动项。若将 Transmon 系统截断至能量最低的两个能级（Transmon 比特），则哈密顿量变为

$$H = -\frac{\hbar}{2}\omega_r \sigma^z + \frac{C_d}{C_\Sigma} V_d(t) \sqrt{\frac{(\hbar\omega_r + E_C)C_s}{2}} \sigma^y$$

$$= \underbrace{-\frac{\hbar}{2}\omega_r \sigma^z}_{H_0} + \underbrace{\hbar\Omega V_d(t)\sigma^y}_{H_d(t)} \tag{4.115}$$

其中 $\Omega = \frac{C_d}{\hbar C_\Sigma} \sqrt{\frac{(\hbar\omega_r + E_C)C_s}{2}}$。

我们将哈密顿量（4.115）变换到相互作用表象中来说明如何实现 XY 控制。

在相互作用表象中哈密顿量 H 变为

$$H_d^I(t) = U_0^\dagger H_d(t) U_0 = \hbar \Omega V_d(t) \left[\cos(\omega_r t)\sigma^y - \sin(\omega_r t)\sigma^x\right] \tag{4.116}$$

设电压 $V_d(t) = V_0 v(t)$（可设计）中的含时项 $v(t)$ 具有形式：

$$v(t) = s(t)\sin(\omega_d t - \phi) = s(t)\left(\cos\phi\sin(\omega_d t) - \sin\phi\cos(\omega_d t)\right)$$

其中 $s(t)$ 为函数 $v(t)$ 的包络，而 ϕ 称为偏置相位，ω_d 为驱动电压的频率。若将 $V_d(t)$ 的表达式代入 $H_d^I(t)$，并令 $I = \cos\phi$（称为 in-phase 分量）和 $Q = \sin\phi$（称为 out-of -phase 分量）得到

$$H_d^I(t) = \hbar\Omega V_0 s(t)\left(I\sin(\omega_d t) - Q\cos(\omega_d t)\right) \times \left(\cos(\omega_r t)\sigma^y - \sin(\omega_r t)\sigma^x\right)$$

利用积化和差公式和旋波近似（RWA）将高频 $\omega_r + \omega_d$ 项忽略，得到结果

$$H_d^I = -\frac{\hbar}{2}\Omega V_0 s(t)\left[\left(I\cos(\delta t) - Q\sin(\delta t)\right)\sigma^x + \left(I\sin(\delta t) + Q\cos(\delta t)\right)\sigma^y\right]$$

其中 $\delta = \omega_r - \omega_d$。选择 $\omega_d = \omega_r$（$\delta = 0$），则

$$H_d^I = -\frac{\hbar}{2}\Omega V_0 s(t)\left(I\sigma^x + Q\sigma^y\right)$$

若 $\phi = 0$，则 H_d^I 仅含 σ^x 项。在 H_d^I 作用下，量子态将绕 Bloch 球的 X 轴转动，即 H_d^I 可实现幺正演化（图 4.51）：

$$U_d^0(t) = \exp\left(\left[\frac{i}{2}\Omega V_0 \int_0^t s(t')dt'\right]\sigma^x\right) = \exp\left(-\frac{i}{2}\Theta(t)\sigma^x\right)$$

其中 $\Theta(t) = -\Omega V_0 \int_0^t s(t')dt'$，它与微波脉冲的设计参数 V_0 以及 $s(t)$ 均相关。

类似地，若 $\phi = \frac{\pi}{2}$，则 H_d^I 仅含 σ^y 项。在其作用下，量子态绕 Bloch 球的 Y 轴转动，通过设计微波脉冲的参数可实现形如 $\exp\left(-\frac{i}{2}\Theta(t)\sigma^y\right)$ 的幺正变换。

而对一般的 ϕ，哈密顿量 $H_d^I(t) = -\frac{1}{2}\Omega V_0 s(t)(I\sigma^x + Q\sigma^y)$，通过设计驱动参数可实现如下幺正变换：

$$U = \exp\left(-\frac{i}{2}\Theta(t)(I\sigma^x + Q\sigma^y)\right) \tag{4.117}$$

因此，单个量子比特上不包含 σ^z 的门序列可通过设计脉冲序列 $\Theta_k, \Theta_{k-1}, \cdots, \Theta_0$ 来实现：

$$U_k \cdots U_1 U_0 = \mathscr{T} \prod_{n=0}^{k} \exp\left[-\frac{i}{2}\Theta_n(t)(I_n\sigma^x + Q_n\sigma^y)\right]$$

其中 $\mathscr{T}$ 为时序算符。

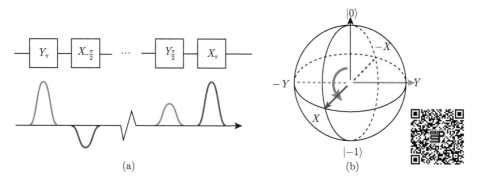

图 4.51 单比特门的实现：(a) 门序列及对应的微波脉冲，蓝色为 in-phase 分量，对应 X 旋转，橙色为 out-of-phase 分量，对应 Y 旋转; (b) X_π 对应于 Bloch 球上绕 X 轴旋转 π，其他门也对应于 Bloch 球上绕相应轴的旋转

2. Virtual Z 门

电容耦合的驱动控制模式中，其哈密顿量并不直接含 σ^z 项，那么，如何实现门序列中沿 Z 轴的转动呢？

假设 XY 控制中某个脉冲使量子态沿 Bloch 球 X 轴旋转了 θ（操作记为 X_θ），并紧跟一个偏置为 $\phi_0(I = \cos\phi_0,\ Q = \sin\phi_0)$ 的相同脉冲，此时实现了如下操作：

$$X_\theta^{(\phi_0)} = \exp\left[-\frac{i\theta}{2}\left(\cos\phi_0\sigma^x + \sin\phi_0\sigma^y\right)\right]X_\theta = Z_{-\phi_0}X_\theta Z_{\phi_0}X_\theta$$

其中 Z_{ϕ_0} 表示量子态在 Bloch 球上沿 Z 轴转动 ϕ_0 的幺正操作。由此可见，通过合理设计偏移相位 ϕ_0 就可附带地实现量子态沿 Z 轴的转动。具体地，若要实现如下包含 Z 轴转动的操作序列：

$$\cdots U_{i+3}U_{i+2}Z_{\theta_1}U_{i+1}Z_{\theta_0}U_iU_{i-1}\cdots$$

只需将无偏置的 XY 门控序列 $\cdots U_{i+3}U_{i+2}U_{i+1}U_iU_{i-1}\cdots$（去除绕 Z 轴转动的算符）换为含偏置相位的 XY 门控序列：

$$\rightarrow \cdots U_{i+3}U_{i+2}^{(\theta_0+\theta_1)}U_{i+1}^{(\theta_0)}U_iU_{i-1}\cdots$$

由此可见 Z 门本身在实际运算中并未被执行（仅需改变原 XY 控制中的偏置参数，不额外增加门操作）。

　　事实上，根据欧拉转动，任意单比特门都可分解为 Virtual Z 门和沿 X 轴（或 Y 轴）的转动门组合，即

$$U(\theta, \phi, \lambda) = Z_{\phi-\pi/2} X_{\pi/2} Z_{\pi-\theta} X_{\pi/2} Z_{\lambda-\pi/2}$$

特别地，$H = Z_{\pi/2} X_{\pi/2} Z_{\pi/2}$。因此，利用前面的 Virtual Z 门技术，驱动调控就可实现任意单比特量子门并节约实际操作门的个数。

　　实践中，外界控制电压与量子比特耦合的电容被设计成十字形（图 4.52），这种超导量子比特被称为 Xmon，其中十字电容的各臂可以同时作为单量子比特操控，量子比特读取，量子比特间耦合等功能中所需的耦合电容，耦合结构相比电容整体尺寸而言非常小，并且相互分离，可独立设计耦合电容的大小以精确控制每一处的耦合强度。

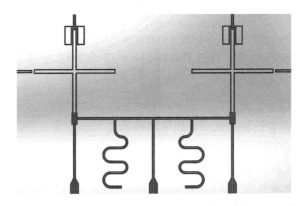

图 4.52　Xmon 示意图：图中展示了两个 Xmon，十字电容下臂与约瑟夫森结连接，上臂提供了量子比特读取耦合电容，外臂提供了单比特控制电压耦合电容

4.3.3.2　两比特门实现

　　在单比特量子门帮助下，仅需加上一个非平凡的两比特门（如 CNOT 门）就可实现普适的量子计算。在超导系统中，iSWAP 门、CZ 门比 CNOT 门更易实现，我们选择它们作为基本的两比特门。

1. iSWAP 门的实现[①]

　　式（4.107）给出了两个 Transmon 比特间的电容耦合哈密顿量

$$H = -\frac{\hbar}{2}\omega_1 \sigma_1^z - \frac{\hbar}{2}\omega_2 \sigma_2^z + g\sigma_1^y \sigma_2^y$$

---

① 参见文献 F. W. Strauch, P. R. Johnson, A. J. Dragt, C. J. Lobb, Phys. Rev. Lett. **91**, 167005 (2003); A. Blais, R. S. Huang, A. Wallraff, S. M. Girvin, et al, Phys. Rev. A **69**, 062320 (2004); F. Yan, P. Krantz, Y. Sung, M. Kjaergaard, et al, Phys. Rev. Applied, **10**, 054062 (2018).

其中 g 为耦合常数。将其转化到相互作用表象中

$$H_I = e^{-\frac{i}{2}\omega_1 t \sigma_1^z} e^{-\frac{i}{2}\omega_2 t \sigma_2^z} g \sigma_1^y \sigma_2^y e^{\frac{i}{2}\omega_1 t \sigma_1^z} e^{\frac{i}{2}\omega_2 t \sigma_2^z}$$

$$= g[\cos(\omega_1 t)\sigma_1^y - \sin(\omega_1 t)\sigma_1^x][\cos(\omega_2 t)\sigma_2^y - \sin(\omega_2 t)\sigma_2^x]$$

将 $\sigma^y = i(\sigma^+ - \sigma^-)$ 和 $\sigma^x = \sigma^+ + \sigma^-$ 代入 H_I 并做旋波近似得到

$$H_I = g\left(e^{i\delta_{12}t}\sigma_1^+\sigma_2^- + e^{-i\delta_{12}t}\sigma_1^-\sigma_2^+\right)$$

其中 $\delta_{12} = \omega_1 - \omega_2$。若进一步调节两个量子比特的频率使得 $\omega_1 = \omega_2$，则

$$H_I = g\left(\sigma_1^+\sigma_2^- + \sigma_1^-\sigma_2^+\right) = \frac{g}{2}\left(\sigma_1^x\sigma_2^x + \sigma_1^y\sigma_2^y\right)$$

由此，H_I 对应的幺正演化算符为

$$U_I(t) = \exp\left[-i\frac{g}{2\hbar}\left(\sigma_1^x\sigma_2^x + \sigma_1^y\sigma_2^y\right)t\right]$$

$$= \begin{bmatrix} 1 & 0 & 0 & 0 \\ 0 & \cos\dfrac{gt}{\hbar} & -i\sin\dfrac{gt}{\hbar} & 0 \\ 0 & -i\sin\dfrac{gt}{\hbar} & \cos\dfrac{gt}{\hbar} & 0 \\ 0 & 0 & 0 & 1 \end{bmatrix}$$

若控制演化时间 $t = \dfrac{\pi\hbar}{2g}$，则

$$U_I\left(\frac{\pi\hbar}{2g}\right) = \begin{bmatrix} 1 & 0 & 0 & 0 \\ 0 & 0 & -i & 0 \\ 0 & -i & 0 & 0 \\ 0 & 0 & 0 & 1 \end{bmatrix} = \text{iSWAP}$$

类似地，若控制演化时间 $t = \dfrac{\pi\hbar}{4g}$，则

$$U_I\left(\frac{\pi\hbar}{4g}\right) = \begin{bmatrix} 1 & 0 & 0 & 0 \\ 0 & \dfrac{1}{\sqrt{2}} & -\dfrac{i}{\sqrt{2}} & 0 \\ 0 & -\dfrac{i}{\sqrt{2}} & \dfrac{1}{\sqrt{2}} & 0 \\ 0 & 0 & 0 & 1 \end{bmatrix} = \sqrt{\text{iSWAP}}$$

2. CZ 门的实现[①]

与 iSWAP 门不同，CZ 门的实现需用到量子态 $|11\rangle$ 与更高能级 $|02\rangle$（或 $|20\rangle$）的交换[②]：$|11\rangle \leftrightarrow |20\rangle$ 以及 $|11\rangle \leftrightarrow |02\rangle$。

两个通过电容耦合的 Transmon 系统，其哈密顿量 (4.106) 在 $|00\rangle$，$|01\rangle$，$|10\rangle$，$|11\rangle$，$|02\rangle$ 和 $|20\rangle$ 基下可表示为

$$H_2 = \begin{bmatrix} E_{00} & 0 & 0 & 0 & 0 & 0 \\ 0 & E_{01} & g & 0 & 0 & 0 \\ 0 & g & E_{10} & 0 & 0 & 0 \\ 0 & 0 & 0 & E_{11} & \sqrt{2}g & \sqrt{2}g \\ 0 & 0 & 0 & \sqrt{2}g & E_{02} & 0 \\ 0 & 0 & 0 & \sqrt{2}g & 0 & E_{20} \end{bmatrix} \tag{4.118}$$

其中因子 $\sqrt{2}$ 来源于双玻色子（谐振子）统计；$E_{nm} = E_n^{(1)}(\Phi_1) + E_m^{(2)}(\Phi_2)$，而 $E_n^{(i)}(\Phi_i)$ 为 Transmon 比特 i 的第 n 个能级的能量（它们均与磁通 Φ_i 相关）。一般情况下，固定一个 Transmon 比特的能级，通过调节磁通来控制另一个量子比特的能级。

引入更高能级 $|02\rangle$（$|20\rangle$）的必要性及其作用可从下面的绝热演化过程得出。

（1）将系统制备到初始量子态 $|\psi\rangle$；

（2）固定第二个比特的能级，缓慢调节第一个比特中的磁通 Φ_1 使系统绝热地向右移动（图 4.53）到 $|11\rangle$ 与 $|20\rangle$ 的交错点附近[③]；

（3）系统在此点停留一段时间 τ（由于能级 $|11\rangle$ 与 $|20\rangle$ 间的跃迁（见式 (4.118)），绝热跟随的本征态不再是 $|11\rangle$，而是 $|11\rangle$ 和 $|20\rangle$ 的叠加态（其对应的本征值也不再是 E_{11}）；

（4）系统再绝热的演化回系统初始参数。

此过程如图 4.53 所示，整个绝热路径可标记为 $\Phi_1^{\tau}(t)$（标记 τ 为强调此过程

[①] 参见文献 L. DiCarlo, J. M. Chow, J. M. Gambetta, L. S. Bishop, et al, Nature **460**, 240-244 (2009); Yu Chen, C. Neill, P. Roushan, N. Leung, M. Fang, et al, Phys. Rev. Lett. **113**, 220502 (2014).

[②] 能级 $|11\rangle$ 与 $|02\rangle$（或 $|20\rangle$）相交.

[③] 由于 Transmon 中的非谐性为负数，$|20\rangle$ 与 $|11\rangle$ 的反交叉点（anti-crossover point）比 $|01\rangle$ 和 $|10\rangle$ 的反交叉点先出现

与 τ 的关联）。值得注意，由绝热性[1]可知系统并不会跃迁到 $|20\rangle$ 态上（无布居）。换言之，绝热过程结束后，量子态仍在编码空间中，无信息泄漏。

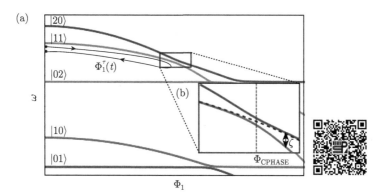

图 4.53 两个相互耦合的 Transmon 量子比特的能谱图[2]：(a) 固定第二个比特的频率，通过调节第一个比特的磁通控制其频率来构成 CZ 门，轨迹 $\ell^\tau(t)$ 对应于 (Φ_1, t) 平面上的一个演化函数 $\Phi_1^\tau(t)$。(b) $|11\rangle \longleftrightarrow |20\rangle$ 的放大部分。其中虚线为 $|10\rangle$ 能量 $+|01\rangle$ 能量，参数 ζ 表示 $|11\rangle$ 与 $|10\rangle$ 能量 $+|01\rangle$ 能量之差

此绝热过程在比特空间产生如下幺正变换：

$$
U = \begin{bmatrix}
1 & 0 & 0 & 0 \\
0 & e^{i\theta_{01}(\tau)} & 0 & 0 \\
0 & 0 & e^{i\theta_{10}(\tau)} & 0 \\
0 & 0 & 0 & e^{i\theta_{11}(\tau)}
\end{bmatrix}
$$

其中

$$
\theta_{ij}(\tau) = \int_0^T dt\,\omega_{ij}(t) \qquad (\hbar\omega_{ij}(t) = E_{ij}(t) - E_{00}(t))
$$

表示量子态 $|ij\rangle$ 在路径 $\ell^\tau(t)$ 上积累的相位（$E_{ij}(t)$ 表示 t 时刻（哈密顿量中磁通为 $\Phi_i^\tau(t)$）系统本征态 $|ij\rangle$ 对应的本征能量）；T 为绝热演化的总时间。显然，此积累相位与路径 $\ell^\tau(t)$ 的选取相关（特别地，与 τ 的选取相关）。为计算量子态 $|11\rangle$ 在整个过程中获得的相对于 $|01\rangle$（$|10\rangle$）的额外相位，定义[3]

$$
\zeta = \omega_{11} - (\omega_{01} + \omega_{10})
$$

---

[1] 绝热性要求系统参数 Φ_1 的变化率与 $|11\rangle$ 和 $|20\rangle$ 反交叉点的劈裂大小需满足定理 2.5.2 中的条件。

[2] 图参考自 R. Barends, J. Kelly, A. Megrant, A. Veitia, et al, Nature, **508**, 500-503 (2014).

[3] 给定绝热路径 $\ell^\tau(t)$，两个本征态上获得的相对相位由它们的能量差决定。

若选取路径 $\ell^\tau(t)$ 中的参数 $\tau = \tau_\pi$ 使

$$\int_0^T dt\zeta\left[\ell^{\tau_\pi}(t)\right] = \pi = \theta_{11}(\tau_\pi) - \left[\theta_{01}(\tau_\pi) + \theta_{10}(\tau_\pi)\right]$$

则路径 $\ell^{\tau_\pi}(t)$ 在量子比特空间实现了如下变换：

$$U = \begin{bmatrix} 1 & 0 & 0 & 0 \\ 0 & e^{i\theta_{01}(\tau_\pi)} & 0 & 0 \\ 0 & 0 & e^{i\theta_{10}(\tau_\pi)} & 0 \\ 0 & 0 & 0 & e^{i(\pi+\theta_{01}(\tau_\pi)+\theta_{10}(\tau_\pi))} \end{bmatrix}$$

绝热过程结束后，通过 Virtual Z 操作消掉单比特上的相位 $\theta_{01}(\tau_\pi)$ 和 $\theta_{10}(\tau_\pi)$ 就可得 CZ 门。

3. 微波 CR 门的实现[①]

iSWAP 门和 CZ 门都需通过磁通来调节 Transmon 比特的能级（ω_{10} 及 ω_{11}），这将导致系统对磁通噪声的敏感性增加（比特将离开甜点），而 CR（cross-resonance）门使用微波进行调控且量子比特具有固定频率，可降低系统对磁通噪声的敏感性，延长系统的相干时间。

设两个 Transmon 比特之间通过谐振子耦合，且每个量子比特均由一个微波源驱动（与单比特门中的 XY 驱动相同）。图 4.54 中线路的哈密顿量为

$$H = \underbrace{-\frac{\hbar}{2}\omega_1\sigma_1^z - \frac{\hbar}{2}\omega_2\sigma_2^z}_{H_0} + \underbrace{g\sigma_1^y\sigma_2^y}_{V} + \underbrace{\hbar\Omega_1 V_{d,1}(t)\sigma_1^y + \hbar\Omega_2 V_{d,2}(t)\sigma_2^y}_{H_d} \tag{4.119}$$

其中 $\Omega_i V_{d,i}(t)$ 是第 i 个比特上的驱动（参见式（4.115））。

选择[②]

$$S = i\underbrace{\frac{g\omega_1}{4\hbar(\omega_1^2 - \omega_2^2)}}_{\theta_1}\sigma_1^x\sigma_2^y - i\underbrace{\frac{g\omega_2}{4\hbar(\omega_1^2 - \omega_2^2)}}_{\theta_2}\sigma_1^y\sigma_2^x$$

$$:= i\theta_1\sigma_1^x\sigma_2^y - i\theta_2\sigma_1^y\sigma_2^x \tag{4.120}$$

对 H 做 Schrieffer-Wolf 变换[③]，在此变换下，无驱动哈密顿量 $H_0 + V$ 变为

$$\tilde{H}_0 = e^S(H_0 + V)e^{-S} = H_0 + \frac{1}{2}[S, V]$$

[①] 参见文献 C. Rigetti, and M. Devoret, Phys. Rev. B **81**, 134507 (2010).

[②] 超导系统的微波门与离子阱中微波门的处理方法类似。

[③] S 满足条件 $[S, H_0] = -V$。

$$= -\frac{\hbar\omega_1}{2}\left(1 + \frac{g^2}{\hbar^2(\omega_1^2 - \omega_2^2)}\right)\sigma_1^z - \frac{\hbar\omega_2}{2}\left(1 - \frac{g^2}{\hbar^2(\omega_1^2 - \omega_2^2)}\right)\sigma_2^z \quad (4.121)$$

而驱动哈密顿量 H_d 在 S 作用下变为

$$\tilde{H}_d = e^S H_d e^{-S}$$

$$= \hbar\Omega_1 V_{d,1}(t)(\cos\theta_1\sigma_1^y - \sin\theta_1\sigma_1^z\sigma_2^y)$$

$$+ \hbar\Omega_2 V_{d,2}(t)(\cos\theta_2\sigma_2^y + \sin\theta_2\sigma_1^y\sigma_2^z) \quad (4.122)$$

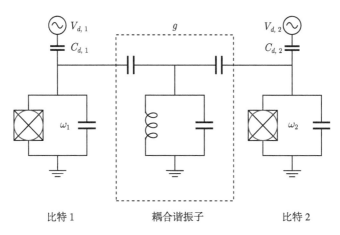

图 4.54 CR 门：两个 Transmon 比特通过中间的耦合器耦合在一起，耦合强度为 g。除此之外，两个量子比特还通过驱动电压进行 XY 调控控制

因此，若将第二个量子比特上的驱动 $V_{d,2}(t)$ 固定为 0，第一个量子比特上的驱动频率取为第二个量子比特的固有频率 ω_2（即 $V_{d,1}(t) = V_0 s(t)\sin(\omega_2 t)$），并调节耦合强度 $g \ll \hbar|\omega_1 - \omega_2|$，则通过相互作用表象下的旋波近似可得

$$\tilde{H}_d^I = \frac{g\omega_1}{2(\omega_1^2 - \omega_2^2)}\Omega_1 V_0 s(t)\sigma_1^z\sigma_2^x \quad (4.123)$$

因 $\tilde{H}_d^I$ 可实现的幺正变换为

$$U_{CR}(t) = \exp\left(\left[\frac{-ig\omega_1}{2(\omega_1^2 - \omega_2^2)}\Omega_1 V_0 \int_0^t s(t')dt'\right]\sigma_1^z\sigma_2^x\right)$$

$$= \exp\left(-\frac{i}{2}\Theta(t)\sigma_1^z\sigma_2^x\right) \quad (4.124)$$

其中，$\Theta(t) = \frac{g\omega_1}{\omega_1^2 - \omega_2^2}\Omega_1 V_0 \int_0^t s(t')dt'$，其在比特空间中的矩阵形式为

$$U_{CR}(\Theta) = e^{-\frac{i}{2}\Theta\sigma_1^z\sigma_2^x} = \begin{bmatrix} \cos\dfrac{\Theta}{2} & -i\sin\dfrac{\Theta}{2} & 0 & 0 \\[2mm] -i\sin\dfrac{\Theta}{2} & \cos\dfrac{\Theta}{2} & 0 & 0 \\[2mm] 0 & 0 & \cos\dfrac{\Theta}{2} & i\sin\dfrac{\Theta}{2} \\[2mm] 0 & 0 & i\sin\dfrac{\Theta}{2} & \cos\dfrac{\Theta}{2} \end{bmatrix}$$

4.3.4 量子比特的读出

对量子比特进行快速、高保真地读出是实现量子计算（特别是量子纠错）的基本条件。超导比特系统中一个完整的读出过程一般应包括如下几个步骤：

（1）幺正演化结束，系统从"计算模式"转为"读出模式"。通过一个强非线性元件（由一个或多个约瑟夫森结组成）将读出设备与量子比特耦合，此耦合可开关（系统处于"计算模式"时耦合关闭，而处于"读出状态"时耦合打开）。

（2）读出系统与被读出量子比特相互作用，形成读出系统与量子比特的纠缠态。

（3）通过读出系统状态准确区分（计算结束时）量子比特处于量子态 $|0\rangle$ 还是 $|1\rangle$。

因此，刻画一个完整的读出过程需要几个不同的参数：

测量时间 τ_m：测量并获得（接近）确定性结果（信噪比为 1）所需的时间（可能需要重复多次）。

能量弛豫率 Γ_1^{on}：系统处于读出模式下，被测量比特的能量（对角元）弛豫时间为 $\dfrac{1}{\Gamma_1^{\text{on}}}$。

相位弛豫率 Γ_2^{off}：系统处于非读出状态时，量子比特的（非对角元）相干时间为 $\dfrac{1}{\Gamma_2^{\text{off}}}$。

重置时间 t_d：一次测量完成后，重置量子比特状态并开展测量所需的时间。

第一个参数刻画了读出设备对量子比特不同状态（$|0\rangle$ 和 $|1\rangle$）的敏感性（τ_m 越小越敏感）。第二和第三个参数刻画了读出系统（工作和不工作时）对被测量比特的影响（反作用）。最后一个参数刻画了测量的重复频率。一个好的读出过程，这四个参数都需尽量小，然而，同时最优化所有参数是不可能的（第一个参数与第二、三两个参数之间是一对矛盾）。因此，常用读出保真度 F 来综合衡量读出系统的好坏。

定义 若量子比特状态为 $|0\rangle$（$|1\rangle$）时，其读出的经典结果也为 0_c（1_c）的概率记为 $\mathbb{P}_{00_c}$（$\mathbb{P}_{11_c}$），则读出保真度 F 定义为

$$F = \mathbb{P}_{00_c} + \mathbb{P}_{11_c} - 1$$

读出保真度 F 越大表明读出系统越好。若读出保真度 $F \approx 1$ 且无需重复测量就可清晰区分不同的测量结果，则称此读出为单次读出（single-shot）[①]。显然，单次读出是我们所期望的。然而，要实现单次读出并不容易，其读出参数需满足 $\Gamma_1^{on} \tau_m \ll 1$，即量子比特在读出模式下的能量弛豫时间 $\dfrac{1}{\Gamma_1}$ 要远大于测量时间 τ_m。这需要合理平衡测量强度与读出反作用之间的矛盾。在超导量子比特中，尽管人们已经提出过电荷测量、磁通测量（超导电流测量）等不同的读出方式。但这些测量方法对量子比特都具有破坏性，影响读出保真度 F。为实现高保真度读出，一个量子非破坏（quantum nondemolition, QND）测量方案是人们所期望的，当前广泛使用的色散读出就是一个 QND 读出[②]。

1. 色散读出

在色散读出中，被测量量子比特（Transmon）不与读出设备直接耦合，而是先与谐振腔耦合（图 4.55），读出设备通过读出耦合谐振腔的状态来反推量子比特的状态。当超导比特与谐振腔的耦合[③]处于色散区（dispersive regime）时，谐振腔的共振频率与量子比特的状态（$|0\rangle$ 或 $|1\rangle$）相关。因此，通过读出谐振腔的共振频率就可获知量子比特的状态。

设被测量比特与谐振腔之间通过电容耦合，依据式（4.108），在相互作用表象下做旋波近似后，耦合系统哈密顿量为著名的 JC 模型：

$$H_{JC} = \underbrace{-\frac{\hbar\omega}{2}\sigma^z}_{\text{比特系统}} + \underbrace{\hbar\omega_r\left(a^\dagger a + \frac{1}{2}\right)}_{\text{谐振系统}} + \underbrace{\hbar g(e^{i(\omega_r - \omega)}a^\dagger \sigma^- + e^{-(\omega_r - \omega)}a\sigma^+)}_{\text{JC 相互作用}}$$

其中 ω 为量子比特的频率，σ^+ 和 σ^- 为比特的升降算符；ω_r 为谐振腔中谐振子频率，$a^\dagger$（a）为谐振子的生成（湮灭）算符；g 表示两个系统的耦合强度。

当量子比特频率与谐振腔频率之差 $\Delta = \omega_r - \omega$（失谐量）远大于它们之间的耦合强度 g 以及腔的共振线宽 κ 时，谐振腔与量子比特间无法进行能量交换，此时相互作用仅改变彼此的频率而不改变比特的本征状态。此时，我们称系统处于色散区（dispersive regime）。在色散极限下

---

① F. Mallet, F. R. Ong, A. Palacios-Laloy, F. Nguyen, et al, Nat. Phys. **5**, 791 (2009); R. Vijay, D. H. Slichter, and I. Siddiqi, Phys. Rev. Lett. **106**, 110502 (2011).

② 参见文献 A. Wallraff, D. I. Schuster, A. Blais, L. Frunzio, et al, Nature **431**, 162 -167 (2004); T. Walter, P. Kurpiers, S. Gasparinetti, P. Magnard, et al, Phys. Rev. Appl. **7**, 054020 (2017).

③ 耦合可通过电容或电感耦合实现。

$$\lambda = \frac{g}{\Delta} \ll 1 \tag{4.125}$$

哈密顿量 H_{JC} 可在幺正变换 $D = \exp\left[\lambda(\sigma^+ a - \sigma^- a^\dagger)\right]$ 下近似对角化（参见 Schrieffer-Wolf 变换（4.2.6.2 节））。

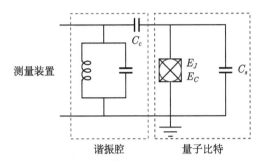

图 4.55　Transmon 比特与谐振腔耦合示意图：量子比特（Transmon）与谐振腔（LC 振荡）通过电容耦合，读出装置及环境仅与谐振腔耦合，而与量子比特无直接作用。这可有效减小读出过程对量子比特的影响

利用公式

$$e^{-\lambda X} H e^{\lambda X} = H + \lambda[H, X] + \frac{\lambda^2}{2!}[H, [H, x]] + \cdots, \qquad \lambda \text{ 为小量}$$

计算可得

$$
\begin{aligned}
H_{\text{eff}} &= D^\dagger H_{JC} D \\
&= \hbar\omega_r\left(a^\dagger a + \frac{1}{2}\right) + \frac{\hbar}{2}(\omega + \underbrace{\chi}_{\text{Lamb移动}} + \underbrace{2\chi a^\dagger a}_{\text{AC-Stark移动}})\sigma^z + \mathcal{O}(\lambda^2) \\
&= \hbar(\omega_r - \chi\sigma^z)\left(a^\dagger a + \frac{1}{2}\right) + \frac{\hbar\omega}{2}\sigma^z
\end{aligned}
\tag{4.126}
$$

其中 $\chi = g\lambda = \frac{g^2}{\Delta}$。我们分别从量子比特和谐振腔的角度来分析有效哈密顿量 H_{eff} 对它们的影响。

（1）**量子比特的角度**（第二个等式）：量子比特的跃迁频率发生了 Lamb 移动和 AC-Stark 移动，其中 AC-Stark 移动的大小与谐振腔中的谐振子数目 $a^\dagger a$ 成正比，即 $\propto 2\chi\langle a^\dagger a\rangle$。

（2）**谐振腔的角度**（第三个等式）：谐振腔的共振频率 ω_r 发生了与量子比特状态相关的移动

$$\omega_{r,|0\rangle} = \omega_r - \frac{g^2}{\Delta}, \qquad \omega_{r,|1\rangle} = \omega_r + \frac{g^2}{\Delta}$$

因此，若能快速、高保真度地区分谐振腔中的两个共振频率就能区分量子比特的状态 $|0\rangle$ 和 $|1\rangle$。值得注意，当谐振腔中的光子数较少时，哈密顿量（4.126）与测量算符 σ^z 近似对易，此时对量子比特的测量是非破坏测量。

为区分谐振腔中的不同共振频率，将一束频率为 ω_r（腔的裸频率）的相干光（微波）$|\alpha\rangle$（作为探测光）入射至谐振腔中。

- 相干微波场 $|\alpha\rangle$ 进入谐振腔前，相干光场与量子比特处于直积状态

$$|\psi_{in}\rangle = (a|0\rangle + b|1\rangle) \otimes |\alpha\rangle$$

- 进入谐振腔后，腔中光场与量子比特相互作用按哈密顿量 H_{eff} 展开演化；
- 最后从谐振腔中逸出。

因微波场与量子比特在腔中相互作用，逸出微波（谐振腔反射微波）与量子比特处于纠缠状态

$$|\psi_{\text{out}}\rangle = a|e^{-i\theta}\alpha\rangle|0\rangle + b|e^{+i\theta}\alpha\rangle|1\rangle$$

其中 $|e^{\pm i\theta}\alpha\rangle$ 是与量子比特状态相关的相干态；参数 θ 由复反射系数 r 确定（$r = e^{-i\theta\sigma^z}$）。而反射系数 r 可根据腔量子电动力学中的输入-输出（input-output）关系得到

$$r = \frac{\chi\sigma^z - i\dfrac{\kappa}{2}}{\chi\sigma^z + i\dfrac{\kappa}{2}}$$

因此，$\tan\dfrac{\theta}{2} = \dfrac{1}{2}\dfrac{\kappa}{\chi}$，即 θ 由频率移动参数 χ 以及腔的共振线宽 κ（表征腔与读出系统（及环境）的耦合强度）确定。

因此，只要能区分相干态：$|e^{-i\theta}\alpha\rangle$ 和 $|e^{i\theta}\alpha\rangle$ 就能区分量子比特的对应状态。利用量子光学中零差（homodyne）探测和外差（hetrodyne）探测的方法，对相干态的一组共轭量进行测量，通过这组共轭量在相空间中的不同位置来对相干态进行区分。因测不准原理和噪声的影响，每个相干态的测量结果在相空间中形成一个具有一定分布（如高斯分布）的点集合（图 4.56）。因此，区分两个相干态就是区分其测量结果对应的相空间中的两个点集合。显然，系统参数 χ 和 κ 给定后，角度 θ 就完全确定了。要准确区分这两个点集合（提升读出保真度 F 使其成为 single-shot 读出）有两个可能的方法：

(1) 使相干态的幅度 $|\alpha|^2$ 变得足够大；

(2) 使相干态点集合的半径足够小。

使相干态 $|\alpha\rangle$ 的振幅 $|\alpha|^2 = n$ 变大相当于增加光腔中的光子数 n。然而，当

光子数大于某个临界值 $\left(n_c \equiv \dfrac{\Delta^2}{4g^2}\right)$ 时，有效哈密顿量 H_{eff}（4.126）不再成立[①]。因此，提升读出保真度的重点应放在如何减小相空间中点集的弥散半径上（最小半径由海森伯不确定性原理确定）。事实上，测量点集合的弥散半径可通过提高信噪比和减小 Purcell 效应来减小。

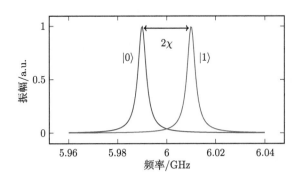

图 4.56　比特状态相关的腔传输特性：在量子比特处于 $|0\rangle$ 和 $|1\rangle$ 时谐振腔的不同传输性质，两个共振频率之间相差 2χ

2. 提高信噪比

事实上，相干态的读出保真度与信噪比间的关系可通过分离错误（separate error）来理解。为简单计，设两个相干态的测量结果在二维平面上形成两个相同的高斯分布（图 4.57 中的半高宽 [②] $\Delta\theta_1 = \Delta\theta_2 = \Delta\theta$），则这两个高斯分布间的分离误差 ϵ_{sep} 由它们重叠部分的比重来定义，即

$$\epsilon_{\text{sep}} = \frac{1}{\sqrt{2\pi(\Delta\theta)^2}} \int_{\frac{\theta_1 - \theta_2}{2}}^{\infty} \exp\left[-\frac{(\theta - \theta_1)^2}{2(\Delta\theta)^2}\right] d\theta$$

利用函数

$$\text{erfc}(x) = 1 - \frac{2}{\sqrt{\pi}} \int_x^{\infty} e^{-t^2} dt$$

可将分离误差 ϵ_{sep} 与信噪比 SNR$=\dfrac{|\theta_1 - \theta_2|}{\Delta\theta_1 + \Delta\theta_2}$ 联系起来：

$$\epsilon_{\text{sep}} = \frac{1}{2}\text{erfc}\left[\frac{\text{SNR}}{2}\right]$$

由此可见，提高信噪比可提高读出保真度。因此，设计并使用低噪声放大器，如

---

① QND 条件只在少数光子下成立。

② 高斯函数 $\dfrac{1}{\sqrt{2\pi}\sigma} e^{-(x-\mu)^2/(2\sigma^2)}$ 的半高宽为 $2\sqrt{2\ln 2}\sigma$。

约瑟夫森参数放大器（Josephson parametric amplifier，JPA）、阻抗变换参数放大器 (impedance-transformed parametric amplifier，IMPA) 和行波参数放大器（traveling wave parametric amplifier，TWPA）等都是提高信噪比和读出保真度的可行途径。

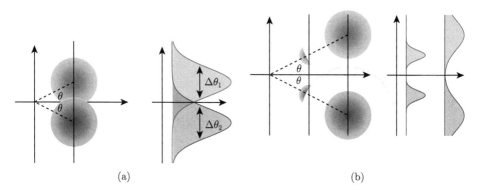

(a)   (b)

图 4.57 测量点集及其区分：(a) 两个相干态的测量结果形成两个点集合。若两个集合间无任何交叠，它们可被无误差地区分；若有交叠，将有一定的概率区分错误，此错误称为分离错误。(b) 将原本有交叠的点集合，在保持角度 θ 的情况下向远处平移（增大 $|\alpha|^2$），交叠部分可被去除；若保持点集合的中心位置不变，但缩小点集的半径也可将交叠部分去除

3. Purcell 滤波器

高保真的读出要求量子比特的相干时间远远大于测量时间，换言之，要实现快速读出（减小测量时间）。然而，快速读出要求读出系统与量子比特之间有强相互作用，而强相互作用将导致量子比特退相干（相干时间变小）。因此，相干时间和测量时间是一对矛盾，需进行精细的平衡。尽管在色散极限下（且腔中仅含少量光子），光场对量子比特的反作用已经很小，但此反作用导致的量子比特能量弛豫（弛豫时间为 T_1），仍是提高读出保真度

$$F(\tau_m) = 1 - e^{-\tau_m/T_1}$$

的主要限制因素（τ_m 为测量时间）。

为进一步减少腔中光场对量子比特的反作用，我们首先来分析量子比特能量弛豫的主要来源。由腔量子电动力学（Cavity QED）可知腔中量子比特的自发辐射将被共振腔增强（称之为 Purcell 效应[①]），它将直接导致能量弛豫增强[②]。严格

---

① 参见文献 E. M. Purcell, H. C. Torrey, and R. V. Pound, Phys. Rev. **69**, 37 (1946).

② Purcell 效应可通过费米黄金规则来定性理解：腔中共振量子态密度增大，其跃迁概率就会增加。

的推导可知，在色散条件 $\Delta \gg g$ 下，Purcell 效应导致的比特衰减率为

$$\gamma_{\text{dis}} = \left(\frac{g}{\Delta}\right)^2 \kappa$$

我们既希望减少 Purcell 效应对量子比特的影响（减小谐振腔中与比特共振的频率的态密度）；又希望谐振腔的状态能被快速读出（仍保持较大的 κ）。为此需设计一个满足如下条件的 Purcell 滤波装置（图 4.58）：

- 频率与谐振腔共振的 $(\omega_r \pm \chi)$ 微波可通过（保持 κ 较大）；
- 频率与量子比特共振（频率为 ω）的微波不能通过（谐振腔中与量子比特共振的频率其态密度为 0）。

这既保证了共振腔状态能被快速读出，也减少了 Purcell 效应对量子比特的影响。由于色散条件 $\Delta \gg g$ 以及谐振腔中共振频率的移动, 这样的滤波器存在。

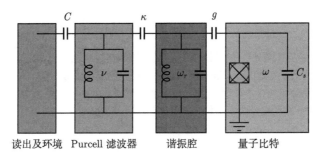

图 4.58 Purcell 滤波器与量子比特读出系统：为实现对量子比特的快速读出并尽量降低读出过程对量子比特的反作用，一个 Purcell 滤波器处于环境和谐振腔之间。其读出系统如示意图所示

在加入参数放大器和 Purcell 滤波器后, 一个完整的色散测量装置图如图 4.59。

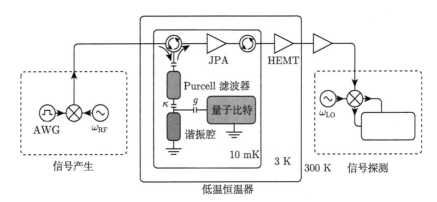

图 4.59 色散测量实验体系简图

4.3.5 基于猫态比特的量子计算

前面介绍的量子比特都编码在（基于约瑟夫森结）固态系统的能级上，而下面介绍的猫态比特却编码于光场的相干态上，固态系统仅作为辅助系统[①]。

4.3.5.1 猫态比特及其态制备

首先，在相干态基础上，腔场中可定义如图 4.60 所示的量子态：

$$|C_\alpha^+\rangle = \mathcal{N}(|\alpha\rangle + |-\alpha\rangle)$$
$$|C_\alpha^-\rangle = \mathcal{N}(|\alpha\rangle - |-\alpha\rangle) \tag{4.127}$$

其中，$|\alpha\rangle$ 为相干态，且 $\mathcal{N}$ 为归一化常数。由相干态性质可知，当 $|\alpha|$ 很大时，$|C_\alpha^+\rangle$ 与 $|C_\alpha^-\rangle$ 近似正交（可被确定性区分），因此，它们可编码一个量子比特。由于相干态很接近经典态，两个相干态叠加形成的量子比特也称为猫态比特（cat qubit）。

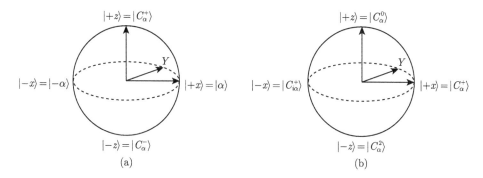

图 4.60 猫态比特的 Bloch 球示意图

$$H_{\text{eff}} = \omega|e\rangle\langle e| + (\omega_r - \chi_{\text{qs}}|e\rangle\langle e|) \otimes a^\dagger a \tag{4.128}$$

猫态比特的制备和操控需要一个与色散测量类似的系统：腔场（编码猫态比特）通过一个电容与一个 Transmon 比特耦合形成一个类 JC 系统（与色散测量不同，此处的 Transmon 比特仅作为腔场的辅助比特）。设 Transmon 比特与腔场间的耦合满足色散（dispersive）条件 $\Delta = \omega - \omega_r \gg g$（$g$ 为耦合系数；$\hbar\omega$ 为辅助比特上能级 $|e\rangle$ 与下能级 $|g\rangle$ 的能量差，且 ω_r 为共振腔的裸频率），则系统的有效哈密顿量可写为

---

① 参见文献 M. Mirrahimi, Z. Leghtas, V. V. Albert, S. Touzard, et al, New J. Phys. **16**, 045014 (2014); V. V. Albert, and L. Jiang, Phys. Rev. A **89**, 022118 (2014).

根据式（4.126）可知 $\chi_{\mathrm{qs}} = \dfrac{g^2}{\Delta}$ 是自旋依赖的光子频率偏移。取 $H_0 = \omega|e\rangle\langle e| + \omega_r a^\dagger a$ 并将哈密顿量 H_{eff} 变换到相互作用表象中，则相互作用表象中的演化算符可表示为

$$U_{\mathrm{qs}}(t) = \mathrm{I} \otimes |g\rangle\langle g| + e^{i\chi_{\mathrm{qs}}a^\dagger a t} \otimes |e\rangle\langle e| \tag{4.129}$$

在此演化算符基础上，猫态比特上的量子态 $(a_g + a_e)|C_\alpha^+\rangle + (a_g - a_e)|C_\alpha^-\rangle$（未归一）可按如下方式制备：

(1) 将 Transmon 比特和光腔系统的初态制备为直积态 $|0\rangle \otimes (a_g|g\rangle + a_e|e\rangle)$，其中 $a_g|g\rangle + a_e|e\rangle$ 为 transmon 比特的状态，$|0\rangle$ 为腔场真空态。

(2) 对腔场做位移操作 $D(\alpha)$，得到量子态 $|\alpha\rangle \otimes (a_g|g\rangle + a_e|e\rangle)$（$|\alpha\rangle$ 为相干态）。

(3) 将 Transmon 比特与腔场耦合，控制相互作用时间，实现幺正变换 $U_{\mathrm{qs}}(\pi/\chi_{\mathrm{qs}})$。由此得到量子态 $a_g|\alpha\rangle|g\rangle + a_e|-\alpha\rangle|e\rangle$。

(4) 关闭腔场与 Transmon 比特间的耦合，对腔场做位移操作 $D(\alpha)$，得到量子态 $a_g|2\alpha\rangle|g\rangle + a_e|0\rangle|e\rangle$。

(5) 再次耦合腔场与 Transmon 比特。根据哈密顿量 H_{eff}，Transmon 比特中能级 $|e\rangle$ 与 $|g\rangle$ 间的跃迁频率受腔场光子数调控。因此，在 Transmon 比特上可实现光子数控制的单比特转动：

$$R_{y,\pi}^0 = |0\rangle\langle 0| \otimes e^{i\frac{\pi}{2}\sigma^y} + \sum_{n\neq 0}|n\rangle\langle n| \otimes I \tag{4.130}$$

在 $|\alpha| \gg 1$ 的情况下，可得量子态 $(a_g|2\alpha\rangle + a_e|0\rangle) \otimes |g\rangle$。

(6) 关闭腔场与 Transmon 比特间耦合，对腔场做位移操作 $D(-\alpha)$，最终得到

$$(a_g|\alpha\rangle + a_e|-\alpha\rangle) \otimes |g\rangle \equiv (a_g + a_e)|C_\alpha^+\rangle + (a_g - a_e)|C_\alpha^-\rangle \otimes |g\rangle$$

至此，Transmon 比特上的量子信息已被转移到猫态比特上，实现了猫态比特的初态制备。值得注意，有效哈密顿量 H_{eff} 仅在光子数小于 $n_c = \Delta^2/4g^2$[①]时才成立，这意味着制备猫态中的相干态 α（$|\alpha| = \bar{n}^2$，其中 $\bar{n}$ 为平均光子数）的大小受到限制。

4.3.5.2　猫态比特的自动纠错

猫态量子比特一个显著的优势是可通过设计光子的耗散（环境）来实现量子比特的自动纠错。腔场的一个双光子驱动耗散过程可表示为主方程：

$$\dot{\rho} = [\epsilon_{2ph}a^{\dagger 2} - \epsilon_{2ph}^* a^2, \rho] + \kappa_{2ph}\mathcal{D}[a^2]\rho \tag{4.131}$$

---

① 现阶段 n_c 的值一般可取 9 左右。

其中

$$\mathcal{D}[L]\rho = L\rho L^\dagger - \frac{1}{2}L^\dagger L\rho - \frac{1}{2}\rho L^\dagger L$$

且 $a^\dagger(a)$ 是光子的生成（湮灭）算符；参数 κ_{2ph} 用于刻画腔场的耗散强度；参数 ϵ_{2ph} 表示双光子驱动过程强度。此主方程具有如下重要性质。

命题 当 $\alpha = \sqrt{2\epsilon_{2ph}/\kappa_{2ph}}$ 时，$|\pm\alpha\rangle$ 是主方程（4.131）的稳态。

将 $\rho = |\pm\alpha\rangle\langle\pm\alpha|$ 代入主方程（4.131）右边，直接计算可得 $\dot\rho = 0$，即 $|\pm\alpha\rangle$ 确为主方程（4.131）的稳态。并且主方程（4.131）的稳态空间由 $|\pm\alpha\rangle$ 张成。因此，稳态空间也可由 $|C_\alpha^+\rangle$ 和 $|C_\alpha^-\rangle$ 张成（$\{|\alpha\rangle, |-\alpha\rangle\}$ 与 $\{|C_\alpha^+\rangle, |C_\alpha^-\rangle\}$ 仅相差一个幺正变换）。换言之，主方程（4.131）的稳态空间就是猫态比特的态空间。利用此性质可自动纠正猫态比特的一些错误。

1. Lindblad 守恒量

由主方程（4.131）的稳定空间可知：任意腔场量子态，经过主方程描述的耗散过程，最终都会落到稳态 $|\alpha\rangle$ 和 $|-\alpha\rangle$ 组成的子空间中。换言之，任意初始量子态 ρ_0 经过双光子耗散过程后，其稳态都可表示为

$$\rho_{st} = c_{++}|C_\alpha^+\rangle\langle C_\alpha^+| + c_{+-}|C_\alpha^+\rangle\langle C_\alpha^-| + c_{+-}^*|C_\alpha^-\rangle\langle C_\alpha^+| + (1-c_{++})|C_\alpha^-\rangle\langle C_\alpha^-| \quad (4.132)$$

其中 c_{++}，c_{+-} 为参数。那么，稳态中的参数 c_{++}、c_{+-} 与系统初始状态 ρ_0 间有何关系呢？换言之，如何从初始状态 ρ_0 确定稳态参数 c_{++} 和 c_{+-} 呢？为此需定义两个独立的算符 J_{++} 和 J_{+-}：

$$J_{++} = \sum_{n=0}^\infty |2n\rangle\langle 2n|$$

$$J_{+-} = \sqrt{\frac{2|\alpha|^2}{\sinh(2|\alpha|^2)}} \sum_{q=-\infty}^\infty \frac{(-1)^q}{2q+1} I_q(|\alpha|^2) J_{+-}^{(q)} e^{-i\theta_\alpha(2q+1)} \quad (4.133)$$

其中 $\alpha = |\alpha|e^{i\theta_\alpha}$，$I_q(x) = \sum_{m=0}^\infty \frac{1}{m!(m+q)!}\left(\frac{x}{2}\right)^{2m+q}$ 是第一类修正贝塞尔函数（the modified Bessel function of the first kind），且

$$J_{+-}^{(q)} = \begin{cases} \frac{(\hat{n}-1)!!}{(\hat{n}+2q)!!} J_{++} a^{2q+1}, & q \geqslant 0 \\ J_{++} a^{\dagger 2|q|-1} \frac{(\hat{n})!!}{(\hat{n}+2q-1)!!}, & q < 0 \end{cases} \quad (4.134)$$

其中，当 k 为偶数时 $k!! = 2^n n!$；当 k 为奇数时 $k!! = \frac{(2n)!}{2^n n!}$。

这两个算符 J_{++} 和 J_{+-} 都满足等式:

$$\frac{1}{2}\kappa_{2ph}([\alpha^{*2}a^2 - \alpha^2 a^{\dagger 2}, J] + 2a^{\dagger 2}Ja^2 - a^{\dagger 2}a^2 J - Ja^{\dagger 2}a^2) = 0 \tag{4.135}$$

我们称之为 Lindblad 方程（4.131）的守恒量。利用此守恒量可得稳态 ρ_{st}（4.132）与初始态 ρ 之间的关系:

$$c_{++} = \text{Tr}[\rho_0 J_{++}^{\dagger}], \qquad c_{+-} = \text{Tr}[\rho_0 J_{+-}^{\dagger}] \tag{4.136}$$

2. 猫态比特相位反转的自动纠错

利用关系式（4.136）可以证明相空间中的平移错误（$|\alpha\rangle \to |\alpha + \beta\rangle$）被耗散所抑制，进而猫态比特可对相位翻转自动纠错。

假设平移错误使相干态 $|\alpha\rangle$ 变为 $|\alpha + \beta\rangle$（β 相对于 α 为小量），我们来计算相干态 $|\alpha + \beta\rangle$ 经过耗散后的稳定态。根据式（4.136）我们只需要计算 c_{++} 和 c_{+-}（它们分别对应守恒量 J_{++} 和 J_{+-} 的期望值）。

(1) c_{++} 的计算。

将 J_{++} 的表达式代入式（4.136）可得

$$\begin{aligned}
c_{++} &= \langle\alpha + \beta|\sum_{n=0}^{\infty}|2n\rangle\langle 2n|\alpha + \beta\rangle \\
&= e^{-|\alpha+\beta|^2}\sum_{n=0}^{\infty}\frac{(|\alpha+\beta|^2)^{2n}}{(2n)!} \\
&= e^{-|\alpha+\beta|^2}\cosh(|\alpha+\beta|^2) \\
&= \frac{1 + e^{-2|\alpha+\beta|^2}}{2}
\end{aligned}$$

当 $|\alpha| \gg 1$（猫态比特正交性要求），且噪声 β 远小于 α 时，$|\alpha + \beta| \gg 1$ 仍成立。因此，$c_{++} \simeq 1/2$。

(2) c_{+-} 的计算。

根据 J_{+-} 的表达式（4.133），我们需对 J_{+-} 中不同的 q 进行讨论。

当 $q \geqslant 0$ 时，有

$$\langle\alpha + \beta|J_{+-}^q|\alpha + \beta\rangle$$

$$= e^{-|\alpha+\beta|^2}\sum_{n=0}^{\infty}\frac{(2n)!}{2^{2n+q}n!(n+q)!}\sqrt{\frac{(2n+2q+1)!}{(2n)!}}\frac{(\alpha+\beta)^{*2n}}{\sqrt{(2n)!}}\frac{(\alpha+\beta)^{2n+2q+1}}{\sqrt{(2n+2q+1)!}}$$

$$= e^{-|\alpha+\beta|^2}(\alpha+\beta)e^{i2q\theta}\sum_{n=0}^{\infty}\frac{1}{n!(n+q)!}\left(\frac{|\alpha+\beta|^2}{2}\right)^{2n+q}$$

$$= e^{-|\alpha+\beta|^2}(\alpha+\beta)e^{i2q\theta}I_q(|\alpha+\beta|^2)$$

其中 $\alpha+\beta = |\alpha+\beta|e^{i\theta}$，最后一个等号利用了第一类修正贝塞尔函数的定义。

而当 $q < 0$ 时，有

$$\langle\alpha+\beta|J_{+-}^q|\alpha+\beta\rangle$$

$$= e^{-|\alpha+\beta|^2}\sum_{n=0}^{\infty}\sqrt{\frac{(2n+2|q|)!}{(2n+1)!}}\frac{(2n+1)!}{2^{2n+|q|}(n+|q|)!n!}\frac{(\alpha+\beta)^{*2n+2|q|}}{\sqrt{(2n+2|q|)!}}\frac{(\alpha+\beta)^{2n+1}}{\sqrt{(2n+1)!}}$$

$$= e^{-|\alpha+\beta|^2}(\alpha+\beta)e^{-i2|q|\theta}\sum_{n=0}^{\infty}\frac{1}{n!(n+|q|)!}\left(\frac{|\alpha+\beta|^2}{2}\right)^{2n+|q|}$$

$$= e^{-|\alpha+\beta|^2}(\alpha+\beta)e^{i2q\theta}I_{|q|}(|\alpha+\beta|^2)$$

$$= e^{-|\alpha+\beta|^2}(\alpha+\beta)e^{i2q\theta}I_q(|\alpha+\beta|^2) \tag{4.137}$$

最后一个等号利用了第一类修正贝塞尔函数的性质。

将上面的结果代入 J_{+-} 可以得到

$$c_{+-} = \langle\alpha+\beta|J_{+-}^{\dagger}|\alpha+\beta\rangle$$

$$= \frac{\sqrt{2}|\alpha|(\alpha+\beta)^*e^{-|\alpha+\beta|^2}}{\sqrt{\sinh 2|\alpha|^2}}\sum_{q=-\infty}^{\infty}\frac{(-1)^q}{2q+1}I_q(|\alpha|^2)I_q(|\alpha+\beta|^2)e^{i\theta_\alpha(2q+1)}e^{-i2q\theta}$$

$$= \frac{2\alpha(\alpha+\beta)^*e^{-|\alpha+\beta|^2-|\alpha|^2}}{\sqrt{1-e^{-4|\alpha|^2}}}\sum_{q=-\infty}^{\infty}\frac{(-1)^q}{2q+1}I_q(|\alpha|^2)I_q(|\alpha+\beta|^2)e^{i2q(\theta_\alpha-\theta)}$$

$$= \frac{2\alpha(\alpha+\beta)^*e^{-|\alpha+\beta|^2-|\alpha|^2}}{\sqrt{1-e^{-4|\alpha|^2}}}\sum_{q=-\infty}^{\infty}\frac{(-1)^q}{2q+1}\frac{1}{2\pi}\int_0^{2\pi}d\phi e^{iq(\phi+\pi)}$$

$$\cdot I_0(|\alpha^2-(\alpha+\beta)^2e^{i\phi}|)$$

$$= \frac{2\alpha(\alpha+\beta)^*e^{-|\alpha+\beta|^2-|\alpha|^2}}{\sqrt{1-e^{-4|\alpha|^2}}}\frac{1}{2\pi}\int_0^{2\pi}d\phi I_0(|\alpha^2-(\alpha+\beta)^2e^{i\phi}|)$$

$$\cdot\sum_{q=-\infty}^{\infty}\frac{(-1)^q}{2q+1}\frac{e^{iq(\phi)}}{2q+1}$$

$$= \frac{i\alpha(\alpha+\beta)^* e^{-|\alpha+\beta|^2-|\alpha|^2}}{2\sqrt{1-e^{-4|\alpha|^2}}} \int_0^{2\pi} d\phi e^{-i\frac{\phi}{2}} I_0(|\alpha^2-(\alpha+\beta)^2 e^{i\phi}|)$$

$$= \frac{i\alpha(\alpha+\beta)^* e^{-|\alpha+\beta|^2-|\alpha|^2}}{\sqrt{1-e^{-4|\alpha|^2}}} \int_0^{\pi} d\phi e^{-i\phi} I_0(|\alpha^2-(\alpha+\beta)^2 e^{i2\phi}|) \tag{4.138}$$

其中第三个等号来自第一类修正贝塞尔函数的性质：

$$I_q(|\alpha|^2) I_q(|\alpha+\beta|^2) e^{i2q(\theta_\alpha-\theta)} = \frac{1}{2\pi} \int_0^{2\pi} d\phi e^{iq(\phi+\pi)} I_0(|\alpha^2-(\alpha+\beta)^2 e^{i\phi}|)$$

第四个等号交换了积分和求和运算顺序（其合法性由积分与求和的收敛性保障），第六个等号做了变量替换。

利用 c_{++} 和 c_{+-} 可得 $|\alpha+\beta\rangle$ 对应稳态 ρ_{st}，进而可计算 ρ_{st} 与相干态 $|\alpha\rangle$（稳态）之间的保真度：

$$\mathrm{Tr}[\rho_{st}|\alpha\rangle\langle\alpha|] = \frac{1}{2}(1 + c_{+-} + c_{+-}^*)$$

将式（4.138）代入上式，在 β 远小于 α 的前提下，通过复杂的计算可得

$$c_{+-} + c_{+-}^* > 1 - \mathcal{O}(e^{-2|\alpha|^2}) \tag{4.139}$$

因此，当噪声造成的位移 $|\beta|$ 相对于 $|\alpha|$ 为小量时

$$\mathrm{Tr}[\rho_{st}|\alpha\rangle\langle\alpha|] = 1$$

这就意味着噪声导致的平移错误 β 被纠正了。

相同的证明对 $|-\alpha\rangle$ 也成立（即 $|-\alpha+\beta\rangle$ 的稳态与 $|-\alpha\rangle$ 一致），因此，双光子耗散过程保护的是 $\{|\alpha\rangle, |-\alpha\rangle\}$ 张成的整个空间（同时也是猫态 $|C_\alpha^+\rangle$ 和 $|C_\alpha^-\rangle$ 张成的空间）。猫态比特空间的相位错误 σ^z 相当于使 $|\alpha\rangle \leftrightarrow |-\alpha\rangle$，这需要对 $|\alpha\rangle$ 进行 $\beta=-2\alpha$ 的平移操作。根据前面的推导，噪声导致的小移动会被自动纠正，不会累积出位移 -2α。

值得注意，当噪声导致的位移 β 很大时，错误可能将无法纠正。特别地，当 $|\alpha+\beta\rangle$ 十分接近 $|-\alpha\rangle$ 时，其稳态为 $|-\alpha\rangle$，这造成了一个相位翻转错误。如图 4.61 所示，当 $\alpha+\beta$ 的辐角与 α 的辐角差值不大且其模长不在 0 附近时（白色区域），最终稳态为 $|\alpha\rangle$，即错误能被纠正；而当 $\alpha+\beta$ 的辐角与 α 的辐角差大于 90 度且其模长不在 0 附近时（黑色区域），最终稳态为 $|-\alpha\rangle$，即发生了相位翻转错误；若 $|\alpha+\beta\rangle$ 处于灰色狭长区域，则末态是一个混态。明显地，$|\alpha|$ 越大，产生不可逆错误的概率就越小。

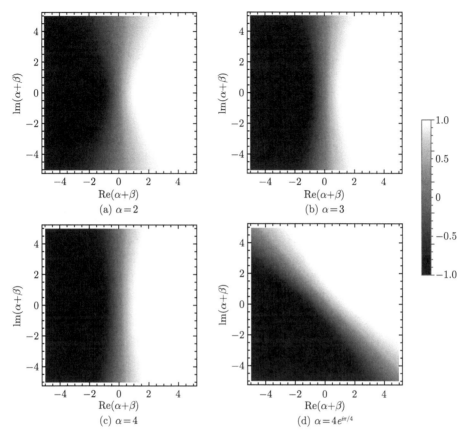

图 4.61 双光子耗散下量子态的稳定性：平移量子态 $|\alpha + \beta\rangle$ 在双光子耗散下的稳态与初始态 $|\alpha\rangle$ 的保真度。白色部分表示保真度为 1，量子态得到保护；而黑色部分表示保真度为 0，量子 态发生相位翻转错误；其余灰色部分表示末态为混态

3. 猫态比特的比特反转错误

通过双光子耗散过程可有效地抑制猫态比特的相位反转，但它对比特翻转（bit-flip）错误并不免疫。事实上，单光子丢失就会造成猫态比特的翻转错误，即 $a|C_\alpha^\pm\rangle \propto |C_\alpha^\mp\rangle$。为在相位错误被抑制的情况下能纠正比特翻转错误（量子纠错码参见第五章），需设计新的耗散过程来拓展稳态空间，以便于对比特翻转错误的探测。

为拓展稳态空间，需引入四光子耗散过程，其主方程为

$$\dot{\rho} = [\epsilon_{4ph}a^{\dagger 4} - \epsilon_{4ph}^* a^4, \rho] + \kappa_{4ph}\mathcal{D}[a^4]\rho \tag{4.140}$$

此耗散过程的稳态空间由四个量子态 $\{|\pm\alpha\rangle, |\pm i\alpha\rangle\}$（$\alpha = (2\epsilon_{4ph}/\kappa_{4ph})^{\frac{1}{4}}$）张成。此空间中的猫态比特定义为 $|C_\alpha^0\rangle$ 与 $|C_\alpha^2\rangle$ 张成的空间；而量子态 $|C_\alpha^1\rangle$ 与 $|C_\alpha^3\rangle$ 形

成辅助比特（图 4.60(b)），即

$$猫态比特\begin{cases} |C_\alpha^0\rangle = \mathcal{N}(|C_\alpha^+\rangle + |C_{i\alpha}^+\rangle) \\ |C_\alpha^2\rangle = \mathcal{N}(|C_\alpha^+\rangle - |C_{i\alpha}^+\rangle) \end{cases}$$

$$辅助比特\begin{cases} |C_\alpha^1\rangle = \mathcal{N}(|C_\alpha^-\rangle - |C_{i\alpha}^+\rangle) \\ |C_\alpha^3\rangle = \mathcal{N}(|C_\alpha^-\rangle + |C_{i\alpha}^-\rangle) \end{cases}$$

且 $|C_{i\alpha}^\pm\rangle = |i\alpha\rangle \pm |-i\alpha\rangle$。

与两光子耗散过程类似的方法可以证明，稳态空间对小平移噪声仍免疫，因此，猫态比特可抑制相位错误。由于 $a|C_\alpha^n\rangle \propto |C_\alpha^{(n+1)\bmod 4}\rangle$，因此，当腔场丢失一个光子后，量子态会从猫态比特转移到辅助比特；而丢失两个光子后，量子态又会回到猫态比特并出现比特翻转错误。注意到猫态比特和辅助比特中光子数的奇偶性不同，因此，通过检测量子态中光子数的奇偶性就可判断腔场中是否出现了单光子丢失（即量子态从猫态空间转换到了辅助比特空间）。当观察到光子数的两次奇偶交替时（丢失了两个光子），猫态空间就会出现了一次比特翻转，此时需对量子态进行一次纠错。利用 Transmon 比特与腔场的耦合（4.126），腔场光子数的奇偶性可进行无破坏探测（QND），具体探测过程如下：

（1）对量子态 $|n\rangle \otimes |g\rangle$ 中的 Transmon 比特绕 y 方向旋转角度 $\frac{\pi}{2}$，得到量子态

$$|n\rangle \otimes \frac{|g\rangle + |e\rangle}{\sqrt{2}}$$

（2）打开腔场与 Transmon 比特的耦合，对量子态做变换 $U_{qs}\left(\frac{\pi}{\chi_{qs}}\right)$ 并得到

$$|n\rangle \otimes \frac{|g\rangle + (-1)^n|e\rangle}{\sqrt{2}}$$

（3）关闭耦合，对 Transmon 比特绕 y 方向旋转 $-\pi/2$，最后得到量子态

$$|\phi\rangle = |n\rangle \otimes \frac{(1-(-1)^n)|g\rangle + (1+(-1)^n)|e\rangle}{2}$$

通过上述过程，光子数的奇偶信息已寄存在 Transmon 比特上：当光子数为偶数（奇数）时，Transmon 比特处于 $|e\rangle$（$|g\rangle$）。因此，探测 Transmon 比特的状态就可获知腔场中光子数的奇偶性（猫态空间是否发生翻转错误）。值得注意，量子态 $|\phi\rangle$ 中腔场与 Transmon 比特处于直积状态，对 Transmon 比特的测量并不影响腔场的量子状态。

4.3.5.3 基于猫态比特的量子门操作

为实现普适量子计算，猫态量子比特还需能实现普适量子门。本节中的单比特门选为：绕 x 轴的任意转动以及绕 z 轴的 $-\frac{\pi}{2}$ 转动[①]。

1. 单比特门

我们首先说明猫态比特如何实现绕 x 轴的任意转动。若在两光子耗散过程（4.131）中加入单光子过程（算符 a 的一次项）作为系统哈密顿量，则主方程变为

$$\dot{\rho} = -i\epsilon_x[a+a^\dagger, \rho] + [\epsilon_{2ph}a^{\dagger 2} - \epsilon_{2ph}^* a^2, \rho] + \kappa_{2ph}\mathcal{D}[a^2]\rho \tag{4.141}$$

其中参数 ϵ_x 为单光子过程的强度。双光子耗散过程使系统稳定在 $\{|C_\alpha^+\rangle, |C_\alpha^-\rangle\}$ 张成的猫态空间中，当 $\epsilon_x \ll \kappa_{2ph}$ 时，新加哈密顿量的短时作用 $\exp(-i\epsilon(a+a^\dagger)dt)$（平移算符）等效于相空间中的位移，然后，耗散过程会将此平移后的量子态投影回猫态空间。换言之，主方程（4.141）对应的演化算符可表示为

$$V = PU_DPU_DP\cdots PU_DP \tag{4.142}$$

其中 $U_D = \exp(-i\epsilon(a+a^\dagger)dt)$ 且 $P = |C_\alpha^+\rangle\langle C_\alpha^+| + |C_\alpha^-\rangle\langle C_\alpha^-|$。因此，哈密顿量 $a+a^\dagger$ 投影到猫态空间中的作用为有效哈密顿量：

$$(|C_\alpha^+\rangle\langle C_\alpha^+| + |C_\alpha^-\rangle\langle C_\alpha^-|)(a+a^\dagger)(|C_\alpha^+\rangle\langle C_\alpha^+| + |C_\alpha^-\rangle\langle C_\alpha^-|)$$

$$= (|\alpha\rangle\langle\alpha| + |-\alpha\rangle\langle-\alpha|)(a+a^\dagger)(|\alpha\rangle\langle\alpha| + |-\alpha\rangle\langle-\alpha|)$$

$$= (\alpha+\alpha^*)(|\alpha\rangle\langle\alpha| - |-\alpha\rangle\langle-\alpha|)$$

$$= (\alpha+\alpha^*)\sigma_L^x \tag{4.143}$$

其中 $\sigma_L^x = |C_\alpha^+\rangle\langle C_\alpha^-| + |C_\alpha^-\rangle\langle C_\alpha^+|$。由此可见，单光子过程在猫态空间中等价于绕 x 方向的旋转。

由于耗散过程对 σ^z 错误的抑制，在实现量子态绕 z 方向的旋转时需关闭耗散通道，并引入 Kerr 哈密顿量 $H_{\text{Kerr}} = \chi_{\text{Kerr}}\hat{n}^2$。在此哈密顿量作用下

$$e^{-i\chi_{\text{Kerr}}\hat{n}^2 t}|\alpha\rangle$$

$$= e^{-i\chi_{\text{Kerr}}\hat{n}^2 t}e^{\frac{-|\alpha|^2}{2}}\sum_{n=0}^{\infty}\frac{\alpha^n}{\sqrt{n!}}|n\rangle$$

[①] 由于 H 门和 T 门可生成如下：$H = e^{i\pi/4\sigma_x}e^{i\pi/4\sigma_z}e^{-i\pi/4\sigma_x}e^{i\pi/2\sigma_x}$，$T = He^{-i\pi/8\sigma_x}H$。因此，这两类转动可生成整个单比特幺正变换。

$$= e^{\frac{-|\alpha|^2}{2}} \sum_{n=0}^{\infty} \frac{e^{-i\chi_{\mathrm{Kerr}}n^2 t}\alpha^n}{\sqrt{n!}} |n\rangle \tag{4.144}$$

若令 $t = \dfrac{\pi}{2\chi_{\mathrm{Kerr}}}$，则上式的结果为

$$|\pm\alpha\rangle \longrightarrow \frac{1}{\sqrt{2}}(|\pm\alpha\rangle - i|\mp\alpha\rangle). \tag{4.145}$$

在忽略整体相位的情况下，这一操作就是量子态绕 z 方向的 $-\dfrac{\pi}{2}$ 旋转。综上，猫态比特上的任意单比特门均可实现。

2. 两比特门

若在双光子耗散系统中加入双模哈密顿量 $H = a_1 a_2^{\dagger} + a_2 a_1^{\dagger}$，则主方程（4.131）变为

$$\dot{\rho} = -i\epsilon_{xx}[a_1 a_2^{\dagger} + a_2 a_1^{\dagger}, \rho] + [\epsilon_{2ph}a^{\dagger 2} - \epsilon_{2ph}^* a^2, \rho] + \kappa_{2ph}\mathcal{D}[a^2]\rho \tag{4.146}$$

其中参数 ϵ_{xx} 表示双模作用强度。与单比特情况类似，双模作用项在猫态空间（双光子稳定态空间）中的有效哈密顿量为

$$(|C_\alpha^+\rangle\langle C_\alpha^+| + |C_\alpha^-\rangle\langle C_\alpha^-|) \otimes (|C_\alpha^+\rangle\langle C_\alpha^+| + |C_\alpha^-\rangle\langle C_\alpha^-|)(a_1 a_2^{\dagger} + a_2 a_1^{\dagger})$$

$$\times (|C_\alpha^+\rangle\langle C_\alpha^+| + |C_\alpha^-\rangle\langle C_\alpha^-|) \otimes (|C_\alpha^+\rangle\langle C_\alpha^+| + |C_\alpha^-\rangle\langle C_\alpha^-|)$$

$$= (|\alpha\rangle\langle\alpha| + |-\alpha\rangle\langle-\alpha|) \otimes (|\alpha\rangle\langle\alpha| + |-\alpha\rangle\langle-\alpha|)(a_1 a_2^{\dagger} + a_2 a_1^{\dagger})$$

$$(|\alpha\rangle\langle\alpha| + |-\alpha\rangle\langle-\alpha|) \otimes (|\alpha\rangle\langle\alpha| + |-\alpha\rangle\langle-\alpha|)$$

$$= 2|\alpha|^2(|\alpha\rangle\langle\alpha| - |-\alpha\rangle\langle-\alpha|) \otimes (|\alpha\rangle\langle\alpha| - |-\alpha\rangle\langle-\alpha|)$$

$$= 2|\alpha|^2 \sigma_{1L}^x \otimes \sigma_{2L}^x \tag{4.147}$$

利用此有效作用项，通过控制作用时间就可实现非平凡的两比特门，进而实现普适的量子门。相同的计算可知，4 光子耗散系统中也可以类似的方式实现普适量子门。

4.4　光学量子计算

光学系统也是实现量子计算的重要途径，包括线性光学方案和连续变量方案两种。当光学方案与集成光学技术相结合时，光学系统提供了实现大规模普适量子计算的解决方案。光学系统对 DiVincenzo 判据满足的情况如下。

（1）**量子比特**：光学系统的多自由度为量子计算提供了多种类型的比特：线性光学方案中用光子数目（路径以及偏振态等）作为比特；在连续变量方案中使用相空间中的量子态来编码量子比特（如 GKP 编码）。

（2）**初态制备**：在线性光学方案中，通过确定性单光子源（线性光学元件，如偏振片）可对光子数编码（偏振编码）的量子比特进行初态制备；在连续变量方案中可通过 OPO 以及玻色采样型装置对 GKP 码的初态进行制备。

（3）**门操作**：在线性光学方案中，单比特量子门可通过相移器、分束器等器件以极高的精度实现，但两比特门的实现比较困难：仅能概率性实现；近确定性实现需大量纠缠辅助资源。在连续变量方案中，在相干态辅助下，利用相移器、二阶非线性器件以及一个三次型非高斯量子门可实现普适量子计算。现阶段光学系统的普适量子门还未能在实验上高保真度实现。

（4）**量子纠错性能**：光学系统的相干时间足够长，但成功实现两比特门的时间也长。相对于物质比特，光子丢失错误是光量子计算所特有的问题，这需要额外的结构设计（需更多量子比特进行编码）进行纠错。由于现阶段在此系统中还未能完全实现普适量子门，还无法评估相干时间内能实现的门操作数目。

（5）**高效读出**：在线性光学方案中，随着超导探测器的发展（探测效率已超过 95%），通过单光子探测器和偏振探测器就可实现高效读出；在连续变量方案中，可通过 Homodyne 方法对连续变量进行有效测量。

（6）**可寻址**：不同量子比特通过路径等不同模式区分，不存在寻址困难。

（7）**可扩展性**：通过与微纳加工技术（集成光学技术）相结合可解决光量子计算的扩展问题。光子丢失和概率性量子门使光量子计算需要更多的比特资源。

（8）**与量子网络兼容性**：光学系统本身就在光波段，与量子网络天然兼容。

4.4.1 线性光学量子计算

4.4.1.1 概率性两比特门

线性光学方案最早由 E. Knill，R. Laflamme 和 G. J. Milburn 提出，又称为 KLM 方案[①]。线性光学系统中的量子比特由两个模式定义为

$$|\tilde{0}\rangle = |n_1 = 1, n_2 = 0\rangle, \qquad |\tilde{1}\rangle = |n_1 = 0, n_2 = 1\rangle \tag{4.148}$$

其中 n_1，n_2 分别表示光子模式 1 和 2 中的光子数。特别地，若取光子模式 1、2 为光子的水平和竖直偏振，则量子比特可记为

---

① 参见文献 E. Knill, R. Laflamme, and G. J. Milburn, Nature, **409**, 46-52 (2001).

$$|\tilde{0}\rangle = |n_H = 1, n_V = 0\rangle, \qquad |\tilde{1}\rangle = |n_H = 0, n_V = 1\rangle \tag{4.149}$$

下面我们先来介绍线性光学中的基本器件和操作。

（1）相移器（phase shift）。

对光子模式 $a_{\mathrm{in}}^\dagger$，相移器的哈密顿量为 $H(\phi) = \phi a_{\mathrm{in}}^\dagger a_{\mathrm{in}}$，其海森伯表象下的算符变换为

$$a_{\mathrm{out}}^\dagger = e^{iH(\phi)} a_{\mathrm{in}}^\dagger e^{-iH(\phi)} = e^{i\phi} a_{\mathrm{in}}^\dagger$$

其中 ϕ 为相移大小。若在量子比特中的光子模式 2 上添加相移器，则算符变换为 $a_1^\dagger \to a_1^\dagger$，$a_2^\dagger \to e^{i\phi} a_2^\dagger$，对应的比特变换为

$$|\tilde{0}\rangle = a_1^\dagger|\mathrm{vac}\rangle \to |\tilde{0}\rangle, \qquad |\tilde{1}\rangle = a_2^\dagger|\mathrm{vac}\rangle \to e^{i\phi}|\tilde{1}\rangle$$

即在量子比特上实现了变换 $e^{\frac{i\phi}{2}} e^{-\frac{i\phi}{2}\sigma^z}$。我们常将第 i 个光子模式上的相移变换记为 $U_{PS}(\phi; i)$。

（2）分束器（beam spliter）。

分束器实现了两个输入光子模式 $a_{1,\mathrm{in}}^\dagger$，$a_{2,\mathrm{in}}^\dagger$ 的 Bogoliubov 变换（参见第二章玻色采样部分），海森伯表象下的算符变换可写为

$$\begin{cases} a_{1,\mathrm{out}}^\dagger = \cos\theta\, a_{1,\mathrm{in}}^\dagger + i e^{-i\varphi} \sin\theta\, a_{2,\mathrm{in}}^\dagger \\ a_{2,\mathrm{out}}^\dagger = i e^{i\varphi} \sin\theta\, a_{1,\mathrm{in}}^\dagger + \cos\theta\, a_{2,\mathrm{in}}^\dagger \end{cases} \tag{4.150}$$

若将编码量子比特的两个模式 1 和 2 作为分束器的输入，则经过分束器后，量子比特实现了如下变换

$$\begin{cases} |\tilde{0}\rangle = a_1^\dagger|\mathrm{vac}\rangle \to \cos\theta|\tilde{0}\rangle + i e^{-i\varphi} \sin\theta|\tilde{1}\rangle, \\ |\tilde{1}\rangle = a_2^\dagger|\mathrm{vac}\rangle \to i e^{i\varphi} \sin\theta|\tilde{0}\rangle + \cos\theta|\tilde{1}\rangle \end{cases}$$

即实现了幺正变换：

$$\exp[i\theta(\cos\varphi\,\sigma^x + \sin\varphi\,\sigma^y)]$$

我们常将第 i 个和第 j 个光学模式上的分束器变换记为 $U_{\mathrm{BS}}(\theta, \varphi; i, j)$。

因此，调节相移器和分束器中的参数就可实现任意单比特逻辑门。与第一章中证明 Toffoli 门通用性的方法类似，可以证明双模分束器可生成任意 n 模的 Bogoliubov 变换[1]，其中 n 模的 Bogoliubov 变换定义为

$$a_i^\dagger \to a_i'^\dagger = \sum_j U_{ij} a_j^\dagger$$

---

① 玻色采样中的变换就是 Bogoliubov 变换。

其中 $U \in U(n)$ 为幺正矩阵。然而，要实现通用量子计算，还需实现两比特门，仅通过相移器和分束器无法实现确定性两比特门。在 KLM 方案中，两比特门可通过后选择的方式概率性实现。

1. 概率性两比特门的实现

为说明概率性两比特门的实现，我们先引入单模上的非线性门（NS_x）：它通过如图 4.62 所示的三个分束器以及对第二、第三个模式上的后选择，在第一个输入模式上实现如下量子变换：

$$\mathrm{NS}_x|\psi\rangle = \mathrm{NS}_x(\alpha|0\rangle_1 + \beta|1\rangle_1 + \gamma|2\rangle_1) \to \alpha|0\rangle_1 + \beta|1\rangle_1 + x\gamma|2\rangle_1$$

即在其分量 $|2\rangle$ 前产生系数 x（$n > 2$ 的高光子项已略去）。

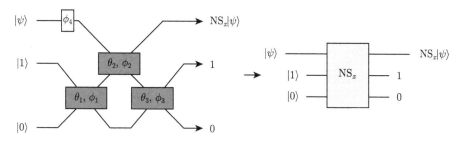

图 4.62 NS_x 门的实现：通过一个相移器和 3 个分束器（用参数（θ_i，ϕ_i）标记），并对第二、三两个模式上的光子数进行后选择（第二个模式光子数为 1，第三个模式的光子数为 0）就可在第一个模式上实现变换 NS_x

显然，x 的取值与图 4.62 中的参数选取相关，此处我们关心 $x = -1$（实现 NS_{-1} 门）的参数。

(1) 将输入态 $|\psi\rangle_1 \otimes |1_2, 0_3\rangle$ 写为算符形式：

$$\left(\alpha + \beta a_1^\dagger + \frac{\gamma}{\sqrt{2}}(a_1^\dagger)^2\right) a_2^\dagger |\mathrm{vac}\rangle$$

（其中因子 $\dfrac{1}{\sqrt{2}}$ 来自于双光子干涉）并设图 4.62 中的器件（1 个相移器和 3 个分束器）实现了 Bogoliubov 变换

$$a_i^\dagger = \sum_j U_{ij} a_j'^\dagger$$

(2) 将 Bogoliubov 变换代入输入态，并对输出模式 2 和 3 做后选择（仅保留 $|n_2' = 1, n_3' = 0\rangle$ 的结果），则后选择出来的项具有形式

$$[U_{22}\alpha + (U_{12}U_{21} + U_{11}U_{22})\beta a_1'^\dagger + \gamma \left(\sqrt{2}U_{11}U_{12}U_{21} + \frac{U_{11}^2 U_{22}}{\sqrt{2}}\right)(a_1'^\dagger)^2]a_2'^\dagger|\text{vac}\rangle.$$

当图 4.62 中参数选为 $\theta_1 = 22.5°$，$\phi_1 = 0°$，$\theta_2 = 65.53°$，$\phi_2 = 0°$，$\theta_3 = -22.5°$，$\phi_3 = 0°$，$\phi_4 = 180°$ 时[①]，后选择出的量子态为

$$\frac{1}{2}(\alpha|0\rangle_1 + \beta|1\rangle_1 - \gamma|2\rangle_1)$$

此即 NS$_{-1}$。

后选择过程对应于模式 1 上的 Kraus 算子 $K = \frac{1}{2}(|0\rangle_1\langle 0| + |1\rangle_1\langle 1| - |2\rangle_1\langle 2|)$，因此，后选择的成功概率为 $|K|\psi\rangle|^2 = \frac{1}{4}$。事实上，NS$_{-1}$ 门还可通过其他方式实现，如通过一个辅助模式和两个分束器实现，其成功概率为 $\frac{3-\sqrt{2}}{7} \approx 0.23$，比 $\frac{1}{4}$ 略小[②]。可以证明，NS$_{-1}$ 的成功概率不会高于 $\frac{1}{2}$[③]。

利用两个 NS$_{-1}$ 门以及两个 50：50 分束器，就可实现一个两比特 CZ 门（图 4.63）。

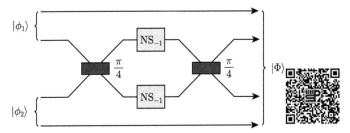

图 4.63　概率性 CZ 门的实现: 两个 NS$_{-1}$ 门（黄色方块）和两个 50:50 的分束器（蓝色方块）就可实现 CZ 门。由于 NS$_{-1}$ 中后选择所固有的概率性，CZ 门也仅能概率性实现

我们用两个光学模式编码一个量子比特: 第一和第二个光子模式编码第一个量子比特（初始态为 $|\phi_1\rangle$），而第三和第四个光子模式编码第二个量子比特（初始

---

① 此时 Bogoliubov 变换中的幺正变换为

$$U = \begin{bmatrix} 1-\sqrt{2} & 2^{-\frac{1}{4}} & \sqrt{\frac{3}{\sqrt{2}}-2} \\ 2^{-\frac{1}{4}} & \frac{1}{2} & \frac{1}{2}-\frac{1}{\sqrt{2}} \\ \sqrt{\frac{3}{\sqrt{2}}-2} & \frac{1}{2}-\frac{1}{\sqrt{2}} & \sqrt{2}-\frac{1}{2} \end{bmatrix}$$

② 参见文献 T. C. Ralph, A. G. White, W. J. Munro, and G. J. Milburn, Phys. Rev. A **65**, 012314 (2001).

③ 参见文献 E. Knill, Phys. Rev. A **68**, 064303 (2003).

态为 $|\phi_2\rangle$)。由于第一、第四个光子模式无变化,仅需考虑第二、三两个模式的变化即可:

(1) 若第二、三两个模式的输入态为 $|0_2, 0_3\rangle$,$|0_2, 1_3\rangle$ 或 $|1_2, 0_3\rangle$(其总光子数不超过 1),则 NS_{-1} 门作用后均保持状态不变。因此,经过两个 50:50 分束器[①]后整个系统状态仍保持不变。

(2) 若第二、三两个模式的输入态为 $|1_2, 1_3\rangle$,则其演化为

$$a_2^\dagger a_3^\dagger |\mathrm{vac}\rangle \to \frac{1}{2}(a_2^\dagger + a_3^\dagger)(-a_2^\dagger + a_3^\dagger)|\mathrm{vac}\rangle = \frac{1}{2}[(a_3^\dagger)^2 - (a_2^\dagger)^2]|\mathrm{vac}\rangle$$

$$\to -\frac{1}{2}[(a_3^\dagger)^2 - (a_2^\dagger)^2]|\mathrm{vac}\rangle \to -|1_2, 1_3\rangle \tag{4.151}$$

因此,若将 $|0_1, 1_2\rangle$ 编码为第一个量子比特的 $|\bar{1}\rangle$ 态,而将 $|1_3, 0_4\rangle$ 编码为第二个量子比特的 $|\bar{1}\rangle$ 态,则前面的过程实现了 CZ 门。

2. 利用概率门有效实现普适量子计算

与确定性门不同,概率性门是否能有效实现普适量子计算并不显然。下面我们就来说明,如何利用概率性两比特门和确定性单比特门有效实现普适量子计算(资源不需随问题规模指数增长)。在第三章的 One-way 量子计算中我们已经知道:若能有效制备正方晶格上的图态,就能通过单比特测量实现普适的量子计算。因此,为说明概率性两比特门能有效实现普适量子计算,只需说明它能实现正方晶格图态的有效制备。事实上,二维正方晶格上的图态确可利用概率性 CZ 门通过如图 4.64 和图 4.65 所示的过程进行有效制备(设两比特 CZ 门的成功概率为 p)[②]。

(1) 通过两比特概率门(CZ 门)制备长度为 L_0 的一维图态(可并行制备),制备此量子态的成功概率为 p^{L_0-1}(需 $L_0 - 1$ 个 CZ 门均成功)[③]。

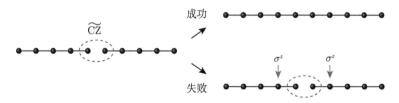

图 4.64 一维图态制备:在两个一维图态端点处的两个比特上实施概率 CZ 门 (表示为 $\widetilde{CZ}$),若 CZ 门成功,则形成长为其两倍的一维图态;若 CZ 门失败,则将与这两个端点相邻的比特做 σ^z 测量,剩余比特仍处于标准图态。对剩余图态重复前面的连接过程。当图态的初始长度大于某个阈值时,可制备任意长度的图态

[①] 50:50 分束器对应的参数为 $\theta = \dfrac{\pi}{4}$,$\phi = \dfrac{\pi}{2}$。

[②] L. M. Duan and R. Raussendorf, Phys. Rev. Lett. **95**, 080503 (2005).

[③] 此成功概率与问题的输入规模无关,可看作常数。

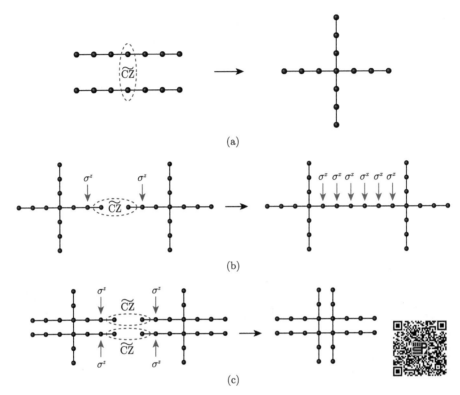

图 4.65 二维图态的有效制备：(a) 在两条有效制备的一维链的中间比特间实施概率 CZ 门
（由蓝色虚线椭圆表示），生成一系列"十"字形图态。(b) 在两个"十"字形的两个尾巴的端
点比特实施概率 CZ 门，若成功，则形成一个"卅"字形图态，进一步将"卅"字形图态中间
的比特按 σ^z 测量形成紧凑型"卅"字形图态；若 CZ 门失败，则将与污染比特相连的比特沿
σ^z 测量，剩下的图态再重复前面的过程，只要有一次 CZ 门成功就能进一步制备一个紧凑的
"卅"字形图态。(c) 与 (b) 中类似的方法连接两个"卅"字形图态形成一个"井"字形图态，
它是形成二维正方晶格的基本单元。通过与前面相同的连接，只要尾巴足够长，总能生成满足
条件的二维图态

(2) 通过概率性 CZ 门将两个长度为 L_0 的图态进行连接（图 4.64）。

(a) CZ 门成功（成功概率为 p）：此时获得了一个长度为 $2L_0$ 的一维图态。

(b) CZ 门失败（失败概率为 $1-p$）：此时 CZ 门作用的两个比特（一维
图态的端点）被噪声污染。根据图态性质，若对连接这两个含噪比特的量子比特
（图 4.64 中红色箭头所指处）做 σ^z 测量，则可得到两条长为 $L_0 - 2$ 的无噪图态。
对这两条长为 $L_0 - 2$ 的图态，重复前面的连接操作，直至剩下的一维图态长度已
小于 $\dfrac{L_0}{2}$ 为止。多次连接中，只要有一次连接成功即可。

由此得到的一维图态的平均长度为

$$\bar{L}_1 = \sum_{i=0}^{L_0/2} 2(L_0 - 2i)p(1-p)^i \simeq 2L_0 - 4\frac{1-p}{p}$$

为使连接后的平均长度 $\bar{L}_1$ 大于 L_0[①]，则初始链长 L_0 需满足条件：

$$L_0 > \frac{4(1-p)}{p} \tag{4.152}$$

(3) 在满足扩展条件（4.152）后，重复前面的过程可有效制备任意长的一维图态。但一维图态并不能实现普适量子计算，需进一步制备二维正方晶格上的图态。

(4) 在制备好的两条（足够长的）一维图态链的中间两个比特（编号为 0）上实施 CZ 门（概率性成功）进而制备"十"字形图态（图 4.65(a)）；

(5) 从两条"十"字形图态的两条尾巴的端点开始实施概率性 CZ 门（图 4.65(b)）。

(a) CZ 门成功：两条"十"字形图态成功连接形成一个"卄"字形图态。

(b) CZ 门失败：与制备一维链图态类似，对连接被噪声污染比特的量子比特做 σ^z 测量，剩下的比特仍处于标准图态。再重复前面的连接过程，CZ 门只需成功一次（尾巴足够长时，一定能成功），就能成功地制备一个"卄"字形图态。在"卄"字形图态的中间比特上做 σ^x 测量可获得紧凑型"卄"字图态。

(6) 与形成"卄"字形图态类似，两个紧凑型"卄"字图态通过概率性 CZ 可有效生成"井"字形图态，进而有效生成整个二维方格上的图态。

在制备好的二维正方图态上，通过 One-way 量子计算就可以实现普适量子计算。对基于线性光学的普适量子计算有如下几点说明：

(1) 扩展时的初始纠缠态至少需包含 3 个量子比特（$L_0 \geqslant 3$），且 3 比特 GHZ 型量子态可通过不同的方式制备[②]。

(2) 前面的方案中未考虑光子的丢失错误，一维结构的图态不能有效抵抗光子丢失。在考虑光子丢失情况下，可扩展拼接的基本结构为树状图态[③]。

(3) 两图态的拼接暗含对量子存储的苛刻要求（拼接时两个被拼接图态需已被制备成功）。

(4) 当 One-way 量子计算与拓扑码相结合时，对应的图态须具有 3 维结构，

---

① 此时的连接才是可扩展的。

② 参见文献 M. Varnava, D. E. Browne and T. Rudolph, Phys. Rev. Lett. **100**, 060502 (2008).

③ 参见文献 J. L. O'Brien, Science, **318**, 1567-1570 (2007).

通过树状图态的适当拼接（概率性 CZ 门）也可有效实现[①]。

4.4.1.2　基于门传输（gate teleportation）的量子门

在特殊纠缠态[②]辅助下可将两个光学模式间的 CZ 门成功概率提高到接近于 1。此成功概率仅由辅助纠缠态的规模决定，因此，可由它来实现有效的量子计算[③]。利用特殊纠缠态辅助实现量子门的方法与 One-way 量子计算所用的方法类似。

1. 纠缠辅助实现给定模式上的量子态转移

为说明如何在纠缠资源辅助下实现近确定性 CZ 门，先介绍如何利用纠缠辅助实现一个输入模式上的量子态转移（图 4.66）。设输入模式（编号为 0）的量子态为 $|\psi\rangle = \alpha|0_0\rangle + \beta|1_0\rangle$（欲转移的量子态），且 $2m$ 模辅助纠缠态为

$$|t_m\rangle = \frac{1}{\sqrt{m+1}}(\underbrace{|0_1, 0_2, \cdots, 0_m\rangle}_{前\ m\ 个模式} \underbrace{|1_{m+1}, 1_{m+2}, \cdots, 1_{2m}\rangle}_{后\ m\ 个模式}$$

$$+ |1_1, 0_2, \cdots, 0_m\rangle|0_{m+1}, 1_{m+2}, \cdots, 1_{2m}\rangle$$

$$+ |1_1, 1_2, \cdots, 0_m\rangle|0_{m+1}, 0_{m+2}, \cdots, 1_{2m}\rangle$$

$$+ \cdots$$

$$+ |1_1, 1_2, \cdots, 1_m\rangle|0_{m+1}, 0_{m+2}, \cdots, 0_{2m}\rangle)$$

此纠缠态 $|t_m\rangle$ 中共有 $m+1$ 项，每项的总光子数均为 m，且 $|t_m\rangle$ 中的后一分量由前一分量中后 m 个模式中的第一个光子前移 m 个模式获得。对输入模式（模式 0）及 $|t_m\rangle$ 中前 m 个模式中的总光子数（算符 $\hat{N}_{\text{total}} = \hat{N}_0 + \hat{N}_1 + \cdots + \hat{N}_m$）进行测量。假设测得的总光子数为 k，则

当 $1 \leqslant k \leqslant m$ 时，$|t_m\rangle$ 中后 m 个模式处于量子态

$$|0_{m+1}0_{m+2}\cdots 0_{m+k-1}\rangle \otimes (\alpha|0_{m+k}\rangle + \beta|1_{m+k}\rangle) \otimes |1_{m+k+1}\cdots 1_{2m}\rangle$$

此时，模式 0 上的量子态被转移到了第 $m+k$ 个模式上。

当 $k = 0$ 或 $m+1$ 时，后 m 个模式的量子态为

$$|1_{m+1}, 1_{m+2}, \cdots, 1_{2m}\rangle \quad 或 \quad |0_{m+1}, 0_{m+2}, \cdots, 0_{2m}\rangle$$

---

① 参见文献 Y. Li, P. C. Humphreys, G. J. Mendoza, and S. C. Benjamin, Phys. Rev. X **5**, 041007 (2015).

② 假设这类纠缠态已用其他方式制备好。

③ 参见文献 N. Yoran, B. Reznik, Phys. Rev. Lett. **91**, 037903 (2003); M. A. Nielsen, Phys. Rev. Lett. **93**, 040503 (2004).

此时，模式 0 上的量子态 $|\psi\rangle$ 未实现转移。此情况（转移失败）发生的概率为 $\mathcal{O}\left(\dfrac{1}{m+1}\right)$（当 m 足够大时，失败的概率可任意小）。

对总光子数算符 $\hat{N}_{\text{total}}$ 进行测量是一个 $m+1$ 模的集体测量（对每个模式直接进行光子数测量仅能获得每个模式中的光子数，无法将模式 0 与其他模式关联起来），这很难实现。利用量子傅里叶变换抹去光子的模式（路径）信息后，通过单模式上的光子数测量就能实现量子态转移。前 $m+1$ 个模式的量子傅里叶变换 U_{QFT} 可表示为

$$a_j^\dagger \rightarrow \frac{1}{\sqrt{m+1}} \sum_r e^{-\frac{2\pi i \cdot jr}{m+1}} \tilde{a}_r^\dagger \tag{4.153}$$

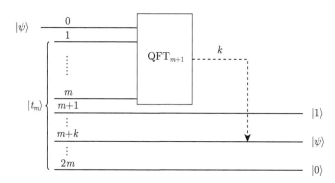

图 4.66 纠缠辅助实现量子态在模式间转移：信息存在编号为 0 的模式中，在 $2m$ 个模式的纠缠态 $|t_m\rangle$ 辅助下，通过对前 $m+1$ 个模式（模式 0 到 m）上的光子数进行测量，根据测量结果 k，在 $k \neq 0, m+1$ 时可将 0 模上的量子态转移到第 $m+k$ 个模式上。量子傅里叶变换可抹去前 $m+1$ 个模式的路径信息，进而通过单模测量就能实现量子态的转移

值得注意，傅里叶变换是 Bogoliubov 变换，它可通过分束器实现。对傅里叶变换后的模式 $\tilde{a}_j^\dagger$ $(j = 0, 1, \cdots, m)$ 分别进行光子数测量，记测量结果为 $(\tilde{n}_0, \tilde{n}_1, \cdots, \tilde{n}_m)$，通过此结果就能确定 0 模上量子态被转移到了哪个模式上。若这 $m+1$ 个模式上的总光子数为 $k = \sum_{r=0}^m \tilde{n}_r$，则仅需考虑量子态 $|\psi\rangle \otimes |t_m\rangle$ 的前 $k+1$ 项[1]。将傅里叶变换（4.153）代入 $|\psi\rangle \otimes |t_m\rangle$ 的前 $k+1$ 项[2]，仅保留含 $\prod_{r=0}^m (\tilde{a}_r^\dagger)^{\tilde{n}_r}$ 的项，并得到第 $m+k$ 个模式上的量子态为

$$\alpha|0_{m+k}\rangle + \beta e^{\frac{2\pi i}{m+1} \sum_r r\tilde{n}_r} |1_{m+k}\rangle$$

---

[1] 后面的项中，前 $m+1$ 个模式中的光子数至少为 $k+1$。

[2] 表示为算符形式 $(\alpha + \beta a_0^\dagger)\left(\prod_{j=m+1}^{2m} a_j^\dagger + a_1^\dagger \prod_{j=m+2}^{2m} a_j^\dagger + \cdots + \prod_{i=1}^k a_i^\dagger \prod_{j=m+k+1}^{2m} a_j^\dagger\right)|\text{vac}\rangle$。

它与输入量子态相差一个相位移动。通过在第 $m+k$ 个模式上增加一个相移操作（通过相移器实现）就可实现量子态的完美转移。

例 4.4

设测量结果中仅 $\tilde{n}_1 = 1, \tilde{n}_3 = 1$，而其他光子数 $\tilde{n}_i$ 均为 0。此时总光子数为 2，因此仅需考虑 $|t_m\rangle$ 中的前 3 项。将前 $m+1$ 个模式的傅里叶变换（4.153）代入量子态 $|\psi\rangle \otimes |t_m\rangle$ 的前三项：

$$U_{\text{QFT}}(\alpha + \beta a_0^\dagger)\left(\prod_{i=m+1}^{2m} a_i^\dagger + a_1^\dagger \prod_{i=m+2}^{2m} a_i^\dagger + a_1^\dagger a_2^\dagger \prod_{i=m+3}^{2m} a_i^\dagger\right)|\text{vac}\rangle$$

$$= \left(\alpha + \frac{\beta}{\sqrt{m+1}}\sum_{r=0}^{m} \tilde{a}_r^\dagger\right)\left(\prod_{i=m+1}^{2m} a_i^\dagger + \left(\frac{1}{\sqrt{m+1}}\sum_{r=0}^{m} e^{-\frac{2\pi i \cdot r}{m+1}}\tilde{a}_r^\dagger\right)\prod_{i=m+2}^{2m} a_i^\dagger\right.$$

$$\left. + \frac{1}{m+1}\left(\sum_{r_1=0}^{m} e^{-\frac{2\pi i \cdot r_1}{m+1}}\tilde{a}_{r_1}^\dagger\right)\left(\sum_{r_2=0}^{m} e^{-\frac{2\pi i \cdot 2 r_2}{m+1}}\tilde{a}_{r_2}^\dagger\right)\prod_{i=m+3}^{2m} a_i^\dagger\right)|\text{vac}\rangle$$

仅保留含 $\tilde{a}_1^\dagger \tilde{a}_3^\dagger$ 的项，得到

$$\tilde{a}_1^\dagger \tilde{a}_3^\dagger \prod_{i=m+3}^{2m} a_i^\dagger [\alpha(e^{-\frac{7\cdot 2\pi i}{m+1}} + e^{-\frac{5\cdot 2\pi i}{m+1}}) + \beta a_{m+2}^\dagger(e^{-\frac{3\cdot 2\pi i}{m+1}} + e^{-\frac{2\pi i}{m+1}})]|\text{vac}\rangle$$

其中已省略整体的常系数。由此可见，第 $m+2$ 个模式上的量子态为

$$\alpha|0_{m+2}\rangle + \beta e^{\frac{8\pi i}{m+1}}|1_{m+2}\rangle$$

它与模式 0 上的输入态 $|\psi\rangle$ 仅相差一个相位移动。

---

2. 门传输方式实现两比特 CZ 门

下面来说明如何利用门传输方法实现 CZ 门，见图 4.67。设 $a_0^\dagger$ 和 $a_{4m+1}^\dagger$ 为两个输入模式且输入态为 $|\psi\rangle$ 和 $|\varphi\rangle$[①]（CZ 门就作用在这两个模式上）。在两个纠缠态 $|t_m\rangle$ 的辅助下，对前 $2m+1$ 个模式和后 $2m+1$ 个模式分别执行前一节中的量子态转移过程（测量 $\tilde{n}_0, \cdots, \tilde{n}_m$ 和 $\tilde{n}_{3m+1}, \cdots, \tilde{n}_{4m+1}$）。若两个传输过程都取得成功，则在某两个模式 $a_i^\dagger$ 和 $a_j^\dagger$（$m+1 \leqslant i \leqslant 2m, 2m+1 \leqslant j \leqslant 3m$）上得到了与输入态对应的量子态（相差一个相移变换，通过一个额外的位移操作可消除）。

[①] 输入态为纠缠态时，结论也成立。

因此，输入模式 0 和 $4m+1$ 上的 CZ 门，通过态转移过程后变为模式 i 和 j 上的 CZ 操作。因模式 i、j 上的 CZ 门与单模（i 或 j）上的相移操作可对易（均为对角矩阵），则 CZ 门可前移至态制备阶段。因此，若对初始纠缠辅助态 $|t_m\rangle \otimes |t_m\rangle$ 中的任意两个模式 i（$i \in \{m+1, m+2, \cdots, 2m\}$）、$j$（$j \in \{2m+1, 2m+2, \cdots, 3m\}$）做双模 CZ 门（共 m^2 个），得到新的纠缠辅助态

$$|u_m\rangle = \prod_{i,j} U_{\mathrm{CZ},ij} |t_m\rangle \otimes |t_m\rangle$$

则对任意测量结果（任意转移）都可得到 $U_{\mathrm{CZ}}|\psi\rangle \otimes |\varphi\rangle$，这就实现了输入态上的 CZ 门。

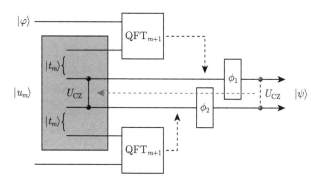

图 4.67　CZ 门的实现：粗线条表示 m 个模式。输入量子态编码于模式 0 和 $4m+1$ 上（设输入量子态分别为 $|\psi\rangle$ 和 $|\varphi\rangle$）；模式 1 到 $2m$ 以及 $2m+1$ 到 $4m$ 分别被制备到纠缠态 $|t_m\rangle$，并在编号 $m+1$ 到 $2m$ 以及 $2m+1$ 到 $4m$ 的模式上做两两 U_{CZ} 操作，形成新的量子态 $|u_m\rangle$。对模式 0 到 $2m$ 以及 $3m+1$ 到 $4m+1$ 上做傅里叶变换，并对变换后的模式进行测量，根据测量结果，0 模和 $4m+1$ 模上的量子态将被传输到对应的两个模式上（进行了两比特 CZ 门后的结果），通过对应的相位移动门就可实现 CZ 门。CZ 门的成功概率仅与 m 有关，且制备量子态 $|u_m\rangle$ 所消耗的资源也仅与 m 有关

因此，在纠缠量子态 $|u_m\rangle$ 的辅助下，从模式 0 和 $4m+1$ 输入的量子态 $|\psi\rangle$ 和 $|\varphi\rangle$；对前 $m+1$ 个模式、后 $m+1$ 个模式分别作量子傅里叶变换并测量变换后模式中的光子数，根据测量结果在相应模式上作相移变换就能以概率 $\dfrac{m^2}{(m+1)^2}$ 得到 $|\phi\rangle = U_{\mathrm{CZ}}|\psi\rangle \otimes |\varphi\rangle$。

4.4.2　连续变量量子计算

前面的线性光学方案中，无论是将量子比特编码于光子数还是偏振，其对应算符的本征值均具有离散性。而对于相空间的算符 $\hat{q}$ 和 $\hat{p}$，其本征值具有连续性，我

们称之为连续变量。下面我们来说明通过连续变量量子态与 Gottesman-Kitaev-Preskil(GKP) 码结合也能实现普适的量子计算[①]。

4.4.2.1　连续变量量子计算及其 Gottesman-Knill 定理

连续变量在任意区间的本征态都形成一个无穷（不可列）维空间，其对应的幺正变换自然也有无穷（不可列）个参数。因此，第一章中通过一个有限数量、有限维的"普适门"集合，在有限线路下以任意精度近似任意幺正变换的证明方式不再适用。

令正则坐标算符 $\hat{q}$（其共轭物理量为正则动量 $\hat{p}$，它们满足对易关系 $[\hat{q},\hat{p}]=i$）的本征态 $\{|q\rangle\}$ 为计算基，则有如下定理。

定理 4.4.1　若算符 $\hat{q}$、$\hat{q}^2$、$\hat{p}^2$ 和 $\hat{q}^3$ 对应的幺正演化 $e^{-i\hat{q}\delta t}$、$e^{-i\hat{q}^2\delta t}$、$e^{-i\hat{p}^2\delta t}$ 以及 $e^{-i\hat{q}^3\delta t}$ 可被有效模拟，则含连续变量 $\hat{q}$ 和 $\hat{p}$ 的任意多项式型哈密顿量均可被有效模拟。

为证明方便，我们定义算符 $\hat{p}$、$\hat{q}$ 的不超过 M 次的多项式哈密顿量 H_M 为

$$H_M = \sum_{m,n}^{m+n\leqslant M}(c_{m,n}\hat{q}^m\hat{p}^n + \text{h.c.})$$

此定理的证明就是反复使用第一章中的定理 1.2.3：若算符 $\hat{A}$、$\hat{B}$ 可被有效模拟，则 $\hat{A}$、$\hat{B}$ 的线性组合以及 $-i[\hat{A},\hat{B}]$ 均可被有效模拟。

证明　（1）由于 $[\hat{q},\hat{p}]=i$，则在 $\hat{q}$ 和 $\hat{p}$ 可被有效模拟的条件下，$\hat{p}$、$\hat{q}$ 的 1 次多项式哈密顿量 $H_1=a\hat{q}+b\hat{p}+c$ 均可被有效模拟。

（2）由于

$$[\hat{q},\hat{p}^2]=2i\hat{p}, \qquad [\hat{q}^2,\hat{p}^2]=2i(\hat{q}\hat{p}+\hat{p}\hat{q})$$

则在 $\hat{q}^2$ 及 $\hat{p}^2$ 可被有效模拟的条件下，$\hat{p}$、$\hat{q}$ 的任意 2 次多项式哈密顿量 $H_2 = a\hat{q}^2+b(\hat{q}\hat{p}+\hat{p}\hat{q})+c\hat{p}^2+d\hat{p}+e\hat{q}+c$ 可被有效模拟（也使用了 $\hat{q}$、$\hat{p}$ 可被有效模拟的条件）。

（3）一般地，由于

$$[\hat{q}^2,\hat{q}^m\hat{p}^n]=2ni\hat{q}^{m+1}\hat{p}^{n-1}+\text{低阶项}$$

$$[\hat{p}^2,\hat{q}^m\hat{p}^n]=-2mi\hat{q}^{m-1}\hat{p}^{n+1}+\text{低阶项}$$

[①] 参见文献 S. Lloyd, and S. L. Braunstein, Phys. Rev. Lett. **82**, 1784-1787 (1999); N. C. Menicucci, P. van Loock, M. Gu, C. Weedbrook, et al, Phys. Rev. Lett. **97**, 110501 (2006); M. Gu, C. Weedbrook, N. C. Menicucci, T. C. Ralph, et al, Phys. Rev. A **79**, 062318 (2009); W. Asavanant, Y. Shiozawa, S. Yokoyama, B. Charoensombutamon, et al, Science, **366**, 373-376 (2019).

若 $\hat{p}$、$\hat{q}$ 的任意 $m+n-1$ 次多项式哈密顿量 H_{m+n-1} 以及 $m+n$ 次多项式 $\hat{q}^m\hat{p}^n$ 均可被有效模拟，则任意 $m+n$ 次多项式哈密顿量 H_{m+n} 可被有效模拟。特别地，在 $\hat{q}^3$ 可被有效模拟的条件下，3 次多项式哈密顿量 H_3 可被有效模拟。

又由于

$$[\hat{q}^3, \hat{q}^m\hat{p}^n] = 3ni\hat{q}^{m+2}\hat{p}^{n-1} + \text{低阶项}$$

$$[\hat{p}^3, \hat{q}^m\hat{p}^n] = -3mi\hat{q}^{m-1}\hat{p}^{n+2} + \text{低阶项}$$

令 $n=1$ $m=1$，$\hat{q}^{m+2}$（$\hat{p}^{n+2}$）可通过 $\hat{q}^3$（$\hat{p}^3$）以及 $\hat{q}^m\hat{p}$（$\hat{q}\hat{p}^n$）获得，换言之，通过 H_3 就能有效模拟 H_m.

综上，通过归纳法就可证明此定理。 □

在涉及多个连续变量算符时，还需增加形如 $e^{-i\hat{q}_c \otimes \hat{p}_t}$（第一个为控制算符，第二个为目标算符）的受控门才能实现任意的多项式哈密顿量的模拟。

前面的定理表明多项式型哈密顿量可通过不超过三次的算符进行有效模拟，那么，二次的算符是否足够呢？事实上，任意二次型算符可实现的演化都可被经典计算机有效模拟，这是 Gottesman-Knill 定理在连续变量计算中的推广。

首先，量子比特上的 Pauli 算符、Pauli 群以及 Clifford 群均可推广到高维系统。Pauli 算符满足对易关系 $\sigma^z\sigma^x = -\sigma^x\sigma^z = e^{\pi i}\sigma^x\sigma^z$，在 d 维系统中，广义 Pauli 算符对易关系推广为 $\sigma^z\sigma^x = e^{2\pi i/d}\sigma^x\sigma^z$。

(1) 单连续变量上的广义 Pauli 算符：

$$\hat{X}(s) \equiv e^{-is\hat{p}}, \qquad \hat{Z}(t) \equiv e^{it\hat{q}}$$

而 n 个连续变量系统中的所有广义 Pauli 算符 $\{\hat{X}_i(s_i)\,\hat{Z}_i(t_i)|i=1,2,\cdots,n\}$ 生成该系统上的广义 Pauli 群 $\mathcal{P}_c$。

(2) 比特系统中的 CNOT 门对应为连续系统中的 SUM 门：

$$\text{SUM}_{mn} \equiv e^{-i\hat{q}_m \otimes \hat{p}_n}$$

(3) 单比特 Hadamard 门对应为变换 F：

$$F \equiv e^{i\frac{\pi}{4}(\hat{q}^2+\hat{p}^2)}$$

而相位门被对应为压缩算符：

$$P(\eta) \equiv e^{i\frac{\eta}{2}\hat{q}^2}$$

可以验证，上面所有算符都将广义 Pauli 群 $\mathcal{P}_c$ 仍映射为广义 Pauli 群 $\mathcal{P}_c$。

因此，算符 SUM、F、$P(\eta)$、$\hat{X}(s)$ 和 $\hat{Z}(t)$ 生成连续变量量子系统的 Clifford 群。由定理 4.4.1 可知，Clifford 群中元素可有效模拟任意二次型哈密顿量 H_2。H_2 中哈密顿量对应的幺正变换 e^{-iH_2} 又称作高斯操作[①]，它在连续变量量子计算中扮演着 Clifford 门在量子比特系统中的角色。因此，连续变量量子计算中的 Gottesman-Knill 定理可表[②]如下。

定理 4.4.2 (连续变量版本 Gottesman-Knill 定理)　当输入态 $|x_1, x_2, \cdots, x_n\rangle$ 为算符 $Z_i(t)$ $(i = 1, 2, \cdots, n)$ 的共同本征态，且线路仅包含高斯操作时，它可被经典计算机有效模拟。

此定理的证明与原 Gottesman-Knill 定理的证明类似。由输入态 $|x_1, x_2, \cdots, x_n\rangle$ 满足的条件：

$$|x_1, x_2, \cdots, x_n\rangle = \hat{Z}_i\left(\frac{2\pi}{x_i}\right)|x_1, x_2, \cdots, x_n\rangle, \qquad i = 1, 2, \cdots, n$$

可知 $\hat{Z}_i\left(\dfrac{2\pi}{x_i}\right)$ 为输入量子态的稳定子。设仅含高斯操作的量子线路实现了演化 U，则由

$$U|x_1, x_2, \cdots, x_n\rangle = U\hat{Z}_i\left(\frac{2\pi}{x_i}\right)U^\dagger U|x_1, x_2, \cdots, x_n\rangle$$

可知此线路输出量子态对应的稳定子为 $U\hat{Z}_i\left(\dfrac{2\pi}{x_i}\right)U^\dagger$。我们只需对照表 4.3 和表 4.4 中的变换关系来追踪稳定子的演化就可给出输出态的信息。对于单个稳定子，线路作用满足

$$U : \hat{Z}_i\left(\frac{2\pi}{x_i}\right) \to \otimes_{i=1}^n \hat{X}_i(s_i)\hat{Z}_i(t_i)$$

（由于 U 的 Clifford 的特性，它将算符 $\hat{Z}\left(\dfrac{2\pi}{x_i}\right)$ 变换为另一个 Pauli 算符）。因此，每个稳定子需追踪 $2n$ 个参数（s_i，t_i）的变动，n 个稳定子生成元总计需 $2n^2$ 个参数。若线路的深度为 L，则其经典模拟的复杂度为 $\mathcal{O}(2n^2 L)$，显然，这是一个有效模拟。

此定理表明非高斯操作在连续变量量子计算中充当了非 Clifford 门（比特系

---

① Wigner 函数为高斯型的量子态（称为高斯态）经过 e^{-iH_2} 作用后仍保持高斯型，故称 e^{-iH_2} 为高斯操作。

② 参见文献 S. D. Bartlett, B. C. Sanders, S. L. Braunstein, and K. Nemoto, Phys. Rev. Lett. **88**, 097904 (2002).

统中 $\frac{\pi}{8}$ 门)的角色,是实现普适量子计算不可或缺的关键资源。综上可知,要实现普适的连续变量量子计算需实现算符:

$$\{\mathrm{SUM}_{ij},\ F,\ P(\eta),\ \hat{X}(s),\ \hat{Z}(t),\ e^{-i\hat{q}^3}\} \tag{4.154}$$

(最后一个为非高斯操作),它们起着类似比特系统普适门集合的作用。

表 4.3 连续变量 Clifford 算符对广义 Pauli 算符的作用

Clifford 操作	$\hat{X}(s)$		F		$P(\eta)$	
Pauli 算符	$\hat{X}(s)$	$\hat{Z}(t)$	$\hat{X}(s)$	$\hat{Z}(t)$	$\hat{X}(s)$	$\hat{Z}(t)$
输出算符	$\hat{X}(s)$	$e^{-it}\hat{Z}(t)$	$\hat{Z}(s)$	$\hat{X}(-t)$	$e^{i\frac{\eta}{2}s^2}\hat{X}(s)\hat{Z}(\eta s)$	$\hat{Z}(t)$

表 4.4 SUM 算符对广义 Pauli 算符的作用

Clifford 操作	SUM_{ij}			
Pauli 算符	$\hat{X}_i(s)$	$\hat{X}_j(s)$	$\hat{Z}_i(t)$	$\hat{Z}_j(t)$
输出算符	$\hat{X}_i(s)\otimes\hat{X}_j(s)$	$\hat{X}_j(s)$	$\hat{Z}_i(t)$	$\hat{Z}_i(-t)\otimes\hat{Z}_j(t)$

4.4.2.2 连续变量光量子计算

量子光学系统是实现连续变量量子计算的理想载体,光场量子化后的每个模式(对应于产生湮灭算符 $a, a^\dagger$)都自然提供一对共轭的连续变量:

$$\hat{q}=\sqrt{\frac{1}{2}}(a^\dagger+a)$$

$$\hat{p}=i\sqrt{\frac{1}{2}}(a^\dagger-a)$$

在这组连续变量上,不仅量子计算所需的算符(量子门)可借助简单的光学元件实现,量子态也可被有效测量。

首先来说明式(4.154)中的门操作(类似普适门)如何实现。

1. 高斯操作

(1) 算符 $\hat{X}(s)$ 和 $\hat{Z}(t)$ 的实现。

这两个算符均可通过适当选取平移算符 $D(\alpha)=e^{\alpha a^\dagger-\alpha^* a}$ 中的参数 α 实现(α 为实数对应于算符 $\hat{X}(s)$,而 α 为纯虚数则对应于算符 $\hat{Z}(t)$)。而 α 可调的平移算符 $D(\alpha)$ 可在相干态辅助下通过分束器实现[①],图 4.68 就给出了一种实现平移算符的方式:设信号模式上的量子态为 $|\psi\rangle$,辅助模式处于相干态 $|\beta\rangle$ 且 $|\beta|\to\infty$。设 a、b 分别为信号模式和辅助模式的湮灭算符,使用分束器对信号模式和辅助

[①] 参见文献 M. G. A. Paris, Phys. Lett. A **217**, 78-80 (1996).

模式做 Bogoliubov 变换 $U_{\mathrm{BS}}(\theta)=e^{\theta(a^\dagger b-ab^\dagger)}$。若 $\theta\to 0$，辅助模式的输出量子态近似不变（仍为相干态 $|\beta\rangle$），则在信号模式上实现了如下有效变换：

$$\begin{aligned}\langle\beta|U_{\mathrm{BS}}|\beta\rangle_b&=\langle 0|D_b^\dagger(\beta)U_{\mathrm{BS}}D_b(\beta)|0\rangle_b\\&=\langle 0|e^{\theta a^\dagger(b+\beta)-\theta a(b^\dagger+\beta^*)}|0\rangle_b\\&=e^{\theta\beta a^\dagger-(\theta\beta)^*a}\langle 0|e^{\theta(a^\dagger b-b^\dagger a)}e^{\frac{\theta^2}{2}(\beta^*b-\beta b^\dagger)}|0\rangle_b\end{aligned}$$

当 $\theta\to 0$ 时，$e^{\frac{\theta^2}{2}(\beta^*b-\beta b^\dagger)}\simeq I$ 且 $\langle 0|e^{\theta(a^\dagger b-b^\dagger a)}|0\rangle_b\simeq 1$，因此

$$\langle\beta|U_{\mathrm{BS}}|\beta\rangle_b\approx D_a(\beta\theta)$$

这就实现了信号模式上的一个位移操作，且位移参数 $\alpha=\beta\theta$ 可通过调控辅助相干态 $|\beta\rangle$ 改变（θ 固定）。

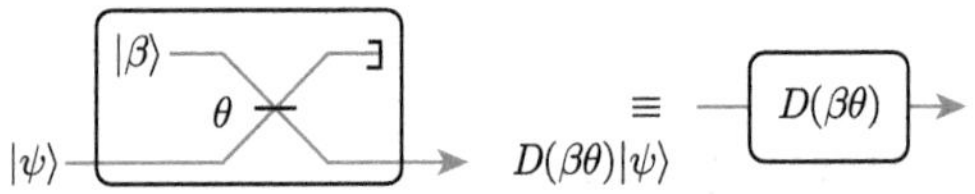

图 4.68　平移算符的实现：通过辅助模式上的相干态 $|\beta\rangle$（可调）以及给定的分束器（θ 为趋于零的小量）可实现信号模式上的平移算符 $D(\beta\theta)$

(2) 算符 F 的实现。

此操作可通过简单的相移器实现。

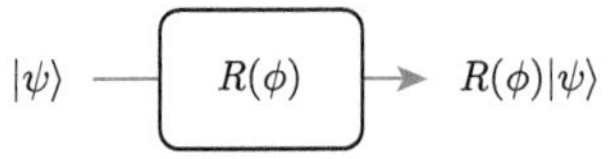

ϕ 相移

光学相移器对应的算符在连续变量计算中记为

$$R(\phi)=e^{i\phi a^\dagger a}=e^{\frac{i\phi}{2}(\hat{x}^2+\hat{p}^2-1)}$$

控制 $\phi=\dfrac{\pi}{2}$ 就实现了 F 操作 (整体相位已忽略)。

(3) 算符 $P(\eta)$ 和 SUM 的实现。

光路中的二阶非线性器件对应于压缩算符 $S(r)$

$$S(r)=e^{\frac{1}{2}(r^*a^2-ra^{\dagger 2})}\tag{4.155}$$

借助于压缩算符 $S(r)$ 和相移算符 $R(\phi)$，算符 $P(\eta)$ 可实现如图 4.69 所示。

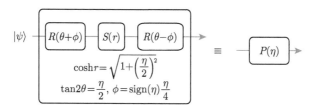

图 4.69 算符 $P(\eta)$ 的实现：通过级联相移算符 $R(\theta+\phi)$、压缩算符 $S(r)$ 和 $R(\theta-\phi)$，并令参数 ϕ、r 和 θ 为图中所示的值就能实现算符 $P(\eta)$

而算符 SUM 的实现除需压缩算符（二阶非线性器件）和相移算符（相移器）外，还需分束器。其实现光路如图 4.70 所示。

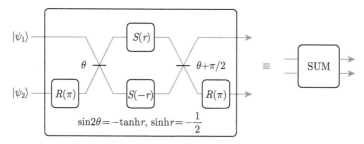

图 4.70 算符 SUM 的实现：按光路调整对应参数满足如图所示的条件，即可实现双模输入态的变换 SUM

算符 SUM 的实现

光路图 4.70 所实现的幺正变换可由各器件对应的变换按时序相乘得到

$$U = R_2(\pi)U_{\text{BS}}(\theta+\pi/2)S_1(r)S_2(-r)U_{\text{BS}}(\theta)R_2(\pi)$$

因每个算符均为高斯操作，故总的幺正变换可通过模式（对应生成、湮灭算符）上的变换来获得。每个操作对产生、湮灭算符的作用罗列如下：

- $R_2(\pi)$：

$$\begin{cases} a_1 \to a_1 \\ a_2 \to -a_2 \end{cases}$$

- $U_{\text{BS}}(\theta)$：

$$\begin{cases} a_1 \to \cos\theta\, a_1 + \sin\theta\, a_2 \\ a_2 \to -\sin\theta\, a_1 + \cos\theta\, a_2 \end{cases}$$

- $S_i(r)$:

$$a_i \to \cosh r\, a_i + \sinh r\, a_i^\dagger$$

以模式 a_1 为例计算该线路中输入、输出模式间的变换：

$$a_1 \xrightarrow{R_2(\pi)} a_1 \xrightarrow{\hat{U}_{\mathrm{BS}}(\theta)} \cos\theta\, a_1 + \sin\theta\, a_2$$

$$\xrightarrow{S_1(r)S_2(-r)} \cosh r \cos\theta\, a_1 + \sinh r \cos\theta\, a_1^\dagger$$

$$+ \cosh(-r)\sin\theta\, a_2 + \sinh(-r)\sin\theta\, a_2^\dagger.$$

$$\xrightarrow{\hat{U}_{\mathrm{BS}}(\theta - \frac{\pi}{2})} \cosh r\,(\cos 2\theta a_1 - \sin 2\theta a_2) - \sinh r\, a_2^\dagger$$

$$\xrightarrow{R_2(\pi)} \cosh r\,(\cos 2\theta a_1 + \sin 2\theta a_2) + \sinh r\, a_2^\dagger$$

利用 $\sin 2\theta = -\tanh r$ 和 $\sinh r = -\dfrac{1}{2}$ 得到 U 对算符 a_1 的变换为

$$a_1 \xrightarrow{U} a_1 - \frac{1}{2}(a_2^\dagger - a_2)$$

类似地，可以得到 U 对 a_2 的变换为

$$a_2 \xrightarrow{U} a_2 - \frac{1}{2}(a_1^\dagger + a_1)$$

而这正是算符 $\mathrm{SUM}_{12} = e^{-i\hat{p}_1\hat{q}_2} = e^{\frac{1}{2}(a_1^\dagger + a_1)(a_2^\dagger - a_2)}$ 所完成的变换：

$$e^{\frac{1}{2}(a_1^\dagger + a_1)(a_2^\dagger - a_2)} a_1 e^{-\frac{1}{2}(a_1^\dagger + a_1)(a_2^\dagger - a_2)}$$

$$= a_1 + \left[\frac{1}{2}(a_1^\dagger + a_1)(a_2^\dagger - a_2), a_1\right]$$

$$= a_1 - \frac{1}{2}(a_2^\dagger - a_2)$$

$$e^{\frac{1}{2}(a_1^\dagger + a_1)(a_2^\dagger - a_2)} a_2 e^{-\frac{1}{2}(a_1^\dagger + a_1)(a_2^\dagger - a_2)}$$

$$= a_2 + \left[\frac{1}{2}(a_1^\dagger + a_1)(a_2^\dagger - a_2), a_2\right]$$

$$= a_2 - \frac{1}{2}(a_1^\dagger + a_1)$$

至此，仅用相移器、二阶非线性器件和分束器等简单光学器件就可实现所有高斯操作。但要实现普适量子计算，还需一个非高斯操作。

2. 非高斯操作

非高斯的三次型算符（如 $V(\gamma) = e^{i\gamma\hat{q}^3}$）需通过测量的方式实现[①]。

为实现含 $\hat{q}$ 的三次方相位门 $V(\gamma)$，需先制备"三次方相位态"（cubic phase state）$V(\gamma)|p=0\rangle = \int e^{i\gamma q^3}|q\rangle$，其制备光路如图 4.71 所示（制备中仅需压缩可控的光源以及分束器）。

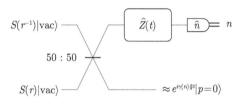

图 4.71　三次方相位态的制备线路：$|vac\rangle$ 为真空态，$S(r)$ 为压缩算符（产生压缩光源），$\hat{Z}(t)$ 为单模上的 Pauli 算符。参数满足条件：$t \gg r \gg 1$。若测得模式 1 中的光子数为 n（需光子数可分辨的探测器），则在模式 2 上得到三次方相位态 $e^{i\gamma(n)\hat{q}^3}|p=0\rangle$，其中 $\gamma(n) = (6\sqrt{2n+1})^{-1}$

在三次方相位态（与测量结果相关）的辅助下，通过如下线路及相应测量就可实现信号模式上的非高斯操作（压缩操作 $S(r)$ 中的参数 r 由辅助量子态确定），如图 4.72 所示。

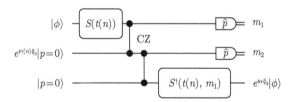

图 4.72　三次方相位门的实现：其中第一个输入模式为携带信息的模式，第二个模式制备到三次方相位态；第三个模式的输入态为真空态。CZ 门为 $e^{i\hat{q}_1\otimes\hat{q}_2}$，压缩操作的参数 $t(n) = [\alpha/\gamma(n)]^{\frac{1}{3}}$ 与辅助的三次方相位态相关。特别地，第二个压缩操作与测量结果 m_1 有关

至此，连续变量量子计算的基本算符（普适门操作）均可在量子光学中实现。

3. 连续变量量子态的测量

在连续变量量子计算中，量子系统的状态须通过零差（homodyne）探测来测量。其测量光路见图 4.73，其中待测光子模式 a_1 与处于相干态 $|\alpha\rangle$ 的参考光模

---

① 参见文献 M. Gu, C. Weedbrook, N. C. Menicucci, T. C. Ralph, et al, Phys. Rev. A **79**, 062318 (2009).

式 a_2 被输入 50:50 分束器后，测量两个输出模式的光子数之差。两个输出模式的光子数之差可显式表示为（$'$ 表示输出光子模式）：

$$\langle a_1'^{\dagger} a_1' - a_2'^{\dagger} a_2' \rangle = \left\langle \underbrace{\frac{a_1^{\dagger} + a_2^{\dagger}}{\sqrt{2}} \frac{a_1 + a_2}{\sqrt{2}}}_{\hat{N}_{\text{输出模式 1}}} - \underbrace{\frac{a_2^{\dagger} - a_1^{\dagger}}{\sqrt{2}} \frac{a_2 - a_1}{\sqrt{2}}}_{\hat{N}_{\text{输出模式 2}}} \right\rangle$$

$$= \langle a_1^{\dagger} a_2 + a_2^{\dagger} a_1 \rangle = \langle \alpha a_1^{\dagger} + \alpha^* a_1 \rangle$$

通过调节参考光的相位，就可测量出 q 或者 p。

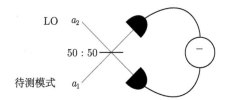

图 4.73　零差探测：输入待测模式 a_1 和局域谐振子（LO）a_2，经过 50: 50 分束器后测量两个输出模式的光子数之差

4. 连续变量的簇态

在比特系统中我们知道，通过制备具有一定结构的图态，然后仅对图态实施单比特测量就可实现普适的量子计算。与此类似，普适的连续变量量子计算也可在连续变量图态基础上，由测量（One-way）的方式实现。

与比特系统的图态类似，连续变量上的图态 $|G^c\rangle$（图 G 的相邻矩阵为 Γ）也有两种等价的定义：

（1）隐式的稳定子定义。

定义为稳定子 $K_j^c = e^{i\alpha \mathcal{N}_j}$ 的本征值为 1 的本征态，即

$$K_j^c |G^c\rangle = |G^c\rangle$$

其中算符 $\mathcal{N}_j$：

$$\mathcal{N}_j = \hat{p}_j - \sum_k \Gamma_{jk} \hat{q}_k$$

称为 nullifier operator。值得注意，连续变量图态与第三章中的图态不同，其相邻矩阵 Γ 可带权重。按定义，图态 $|G^c\rangle$ 是算符 $\mathcal{N}_j$ 的本征值为 0 的共同本征态，即

$$\mathcal{N}_j |G^c\rangle = 0 \quad (j = 1, 2, \cdots)$$

（2）显式的制备定义。

比特系统中的 CZ 门，在连续变量系统中对应于算符 $\mathrm{CZ}^c = e^{i\hat{q}_j \otimes \hat{q}_k}$（$j$，$k$ 为 CZ^c 作用的两个模式）。因此，比特系统中图态的显式定义可通过 CZ^c 对应到连续变量中：将图 G 中顶点上的连续变量系统制备到量子态 $\otimes_i |p=0\rangle_i$（$|p=0\rangle_i$ 是第 i 个模式上动量算符 $\hat{p}$ 的本征值为 0 的本征态），在图 G 中相邻的两个顶点对应的连续系统上做 CZ^c 门。这样得到的量子态即为连续版的图态：

$$\Pi_{\Gamma(i,j)=1}\mathrm{CZ}^c(i,j) \otimes_i |p=0\rangle_i$$

下面我们用最简单的（两模）连续变量图态证明两者的等价性。

例 4.5 两模图态（图 4.74）

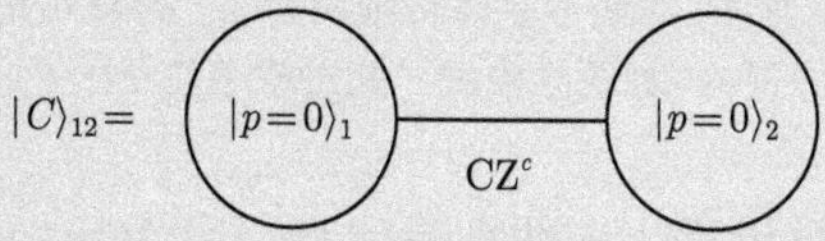

图 4.74 两模连续变量图态的生成: 在两个模式的 $|p=0\rangle_1 \otimes |p=0\rangle_2$ 态上作用 CZ^c 就能生成两模的图态

在实施 CZ^c 前，量子态 $|p=0\rangle_1|p=0\rangle_2$ 满足

$$\hat{p}_1|p=0\rangle_1|p=0\rangle_2 = 0, \qquad \hat{p}_2|p=0\rangle_1|p=0\rangle_2 = 0$$

由于 $|\mathcal{C}\rangle_{12}$ 对应图的相邻矩阵为 $\Gamma = \begin{bmatrix} 0 & 1 \\ 1 & 0 \end{bmatrix}$，因此，图 Γ 对应的算子为

$$\mathcal{N}_1 \equiv \hat{p}_1 - \hat{q}_2 = \mathrm{CZ}^c\hat{p}_1(\mathrm{CZ}^c)^\dagger$$

$$\mathcal{N}_2 = \hat{p}_2 - \hat{q}_1 = \mathrm{CZ}^c\hat{p}_2(\mathrm{CZ}^c)^\dagger$$

直接作用可知：

$$\mathcal{N}_1|\mathcal{C}\rangle_{12} = \mathrm{CZ}^c\hat{p}_1(\mathrm{CZ}^c)^\dagger \cdot \mathrm{CZ}^c|p=0\rangle_1|p=0\rangle_2$$

$$= \mathrm{CZ}^c\hat{p}_1|p=0\rangle_1|p=0\rangle_2$$

$$= 0$$

这就证明了量子态 $|\mathcal{C}\rangle_{12}$ 的确是算符 $\mathcal{N}_1$ 的本征值为 0 的本征态。同理可证，$|\mathcal{C}\rangle_{12}$ 是算符 $\mathcal{N}_2$ 的本征值为 0 的本征态。换言之，$|\mathcal{C}\rangle_{12}$ 就是图态。对更复杂的图态也可用类似方法证明。

因此，制备连续变量图态的核心是制备量子态 $|p=0\rangle$ 以及实现两模的门操

作 CZ^c。事实上，$\hat{p}$ 的本征态 $|p=0\rangle$ 可通过光学参量振荡器（optical parametric oscillator，OPO）产生的单模压缩态近似；而连续变量的 CZ^c 门可借助分束器实现。

OPO 的有效哈密顿量

OPO 可由如图 4.75 所示的光学谐振腔及非线性光学晶体组成。

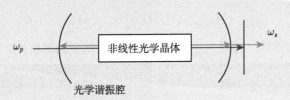

图 4.75　简并 OPO 示意图：非线性晶体将频率为 ω_p 的输入光子转化为两个频率相等 $\left(\frac{\omega_p}{2}\right)$ 的光子（能量守恒）。对低频模式，此过程等价于一个压缩度可调的压缩操作

通过二阶非线性过程，非线性晶体将频率为 ω_p 的输入光子转化为两个频率更低的光子，而光学谐振腔使非线性效率增强。通过设计非线性晶体的结构使两个低频光子频率相等（均为 $\omega_s = \omega_p/2$），则得到简并 OPO。对简并 OPO 过程，在相互作用表象下做旋波近似得到其哈密顿量为

$$H_{NL} = \kappa[(a_s^\dagger)^2 a_p + a_p^\dagger a_s^2]$$

其中相互作用强度 κ 与介质的二阶非线性系数相关，a_s、a_p 为对应频率模式的湮灭算符。在强光泵浦下，相干态泵浦光 $|\alpha_p\rangle$ 可做平均场近似 $a_p \to \alpha_p$，$a_p^\dagger \to \alpha_p^*$，则简并 OPO 过程对模式 a_s 的整体效果可写为

$$U_{\text{OPO}} = \exp\left(\frac{-it}{\hbar} H_{NL}\right) = \exp\left(\frac{\xi}{2}a_s^{\dagger 2} - \frac{\xi^*}{2}a_s^2\right)$$

它是 a_s 模式上压缩参数为 $\xi = 2\frac{it}{\hbar}\kappa\alpha_p$ 的压缩操作。其中，t 为光在非线性晶体中的作用时间（由非线性晶体长度及腔的品质因子决定），而压缩参数 ξ 可通过泵浦光的强度及相位进行调控。

在 OPO 过程中，信号模式 a_s 的输入态为真空态 $|\text{vac}\rangle_s$（满足 $a_s|\text{vac}\rangle_s = 0|\text{vac}\rangle_s$），而其输出态 $U_{\text{OPO}}|\text{vac}\rangle_s$ 为算符 $U_{\text{OPO}} a_s U_{\text{OPO}}^\dagger$ 的零本征态。设 $\xi = re^{i\theta}$，则根据压缩算符的性质可得

$$U_{\text{OPO}} a_s U_{\text{OPO}}^\dagger = a_s \cosh r + a_s^\dagger e^{i\theta}\sinh r$$

当 $\theta = \pi$ 且 $r \to \infty$ 时，$U_{\text{OPO}} a_s U_{\text{OPO}}^{\dagger} \propto \hat{p}$，则 OPO 的输出态是动量算符 $\hat{p}$ 的本征值为 0 的本征态。

例 4.6 两模图态的物理实现

在 OPO 基础上，两模图态可通过如下线路制备（图 4.76）。

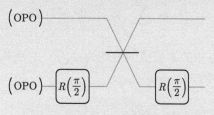

图 4.76 两模图态的制备光路

设两个 OPO 的压缩参数均为 r，则从 OPO 中输出的量子态 $|\psi\rangle$ 满足

$$(a_1 \cosh r - a_1^{\dagger} \sinh r)|\psi\rangle = 0|\psi\rangle$$

$$(a_2 \cosh r - a_2^{\dagger} \sinh r)|\psi\rangle = 0|\psi\rangle$$

而经过整个线路（幺正变换为 $U = \left(I \otimes R\left(\frac{\pi}{2}\right)\right) U_{\text{BS}} \left(I \otimes R\left(\frac{\pi}{2}\right)\right)$）后，输出态对应的 nullifier operator 为

$$\mathcal{N}_1 = U(a_1 \cosh r - a_1^{\dagger} \sinh r)U^{\dagger}$$

$$= \cos\theta(\cosh r a_1 - \sinh r a_1^{\dagger}) + \sin\theta(e^{i\phi}\cosh r a_2 + e^{-i\phi}\sinh r a_2^{\dagger})$$

其中 θ，ϕ 为分束器（BS）参数。取 $\theta = \frac{\pi}{4}$、$\phi = \pi$ 并令 $r \to \infty$ 可得到 $\mathcal{N}_1 \propto \hat{q}_1 - \hat{p}_2$。同理，可得 $\mathcal{N}_2 \propto \hat{q}_2 - \hat{p}_1$。因此，该光路的输出态确为两模的连续变量图态。

4.4.2.3 基于连续变量系统编码的容错普适计算

连续变量的本征态 $\{|p\rangle\}$ 无法直接用于编码量子信息并实现量子计算：一方面，由于 $\{|p\rangle\}$ 取值的连续性，错误的纠正无法进行（且物理操作中的错误不可避免）；另一方面，量子态 $\{|p\rangle\}$ 本身非物理（物理上 p 总有一定的展宽）。那么，如何才能实现连续变量上的量子计算呢？换言之，如何处理连续变量中出现的错误呢？事实上，通过引入 GKP 编码（参见附录 IVc）就可实现基于连续变量的容错量子计算。

在 GKP 编码中，一个量子比特被编码为一个连续变量 $\hat{q}$ 的一组等间距本征函数的叠加态（离散化）：

$$|\bar{0}\rangle = \sum_{s=-\infty}^{\infty} |q = 2s\sqrt{\pi}\rangle$$

$$|\bar{1}\rangle = \sum_{s=-\infty}^{\infty} |q = (2s+1)\sqrt{\pi}\rangle \tag{4.156}$$

可以看到，两个逻辑态中的本征值间隔均为 $2\sqrt{\pi}$，且逻辑态 $|\bar{1}\rangle$ 由 $|\bar{0}\rangle$ 中的本征态平移 $\sqrt{\pi}$ 得到（图 4.77）。

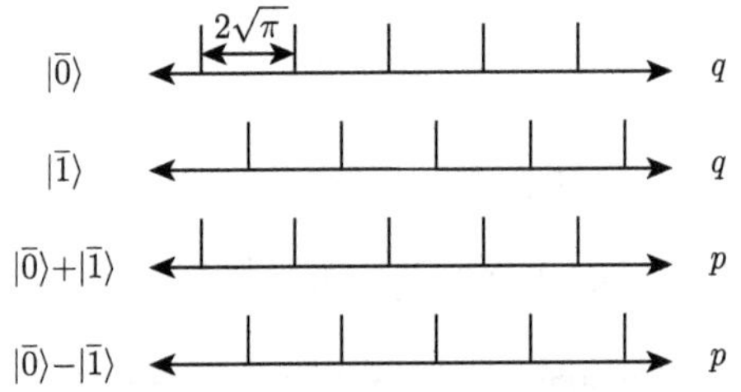

图 4.77 逻辑比特的 GKP 编码：逻辑态 $|\bar{0}\rangle$ 和 $|\bar{1}\rangle$ 均由等间距的本征态叠加产生，其中一个逻辑态可由另一个逻辑态平移获得

相应地，$(|\bar{0}\rangle \pm |\bar{1}\rangle)/\sqrt{2}$ 可定义为连续变量算符 $\hat{p}$（$\hat{q}$ 的共轭算符）的本征态的等间距叠加：

$$|\bar{+}\rangle \equiv \frac{1}{\sqrt{2}}(|\bar{0}\rangle + |\bar{1}\rangle) = \sum_{s=-\infty}^{\infty} |p = 2s\sqrt{\pi}\rangle$$

$$|\bar{-}\rangle \equiv \frac{1}{\sqrt{2}}(|\bar{0}\rangle - |\bar{1}\rangle) = \sum_{s=-\infty}^{\infty} |p = (2s+1)\sqrt{\pi}\rangle \tag{4.157}$$

在 GKP 编码下，连续变量中的操作与 GKP 编码下的逻辑比特操作间有如下对应关系式（表 4.5）。

表 4.5   连续变量操作与逻辑比特操作对应关系

连续变量操作	$\hat{X}(\sqrt{\pi})$	$\hat{Z}(\sqrt{\pi})$	F	$P(1)$	SUM
逻辑比特操作	$\bar{X}$	$\bar{Z}$	$\bar{H}$	$\bar{S}$	CNOT

再加上一个非 Clifford 逻辑门操作，就可实现普适量子计算。我们下面说明如何通过非高斯操作来实现非 Clifford 逻辑门 $\hat{T}$。

GKP 编码下 $\hat{T}$ 门的实现

定义三次型操作：

$$U_T = \exp\left\{ i\frac{\pi}{4}\left[2\left(\frac{\hat{q}}{\sqrt{\pi}}\right)^3 + \left(\frac{\hat{q}}{\sqrt{\pi}}\right)^2 - 2\left(\frac{\hat{q}}{\sqrt{\pi}}\right) \right] \right\}$$

将 U_T 作用到 GKP 编码的 $|\bar{0}\rangle$ 和 $|\bar{1}\rangle$ 上可得[a]

$$U_T|\bar{0}\rangle = \sum_{s=-\infty}^{\infty} e^{i\frac{f(2s)}{4}\pi}|q = 2s\sqrt{\pi}\rangle = |\bar{0}\rangle$$

$$U_T|\bar{1}\rangle = \sum_{s=-\infty}^{\infty} e^{i\frac{f(2s+1)}{4}\pi}|q = (2s+1)\sqrt{\pi}\rangle = e^{i\pi/4}|\bar{1}\rangle$$

此即 $\hat{T}$ 门在量子比特的变换。

---

[a] 利用了函数 $f(x) = 2x^3 + x^2 - 2x$ 的性质，且

$$f(x) \equiv \begin{cases} 0(\text{mod } 8), & x \text{ 为偶数} \\ 1(\text{mod } 8), & x \text{ 为奇数} \end{cases}$$

　　GKP 编码所固有的离散性解决了可纠错问题，但逻辑态（4.156）中的位置本征态 $|q\rangle$ 仍非物理，无法实现精确制备。在物理上，我们只能制备近似的 GKP 态，此近似包含两个方面：

（1）用具有展宽 Δ 的高斯态近似位置算符 $\hat{q}$ 的本征态 $|q\rangle$：

$$|\psi_0\rangle \equiv \int_{-\infty}^{\infty} \frac{dq}{(\pi\Delta^2)^{-1/4}} e^{-\frac{q^2}{2\Delta^2}}|q\rangle = \int_{-\infty}^{\infty} \frac{dp}{(\pi/\Delta^2)^{-1/4}} e^{-\frac{\Delta^2 p^2}{2}}|p\rangle$$

（2）用振幅按高斯包络衰减的分布近似均匀分布的 GKP 态：

$$|\widetilde{0}\rangle = \mathcal{N}_0 \sum_{s=-\infty}^{\infty} e^{-\frac{1}{2}\kappa^2(2s\sqrt{\pi})^2} \hat{X}(2s\sqrt{\pi})|\psi_0\rangle$$

$$|\widetilde{1}\rangle = \mathcal{N}_1 \sum_{s=-\infty}^{\infty} e^{-\frac{1}{2}\kappa^2[(2s+1)\sqrt{\pi}]^2} \hat{X}(2s\sqrt{\pi} + \sqrt{\pi})|\psi_0\rangle$$

(4.158)

其中 $1/\kappa$ 为高斯包络的半高宽，$\mathcal{N}_{0,1}$ 为归一化系数。

　　图 4.78 展示了 $\Delta = \kappa = 0.5$ 时的近似 GKP 态。一般而言，Δ 和 κ 越接近 0，它所描述的量子态就越接近理想 GKP 态。目前，实验上已能实现 $\Delta^2 = 0.1$ 的可预报 (成功与否可知) 的近似 GKP 态。

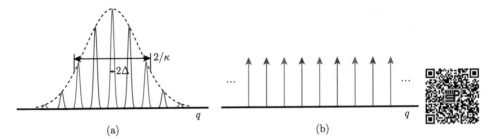

图 4.78   物理 GKP 态：(a) 参数当 $\Delta = \kappa = 0.25$ 时的 GKP 码近似：红色为 $|\langle q|\widetilde{0}\rangle|^2$，
蓝色为 $|\langle q|\widetilde{1}\rangle|^2$。(b) 理想 GKP 码

近似 GKP 码的误判率

式 (4.158) 中的近似逻辑态 $|\widetilde{0}\rangle$ 与 $|\widetilde{1}\rangle$ 并不正交，因此，使用近似 GKP 态会有一定概率导致逻辑比特的识别错误。当测量到 $|\widetilde{0}\rangle$ 的广义坐标在 $\sqrt{\pi}$ 的奇数倍附近时，仍将此 GKP 态（应为 0 态）误识别为 1 态的概率为

$$P_{0\to1} = \sum_{n=-\infty}^{\infty} \int_{2\sqrt{\pi}n+\sqrt{\pi}/2}^{2\sqrt{\pi}(n+1)-\sqrt{\pi}/2} |\langle q|\widetilde{0}\rangle|^2 dq$$

为方便估计此错误概率，令 $\Delta = \kappa$ 且 Δ 与 κ 均为小量，则

$$|\langle q|\widetilde{0}\rangle|^2 \approx \frac{2}{\sqrt{\pi}} \sum_{s=-\infty}^{\infty} e^{-4\pi\Delta^2 s^2 - (q-2s\sqrt{\pi})^2/\Delta^2}$$

将其代入错误概率 $P_{0\to1}$ 的表达式可得

$$P_{0\to1} \approx \frac{2}{\sqrt{\pi}} \sum_{s=-\infty}^{\infty} e^{-4\pi\Delta^2 s^2} \sum_{n=-\infty}^{\infty} \int_{2\sqrt{\pi}n+\sqrt{\pi}/2}^{2\sqrt{\pi}(n+1)-\sqrt{\pi}/2} e^{-(q-2s\sqrt{\pi})^2/\Delta^2} dq$$

$$< \frac{2}{\sqrt{\pi}} \sum_{s=-\infty}^{\infty} e^{-4\pi\Delta^2 s^2} 2 \int_{\sqrt{\pi}/2}^{\infty} e^{-q^2/\Delta^2} dq$$

$$\approx \frac{2}{\sqrt{\pi}} \frac{1}{2\Delta} \left(2\Delta \frac{\Delta}{\sqrt{\pi}} e^{-\frac{\pi}{4\Delta^2}} \right) = \frac{2\Delta}{\pi} e^{-\frac{\pi}{4\Delta^2}}$$

由此可见，识别错误的概率随 Δ 减小而指数减小：当 $\Delta = 0.5$ 时，错误概率约为 0.01；而当 $\Delta = 0.25$ 时，错误概率已低至 10^{-6}。

近似 GKP 态的制备可通过高斯玻色采样装置 (GBS device) 实现[1]。如图 4.79 所示通过将 N 个相干压缩态输入 N 模的干涉网络中，并在 $N-1$ 个模式上进行光子数分辨的探测。通过优化输入相干压缩态以及干涉网络的参数，可以较高概率在未进行探测的模式上得到一个近似 GKP 态。

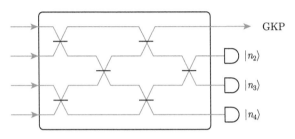

图 4.79　高斯玻色采样装置生成近似 GKP 态: 将 N 个相干压缩态输入玻色采样型装置中，通过在输出的 $N-1$ 个端口进行光子数分辨的测量，则在剩下的一个端口上可实现近似的 GKP 态制备

高斯玻色采样装置生成近似 GKP 态

我们以两模高斯玻色采样装置为例，在除模式 1 外的其他模式上进行光子数分辨的测量后，计算模式 1 上的量子态。设两个输入模式上的压缩参数分别为 r_1 和 r_2（高斯压缩态），经过线性变换 U_{GBS} 后，量子态仍为高斯态且其密度矩阵表示为[a]

$$\rho = \frac{1}{\pi^4} \int d^2\alpha_1 d^2\alpha_2 d^2\beta_1 d^2\beta_2 \, \langle\beta_1\beta_2| \, \rho \, |\alpha_1\alpha_2\rangle \, |\beta_1\beta_2\rangle \, \langle\alpha_1\alpha_2|$$

若矢量 $\boldsymbol{\gamma}$ 定义为 $(\beta_1^*, \beta_2^*, \alpha_1, \alpha_2)^{\mathrm{T}}$，则 $\langle\beta_1\beta_2| \, \rho \, |\alpha_1\alpha_2\rangle$ 可表示为

$$\langle\beta_1\beta_2| \, \rho \, |\alpha_1\alpha_2\rangle = \frac{1}{\sqrt{|\sigma + \frac{I_4}{2}|}} \exp\left[-\frac{|\boldsymbol{\gamma}|^2}{2} + \frac{1}{2}\boldsymbol{\gamma}^{\mathrm{T}} \boldsymbol{A} \boldsymbol{\gamma}\right]$$

其中，σ 为输出态 ρ 的协方差矩阵，$\boldsymbol{A}$ 的定义与高斯玻色采样章节中相同:

$$\boldsymbol{A} = \begin{bmatrix} \boldsymbol{B} & \\ & \boldsymbol{B}^* \end{bmatrix}, \qquad \boldsymbol{B} = U_{\mathrm{GBS}} \begin{bmatrix} \tanh r_1 & \\ & \tanh r_2 \end{bmatrix} U_{\mathrm{GBS}}^{\mathrm{T}}$$

[1] 参见文献 D. Su, C. R. Myers, and K. K. Sabapathy, Phys. Rev. A **100**, 052301 (2019); J. E. Bourassa, R. N. Alexander, M. Vasmer, A. Patil, et al, Quantum, **5**, 392 (2021); I. Tzitrin, J. E. Bourassa, N. C. Menicucci, and K. K. Sabapathy, Phys. Rev. A **101**, 032315 (2020); C. González-Arciniegas, P. Nussenzveig, M. Martinelli, and O. Pfister, PRX Quantum, **2**, 030343 (2021).

对模式 2 进行光子数分辨的测量（设测量结果为 n_2），则在模式 1 上得到量子态：

$$\rho_1(n_2) = \langle n_2| \rho |n_2\rangle = \frac{1}{\pi^2}\int d^2\alpha_1 d^2\beta_1 |\beta_1\rangle\langle\alpha_1| F(\alpha_1,\beta_1)$$

其中

$$F(\alpha_1,\beta_1) = \frac{1}{\pi^2}\int d^2\alpha_2 d^2\beta_2 \langle n_2|\beta_2\rangle\langle\alpha_2|n_2\rangle\langle\beta_1\beta_2|\rho|\alpha_1\alpha_2\rangle$$

$$= \frac{1}{n_2!}\left(\frac{\partial^2}{\partial\alpha_2\partial\beta_2^*}\right)^{n_2}\langle\beta_1\beta_2|\rho|\alpha_1\alpha_2\rangle\Big|_{\substack{\alpha_2=0\\\beta_2^*=0}}$$

当 $n_2 = 0$ 时，则 $\rho_1(0)$ 可表示为

$$\rho_1(0) = \frac{1}{\pi^2}\int d^2\alpha_1 d^2\beta_1 |\beta_1\rangle\langle\alpha_1|\frac{1}{\sqrt{\left|\sigma+\frac{I_4}{2}\right|}}\exp\left[-\frac{|\gamma_1|^2}{2}+\frac{1}{2}\gamma_1^{\mathrm{T}}A_{11}\gamma_1\right]$$

其中，$\gamma_1 = (\beta_1^*,\alpha_1)^{\mathrm{T}}$，$A_{11} = \mathrm{diag}(B_{11},B_{11}^*)$，此表达式与单模压缩态 $|S(r)\rangle$ 的密度矩阵一致，且压缩度 r 满足 $\tanh r = B_{11}$。

当 $n_2 = n \neq 0$ 时，因

$$\frac{\partial}{\partial\alpha_2}\langle\beta_1\beta_2|\rho|\alpha_1\alpha_2\rangle = \left[1+\frac{1}{2}(B_{12}^*+B_{21}^*)\alpha_1+B_{22}^*\alpha_2\right]\langle\beta_1\beta_2|\rho|\alpha_1\alpha_2\rangle$$

$$\frac{\partial}{\partial\beta_2^*}\langle\beta_1\beta_2|\rho|\alpha_1\alpha_2\rangle = \left[1+\frac{1}{2}(B_{12}+B_{21})\beta_1^*+B_{22}\beta_2^*\right]\langle\beta_1\beta_2|\rho|\alpha_1\alpha_2\rangle$$

故

$$\frac{1}{n!}\left(\frac{\partial^2}{\partial\alpha_2\partial\beta_2^*}\right)^n\langle\beta_1\beta_2|\rho|\alpha_1\alpha_2\rangle\Big|_{\substack{\alpha_2=0\\\beta_2^*=0}}$$

$$= \frac{1}{n!}\langle\beta_1\beta_2|\left[1+\frac{1}{2}(B_{12}+B_{21})a_1^\dagger\right]^n\rho\left[1+\frac{1}{2}(B_{12}^*+B_{21}^*)a_1\right]^n|\alpha_1\alpha_2\rangle\Big|_{\substack{\alpha_2=0\\\beta_2^*=0}}$$

因此，$\rho_1(n)$ 相当于对两个模式量子态

$$\rho' = \frac{1}{n!}\left[1+\frac{1}{2}(B_{12}+B_{21})a_1^\dagger\right]^n\rho\left[1+\frac{1}{2}(B_{12}^*+B_{21}^*)a_1\right]^n$$

的模式 2 进行了光子数分辨测量且得到 0 光子结果时，模式 1 上的量子

态。由于模式 2 上的测量过程与算符 $\dfrac{1}{n!}\left[1+\dfrac{1}{2}(B_{12}+B_{21})a_1^\dagger\right]^n$ 对易，我们得到模式 1 上的量子态

$$\rho_1(n)=\frac{1}{n!}\left[1+\frac{1}{2}(B_{12}+B_{21})a_1^\dagger\right]^n\rho_1(0)\left[1+\frac{1}{2}(B_{12}^*+B_{21}^*)a_1\right]^n$$

即

$$|\psi\rangle=\frac{1}{\sqrt{n!}}\left[1+\frac{1}{2}(B_{12}+B_{21})a^\dagger\right]^n S(r)\,|\mathrm{vac}\rangle$$

从推导过程可知，这一形式可推广至多模情况：在一个 m 模的高斯玻色采样装置中，对模式 2 到 m 进行粒子数分辨的测量，若测量结果分别为 n_2，n_3，$\cdots$，n_m，则模式 1 上得到的量子态为

$$|\psi\rangle=\prod_{i=2}^{m}\frac{1}{\sqrt{n_i!}}\left[1+\frac{1}{2}(B_{1i}+B_{i1})a_i^\dagger\right]^{n_i}S(r)\,|\mathrm{vac}\rangle$$

利用压缩算符对产生算符的变换，可将该量子态改写为

$$|\psi\rangle=S(r)\sum_{n=0}^{N}c_n\,|n\rangle$$

其中 $N=\sum_{i=2}^{m}n_i$ 为测量得到的总光子数。通过调整输入态的压缩系数 r_i 和干涉网络 U_{GBS}，就能调整输出态的压缩度 r 以及叠加系数 c_n，并最终使输出态逼近 GKP 态。

例如，使用三模高斯玻色采样装置，当输入态压缩度分别为 (1.33803, 0.101223, 0.0994552) 且干涉网络对应的 Bogoliubov 变换为

$$U_{\mathrm{GBS}}=\begin{bmatrix}0 & -0.704006i & -0.710195\\ 0.707107 & 0.355097-0.355098i & 0.352003+0.352002i\\ -0.707107 & 0.355097-0.355098i & 0.352003+0.352002i\end{bmatrix}$$

时，可以约 1.1% 的概率在模式 2，3 上测得光子数组合 (2，2)，此时模式 1 上的量子态为

$$S(0.294)(0.669\,|0\rangle-0.216\,|2\rangle+0.711\,|4\rangle)$$

它是 $\Delta=0.35$ 的 GKP$|\tilde 0\rangle$ 态（保真度为 0.818）。增加高斯玻色采样装置中涉及的模式数并优化干涉网络，可进一步提高保真度，但制备成功概率可能会下降，在实际应用中需对这两者进行平衡。

ⓐ 由于需要计算输出量子态的具体形式，这里不用式（2.122）中的 Q 函数表示，而是直接用相干态展开密度矩阵。

使用高斯玻色采样装置制备近似 GKP 态时，仅在特定的测量结果下才能成功制备 GKP 态，其成功概率可能比较低，通过多路 GKP 光源复用的方式可提高 GKP 态的制备成功概率。通过对每个高斯玻色采样装置测量结果的分析，进而判断此装置是否成功制备了 GKP 态。若有装置制备成功，则复用器选择出该设备所制备的 GKP 态作为其输出；若所有装置均制备失败，则输出一个压缩态，如图 4.80 所示。若单个 GPK 光源制备失败率为 P，则 M 个 GKP 光源复用的制备失败率为 P^M，这种多路复用的方法可使制备失败率随 GKP 光源的个数指数降低。实验上制备的 GKP 比特仍存在误差，其中包括有限压缩度引起的态识别错误以及 GKP 态制备失败引起的误差。为纠正这些错误需在 GKP 码外再级联一层编码（如 CSS 码）：将多个 GKP 比特编码为一个逻辑比特。由于级联了一层额外的编码，此计算方案所使用的图态至少为三维图态。

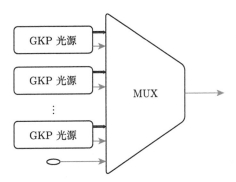

图 4.80   多路 GKP 光源复用的 GKP 态生成：多个 GBS 设备（每个都通过光子数分辨的测量独立输出），复用器 MUX 根据这些输出结果选择成功制备 GKP 态的一路作为输出；若全部 GBS 设备均未成功制备 GKP 态，则输出一个压缩态

综上，通过引入 GKP 编码，将连续变量系统编码为量子比特，解决了连续变量无法纠错的问题，又通过级联量子比特系统的编码使有限压缩和概率生成的近似 GKP 态也能用于容错量子计算。

主要参考书目与综述

[1]   T. D. Ladd, F. Jelezko, R. Laflamme, Y. Nakamura, et al, *Quantum Computer*, Nature, **464**, 45-53 (2010).

[2]   M. O. Scully, and M. S. Zubairy, *Quantum Optics* (Cambridge University Press, Cambridge, 1997).

[3]   J. J. Sakurai, and J. Napolitano, *Modern Quantum Mechanics (3rd ed)* (Cambridge University Press, Cambridge, 2020).

[4]   L. S. Brown, and G. Gabrielse, *Geonium Theory: Physics of a Single Electron or Ion in a Penning Trap*, Rev. Mod. Phys. **58**, 233 (1986).

[5]   C. D. Bruzewicza, J. Chiaverinib, R. McConnellc, and Jeremy M. Sage, *Trapped-ion Quantum Computing: Progress and Challenges*, Appl. Phys. Rev. **6**, 021314 (2019).

[6]   H. Häffner, C.F. Roos, and R. Blatt, *Quantum Computing with Trapped Ions*, Phys. Rep. **469**, 155-203 (2008).

[7]   D. Leibfried, R. Blatt, C. Monroe, and D. Wineland, *Quantum Dynamics of Single Trapped Ions*, Rev. Mod. Phys. **75**, 281 (2003).

[8]   J. A. Mizrahi, *Ultrafast Control of Spin and Motion in Trapped Ions*, PhD Thesis of University of Maryland (2013).

[9]   C. Monroe, W. C. Campbell, L. M. Duan, Z. X. Gong, et al, *Programmable Quantum Simulations of Spin Systems with Trapped Ions*, Rev. Mod. Phys. **93**, 025001 (2021).

[10] S. Stenholm, *The Semiclassical Theory of Laser Cooling*, Rev. Mod. Phys. **58**, 699-739 (1986). D. J. Wineland, C. Monroe, W. M. Itano, D. Leibfried, B. E. King, and D. M. Meekhof, *Experimental Issues in Coherent Quantum-State Manipulation of Trapped Atomic Ions*, J. Res. Natl. Inst. Stand. Technol. **103**, 259 (1998).

[11] C. Monroe, and J. Kim, *Scaling the Ion Trap Quantum Processor*, Science, **339**, 1164-1169 (2013).

[12] V. V. Schmidt, *The Physics of Superconductors: Introduction to Fundamentals and Applications* (Springer, Berlin, 1997).

[13] M. Tinkham, *Introduction to Superconductivity* (McGraw Hill, New York, 1996).

[14] S. M. Girvin, *Circuit QED: Superconducting Qubits Coupled to Microwave Photons*, Quantum Machines: Measurement and Control of Engineered Quantum Systems, Lecture Notes of the Les Houches Summer School, **96**, 113-256 (2011).

[15] H. L. Huang, D. Wu, D. Fan, and X. Zhu, *Superconducting Quantum Computing: a Review*, Sci. Chin Inf. Sci. **63**, 55-86 (2020).

[16] M. Kjaergaard, M. E. Schwartz, J. Braumüller, P. Krantz, et al, *Superconducting Qubits: Current State of Play*, Annu. Rev. Conden. Ma. p. **11**, 369-395 (2020).

[17] P. Krantz, M. Kjaergaard, F. Yan, T. P. Orlando, et al, *A Quantum Engineer's Guide to Superconducting Qubits*, Appl. Phys. Rev. **6**, 021318 (2019).

[18] Y. Makhlin, G. Schon, and A. Shnirman, *Quantum-state Engineering with Josephson-junction Devices*, Rev. Mod. Phys., **73**, 357-400 (2001).

[19] W. D. Oliver, *Superconducting Qubits*, Quantum Information Processing: Lecture Notes of the 44th IFF Spring School 2013, D. P. DiVincenzo, Juelich, 2013.

[20] G. Wendin, *Quantum Information Processing with Superconducting Circuits: a Review*, Rep. Prog. Phys. **80**, 106001 (2017).

[21] A. Zagoskin, and A. Blais, *Superconducting Qubits*, Physics in Canada, **63**, 215-227 (2007).

[22] J. Cohen, *Autonomous Quantum Error Correction with Superconducting Qubits*,

PhD Thesis of Université Paris Sciences et Letters (2017).

[23] P. Kok, W. J. Munro, K. Nemoto, T. C. Ralph, et al, *Linear Optical Quantum Computing with Photonic Qubits*, Rev. Mod. Phys. **79**, 135 (2007).

[24] S. L. Braunstein, and P. V. Loock, *Quantum Information with Continuous Variables*, Rev. Mod. Phys. **77**, 513 (2005).

[25] S. Slussarenko and G. J. Pryde, *Photonic Quantum Information Processing: a Concise Review*, Appl. Phys. Rev. **6**, 041303 (2019).

[26] C. Weedbrook, S. Pirandola, R. García-Patrón, N. J. Cerf, et al, *Gaussian Quantum Information*, Rev. Mod. Phys. **84**, 621-669 (2012).

第五章 量子纠错码与容错量子计算

This problem (decoherence) is going to require some serious thought in order to design systems to avoid the disastrous effects that the loss of coherence due to the coupling to the environment can cause.

——W. G. Unrush

在实际物理系统中实现量子计算时，量子系统与环境的相互作用将不可避免，这种相互作用将导致量子系统迅速退相干。如何克服环境影响并实现精确的量子计算是实现量子计算的核心问题之一。为解决此问题，人们提出了几种不同的解决方法。

1. 拓扑量子比特

将量子比特编码于一个拓扑量子系统的基态空间中，此系统基态与激发态间的能隙受拓扑保护，使基态空间中量子比特对局域错误免疫。而拓扑量子比特上的逻辑操作可通过系统中任意子的编织实现（参见第三章拓扑量子计算）。此方法需对拓扑非平凡系统中的哈密顿量进行控制，这对实验是一个巨大的挑战。到目前为止，人们还未能在固态系统中实现单个拓扑量子比特。

2. 避错码 (quantum error avoiding code)

由于与环境的作用，系统 S（编码量子信息）的约化密度矩阵一般会逐渐变为混态，从而丢失量子信息。但当系统与环境间的作用满足某些条件时，存在一类不受环境影响的量子态（称之为相干保护态，coherence-preserving state），将量子信息编码到这样的量子态上就形成了量子避错码[①]。

依据附录 Ia 可知：若系统 S 中的编码量子态 $|\psi\rangle$ 与环境 B 初始处于直积状态（无纠缠），则经过演化后，系统 S 的约化密度矩阵可表示为

$$\rho_f = \sum_a E_a \rho_i E_a^\dagger \tag{5.1}$$

其中 E_a 为 Kraus 算符，$\rho_i = |\psi_i\rangle\langle\psi_i|$ 为初始态约化密度矩阵（纯态）。当量子态 $|\phi\rangle$ 是所有 Kraus 算符 E_a（E_a 需相互对易）的共同本征态时，它不受环境影响。显

---

① 参考文献 L. M. Duan, and G. C. Guo, Phys. Rev. Lett. **79**, 1953 (1997); P. Zanardi, and M. Rasetti, Phys. Rev. Lett. **79**, 3306 (1997).

然，是否存在量子避错码与算符 E_a 的形式（系统与环境的相互作用）密切相关。

例 5.1

若一个四比特系统与环境作用的 Kraus 算符为

$$E_0 = \sqrt{1-p}\,I, \qquad\qquad E_1 = \sqrt{\frac{p}{3}}\,\sigma_1^x \sigma_2^x \sigma_3^x \sigma_4^x$$

$$E_2 = \sqrt{\frac{p}{3}}\,\sigma_1^y \sigma_2^y \sigma_3^y \sigma_4^y, \qquad E_3 = \sqrt{\frac{p}{3}}\,\sigma_1^z \sigma_2^z \sigma_3^z \sigma_4^z$$

则量子态

$$\begin{aligned}
|\phi_1\rangle &= (|0000\rangle + |1111\rangle)/\sqrt{2} \\
|\phi_2\rangle &= (|0011\rangle + |1100\rangle)/\sqrt{2} \\
|\phi_3\rangle &= (|0101\rangle + |1010\rangle)/\sqrt{2} \\
|\phi_4\rangle &= (|0110\rangle + |1001\rangle)/\sqrt{2}
\end{aligned} \tag{5.2}$$

是这组 Kraus 算符的共同本征态，它们构成的四维空间可作为两比特避错码的编码空间。

若直接从系统与环境的相互作用哈密顿量出发也可获得避错码。设四比特集体退相干模型的相互作用哈密顿量为

$$H_I = \sum_k (g_k S^+ a_k + f_k S^- a_k^\dagger + h_k S^z a_k + \text{h.c.}) \tag{5.3}$$

其中 $S^\mu = \sum_i \sigma_i^\mu (\mu = \pm, z)$。在此系统中，Kraus 算符一定是算符 S^+、S^-、S^z 的函数，因此，通过 S^+、S^-、S^z 的共同本征态可定义避错码的编码空间：

$$\begin{aligned}
|\psi_1\rangle &= (|1001\rangle - |0101\rangle + |0110\rangle - |1010\rangle)/2 \\
|\psi_2\rangle &= (|1001\rangle - |0011\rangle + |0110\rangle - |1100\rangle)/2
\end{aligned} \tag{5.4}$$

它们构成一个二维空间（可编码一个逻辑比特）。

值得指出，4.3.5 节介绍的猫态量子比特，实际上可看作一种避错码。实现避错码需精确控制编码系统与环境的作用。

3. 量子纠错码

前面的两种方式需主动控制编码系统哈密顿量或编码系统与环境间的作用，

利用相互作用来保护量子比特。然而，在拓扑比特中，固态系统哈密顿量较为复杂，在实验上精确控制还难以实现。而避错码需控制编码系统与环境之间的相互作用，在很多情况下，由于存在未知的相互作用，很难精确控制①。在量子计算中人们更常用量子纠错码。在量子纠错码中，即使量子比特发生了错误，但通过测量可发现并纠正它②，且纠正后的量子比特接近完美运算。这也是经典计算机中所使用的方法，本章我们将重点介绍这种方法。

　　在介绍量子纠错码之前，我们先来看看经典计算是如何发现并纠正比特翻转错误的。假设每个经典比特都独立出现错误，且比特翻转（$0 \leftrightarrow 1$）的概率均为 p。引入冗余比特进行简单编码：

$$0_L \to 000, \qquad 1_L \to 111$$

由于每个比特独立出错，比特串 000 变为 001，010 或 100 的概率为 $p(1-p)^2$；变成 011，110 或 101 的概率为 $p^2(1-p)$；而变成 111 的概率为 p^3。

　　采用多数原则对比特串进行译码和纠错，即逻辑比特状态与多数物理比特状态一致并将不一致的比特判定为错误并纠正（如 001 译码为 0_L，此时需对第三个比特进行纠错）。按此译码和纠错，单比特翻转错误都能被发现并纠正。但出现两个或三个比特翻转时会出现译码错误，此时将导致逻辑比特翻转（出现逻辑错误的总概率为 p^2）。因此，引入冗余比特编码后，通过比特串的测量结果对逻辑比特进行译码并纠错，逻辑比特发生错误的概率由单个物理比特的 p 变为 p^2（$p \ll 1$，概率大大减小）。随着冗余比特个数 d 的增加，逻辑比特出现错误的概率会随 $\lfloor d/2 \rfloor + 1$ 呈指数减小。因此，通过简单的冗余编码就可以将逻辑比特出错的概率降低到任意小。那么，我们是否能直接用相似的方法来实现可容错的、任意精度的量子计算呢？

　　量子计算中的纠错有如下两个关键性困难：

　　(1) 在冗余编码及译码过程中，每个比特都需进行测量以获取比特的状态信息（测量不破坏经典比特状态）；但简单测量会使量子比特的量子态坍塌，破坏其相干性，进而使量子计算无法进行。

　　(2) 经典计算中的错误仅包含比特翻转，而量子比特上的错误是连续的（有无穷多）。而错误的离散性是译码与纠错的前提。

　　由此可见，经典计算中的编码和纠错方法不能直接推广到量子计算中。

　　为克服第一个困难，我们将逻辑比特的量子态空间设计为一组可测量算符（稳定子）的本征态（简并）空间，对这组算符（稳定子）的测量将使量子态坍缩到

---

　　① 即使知道环境与计算系统间的相互作用，一般也不存在避错码。

　　② 测量和纠错过程可改变系统消相干过程的指数规律。

与编码空间结构完全相同的子空间中。并且根据算符的测量结果可将此子空间变回编码空间中而不改变子空间中量子态的相干性。更为重要的是，有限维量子算符测量本身的离散性[①]使量子比特的错误也必然具有离散性。例如，单量子比特的 Pauli 基（算符 σ^x、σ^y 和 σ^z）测量结果只能是测量算符的两个正交本征态之一，而这两个本征态之间可通过 σ^x、σ^z 或它们的组合 (σ^y) 相互转化。因此，在量子测量下，量子比特的错误具有离散型（克服了第二个困难），这为量子纠错进而实现精确的量子计算提供了可能。

从经典编码中可知，译码与纠错密切相关。在量子计算中，错误（操作不精确或环境退相干等造成）会随着量子计算过程传播，当单个逻辑比特中的错误个数超过纠错码的纠错能力时将出现逻辑比特错误（译码错误）。只要逻辑比特发生错误的概率小于物理比特发生错误的概率，通过级联的方式就能对错误进行稀释，进而实现精度可控（任意精度）的量子计算。要实现逻辑比特错误小于物理比特我们必须采取容错的方式来降低错误的传播。拓扑稳定子码是另一个通过引入拓扑来降低局域错误对逻辑比特影响的方法，通过增加系统规模就能实现精度可控的量子计算。因此，当物理比特的错误率低于某个阈值时，我们能实现任意精度的量子计算。量子计算的研究过程需包括如图 5.1 所示的不同阶段[②]，而实现量子编码比特优于物理比特是其中的关键步骤。本章我们将介绍经典的线性编码理论，量子 CSS 码、稳定子码以及拓扑稳定子码的理论；在横向门基础上，进一步介绍容错量子计算以及容错阈值。

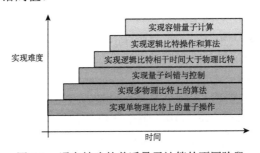

图 5.1　通向精确的普适量子计算的不同阶段

5.1　经典线性编码理论

我们先来讨论经典线性编码理论。n 个物理比特编码 k 个逻辑比特的经典线性码记为 $[n, k]$，它可由一个 $n \times k$ 的生成矩阵 G 确定：逻辑空间中的任意比特串

[①] 参见文献：M. H. Devoret and R. J. Schoelkopf, Science, **339**, 1169 (2013). 量子测量的结果只能是有限维测量算符的本征态，它们本质上具有离散性。

[②] 不同阶段间并非严格区分，某些阶段会相互交叉。

x（其长度为 k，看作 k 维列矢量）[①]，其在编码（物理）空间中的码字（codeword）由 n 维列矢量 Gx 确定（其第 i 个分量表示第 i 个物理比特上的值）。不失一般性，G 的列矢量线性无关。

例 5.2

设线性码 $\mathcal{C}$ 的生成矩阵为

$$G = \begin{bmatrix} 1 \\ 1 \\ 1 \end{bmatrix}$$

它是一个 3×1 的矩阵（3 个物理比特编码一个逻辑比特）。逻辑比特对应的码字为 $0_L = G[0] = [0,0,0]^{\mathrm{T}}$ 和 $1_L = G[1] = [1,1,1]^{\mathrm{T}}$。这就是前面提到的最简单的冗余编码。

在经典线性编码中如何诊断物理比特是否发生了错误呢？这需通过奇偶校验（parity check）矩阵来实现。线性编码 $\mathcal{C} \in [n,k]$ 的奇偶校验矩阵 H 是一个 $m \times n$ 矩阵，它与编码空间中的任意码字 y（n 维列矢量）满足条件：

$$Hy = 0 \tag{5.5}$$

换言之，码字 y 组成的线性空间是奇偶校验矩阵 H 的核（kernel）。换言之，如果编码（物理）空间中的比特串 y' 不满足校验条件式（5.5），那么，比特串 y' 中的某些物理比特就一定出现了错误。

校验矩阵 H 与生成矩阵 G 之间可建立对应关系：

(1) $G \rightarrow H$。

生成矩阵 G（$n \times k$ 矩阵）的 k 个列矢量（记为 $\{v_1^G, v_2^G, \cdots, v_k^G\}$）张成 n 维空间中的一个 k 维线性子空间 Sp_G。按 H 的定义：$Hy = HGx = 0$ 对任意 x 均成立，那么，$HG = 0$。换言之，$Hv_i^G = 0 (i=1, 2, \cdots, k)$（即 Sp_G 是 H 的核）。换言之，H 的行矢量构成了 G 的余核（cokernel）。因此，H 可由 m 个与子空间 Sp_G 正交且线性无关的行矢量 $y_1^{\mathrm{T}}, y_2^{\mathrm{T}}, \cdots, y_m^{\mathrm{T}}$ 组成。根据线性代数基本定理，G 的余核的维数为 $n - \mathrm{rank}(G) = n - r$，因此 $m = n - k$。

(2) $H \rightarrow G$。

奇偶校验矩阵 H 的行矢量（记为 $\{v_1^H, v_2^H, \cdots, v_m^H\}$）张成 n 维空间中的一个 m 维子空间 Sp_H。同样地，由 $HGx = 0$ 对任意 x 成立，得到 $HG = 0$。这表明：$v_i^H G = 0$（$i = 1, 2, \cdots, m$），即 G 的所有列矢量与子空间 Sp_H 正交。换言之 G

[①] 我们不再特意区分长度为 k 的比特串和 k 维列矢量，而是根据上下文理解。

为 H 的核。同样根据线性代数基本定理，H 的核的维数为 $n - \mathrm{rank}(H) = n - m$。

从上面的推导可见，H 与 G 并非一一对应关系，正交空间中的基矢量可有不同选择。

利用生成矩阵和校验矩阵，我们可以定义码 $\mathcal{C}$ 的**对偶码** $\mathcal{C}^{\perp}$（在量子 CSS 码的构造中有重要作用）：$\mathcal{C}^{\perp} = \{ \boldsymbol{v} \in \mathbb{F}_2^n, \boldsymbol{v} \cdot \boldsymbol{c} = 0 \ （模\ 2），\forall \boldsymbol{c} \in \mathcal{C} \}$。对偶码 $\mathcal{C}^{\perp}$ 的生成矩阵 $G[\mathcal{C}^{\perp}] = H_{\mathcal{C}}^{\mathrm{T}}$（T 为矩阵的转置运算）。

例 5.3

$G \to H$：若线性码 $\mathcal{C}$ 的生成矩阵为

$$G = \begin{bmatrix} 1 \\ 1 \\ 1 \end{bmatrix}$$

则列矢量 $[1,1,1]^{\mathrm{T}}$ 的两个线性无关的正交矢量就是校验矩阵 H 的行矢量，如

$$H \equiv \begin{bmatrix} 1 & 1 & 0 \\ 0 & 1 & 1 \end{bmatrix}$$

显然，H 并不唯一，如下矩阵也是满足条件的 H：

$$H \equiv \begin{bmatrix} 1 & 0 & 1 \\ 0 & 1 & 1 \end{bmatrix}$$

$\mathcal{C}$ 的对偶码 $\mathcal{C}^{\perp}$ 的生成矩阵可表示为

$$G[\mathcal{C}^{\perp}] = H^{\mathrm{T}} \equiv \begin{bmatrix} 1 & 0 \\ 0 & 1 \\ 1 & 1 \end{bmatrix}$$

它包含码字 $\{[0,0,0]^{\mathrm{T}}, [0,1,1]^{\mathrm{T}}, [1,0,1]^{\mathrm{T}}, [1,1,0]^{\mathrm{T}}\}$。

那么，如何利用校验矩阵 H 来发现物理比特上的翻转错误呢？假如物理比特上发生了错误 e（e 为长为 n 的比特串，若物理比特 i 发生了翻转，则 e 的第 i 个分量为 1），在此错误下，码字 y 变为比特串 $y' = y + e$。若将校验矩阵 H 作用于 y'，则有 $Hy' = He$（不为 0），此 $n - k$ 维矢量称为线性码 $\mathcal{C}$ 的一个综合征（syndrome），它有如下的特征：

(1) e 为一个长度为 n 的比特串，原则上，它有 2^n 个不同的取值。而综合征矢量 He 是个 $n - k$ 维矢量，它仅有 2^{n-k} 个可能的取值。因此，平均而言有 2^k 个错误具有相同的症状（简并）。显然，无法通过校验矩阵发现并纠正所有错误。

(2) 幸运的是，不同错误 e 出现的概率不同，我们仅需分辨并纠正那些出错

概率大的错误即可。

为评估不同错误出现的概率，我们假设每个比特的翻转概率相同（均为 p）且相互独立。在此条件下，错误 e 出现的概率仅与其翻转比特的数目相关，翻转比特数目越少出现的概率越大（我们假设 $p \ll 1-p$）。因此，线性码 $\mathcal{C}$ 的纠错能力可用它能纠正的最大翻转比特数目 t 来刻画（小于等于 t 个物理比特的翻转错误都可被发现并纠正）。

事实上，线性码 $\mathcal{C}$ 的纠错能力由其汉明距离来表征。为此，我们先定义两个码字之间的汉明距离。

定义 码字 x 和 y 之间的汉明距离定义为比特串 x 与 y 中具有不同值的比特数目，记为 $d(x,y)$。

而线性码 $\mathcal{C}$ 的汉明距离则定义为 $\mathcal{C}$ 中任意两个码字之间汉明距离的最小值，即

$$d(\mathcal{C}) \equiv \min_{x,y \in \mathcal{C}, x \neq y} d(x,y)$$

事实上，利用线性码 $\mathcal{C}$ 中码字的群结构（加法下构成群），它的汉明距离可直接通过单个码字的权重来定义。

若码字 x 的汉明权重 $\mathrm{wt}(x)$ 定义为比特串 x 中 1 的个数，则码字 x 与 y 的汉明距离可表示为 $\mathrm{wt}(x \oplus y)$，且

$$d(\mathcal{C}) \equiv \min_{x,y \in \mathcal{C}, x \neq y} \mathrm{wt}(x \oplus y) = \min_{x \in \mathcal{C}, x \neq 0} \mathrm{wt}(x)$$

第二个等号运用了码字在加法下的封闭性。

线性码 $\mathcal{C}$ 的纠错能力与其汉明距离间有如下关系。

定理 若线性码 $\mathcal{C}$ 的汉明距离满足 $d(\mathcal{C}) \geqslant 2t+1$，则它最多可纠正 t 个比特的翻转错误。

对给定症状 He（通过校验矩阵测量 Hy' 获得）我们按离 y' 最近（按汉明距离定义）的码字进行译码（概率最大）[①]。一旦译码确定，错误 e 以及纠错操作也就完全确定了。若任意以 y' 为中心，$d(y, y') \leqslant t$ 为半径的范围内只有一个码字（编码 $\mathcal{C}$ 中任两个码字之间的距离需大于 $2t$），则字符串 y' 的译码唯一确定（错误 e 也唯一确定）。

鉴于码距 d 的重要性，我们常将线性码记为 $[n, k, d]$。

经典 Reed-Muller 码 经典 Reed-Muller (RM) 码于 1954 年被 Reed 和 Muller 提出[②]，它由两个非负整数 r 和 m 确定（$r \leqslant m$），记为 $\mathcal{R}(r, m)$。$\mathcal{R}(r, m)$

---

① 在本书中，我们将从症状中获取无错误状态信息的过程称为译码过程。

② 参见文献 I. Reed, Transactions of the IRE Professional Group on Information Theory, **4**, 38-49 (1954); D. E. Muller, Transactions of the IRE Professional Group on Electronic Computers, EC-**3**, 6-12 (1954).

码是一个 $[2^m, \sum_{i=0}^{r} C_m^i, 2^{m-r}]$ 线性码（其中 C_m^i 为组合数），其码字或生成矩阵都可通过递归的方式定义（其码字及性质参见附录 Va）。RM 码的生成矩阵可递归定义如下。

定义 5.1.1 （1）$\mathcal{R}(0,m) = \{\underbrace{00\cdots0}_{2^m\uparrow 0}, \underbrace{11\cdots1}_{2^m\uparrow 1}\}$。

（2）$\mathcal{R}(1,1)$ 的生成矩阵为

$$G_1 = \begin{bmatrix} 1 & 0 \\ 1 & 1 \end{bmatrix}$$

（3）若 $\mathcal{R}(1,m)$ 的生成矩阵为 G_m，则 $\mathcal{R}(1,m+1)$ 的生成矩阵为

$$G_{m+1} = \begin{bmatrix} G_m & \mathbf{0} \\ G_m & \mathbf{1} \end{bmatrix}$$

其中 $\mathbf{0}$ 表示元素全为 0 的矢量；而 $\mathbf{1}$ 表示元素全为 1 的矢量。

（4）$\mathcal{R}(r,r)$ 的生成矩阵为

$$G_{r,r} = \begin{bmatrix} 1 & \mathbf{0} \\ \mathbf{1} & I \end{bmatrix}$$

其中 I 表示单位矩阵。

（5）若 $\mathcal{R}(r,m)$ 的生成矩阵为 $G_{r,m}$，则 $\mathcal{R}(r,m+1)$ 的生成矩阵为

$$G_{r,m+1} = \begin{bmatrix} G_{r,m} & \mathbf{0} \\ G_{r,m} & G_{r-1,m} \end{bmatrix}$$

且 $\mathcal{R}(r+1,m+1)$ 的生成矩阵为

$$G_{r+1,m+1} = \begin{bmatrix} G_{r+1,m} & \mathbf{0} \\ G_{r+1,m} & G_{r,m} \end{bmatrix}$$

在此定义中，逻辑空间和编码（物理）空间中的码字均表示为列矢量，其正确性可通过直接计算 $\mathcal{R}(r,m)$ 的码字并与附录 Va 中的结果对比来确认。

例 5.4

按定义 $\mathcal{R}(1,2)$ 的生成矩阵为

$$G_2 = \begin{bmatrix} G_1 & \mathbf{0} \\ G_1 & \mathbf{1} \end{bmatrix} = \begin{bmatrix} 1 & 0 & 0 \\ 1 & 1 & 0 \\ 1 & 0 & 1 \\ 1 & 1 & 1 \end{bmatrix}$$

因此，$\mathcal{R}(1,2)$ 中的码字通过生成矩阵 G_2 与逻辑空间中的比特串 $[i,j,k]^{\mathrm{T}}$

$(i, j, k = 0, 1)$ 相乘得到, 即

$$
\begin{bmatrix} 0 \\ 0 \\ 0 \\ 0 \end{bmatrix}, \quad \begin{bmatrix} 0 \\ 0 \\ 1 \\ 1 \end{bmatrix}, \quad \begin{bmatrix} 0 \\ 1 \\ 0 \\ 1 \end{bmatrix}, \quad \begin{bmatrix} 0 \\ 1 \\ 1 \\ 0 \end{bmatrix}, \quad \begin{bmatrix} 1 \\ 0 \\ 1 \\ 0 \end{bmatrix}, \quad \begin{bmatrix} 1 \\ 0 \\ 0 \\ 1 \end{bmatrix}, \quad \begin{bmatrix} 1 \\ 1 \\ 1 \\ 1 \end{bmatrix}, \quad \begin{bmatrix} 1 \\ 1 \\ 0 \\ 0 \end{bmatrix}
$$

对比可知, 这与附录中式 (Va.1) 中 $\mathcal{R}(1, 2)$ 的码字一致。

利用 RM 码的生成矩阵可证明如下定理。

定理 5.1.1 $\mathcal{R}(m - r - 1, m)$ 码与 $\mathcal{R}(r, m)$ 码互为对偶码。

对 m 使用归纳法来证明此定理。

证明 (1) 当 $m = 2$ 时, 仅 $r = 0$ 和 1 的 RM 码 $\mathcal{R}(r, m)$ 存在, 且

$$\mathcal{R}(0, 2) = \{0000, 1111\}$$

$$\mathcal{R}(1, 2) = \{0000, 0101, 1010, 1111, 0011, 0110, 1001, 1100\}$$

$\mathcal{R}(0, 2)$ 与 $\mathcal{R}(1, 2)$ 的对偶性可直接验证, 即 $m = 2$ 时结论成立。

(2) 假设 $m = k - 1$ 时结论仍成立, 即对任意合法的 r, $\mathcal{R}(k - r - 2, k - 1)$ 码与 $\mathcal{R}(r, k - 1)$ 码均互为对偶码。等价地, 生成矩阵 $G_{k-r-2, k-1}$ 与 $G_{r, k-1}$ 相互正交。

(3) 我们需证明 $m = k$ 时结论仍成立, 即对任意合法的 r, $\mathcal{R}(k - r - 1, k)$ 与 $\mathcal{R}(r, k)$ 的生成矩阵 $G_{k-r-1, k}$, $G_{r, k}$ 之间相互正交。由生成矩阵 $G_{r, m}$ 的递推关系, 得到

$$
G_{r, k} = \begin{bmatrix} G_{r, k-1} & \mathbf{0} \\ G_{r, k-1} & G_{r-1, k-1} \end{bmatrix}, \qquad G_{k-r-1, k} = \begin{bmatrix} G_{k-r-1, k-1} & \mathbf{0} \\ G_{k-r-1, k-1} & G_{k-r-2, k-1} \end{bmatrix}
$$

对 $G_{r, k}$ 和 $G_{k-r-1, k}$ 中的列矢量有如下事实:

(i) $G_{r, k}$ 中形如 $[a, a]^{\mathrm{T}}$ 的列矢量与 $G_{k-r-1, k}$ 中形如 $[b, b]^{\mathrm{T}}$ 的列矢量正交 ($[a, a] \cdot [b, b]^{\mathrm{T}} = 2a \cdot b = 0$ (模 2));

(ii) 按 $G_{r, k-1}$ 与 $G_{k-r-2, k-1}$ 的正交性假设, $G_{r, k}$ 中形如 $[a, a]^{\mathrm{T}}$ 的列矢量与 $G_{k-r-1, k}$ 中形如 $[0, c]^{\mathrm{T}}$ 的列矢量正交。

(iii) 由 $G_{r-1, k-1}$ 与 $G_{k-r-1, k-1}$ 的正交性假设, $G_{r, k}$ 中形如 $[0, d]^{\mathrm{T}}$ 的列矢量与 $G_{k-r-1, k}$ 中形如 $[b, b]^{\mathrm{T}}$ 的列矢量也正交。

因此, 只需证明 $G_{r, k}$ 中形如 $[0, d]^{\mathrm{T}}$ 的列矢量与 $G_{k-r-1, k}$ 中形如 $[0, c]^{\mathrm{T}}$ 的列矢量正交。事实上, 由于 $\mathcal{R}(k - r - 2, k - 1) \subset \mathcal{R}(k - r - 1, k - 1)$ (证明参见附录 (Va)), 由 $G_{r-1, k-1}$ 与 $G_{k-r-1, k-1}$ 的正交性, 直接可得 $G_{r-1, k-1}$ 与 $G_{k-r-2, k-1}$

的正交性。即 $[0, d]^{\mathrm{T}}$ 与 $[0, c]^{\mathrm{T}}$ 正交。

至此，我们就证明了 $\mathcal{R}(k - r - 1, k) \subset \mathcal{R}(r, k)^{\perp}$。

为证明对偶性，还需说明 $\mathcal{R}(k - r - 1, k - 1)$ 正好是 $\mathcal{R}(r, k)^{\perp}$。为此，我们来计算 $\mathcal{R}(r, k)^{\perp}$ 的维数：

$$\dim(\mathcal{R}(r, k)^{\perp}) = 2^k - [\mathrm{C}_k^0 + \mathrm{C}_k^1 + \mathrm{C}_k^2 + \cdots + \mathrm{C}_k^r]$$

$$= \mathrm{C}_k^{r+1} + \mathrm{C}_k^{r+2} + \cdots + \mathrm{C}_k^k$$

$$= \mathrm{C}_k^{k-r-1} + \mathrm{C}_k^{k-r-2} + \cdots + \mathrm{C}_k^0$$

$$= \dim(\mathcal{R}(k - r - 1, k))$$

其中第三个等号用到了组合数的对称性，即 $\mathrm{C}_k^r = \mathrm{C}_k^{k-r}$。　　　　　□

5.2　Shor 码及 CSS 码

5.2.1　Shor 码

1. 量子纠错码及其错误的纠正

量子纠错码 $\mathcal{C}_Q$ 将 k 个逻辑比特形成的 2^k 维希尔伯特空间 $\bar{\mathcal{H}}$ 线性映射为 n 个物理比特形成的 2^n 维希尔伯特空间 $\mathcal{H}$（编码空间）中一个子空间 $\mathcal{H}_T$[①]。$\mathcal{H}_T$ 中与逻辑空间 $\bar{\mathcal{H}}$ 中基矢 $|\bar{i}\rangle$（有时也记为 $|i\rangle_L$）$(i = 0, 1, \cdots, 2^k - 1)$ 对应的量子态 $|\psi_i\rangle$（一般为纠缠态）称为量子纠错码 $\mathcal{C}_Q$ 的码字。由于 $\mathcal{H}_T$ 为希尔伯特空间，量子码 $\mathcal{C}_Q$ 中码字的任意线性组合仍在 $\mathcal{H}_T$ 中。$\mathcal{H}_T$ 内的幺正变换对应于逻辑操作，而可探测的错误将 $\mathcal{H}_T$ 变换为另一个 2^k 维的线性空间（仍是 $\mathcal{H}$ 的子空间）。

设 n 比特物理空间中的错误集合为 $\mathcal{E} = \{E_i\}$[②]，若 $\mathcal{E}$ 中的错误可被量子纠错码 $\mathcal{C}_Q$ 纠正，则它们需满足一定的条件：

（1）$\mathcal{E}$ 中任意两个不同的错误 E_a 和 E_b 需满足

$$\langle \psi_i | E_a^{\dagger} \cdot E_b | \psi_j \rangle = 0 \qquad (i \neq j)$$

其中 $|\psi_i\rangle$ 和 $|\psi_j\rangle$ 为纠错码 $\mathcal{C}_Q$ 中的不同码字（相互正交）。此条件表明出错后的量子态 $E_a|\psi_i\rangle \notin \mathcal{H}_T$ 与 $E_b|\psi_j\rangle \notin \mathcal{H}_T$ $(i \neq j)$ 正交，因而能被确定性区分[③]。

（2）若 $\mathcal{E}$ 中错误算符满足 $\langle \psi_i | E_a^{\dagger} \cdot E_b | \psi_i \rangle = \delta_{ab}$（对任意 i 成立），则 $|\psi_i\rangle$ 上的不同错误 E_a 和 E_b 就能被发现并纠正。此条件充分但非必要，事实上，此条件

---

① 仍保持希尔伯特空间结构。

② 错误 E_i 是 $\mathcal{E}$（线性空间）中的一组基。

③ 否则，无法区分到底是 $|\psi_i\rangle$ 发生了错误 E_a，还是 $|\psi_j\rangle$ 发生了错误 E_b。当然，也就无法正确译码。

可放松为

$$\langle\psi_i|E_a^\dagger \cdot E_b|\psi_i\rangle = \langle\psi_j|E_a^\dagger \cdot E_b|\psi_j\rangle = C_{ab}$$

（C_{ab} 形成厄密矩阵 C）。由 C 的厄密性可知，通过选取 $\mathcal{E}$ 中合适的一组新基 $\{F_a\}$，它们使 $\langle\psi_i|F_a^\dagger \cdot F_b|\psi_i\rangle = \delta_{ab}$ 成立，进而可纠错。这里的核心要求是 C 与码字无关，即算符 $E_a^\dagger E_b$ 对 $\mathcal{H}_T$ 中所有码字简并[①]。

综上，我们有如下定理。

定理 5.2.1 量子纠错码 $\mathcal{C}_Q$ 能纠正错误 $\mathcal{E} = \{E_a\}$ 的充要条件为

$$\langle\psi_i|E_a^\dagger \cdot E_b|\psi_j\rangle = C_{ab}\delta_{ij} \tag{5.6}$$

在量子计算中，若无特殊说明，我们均假设每个量子比特上的错误均独立发生。量子系统的症状均通过对每个量子比特上的联合 Pauli 测量获得，对单个量子比特上的 Pauli 测量而言，其错误仅包含 σ^x（比特翻转）错误和 σ^z（相位）错误两类[②]。因此，n 量子比特系统的错误集合 $\mathcal{E} = \{E_i\}$ 中的 E_i 均为 Pauli 群 $\mathcal{P}_n$ 中的元素[③]。

2. Shor 码

Shor 码用 9 个（量子）物理比特编码一个逻辑量子比特[④]，它能发现并纠正所有单物理比特上的错误（σ^x 和 σ^z 错误）。事实上，Shor 码可看作能纠正单比特 σ^x 错误的量子码 $\mathcal{C}_1$（含 3 个物理比特）与能纠正单比特 σ^z 错误量子码 $\mathcal{C}_2$（含 3 个物理比特）的级联。

能纠正单比特翻转错误 σ^x 的量子纠错码 $\mathcal{C}_1$ 与经典冗余码类似，其码字定义为

$$|0\rangle \to |0_L\rangle \equiv |000\rangle, \qquad |1\rangle \to |1_L\rangle \equiv |111\rangle$$

在此编码中，单逻辑比特量子态 $|\psi\rangle_L = a|0\rangle_L + b|1\rangle_L$ 被编码为 3 量子比特空间中的量子态 $|\psi_L\rangle = a|000\rangle + b|111\rangle$。我们先来看此量子纠错码 $\mathcal{C}_1$ 能纠正哪些错误，即哪些错误满足条件式（5.6）。

（1）$\mathcal{E}_x = \{\sigma_1^x, \sigma_2^x, \sigma_3^x\}$。

直接计算可知

$$\langle000|\sigma_i^x \cdot \sigma_j^x|111\rangle = 0$$

---

① 这表明无论是环境还是译码过程都无法获知 $\mathcal{H}_T$ 的内部信息，它们是对子空间 $\mathcal{H}_T$ 的整体操作（子空间间的变换）。

② $\sigma^y = -i\sigma^z\sigma^x$ 对应 σ^x 和 σ^z 错误同时发生。

③ Pauli 群元素中的整体相位在纠错过程中并不重要，在纠错过程中我们都仅考虑算符部分。

④ 参见文献 P. W. Shor, Phys. Rev. A **52**, R2493-R2496 (1995); A. R. Calderbank, and P. W. Shor, Phys. Rev. A **54**, 1098-1105 (1996)。

$$\langle 000|\sigma_i^x \cdot \sigma_j^x|000\rangle = \langle 111|\sigma_i^x \cdot \sigma_j^x|111\rangle = 0$$

$$\langle 000|I \cdot \sigma_j^x|000\rangle = \langle 111|I \cdot \sigma_j^x|111\rangle = 0$$

其中 $i \neq j \in \{1,2,3\}$。显然，单比特错误集合 $\mathcal{E}_x$ 满足条件（5.6），它可被纠错码 $\mathcal{C}_1$ 纠正。

（2）$\mathcal{E}_{2x} = \{\sigma_1^x\sigma_2^x, \sigma_1^x\sigma_3^x, \sigma_2^x\sigma_3^x\}$。

直接计算可知，它与单比特翻转错误的结果相同。这表明两比特错误 $\mathcal{E}_{2x}$ 仍满足条件（5.6）并可被纠错码 $\mathcal{C}_1$ 纠正。

（3）$\mathcal{E}_{3x} = \{\sigma_1^x, \sigma_2^x, \sigma_3^x, \sigma_1^x\sigma_2^x, \sigma_1^x\sigma_3^x, \sigma_2^x\sigma_3^x\}$。

此时有如下式类似的方程：

$$\langle 000|\sigma_1^x \cdot \sigma_2^x\sigma_3^x|111\rangle = 1$$

这表明单比特错误 σ_1^x 与两比特错误 $\sigma_2^x\sigma_3^x$ 无法区分（正交才可区分），它们不满足条件（5.6）。因此，此纠错码 $\mathcal{C}_1$ 无法纠正 $\mathcal{E}_{3x}$ 中的全部错误。

（4）$\mathcal{E}_z = \{\sigma_1^z, \sigma_2^z, \sigma_3^z\}$。

直接计算可得

$$\langle 000|\sigma_i^z \cdot \sigma_j^z|111\rangle = 0$$

$$\langle 000|\sigma_i^z \cdot \sigma_j^z|000\rangle = \langle 111|\sigma_i^z \cdot \sigma_j^z|111\rangle = 1$$

$$\langle 000|I \cdot \sigma_j^z|000\rangle \neq \langle 111|I \cdot \sigma_j^z|111\rangle$$

其中 $i \neq j \in \{1,2,3\}$。由于最后一个不等式的存在，$\mathcal{E}_z$ 和 $\mathcal{C}_1$ 不满足条件（5.6），故 $\mathcal{E}_z$ 中错误无法在 $\mathcal{C}_1$ 码中纠正。

综上，纠错码 $\mathcal{C}_1$ 仅能对 $\mathcal{E}_x$ 或 $\mathcal{E}_{2x}$ 中的错误进行纠正。在独立错误模型下，单比特翻转错误 $\mathcal{E}_x$ 发生的概率远高于两比特翻转错误 $\mathcal{E}_{2x}$。因此，我们仅考虑如何纠正集合 $\mathcal{E}_x$ 中的错误。

空间 $\mathcal{H}_T$ 中量子态 $|\psi_L\rangle$ 是否以及哪个物理比特发生了 σ^x 错误，可通过如下投影算符来判定：

$$P_0 \equiv |000\rangle\langle 000| + |111\rangle\langle 111| \qquad \text{（无错误）}$$

$$P_1 \equiv |100\rangle\langle 100| + |011\rangle\langle 011| \qquad \text{（第一个比特翻转）}$$

$$P_2 \equiv |010\rangle\langle 010| + |101\rangle\langle 101| \qquad \text{（第二个比特翻转）}$$

$$P_3 \equiv |001\rangle\langle 001| + |110\rangle\langle 110| \qquad \text{（第三个比特翻转）}$$

事实上，单个物理比特上的 σ^x 错误也可通过如下两个物理量（算符）的测

量值来判断:

$$Z_1 Z_2 = (|00\rangle\langle 00| + |11\rangle\langle 11|) \otimes I - (|01\rangle\langle 01| + |10\rangle\langle 10|) \otimes I$$

$$Z_2 Z_3 = I \otimes (|00\rangle\langle 00| + |11\rangle\langle 11|) - I \otimes (|01\rangle\langle 01| + |10\rangle\langle 10|)$$

物理上, 这两个算符相当于对比相邻两个物理比特 (1、2 和 2、3) 的状态是否一致: 若状态一致则输出结果 1; 否则就输出结果 -1. 其测量结果与 σ^x 错误的对应如下:

$$(1, 1) \Longrightarrow \text{无比特翻转}$$

$$(-1, 1) \Longrightarrow \text{第一个比特翻转}$$

$$(-1, -1) \Longrightarrow \text{第二个比特翻转}$$

$$(1, -1) \Longrightarrow \text{第三个比特翻转}$$

我们知道纠错码 $\mathcal{C}_1$ 并不能纠正 $\mathcal{E}_z$ 中的错误, 下面的纠错码 $\mathcal{C}_2$ 可纠正 $\mathcal{E}_z$ 中的错误 (但不能纠正 $\mathcal{E}_x$ 中的错误):

$$|0\rangle \to |0_L\rangle \equiv |+++\rangle, \qquad |1\rangle \to |1_L\rangle \equiv |---\rangle$$

其中 $|\pm\rangle = \dfrac{1}{\sqrt{2}}(|0\rangle \pm |1\rangle)$. 量子纠错码 $\mathcal{C}_1$ 和 $\mathcal{E}_2$ 可通过在每个物理比特上进行 Hadamard 变换进行互换. 因此, 纠错码 $\mathcal{C}_2$ 中的相位错误 $\mathcal{E}_z$ 可通过算符 $X_1 X_2$ 和 $X_2 X_3$ 的测量结果进行判定.

若将前面两个量子纠错码 $\mathcal{C}_1$ 和 $\mathcal{C}_2$ 级联起来, 就得到含 9 个物理比特的 Shor 码 $\mathcal{C}$:

$$|0_L\rangle \equiv \frac{(|000\rangle_{123} + |111\rangle_{123}) \otimes (|000\rangle_{456} + |111\rangle_{456}) \otimes (|000\rangle_{789} + |111\rangle_{789})}{2\sqrt{2}}$$

$$|1_L\rangle \equiv \frac{(|000\rangle_{123} - |111\rangle_{123}) \otimes (|000\rangle_{456} - |111\rangle_{456}) \otimes (|000\rangle_{789} - |111\rangle_{789})}{2\sqrt{2}}$$

它可纠正单物理比特上的 σ^x 和 σ^z 错误.

为叙述方便, 我们将 9 个物理比特分为 3 个模块: 1, 2, 3 组成模块 1; 4, 5, 6 组成模块 2; 7, 8, 9 组成模块 3. 若此码中某个物理比特 (如比特 1) 发生了 σ^x 错误, 则码字 $|0_L\rangle$ 和 $|1_L\rangle$ 变为

$$|0'_L\rangle \equiv \frac{(|100\rangle_{123} + |011\rangle_{123}) \otimes (|000\rangle_{456} + |111\rangle_{456}) \otimes (|000\rangle_{789} + |111\rangle_{789})}{2\sqrt{2}}$$

$$|1'_L\rangle \equiv \frac{(|100\rangle_{123} - |011\rangle_{123}) \otimes (|000\rangle_{456} - |111\rangle_{456}) \otimes (|000\rangle_{789} - |111\rangle_{789})}{2\sqrt{2}}$$

那么，如何发现并纠正 Shor 码中的翻转错误呢？事实上，分别对比比特 1、2，比特 1、3 的状态就会发现比特 1 的状态与其他比特（2 和 3）不同 (无需测量比特的具体状态 (0 还是 1))。此对比可通过对算符 $\sigma_1^z\sigma_2^z$ 和 $\sigma_1^z\sigma_3^z$ 的测量来实现：若算符测量值为 1，则表明被测量的两个量子比特状态相同；反之，若测量值为 -1，则表明被测量的两个比特状态不同。当然，当比特翻转发生的具体模块未知时，每个模块中的比特都需对比。

类似地，若比特 1 出现了相位错误，则码字 $|0_L\rangle$ 和 $|1_L\rangle$ 变为

$$|0''_L\rangle \equiv \frac{(|000\rangle_{123} - |111\rangle_{123}) \otimes (|000\rangle_{456} + |111\rangle_{456}) \otimes (|000\rangle_{789} + |111\rangle_{789})}{2\sqrt{2}}$$

$$|1''_L\rangle \equiv \frac{(|000\rangle_{123} + |111\rangle_{123}) \otimes (|000\rangle_{456} - |111\rangle_{456}) \otimes (|000\rangle_{789} - |111\rangle_{789})}{2\sqrt{2}}$$

为发现此错误，需按模块进行对比：分别对比模块 1 与模块 2，模块 1 与模块 3 中的相位是否一致。此相位对比可通过测量算符 $\sigma_1^x\sigma_2^x\sigma_3^x\sigma_4^x\sigma_5^x\sigma_6^x$ 和 $\sigma_1^x\sigma_2^x\sigma_3^x\sigma_7^x\sigma_8^x\sigma_9^x$ 来实现：若测量值为 1，则表明两个模块中的相位一致；若测量值为 -1，则表明两个模块中的相位不一致。通过测量结果就能判定到底是哪个模块发生了相位错误。

通过前面的分析可见，Shor 码可同时实现对单个物理比特上 σ^x 和 σ^z 错误的发现与纠正。但它也无法对两个比特同时出现的错误情况进行纠错（错误能被发现，但按多数原则进行的译码会错误地判断其来源）。综上，探测 Shor 码中所有可能的单比特错误需要 8 个测量算符：

$$S_1 = \sigma_1^z\sigma_2^z, \qquad S_2 = \sigma_1^z\sigma_3^z, \qquad S_3 = \sigma_4^z\sigma_5^z$$
$$S_4 = \sigma_4^z\sigma_6^z, \qquad S_5 = \sigma_7^z\sigma_8^z, \qquad S_6 = \sigma_7^z\sigma_9^z$$
$$S_7 = \sigma_1^x\sigma_2^x\sigma_3^x\sigma_4^x\sigma_5^x\sigma_6^x, \qquad S_8 = \sigma_1^x\sigma_2^x\sigma_3^x\sigma_7^x\sigma_8^x\sigma_9^x \tag{5.7}$$

其中，算符 S_1, S_2 用于判断模块 1 中是否出现 σ^x 错误；算符 S_3, S_4 用于判断模块 2 中是否出现 σ^x 错误；算符 S_5, S_6 用于判断模块 3 中是否出现 σ^x 错误；而算符 S_7, S_8 用于判断三个模块中是否有比特出现 σ^z 错误。

值得注意，算符 S_i $(i = 1, 2, \cdots, 8)$ 之间相互对易，它们具有共同的本征态。Shor 码的码字 $|0_L\rangle$ 和 $|1_L\rangle$ 就是它们本征值为 1 的共同本征态，而且由 $|0_L\rangle$ 和 $|1_L\rangle$ 张成的子空间中所有量子态均为算符 S_i 的本征值为 1 的共同本征态。算符 S_i $(i = 1, 2, \cdots, 8)$ 在乘法下生成的群 S 称为 Shor 码的稳定子群。稳定子群 $\mathcal{S}$

中含 9 个量子比特, 8 个独立算符 S_i, 它确定的逻辑比特数为 $9 - 8 = 1$。算符 S_i ($i = 1, 2, \cdots, 8$) 既可作为纠错码对错误的探测方式, 也可作为纠错码的定义方式 (类似于经典码中的校验矩阵 H) [1]。

5.2.2 CSS 码

Shor 码是量子 Calderbank-Shor-Steane (CSS) 码的一个特例, CSS 码给出了一种从经典线性码出发构造量子码的方法[2]。

定义 (量子 CSS 码) $\mathcal{C}_1$、$\mathcal{C}_2$ 分别为 $[n, k_1]$、$[n, k_2]$ ($k_2 \leqslant k_1$) 的经典线性码, 若它们满足条件 $\mathcal{C}_2 \subseteq \mathcal{C}_1$ 且 $\mathcal{C}_1$、$\mathcal{C}_2^{\perp}$ ($\mathcal{C}_2$ 的对偶码) 的码距分别为 d_1 和 d_2, 则可定义一个能编码 $k_1 - k_2$ 个量子比特, 纠正 $(d - 1)/2$ ($d = \min(d_1, d_2)$) 个量子比特错误 (σ^x 或 σ^z) 的量子纠错码 $[[n, k_1 - k_2, d]]$: 若 x 是 $\mathcal{C}_1$ 中一个码字, 则量子 CSS 码中其对应的码字 $|x + \mathcal{C}_2\rangle$ 定义为

$$|x + \mathcal{C}_2\rangle \equiv \frac{1}{\sqrt{|\mathcal{C}_2|}} \sum_{y \in \mathcal{C}_2} |x + y\rangle \tag{5.8}$$

这样构造的量子纠错码称为 CSS 码。

对此定义我们有如下说明:

(1) 当 $x' - x \in \mathcal{C}_2$ 时, $|x + \mathcal{C}_2\rangle = |x' + \mathcal{C}_2\rangle$。因此, CSS 码中的码字 $|x + \mathcal{C}_2\rangle$ 数目等于商群 $\mathcal{C}_1/\mathcal{C}_2$ 中元素的个数 $|\mathcal{C}_1|/|\mathcal{C}_2| = 2^{k_1 - k_2}$, 它可编码 $k_1 - k_2$ 个量子比特。

(2) 不同量子码字 $|x + \mathcal{C}_2\rangle$ 与 $|x' + \mathcal{C}_2\rangle$ 正交。

证明 为证明此点, 我们直接计算两个码字对应量子态的内积:

$$\langle x + \mathcal{C}_2 | x' + \mathcal{C}_2 \rangle \quad (x' - x \notin \mathcal{C}_2)$$
$$= \frac{1}{|\mathcal{C}_2|} \sum_{y, y' \in \mathcal{C}_2} \langle x + y | x' + y' \rangle$$

仅当 $|x + y\rangle$ 与 $|x' + y'\rangle$ 相等时, 内积 $\langle x + y \mid x' + y' \rangle$ 才不等于 0。然而, 由于 $x + y$ 与 $x' + y'$ 属于 $\mathcal{C}_1$ 中 $\mathcal{C}_2$ 的不同陪集, 而两个不同陪集的交集始终为空集。因此, 不存在满足条件的 y 和 y' 使 $x + y = x' + y'$。故 $|x + \mathcal{C}_2\rangle$ 与 $|x' + \mathcal{C}_2\rangle$ 一定正交。 □

那么, 在一般的量子 CSS 码中, 如何发现并纠正错误呢? 令 e_1 (长度为 n 的

---

[1] 基于稳定子群定义的量子纠错码称为稳定子码, 我们将在后面做详细介绍。

[2] 参见文献 A. R. Calderbank, and P. W. Shor, Phys. Rev. A **54**, 1098-1105 (1996); A. M. Steane, Phys. Rev. Lett. **77**, 793-797 (1996).

比特串）表示物理比特上发生的翻转错误，而 e_2（长度为 n 的比特串）表示相位
反转错误[1]，则当错误 e_1 和 e_2 同时发生时，量子 CSS 码中的码字 $|x+\mathcal{C}_2\rangle$ 变为

$$\frac{1}{\sqrt{|\mathcal{C}_2|}}\sum_{y\in\mathcal{C}_2}(-1)^{(x+y)\cdot e_2}|x+y+e_1\rangle$$

为探测错误 e_1 和 e_2 是否发生，需引入 n 个辅助量子比特。设辅助比特初始
状态为 $|0\rangle$，利用量子算法中（参考第二章的量子算法部分）常见的受控操作方式
将计算比特的错误信息存储到辅助比特中[2]，即

$$|x+y+e_1\rangle\otimes|0\rangle\to|x+y+e_1\rangle\otimes|H_1(x+y+e_1)\rangle=|x+y+e_1\rangle\otimes|H_1e_1\rangle$$

其中 H_1 为经典码 $\mathcal{C}_1$ 的校验矩阵。值得注意，经此操作，由校验矩阵自身的性质，
$H_1x=0$ 对所有 $x\in\mathcal{C}_1$ 成立[3]，因此，辅助比特状态仅与错误 e_1 相关。此时，整
个系统处于量子态：

$$\frac{1}{\sqrt{|\mathcal{C}_2|}}\sum_{y\in\mathcal{C}_2}(-1)^{(x+y)\cdot e_2}|x+y+e_1\rangle|H_1e_1\rangle$$

若对辅助比特直接进行测量将得到错误 e_1 的症状 $H_1(e_1)$，同时计算比特处于量
子态

$$\frac{1}{\sqrt{|\mathcal{C}_2|}}\sum_{y\in\mathcal{C}_2}(-1)^{(x+y)\cdot e_2}|x+y+e_1\rangle$$

由于经典线性码 C_1 最多可纠正 $t_1=\left\lfloor\dfrac{d}{2}\right\rfloor$ 个错误[4]，因此，当 e_1 中 1 的个数不
超过 t_1 时，通过症状 H_1e_1 就可唯一确定错误 e_1。通过对 e_1 中分量为 1 的量子
比特进行 σ^x 操作就可纠正 CSS 码中的比特翻转错误。

经此纠错后，它仅包含相位错误 e_2，而量子码字 $|x+\mathcal{C}_2\rangle$ 对应的量子态也变
为

$$\frac{1}{\sqrt{|\mathcal{C}_2|}}\sum_{y\in\mathcal{C}_2}(-1)^{(x+y)\cdot e_2}|x+y\rangle$$

为进一步得到相位错误 e_2 的信息，利用 Hadamard 变换将相位错误转化为比特
翻转错误。对每个比特做 Hadamard 变换，则量子码字变为

$$\frac{1}{\sqrt{|\mathcal{C}_2|2^n}}\sum_z\sum_{y\in\mathcal{C}_2}(-1)^{(x+y)\cdot(e_2+z)}|z\rangle$$

---

[1] e_1、e_2 中值为 1 的分量对应的物理比特上发生了错误。

[2] 受控操作的具体线路将在后面稳定子码中介绍。

[3] 由于 $\mathcal{C}_2\subset\mathcal{C}_1$，因此，码字中的 $x+y$ 均在 $\mathcal{C}_1$ 中。

[4] 经典码中仅含翻转错误。

令 $z' \equiv z + e_2$，则上式变为

$$\frac{1}{\sqrt{|\mathcal{C}_2|2^n}} \sum_{z'} \sum_{y \in \mathcal{C}_2} (-1)^{(x+y) \cdot z'} |z' + e_2\rangle$$

$$= \frac{1}{\sqrt{|\mathcal{C}_2|2^n}} \sum_{z'} (-1)^{x \cdot z'} \left(\sum_{y \in \mathcal{C}_2} (-1)^{y \cdot z'} \right) |z' + e_2\rangle$$

我们对 z' 的不同情况进行讨论：

当 $z' \in \mathcal{C}_2^\perp$ 时，$y \cdot z' = 0$ 对所有 $y \in \mathcal{C}_2$ 成立。因此，$\sum_{y \in \mathcal{C}_2} (-1)^{y \cdot z'} = |\mathcal{C}_2|$。前面的表达式变为

$$\frac{\sqrt{|\mathcal{C}_2|}}{\sqrt{2^n}} \sum_{z' \in \mathcal{C}_2^\perp} (-1)^{x \cdot z'} |z' + e_2\rangle$$

而当 $z' \notin \mathcal{C}_2^\perp$ 时，我们有

$$\sum_{y \in \mathcal{C}_2} (-1)^{y \cdot z'} = \sum_{y \in \mathcal{C}_2} (-1)^{z' \cdot y} = \sum_{\mu \in \mathbb{Z}_2^{k_2}} (-1)^{z' \cdot G_2 \mu} = \sum_{\mu \in \mathbb{Z}_2^{k_2}} (-1)^{\nu \cdot \mu} = 0$$

其中 G_2 为经典码 $\mathcal{C}_2$ 的生成矩阵，因此，任意 $\mathcal{C}_2$ 中的码字 y 均可表示为 $y = G_2 \mu$（$\mu \in \mathbb{Z}_2^{k_2}$）[1]。$\nu = G_2^{\mathrm{T}} z'$ 为一个固定的列矢量；当 μ 遍历 $\mathbb{Z}_2^{k_2}$ 时，$\nu \cdot \mu$ 中偶数和奇数的数目相同[2]。因此 $\sum_{\mu \in \mathbb{Z}_2^{k_2}} (-1)^{\nu \cdot \mu} = 0$。

综上，码字 $|x + \mathcal{C}_2\rangle$ 对应的量子态最后变为 $\frac{\sqrt{|\mathcal{C}_2|}}{\sqrt{2^n}} \sum_{z' \in \mathcal{C}_2^\perp} (-1)^{x \cdot z'} |z' + e_2\rangle$。

这是一个标准的 $\mathcal{C}_2^\perp$ 码中的比特翻转错误。根据条件，$t_2 = \left\lfloor \dfrac{d}{2} \right\rfloor$ 个比特以内的错误均可按前面的纠错方法被发现并纠正。

经过对错误 e_1 和 e_2 的探测和纠正，量子态就回到了标准的码字 $|x + \mathcal{C}_2\rangle$。

例 5.5 [[7, 1, 3]] 码（Steane 码）

汉明码 $\mathcal{C}$ 是 [7, 4, 3] 线性码，其生成矩阵为

---

[1] 当 μ 遍历 $\mathbb{Z}_2^{k_2}$ 时，y 遍历 $\mathcal{C}_2$ 中所有码字。

[2] 模 2 加法中的 0 和 1。

$$G[\mathcal{C}] = \begin{bmatrix} 1 & 0 & 0 & 1 \\ 0 & 1 & 0 & 1 \\ 1 & 1 & 0 & 1 \\ 0 & 0 & 1 & 0 \\ 1 & 0 & 1 & 0 \\ 0 & 1 & 1 & 0 \\ 1 & 1 & 1 & 0 \end{bmatrix}$$

它定义了 16 个 7 比特码字：

$$
\begin{array}{cccc}
0000000, & 1010101, & 0110011, & 1100110 \\
0001111, & 1011010, & 0111100, & 1101001 \\
1110000, & 0100101, & 1000011, & 0010110 \\
1111111, & 0101010, & 1001100, & 0011001
\end{array}
$$

这些码字的最小非零汉明权重为 3（汉明距离为 3），它最多可纠正 1 个翻转错误。

由汉明码 $\mathcal{C}$ 的生成矩阵 $G[\mathcal{C}]$ 可得其校验矩阵 $H[\mathcal{C}]$ 为

$$H[\mathcal{C}] = \begin{bmatrix} 1 & 0 & 1 & 0 & 1 & 0 & 1 \\ 0 & 1 & 1 & 0 & 0 & 1 & 1 \\ 0 & 0 & 0 & 1 & 1 & 1 & 1 \end{bmatrix}$$

值得注意，$H[\mathcal{C}]$ 就是 $G[\mathcal{C}]$ 的前三行。由 $H[\mathcal{C}]$ 可得汉明码对偶码 $\mathcal{C}^{\perp}$ 的生成矩阵：

$$G[\mathcal{C}^{\perp}] = H[\mathcal{C}]^{\mathrm{T}} = \begin{bmatrix} 1 & 0 & 0 \\ 0 & 1 & 0 \\ 1 & 1 & 0 \\ 0 & 0 & 1 \\ 1 & 0 & 1 \\ 0 & 1 & 1 \\ 1 & 1 & 1 \end{bmatrix} \tag{5.9}$$

它包含如下码字：

$$
\begin{array}{cccc}
0000000, & 1010101, & 0110011, & 1100110 \\
0001111, & 1011010, & 0111100, & 1101001
\end{array}
$$

对比码字可得 $\mathcal{C}^{\perp} \subset \mathcal{C}$。令 $\mathcal{C}_1 \equiv \mathcal{C}$，$\mathcal{C}_2 \equiv \mathcal{C}^{\perp}$，它们满足构造 CSS 码的条件：$\mathcal{C}_2 \in \mathcal{C}_1$，且 $\mathcal{C}_1$ 的汉明距离为 3，$\mathcal{C}_2$ 的汉明距离为 4，均可纠正一

个比特上的错误。按 CSS 码的构造方法就能得到著名的 Steane 码[a]，它是一个 $[[7,1,3]]$ 码，量子码字为

$$|0_L\rangle \rightarrow |0 + C_2\rangle \equiv \frac{1}{\sqrt{8}}[|0000000\rangle + |1010101\rangle + |0110011\rangle + |1100110\rangle$$

$$+ |0001111\rangle + |1011010\rangle + |0111100\rangle + |1101001\rangle]$$

$$|1_L\rangle \rightarrow |1 + C_2\rangle \equiv \frac{1}{\sqrt{8}}[|1111111\rangle + |0101010\rangle + |1001100\rangle + |0011001\rangle$$

$$+ |1110000\rangle + |0100101\rangle + |1000011\rangle + |0010110\rangle]$$

---

[a] 参见文献 A. M. Steane, P. Roy. Soc. Lond. A. Mat. **452**, 2551-2577 (1996).

例 5.6 量子 Reed-Muller 码

量子 Reed-Muller 码是一个 CSS 码[a]。为定义此码，需先定义一组新的经典线性码 $\bar{\mathcal{R}}(r,m)$。

定义 ($\bar{\mathcal{R}}(r,m)$ 码) 去掉 RM 码 $\mathcal{R}(r,m)$ 生成矩阵 $G_{r,m}$（定义 5.1.1）中第一列 $[1,1,\cdots,1]^\mathrm{T}$ 和第一行 $[1,0,\cdots,0]$，得到缩减后的新矩阵 $\bar{G}_{r,m}$。按生成矩阵 $G_{r,m}$ 的递推关系，新矩阵 $\bar{G}_{r,m}$ 满足递推关系：

$$\bar{G}_{r,m+1} = \begin{bmatrix} \bar{G}_{r,m} & \mathbf{0} & \mathbf{0} \\ \mathbf{0} & \mathbf{0} & 1 \\ \bar{G}_{r,m} & \bar{G}_{r-1,m} & 1 \end{bmatrix}$$

特别地，

$$\bar{G}(1,1) = 1, \quad \bar{G}(m,m) = I_{2^m-1}, \quad \bar{G}_{1,m+1} = \begin{bmatrix} \bar{G}_{1,m} & \mathbf{0} \\ \mathbf{0} & 1 \\ \bar{G}_{1,m} & 1 \end{bmatrix}$$

以缩减矩阵 $\bar{G}_{r,m}$ 为生成矩阵的线性码记为 $\bar{\mathcal{R}}(r,m)$。

按 $\bar{\mathcal{R}}(r,m)$ 的定义，其码字与 $\mathcal{R}(r,m)$ 的码字之间有如下关系：将 $\mathcal{R}(r,m)$ 中每个码字第一个比特的值加到（模 2）其余比特上，然后再将第一个比特从此码字中删除就得到 $\bar{\mathcal{R}}(r,m)$ 中的相应码字。

当 $m \geqslant 2$ 时，根据 RM 码的性质（附录中定理 Va.2）可得 $\bar{\mathcal{R}}(r,m)$ 码的如下定理。

定理　$\bar{\mathcal{R}}(r,m)$ 是 $\left[2^m-1, \sum_{i=1}^{r} \mathrm{C}_m^i \, 2^{m-r}\right]$ 线性码；其对偶码 $\bar{\mathcal{R}}^\perp(r,m)$

是 $\left[2^m-1, \sum_{i=0}^{m-r-1} \mathrm{C}_m^i \, 2^{r+1} - 1\right]$ 线性码。

证明　先证明定理的前半部分。根据定理 Va.2, RM 码 $\mathcal{R}(r,m)$ 是

$\left[2^m, \sum_{i=0}^{r} \mathrm{C}_m^i \, 2^{m-r}\right]$ 线性码。根据 $\bar{\mathcal{R}}(r,m)$ 中码字与 $\mathcal{R}(r,m)$ 中码字的关

系：其物理比特数减少一个，同时逻辑比特数也减少一个。

为说明 $\bar{\mathcal{R}}(r,m)$ 码距在缩减过程中保持不变，我们首先考虑 $\bar{\mathcal{R}}(1,m)$ 的码距。按构造方式，任意 $\bar{\mathcal{R}}(1,m)$ 中码字 $\bar{y}$ 可由 $\mathcal{R}(1,m)$ 中的码字 y 删除第一个比特并将其加到其他比特获得。由定理 V.a 得知 $\mathcal{R}(1,m)$ 中每个码字 y 的权重均为 2^{m-1}：若 y 的第一个比特为 0，则直接将其删除得到 $\bar{y}$，其权重仍为 2^{m-1}；若 y 的第一个比特为 1，则直接将其删除并翻转其余比特得到 $\bar{y}$，翻转后的权重为 $(2^m-1)-(2^{m-1}-1)=2^{m-1}$。因此，$\bar{\mathcal{R}}(1,m)$ 码的汉明权重仍为 2^{m-1}。类似定理 Va.2 的证明，利用归纳法即可证明 $\bar{\mathcal{R}}(r,m)$ 码的码距也为 2^{m-r}。

下面我们再证明定理的后半部分。根据定理 5.1.1, RM 码 $\mathcal{R}(r,m)$ 与 $\mathcal{R}(m-r-1,m)$ 互为对偶，这种对偶性在 $\bar{\mathcal{R}}(r,m)$ 中仍得以保持。即

$$0 = G_{m-r-1,m}^{\mathrm{T}} G_{r,m} = \begin{bmatrix} 1 & \mathbf{1} \\ \mathbf{0} & \bar{G}_{m-r-1,m}^{\mathrm{T}} \end{bmatrix} \begin{bmatrix} 1 & \mathbf{0} \\ 1 & \bar{G}_{r,m} \end{bmatrix}$$

$$\Longrightarrow \begin{bmatrix} \mathbf{1} \\ \bar{G}_{m-r-1,m}^{\mathrm{T}} \end{bmatrix} \bar{G}_{r,m} = 0$$

因此，$\bar{\mathcal{R}}(r,m)$ 的对偶码由 $\left[1, \bar{G}_{m-r-1,m}\right]$ 生成且与 $\mathcal{R}(m-r-1,m)$ 的码字一一对应。因此，$\bar{\mathcal{R}}^\perp(r,m)$ 的逻辑比特数目为 $\sum_{i=0}^{m-r-1} \mathrm{C}_m^i$。

根据 $\mathcal{R}(r,m)$ 码的性质，利用归纳法可证明它存在首位为 1 且权重为 2^{m-r} 的码字，同时也存在首位为 0 且权重为 $2^m - 2^{m-r}$ 的码字（前面码字的逐位翻转）。由于 $\mathcal{R}(r,m)$ 中最大权重（除了全是 1 的码字以外）为 $2^m - 2^{m-r}$，因此，首位为 0, 权重为 $2^m - 2^{m-r}$ 的码字删去首位后即为 $\bar{\mathcal{R}}(r,m)$ 中最大码距的码字。所以，$\bar{\mathcal{R}}^\perp(r,m)$ 中最小权重为对应码字的翻转，即 $2^m - 1 - (2^m - 2^{r+1}) = 2^{r+1} - 1$。此即为码距。　$\square$

根据定理 Va.3 及前面的证明过程可得如下定理。

定理 若 $r \leqslant m-r-1$，则 $\bar{\mathcal{R}}(r,m) \subset \bar{\mathcal{R}}(m-r-1,m)$ 且 $\bar{\mathcal{R}}(r,m) \subset \bar{\mathcal{R}}^{\perp}(m-r-1,m)$。

在 $\bar{\mathcal{R}}(r,m)$ 码基础上，令

$$\mathcal{C}_1 = \bar{\mathcal{R}}^{\perp}(m-r-1,m), \qquad \mathcal{C}_2 = \bar{\mathcal{R}}(r,m)$$

显然，$\mathcal{C}_2 \subset \mathcal{C}_1$。因此，按 CSS 码的构造方法，经典码 $\mathcal{C}_1$ 和 $\mathcal{C}_2$ 可构造一个 $\left[\left[2^m-1, \sum\limits_{i=0}^{r} \mathrm{C}_m^i - \sum\limits_{i=1}^{r} \mathrm{C}_m^i = 1, \min(2^{m-r}, 2^{r+1}-1)\right]\right]$ 码，称之为量子 RM 码，记为 $\mathrm{QRM}(r,m)$。特别地，$\mathrm{QRM}(1,3)$ 就是 $[[7,1,3]]$ 码 (即 Steane 码)，而 $\mathrm{QRM}(1,4)$ 是 $[[15,1,3]]$ 码。

例 ($\mathrm{QRM}(1,3)$ 码) 令 $r=1, m=3$，则 $\mathcal{C}_1 = \bar{\mathcal{R}}(1,3)^{\perp}, \mathcal{C}_2 = \bar{\mathcal{R}}(1,3)$。按 $\bar{\mathcal{R}}(1,3)$ 的码字与 $\mathcal{R}(1,3)$ 码字之间的关系有

00000000	01010101	00000000	01010101	0000000
10101010	11111111	11010101	10000000	1010101
00110011	01100110	00110011	01100110	0110011
10011001	11001100	11100110	10110011	1100110
00001111	01011010	00001111	01011010	0001111
10100101	11110000	11011010	10001111	1011010
00111100	01101001	00111100	01101001	0111100
10010110	11000011	11101001	10111100	1101001

第二列与第三列之间有 $\to$，第四列与第五列之间有 $\to$。

$$\underbrace{\qquad\qquad}_{\mathcal{R}(1,3)} \qquad \underbrace{\text{将第一个比特加到其他比特}}_{} \qquad \underbrace{\qquad}_{\bar{\mathcal{R}}(1,3)}$$

其中，第一步将第一个比特加到其他比特上；第二步删除了第一个比特[①]。

当然，此码字亦可由生成矩阵直接得到。按生成矩阵的递推关系得到

$$\bar{G}_{1,2} = \begin{bmatrix} \bar{G}_{1,1} & \mathbf{0} \\ \mathbf{0} & 1 \\ \bar{G}_{1,1} & 1 \end{bmatrix} = \begin{bmatrix} 1 & 0 \\ 0 & 1 \\ 1 & 1 \end{bmatrix}$$

$$\bar{G}_{1,3} = \begin{bmatrix} \bar{G}_{1,2} & \mathbf{0} \\ \mathbf{0} & 1 \\ \bar{G}_{1,2} & 1 \end{bmatrix} = \begin{bmatrix} 1 & 0 & 0 \\ 0 & 1 & 0 \\ 1 & 1 & 0 \\ 0 & 0 & 1 \\ 1 & 0 & 1 \\ 0 & 1 & 1 \\ 1 & 1 & 1 \end{bmatrix}$$

　　对比 $[[7,1,3]]$ 码（Steane 码）中 $\mathcal{C}_2$ 的生成矩阵（5.9），两者完全一致。

　　例 (QRM(1,4) 码)　QRM(1,4) 码由经典线性码 $\mathcal{C}_1 = \bar{\mathcal{R}}(2,4)^{\perp}$ 和 $\mathcal{C}_2 = \bar{\mathcal{R}}(1,4)$ 生成。

　　$\bar{\mathcal{R}}(1,4)$ 码的生成矩阵 $\bar{G}_{1,4}$ 由递推关系可得

$$
\bar{G}_{1,4} = \begin{bmatrix} \bar{G}_{1,3} & \mathbf{0} \\ \mathbf{0} & 1 \\ \bar{G}_{1,3} & 1 \end{bmatrix} = \begin{bmatrix}
1 & 0 & 0 & 0 \\
0 & 1 & 0 & 0 \\
1 & 1 & 0 & 0 \\
0 & 0 & 1 & 0 \\
1 & 0 & 1 & 0 \\
0 & 1 & 1 & 0 \\
1 & 1 & 1 & 0 \\
0 & 0 & 0 & 1 \\
1 & 0 & 0 & 1 \\
0 & 1 & 0 & 1 \\
1 & 1 & 0 & 1 \\
0 & 0 & 1 & 1 \\
1 & 0 & 1 & 1 \\
0 & 1 & 1 & 1 \\
1 & 1 & 1 & 1
\end{bmatrix}
$$

而 $\bar{\mathcal{R}}(2,4)$ 码的生成矩阵 $\bar{G}_{2,4}$ 由递推关系可得

$$
\bar{G}_{2,4} = \begin{bmatrix} \bar{G}_{2,3} & \mathbf{0} & \mathbf{0} \\ \mathbf{0} & \mathbf{0} & 1 \\ \bar{G}_{2,3} & \bar{G}_{1,3} & 1 \end{bmatrix}
$$

而

$$
\bar{G}_{2,3} = \begin{bmatrix} \bar{G}_{2,2} & \mathbf{0} & \mathbf{0} \\ \mathbf{0} & \mathbf{0} & 1 \\ \bar{G}_{2,2} & \bar{G}_{1,2} & 1 \end{bmatrix}
$$

其中的 $\bar{G}_{2,2}$ 和 $\bar{G}_{1,2}$ 都已知，直接代入得到结果：

$$\bar{G}_{2,4} = \begin{bmatrix} 1 & 0 & 0 & 0 & 0 & 0 & 0 & 0 & 0 & 0 \\ 0 & 1 & 0 & 0 & 0 & 0 & 0 & 0 & 0 & 0 \\ 0 & 0 & 1 & 0 & 0 & 0 & 0 & 0 & 0 & 0 \\ 0 & 0 & 0 & 0 & 0 & 1 & 0 & 0 & 0 & 0 \\ 1 & 0 & 0 & 1 & 0 & 1 & 0 & 0 & 0 & 0 \\ 0 & 1 & 0 & 0 & 1 & 1 & 0 & 0 & 0 & 0 \\ 0 & 0 & 1 & 1 & 1 & 1 & 0 & 0 & 0 & 0 \\ 0 & 0 & 0 & 0 & 0 & 0 & 0 & 0 & 0 & 1 \\ 1 & 0 & 0 & 0 & 0 & 0 & 1 & 0 & 0 & 1 \\ 0 & 1 & 0 & 0 & 0 & 0 & 0 & 1 & 0 & 1 \\ 0 & 0 & 1 & 0 & 0 & 0 & 1 & 1 & 0 & 1 \\ 0 & 0 & 0 & 0 & 0 & 1 & 0 & 0 & 1 & 1 \\ 1 & 0 & 0 & 1 & 0 & 1 & 1 & 0 & 1 & 1 \\ 0 & 1 & 0 & 0 & 1 & 1 & 0 & 1 & 1 & 1 \\ 0 & 0 & 1 & 1 & 1 & 1 & 1 & 1 & 1 & 1 \end{bmatrix}$$

按 $\bar{\mathcal{R}}(r, m)$ 码的性质，$\mathcal{C}_2 = \mathcal{R}(1, 4) \subset \bar{\mathcal{R}}^\perp(2, 4) = \mathcal{C}_1$。按 CSS 码的构造可得量子码 QRM$(1, 4)$，它是 $[[15, 1, 3]]$ 码。可以验证，$\mathcal{R}(2, 4)$ 对偶码的生成矩阵为

$$\bar{G}_{2,4}^\perp = \begin{bmatrix} 1 & 0 & 1 & 0 & 1 & 0 & 1 & 0 & 1 & 0 & 1 & 0 & 1 & 0 & 1 \\ 0 & 1 & 1 & 0 & 0 & 1 & 1 & 0 & 0 & 1 & 1 & 0 & 0 & 1 & 1 \\ 0 & 0 & 1 & 0 & 1 & 1 & 0 & 1 & 0 & 0 & 1 & 0 & 1 & 1 & 0 \\ 0 & 0 & 0 & 1 & 1 & 1 & 1 & 0 & 0 & 0 & 0 & 1 & 1 & 1 & 1 \\ 0 & 0 & 0 & 0 & 0 & 0 & 0 & 1 & 1 & 1 & 1 & 1 & 1 & 1 & 1 \end{bmatrix}^T$$

注意到其第 1、2、3、5 列和 $\bar{G}_{1,4}$ 相同。从而我们得到 $[[15, 1, 3]]$ 码的量子码字为

$$|0_L\rangle \equiv \frac{1}{4}[|000000000000000\rangle + |000000011111111\rangle + |000111100001111\rangle$$

$$+ |000111111110000\rangle + |011001100110011\rangle + |011001111001100\rangle$$

$$+ |011110000111100\rangle + |011110011000011\rangle + |101010101010101\rangle$$

$$+ |101010110101010\rangle + |101101001011010\rangle + |101101010100101\rangle$$

$$+ |110011001100110\rangle + |110011010011001\rangle + |110100101101001\rangle$$

$$+ |110100110010110\rangle]$$

$$|1_L\rangle \equiv \frac{1}{4}[|001011010010110\rangle + |001011001101001\rangle + |001100110011001\rangle$$

$$+ |001100101100110\rangle + |010010110100101\rangle + |010010101011010\rangle$$

$$+ |010101010101010\rangle + |010101001010101\rangle + |100001111000011\rangle$$

$$+ |100001100111100\rangle + |100110011001100\rangle + |100110000110011\rangle$$

$$+ |111000011110000\rangle + |111000000001111\rangle + |111111111111111\rangle$$

$$+ |111111100000000\rangle]$$

ⓐ 参见文献 A. M Steane, IEEE. T. Inform. Theory, **45**, 1701-1703 (1999).

ⓑ 码字数目减半，$\mathcal{\tilde R}(1,3)$ 中一个码字对应于 $\mathcal{R}(1,3)$ 中两个码字。

5.3　稳定子码基本理论

在 Shor 码的讨论中，我们已经提到它也可通过一组相互对易的测量算符 (5.7) 来定义，同时纠错码码字上的错误也可通过这组算符探测。通过一组相互独立的稳定子算符（或它们生成的群）定义的量子纠错码比 CSS 码更为广泛且方便，我们一般称此类纠错码为稳定子码（CSS 码是稳定子码的特例）[①]。

定义 5.3.1 (稳定子码)　设稳定子群 $\mathcal{S}$ 是 Pauli 群的一个阿贝尔子群（所有元素相互对易）且 $-I \notin \mathcal{S}$（算符为厄密算符），则稳定子码 $\mathcal{S}$[②]中的码字 $|\psi\rangle$ 是 $\mathcal{S}$ 中所有算符 $s \in \mathcal{S}$ 的本征值为 1 的共同本征态，即

$$s|\psi\rangle = |\psi\rangle \qquad (\forall s \in \mathcal{S})$$

所有这样的共同本征态 $|\psi\rangle$ 形成一个简并空间 V_S（编码空间）。

稳定子群 $\mathcal{S}$ 中的元素 s 一般笼统地称为稳定子。为讨论简单，我们只讨论实数码，即 $\mathcal{S}$ 中所有算符都含有偶数个 σ^y，换言之，任意稳定子都由 Pauli 算符 σ^x 和 σ^z 的乘积组成（相同比特上的乘积以及不同比特上的直积）。

定义于 n 个量子比特上的 $n-k$ 个相互对易、相互独立的算符 $s_1, s_2, \cdots, s_{n-k}$ 可生成稳定子群 $\mathcal{S}$，它含有 2^{n-k} 个元素（其中 s_i $(i = 1, 2, \cdots, n-k)$ 称为稳定子群 $\mathcal{S}$ 的生成元）。这样定义的稳定子群 $\mathcal{S}$ 可编码 k 个逻辑量子比特。为研究逻

---

① 参见文献 D. Gottesman, PhD Thesis of California Institute of Technology (1997); A. R. Calderbank, A. Robert, P. W. Shor, and N. J. A. Sloane, Phys. Rev. Lett. **78**, 405 (1997).

② 稳定子码和稳定子群我们均用 $\mathcal{S}$ 表示，$\mathcal{S}$ 的确切含义可通过上下文确定。

辑比特上的操作, 我们定义稳定子群 $\mathcal{S}$ 在 Pauli 群 $\mathcal{P}_n$[①]中的正规化子(normalizer)群 $\mathcal{N}_{\mathcal{P}_n}(\mathcal{S})$。

定义 共轭变换下, Pauli 群 $\mathcal{P}_n$ 中保持稳定子群 $\mathcal{S}$ 不变的元素形成 $\mathcal{S}$ 在 $\mathcal{P}_n$ 中的正规化子, 即

$$\mathcal{N}_{\mathcal{P}_n}(\mathcal{S}) = \{g \in \mathcal{P}_n | g\mathcal{S}g^{-1} = \mathcal{S}\}$$

(参见附录 IIa) 这表明正规化子中的元素保持编码空间稳定。换言之, 正规化子中的元素 g 作用于编码空间 V_s 中的量子态 $|\psi\rangle$ 上, 量子态 $g|\psi\rangle$ 仍在编码空间 V_s 中。所以, 逻辑比特上的操作都在正规化子 $\mathcal{N}_{\mathcal{P}_n}(\mathcal{S})$ 中。

值得注意, 稳定子群 $\mathcal{S}$ 中的所有元素 s 都在 $\mathcal{N}_{\mathcal{P}_n}(\mathcal{S})$ 中, 它们作用到编码空间 V_s 中的任意量子态 $|\psi\rangle$ 都保持 $|\psi\rangle$ 不变(对应于单位算符 I)。因此, 逻辑比特上的不同操作对应于商群 $\mathcal{N}_{\mathcal{P}_n}(\mathcal{S})/\mathcal{S}$ 中的元素(共有 $|\mathcal{N}_{\mathcal{P}_n}(\mathcal{S})|/|\mathcal{S}| = 2^{n+k}/2^{n-k} = 2^{2k}$ 个元素(参见附录 IIa), 且这些元素可由 $2k$ 个独立的算符(记为 $\bar{X}_i$ 和 $\bar{Z}_i$ ($i = 1, 2, \cdots, k$) 生成))。

特别注意, 尽管 $\mathcal{N}_{\mathcal{P}_n}(\mathcal{S})$ 中元素均与 $\mathcal{S}$ 中所有元素对易, 但 $\mathcal{N}_{\mathcal{P}_n}(\mathcal{S})$ 中不同元素间未必对易。事实上, 商群 $\mathcal{N}_{\mathcal{P}_n}(\mathcal{S})/\mathcal{S}$ 中的元素满足如下对易关系:

$$[\bar{X}_i, \bar{X}_j] = 0; \quad [\bar{Z}_i, \bar{Z}_j] = 0; \quad \bar{X}_i\bar{Z}_j = \begin{cases} \bar{Z}_j\bar{X}_i & (i \neq j) \\ -\bar{Z}_j\bar{X}_i & (i = j) \end{cases}$$

因此, 它们可被分别映射为 k 个逻辑比特上的 Pauli 算符 σ^x 和 σ^z (不同映射对应于逻辑比特编号和基的选取不同)。

由于 Pauli 群中任意两个元素要么对易, 要么反对易, 因此, 稳定子群 $\mathcal{S}$ 在 Pauli 群 $\mathcal{P}_n$ 中的中心化子 $\mathcal{C}_{\mathcal{P}_n}(\mathcal{S})$

$$\mathcal{C}_{\mathcal{P}_n}(\mathcal{S}) = \{g \in \mathcal{P}_n | gs = sg, \text{对任意 } s \in \mathcal{S} \text{ 成立}\}$$

与正规化子相等[②]。由于 Pauli 群中, $gsg^{-1} = \pm sgg^{-1} = \pm s$ (符号取决于 g 和 s 的对易关系), 若 $g \in \mathcal{N}_{\mathcal{P}_n}(\mathcal{S})$, 则必有 $gsg^{-1} = s$。反之, 若 $gsg^{-1} = -s$, 则意味着 s 和 $-s$ 均在稳定子群 $\mathcal{S}$ 中, 由群运算的封闭性, $-I$ 也在 $\mathcal{S}$ 中, 这与定义 5.3.1 中 $-I \notin \mathcal{S}$ 相矛盾。

稳定子码 $\mathcal{S}$ 的码距可通过稳定子群 $\mathcal{S}$ 的正规化子 $\mathcal{N}_{\mathcal{P}_n}(\mathcal{S})$ 中非平凡算符的权重来定义。

定义 (稳定子码的码距) 稳定子码 $\mathcal{S}$ 的码距 d 定义为保持编码空间 V_S 不

[①] 在编码理论中, Pauli 算符前的系数并不重要。如无特殊说明, 本章节中的 Pauli 群中元素都在 $\mathcal{P}_n/\langle i \rangle$ 的意义下。

[②] 一般情况下, $\mathcal{C}_{\mathcal{P}_n}(\mathcal{S}) \subseteq \mathcal{N}_{\mathcal{P}_n}(\mathcal{S})$。

变的非平凡算符的最小权重, 即

$$d = \min_{p \in \mathcal{N}_{\mathcal{P}_n}(\mathcal{S})/\mathcal{S}} \mathrm{wt}(\mathrm{p})$$

其中 wt $(p) = |\mathrm{supp}(p)|$ 且 $\mathrm{supp}(p)$ 是算符 p 的支集。

5.3.1　稳定子码的标准形式及逻辑操作

从群论角度可以给出稳定子码及其逻辑操作的信息, 但其具体形式需通过稳定子算符的辛形式求解[①]。在第一章的 Clifford 群以及第三章的 One-way 量子计算部分, 我们知道任意稳定子算符 s_i 均可表示为 $2n$ 维的二进制矢量 $(\boldsymbol{V}_x|\boldsymbol{V}_z)$, 其中 $\boldsymbol{V}_x$ 和 $\boldsymbol{V}_z$ 均为 n 维矢量, $\boldsymbol{V}_x$ 表示算符 s_i 中出现 σ^x 的情况 (若 s_i 中有 σ_k^x 出现, 则 $\boldsymbol{V}_x(k) = 1$, 反之则为 0); 而 $\boldsymbol{V}_z$ 表示算符 s_i 中 σ^z 出现的情况 (若 s_i 中出现 σ_k^z, 则 $\boldsymbol{V}_z(k) = 1$, 反之则为 0)。利用辛表示, Pauli 算符的乘法、相关性以及对易关系等均可转化为 F_2 上的矢量关系。

（1）两个 Pauli 算符的乘积运算转化为对应二进制矢量的加法运算[②]:

$$(\boldsymbol{V}_x|\boldsymbol{V}_z) \cdot (\boldsymbol{V}_x'|\boldsymbol{V}_z') = (-1)^{\boldsymbol{V}_x \cdot \boldsymbol{V}_z'^{\mathrm{T}}} (\boldsymbol{V}_x \oplus \boldsymbol{V}_x'|\boldsymbol{V}_z \oplus \boldsymbol{V}_z') \tag{5.10}$$

（2）两个 Pauli 算符 s_i 和 s_j 对易等价于它们对应辛表示矢量满足

$$\boldsymbol{V}_x(i) \cdot \boldsymbol{V}_z^{\mathrm{T}}(j) \oplus \boldsymbol{V}_z(i) \cdot \boldsymbol{V}_x^{\mathrm{T}}(j) = 0 \tag{5.11}$$

（3）s_i 为实算符 (含偶数个 σ^y 算符) 等价于其二进制矢量满足

$$\boldsymbol{V}_x(i) \cdot \boldsymbol{V}_z^{\mathrm{T}}(i) = 0$$

（4）一组 Pauli 算符 $S = \{s_1, s_2, \cdots, s_k\}$, $-I \notin S$ 相互独立等价于它们对应的二进制矢量线性独立。

设稳定子码 $\mathcal{S}$ 的 $n-k$ 个独立稳定子算符为 $\{s_1, s_2, \cdots, s_{n-k}\}$, 利用 Pauli 算符的辛表示, 此稳定子码 $\mathcal{S}$ 可表示为一个 $(n-k) \times 2n$ 的矩阵 $M_{\mathcal{S}}$ （每一行对应一个稳定子算符的辛表示）:

$$M_S = (M_X|M_Z) = \begin{bmatrix} \boldsymbol{V}_x(1) & \boldsymbol{V}_z(1) \\ \boldsymbol{V}_x(2) & \boldsymbol{V}_z(2) \\ \vdots & \vdots \\ \boldsymbol{V}_x(n-k-1) & \boldsymbol{V}_z(n-k-1) \\ \boldsymbol{V}_x(n-k) & \boldsymbol{V}_z(n-k) \end{bmatrix}$$

① 参见文献 A. R. Calderbank, A. Robert, P. W. Shor, and N. J. A. Sloane, Phys. Rev. Lett. **78**, 405 (1997).

② 此处, 我们设定辛表示 $(1|1) = i\sigma^y$。

M_S 中所有稳定子相互对易的条件可表示为

$$M_S \begin{bmatrix} 0 & I_{n \times n} \\ I_{n \times n} & 0 \end{bmatrix} M_S^{\mathrm{T}} = 0$$

例 5.7 Shor 码的辛表示

Shor 码对应稳定子的辛表示 $M_{\mathrm{Shor}} = (M_X | M_Z)$ 为

$$\begin{bmatrix} & & & & & & & & & & 1 & 1 & 0 & 0 & 0 & 0 & 0 & 0 & 0 \\ & & & & & & & & & & 1 & 0 & 1 & 0 & 0 & 0 & 0 & 0 & 0 \\ & & & & & & & & & & 0 & 0 & 0 & 1 & 1 & 0 & 0 & 0 & 0 \\ & & & & & & & & & & 0 & 0 & 0 & 1 & 0 & 1 & 0 & 0 & 0 \\ & & & & & & & & & & 0 & 0 & 0 & 0 & 0 & 0 & 1 & 1 & 0 \\ & & & & & & & & & & 0 & 0 & 0 & 0 & 0 & 0 & 1 & 0 & 1 \\ 1 & 1 & 1 & 1 & 1 & 1 & 0 & 0 & 0 & & & & & & & & & & \\ 1 & 1 & 1 & 0 & 0 & 0 & 1 & 1 & 1 & & & & & & & & & & \end{bmatrix} \quad (5.12)$$

注意到, 此矩阵具有分块特征, 即某些稳定子算符只含 σ^x 算符, 而其余稳定子算符只含 σ^z 算符。后面我们将看到, 这是 CSS 码的典型特征。

对 $(n - k) \times 2n$ 矩阵 M_S, 我们可实施如下两个基本操作:

(1) 将任意一个行矢量加到另一个行矢量上 (等价于将一个稳定子乘到另一个稳定子上)[①];

(2) 同时交换 M_X 和 M_Z 中的两列 (等价于比特序号重排)。

反复使用这两个基本操作, 对 M_S 中的矩阵 M_X 进行 (类高斯) 消元将得到如下形式:

$$M_S' = (M_X' | M_Z') = \begin{bmatrix} I_{r \times r} & A_{r \times (n-r)} & B_{r \times r} & C_{r \times (n-r)} \\ 0 & 0 & D_{(n-k-r) \times r} & E_{(n-k-r) \times (n-r)} \end{bmatrix}$$

其中 r 是矩阵 M_X 的秩, 且 $I_{r \times r}$ 是 r 阶单位阵。此消元过程可继续应用于矩阵 $E_{(n-k-r) \times (n-r)}$, 则矩阵 M_S' 可进一步简化为

$$M_S'' = \begin{bmatrix} I_{r \times r} & A_{r \times \mu} & \tilde{A}_{r \times (k+p)} & B_{r \times r} & C_{r \times \mu} & \tilde{C}_{r \times (k+p)} \\ 0 & 0 & 0 & D_{\mu \times r} & I_{\mu \times \mu} & \tilde{E}_{\mu \times (k+p)} \\ 0 & 0 & 0 & D_{p \times r}^2 & 0 & 0 \end{bmatrix}$$

其中 $\mu = n - k - r - p$ 是矩阵 $E_{(n-k-r) \times (n-r)}$ 的秩。

---

① 加法为模 2 加 $\oplus$, 且此操作保持稳定子群不变。

由于稳定子码 $\mathcal{S}$ 中任意两个稳定子算符对易，且基本操作不改变稳定子的对易性，M_S'' 中的行矢量也应相互对易。特别地，考虑最上面的 r 个算符与最下面的 p 个算符之间的对易性，得到关系：

$$D_{p \times r}^2 \cdot I = 0$$

即 $D_{p \times r}^2 = 0$。由于 M_S 中稳定子算符相互独立，矩阵 M_S'' 的秩应为 $n - k$，因而，$p = 0$。

因此，将 k 个逻辑比特编码到 n 个物理比特的稳定子码 $\mathcal{S}$ 都可表示为标准形式：

$$\begin{bmatrix} I_{r \times r} & A_{r \times (n-k-r)} & \tilde{A}_{r \times k} & B_{r \times r} & C_{r \times (n-k-r)} & \tilde{C}_{r \times k} \\ 0 & 0 & 0 & D_{(n-k-r) \times r} & I_{(n-k-r) \times (n-k-r)} & \tilde{E}_{(n-k-r) \times k} \end{bmatrix} \quad (5.13)$$

例 5.8　Shor 码标准形式

按前面的消元法可得 Shor 码的辛矩阵 M_S（5.12）的标准形式为

$$\left[\begin{array}{ccccccccc} 1 & 0 & 1 & 1 & 0 & 1 & 1 & 0 & 1 \\ 0 & 1 & 0 & 1 & 1 & 1 & 0 & 1 & 1 \\ & & & & & & & & \\ & & & & & & & & \\ & & & & & & & & \\ & & & & & & & & \\ & & & & & & & & \\ & & & & & & & & \end{array}\right|\left.\begin{array}{ccccccccc} & & & & & & & & \\ & & & & & & & & \\ 1 & 0 & 1 & 0 & 0 & 0 & 0 & 0 & 0 \\ 0 & 0 & 0 & 1 & 0 & 0 & 0 & 0 & 1 \\ 0 & 1 & 0 & 0 & 1 & 0 & 0 & 0 & 0 \\ 0 & 0 & 0 & 0 & 0 & 1 & 0 & 0 & 1 \\ 1 & 0 & 0 & 0 & 0 & 0 & 1 & 0 & 0 \\ 0 & 1 & 0 & 0 & 0 & 0 & 0 & 1 & 0 \end{array}\right]$$

利用标准形式（5.13）可确定逻辑比特 i 上的 Pauli 算符 $\bar{X}_i$ 和 $\bar{Z}_i$。

设稳定子群 $\mathcal{S}$ 的正规化子 $\mathcal{N}_{\mathcal{P}_n}(\mathcal{S})$ 中算符 $\bar{s}$ 的辛形式为

$$\bar{V} = \begin{bmatrix} \bar{V}_{x1}, \bar{V}_{x2}, \bar{V}_{x3} | \bar{V}_{z1}, \bar{V}_{z2}, \bar{V}_{z3} \end{bmatrix}$$

其中 $\bar{V}_{x1}, \bar{V}_{x2}, \bar{V}_{x3}; \bar{V}_{z1}, \bar{V}_{z2}, \bar{V}_{z3}$ 分别为 r 维、$n-k-r$ 维、k 维、r 维、$n-k-r$ 维以及 k 维矢量，与标准形式（5.13）中的分块保持一致。

因逻辑比特上的操作算符仅与商群 $\mathcal{N}_{\mathcal{P}_n}(S)/S$ 相关，而与 $\bar{s}$ 所在陪集中算符的选择无关，故我们可选择简单的算符作为其所在陪集的代表。具体地，矢量 $\bar{V}$ 可通过与标准形式（5.13）中某些行相加（与 S 中算符相乘）来简化其形式：通过消元法（与 M_S'' 中前 r 行中某些行相加）使 $V_{x1} = 0$；再通过与 M_S'' 中后 $n-k-r$ 行中的某些行相加，使 $V_{z2} = 0$。因此，与稳定子码中逻辑操作相关的算符 $\bar{V}$ 均

可简化为

$$\bar{V} = \left[0, \bar{V}_{x2}, \bar{V}_{x3} | \bar{V}_{z1}, 0, \bar{V}_{z3}\right] \tag{5.14}$$

将所有逻辑操作 $\bar{X}_i$ 对应的算符放在一起形成一个 $k \times 2n$ 矩阵:

$$\boldsymbol{X}_S = [0, \boldsymbol{U}_2, \boldsymbol{U}_3 | \boldsymbol{V}_1, 0, \boldsymbol{V}_3]$$

其中 $\boldsymbol{V}_1$ 是 $k \times r$ 的矩阵, $\boldsymbol{U}_2$ 是 $k \times (n-k-r)$ 的矩阵, $\boldsymbol{U}_3$ 和 $\boldsymbol{V}_3$ 是 $k \times k$ 的矩阵。显然, 矩阵 $\boldsymbol{X}_S$ 并不唯一, 但不同的 $\boldsymbol{X}_S$ 矩阵间可通过 S 中算符进行连接。

(1) 利用消元过程, 将 $\boldsymbol{X}_S$ 中的矩阵 $\boldsymbol{U}_3$ 对角化为 $I_{k \times k}$, 得到

$$\boldsymbol{X}_S = [0, \hat{\boldsymbol{U}}_2, I | \hat{\boldsymbol{V}}_1, 0, \hat{\boldsymbol{V}}_3]$$

矩阵 $\boldsymbol{X}_S$ 还需满足如下条件:

(i) $\boldsymbol{X}_S$ 中的行矢量之间满足对易条件, 即

$$\hat{\boldsymbol{V}}_3 \oplus \hat{\boldsymbol{V}}_3^{\mathrm{T}} = 0$$

(ii) $\boldsymbol{X}_S$ 中每个行矢量与 S 中所有算符对易, 即

$$\begin{bmatrix} I & A & \tilde{A} & | & B & C & \tilde{C} \\ 0 & 0 & 0 & | & D & I & \tilde{E} \end{bmatrix} \begin{bmatrix} \hat{\boldsymbol{V}}_1^{\mathrm{T}} \\ 0 \\ \hat{\boldsymbol{V}}_3^{\mathrm{T}} \\ 0 \\ \hat{\boldsymbol{U}}_2^{\mathrm{T}} \\ I \end{bmatrix} = \begin{bmatrix} 0 \\ 0 \end{bmatrix}$$

即

$$\begin{cases} \hat{\boldsymbol{V}}_1^{\mathrm{T}} \oplus \tilde{A}\hat{\boldsymbol{V}}_3^{\mathrm{T}} \oplus C\hat{\boldsymbol{U}}_2^{\mathrm{T}} \oplus \tilde{C} = 0 \\ \hat{\boldsymbol{U}}_2^{\mathrm{T}} \oplus \tilde{E} = 0 \end{cases}$$

其中矩阵 A, $\tilde{A}$, B, C, $\tilde{C}$, D 和 $\tilde{E}$ 对应于稳定子码标准形式 (5.13) 中的相应矩阵。

根据 $\hat{\boldsymbol{V}}_3^{\mathrm{T}} \oplus \hat{\boldsymbol{V}}_3 = 0$, 可知 $\hat{\boldsymbol{V}}_3$ 为对称矩阵[①]。若给定对称矩阵 $\hat{\boldsymbol{V}}_3$, 由条件式 (ii) 可直接解得 $\hat{\boldsymbol{V}}_1$ 和 $\hat{\boldsymbol{U}}_2$:

$$\begin{cases} \hat{\boldsymbol{U}}_2 = \tilde{E}^{\mathrm{T}} \\ \hat{\boldsymbol{V}}_1 = \tilde{E}^{\mathrm{T}}C^{\mathrm{T}} \oplus \tilde{C}^{\mathrm{T}} \oplus \hat{\boldsymbol{V}}_3\tilde{A}^{\mathrm{T}} \end{cases}$$

① 在运算 $\oplus$ 中, 由 $\hat{\boldsymbol{V}}_3^{\mathrm{T}} \oplus \hat{\boldsymbol{V}}_3 = 0$ 可得 $\hat{\boldsymbol{V}}_3^{\mathrm{T}} = \hat{\boldsymbol{V}}_3$。

特别地，若取 $\hat{V}_3 = 0$，则矩阵 $\boldsymbol{X}_S$ 完全被稳定子码标准形式中的矩阵所确定，即有标准形式：

$$\boldsymbol{X}_S = [0, \tilde{E}^{\mathrm{T}}, I \mid \tilde{E}^{\mathrm{T}}C^{\mathrm{T}} \oplus \tilde{C}^{\mathrm{T}}, 0, 0] \tag{5.15}$$

相同地，令所有 $\bar{Z}_i$ 对应算符形成的矩阵为

$$\boldsymbol{Z}_S = [0, \boldsymbol{U}'_2, \boldsymbol{U}'_3 \mid \boldsymbol{V}'_1, 0, \boldsymbol{V}'_3]$$

它除需满足与 $\boldsymbol{X}_S$ 类似的条件：

$$\begin{cases} \boldsymbol{V}'_3 \cdot \boldsymbol{U}'^{\mathrm{T}}_3 \oplus \boldsymbol{U}'_3 \cdot \boldsymbol{V}'^{\mathrm{T}}_3 = 0 \\ \boldsymbol{V}'^{\mathrm{T}}_1 \oplus \tilde{A}\boldsymbol{V}'^{\mathrm{T}}_3 \oplus C\boldsymbol{U}'^{\mathrm{T}}_2 \oplus \tilde{C}\boldsymbol{U}'^{\mathrm{T}}_3 = 0 \\ \boldsymbol{U}'^{\mathrm{T}}_2 \oplus \tilde{E}\boldsymbol{U}'^{\mathrm{T}}_3 = 0 \end{cases}$$

外，还需满足与 $\boldsymbol{X}_S$ 中元素的反对易条件

$$\begin{cases} [\bar{X}_i, \bar{Z}_j] = 0 & (i \neq j) \\ \bar{X}_i\bar{Z}_i + \bar{X}_i\bar{Z}_i = 0 \end{cases}$$

即

$$\boldsymbol{U}'_3 \cdot \boldsymbol{V}^{\mathrm{T}}_3 \oplus \boldsymbol{V}'_3 \cdot \boldsymbol{U}^{\mathrm{T}}_3 = I$$

在已知 $\boldsymbol{X}_S = [0, \tilde{E}^{\mathrm{T}}, I | \tilde{E}^{\mathrm{T}}C^{\mathrm{T}} \oplus \tilde{C}^{\mathrm{T}}, 0, 0]$ 条件下，易得 $\boldsymbol{Z}_S$ 的标准形式为

$$\boldsymbol{Z}_S = [0, 0, 0 | \tilde{A}^{\mathrm{T}}, 0, I] \tag{5.16}$$

由此可见，稳定子码 S 的逻辑比特算符完全由它的标准形式（5.13）确定。

（2）若利用消元法将 $\boldsymbol{X}_S$ 中的矩阵 $\boldsymbol{V}_3$ 对角化为 $I_{k \times k}$，即

$$\boldsymbol{X}_S = [0, \hat{\boldsymbol{U}}_2, \hat{\boldsymbol{U}}_3 | \hat{\boldsymbol{V}}_1, 0, I]$$

与前面相同的推导，在 $\boldsymbol{U}_3 = 0$ 的情况下，可得到

$$\boldsymbol{U}_2 = 0, \qquad \boldsymbol{V}_1 = \tilde{A}^{\mathrm{T}}$$

因此

$$\boldsymbol{X}_S = [0, 0, 0 | \tilde{A}^{\mathrm{T}}, 0, I] \tag{5.17}$$

而通过 $\boldsymbol{X}_S$ 与 $\boldsymbol{Z}_S$ 的对易关系直接得到 $\boldsymbol{U}'_3 = I$，进一步推导可得

$$\boldsymbol{Z}_S = [0, \tilde{E}^{\mathrm{T}}, I \mid \tilde{E}^{\mathrm{T}}C^{\mathrm{T}} \oplus \tilde{C}^{\mathrm{T}}, 0, 0] \tag{5.18}$$

显然，这两种情况得到的结果等价，仅仅是将 $\bar{X}_i$ 与 $\bar{Z}_i$ 进行了对换（相当于进行了基变换）。后面我们将使用第二种形式。

例 5.9   Shor 码的逻辑算符

利用 Shor 码的标准形式，以及前面的公式，可得到逻辑比特上算符 $\bar{X}$ 和 $\bar{Z}$ 的辛表示为

$$\bar{X} = [000101001|000000000]$$

$$\bar{Z} = [000000000|110000001]$$

在获得标准形式过程中交换了比特 2 和 7，5 和 9，算符 $\bar{X}$ 和 $\bar{Z}$ 还原为初始比特编号为

$$\bar{X} = \sigma_4^x \sigma_5^x \sigma_6^x, \qquad \bar{Z} = \sigma_1^z \sigma_5^z \sigma_7^z$$

简单地验证可知 $\bar{X}$ 事实上在逻辑比特上起着与 σ^z 类似的作用，而 $\bar{Z}$ 在逻辑比特上起着 σ^x 的作用。由于逻辑算符 $\bar{X}$ 和 $\bar{Z}$ 的权重均为 3，按稳定子码码距的定义，Shor 码的码距为 3，它仅能纠正单比特上的错误。

5.3.2   CSS 码的稳定子理论

CSS 码是稳定子码，其稳定子群 $\mathcal{S}$ 可从构造 CSS 码的经典码 $\mathcal{C}_1$ 和 $\mathcal{C}_2^\perp$ 的校验矩阵直接获得。具体地，有如下定理。

定理 5.3.1 (CSS 码的稳定子)   已知经典的 $[n, k_1]$ 码 $\mathcal{C}_1$ 和 $[n, k_2]$ 码 $\mathcal{C}_2$，它们满足条件构造 CSS 码的条件 $\mathcal{C}_2 \subseteq \mathcal{C}_1$，则它们定义的 CSS 码（稳定子码）的稳定子辛表示具有如下形式：

$$M_{\mathrm{CSS}} = \left[\begin{array}{c|c} H[\mathcal{C}_2^\perp] & 0 \\ 0 & H[\mathcal{C}_1] \end{array} \right]$$

其中 $H[\mathcal{C}]$ 为线性码 $\mathcal{C}$ 的校验矩阵。

我们来证明 M_{CSS} 中对应稳定子定义的量子纠错码与 CSS 码一致。

证明   首先，M_{CSS} 定义的稳定子间相互对易。按辛表示的性质，我们只需证明：$M_{\mathrm{CSS}} \Lambda M_{\mathrm{CSS}}^{\mathrm{T}} = 0$ 即可，其中

$$\Lambda = \left[\begin{array}{cc} 0_{n\times n} & I_{n\times n} \\ I_{n\times n} & 0_{n\times n} \end{array} \right]$$

代入 M_{CSS} 的表达式得到

$$M_{\mathrm{CSS}} \Lambda M_{\mathrm{CSS}}^{\mathrm{T}} = H[\mathcal{C}_2^\perp] H[\mathcal{C}_1]^{\mathrm{T}} = G[\mathcal{C}_2]^{\mathrm{T}} H[\mathcal{C}_1]^{\mathrm{T}} = (H[\mathcal{C}_1] G[\mathcal{C}_2])^{\mathrm{T}}$$

既然 $\mathcal{C}_2 \subseteq \mathcal{C}_1$，则校验矩阵 $H[\mathcal{C}_1]$ 作用到 $\mathcal{C}_2$ 码的任何码字上都为零，即上面的表

达式恒为 0。

我们接下来说明 CSS 码定义的码字 $|x + \mathcal{C}_2\rangle$ 的确是稳定子 M_{CSS} 的本征值为 1 的本征态。分两种情况讨论：

(1) 若稳定子 $\hat{h}_k$ 是 $H[\mathcal{C}_2^{\perp}]$ 第 k 行对应的算符，此时，$\hat{h}_k$ 仅包含物理比特上的 σ^x 操作。因此

$$\hat{h}_k|x + \mathcal{C}_2\rangle = \frac{1}{\sqrt{|\mathcal{C}_2|}} \sum_{y \in \mathcal{C}_2} \hat{h}_k|x + y\rangle \qquad (x \in \mathcal{C}_1)$$

$$= \frac{1}{\sqrt{|\mathcal{C}_2|}} \sum_{y \in \mathcal{C}_2} |x + y + h_k\rangle \qquad (\sigma^x \text{ 使比特翻转})$$

其中比特串 h_k 为 $H[\mathcal{C}_2^{\perp}]$ 的第 k 行。由于 $G[\mathcal{C}_2] = H[\mathcal{C}_2^{\perp}]^{\mathrm{T}}$，因此，$\mathcal{C}_2$ 的校验矩阵 $H[\mathcal{C}_2]$ 与 $H[\mathcal{C}_2^{\perp}]$ 的行矢量 h_k 正交。因此，h_k 在 $\mathcal{C}_2$ 中。故

$$\sum_{y \in \mathcal{C}_2} |x + y + h_k\rangle = \sum_{y \in \mathcal{C}_2} |x + y\rangle$$

由此可知 $\hat{h}_k|x + \mathcal{C}_2\rangle = |x + \mathcal{C}_2\rangle$ 对任意 $x \in \mathcal{C}_1$ 均成立（$|x + \mathcal{C}_2\rangle$ 是算符 $\hat{h}_k$ 本征值为 1 的本征态）。

(2) 若稳定子 $\hat{g}_k$ 是 $H[\mathcal{C}_1]$ 的第 k 行对应的算符，此时，$\hat{g}_k$ 只包含物理比特上的 σ^z 操作。为利用前面的结论，我们对 $\hat{g}_k|x + \mathcal{C}_2\rangle$ 做 Hadamard 变换：

$$\frac{1}{\sqrt{|\mathcal{C}_2|}} \sum_{y \in \mathcal{C}_2} H\hat{g}_k H \sum_{z'} (-1)^{(x+y) \cdot z'} |z'\rangle = \frac{1}{\sqrt{|\mathcal{C}_2|}} \sum_{z' \in \mathcal{C}_2^{\perp}} (-1)^{x \cdot z'} H\hat{g}_k H|z'\rangle$$

在 Hadamard 门作用下，σ^z 变为 σ^x。因此，前面的量子态变为

$$\frac{1}{\sqrt{|\mathcal{C}_2|}} \sum_{z' \in \mathcal{C}_2^{\perp}} (-1)^{x \cdot z'} |z' + g_k\rangle$$

其中比特串 g_k 是 $H[\mathcal{C}_1]$ 的第 k 行。

显然，$g_k \in \mathcal{C}_1^{\perp}$。由 $\mathcal{C}_2 \subseteq \mathcal{C}_1$ 可知得

$$\mathcal{C}_1^{\perp} \subseteq \mathcal{C}_2^{\perp}$$

因此，$g_k \in \mathcal{C}_2^{\perp}$。故

$$\sum_{z' \in \mathcal{C}_2^{\perp}} (-1)^{xz'} |z' + g_k\rangle = \sum_{z' \in \mathcal{C}_2^{\perp}} (-1)^{xz'} |z'\rangle$$

即 $|x + \mathcal{C}_2\rangle$ 也是稳定子 $\hat{g}_k$ 的本征值为 1 的本征态。   □

从 M_{CSS} 的形式可见 CSS 码的稳定子群 $\mathcal{S}$ 中存在一组生成元使得：每个生

成元中仅包含 σ^x 或仅包含 σ^z 算符。此结论的逆也成立,即有如下定理。

定理 若稳定子码 $\mathcal{S}$ 的一组生成元仅含有 σ^x 或仅含有 σ^z,那么,此稳定子码是 CSS 码。

既然任意 CSS 码的生成元中仅含 σ^x 或 σ^z,那么,任意 CSS 码的逻辑状态 $|\bar{0}\rangle$ 和 $|\bar{1}\rangle$(逻辑算符 $\bar{Z}$ 的本征值为 1 和 -1 的本征态)可通过如下的方式获得(已假设 CSS 码仅编码一个逻辑比特):

$$\begin{cases} |\bar{0}\rangle = \prod_i \frac{I + X_i}{2}|\mathbf{0}\rangle \\ |\bar{1}\rangle = \bar{X}|\bar{0}\rangle \end{cases} \tag{5.19}$$

其中 X_i 为仅含算符 σ^x 的稳定子生成元,$\bar{X}$ 是逻辑算符 σ^x,而 $|\mathbf{0}\rangle = |0^{\otimes n}\rangle$ 表示所有物理比特都取 $|0\rangle$ 态(Pauli 算符 σ^z 本征值为 1 的量子态)。显然,$|\mathbf{0}\rangle$ 是仅含 σ^z 的稳定子的本征值为 1 的共同本征态。而算符 $I + X_i$ 将任意量子态投影到 X_i 的本征值为 1 的子空间,因此,它也是仅含 σ^x 的稳定子的本征值为 1 的共同本征态。若选择逻辑操作 $\bar{Z}$ 为所有 σ^z 算符的直积(参见定理 5.3.2),则前面定义的逻辑态满足 $\bar{Z}|\bar{0}\rangle = |\bar{0}\rangle$,$\bar{Z}|\bar{1}\rangle = -|\bar{1}\rangle$。

例 5.10 从 $[[7,1,3]]$ 码(Steane 码)的校验矩阵获得其稳定子

按前面的讨论,$[[7,1,3]]$ 码(Steane 码)由 $\mathcal{C}_1 = \mathcal{C}$ 码和 $\mathcal{C}_2 = \mathcal{C}_1^\perp$ 构造。其中,$\mathcal{C}_1$ 码的校验矩阵为

$$H[\mathcal{C}_1] = \begin{bmatrix} 1 & 0 & 1 & 0 & 1 & 0 & 1 \\ 0 & 1 & 1 & 0 & 0 & 1 & 1 \\ 0 & 0 & 0 & 1 & 1 & 1 & 1 \end{bmatrix}$$

而 $H[\mathcal{C}_2^\perp] = H[\mathcal{C}_1]$。因此,根据定理 5.3.1,$[[7,1,3]]$ 码(Steane 码)中稳定子对应的辛表示矩阵为

$$\mathcal{M}_{\text{Steane}} = \begin{bmatrix} 1 & 0 & 1 & 0 & 1 & 0 & 1 & & 0 & 0 & 0 & 0 & 0 & 0 & 0 \\ 0 & 1 & 1 & 0 & 0 & 1 & 1 & & 0 & 0 & 0 & 0 & 0 & 0 & 0 \\ 0 & 0 & 0 & 1 & 1 & 1 & 1 & & 0 & 0 & 0 & 0 & 0 & 0 & 0 \\ 0 & 0 & 0 & 0 & 0 & 0 & 0 & & 1 & 0 & 1 & 0 & 1 & 0 & 1 \\ 0 & 0 & 0 & 0 & 0 & 0 & 0 & & 0 & 1 & 1 & 0 & 0 & 1 & 1 \\ 0 & 0 & 0 & 0 & 0 & 0 & 0 & & 0 & 0 & 0 & 1 & 1 & 1 & 1 \end{bmatrix}$$

由此得到稳定子算符:

$$\sigma_1^x \sigma_3^x \sigma_5^x \sigma_7^x, \qquad \sigma_2^x \sigma_3^x \sigma_6^x \sigma_7^x, \qquad \sigma_4^x \sigma_5^x \sigma_6^x \sigma_7^x$$

$$\sigma_1^z\sigma_3^z\sigma_5^z\sigma_7^z, \qquad \sigma_2^z\sigma_3^z\sigma_6^z\sigma_7^z, \qquad \sigma_4^z\sigma_5^z\sigma_6^z\sigma_7^z$$

例 5.11　从量子 QRM(r,m) 码的检验矩阵获得其稳定子

按量子 QRM(r,m) 码的定义，它是由线性经典码

$$\mathcal{C}_1 = \bar{R}(m-r-1,m)^\perp, \qquad \mathcal{C}_2 = \bar{R}(r,m)$$

构造的 CSS 码。

根据定理 5.3.1，量子 QRM(r,m) 码中稳定子对应的辛表示矩阵如下：

$$\mathcal{M}_{\mathrm{QRM}}(r,m) = \left[\begin{array}{c|c} \bar{G}_{r,m}^{\mathrm{T}} & 0 \\ 0 & \bar{G}_{m-r-1,m}^{\mathrm{T}} \end{array}\right] \tag{5.20}$$

据此，QRM$(1,4)$ 中稳定子对应的辛表示矩阵为

$$\mathcal{M} = \left[\begin{array}{c|c} \bar{G}_{1,4}^{\mathrm{T}} & 0 \\ 0 & \bar{G}_{2,4}^{\mathrm{T}} \end{array}\right]$$

$\bar{G}_{1,4}$ 和 $\bar{G}_{2,4}$ 的具体形式见定义 5.2.2。由此得到量子 QRM$(1,4)$ 码的稳定子算符为

$$\sigma_1^x\sigma_3^x\sigma_5^x\sigma_7^x\sigma_9^x\sigma_{11}^x\sigma_{13}^x\sigma_{15}^x, \qquad \sigma_2^x\sigma_3^x\sigma_6^x\sigma_7^x\sigma_{10}^x\sigma_{11}^x\sigma_{14}^x\sigma_{15}^x$$

$$\sigma_4^x\sigma_5^x\sigma_6^x\sigma_7^x\sigma_{12}^x\sigma_{13}^x\sigma_{14}^x\sigma_{15}^x, \qquad \sigma_8^x\sigma_9^x\sigma_{10}^x\sigma_{11}^x\sigma_{12}^x\sigma_{13}^x\sigma_{14}^x\sigma_{15}^x$$

$$\sigma_4^z\sigma_5^z\sigma_6^z\sigma_7^z\sigma_{12}^z\sigma_{13}^z\sigma_{14}^z\sigma_{15}^z, \qquad \sigma_8^z\sigma_9^z\sigma_{10}^z\sigma_{11}^z\sigma_{12}^z\sigma_{13}^z\sigma_{14}^z\sigma_{15}^z$$

$$\sigma_1^z\sigma_5^z\sigma_9^z\sigma_{13}^z, \quad \sigma_2^z\sigma_6^z\sigma_{10}^z\sigma_{14}^z, \quad \sigma_3^z\sigma_7^z\sigma_{11}^z\sigma_{15}^z, \quad \sigma_5^z\sigma_7^z\sigma_{13}^z\sigma_{15}^z$$

$$\sigma_6^z\sigma_7^z\sigma_{14}^z\sigma_{15}^z, \quad \sigma_9^z\sigma_{11}^z\sigma_{13}^z\sigma_{15}^z, \quad \sigma_{10}^z\sigma_{11}^z\sigma_{14}^z\sigma_{15}^z, \quad \sigma_{12}^z\sigma_{13}^z\sigma_{14}^z\sigma_{15}^z$$

从量子 QRM(r,m) 码的稳定子定义可得到如下结论。

定理 5.3.2 量子 QRM(r,m) 码上的逻辑算符为 $\bar{X}=X^{\otimes 2^m-1}, \bar{Z}=Z^{\otimes 2^m-1}$。

证明 QRM(r,m) 码可通过稳定子矩阵 $\mathcal{M}_{\mathrm{QRM}}(r,m)$（式 (5.20)）定义。显然，算符 $\bar{X}$ 和 $\bar{Z}$ 满足条件 $\{\bar{X},\bar{Z}\}=0$（共有 2^m-1（奇数）个 Pauli 算符对易）。按稳定子码的基本理论，只需说明算符 $\bar{X}$ 和 $\bar{Z}$ 在 $\mathcal{M}_{\mathrm{QRM}}(r,m)$ 对应的稳定子群 S_{QRM} 的正规化子中但不在稳定子群 S_{QRM} 中即可。

为说明算符 $\bar{X}$ 和 $\bar{Z}$ 在稳定子群 S_{QRM} 的正规化子中需证明 $\bar{X}$ 和 $\bar{Z}$ 与所有稳定子对易。

当稳定子算符 $\hat{h}_k$ 仅含 σ^x 算符时，只需证明它与逻辑算符 $\bar{Z}$ 的对易性。根

据算符 $\hat{h}_k$ 与 $\bar{Z}$ 的对易条件（5.11），需说明 $h_k \cdot \mathbf{1} = 0$（其中比特串 h_k 是生成矩阵 $\bar{G}_{r,m}$ 第 k 列，而 $\mathbf{1}$ 是全为 1 的矢量）。这等价于 h_k 中总含有偶数个 1。而这可从 $\bar{G}_{r,m}$ 的递推表达式：

$$\bar{G}_{r,m} = \begin{bmatrix} \bar{G}_{r,m-1} & \mathbf{0} & \mathbf{0} \\ \mathbf{0} & \mathbf{0} & \mathbf{1} \\ \bar{G}_{r,m-1} & \bar{G}_{r-1,m-1} & \mathbf{1} \end{bmatrix}$$

获得

（1）最后一列的 $\mathbf{1}$ 中有 $(2^{m-1} - 1)$ 个 1，因此，最后一列共有偶数个 1；

（2）对含一对 $\bar{G}_{r,m-1}$ 的列，显然 1 的个数为偶数；

（3）而对于含 $\bar{G}_{r-1,m-1}$ 的部分，我们对其继续使用递推公式，便可以得到除含 $\bar{G}_{r-2,m-2}$ 的部分都满足条件，继续不断使用递推公式，我们最终将得到除含 $\bar{G}_{0,m-r}$（或 $\bar{G}_{1,m-r}$）的部分，其余都满足条件，而 $\bar{G}_{0,m-r}$ 显然含有偶数个 1，$\bar{G}_{1,m-r}$ 依据递推式也易看出其每一列都含有偶数个 1[1]。

对仅含 σ^z 的稳定子算符 $\hat{g}_k$ 可类似地得到它与 $\bar{X}$ 的对易性。

为说明 $\bar{X}$ 和 $\bar{Z}$ 不在 S_{QRM}，只需说明矢量（$\mathbf{1}, \mathbf{0}$）和（$\mathbf{0}, \mathbf{1}$）与 $\mathcal{M}_{\mathrm{QRM}}(r, m)$ 中的行矢量线性无关即可。由于 $\mathcal{M}_{\mathrm{QRM}}(r, m)$ 中的行矢量（$\bar{G}_{r,m}$ 的列矢量）含偶数个 1，那么，它们的任意线性组合也含偶数个 1，而 $\bar{X}$ 和 $\bar{Z}$ 都含奇数个（$2^m - 1$）1。因此，它们一定线性无关。

定理得证。 $\square$

5.3.3 Codeword Stablized（CWS）量子码

在 One-way 量子计算中我们建立了图态（量子态）与图之间的对应关系，通过 CWS 码也可建立稳定子码与图之间的联系。为此，我们首先来建立稳定子态与图态的关系[2]。

当稳定子群 $\mathcal{S}$ 中的生成元个数与系统的比特数目 n 相同时，它们的共同本征态 $|\psi\rangle$ 是唯一的（不再是编码空间），此稳定子群的本征值为 1 的共同本征态称为稳定子态。显然，图态是稳定子态的特例，且

定理 任意稳定子态都与一个图态局域 Clifford 等价。

证明 （1）将定义稳定子态的稳定子辛表示通过高斯消元法（比特编号重排以及稳定子生成元相乘）可得标准形式

---

[1] $m - r = 1$ 时，$\bar{G}_{1,1}$ 只有一个 1，但是此时的 QRM 码的码距只有 1，不是一个有效的纠错码，故忽略。

[2] 参见文献 A. Cross, G. Smith, J. A. Smolin, and B. Zen, IEEE. T. Inform. Theory, **55**, 433-438 (2009).

$$M_S = \left[\begin{array}{cc|cc} I_{r\times r} & A_{r\times(n-r)} & B_{r\times r} & C_{r\times(n-r)} \\ 0 & 0 & D_{(n-r)\times r} & I_{(n-r)\times(n-r)} \end{array} \right]$$

对应于稳定子码标准形式（5.13）中 $k=0$ 的情况。

（2）对编号为 $r+1, r+2, \cdots, n$ 的比特做 Hadamard 变换（此变换为 Clifford 变换）。由于

$$H\sigma^x H = \sigma^z, \qquad H\sigma^z H = \sigma^x$$

则 S_M 中的 X 矩阵和 Z 矩阵的 $r+1, r+2, \cdots, n$ 列进行了交换，得到

$$M_S' = \left[\begin{array}{cc|cc} I_{r\times r} & C_{r\times(n-r)} & B_{r\times r} & A_{r\times(n-r)} \\ 0 & I_{(n-r)\times(n-r)} & D_{(n-r)\times r} & 0 \end{array} \right]$$

（3）再次利用消元法（将某一行加到另一行上去），可将左边 X 矩阵变为标准单位矩阵，得到

$$M_S'' = \left[\begin{array}{cc|cc} I_{r\times r} & 0 & B_{r\times r}' & A_{r\times(n-r)} \\ 0 & I_{(n-r)\times(n-r)} & D_{(n-r)\times r} & 0 \end{array} \right]$$

此时，左边的 X 矩阵已是单位矩阵。为说明它对应于图态，只需说明右边的 Z 矩阵是某个图的相邻矩阵。

考虑稳定子间的对易关系：

（i）由于 M_S'' 前 r 行对应的算符与后 $n-r$ 行对应的算符对易，因此得到等式：

$$\left[\begin{array}{cc} I_{r\times r} & 0 \end{array} \right] \left[\begin{array}{c} D_{(n-r)\times r}^{\mathrm{T}} \\ 0 \end{array} \right] \oplus \left[\begin{array}{cc} B_{r\times r}' & A_{r\times(n-r)} \end{array} \right] \left[\begin{array}{c} 0 \\ I_{(n-r)\times(n-r)} \end{array} \right]$$

$$= D_{(n-r)\times r}^{\mathrm{T}} \oplus A_{r\times(n-r)} = 0$$

（ii）由前 r 行对应算符之间的对易性得到关系：

$$\left[\begin{array}{cc} I_{r\times r} & 0 \end{array} \right] \left[\begin{array}{c} (B_{r\times r}')^{\mathrm{T}} \\ (A_{r\times(n-r)})^{\mathrm{T}} \end{array} \right] \oplus \left[\begin{array}{cc} B_{r\times r}' & A_{r\times(n-r)} \end{array} \right] \left[\begin{array}{c} I_{r\times r} \\ 0 \end{array} \right]$$

$$= (B_{r\times r}')^{\mathrm{T}} \oplus B_{r\times r}' = 0$$

综合以上两个事实可知矩阵

$$\left[\begin{array}{cc} B_{r\times r}' & A_{r\times(n-r)} \\ D_{(n-r)\times r} & 0 \end{array} \right]$$

为对称矩阵，因此，它确实对应某个图 G 的相邻矩阵。　　　　　　　□

在稳定子态基础上，可定义码字稳定的 (codeword stablized, CWS) 量子码，

它是稳定子码的推广（它可生成非加性码）。CWS 量子码的定义如下。

定义 (CWS 量子码 1)　给定 n 比特系统上由稳定子群 $\mathcal{S}\,(-I \notin S)$ 确定的稳定子态 $|S\rangle$，以及 Pauli 群 $\mathcal{P}_n$ 中 K 个元素组成的集合 $W = \{w_1, w_2, \cdots, w_K\}$[1]，则由 $|S\rangle$ 和 W 确定的 CWS 量子码的码字定义

$$|w_l\rangle = w_l|S\rangle \qquad (l = 1, 2, \cdots, K)$$

此 CWS 码记为 $((n, K, d))$，其中 d 为码距。稳定子群 $\mathcal{S}$ 称为 CWS 码的码字稳定子，而集合 W 称为 CWS 码的码字算符。事实上，稳定子码可看作 CWS 量子码的特例，即

定理　设稳定子码 $\mathcal{S}$ 由 $n - k$ 个稳定子 $\{s_1, s_2, \cdots, s_{n-k}\}$ 生成，且其 k 个逻辑比特上的 Pauli 算符为 $\bar{X}_1, \bar{X}_2, \cdots, \bar{X}_k$ 和 $\bar{Z}_1, \bar{Z}_2, \cdots, \bar{Z}_k$，则此稳定子码可看作由稳定子群 S'：

$$S' = \langle s_1, s_2, \cdots, s_{n-k}, \bar{X}_1, \bar{X}_2, \cdots, \bar{X}_k \rangle$$

确定的稳定子态 $|S'\rangle$，以及码字算符 $\{\bar{Z}_1, \bar{Z}_2, \cdots, \bar{Z}_k\}$ 共同定义的 CWS 量子码。

对 CWS 码，我们有以下几点说明：

（1）CWS 量子码的码字 $|w_l\rangle$（$l = 1, 2, \cdots, K$）间应相互正交。因此，码字算符 W 中最多有一个处于稳定子群 $\mathcal{S}$ 中[2]（设为 w_1）；换言之，其余码字算符 w_k（$k = 2, 3, \ldots, K$）都至少与 $\mathcal{S}$ 中一个算符反对易。因此，CWS 量子码中的码字 $|w_l\rangle$ 满足条件：

$$s|w_l\rangle = sw_l|S\rangle = \pm w_l s|S\rangle = \pm|w_l\rangle \qquad (\forall s \in S)$$

这表明码字 $|w_l\rangle$（$l = 1, 2, \cdots, K$）均为 $\mathcal{S}$ 中算符的共同本征态（本征值为 ± 1）。

（2）由于稳定子态与图态局域 Clifford 等价，CWS 量子码可直接定义于图态上。由图态部分的式 (3.8) 可知稳定子群 $S = \langle K_1, K_2, \cdots, K_n \rangle$（$K_i$ 为图态中的稳定子）的任意共同本征态 $|W\rangle$（共有 2^n 个）均可表示为

$$|W\rangle = \prod_{i=1}^{n} (\sigma_i^z)^{W^i} |G\rangle$$

（其中 W^i 是 n-比特字符串 W 中第 i 位上的取值，$|G\rangle$ 为 S 图态）。因此，在图态上定义 CWS 码时，其码字算符仅包含算符 σ^z，此时，码字算符 w_l 可由一个长度为 n 的比特串确定。码字算符组成的集合 W（由长度为 n 的比特串组成）具

---

① 与前面一样，此处的 Pauli 算符仍只考虑厄密算符。

② 稳定子群中算符都对应于稳定子态。

有经典码结构，此结构将决定 CWS 量子码的性质：若 W 为加性码，则 CWS 码具有加性；反之，若 W 中比特串不满足加性，则 CWS 量子码也不再是加性码。

综上，CWS 量子码可由一个图态和一个经典码 $\mathcal{C}$ 定义。

定义 (CWS 量子码 2)　设 n 比特量子态 $|G\rangle$ 为图 G 对应的图态，而 $\mathcal{C}$ 为含 K 个码字的 n 比特经典码。对经典码 $\mathcal{C}$ 中的任意码字 $\bar{r} = (r_1, r_2, \cdots, r_n)$，在 $|G\rangle$ 上可定义 CWS 量子码中的码字：$|\bar{r}_L\rangle = \prod_{i=1}^{n} Z_i^{r_i} |G\rangle$。

由于图态 $|G\rangle$ 的稳定子生成元为 $K_i = \sigma_i^x \prod_j (\sigma_j^z)^{\Gamma_{ij}}$（其中 Γ_{ij} 是图态对应图相邻矩阵的矩阵元），当算符 σ^x 作用于图态 $|G\rangle$ 上某个比特时，等效于在其相邻比特上作用 σ^z 算符。因此，在基于图态的 CWS 量子码中只需考虑形如 $\prod_i (\sigma_i^z)^{e_i}$ 的错误，即 CWS 码中的错误也可用一个长度为 n 的比特串 e 描述。CWS 量子码中可探测错误对应的比特串 e 必然在经典码 $\mathcal{C}$ 中也可被探测。换言之，量子 CWS 码的纠错能力与经典码的纠错能力密切相关。

例 5.12　$((5,6,2))$ 码

$((5,6,2))$ 码是发现的第一个非加性量子码，它可通过 CWS 码构造如下：$((5,6,2))$ 码中包含 5 个物理比特，我们用图 5.2 所示的图态作为 CWS 量子码的稳定子态 $|R_5\rangle$。

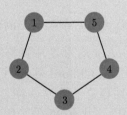

图 5.2　$((5,6,2))$ 码的图态：5 顶点环形图对应的图态作为定义 $((5,6,2))$ 码的稳定子态

因 $((5,6,2))$ 的码距为 2，它能探测所有单比特错误（但不能纠正）。而图态 $|R_5\rangle$ 中所有单比特错误可表示为

$$X_i|R_5\rangle = Z_{i-1}Z_{i+1}|R_5\rangle$$

$$Y_i|R_5\rangle = Z_{i-1}Z_iZ_{i+1}|R_5\rangle$$

$$Z_i|R_5\rangle = Z_i|R_5\rangle$$

它们都具有 Z^e 形式, 而比特串 e 有如下 15 种形式:

单个 X 错误: 01001, 10100, 01010, 00101, 10010

单个 Y 错误: 11001, 11100, 01110, 00111, 10011

单个 Z 错误: 10000, 01000, 00100, 00010, 00001

为使这些单比特错误都可探测, CWS 码的经典码字 $c_{l=0,1,\cdots,5}$ (对应码字算符为 Z^{c_l}) 应选为

00000, 11010, 01101, 10110, 01011, 10101

因此, CWS 量子码的码字为 $Z^{c_l}|R_5\rangle$ ($l=0,1,\cdots,5$)。

设 CWS 量子码通过 n-比特图态 $|G\rangle$ 以及经典线性码 $\mathcal{C}$ ($[n,k]$ 码) 定义, 则其 k 个逻辑比特可按如下方式进行编码 (图 5.3):

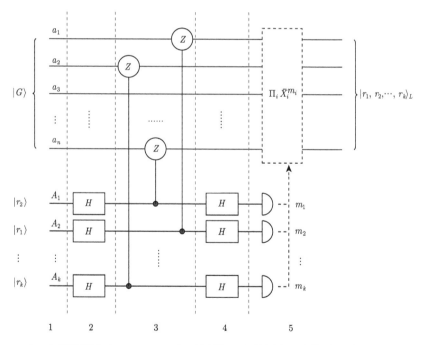

图 5.3 CWS 码逻辑态 $|r_1, r_2, \cdots, r_k\rangle_L$ 的制备: 虚线框表示由辅助比特测量结果确定的逻辑比特操作

(1) 在 n 个物理比特 (记为 $a_1, a_2, \cdots, a_n$) 上制备图态 $|G\rangle$ (将所有量子比特都制备到 $|+\rangle$, G 中相连的两个量子比特上做 CZ 操作)。

(2) 将 k 个辅助比特 (记为比特 $A_1, A_2, \cdots, A_k$) 制备到欲编码的逻辑状态

$(r_1, r_2, \cdots, r_k)$。然后，对每个辅助比特做 Hadamard 变换。此时，整个系统处于量子态：

$$|\Psi_1\rangle = H^{\otimes k}|r_1, r_2, \cdots, r_k\rangle \otimes |G\rangle$$

（3）若经典线性码 $\mathcal{C}$ 的生成矩阵 $G_{\mathcal{C}}$ 中的元素 $G[\mathcal{C}](j, i) = 1$（$i = 1, 2, \cdots, k$; $j = 1, 2, \cdots, n$），则在辅助比特 A_i 和物理比特 a_j 间实施操作 CZ。经此操作，$k + n$ 个量子比特处于纠缠态：

$$|\Psi_2\rangle = \prod_{i,j} \mathrm{CZ}^{G[\mathcal{C}](j,i)} \cdot H^{\otimes k} \otimes |r_1, r_2, \cdots, r_k\rangle \otimes |G\rangle$$

当 $(r_1, r_2, \cdots, r_k) = (0, 0, \cdots, 0)$ 时，此量子态就是图 G' 对应的图态，其中图 G' 的相邻矩阵为

$$\Gamma' = \begin{bmatrix} 0 & G[\mathcal{C}]^{\mathrm{T}} \\ G[\mathcal{C}] & \Gamma \end{bmatrix}$$

Γ 是图 G 的相邻矩阵。

（4）再次对每个辅助比特 $A_1, A_2, \cdots, A_k$ 做 Hadamard 变换。

（5）每个辅助比特都沿计算基测量，若测量结果为 $(0, 0, \cdots, 0)$，那么，我们已成功将逻辑态 $(r_1, r_2, \cdots, r_k)$ 编码到 n 个量子比特上。否则，设测量结果为 $(m_1, m_2, \cdots, m_k)$，那么，需将 Pauli 算符 $\bar{X}_1^{m_1} \bar{X}_2^{m_2} \cdots \bar{X}_k^{m_k}$ 作用于编码比特上，其中算符 $\bar{X}_i$ 表示 CWS 码中逻辑比特 i 上的 σ^x 操作。

5.4　拓扑稳定子码

拓扑稳定子码 (topological stabilizes subcode，TSC) 是一类具有如下特征的稳定子码：

（1）所有物理比特均放置于一个 D 维晶格系统中，所有稳定子生成元 s_i 都只包含几何上局域的物理比特（稳定子测量仅与局域量子比特有关）。

（2）码距可通过增大系统规模而增大（码距具有宏观尺度），这可将逻辑比特的鲁棒性（码距越大，逻辑错误越不容易出现）问题转化为编码系统的规模问题。

因此，从实现容错量子计算的角度，拓扑稳定子码具有天然的优势。一个对容错量子计算友好的纠错码应满足如下条件[①]：

（i）诊断测量 (稳定子算符) 在几何上具有局域性；

（ii）具有高的阈值（accuracy threshold）；

（iii）具有低开销（overhead）的容错 Clifford 门；

[①] 未考虑编码的效率，LDPC(Low-density Parity Check) 码是更高效编码。参见文献：N. P. Breuckmann, and J. N. Eberhardt, PRX Quantum **2**, 040101 (2021).

（iv）具有低开销的容错 non-Clifford 门（如 T 门）。

拓扑稳定子码自动满足第一条；已知的高阈值码都来自拓扑稳定子码；在容错量子计算部分，我们将看到拓扑稳定子码在后面两条中也有很好的表现。因此，拓扑稳定子码是通向容错量子计算的有力候选码。根据拓扑稳定子码所处晶格系统以及稳定子的定义方式不同，主要包括 2D 的 Toric 码、表面码（平面码）、涂色码以及 3D 的 Haah 码等。

5.4.1 Toric 码

Toric 码是最早的拓扑稳定子码[①]，它定义于封闭的轮胎（torus）面上，它的所有稳定子群生成元都通过最近邻的局域方式定义，而逻辑空间的大小（逻辑比特数目）由轮胎面的拓扑决定。为说明方便，假设轮胎面上有如图 5.4 所示的 3×3 周期网格（更大规模网格上的情况可进行类似处理）。

在此网格系统中，量子比特置于每一条边上（共 18 个量子比特）。网格上每个格点 μ 以及每个网面 p 都分别定义了一个 X 型稳定子算符 B_μ 和 Z 型稳定子算符 A_p：

$$B_\mu = \otimes_{k \in \text{star}} \sigma_k^x, \qquad A_p = \otimes_{k \in \text{plaquette}} \sigma_k^z \tag{5.21}$$

这两个算符都只包含局域量子比特：X 型算符 B_μ 仅包含与格点 μ 相邻的四条边上的量子比特；而 Z 型算符 A_p 仅包含网面 p 四条边上的量子比特。因此，如图 5.4 轮胎面上 3×3 网格上的 Toric 码由如下稳定子算符定义：

$$B_1 = \sigma_1^x \sigma_4^x \sigma_2^x \sigma_{16}^x, \qquad B_2 = \sigma_2^x \sigma_5^x \sigma_3^x \sigma_{17}^x, \qquad B_3 = \sigma_3^x \sigma_6^x \sigma_1^x \sigma_{18}^x$$

$$B_4 = \sigma_7^x \sigma_{10}^x \sigma_8^x \sigma_4^x, \qquad B_5 = \sigma_8^x \sigma_{11}^x \sigma_9^x \sigma_5^x, \qquad B_6 = \sigma_9^x \sigma_{12}^x \sigma_7^x \sigma_6^x$$

$$B_7 = \sigma_{13}^x \sigma_{16}^x \sigma_{14}^x \sigma_{10}^x, \quad B_8 = \sigma_{14}^x \sigma_{17}^x \sigma_{15}^x \sigma_{11}^x, \quad B_9 = \sigma_{15}^x \sigma_{18}^x \sigma_{13}^x \sigma_{12}^x$$

$$A_1 = \sigma_4^z \sigma_8^z \sigma_5^z \sigma_2^z, \qquad A_2 = \sigma_5^z \sigma_9^z \sigma_6^z \sigma_3^z, \qquad A_3 = \sigma_6^z \sigma_7^z \sigma_4^z \sigma_1^z$$

$$A_4 = \sigma_{10}^z \sigma_{14}^z \sigma_{11}^z \sigma_8^z, \qquad A_5 = \sigma_{11}^z \sigma_{15}^z \sigma_{12}^z \sigma_9^z, \qquad A_6 = \sigma_{12}^z \sigma_{13}^z \sigma_{10}^z \sigma_7^z$$

$$A_7 = \sigma_{16}^z \sigma_2^z \sigma_{17}^z \sigma_{14}^z, \qquad A_8 = \sigma_{17}^z \sigma_3^z \sigma_{18}^z \sigma_{15}^z, \qquad A_9 = \sigma_{18}^z \sigma_1^z \sigma_{16}^z \sigma_{13}^z$$

这些算符有如下特征：

（1）所有稳定子算符之间相互对易（这是稳定子码定义所要求）。只需说明 B_j 型算符与 A_i 型算符对易即可。分两种情况讨论：① 算符 B_j 与 A_i 无共同比特，它们自然对易；② 若算符 B_j 与 A_i 有共同比特，则它们的共同比特数目必为偶数。

[①] 参见文献 E. Dennis, A. Kitaev, A. Landahl, and J. Preskill, J. Math. Phys. **43**, 4452-4505 (2002); A. Y. Kitaev, Ann. Phys. **303**, 2-30 (2003).

（2）前面定义的 18 个算符并不完全独立，它们满足关系：

$$\begin{cases} A_1 A_2 A_3 A_4 A_5 A_6 A_7 A_8 A_9 = 1 \\ B_1 B_2 B_3 B_4 B_5 B_6 B_7 B_8 B_9 = 1 \end{cases} \tag{5.22}$$

因此，此轮胎面上的网格系统共有 18 个物理比特，但独立稳定子算符数目为 16 个，所以，它可编码 2 个逻辑比特。

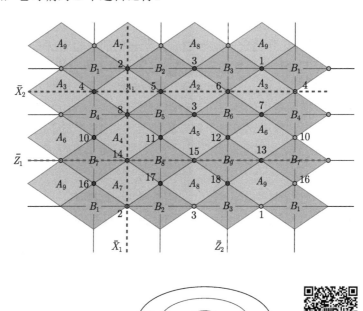

图 5.4 Toric 码：轮胎面上的 3×3 晶格，满足周期边界条件。黑色圆点对应量子比特，红色菱形表示 Z 型算符，蓝色菱形表示 X 型算符。Toric 码的逻辑操作 $\bar{X}_1$ 和 $\bar{X}_2$ ($\bar{Z}_1$ 和 $\bar{Z}_2$) 分别对应于轮胎面上的两个拓扑不等价的大圆

按此方式定义的稳定子码，其逻辑比特数目由网格所在曲面的拓扑性质（亏格，genus）决定（与网格的大小无关）。在封闭曲面中，这种拓扑关系可通过如下的欧拉公式来理解。

定理 (欧拉公式) 对一个亏格为 g 的封闭曲面 S，其顶点数目 V，面的数目 F 以及边的数目 E 之间有如下关系：

$$E - (V + F) = 2g - 2$$

其中亏格 g 是一个典型的拓扑不变量，它可粗略地看作封闭曲面形成的立体结构

中"孔洞"的数目。平面和球面的亏格均为 0，而轮胎面的亏格为 1。

在前面稳定子算符的定义式（5.21）中，算符 B 的数目与封闭曲面上网格的顶点数目 V 一致；物理比特的数目与封闭曲面上网格中的边数目 E 一致；而算符 A 的数目与网格中面的个数 F 一致。在封闭曲面中，独立算符 A 的数目一定会比面的个数少 1，而独立算符 B 的数目也会比顶点的数目少 1（曲面的封闭性自然导致等式（5.22））。

稳定子码可编码的逻辑比特数目等于物理比特数目减去独立的稳定子数目，对按（5.21）定义的稳定子码有式

$$n_{\text{逻辑比特}} = n_{\text{量子比特}} - n_{\text{独立稳定子}} = E - (V - 1 + F - 1) = 2g \tag{5.23}$$

由此可见逻辑比特数目 $n_{\text{逻辑比特}}$ 完全由封闭曲面的亏格 g 决定。将轮胎面中的 $g = 1$ 代入就得到 $2g = 2$（能编码 2 个逻辑比特）。对更复杂的封闭曲面，$n_{\text{逻辑比特}}$ 的结论依然成立。

按 Toric 码的定义方式：每个稳定子中仅包含 σ^x 或 σ^z，这是一个典型的 CSS 码。Toric 码的逻辑 Pauli 操作可以表示为

$$
\begin{aligned}
\bar{X}_1 &= \sigma_2^x \sigma_8^x \sigma_{14}^x \\
\bar{Z}_1 &= \sigma_{13}^z \sigma_{14}^z \sigma_{15}^z \\
\bar{X}_2 &= \sigma_4^x \sigma_5^x \sigma_6^x \\
\bar{Z}_2 &= \sigma_6^z \sigma_{12}^z \sigma_{18}^z
\end{aligned}
\tag{5.24}
$$

它们对应物理比特的位置在轮胎面上正好形成两个大圆（图 5.4），而这两个大圆与轮胎面的拓扑（属于不同同调类）密切相关。当然，$\bar{X}$ 和 $\bar{Z}$ 的构造并不唯一，只要不将这两个大圆剪断（不改变拓扑），它们的任意连续形变（相当于乘以稳定子群中的某些算符）产生的封闭曲线对应的算符都与 $\bar{X}$ 和 $\bar{Z}$ 效果相同。随着系统（网格）规模的扩大，逻辑算符中包含的量子比特也会相应地增加。换言之，逻辑算符的支集大小与系统规模的宏观尺寸相关，不再是局域算符。事实上，$\bar{X}$ 和 $\bar{Z}$ 中较小支集（如 $\text{supp}(\bar{X})$）的大小就是 Toric 码的码距。因此，扩大系统规模就能直接增大码距，进而增大量子码的纠错能力。

另一方面，Toric 码的拓扑性还可以更物理的方式来理解。

(1) 定义轮胎面上的哈密顿量

$$H = -\left(\sum_{\mu} B_{\mu} + \sum_{p} A_p \right)$$

Toric 码的编码空间就是此哈密顿量的基态空间，其空间维数与 H 的基态空间的

简并度一致。由于所有算符 B_μ 和 A_p 都相互对易，哈密顿量 H 的基态就是算符 B_μ 与 A_p 的本征值为 1 的共同本征态。当部分 B_μ 和 A_p 的本征值为 -1 时（B_μ 和 A_p 的本征值只能为 ± 1），系统就处于激发本征态。

根据处于本征值 -1 的算符类型不同，哈密顿量 H 中的任意子（激发本征态中的准粒子）分为两类：处于顶点 μ 的"电"任意子（对应算符 B_μ 本征值为 -1）和处于面 p 上的"磁"任意子（对应算符 A_p 的本征值为 -1）。事实上，这些"电"任意子与 Toric 码中物理比特上的 Z 错误相关，而"磁"任意子与 X 错误相关。每个物理比特都出现在两个 A 型和两个 B 型算符中，因此，当某个物理比特出现 X 或 Z 错误时，必然会出现成对的同类型任意子，如图 5.5。当多个物理比特出现错误时，同类型任意子数目也必然为偶数。在多任意子系统中，如果将两个同类的（"电"或"磁"）任意子进行交换，系统波函数无变化；但若将两个不同类型的（"电"和"磁"）任意子交换，系统波函数将多出一个相位 -1，且此相位与交换路径无关。由此可见，此系统中的任意子满足分数统计。

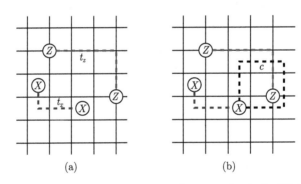

(a)   (b)

图 5.5　Toric 系统中的任意子：(a) 表示"电"任意子和"磁"任意子的成对产生；算符 t_x (t_z) 表示路径上所有比特的 σ^x (σ^z) 算符的直积；(b) 表示"磁"任意子绕行一个"电"任意子一圈，系统波函数将出现相位 -1

任意子在 Toric 面上的分布可作为 Toric 码的症状，通过这些症状就可以对 Toric 码进行译码和纠错。

(2) Toric 码编码在 H 的基态空间中，H 的不同简并基态无法通过局域测量加以区分。换言之，Toric 码是全局码，其编码信息受到拓扑保护，对局域扰动免疫。为说明哈密顿量 H 的基态空间对局域扰动的免疫，假设它受到如下的局域哈密顿量（单体和两体）：

$$H_p = -\vec{h} \sum_j \vec{\sigma}_j - \sum_{k<l} J_{kl}(\vec{\sigma}_k, \vec{\sigma}_l)$$

的扰动。按简并微扰理论，简并空间中的能级 $|0_L\rangle$ 和 $|1_L\rangle$ 在扰动 H_p 下的能量

劈裂（简并解除）由矩阵元

$$\langle 0_L|H_p^m|1_L\rangle \quad 和 \quad \langle 0_L|H_p^m|0_L\rangle - \langle 1_L|H_p^m|1_L\rangle$$

确定（m 表示微扰的阶数）。

根据 Toric 码中逻辑算符（5.24）的全局性：只有当 H_p^m 中包含算符 $\bar{X}$ 时，矩阵元 $\langle 0_L|H_p^m|1_L\rangle$ 才不为 0；同理，只有在 H_p^m 中包含算符 $\bar{Z}$ 时，矩阵元 $\langle 0_L|H_p^m|0_L\rangle - \langle 1_L|H_p^m|1_L\rangle$ 才不为 0。这就意味着 Toric 编码中，简并解除的概率随逻辑算符 $\bar{X}$ 和 $\bar{Z}$ 的长度 d（算符 $\bar{X}$ 和 $\bar{Z}$ 中非平凡 Pauli 算符的个数）按指数 $e^{-\alpha d}$（α 为常数）急剧减小。因此，H 系统的基态简并受拓扑保护。

(3) 在多体物理中，系统的拓扑序常通过其基态的拓扑熵加以刻画。给定网格上的一个连通区域 A，量子态 ρ 在区域 A 上的约化密度矩阵记为 $\rho(A)$，且量子态 ρ 在区域 A 上的纠缠熵 $S(A)$ 定义为量子态 $\rho(A)$ 的冯·诺依曼熵，即 $S(A) = -\text{Tr}\rho(A)\ln\rho(A)$。人们广泛相信，有能隙系统的基态纠缠熵 $S(A)$ 满足面积定律：$S(A) \leqslant \gamma|\partial A|$（其中 γ 为常数，一维情况已被严格证明[1]）。

若 H 的基态空间中的最小纠缠熵 $S(A)$ 满足等式关系：

$$S(A) = a|\partial A| - b$$

其中 ∂A 表示区域 A 的边界，它是面积定律的体现，而与局域区域 A 无关的负"常数"修正项 b 就称之为拓扑熵。b 不为零则意味着系统 H 有拓扑序，Toric 码对应系统基态空间中的拓扑熵为 $\log 2$，这确凿地说明此系统具有拓扑性。

5.4.2 平面码（表面码）

拓扑稳定子码与它所基于的曲面拓扑以及网格类型都有密切关系。前面介绍的 Toric code 基于轮胎面（封闭曲面）上的方形网格，我们下面将讨论非封闭平面上的拓扑稳定子码，这一类码我们称为表面 (surface) 码 (有时也称平面 (planar) 码)[2]。

为便于理解，我们首先讨论球面（封闭曲面）上的方形网格，如图 5.6 所示。

与 Toric 码中相同，量子比特置于每条边上，在球面网格的每个顶点上定义一个 B 型算符而在每个面上定义一个 A 型算符。在此网格系统中，共有 18 个量子比特，而稳定子算符有

$$B_1 = \sigma_1^x\sigma_5^x\sigma_2^x, \quad B_2 = \sigma_2^x\sigma_6^x\sigma_3^x, \quad B_3 = \sigma_3^x\sigma_7^x\sigma_4^x$$

① 参见文献 M. B. Hastings, J. Stat. Mech.: Theory Exp. **2007**, P08024 (2007).

② 参见文献 S. B. Bravyi and A. Y. Kitaev, arXiv:quant-ph/9811052; A. G. Fowler, M. Mariantoni, J. M. Martinis, and A. N. Cleland, Phys. Rev. A **86**, 032324 (2012).

$$B_4 = \sigma_8^x \sigma_{12}^x \sigma_9^x \sigma_5^x, \quad B_5 = \sigma_9^x \sigma_{13}^x \sigma_{10}^x \sigma_6^x, \quad B_6 = \sigma_{10}^x \sigma_{14}^x \sigma_{11}^x \sigma_7^x$$

$$B_7 = \sigma_{15}^x \sigma_{16}^x \sigma_{12}^x, \quad B_8 = \sigma_{16}^x \sigma_{17}^x \sigma_{13}^x, \quad B_9 = \sigma_{17}^x \sigma_{18}^x \sigma_{14}^x$$

$$A_1 = \sigma_8^z \sigma_5^z \sigma_1^z, \quad A_2 = \sigma_5^z \sigma_9^z \sigma_6^z \sigma_2^z, \quad A_3 = \sigma_6^z \sigma_{10}^z \sigma_7^z \sigma_3^z$$

$$A_4 = \sigma_7^z \sigma_{11}^z \sigma_4^z, \quad A_5 = \sigma_{15}^z \sigma_{12}^z \sigma_8^z, \quad A_6 = \sigma_{12}^z \sigma_{16}^z \sigma_{13}^z \sigma_9^z$$

$$A_7 = \sigma_{13}^z \sigma_{17}^z \sigma_{14}^z \sigma_{10}^z, \quad A_8 = \sigma_{14}^z \sigma_{18}^z \sigma_{11}^z$$

$$A_9 = \sigma_{15}^z \sigma_{16}^z \sigma_{17}^z \sigma_{18}^z, \quad A_{10} = \sigma_1^z \sigma_2^z \sigma_3^z \sigma_4^z, \quad B_0 = \sigma_1^x \sigma_8^x \sigma_{15}^x \sigma_4^x \sigma_{11}^x \sigma_{18}^x$$

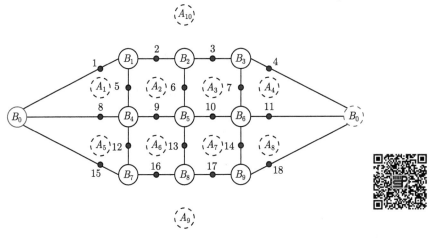

图 5.6　球面网格：除 3×3 网格外，加入顶点 0（红圈所示）使整个网格形成一个封闭曲面。
与 Toric 码类似，量子比特置于每条边上，每个顶点上定义一个 X 型算符 B，
而每个面上定义一个 Z 型算符 A

　　显然，这些算符并不完全独立。由于每个量子比特在每个类型 (A 型和 B 型)
算符中出现两次，因此，每个类型的算符都有一个等式关系：

$$\begin{cases} A_{10} = A_1 A_2 A_3 A_4 A_5 A_6 A_7 A_8 A_9 \\ B_0 = B_1 B_2 B_3 B_4 B_5 B_6 B_7 B_8 B_9 \end{cases} \tag{5.25}$$

　　换言之，独立稳定子的个数为 18 个，而量子比特的个数也是 18 个。因此，
球面上网格定义的稳定子定义了一个稳定子态，不能编码任何逻辑比特。

　　球面是封闭曲面，也可使用欧拉公式得到

$$n_{\text{逻辑比特}} = n_{\text{量子比特}} - n_{\text{独立稳定子}} = E - (V - 1 + F - 1) = 2g$$

将 $g = 0$ 代入得到结果为 0。

为使平面（球面和平面的亏格 g 相同）上定义的稳定子能编码逻辑比特，我们需要去掉球面上的一些顶点（如算符 B_0（图中红圈）对应的顶点，记为顶点 0）来改变球面的拓扑，去掉顶点 0 后有两种不同的处理方式。

(1) 去掉顶点 0 的同时去除与顶点 0 相连的边以及其上的量子比特，得到图 5.7 所示的网格。

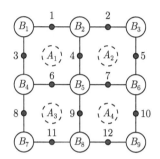

图 5.7 光滑边界平面上的网格: 它的拓扑与球面拓扑相同，也不能编码逻辑比特

在此情况下，去除的量子比特 (边) 个数为 6 个，去除 B 型算符 1 个，A 型算符 6 个，且去除后 A 型算符之间的关联 (5.25) 不再存在（去除后，某些（边界）比特只出现在一个算符中）。综合以上讨论，去除的量子比特数目与去除的独立算符个数均为 6，因此，它也不能编码任何逻辑比特。

尽管去除顶点后的含边界平面不能再视为封闭曲面，但若加上边界外的一个无穷大的平面，它仍可看作一个封闭曲面，欧拉公式仍成立（与球面相同）。此时

$$n_{\text{逻辑比特}} = n_{\text{量子比特}} - n_{\text{独立稳定子}} = E - (V - 1 + F - 1) = 2g$$

其中 $V - 1$ 表示独立的 B 型算符个数与顶点数目相差 1（光滑边界条件仍有等式 $B_1B_2B_3B_4B_5B_6B_7B_8B_9 = I$），而 $F - 1$ 表示独立的 A 型算符比面的个数少 1（光滑平面外的无穷大平面不对应算符）。由于 $g = 0$ 仍可得知此情况下不能编码逻辑比特。

(2) 去除顶点 0 时，保留与它相连的边以及其上的量子比特，此时得到如图 5.8 所示的网格。

与球面情况相比，此网格中的量子比特数目未变（仍为 18 个），去除顶点 0 后，B 型稳定子算符减少一个（B_0），A 型算符减少两个 (A_9 和 A_{10})；同时 A (B) 型算符本身之间的依赖关系 (5.25) 消失。因此，总的独立算符个数少一个，即 17 个。这表明此情况下定义的稳定子码可以编码一个逻辑比特。

此逻辑比特上的 Pauli 算符为

$$\bar{X} = \sigma_2^x \sigma_9^x \sigma_{16}^x$$

$$\bar{Z} = \sigma_8^z \sigma_9^z \sigma_{10}^z \sigma_{11}^z$$

如图 5.8 中红色实线所示，$\bar{X}$ 算符的支集 supp(X) 形成连接两个光滑边界（以 B 型算符为边界，也称 B 型边界）的路径；而 $\bar{Z}$ 算符的支集 Supp(Z) 形成连接两个非光滑边（以 A 型算符为边，也称 A 型边界）的路径。同样地，逻辑算符 $\bar{X}$ ($\bar{Z}$) 并不唯一，$\bar{X}$ ($\bar{Z}$) 乘以任何 $B(A)$ 型算符形成的新算符也是逻辑比特上相应的 Pauli 算符。

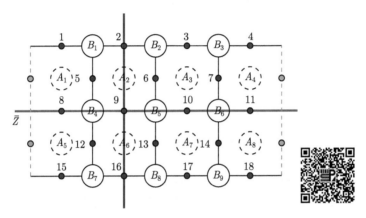

图 5.8　含光滑边界和非光滑边界的网格：它定义的稳定子群可编码一个逻辑比特。红色和蓝色实线上的比特分别形成逻辑算符 $\bar{X}$ 和 $\bar{Z}$。添加绿线和灰色圆点代表的量子比特使 A 型边界变为 B 型边界，便于使用欧拉公式

　　由此可知，按 Toric 码的定义方式，要在（非封闭）平面上产生稳定子码，需引入不同的边界（A 型和 B 型）。由于边界的引入，曲面不再封闭，无法直接使用欧拉公式来讨论逻辑比特的数目。在第一种去除顶点的方案中（仅包含 B 型边界），若考虑边界外的一个面，欧拉公式仍成立。因此，通过在 A 型边界处增加一些边和量子比特（如图 5.8 中的绿色边（4 条）及灰色点对应的量子比特）使其变为 B 型边界，进而形成仅含 B 型边界的新平面，在此新平面上可使用类欧拉公式 $E - (V + F) = 2g - 1 (g = 0)$。

　　新图形中顶点数目 V' 与原图形中的顶点数目 V（B 型算符个数 N_B）之差为 $\Delta_v = V' - V$；而两个图形的边之差为 $\Delta_e = E' - E$（E 为量子比特数目 $n_{\text{比特数目}}$）；容易看到，Δ_v 与 Δ_e 之间有关系：

$$\Delta_v - \Delta_e = t$$

其中，t 表示原图形中 A 型边界的数目（图 5.8 中为 2）。将此关系代入类欧拉公式有

$$E' - (V' + F') = 2g - 1$$

$$\longrightarrow n_{\text{比特数目}} - N_B - t - F' = 2g - 1$$

其中 F' 是新图形中面的个数（与原图形中面的个数相同，即 A 型算符的个数 N_A）。代入前式可得

$$n_{\text{逻辑比特}} = n_{\text{比特数目}} - (N_A + N_B) = 2g - 1 + t$$

在平面上 $g = 0$，因此，平面码能编码的逻辑比特数目为 $t - 1$，这完全由 A 型（非光滑）边界的数目 t 决定。在图 5.8 的例子中 $t = 2$，它仅能编码一个逻辑比特。若想增加编码空间的大小，则需增加 A 型边界的数目 (图 5.9)。

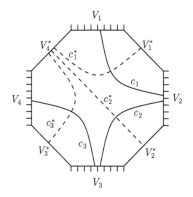

图 5.9　多个非光滑边界的平面码：通过在平面上引入 4 个非光滑边界可编码
3 个逻辑比特，每个逻辑比特上的 Pauli 算符 $\bar{Z}$ ($\bar{X}$) 都可由连接非光滑（光滑）
边界的路径 c_1、c_2 和 c_3 (c_1^*、c_2^* 和 c_3^*) 上的 Pauli 算符 σ^z (σ^x) 组成。
路径 c_i 与 c_i^* ($i = 1,\ 2,\ 3$) 交于一个量子比特

在以多个 A 型外边界形成的多逻辑比特平面码中，第 i 个逻辑比特的 $\bar{Z}$ 算符可定义为

$$\bar{Z}_i = \prod_j \sigma^z_{p_i(j)}$$

其中，p_i 是连接第 i 个 A 型边界与第 $i+1$ 个 A 型边界的一条路径，而 $p_i(j)$ 表示路径 p_i 上的第 j 个量子比特。同样地，路径 p_i 可通过在 $\bar{Z}_i$ 上乘以 A 型算符进行改变。相应地，第 i 个逻辑比特上的 $\bar{X}$ 操作可定义为

$$\bar{X}_i = \prod_j \sigma^x_{p_i^*(j)}$$

其中，p_i^* 表示连接两个 B 型边界的路径，且它与 Z_i 对应的路径 p_i 相交于某个量子比特（具体为哪个比特并不重要），而与其他路径 p_k ($k \neq i$) 无相交量子比特（保障与算符 $\bar{Z}_i$ 的反对易性及与其他比特上算符 $\bar{Z}_{k \neq i}$ 的对易性）。

图 5.9 为编码 3 个逻辑比特（$t = 4$）的平面码及实现其逻辑 Pauli 算符的路径示意图。

另一种在平面网格上产生逻辑比特的方式是在其内部制造缺陷（"挖孔"产生 A 型和 B 型的内边界）。相比于外边界编码的平面码，通过缺陷（挖孔）产生的内边界编码的方式需要更多物理比特。

1. B 型 (光滑) 内边界孔洞的产生

在光滑边界的平面四方晶格内部，若将某个格点及其相连的 4 条边去掉，此时此孔四周只包括含 B 型算符形成一个 B 型孔。如图 5.10 所示。

此"挖孔"操作将减少四个与面对应的 A 型算符以及一个与格点对应的 B 型算符（共减少 5 个独立算符）；同时减少了四个量子比特。综合可知，挖一个新的 B 型孔可多编码一个量子比特（减少的独立稳定子个数比物理比特数多 1）。

若 B 型（光滑）"孔洞"所包含的不是一个格点，而是一个区域 S 中的所有格点，则"挖孔"过程需去除所有格点以及与这些格点相连的边。事实上，"挖掉"部分是一个仅含 A 型边界的平面 $\hat{S}$：平面 $\hat{S}$ 中，独立稳定子算符个数比量子比特数目多 1。为说明这一点，我们考虑具有 A 型边界的 $n \times m$ 网格区域 S，在此区域中：

$$\text{面对应的算符个数：}\qquad (n+1) \cdot (m+1)$$

$$\text{顶点对应的算符个数：}\qquad n \cdot m$$

$$\text{量子比特个数：}\qquad (n+1) \cdot m + (m+1)n$$

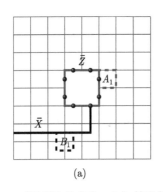
(a)

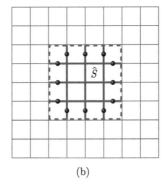
(b)

图 5.10　"孔洞"的产生：（a）挖孔的方式（去除一个格点及与之相连的边）产生 B 型（光滑）边界。红色环路对应于此逻辑比特的逻辑操作 $\bar{Z}$，黑色路径对应于逻辑操作 $\bar{X}$。虚线对应于与逻辑算符等价的不同路径选择。(b) 形成 B 型孔洞挖掉的部分是一个含 A 型外边界的平面 $\hat{S}$，此平面中的稳定子个数比逻辑比特个数多一个。本图以及本书的其他孔洞相关的图都仅为示意图，不表示孔洞的真实大小以及孔洞间的真实距离

因此，独立算符个数 $2nm+1+m+n$ 比量子比特个数 $2nm+m+n$ 多一个。所以，一个 B 型孔洞可编码的逻辑比特数目与孔洞大小无关。

那么，孔洞的大小与编码空间什么性质有关呢？事实上，孔洞的大小与逻辑比特上的 Pauli 算符的支集大小（纠错码的码距）密切相关。事实上，单个 B 型孔洞对应的逻辑算符为

$$\bar{Z} = \sum_{k \in \mathrm{Cycle}} \sigma_k^Z, \qquad \bar{X} = \sum_{k \in \mathrm{Chain}} \sigma_k^x$$

其中 Cycle 表示如图 5.10 中所示的环光滑孔洞的红色回路，最小回路由孔的大小决定。红色回路的任何连续形变（红色虚线，相当于在算符 $\bar{Z}$ 上乘以 A 型算符）都完成逻辑比特上相同的操作；而 Chain（如图 5.11 所示的黑色链）表示连接光滑孔与晶格光滑外边界的链，若对此链做连续变换（如黑色虚线，相当于乘以一个 B 型算符）不影响逻辑比特上的操作。当孔洞的大小扩大时，逻辑算符 $\bar{Z}$ 上的最小支集（元素个数记为 d_z）也将扩大；而逻辑算符 $\bar{X}$ 上的最小支集（元素个数记为 d_x）由 B 型孔洞的内边缘至外边界的最小路径决定。此孔洞编码的纠错码码距 d 由 $\min(d_x, d_z)$ 确定。因此，欲增加码距只需扩大孔洞并扩大平面规模。

2. A 型（非光滑）内边界孔洞的产生

在四方晶格中，若将某个面以及组成此面的四条边都去掉，就会产生一个具有非光滑 A 型边界的孔洞。如图 5.11 所示。

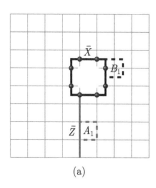
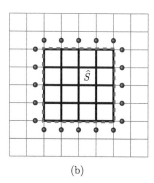

(a)   (b)

图 5.11 A 型孔洞的产生：（a）挖孔的方式产生 A 型（非光滑）边界。黑色环路对应于逻辑操作 $\bar{X}$，红色路径对应于逻辑操作 $\bar{Z}$。虚线对应与逻辑算符等价的不同路径选择。
（b）形成 A 型孔洞过程中挖掉的部分是一个含 B 型外边界的平面 $\bar{S}$，
此平面中的稳定子个数比逻辑比特个数多一个

此"挖孔"操作将减少一个面对应的 A 型算符和 4 个与格点对应的 B 型算符（共 5 个算符）；同时减少 4 个量子比特。因此，挖一个新的 A 型孔洞将额外增加一个编码比特。此孔四周都是 A 型算符，我们称之为非光滑的 A 型孔洞。

同样地，当孔洞不只包含一个面，而是包含一个区域 S 时，A 型（非光滑）孔洞去除的孔洞部分正好是一个 B 型（光滑）边界的平面 $\hat{S}$（图 5.11（b））。挖掉 $\hat{S}$，去除的独立稳定子个数比去除的物理比特个数多一个。因此，A 型孔洞能编码的逻辑比特数目仍与孔洞大小无关。

单个 A 型孔洞编码的逻辑比特上的 Pauli 操作为

$$\bar{X} = \sum_{k \in \text{Cycle}} \sigma_k^x, \qquad \bar{Z} = \sum_{k \in \text{Chain}} \sigma_k^z$$

其中 Cycle 是环绕 A 型孔的（图中黑色环路所示）回路；而 Chain 是如图 5.11 中红色线段所示的连接孔洞边界与晶格外边界的路径。与光滑孔类似，路径的连续形变（与 A 型或 B 型稳定子相乘），并不改变其在逻辑比特上的作用。仍可通过扩大 A 型孔洞的大小以及它与外边界的距离来增加纠错码的码距。

值得注意，A 型 (光滑) 孔洞和 B 型 (非光滑) 孔洞关系密切，事实上，通过晶格上的对偶操作就可将 A 型孔洞和 B 型孔洞之间互换（我们将在同调理论部分定义对偶操作）。

从前面的两个编码中可以看到，两种孔洞编码的逻辑比特的操控（逻辑算符）都需要和外边界相连，这在使用中并不方便。为操控方便，常用两个相同类型（B 型或 A 型）的孔洞来编码一个逻辑比特。

3. 两个 B 型孔洞编码的逻辑比特

若用两个 B 型 (光滑) 孔洞编码一个量子比特，其上的逻辑 Pauli 算符定义为（图 5.12）。

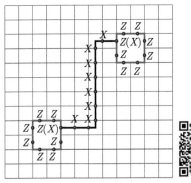

图 5.12　两个 B 型孔洞编码的逻辑比特上的 Pauli 算符：红色回路（环任一孔洞一圈）上的 σ^z 算符的乘积构成逻辑算符 $\bar{Z}$，而黑色路径上 σ^x 算符的乘积构成逻辑 $\bar{X}$ 操作。逻辑 X 与 $\bar{Z}$ 仅共用一个物理比特，它们之间的反对易关系得以保障

— 逻辑算符 $\bar{Z}$ 是环任意一个孔洞的回路上所有 σ^z 的乘积。若设环两个不同

孔洞的最小环路长度分别为 d_{z_1} 和 d_{z_2}，则 Pauli 算符 $\bar{Z}$ 的最小支集为 $\min(d_{z_1}, d_{z_2})$。

– 逻辑操作 $\bar{X}$ 是连接两个孔洞光滑边界的路径上所有 σ^x 的乘积。若设连接这两个光滑孔洞的最短路径长度为 d_x，则逻辑算符 $\bar{X}$ 的最小支集大小为 d_x。注意，此处的逻辑 $\bar{X}$ 不再需要连接此平面的外边界。

此纠错码的码距 d 由 B 型孔洞的大小（由 d_{z_1}，d_{z_2} 刻画）以及两个孔洞间的距离（由 d_x）决定，即

$$d = \min(d_{z_1}, d_{z_2}, d_x)$$

d 越大，逻辑比特的鲁棒性（抗局域错误的能力）就越强，纠错能力也越强。

4. 两个 A 型 (非光滑) 孔洞编码的逻辑比特（图 5.13）

与光滑孔洞类似，两个非光滑孔洞编码的量子比特上的 Pauli 算符定义为

– 逻辑算符 $\bar{X}$ 是环任意一个孔洞的回路上所有 σ^x 的乘积；

– 逻辑算符 $\bar{Z}$ 是连接两个孔洞非光滑边界的路径上所有 σ^z 的乘积。

与 B 型孔洞一样，A 型 (非光滑) 孔洞定义的纠错码的码距仍由孔洞的大小与孔洞间的距离确定。

这两类逻辑比特也可通过对偶变换相联系。

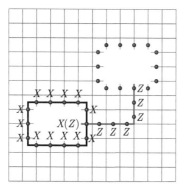

图 5.13 两个 A 型孔洞编码的逻辑比特上的 Pauli 算符：图中所示的黑色回路（环任一孔洞一圈）上的 σ^x 算符的乘积构成逻辑算符 $\bar{X}$，而红色路径上 σ^z 算符的乘积构成逻辑 $\bar{Z}$ 操作。逻辑算符 $\bar{X}$ 与 $\bar{Z}$ 也仅有一个共用物理比特，由此提供反对易关系

5.4.3 涂色码

拓扑稳定子码的性质与网格本身的性质密切相关（点、边、面之间的关系）[①]。在涂色码（color code）中，网格中的点、边、面满足额外条件，我们将在此结构

[①] 在平面码中，四方晶格已给定，因而其点、线、面间的关系也给定，此时主要关心边界对构造逻辑比特的影响。

下定义编码空间和逻辑量子比特[①]。

本部分我们仅考虑二维空间中的涂色码,设二维球面上的网格 $\mathbb{L}$ 满足如下条件(称之为涂色条件):

(1) 网格中每个顶点与且仅与 3 条边相连。

(2) 网格面存在 3 色(红、绿、蓝)填充使得任意两个相邻网格面(共用一条边的两个面)具有不同颜色[②]。换言之,每条边两侧的面具有不同的填充色。图 5.14 所示的网格就满足此条件。由于球面是一个封闭面,在此面上的顶点数目 V、边的数目 E 以及面的数目 F 之间满足欧拉关系:

$$V + F - E = 2$$

由于每个顶点属于 3 条边,因此 E 和 V 之间满足关系:$3V = 2E$。代入欧拉公式,得到

$$V = 2(F - 2) \tag{5.26}$$

此等式表明球面上满足条件 (1) 的图形含有偶数个顶点。

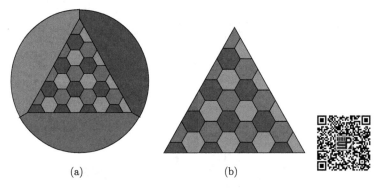

(a)　　　　　　　　　　(b)

图 5.14　涂色码对应拓扑结构:(a) 球面上的涂色码;(b) 去掉一个顶点以及相应的稳定子后形成含边界的涂色码

与 Toric 和表面码中不同,涂色码中的量子比特放置于顶点(前者放置于条上),对每个面 p 同时定义 X 型和 Z 型稳定子算符:

$$X_p = \prod_{i \in p} \sigma_i^x, \qquad Z_p = \prod_{i \in p} \sigma_i^z$$

涂色码对应的稳定子群 $\mathcal{S}$ 由一组稳定子算符生成,即

———————————

① 参见文献 H. Bombin and M. A. Martin-Delgado, Phys. Rev. Lett. **97**, 180501 (2006).

② 平面上的 3 涂色非平凡,而 4 涂色则是平凡,任意平面图形都可 4 涂色(此即著名的四色定理)。

$$S = \langle X_p, Z_p \mid p \in \mathbb{L} \rangle$$

其中 $\mathbb{L}$ 为满足涂色条件的拓扑网格。

稳定子群 $\mathcal{S}$ 具有如下性质：

（1）任意 X_{p_1} 与 Z_{p_2} 算符对易。①满足涂色条件的晶格 $\mathbb{L}$ 上每个面上含偶数个顶点，它保证同一个面上的算符 X_{p_1} 与 Z_{p_1} 对易。②由网格满足的涂色条件可知，当两个面有公共顶点时，它们必有公共边，即 $p_1 \cap p_2$ 的顶点数必为偶数。由此保证 X_{p_1} 与 Z_{p_2} 间的对易。③当两个面无公共顶点时，X_{p_1} 与 Z_{p_2} 自然对易。

（2）球面上定义的 3 涂色码 $\mathcal{S}$ 是稳定子态，它不能编码任何逻辑比特。为说明此点，我们来计算 $\mathcal{S}$ 中独立算符的数目。首先，球面上定义的算符 X_p 和 Z_p 并不完全独立。按网格面上的涂色不同，网格 $\mathbb{L}$ 中的顶点可表示为[①]

$$\mathcal{V}_r = \cup_{p_r} \mathcal{V}(p_r), \quad \mathcal{V}(p_r) \text{ 是红色面 } p_r \text{ 的顶点}$$

$$\mathcal{V}_g = \cup_{p_g} \mathcal{V}(p_g), \quad \mathcal{V}(p_g) \text{ 是绿色面 } p_g \text{ 的顶点}$$

$$\mathcal{V}_b = \cup_{p_b} \mathcal{V}(p_b), \quad \mathcal{V}(p_b) \text{ 是蓝色面 } p_b \text{ 的顶点}$$

由此，X 型和 Z 型算符满足关系：

$$\begin{cases} \prod_{p_r} X(p_r) = \prod_{p_g} X(p_g) = \prod_{p_b} X(p_b) \\ \prod_{p_r} Z(p_r) = \prod_{p_g} Z(p_g) = \prod_{p_b} Z(p_b) \end{cases} \tag{5.27}$$

因此，独立稳定子算符的数目为 $2F - 4 = 2(F-2)$，与式（5.26）中量子比特的数目（顶点数目）一致。因此，球面上的涂色码只能定义一个量子态。

（3）当去除球面上一个顶点及含此顶点的相关算符后 (退化为含边界的平面网格)，则剩余算符可定义一个逻辑比特（图 5.14(b)）。按网格 $\mathbb{L}$ 满足的涂色条件，去除一个顶点将减少 3 个含此顶点的面，相应将减少 6 个稳定子算符，且破坏了球面上 X 型算符和 Z 型算符所需满足的等式（5.27）（换言之，剩余稳定子间相互独立）。由此可见，独立稳定子数目减少了 $6 - 4 = 2$ 个，而顶点（比特数目）数目只减少了 1 个。因此，量子比特数目比独立稳定子数目多 1 个，它可编码一个逻辑比特。

（4）涂色码是 CSS 码。由涂色码的定义，其稳定子码可表示为辛形式：

---

① 这 3 个顶点集合相等且都覆盖网格 $\mathbb{L}$ 中全部顶点。

$$\begin{bmatrix} H_x & 0 \\ 0 & H_z \end{bmatrix}$$

H_x 可看作经典码 $\mathcal{C}_2$ 对偶码的校验矩阵，而 H_z 可看作经典码 $\mathcal{C}_1$ 的校验矩阵。由于量子比特的总数目为奇数（球面上量子比特数目为偶数，去掉一个后为奇数），按 CSS 码的性质，此涂色码的逻辑操作可写为

$$\left\{ \bar{X} = \prod_{i \in \mathcal{V}} \sigma_i^x, \quad \bar{Z} = \prod_{i \in \mathcal{V}} \sigma_i^z \right\}$$

其中 $\mathcal{V}$ 表示所有量子比特 (顶点) 组成的集合。

（5）如果在涂色网格中间继续去掉某些顶点或面（挖孔）将可编码更多量子比特。①去掉一个面对应同时去掉两个算符（顶点不减少）。②去掉一个顶点，对应同时去掉三个面（6 个算符），如图 5.15（a）所示。

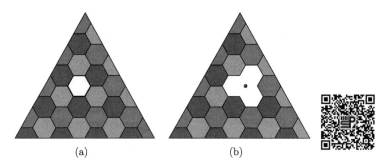

(a)   (b)

图 5.15　通过挖孔增加逻辑比特数目：(a) 在可涂色网格中删除一个面（对应删除 2 个稳定子算符）；(b) 在可涂色网格中删除一个顶点 (物理比特)，对应同时删除三个面 (6 个算符)

例 5.13　作为涂色码的 $[[7,1,3]]$ 码（Steane 码）

$[[7,1,3]]$ 码（Steane 码）可看作一个涂色码，其对应的可涂色网格如图 5.16（a）所示。从拓扑稳定子码角度，Steane 码中的错误症状可表示为所有面上的 ± 1 分布。因 Steane 码为 $[[7,1,3]]$ 码，它仅能纠正单比特错误，故我们仅考虑单比特错误的症状。对任意 CSS 码，量子比特上的 Z 错误和 X 错误相互分离，可分别纠错，因此我们仅考虑量子比特上的 Z 错误，而 X 错误类似。不同比特上的 Z 错误，将导致稳定子：

$$S_1^x = X_1 X_2 X_3 X_4, \qquad S_2^x = X_2 X_3 X_5 X_6, \qquad S_3^x = X_3 X_4 X_6 X_7$$

的取值不同（图 5.16）。不同比特上的错误将导致不同的 ± 1 分布。因此，

根据测量得到稳定子的 ± 1 分布可反推出现错误的比特，进而实现纠错。

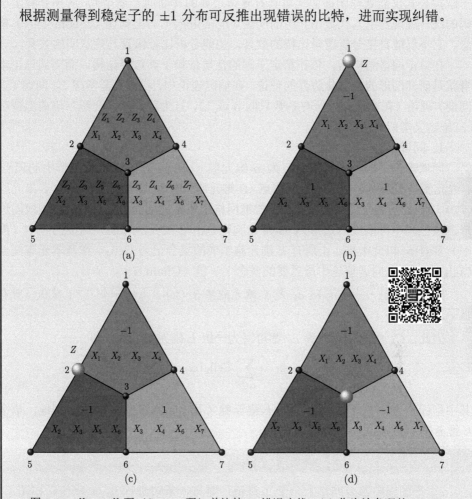

图 5.16 $[[7, 1, 3]]$ 码（Steane 码）单比特 Z 错误症状：(a) 作为涂色码的 Steane 码；(b) 处于三角形边界的比特出现 Z 错误，与之相邻的 X 型稳定子值为 -1，其他稳定子的值仍保持为 1；(c) 三角形边界上的物理比特出现 Z 错误 (图 (b))，其相邻两个面上的 X 型稳定子值变为 -1，其他稳定值保持不变；(d) 若内部量子比特出现 Z 错误，与之相邻的三个面上的 X 型稳定子值变为 -1，其他稳定值保持不变。图中黄色球代表出错比特

更高维的涂色码较为复杂，我们将在具备一定的代数拓扑知识后再介绍。

5.4.4 拓扑稳定子码与同调

由表面码和涂色码可知，尽管拓扑稳定子码与网格结构相关，但在给定网格的形式后，其诸多性质就完全由网格所在曲面（包含孔洞）的拓扑性质决定。鉴于欧拉公式仅能处理闭曲面（对具有复杂边界的开曲面不适用），对拓扑稳定子码的统一处理需引入代数拓扑中的同调（homology）与上同调（cohomology）概念。它不仅能直接分析逻辑比特的数目，也能分析比特错误与症状间的关系。

在给定网格结构后，拓扑稳定子码的性质依赖于其边界结构，而同调理论本身就是研究图形的抽象化边界的理论。在编码理论中，我们只需考虑 Z_2 同调（上同调）理论（在此理论中所有系数只取 0 或 1），且为简单计仅介绍二维曲面情况（三维定义类似）。

1. 同调基础

同调理论中的基本"对象"为 n-维元胞（cell）：0-维元胞是图形中的顶点；1-维元胞是图形中连接两个近邻顶点（0-维元胞）的边；2-维元胞则是由 1-维元胞（边）围成的基本（最小）面（不同二维网格围成不同的面，平面码中可围成四边形，涂色码中可围成六边形）；3-维元胞则是由 2-维元胞（面）围成的基本（最小）多面体; 以此类推。由所有 k 维元胞组成的集合记为 Cell_k。在基本元胞集合 Cell_k 上可定义同调理论中最重要的概念——链（Chain）。

定义（k-链）　一个 k-链 c_k 是 k-维元胞集合 Cell_k 上的一个 0, 1 赋值，所有链 c_k 组成集合 C_k。

因此，C_k 中的任意元素 c_k 都可写为一组 k-维元胞之和，即

$$c_k = \sum_{\alpha \in S} \text{Cell}_k(\alpha)$$

其中指标集 S 对应于赋值为 1 的 k-维元胞（其他元胞赋值为 0）。特别地，单个 k-维元胞 $\text{Cell}_k(\alpha)$ 也是一个 k-维链。

例 5.14　四方网格上的 1-维链

平面码中四方网格上一个 1-维链：对每一条边进行 0, 1 赋值，如图 5.17 所示。

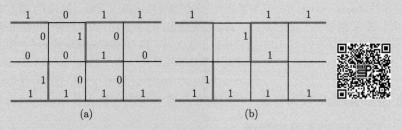

图 5.17　1-维链定义：(a) 1-维元胞上的赋值情况，红色边表示赋值为 1 的 1-维元胞; (b) 1-维链简化后的赋值（去除了赋值为 0 的元胞信息）

若在 k-维链集合 C_k 上可定义加法运算（同一个元胞上，两个赋值模 2 相加），则所有 k-维链 c_k 形成阿贝尔群 $\mathcal{C}_k$：其 0 元素记为 0_k，而 k-维链 c_k 的逆元素就是它自身。显然，群 $\mathcal{C}_k$ 中有 2^{n_e} 个元素（其中 n_e 表示 k-维元胞的个数），它由 n_e 个 k-维元胞生成。

同调理论的主要研究对象是图形边界，因此，边界映射的概念至关重要，其定义如下。

定义 (k-维边界映射) 一个 k-维边界映射 ∂_k 将一个 k-维元胞 $\mathrm{Cell}_k(\alpha)$ 映射为 $(k-1)$-维链 $b_{k-1} = \sum\limits_{\beta \in S_{k-1}} \mathrm{Cell}_{k-1}(\beta)$，其中集合 S_{k-1} 由围成 k-维元胞 $\mathrm{Cell}_k(\alpha)$ 的 $(k-1)$-维元胞组成。映射 ∂_k 为线性算符，因此，对任意 k-维链 c_k 有

$$\partial_k(c_k) = \partial_k \left(\sum_{\alpha \in S} \mathrm{Cell}_k(\alpha) \right) = \sum_{\alpha \in S} (\partial_k \mathrm{Cell}_k(\alpha))$$

其中集合 S 由 k-维链中赋值为 1 的 k-维元胞组成。

在边界映射下，可定义边界和回路这两个重要概念。

定义 如果 $(k-1)$-维链 b_{k-1} 正好是某个 k-维链 c_k 在边界映射 ∂_k 下的像，即 $\partial_k c_k = b_{k-1}$，则称 b_{k-1} 为 $(k-1)$-维边界。

k-维边界映射 ∂_k 保持 k-维链群 $\mathcal{C}_k$ 本身的群结构：阿贝尔群 $\mathcal{C}_k$ 在 ∂_k 映射下的像仍形成阿贝尔群，称其为 $(k-1)$-维边界群（记为 $\mathcal{B}_{k-1}$），它是 $\mathcal{C}_{k-1}$ 的一个子群。

例 5.15　边界映射示例

平面码中四方网格上的 1-维和 2-维边界映射（图 5.18）。

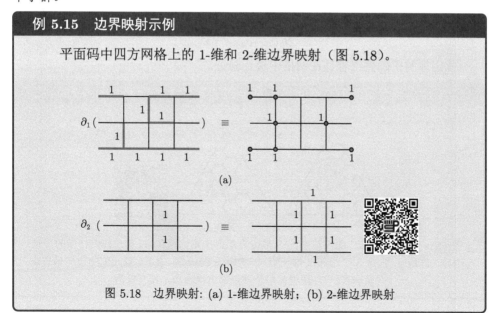

图 5.18　边界映射: (a) 1-维边界映射；(b) 2-维边界映射

而回路 (cycle) 的定义如下。

定义　k-维回路 cy_k 是一个无边界 k-维链，即它满足条件

$$\partial_k(cy_k) = 0$$

由此可见，k-维回路是映射 ∂_k 的核，它也形成一个阿贝尔群，记为 $\mathcal{C}y_k$。

例 5.16　Torus 面上 1-维回路示例

在 Torus 面上的四方网格有如下 3 种不同的 1-维回路（图 5.19）。

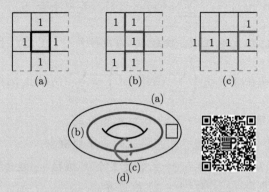

图 5.19　Torus 面上的不同回路：Torus 上有 3 种不同的回路，（a）2-维元胞边界产生的 1-维回路；（b）和（c）对应于 Torus 上拓扑不等价的回路；（d）三种回路的关系

边界与回路间有如下关系。

定理　每个 k-维边界都是 k 维回路，即对任意的 $(k+1)$-维链 c_{k+1} 有

$$\partial_k\partial_{k+1}c_{k+1} = 0$$

此定理的正确性很容易在网格中进行验证。

例 5.17　涂色码对应二维网格上的 1-维边界是 1-维回路（图 5.20）

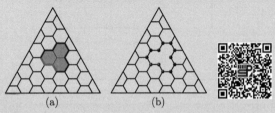

图 5.20　涂色码对应二维网格上的 1-维边界都是 1-维回路：(a) 涂色码网格中的一维边界（红色）：它是 3 个相邻 2-维元胞（六边形）的边界；(b) 1-维元胞的边界是顶点（黑球表示），图中的每个顶点都出现两次，相互抵消

此定理的逆并不成立，即一个 k-维回路不一定是 k-维边界。图 5.19 中 Torus 面上的回路（b）和（c）就都不是边界。

到现在为止，我们定义了三种不同的阿贝尔群：链群 $\mathcal{C}_k$、回路群 $\mathcal{C}y_k$ 以及边界群 $\mathcal{B}_k$，它们之间有包含关系：

$$\mathcal{B}_k \subset \mathcal{C}y_k \subset \mathcal{C}_k$$

由此可见，边界群 $\mathcal{B}_k$ 是回路群 $\mathcal{C}y_k$（链群 $\mathcal{C}_k$）的子群。根据两个 k-维链之和在边界群 $\mathcal{B}_k$ 中与否，可在回路群 $\mathcal{C}y_k$（链群 $\mathcal{C}_k$）中定义这两个链的（同调）等价关系。

定义 若两个 k-维链 c_k^1 和 c_k^2 满足条件：

$$c_k^2 = c_k^1 + b_k, \qquad 其中 \ b_k \in \mathcal{B}_k$$

（c_k^1 和 c_k^2 处于群 $\mathcal{B}_k$ 的同一个陪集中），则称 k-维链 c_k^1 与 c_k^2 同调等价。

例 5.18

Torus 网格上的两个 1-维链 c_1^1 和 c_1^2（图 5.21）。

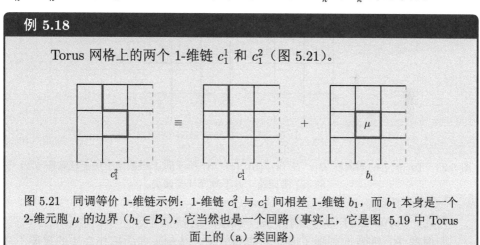

图 5.21　同调等价 1-维链示例：1-维链 c_1^2 与 c_1^1 间相差 1-维链 b_1，而 b_1 本身是一个 2-维元胞 μ 的边界（$b_1 \in \mathcal{B}_1$），它当然也是一个回路（事实上，它是图 5.19 中 Torus 面上的（a）类回路）

注意到，前面例子中 1-维链 c_1^1 和 c_1^2 具有相同的边界。事实上，任何同调等价的链都具有相同的边界，但具有相同边界的两个 k-维链却未必同调等价。如图 5.22 所示的两个 1-维链，它们虽有相同的边界，但却并不同调等价。

为建立同调与边界的严格对应，我们将同调群 $\mathcal{H}_k$ 定义为回路群 $\mathcal{C}y_k$ 与边界群 $\mathcal{B}_k$ 的商群（而非定义为链群 $\mathcal{C}_k$ 与边界群 $\mathcal{B}_k$ 的商群）：

$$\mathcal{H}_k = \mathcal{C}y_k / \mathcal{B}_k$$

群 $\mathcal{C}y_k$ 中具有相同边界的 k-链一定同调等价（图 5.22 中具有相同边界的两个不等价 1-维链都不在 $\mathcal{C}y_k$ 群中）。事实上，Torus 上的回路只有如图 5.23 所示的四个不等价同调类（即 $\mathcal{H}_1$ 中仅有四个元素）：

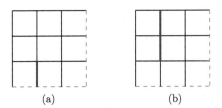

图 5.22　非同调等价 1-维链：Torus 上两个具有相同边界的 1-维链，它们相差一个图 5.19 中的 (b) 类或 (c) 类回路，此回路不是边界

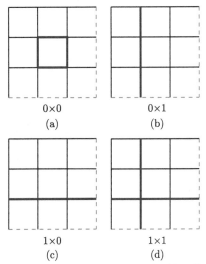

图 5.23　Torus 上的同调群 $\mathcal{H}_1$：在 (a), (b), (c), (d) 所示的 1-维回路中加上任意图 5.19 中的 (a) 类回路，并不改变其同调类

因此，Torus 上的一阶同调群 $\mathcal{H}_1 \cong \mathbb{Z}_2 \times \mathbb{Z}_2$。

同调群 $\mathcal{H}_k$ 细致地刻画了曲面的边界信息，是刻画曲面拓扑性质的重要不变量。它与其他拓扑不变量间有密切关系。

- **Betti 数** β_k。

拓扑空间的 Betti 数 β_k（可用于计算拓扑码的逻辑比特数）可通过如下等式计算[①]：

$$\beta_k = \operatorname{rank}(\mathcal{H}_k) = \operatorname{rank}(\mathcal{C}y_k) - \operatorname{rank}(\mathcal{B}_k)$$

- **欧拉示性数** χ。

欧拉示性数 χ 可定义为

---

① 群 $\mathcal{C}_k$，$\mathcal{B}_k$，$\mathcal{C}y_k$ 或 $\mathcal{H}_k$ 中的元素均为 k-维链，且均可在 k-维元胞上展为一个 F_2 上的矢量 $\boldsymbol{V}_k$。因此，Betti 数定义中的 $\operatorname{rank}(G)$ 表示群 G 中的独立矢量 $\boldsymbol{V}_k$ 的数目。

$$\chi = \sum_{k=0}^{\infty} \mathrm{rank}(\mathcal{H}_k) = \sum_{k=0}^{\infty} \beta_k = \sum_{k=0}^{\infty} (-1)^k \mathrm{rank}(\mathcal{C}_k)$$

特别地，对 3-维情况有

$$\chi = \mathrm{rank}(\mathcal{C}_2) - \mathrm{rank}(\mathcal{C}_1) + \mathrm{rank}(\mathcal{C}_0) = 2g - 2$$

其中 g 为亏格，$\mathrm{rank}(\mathcal{C}_k)$（$k = 0, 1, 2$）就是 k-维元胞的数目（2-维元胞为面，1-维元胞为边，0-维元胞为顶点）①。

2. 对偶网格与上同调

在一个 n-维网格 $\mathbb{L}$ 上，可通过如下方式定义其对偶网格：网格 $\mathbb{L}$ 中每个 n-维元胞对应于对偶网格 $\mathbb{L}^*$ 中一个顶点（0 维元胞）；网格 $\mathbb{L}$ 中两个 n 维元胞的相邻关系（共用一个 $n-1$ 维面）对应于对偶网格 $\mathbb{L}^*$ 中顶点之间的相邻关系。特别地，2-维平面网格 $\mathbb{L}_2$ 及其对偶网格 $\mathbb{L}_2^*$ 如图 5.24 所示。

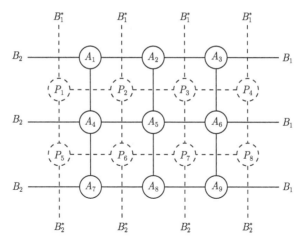

图 5.24 对偶网格：实线是主网格，虚线对应的网格为对偶网格，二者互为对偶。值得注意，光滑边界和非光滑边界在对偶下互换

在对偶网格 $\mathbb{L}^*$ 中也可与网格 $\mathbb{L}$ 中类似的定义 k-维链群 $\mathcal{C}^k$，也称为网格 $\mathbb{L}$ 的 $(n-k)$-维上链 (cochain) 群。上链群 $\mathcal{C}^k$ 中元素与链群 $\mathcal{C}_k$ 中的元素可定义内积。对二维平面网格 $\mathbb{L}$ 其内积定义如下：

（1）因 $\mathbb{L}$ 上 0-维上链 c^0 是其对偶网格 $\mathbb{L}^*$ 上的一个 2-维链，故 $\mathcal{C}^0$ 中元素 c^0 与链群 $\mathcal{C}_0$ 中元素 c_0 的内积定义如下：

$$\langle c^0, c_0 \rangle = c_0 \text{ 中落到 } c^0 \text{ 中 2-维元胞内的顶点数目} \quad (\mathrm{mod}\ 2)$$

---

① 使用了欧拉公式。

例 5.19　二维网格中 0-维链与 0-维上链的内积

图 5.25 中浅蓝色覆盖的顶点表示 0-维链 $c_0 \in \mathcal{C}_0$ 中赋值为 1 的顶点，浅绿色覆盖的对偶空间中的面表示 0-维上链 $c^0 \in \mathcal{C}^0$ 中赋值为 1 的面。

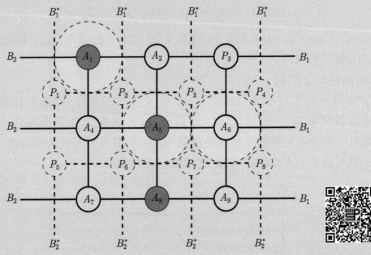

图 5.25　0-维链与 0-维上链的内积：图中实线为主网格，虚线为对偶网格。主网格中浅蓝色顶点表示赋值为 1 的顶点，它们组成 0-维链 c_0；对偶网格中浅绿色表示赋值为 1 的 2-维元胞 c^0。按内积定义，仅有两个顶点 (A_1 和 A_5) 落在浅绿色面内，因此其内积为 0（模 2）

（2）因 $\mathbb{L}$ 上的 1-维上链 c^1 也是其对偶网格 $\mathbb{L}^*$ 上的 1-维链，故 $\mathcal{C}^1$ 中元素 c^1 与 $\mathcal{C}_1$ 中元素 c_1 的内积可定义为

$$\langle c^1, c_1 \rangle = c^1 \text{（}\mathbb{L}^* \text{中的边）与 } c_1 \text{（}\mathbb{L} \text{ 中的边）相交边的数目 　 (mod 2)}$$

图 5.26 是计算 c^1 与 c_1 内积的示例。

（3）$\mathbb{L}$ 上的 2-维上链 c^2 是对偶网格 $\mathbb{L}^*$ 中顶点上的一个 0,1 赋值。c^2 与 2-维链 c_2 间的内积定义与 c^0 和 c_0 的内积类似：

$$\langle c^2, c_2 \rangle = c^2 \text{（}\mathbb{L}^* \text{中顶点）落到 } c_2 \text{ 的 2-维元胞中的顶点数目　 (mod 2)}$$

在上链 $\mathcal{C}^k$ 上也可类似定义上边界映射 ∂^k，它与 $\mathcal{C}_k$ 上的 k-维边界映射 ∂_k 有如下关系：

$$\langle \partial^k c^k, c_{k+1} \rangle = \langle c^k, \partial_{k+1} c_{k+1} \rangle \tag{5.28}$$

值得注意，$\partial^k c^k$ 是上链群 $\mathcal{C}^{k+1}$ 中元素，而 $\partial_{k+1} c_{k+1}$ 是链群 $\mathcal{C}_k$ 中元素[①]。

---

① 保证内积定义有意义。

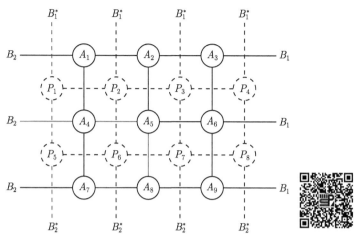

图 5.26 1-维链与 1-维上链的内积：主网格中红色路径对应于 1-维链 c_1；对偶网格中蓝色虚线对应于 1-维上链 c^1。它们的交点仅有一个，因此，其内积为 1

例 5.20

边界映射关系（5.28）的正确性可通过图 5.27 来验证。

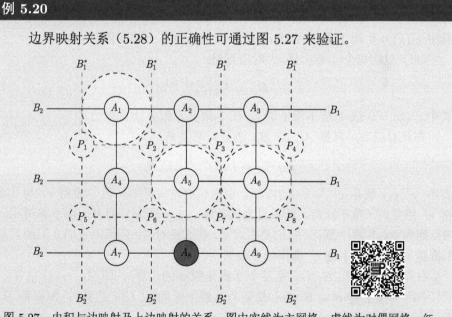

图 5.27 内积与边映射及上边映射的关系：图中实线为主网格，虚线为对偶网格。红色路径对应于主网格中的 1-维链 c_1；对偶网格中浅绿色表示赋值为 1 的 2-维元胞 c^0，它的上边映射的像 $\partial^0 c^0$ 对应于绿色虚线确定的 1-维上链 c^1。因此，按内积 $\langle \partial^0 c^0, c_1 \rangle$ 定义，绿色虚线与红色实现交点数目为 2，即其内积为 0。另一方面，1-维链 c_1 在边界映射下的像为图中蓝色顶点（A_8 和 B_2）组成的 0-维链 c_0。因此，内积 $\langle c^0, \partial c_1 \rangle$ 为 0（蓝色顶点不落在浅绿色区域）。两种方法得到的结果相同

利用对偶网格 $\mathbb{L}^*$ 中的上边界映射可直接定义上回路群 $\mathcal{C}y^k$ 以及上边界群 $\mathcal{B}^k$：

（1）上边界群 $\mathcal{B}^k$ 中的元素 b^k 满足条件：$b^k = \partial^{k-1}(c^{k-1})$，其中 $c^{k-1} \in \mathcal{C}^{k-1}$。

（2）回路群 $\mathcal{C}y^k$ 是上边界映射 ∂^k 的核，即对任意 $c^k \in \mathcal{C}y^k$ 满足 $\partial^k(c^k) = 0$。

因此，网格 $\mathbb{L}$ 上的上同调群定义为

$$\mathcal{H}^k = \mathcal{C}y^k/\mathcal{B}^k$$

3. 同调论下的拓扑稳定子码

拓扑稳定子码可在同调的语言中重新定义。通过同调语言，可区分拓扑稳定子码中哪些性质仅与网格拓扑相关，哪些还与网格的细节有关。

（1）拓扑稳定子码的重新定义[①]。

在二维拓扑网格 $\mathbb{L}$ 中，拓扑稳定子码中的量子比特和稳定子算符可按如下规则定义：

（i）将量子比特放置于 $\mathbb{L}$ 中 1-维元胞与 1-维上元胞的相交处；

（ii）$\mathbb{L}$ 的每个 1-维链 c_1 对应算符：

$$A_{c_1} = \otimes_k (\sigma_k^z)^{c_1(k)}$$

其中 $c_1(k) = 0$ 或 1 是 1-维链 c_1 在 1-维上元胞 k 上的赋值。

（iii）$\mathbb{L}$ 的每个 1-维上链 c^1 对应算符：

$$B_{c^1} = \otimes_k (\sigma_k^x)^{c^1(k)}$$

其中 $c^1(k) = 0$ 或 1 是 1-维上链 c^1 在 1-维上元胞 k 上的赋值。

在此对应下，算符 A_{c_1} 与 B_{c^1} 满足对易关系：

$$B_{c^1} A_{c_1} = (-1)^{\langle c^1, c_1 \rangle} A_{c_1} B_{c^1}$$

其中 $\langle c^1, c_1 \rangle$ 就是 c^1 与 c_1 的内积。由内积的定义可知，当 1-维链 c_1 与 1-维上链 c^1 相交点（量子比特）的数目为偶数时，A_{c_1} 与 B_{c^1} 对易。由于算符 A_{c_1} 与 B_{c^1} 均为 Pauli 群中算符，它们要么对易，要么反对易。为保障它们之间的对易性，1-维链 c_1 和 1-维上链 c^1 需作如下限制：

（i）1-维链 $c_1 \in \mathcal{B}_1$（c_1 是某个 2-维元胞 p 的边界），即 $A_{c_1} = A_{\partial_2 p}$；

（ii）1-维上链 $c^1 \in \mathcal{B}^1$（c^1 是某个 0-维上元胞 p^* 的上边界），即算符 $B_{c^1} = B_{\partial_0 p^*}$。

显然，任意算符 $A_{\partial_2 p}$ 与 $B_{\partial_0 p^*}$ 均对易。按定义，算符 $A_{\partial_2 p}$ 与 $B_{\partial_0 p^*}$ 间的对易关系由内积 $\langle \partial_0 p^*, \partial_2 p \rangle$ 是否为 0 确定，而

---

① 仅以二维拓扑网格为例，高维情况类似。

$$\langle \partial_0 p^*, \partial_2 p \rangle = \langle p^*, \partial_1 \partial_2 p \rangle = \langle p^*, 0 \rangle = 0$$

倒数第二步使用了等式（5.28）。

因此，当 p（p^*）遍历 $\mathbb{L}$（$\mathbb{L}^*$）中所有 2 维元胞 (0-维上元胞) 时，算符 $A_{\partial_2 p}$ 和 $B_{\partial_0 p^*}$ 生成的稳定子群 $\mathcal{S}$ 定义一个拓扑稳定子码。

(2) 拓扑稳定子码的逻辑算符。

任意稳定子码 $\mathcal{S}$ 的逻辑 Pauli 算符 $\bar{X}$ 或 $\bar{Z}$ 均由商群 $\mathcal{N}(\mathcal{S})/\mathcal{S}$ 确定[①]，而 $\mathcal{S}$ 能编码的量子比特数目由商群的大小确定。在拓扑稳定子码中，逻辑 Pauli 操作 $\bar{X}$ 和 $\bar{Z}$ 除前面的代数结构外还具有额外的拓扑结构，即有如下定理。

定理 5.4.1 拓扑网格 $\mathbb{L}$ 上定义的拓扑码 $\{A_{\partial p}, B_{\partial p^*}\}$，其逻辑 Pauli 操作 $\bar{X}$ 和 $\bar{Z}$ 分别对应于 $\mathbb{L}$ 上的一阶上同调群和一阶同调群。

证明 按稳定子码的一般理论,稳定子码 $\mathcal{S} = \{A_{\partial p}, B_{\partial p^*}\}$ 编码比特上的 Pauli 算符 $\bar{X}$ 和 $\bar{Z}$，由商群 $\mathcal{N}(\mathcal{S})/\mathcal{S}$ 确定。

按正规化子 $\mathcal{N}(\mathcal{S})$ 的定义，它由与 $\mathcal{S}$ 中所有元素均对易的算符组成。为此，先来确定 $\mathcal{N}(\mathcal{S})$ 中 A_{c_1}（$c_1 \in \mathcal{C}_1$）型算符。对任意 1-维链 c_1，A_{c_1} 自动与 $\mathcal{S}$ 中的生成元 $A_{\partial p}$ 对易，只需考虑 A_{c_1} 与 $B_{\partial p^*}$ 型算符的对易关系，且它们间的对易条件为

$$\langle \partial^0 p^*, c_1 \rangle = \langle p^*, \partial c_1 \rangle = 0$$

$A_{c_1} \in \mathcal{N}(\mathcal{S})$ 则要求上式对任意 0-维上元胞 p^* 均成立，这意味着 $\partial c_1 = 0$，即 1-维链 c_1 无边界。因此，$c_1 \in \mathcal{C}y_1$（它是回路）。类似地讨论可知，$\mathcal{N}(\mathcal{S})$ 中 B_{c^1}（$c^1 \in \mathcal{C}^1$）型算符需满足条件：$\partial c^1 = 0$。这表明 $c^1 \in \mathcal{C}y^1$。

综上可知，稳定子群 $\mathcal{S}$ 的正规化子 $\mathcal{N}(\mathcal{S})$ 由算符 $A_{c_1}(c_1 \in \mathcal{C}y_1)$ 和 $B_{c^1}(c^1 \in \mathcal{C}y^1)$ 生成。

注意到 1-维回路 $\{\partial p$ (p 是 2 维元胞)$\}$ 是 1-维边界群 $\mathcal{B}_1$ 的生成元，它与稳定子群 $\mathcal{S}$ 中的 A_{c_1} 型稳定子生成元一一对应。因此，若将逻辑算符 $\bar{Z}$ 定义为 A_{c_1} 型算符，则它与商群 $\mathcal{C}y_1/\mathcal{B}_1$（此即 1 阶同调群）一一对应。相同的讨论可知，逻辑操作 $\bar{X}$（B_{c^1} 型算符）与 $\mathbb{L}$ 上的一阶上同调群一一对应。 $\square$

根据定理 5.4.1，按此定义的拓扑稳定子码可编码的逻辑比特数目与 $\mathbb{L}$ 上一阶同调群（上同调群）的秩（一阶 Betti 数）一致。由此可见，编码比特的数目是一个拓扑不变量。然而，拓扑稳定子码的码距（逻辑算符包含的最小量子比特数）不是一个拓扑量，它还与网格的具体细节有关。

因此，研究给定拓扑网格 $\mathbb{L}$ 上的同调与上同调群对研究此网格上的拓扑稳定子码至关重要。我们以 Toric 码和表面码对应的网格为例来计算它们的一阶同调

[①] $\mathcal{N}(\mathcal{S})$ 是稳定子群 $\mathcal{S}$ 的正规化子。

群，并与前面获得的逻辑算符进行对比。

例 5.21   Toric 码（封闭曲面）

Toric 码定义于轮胎面 (torus) 上，轮胎面是无边界封闭曲面，其一阶同调群 $\mathcal{H}_1$ 和一阶上同调群 $\mathcal{H}^1$ 均同构于 $\mathbb{Z}_2 \times \mathbb{Z}_2$（参见图 5.23），且 $\beta_1 = 2$。因此，按拓扑稳定子码的性质，Toric 码能编码 $\beta_1 = 2$ 个逻辑比特。

1 阶同调群中的生成元 $c_1[0]$ 和 $c_1[1]$ 确定了算符 $\bar{Z}_1 = A_{c_1[0]}$ 和 $\bar{Z}_2 = A_{c_1[1]}$（它们对应逻辑比特上的 Pauli 算符 Z）；而一阶上同调群中的两个生成元 $c^1[0]$ 和 $c^1[1]$ 确定了算符 $\bar{X}_1 = B_{c^1[0]}$ 和 $\bar{X}_2 = B_{c^1[1]}$（它们对应逻辑比特上的 Pauli 算符 X）。这些算符间的对易关系由内积 $\langle c_1[0], c^1[0] \rangle = \langle c_1[1] c^1[1] \rangle = 1$ 和 $\langle c_1[0], c^1[1] \rangle = \langle c_1[1], c^1[0] \rangle = 0$ 确定（与 Pauli 算符的对易关系一致）。

例 5.22   平面码（非封闭曲面）

平面码中，网格的边界对拓扑稳定子码有重要影响，下面我们来看网格边界对同调群的影响。

(a) **光滑（B 型）边界稳定子码。**

光滑（B 型）边界的平面网格及其对偶网格如图 5.28。

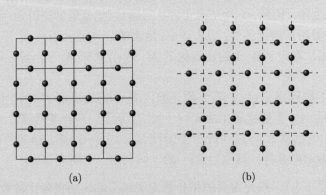

$$(a) \qquad\qquad\qquad (b)$$

图 5.28   光滑边界平面网格：(a) 光滑边界平面的主网格；(b) 光滑边界平面的对偶网格，它是具有单一的非平滑边界

因每个 1-维回路均为 2-维链的边界，即 $\mathcal{C}y_1 = \mathcal{B}_1$，故其一阶同调群 $\mathcal{H}_1$ 同构于 $\mathbb{Z}_1$，且 $\beta_1 = 0$。按前面的讨论，此网格上的拓扑稳定子码能编码的量子比特数为 β_1，即 0 个。换言之，单一光滑边界的平面网格无法定义拓扑稳定子码。

(b) 含孔洞平面上的拓扑码。

在光滑边界平面中间"挖出"一个孔洞,平面会形成两个边界:内边界和外(光滑)边界。

在光滑孔洞中,如图 5.29(a)所示环孔洞的 1-维回路,并非某个 2-维链的边界。因此,此网格的 1 阶同调群与单一边界的平面网格不同,它非平凡。直接验证可知:环孔洞偶数次的 1-维回路与环孔洞奇数次的 1-维回路不等价(偶数次会变成平凡情况)。因此,它的一阶同调群 $\mathcal{H}_1$ 同构于 $\mathbb{Z}_2$,且 $\beta_1 = 1$。因此,它仅能编码一个逻辑比特。

图 5.29(b)是图(a)的对偶图,它具有非光滑孔洞。非光滑孔洞的边界与光滑孔洞有重大区别:非光滑孔洞边界上 1-维元胞(蓝色边,主网格的 1-维上元胞)的边界仅含 1 个 0-维元胞(主网格的 2-维元胞);光滑边界网格中 1-维元胞均含两个 0-维元胞。类似地,对偶网格边界上的 2-维元胞(主网格的 0-维上元胞)的边界可能仅含 3 个 1-维元胞(灰色面),而光滑边界网格中的 2-维元胞均含 4 个 1-维元胞。

非光滑边界上 1-维元胞的边界差异使得连接两个边界(非光滑内边界和非光滑外边界)的 1-维上链也是回路。而两端在相同边界(非光滑内边界或非光滑外边界)的 1-维上链是 0-维上边界的边界,换言之,它在 1-维边界上群 $\mathcal{B}^1$ 中。特别地,环孔洞的 1-维上链也在 $\mathcal{B}^1$ 中。由此可见,上同调群 $\mathcal{H}^1$ 仍同构于 $\mathbb{Z}_2$,其非平凡元是连接内外非光滑边界的 1-维上链 c^1(图中黑色直线)。因此,按定理 5.4.1 c^1 对应的 B_{c^1} 型算符就是逻辑比特的 Pauli 算符 $\bar{X}$。

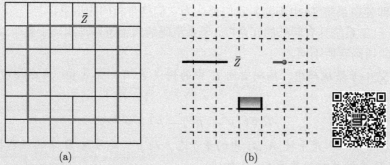

(a)   (b)

图 5.29 光滑孔洞:(a) 为主网格,红色绕孔洞的回路不是网格上任何 2-维链的边界。$\mathcal{H}_1$ 中有两个元素(其中只有一个非平凡),对应于逻辑操作 $\bar{Z}$;(b) 为 (a) 的对偶网格,光滑孔洞变为非光滑孔洞。在非光滑边界处,蓝色 1-维上元胞的边界仅含一个 2-维上元胞。而边界上的 0-维上元胞(灰色面)也只含 3 个 1-维上元胞。因此,$\mathcal{H}^1$ 中也仅含两个元素,其非平凡元素(黑色链)对应于逻辑操作 $\bar{X}$

> 当平面中有 n 个孔洞（$n+1$ 个边界）时，类似地讨论可知其 1 阶同调群为 $\mathcal{H}_1 = \mathbb{Z}_2 \times \mathbb{Z}_2 \times \cdots \times \mathbb{Z}_2$ 且 $\beta_1 = n$。因此，它能编码 n 个逻辑比特。

(3) 拓扑稳定子码的错误探测。

按同调语言定义的拓扑稳定子码中，若某些物理比特上发生了 σ^z 错误，那么，这些错误可写为算符 $A_{c_1[e_1]}$（其中 $c_1[e_1]$ 是由具体错误决定的 1-维链：发生错误比特所在边赋值为 1，其他边赋值为 0）。此错误可通过对算符 $B_{\partial p^*}$（p^* 为对偶格子中的 0-维上元胞）的测量来探测：所有与算符 $A_{c_1[e_1]}$ 反对易的算符 $B_{\partial p^*}$ 都得到测量结果 -1；而与之对易的算符得到测量结果 1。而与 $A_{c_1[e_1]}$ 反对易的算符 $B_{\partial p^*}$ 中的 0-维上元胞 p^* 需满足条件：

$$\langle \partial^0 p^*, c_1[e_1] \rangle = \langle p^*, \partial c_1[e_1] \rangle = 1$$

因此，在 p^* 位置已知（通过测量结果 -1 确定）的情况下，此条件可用于判断哪些比特出现了错误（关于拓扑稳定子码的译码与纠错，我们将在"阈值定理及容错阈值"部分详细介绍）。

5.4.5　稳定子子系统码

1. 子系统码

在量子纠错码中，n 个物理比特形成的希尔伯特空间 $\mathbb{H}$ 被分为编码空间 $\mathcal{C}$ 和非编码空间 $\mathcal{C}^\perp$ 的直和，即 $\mathbb{H} = \mathcal{C} \oplus \mathcal{C}^{\perp}$①。而在子系统编码中，编码空间具有进一步的直积结构，即 $\mathcal{C} = A \otimes B$，且量子信息仅编码于空间 A 中，而空间 B 提供额外的操作自由度。由于量子信息仅编码在空间 A 中，只要量子态在系统 A 中相同（即使在系统 B 中不同）我们都认为它们携带相同的信息。

由于 B 系统具有额外的冗余度，子系统码的纠错条件与编码于整个编码空间 $\mathcal{C}$ 上的纠错码有所不同。

定义　子系统码中，编码空间 $\mathcal{C}$ 中的错误 $\mathcal{E}$ 可纠正是指：存在物理操作 $\mathcal{R}$ 使得

$$\mathcal{R} \circ \mathcal{E}(\rho^A \otimes \rho^B) = \rho^A \otimes \rho'^B$$

成立，其中 $\rho^{A(B)}$ 是系统 $A(B)$ 中的量子态，而 ρ'^B 是系统 B 中的任意状态（不要求与 B 系统的初始量子态 ρ^B 相同）。

若空间 $\mathcal{C}$ 中量子态 ρ 在错误 $\mathcal{E}$ 作用下可写为算符和形式：$\mathcal{E}(\rho) = \sum_a E_a \rho E_a^\dagger$，

---

① 此处 $\oplus$ 表示两个空间的直和，前面我们也用 $\oplus$ 表示二进制数的加法（模 2 加）。其具体含义需通过上下文确定。

则 $\mathcal{E}$ 可纠正的条件可改写为[①]

$$PE_a^\dagger E_b P = I^A \otimes g_{ab}^B \tag{5.29}$$

其中，算符 P 将希尔伯特空间 $\mathbb{H}$ 投影到空间 $\mathcal{C}$，I^A 是空间 A 中的单位算符（不改变 A 空间中的量子信息），而 g_{ab}^B 是空间 B 中的任意算符。

2. 从稳定子群构造子系统码

系统 B 上的自由度可描述为编码空间 $\mathcal{C}$ 中的"规范"变换，可用编码空间 $\mathcal{C}$ 上的规范群 $\mathcal{G}$（一般为非阿贝尔群）描述。因此，一个子系统码可用编码空间 $\mathcal{C}$ 及规范群 $\mathcal{G}$ 定义。若子系统码中的编码空间 $\mathcal{C}$ 可通过稳定子群 $\mathcal{S}$ 定义，则此子系统码称为稳定子子系统码[②](stabilizer subsystem code)。给定一个稳定子群 $\mathcal{S}$，如何构造一个稳定子子系统码呢？换言之，如何选取规范群 $\mathcal{G}$ 呢？

首先，规范群 $\mathcal{G}$ 需保持编码空间 $\mathcal{C}$（由稳定子群 $\mathcal{S}$ 确定）的稳定性，即需满足

$$\mathcal{S} \subseteq \mathcal{G} \subseteq \mathcal{N}(\mathcal{S}) \tag{5.30}$$

其中 $\mathcal{N}(\mathcal{S})$ 是 $\mathcal{S}$ 的正规化子，它是保持编码空间 $\mathcal{C}$（由 $\mathcal{S}$ 定义）稳定的最大 Pauli 子群。

设稳定子群 $\mathcal{S}$ 由生成元 $\{S_1, S_2, \cdots, S_{n-r-k}\}$ 生成，它定义了一个 2^{r+k} 维的编码空间 $\mathcal{C}$。$\mathcal{S}$ 的正规化子 $\mathcal{N}(\mathcal{S})$ 可通过在 $\mathcal{S}$ 中增加一组新算符生成，即

$$\mathcal{N}(\mathcal{S}) = \left\langle i, S_1, S_2, \cdots, S_{n-r-k}, \hat{P}_{n-r-k+1}, \cdots, \hat{P}_n \right\rangle$$

其中 i 为虚数单位，增加的算符 $\hat{P}_{n-r-k+1}, \cdots, \hat{P}_n$ 是编码空间 $\mathcal{C}$ 中逻辑比特上的 Pauli 算符 $\bar{X}$ 或 $\bar{Z}$。因规范群 $\mathcal{G}$ 满足条件（5.30），故它也可通过在 $\mathcal{S}$ 中增加一组 Pauli 算符生成，即

$$\mathcal{G} = \left\langle i, S_1, S_2, \cdots, S_{n-r-k}, \hat{P}_{j_1}, \cdots, \hat{P}_{j_\alpha} \right\rangle$$

其中 $\{\hat{P}_{j_1}, \hat{P}_{j_2}, \cdots, \hat{P}_{j_\alpha}\}$ 为 $\{\hat{P}_{n-r-k+1}, \hat{P}_{n-r-k+2}, \cdots, \hat{P}_n\}$ 的子集。

当规范群 $\mathcal{G}$（非阿贝尔群，确定空间 B）与商群 $\mathcal{L} = \mathcal{N}(\mathcal{S})/\mathcal{G}$（确定空间 A）满足条件

$$[\mathcal{G}, \mathcal{L}] = 0, \qquad \mathcal{G} \otimes \mathcal{L} \simeq \mathcal{N}(\mathcal{S}) \tag{5.31}$$

时，将诱导编码空间 $\mathcal{C}$ 上的直积结构，其中 $\simeq$ 表示群同构（详见附录 IIa）。前

[①] 对比稳定子码中可纠正错误需满足的充要条件（5.6）。

[②] 参见文献 D. Poulin, Phys. Rev. Lett. **95**, 230504 (2005); D. Bacon, Phys. Rev. A **73**, 012340 (2006).

一个条件可看作直积空间中不同子系统上的算符对易。条件（5.31）等价于要求 $\mathcal{G}$ 和 $\mathcal{L}$ 中逻辑 Pauli 算符 $\bar{X}_j$ 和 $\bar{Z}_j$（对应稳定子码 $\mathcal{S}$ 中的逻辑算符）需成对出现。因此，规范群 $\mathcal{G}$ 和 $\mathcal{L}$ 具有如下形式：

$$\begin{cases} \mathcal{G} = \langle i, S_1, S_2, \cdots, S_{n-r-k}, \bar{X}_{n-r-k+1}, \bar{Z}_{n-r-k+1}, \cdots, \bar{X}_{n-k}, \bar{Z}_{n-k} \rangle \\ \mathcal{L} \simeq \langle i, \bar{X}_{n-k+1}, \bar{Z}_{n-k+1}, \cdots, \bar{X}_n, \bar{Z}_n \rangle \end{cases}$$

按此构造的规范群 $\mathcal{G}$，与稳定子群 $\mathcal{S}$ 一起将 n 量子比特的希尔伯特空间分为三部分：k 个逻辑比特（空间 A），r 个规范比特（空间 B）以及剩下的 $n-r-k$ 个稳定子比特。此稳定子子系统码中逻辑比特和规范比特上的操作如下：

（1）规范空间 B（由 r 个规范比特组成）中的算符群 $\mathcal{L}_B$ 为

$$\langle \bar{X}_{n-r-k+1}, \bar{Z}_{n-r-k+1}, \cdots, \bar{X}_{n-k}, \bar{Z}_{n-k} \rangle \equiv \langle g_1^x, g_1^z, \cdots, g_r^x, g_r^z \rangle$$

（2）逻辑空间 A（由 k 个逻辑比特组成）中的逻辑算符群 $\mathcal{L}_A$ 为

$$\langle \bar{X}_{n-k+1}, \bar{Z}_{n-k+1}, \cdots, \bar{X}_n, \bar{Z}_n \rangle \equiv \langle X_1^L, Z_1^L, \cdots, X_k^L, Z_k^L \rangle$$

稳定子子系统码的码距由 $\mathcal{L}_A$ 中算符的最小支集确定[①]。

稳定子子系统码中的错误仍只能通过对稳定子算符 $\mathcal{S}$ 的测量获知，而稳定子测量能发现（不保证能纠正）的错误均来自算符集合：$\mathcal{P}_n - \mathcal{N}(\mathcal{S})$[②]。若进一步要求所发现的错误也能被纠正，则错误集合 $\mathcal{E}$ 需满足条件（5.29）。

设 Pauli 错误 E_a 和 E_b 能被稳定子测量发现[③]，则其乘积 $E_a E_b$ 在 Pauli 群中有三种可能的情况：

（1）$E_a E_b \in \mathcal{P}_n - \mathcal{N}(\mathcal{S})$。

此时，必存在 $\mathcal{S}$ 中算符 S_i 与 $E_a E_b$ 反对易，即 $\{S_i, E_a E_b\} = 0$。此时，纠错条件（5.29）变为

$$P E_a E_b P = P E_a E_b S_i P = -P S_i E_a E_b P = -P E_a E_b P = 0$$

满足可纠错条件。

（2）$E_a E_b \in \mathcal{N}(\mathcal{S}) - \mathcal{G}$。

因 $\mathcal{N}(\mathcal{S}) - \mathcal{G} = (\mathcal{L} - I) \otimes \mathcal{G}$，对 $g \in \mathcal{G}$，$L \in \mathcal{L}$ 有

$$\begin{cases} gP = I \otimes g^B & (g^B \text{ 是系统 } B \text{ 中的算符}) \\ LP = L^A \otimes I & (L^A \text{ 是系统 } A \text{ 中的算符}) \end{cases}$$

[①] 值得注意，若两个算符 $\bar{Z}$ 和 $\bar{Z}'$ 满足条件：$\bar{Z}\bar{Z}' \in \mathcal{G}$，则它们在逻辑空间 A 中实现了相同操作。

[②] 其中 $\mathcal{P}_n$ 为 n 比特 Pauli 群。

[③] $E_a, E_b \in \mathcal{P}_n - \mathcal{N}(\mathcal{S})$，不能保证 $E_a E_b \in \mathcal{P}_n - \mathcal{N}(\mathcal{S})$。

其中 P 是投影到空间 C 的算符。此时将 $(\mathcal{L} - I) \otimes \mathcal{G}$ 代入条件式（5.29）可得

$$PE_a E_b P = L_{ab}^A \otimes g_{ab}^B$$

显然，它不满足可纠错条件。

（3）$E_a E_b \in \mathcal{G}$。

对任意 $\mathcal{G}$ 中的元素 g 有 $gP = I^A \times g^B$，代入式（5.29）得到 $PE_a E_b P = I^A \times g_{ab}^B$。它也满足可纠错条件。

综上可知稳定子子系统码中的错误 $\mathcal{E} = \{E_a\}$ 可纠正的充要条件是

$$E_a E_b \notin \mathcal{N}(\mathcal{S}) - \mathcal{G} \tag{5.32}$$

值得注意，在稳定子子系统码中，不同错误 E_a 和 E_b 可能是等价的，它们可用相同的操作 $\mathcal{R}$ 来实现纠错。因 E_a 与 E_b 等价的条件为 $E_a = gE_b$（$g \in \mathcal{G}$），故对错误的判断以及纠错都只需在陪集 $\mathcal{E}/\mathcal{G}$ 上进行。

3. 从规范群构造子系统码

给定一个规范群 $\mathcal{G}$（一般为非阿贝尔群），它由 Pauli 群中算符 $\{G_1, G_2, \cdots, G_m\}$ 和 i 生成。规范群 $\mathcal{G}$ 在 Pauli 群中的中心化子可表示为

$$\mathcal{C}(\mathcal{G}) = \langle i, \mathcal{S}, X_j^L, Z_j^L | j = 1, 2, \cdots, k \rangle \tag{5.33}$$

其中 $\mathcal{S} = \mathcal{G} \cap \mathcal{C}(\mathcal{G}) / \langle i \rangle$ 是规范群 $\mathcal{G}$ 的中心 (center)。根据中心的定义，其任意两个元素 $g, h \in S$ 都满足对易关系 $gh = hg$，确保 $\mathcal{S}$ 为稳定子群。

因此，规范群 $\mathcal{G}$ 及其中心（稳定子群 $\mathcal{S}$）就可以定义一个稳定子子系统码，且其逻辑比特（k 个）上的 Pauli 算符就是 $\mathcal{C}(\mathcal{G})$ 中的元素 $\{X_j^L, Z_j^L | j = 1, 2, \cdots, k\}$。

利用规范群 $\mathcal{G}$ 可构造哈密顿量 H：

$$H = \sum_{a=1}^{m} r_a G_a$$

其中 r_a 为常系数，G_a 是规范群 $\mathcal{G}$ 的生成元。尽管一个 $\mathcal{G}$ 群可对应一组哈密顿量 H（对应规范群中生成元 G_a 的不同选法）；但反过来，如果已知哈密顿量 H，则 G_a 生成的规范群 $\mathcal{G}$ 却可唯一确定，而规范群 $\mathcal{G}$ 的中心化子 $\mathcal{C}(\mathcal{G})$ 也可由哈密顿量 H 的对称算符 g（满足 $gHg^\dagger = H$）确定。系统 H 的希尔伯特空间 $\mathbb{H}$ 在 $\mathcal{S}$ 和哈密顿量 H 确定的规范群 $\mathcal{G}$ 作用下有如下结构：

（1）稳定子群 $\mathcal{S}$ 将希尔伯特空间 $\mathbb{H}$ 分为一系列子空间 $\mathcal{L}_s$ 的直和，即

$$\mathbb{H} = (C^2)^{\otimes n} = \oplus_s \mathcal{L}_s$$

其中每个子空间 $\mathcal{L}_s$ 对应于稳定子群 $\mathcal{S}$ 的一个不可约表示（相当于给定 $\mathcal{S}$ 中一组生成元的值）。

（2）对每个给定的 s，子空间 $\mathcal{L}_s$ 在 $\mathcal{G}$ 作用下保持不变，且 $\mathcal{G}$ 将诱导其上的直积结构[①]

$$\mathcal{L}_s = \mathcal{L}_{\text{logical}} \otimes \mathcal{L}_{\text{gauge}}$$

将规范群 $\mathcal{G}$ 限制在子空间 $\mathcal{L}_s$ 中可得到规范子空间 $\mathcal{L}_{\text{gauge}}$ 上的 Pauli 算符，而将 $\mathcal{C}(\mathcal{G})$ 中的算符 X_j^L, Z_j^L 限制于 $\mathcal{L}_s$ 上就得到编码空间 $\mathcal{L}_{\text{logical}}$ 上的 Pauli 算符。

下面我们将前面的抽象理论应用于两个具体的稳定子子码：Bacon-Shor 码和 3 维涂色码。

例 5.23　Bacon-Shor 码

Bacon-Shor 码 $\mathcal{C}_{\text{BS}}^n$ 是一个典型的 CSS 型稳定子子系统码[ⓐ]。它用 n^2 个物理比特编码一个逻辑比特，且码距为 n。

如图 5.30 所示的 $n \times n$ 周期网格中，每个格点均放置一个量子比特，此系统的哈密顿量为

$$H_{BS} = \sum_{1 \leqslant i, j \leqslant n} J_x X_{i,j} X_{i+1,j} + J_z Z_{j,i} Z_{j,i+1}$$

其中 $X_{i,j} = \sigma_{i,j}^x$，$Z_{i,j} = \sigma_{i,j}^z$ 表示作用于比特 (i,j)[ⓑ]上的 Pauli 算符，J_x 和 J_z 为正实数。这是一个典型的量子罗盘（quantum compass）模型。

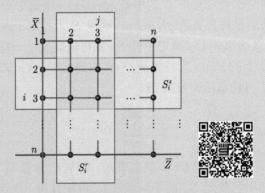

图 5.30　Bacon-Shor 码对应网格：蓝色实线对应于逻辑操作 $\bar{Z}$；而红色实线对应于逻辑操作 $\bar{X}$。两个方框分别对应于稳定子群中的生成元 S_i^x 和 S_j^z，它们的共同比特数目总为偶数

此哈密顿量对应的规范群 $\mathcal{G}$ 为

$$\mathcal{G} = \langle X_{i,j} X_{i+1,j}, \ Z_{j,i} Z_{j,i+1}; \ i \in \mathbb{Z}_{n-1}, j \in \mathbb{Z}_n \rangle$$

它显然为非阿贝尔群。规范群 $\mathcal{G}$ 的中心 (稳定子群 $\mathcal{S}$) 为

$$\mathcal{S} = \left\langle S_i^x = \prod_{j=1}^n X_{i,j} X_{i+1,j}, \ S_i^z = \prod_{j=1}^n Z_{j,i} Z_{j,i+1}; \ i \in \mathbb{Z}_{n-1} \right\rangle$$

它共有 $2(n-1)$ 个独立生成元，每个生成元都对应于轮胎面上一个包含两列（行）的带（如图 5.31 中方框所示），其权重（支集大小）为 $2n$。S_i^x 与 S_j^z 总相交于偶数个物理比特，它们之间相互对易。根据 $\mathcal{S}$ 中这 $2(n-1)$ 个稳定子生成元的取值（设为 s）不同，n^2 个比特组成的希尔伯特空间 $\mathbb{H}$ 被分解为直和形式：

$$\mathbb{H} = \oplus_s \mathbb{H}_s$$

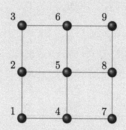

图 5.31　Bacon-Shor 码 ($n=3$) 对应网格：9 个物理比特的编号

　　每个直和子空间 $\mathbb{H}_s$ 可编码 $n^2 - 2(n-1) = (n-1)^2 + 1$ 个量子比特，且不同 s 对应的子空间 $\mathbb{H}_s$ 间只相差一个局域操作（类似于图态中量子态 $|W\rangle$（式 (3.8)）间的关系）。因此，我们仅需考虑一个特定 s 对应的子空间。不妨设 $s=1$（所有生成元的测量值均为 1），此时 $\mathbb{H}_1$ 有直积结构

$$\mathbb{H}_1 = \mathbb{H}_{\text{Logical}} \otimes \mathbb{H}_{\text{gauge}}$$

其中 $\mathbb{H}_{\text{Logical}}$ 为单比特编码空间（信息编码于此空间），其逻辑 Pauli 算符为

$$X^L = \prod_{j=1}^n X_{1,j} \quad (\text{行算符}), \qquad Z^L = \prod_{i=1}^n Z_{i,1} \quad (\text{列算符})$$

而剩余的 $(n-1)^2$ 个规范比特处于 $\mathbb{H}_{\text{gauge}}$ 中，其逻辑算符 $\bar{X}_g$ 对应于规范群 $\mathcal{G}$ 中的行生成算符 $X_{i,j} X_{i+1,j}$；而逻辑算符 $\bar{Z}_g$ 对应于列生成算符 $Z_{j,i} Z_{j,i+1}$。

　　我们下面来具体讨论 $n=3$ 的情况。按 Bacon-Shor 码的构造过程，$n=3$ 时需 9 个物理量子比特编码一个逻辑比特，它含 4 个规范比特。

按 Bacon-Shor 码的定义，其各种算符的表示如表 5.1。

表 5.1   Bacon-Shor 码中的算符：前 4 个为稳定子群 $\mathcal{S}$ 的生成元：S_1 和 S_2 包含相邻两行物理比特上的 X 算符；S_3 和 S_4 包含相邻两列量子比特上的 Z 算符。为和 Shor 码对比，逻辑比特包含了所有行（奇数）和所有列（奇数）的量子比特。$g_i^\alpha (i = 1, \cdots, 4; \alpha = x, z)$ 为规范比特上的逻辑操作

S_1	=	X_1	X_2	X_3	X_4	X_5	X_6	I_7	I_8	I_9
S_2	=	X_1	X_2	X_3	I_4	I_5	I_6	X_7	X_8	X_9
S_3	=	Z_1	Z_2	Z_3	Z_4	Z_5	Z_6	I_7	I_8	I_9
S_4	=	I_1	I_2	I_3	Z_4	Z_5	Z_6	Z_7	Z_8	Z_9
$\bar{Z}$	=	Z_1	Z_2	Z_3	Z_4	Z_5	Z_6	Z_7	Z_8	Z_9
$\bar{X}$	=	X_1	X_2	X_3	X_4	X_5	X_6	X_7	X_8	X_9
g_1^z	=	Z_1	Z_2	I_3	I_4	I_5	I_6	I_7	I_8	I_9
g_1^x	=	I_1	X_2	I_3	X_4	I_5	I_6	I_7	I_8	I_9
g_2^z	=	I_1	I_2	I_3	Z_4	Z_5	I_6	I_7	I_8	I_9
g_2^x	=	X_1	I_2	I_3	X_4	I_5	I_6	X_7	I_8	I_9
g_3^z	=	I_1	Z_2	Z_3	I_4	I_5	I_6	I_7	I_8	I_9
g_3^x	=	I_1	X_2	I_3	I_4	X_5	I_6	I_7	I_8	I_9
g_4^z	=	I_1	I_2	I_3	I_4	Z_5	Z_6	I_7	I_8	I_9
g_4^x	=	I_1	I_2	I_3	I_4	X_5	I_6	I_7	X_8	I_9

作为对比，我们也列出稳定子码 $[[9, 1, 3]]$ 码的相关算符（表 5.2）。

表 5.2 $[[9, 1, 3]]$(Shor) 码的稳定子及其逻辑算符

S_1	=	X_1	X_2	X_3	X_4	X_5	X_6	I_7	I_8	I_9
S_2	=	X_1	X_2	X_3	I_4	I_5	I_6	X_7	X_8	X_9
S_3	=	Z_1	Z_2	I_3	I_4	I_5	I_6	I_7	I_8	I_9
S_4	=	I_1	Z_2	Z_3	I_4	I_5	I_6	I_7	I_8	I_9
S_5	=	I_1	I_2	I_3	Z_4	Z_5	I_6	I_7	I_8	I_9
S_6	=	I_1	I_2	I_3	I_4	Z_5	Z_6	I_7	I_8	I_9
S_7	=	I_1	I_2	I_3	I_4	I_5	I_6	Z_7	Z_8	I_9
S_8	=	I_1	I_2	I_3	I_4	I_5	I_6	I_7	Z_8	Z_9
$\bar{Z}$	=	Z_1	Z_2	Z_3	Z_4	Z_5	Z_6	Z_7	Z_8	Z_9
$\bar{X}$	=	X_1	X_2	X_3	X_4	X_5	X_6	X_7	X_8	X_9

ⓐ 参见文献 D. Bacon, Phys. Rev. A **73**, 012340 (2006); P. Aliferis and A. W. Cross, Phys. Rev. Lett. **98**, 220502 (2007).

ⓑ 位于格点 (i, j) 上的量子比特。

例 5.24 3 维涂色码

利用同调工具，我们可将二维涂色码推广到高维，进而在 $d \geqslant 3$ 维空间中定义一个基于涂色码的拓扑稳定子子系统码[①]。

二维涂色码的对偶网格（将原网格的每个面对应为顶点,面的相邻性对应于顶点的相邻性）满足如下条件（图 5.32）：

(1) 所有内部面均为三角形;

(2) 其顶点可 3 涂色，使得任意相邻顶点有不同涂色。

对偶网格上的上述条件与原网格上的涂色条件完全等价。按二维涂色码定义，对偶网格中所有量子比特均放置于面上 (原网格的顶点)，每个顶点都同时定义一个 X 型和一个 Z 型稳定子生成元。

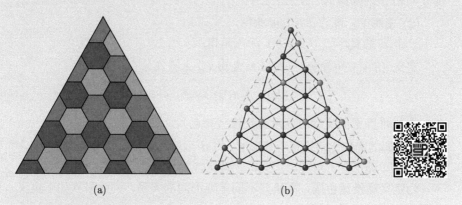

(a)   (b)

图 5.32 二维涂色码与对偶网格示例：在对偶网格中，所有面均为三角形，且顶点可 3 涂色

为方便计,我们在对偶网格中推广二维涂色码（原网格中的定义可通过对偶变换获得）。根据二维涂色码对偶网格的特征（二维元胞为三角形），我们来定义任意维空间中的 d 维单纯形（simplex，d-维元胞的特例），它是三角形的高维推广。

定义 d 维单纯形 δ 是由 $d+1$ 个独立顶点 $\{v_0, v_1, \cdots, v_d\}$ 形成的 d 维凸多面体：

$$\delta = \left\{ \sum_{i=0}^{d} t_i v_i \,\middle|\, 0 \leqslant t_i \leqslant 1, \sum_{i=0}^{d} t_i = 1 \right\}$$

按定义, 0 维单纯形是顶点,一维单纯形是线段，而二维单纯形就是三角形，三维单纯形是四面体。若 k 维单纯形（$k < d$）σ 满足条件: $\sigma \subset \delta$,

则称 σ 为 d 维单纯形 δ 的一个 k 维面，δ 的所有 k 维面组成集合 $\Delta_k(\delta)$[①]：

$$\Delta_k(\delta) = \{\sigma \subset \delta \,|\, \sigma \text{ 是 } d \text{ 维单纯形 } \delta \text{ 的 } k\text{-面}\}$$

按同调理论，可定义 k 维单纯形（k-维元胞）上的 k-维链 C_k，以及在 k-维链上定义边界操作 ∂C_k。k 维单纯形链，我们又称为 k 维复形。为强调单纯形在涂色码中的作用，我们在本节中不再使用链和元胞的语言，而使用复形和单纯形语言。

高维涂色码定义于 d 维复形 C_d 上，与二维涂色码对对偶网格的要求类似，定义 d 维涂色码的网格 $\mathcal{L}$ 也需满足如下条件：

(1) 网格 $\mathcal{L}$ 可通过三角化方法[②]转化为 d 维复形 C_d（后面不再区分 d 维复形和 d 维网格）；

(2) 复形 C_d 满足 $d+1$ 可涂色。

一个 d 维复形 C_d 可 $d+1$ 涂色是指：

定义（$d+1$ 可涂色） 在 d 维复形 C_d 上存在涂色函数：

$$\mathrm{color} : \Delta_0(C_d) \to \mathbb{Z}_{d+1}$$

使任意相邻顶点被映射到不同函数值（颜色）。

涂色码的物理比特均置于复形 C_d 的 d 维单纯形中，它与集合 $\Delta_d(C_d)$[④] 中的 d 维单纯形一一对应。因此，物理比特数目为 $|\Delta_d(C_d)|$。

为定义高维涂色码，需研究不同单纯形间的关系，为此引入如下定义。

定义 对复形 C_d 中的任意单纯形 δ 都可定义集合

$$\mathcal{Q}_{C_d}(\delta) = \{\sigma \in \Delta_d(C_d) \,|\, \delta \subset \sigma\}$$

它是以单纯形 δ 为内部（即 $\delta \subset C_d - \partial C_d$）的所有 d 维单纯形组成的集合。

对维数低于 d 的单纯形 δ，集合 $\mathcal{Q}_{C_d}(\delta)$ 中包含多个 d 维单纯形（对应于多个物理比特）。集合 $\mathcal{Q}_{C_d}(\delta)$ 具有如下一些重要性质。

命题 5.4.2 (1) 设 δ 和 σ 均为复形 C_d 的内部单纯形，若

$$\mathcal{Q}_{C_d}(\sigma) \cap \mathcal{Q}_{C_d}(\delta) \neq \varnothing$$

则

$$\mathcal{Q}_{C_d}(\sigma) \cap \mathcal{Q}_{C_d}(\delta) = \mathcal{Q}_{C_d}(\tau)$$

其中 τ 是包含 σ 和 δ 的最小单纯形。

（2）对 d 维单纯形 σ，若存在 k 维单纯形 δ 满足

$$\mathcal{Q}_{\mathcal{C}_d}(\sigma) \subset \mathcal{Q}_{\mathcal{C}_d}(\delta)$$

那么，一定有 $\delta \subset \sigma$。

（3）$d+1$ 可涂色复形 $\mathcal{C}_d$ 中，任意 k 维（$k \leqslant d$）单纯形上的顶点都被 color 函数映射到不同颜色（函数值）。因此，若复形 $\mathcal{C}_d$ 内部两个不同的 p 维单纯形 δ_1 和 δ_2 具有相同的涂色（即 $\mathrm{color}(\delta_1) = \mathrm{color}(\delta_2)$），则它们一定不属于同一个 m 维单纯形（$m \geqslant p$）。特别地，它们属于不同的 d 维单纯形（量子比特）。

（4）$d+1$ 可涂色复形 $\mathcal{C}_d$ 中的任意 d 维单纯形 δ_d 中的顶点（$d+1$ 个）都具有不同颜色（共 $d+1$ 种颜色）。它的 $d+1$ 个 $(d-1)$ 维面[①]，记为 $\delta_{d-1}^i (i = 1, 2, \cdots, d, d+1)$ 上的颜色集合 $\mathrm{color}(\delta_{d-1}^i)$ 均不相同[①]。相反地，$\mathrm{color}(\delta_d)$ 中含 k 个元素的任意子集合 B，都存在一个唯一的单纯形 $\delta_{k-1}^p \subset \delta_d$ 使得 $\mathrm{color}(\delta_{k-1}^p) = B$。若 $\mathrm{color}(\sigma_1) \subset \mathrm{color}(\sigma_2)$[②]，则必有 $\sigma_1 \subset \sigma_2$。

在 $\mathcal{Q}_{\mathcal{C}_d}(\delta)$ 的上述性质的基础上，有如下定理。

定理 5.4.3 令 δ 是 $d+1$ 可涂色复形 $\mathcal{C}_d$ 的 k 维内部单纯形 $(0 \leqslant k < d)$，则有

$$|\mathcal{Q}_{\mathcal{C}_d}(\delta)| \equiv 0 \pmod 2$$

其中 $|S|$ 表示集合 S 中的元素个数。

这一性质保障了后面定义的稳定子算符间的对易性。

证明 令 $A = \mathrm{color}(\delta) \subset \{0, 1, \cdots, d\}$ 表示内部单纯形 δ 的顶点涂色且 $k = |A| \leqslant d-1$。任选一个满足条件 $A \subset B$ 和 $|B| = d$ 的颜色集合 B，则由命题 5.4.2 中性质（4）可知，存在多个 $d-1$ 维单纯形 σ_{d-1}^i 使得 $\mathrm{color}(\sigma_{d-1}^i) = B$ 且 $\delta \subset \sigma_{d-1}^i$。对每个 $d-1$ 维单纯形 σ_{d-1}^i，都有 $|\mathcal{Q}_{\mathcal{C}_d}(\sigma_{d-1}^i)| = 2$。根据命题 5.4.2 中性质（3），具有相同颜色集合 B 的不同单纯形 σ_{d-1}^i 一定不属于同一个 d 维单纯形。由此，$\mathcal{Q}_{\mathcal{C}_d}(\delta) = \cup_i \mathcal{Q}_{\mathcal{C}_d}(\sigma_{d-1}^i)$，故

$$|\mathcal{Q}_{\mathcal{C}_d}(\delta)| = \sum_i |\mathcal{Q}_{\mathcal{C}_d}(\sigma_{d-1}^i)| = \sum_i 2 \equiv 0 \pmod 2 \qquad \square$$

利用 d 维单纯形集合 $\mathcal{Q}_{\mathcal{C}_d}(\delta)$，可对任意单纯形 δ 定义算符：

$$X(\delta) = X(\mathcal{Q}_{\mathcal{C}_d}(\delta)), \qquad Z(\delta) = Z(\mathcal{Q}_{\mathcal{C}_d}(\delta))$$

其中 $X(\mathcal{Q}_{\mathcal{C}_d}(\delta)) = \otimes_{\mu \in \mathcal{Q}_{\mathcal{C}_d}(\delta)} \sigma^x_{i_\mu}$ 且 i_μ 为 d 维单纯形 μ 对应的比特。在此基础上，高维涂色码可定义如下。

定义 5.4.1 给 $d+1$ 定可涂色的 d 维复形 $\mathcal{C}_d$，定义稳定子群 $\mathcal{S}$ 为

$$\mathcal{S} = \langle X(\delta), Z(\sigma) \mid \delta \in \Delta'_x(\mathcal{C}_d), \sigma \in \Delta'_z(\mathcal{C}_d) \rangle$$

而规范群 $\mathcal{G}$ 为

$$\mathcal{G} = \langle X(\delta), Z(\sigma) \mid \delta \in \Delta'_{d-z-2}(\mathcal{C}_d), \sigma \in \Delta'_{d-x-2}(\mathcal{C}_d) \rangle$$

其中 $\Delta'_{x(z)}(\mathcal{C}_d)$ 表示属于 $\mathcal{C}_d - \partial \mathcal{C}_d$ 的 x 维（z 维）单纯形组成的集合，且 $x + z \leqslant d - 2$。由规范群 $\mathcal{G}$ 和稳定子群 $\mathcal{S}$ 定义的涂色码为拓扑稳定子子系统码，记为 $\mathrm{CC}_{\mathcal{C}_d}(x, z)$。

显然，如此定义的涂色码与 x 和 z 的选取有关。将此定义应用于 $d = 2$（二维）的情况，此时量子比特置于每个三角形中。由于 $x + z \leqslant d - 2 = 0$，$x$ 和 z 只有一种取值情况，即 $x = z = 0$。此时，只能定义一种涂色码 $\mathrm{CC}_{\mathcal{C}_d(0,0)}$，其规范群 $\mathcal{G}$ 中的单纯形 σ 和 δ 均为 0 维，即均为顶点。而包含给定顶点的二维单纯形就是对应的三角形。稳定子群 $\mathcal{S}$ 中的单纯形 σ 和 δ 也只能是 0 维。此时，稳定子群 $\mathcal{S}$ 与规范群 $\mathcal{G}$ 相等，换言之，二维涂色码是稳定子码（非子系统码）①。

为说明前面定义的高维涂色码是一个合法的拓扑稳定子子系统码，需说明稳定子群 $\mathcal{S}$ 中所有生成元均对易，且 $\mathcal{S}$ 中任意元素与规范群 $\mathcal{G}$ 中所有元素对易（$\mathcal{S}$ 是 $\mathcal{G}$ 的中心）。与二维涂色码情况类似，这些算符的对易性可通过 $d+1$ 可涂色复形 $\mathcal{C}_d$ 中的集合 $\mathcal{Q}_{\mathcal{C}_d}(\delta)(\delta \in \Delta'_k(\mathcal{C}_d))$ 总含有偶数个量子比特实现。

具体地，$\mathcal{S}$ 中生成元 $X(\delta)(\delta \in \Delta'_x(\mathcal{C}_d))$ 与 $Z(\sigma)(\sigma \in \Delta'_z(\mathcal{C}_d))$ 的支集分别为 $\mathcal{Q}_{\mathcal{C}_d}(\delta)$ 和 $\mathcal{Q}_{\mathcal{C}_d}(\sigma)$。不妨设 $\mathcal{Q}_{\mathcal{C}_d}(\delta) \cap \mathcal{Q}_{\mathcal{C}_d}(\sigma) \neq \varnothing$，则由命题 5.4.2 中性质（1）可知 $\mathcal{Q}_{\mathcal{C}_d}(\delta) \cap \mathcal{Q}_{\mathcal{C}_d}(\sigma) = \mathcal{Q}_{\mathcal{C}_d}(\tau)$（其中 τ 为包含 σ 和 δ 的最小单纯形）。因 σ 包含 $x+1$ 个顶点，δ 包含 $z+1$ 个顶点，故 τ 最多包含 $x+z+2$ 个顶点。根据定理 5.4.3，在 $x+z+2 \leqslant d$ 的条件下，$|\mathcal{Q}_{\mathcal{C}_d}(\tau)| \equiv 0 \pmod 2$。这就证明了稳定子群 $\mathcal{S}$ 中生成元间的对易性。而稳定子群 $\mathcal{S}$ 中生成元与规范群 $\mathcal{G}$ 中生成元的对易性也可同理证明。

在容错量子计算部分为证明涂色码中 R_n 门的横向性（定理 5.5.9），我们需引入复形 $\mathcal{C}_d$ 上的二分性（bipartition）。

定义 复形 $\mathcal{C}_d$ 具有二分性是指存在两个 d 维单纯形集合 $T \subset \Delta_d(\mathcal{C}_d)$ 和 $T^c \subset \Delta_d(\mathcal{C}_d)$ 使得 $T \cup T^c = \Delta_d(\mathcal{C}_d)$，且 T（T^c）中任意 d 维单纯形仅

与 T^c (T) 中的 d 维单纯形共用 $d-1$ 维单纯形而与 T (T^c) 中单纯形不共面。

对具有二分性的复形 $\mathcal{C}_d$ 有如下性质。

命题 5.4.4 若复形 $\mathcal{C}_d$ 具有二分性，则对其内部的任意 m 维单纯形 σ ($m < d$) 有

$$|T \cap \mathcal{Q}_{\mathcal{C}_d}(\sigma)| = |T^c \cap \mathcal{Q}_{\mathcal{C}_d}(\sigma)|$$

证明 显然，在 $m = d-1$ 时，$\mathcal{Q}_{\mathcal{C}_d}(\sigma)$ 中包含 $d-1$ 维单纯形 σ 的 d 维单纯形有两个，它们共用 $d-1$ 维面 σ。按二分性定义，它们分属集合 T 和 T^c。因此，命题成立。

对任意 $m < d$ 的 m 维单纯形 σ，总可将其扩张成一组互不相交的 $d-1$ 维单纯形 $\{\sigma_{d-1}^i\}$ ($\sigma \subset \sigma_{d-1}^i$)。由于命题对每个 $d-1$ 维单纯形均成立，显然对这一组无交集的 $d-1$ 维单纯形之和也成立。 □

ⓐ 参见文献 H. Bombin, Phys. Rev. A **81**, 032301 (2010); P. Sarvepalli and K. R. Brown, Phys. Rev. A **86**, 042336 (2012).

ⓑ 在非单纯形上也可类似地定义 k 维面组成的集合。

ⓒ M. Nakahara, *Geometry, Topology and Physics* (IOP Publishing, London, 2003).

ⓓ 它是复形 $\mathcal{C}_d$ 中所有 d 维单纯形组成的集合；若将 $\mathcal{C}_d$ 看作 d-维链，则它就是赋值为 1 的单纯形组成的集合。

ⓔ 均为 $d-1$ 维单纯形。

ⓕ 这等价于 color(δ_{d-1}^i) 对应于集合 color(δ_d) 中含 d 个元素的全部子集（共 $d+1$ 个）。

ⓖ $\sigma_1, \sigma_2 \subset \delta_d$。

ⓗ 可与前面二维涂色码的稳定子定义对比。

5.4.6 Haah 码

前面的所有量子码都属于纠错码，它们通过对量子系统中被探测到的错误进行纠正来保证计算的正确性。除此之外，还有像 Haah 码这类可通过自纠错来保障量子态不发生错误的量子码[①]。

Haah 码定义在 3 维空间中具有平移对称性的无穷大立方晶格上，晶格的每个格点放置两个量子比特 (分别标记为 a 和 b)。在每个立方元胞（包含 8 个顶点）上定义如图 5.33 所示的两个具有良好对称性的稳定子算符：

$$\begin{cases} Z_c = \sigma_{1b}^z \sigma_{2a}^z \sigma_{3b}^z \sigma_{5a}^z \sigma_{6a}^z \sigma_{6b}^z \sigma_{7a}^z \sigma_{8b}^z \\ X_c = \sigma_{1b}^x \sigma_{2a}^x \sigma_{3b}^x \sigma_{4a}^x \sigma_{4b}^x \sigma_{5a}^x \sigma_{7a}^x \sigma_{8b}^x \end{cases}$$

---

① 参见文献 J. Haah, Phys. Rev. A **83**, 042330 (2011); J. Haah, PhD thesis of California Institute of Technology (2013).

这样定义的算符具有如下性质：

（1）定义在同一个立方元胞上的算符 X_c 与 Z_c 对易。由于 X_c 和 Z_c 中非平凡 Pauli 算符（分别为 σ^x 和 σ^z）同时作用于量子比特 $1b$, $2a$, $3b$, $5a$, $7a$ 和 $8b$ 上（共 6 个，偶数），其对易性得到保证。

（2）若某立方元胞上的 X 型算符与另一个立方元胞上的 Z 型算符有共同量子比特，则它们必共享某个边或 6 个面。对面进行一一检验，非平凡 Pauli 算符仍同时作用于偶数个量子比特上，对易性也得到保证。

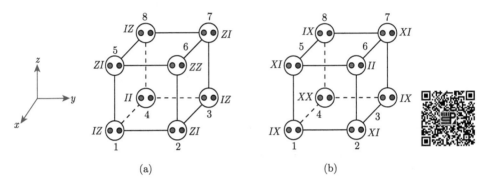

(a)   (b)

图 5.33 Haah 码：每个立方元胞上定义两个算符 Z_c 和 X_c（(a) 对应算符 Z_c，(b) 对应算符 X_c）。每个格点上有两个量子比特：红色点代表量子比特 a，蓝色点代表量子比特 b

因此，所有算符 X_c 和 Z_c 对易且生成一个稳定子群 $\mathcal{S}_H$，在周期边界条件下，此群定义的 CSS 码称为 Haah 码。Haah 码具有如下特征。

(1) Haah 码的编码空间也是哈密顿量：

$$H_{\text{Haah}} = -J \sum_c (X_c + Z_c)$$

的基态空间（其中 J 为大于 0 的常数，常取为 1）。当所有稳定子生成元 X_c 和 Z_c 的值均为 1 时，系统处于基态；而当某些稳定子生成元取值为 -1 时，系统处于激发态。

(2) 当 Haah 码定义于开边界系统时，所有 X_c 和 Z_c 算符均相互独立，此时独立算符个数与量子比特数目相同，稳定子群 $\mathcal{S}_H$ 仅定义一个稳定子态。此稳定子态（H_{Haah} 的无简并基态）$|0\rangle$ 可直接写为

$$|0\rangle = \prod_c \frac{1 + X_c}{2} |\uparrow\uparrow \cdots \uparrow\rangle$$

其中 $|\uparrow\rangle$ 是 σ^z 本征值为 1 的本征态。明显，$|\uparrow\uparrow \cdots \uparrow\rangle$ 是所有算符 Z_c 的本征值为 1 的共同本征态，因此，只需将它投影到所有 X_c 算符本征值为 1 的共同本征

态即可, 而 $\dfrac{1+X_c}{2}$ 就是此投影算符。

(3) 当 Haah 码定义于周期（周期边界条件）立方晶格 $L \times L \times L$ 上时, Haah 码的编码空间大小 $k(L)$ 具有复杂的形式。

(a) Haah 码中逻辑比特数目的下限为 2。在周期边界条件下, 算符 X_c 和 Z_c 并不完全独立, 它们至少满足如下两个等式:

$$\prod_c Z_c = I, \qquad \prod_c X_c = I$$

即所有 Z_c（X_c）型算符之积为单位算符。因此, 独立稳定子算符的数目至少比量子比特数目少 2。因此, 在周期边界条件下, Haah 码至少可编码 2 个逻辑比特（系统 H_{Haah} 的基态至少有 4 重简并）。

(b) Haah 码中逻辑比特数目的上限为 $4L$。

证明 考虑由区域 $-1 \leqslant x \leqslant 1, 0 \leqslant y \leqslant 1$ 外的 Z_c 型生成元组成的集合 S（共有 $L^3 - 2L$ 个生成元）。我们下面来说明这些算符相互独立。

假设 S 中的算符不完全独立, 则必存在一些非平凡生成元 $\{Z_c(1), Z_c(2), \cdots, Z_c(n)\}$ 使得它们之积为单位元 I。我们考虑这 n 个算符在沿 z 方向的直线 $l^1(z)$（$x = 0$, $y = 1$）上的情况。由于 $l^1(z)$ 左侧区域的 Z_c 被排除在集合 S 之外, 任意稳定子生成元 $Z_c \in S$ 在 $l^1(z)$ 上的算符（沿 z 方向排序）只能为三种情况之一（图 5.34）: $II\text{-}IZ$, $IZ\text{-}ZI$ 或 $II\text{-}II$。为使这些算符之积等于单位算符 I, 其在 $l^1(z)$ 上的算符需能相互抵消: 从 $l^1(z)$ 上 $z = z_0$ 处的算符开始考虑, 若算符 $Z_c(i)$ 在 $z = z_0$ 和 $z_0 + 1$ 处的算符为 $II\text{-}IZ$, 则下一个算符 $Z_c(i+1)$ 在 $l^1(z)$ 上 $z = z_0 + 1$ 和 $z = z_0 + 2$ 处的算符必为 $IZ\text{-}ZI$, 这才能消掉 $z = z_0 + 1$ 处的非平凡算符 IZ, 但同时会在 $z = z_0 + 2$ 处引入新的非平凡算符 ZI。因此, 除非每个算符均为 $II\text{-}II$, $l^1(z)$ 上的非平凡算符无法被消除。由此可见, $\{Z_c(1), Z_c(2), \cdots, Z_c(n)\}$ 均在区域 $-1 \leqslant x \leqslant 1, 0 \leqslant y \leqslant 2$ 之外。

通过对直线 $l^2(z)$（$x = 0$, $y = 2$）, $l^3(z)$（$x = 0$, $y = 3$）, $\cdots$ 依次讨论, 均可获得相同的结论。因此, 满足相关性的算符 $\{Z_c(1), Z_c(2), \cdots, Z_c(n)\}$ 不存在, 即集合 S 中的算符相互独立。同样的方法和结论对 X_c 型生成元也适用。因此, Haah 码中 X_c 与 Z_c 的限制关系不超过 $4L$ 个, 即最多可编码 $4L$ 个逻辑比特。 □

(4) Haah 码的核心特征是其具有自纠错能力, 相应地, 系统 H_{Haah} 可作为自纠错存储器。

稳定子码 $\mathcal{S}$ 具有自纠错性（self-correcting）（对应系统[①]被称为自纠错存储

[①] 其系统哈密顿量为 H_{Haah}。

器）需满足两个关键条件：

（1）稳定子码 $\mathcal{S}$ 的码距具有宏观距离（与系统规模相关）。

（2）当系统 H_{Haah} 的基态经历非平凡逻辑算符（由宏观数目量子比特上的 Pauli 算符组成）作用时，它需越过一个具有宏观大小的能量壁垒[①]。

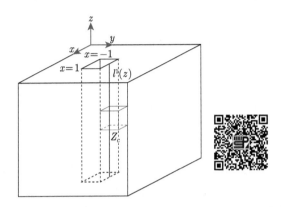

图 5.34　Haah 码中的独立 Z_c 型生成元：区域 $-1 \leqslant x \leqslant 1, 0 \leqslant y \leqslant 1$ 外的 Z_c 型生成元在直线 $l^1(z)$（$x=0$，$y=1$，蓝色粗线）上的算符可能为 *II-IZ*，*IZ-ZI* 或 *II-II*。若要使得 $l^1(z)$ 上的算符为 I，则 Z_c 不能在区域 $-1 \leqslant x \leqslant 1, 1 \leqslant y \leqslant 2$ 内

　　第一个条件与拓扑稳定子码类似，可保证编码信息不被局域扰动破坏；第二个条件保证系统与环境热库接触时，编码空间的信息不被热扰动破坏[②]。可以证明在一维和二维稳定子系统中并不存在具有自纠错能力的量子纠错码或量子存储器（证明参见附录 Vb）。而要证明 Haah 码确实为 3 维空间中的自纠错码，我们需证明它满足前面的两个条件。

　　(1) 宏观码距。

　　Haah 码上非平凡逻辑操作的支集满足如下定理。

　　定理 5.4.5　若 Haah 码上一个逻辑操作 X_L 的支集限定在一个有限立方体 $\{(x,y,z) \mid x_0 \leqslant x \leqslant x_1, y_0 \leqslant y \leqslant y_1, z_0 \leqslant z \leqslant z_1\}$ 中，则 X_L 为平凡逻辑算符。

　　证明　为简单计，假设算符 X_L 为仅含 σ^x 的逻辑算符，若此算符为平凡逻辑算符，则它可表示为稳定子算符 X_c 的乘积。

　　由于 $X_L \in \mathcal{N}(\mathcal{S})$，它与任意稳定子算符 X_c 和 Z_c 均对易。特别地，考虑如图 5.35（a）所示的蓝色元胞 c_1 对应的稳定子算符 Z_{c_1}。由于 X_L 的支集与元胞 c_1 仅共用顶点 (x_1, y_1, z_0)，且 Z_{c_1} 在顶点 (x_1, y_1, z_0) 上的算符为 *IZ*（见图

[①] 具体定义见式（5.35）的定义。

[②] 参见文献 J. Haah, PhD Thesis of California Institute of Technology (2013).

5.33（a）），因此，逻辑算符 X_L 在此顶点上的算符只有两种可能：II 或 XI。

（i） 若为算符 II，则此顶点可从 X_L 的支集中去除；

（ii） 若为算符 XI，则在 X_L 上乘以图 5.35 中红色元胞 c_2 所对应的稳定子 X_{c_2}（它在顶点 (x_1, y_1, z_0) 处的算符为 XI）可得到与 X_L 等价的新逻辑操作 X_L^1。由于 X_L^1 在顶点 (x_1, y_1, z_0) 处的算符为 II，此顶点也可从 X_L^1 的支集中去除。

由此可见，无论哪种情况都能得到与原算符 X_L 等价的逻辑操作 X_L^1 且其支集与 X_L 相比减少了顶点 (x_1, y_1, z_0)。对 X_L^1 中的凸出顶点重复这一流程，直到逻辑算符 $\tilde{X}_L$（与 X_L 等价）的支集被限定在如下的三个单层平面（图 5.35（b））：

$$R_x = \{(x_0, y, z)|\ y_0 \leqslant y \leqslant y_1, z_0 \leqslant z \leqslant z_1\}$$

$$R_y = \{(x, y_0, z)|\ x_0 \leqslant x \leqslant x_1, z_0 \leqslant z \leqslant z_1\}$$

$$R_z = \{(x, y, z_1)|\ x_0 \leqslant x \leqslant x_1, y_0 \leqslant y \leqslant y_1\}$$

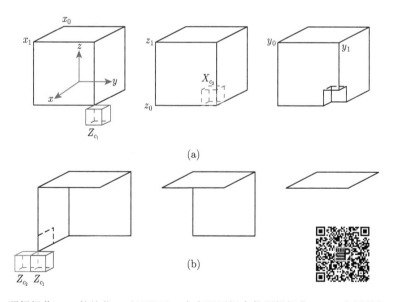

图 5.35 逻辑操作 X_L 的约化：对局限于一个有限区间内的逻辑操作 X_L，分析其与顶点处稳定子生成元 Z_c（图（a）中蓝色立方元胞，此时 X_L 的支集与 Z_c 的支集仅交于一点）的对易性可知：通过乘以其内部稳定子生成元 X_c（图（a）中红色立方元胞，与 Z_c 交于一点）可使 X_L 的支集减少一个顶点。通过不断使用此过程（乘以稳定子算符）将 X_L 的支集简化为（b）中的三个单层二维平面。对单层分析可知其全部为 II 算符

下一步，我们将说明 $\tilde{X}_L$ 在这三个平面上的作用都是单位算符。按对易性条

件，$\tilde{X}_L$ 应与图 5.35（b）所示的两个元胞（c_1 为蓝色元胞，c_2 为绿色元胞）对应的 Z_{c_1} 和 Z_{c_2} 对易。算符 Z_{c_1} 在顶点 (x_1, y_0, z_0) 上的算符为 IZ 而 Z_{c_2} 在顶点 (x_1, y_0, z_0) 的算符为 ZI（图 5.33（a））。因此，算符 $\tilde{X}_L$ 在顶点 (x_1, y_0, z_0) 需同时与 IZ 和 ZI 对易，它只能是 II。换言之，顶点 (x_1, y_0, z_0) 也可从 $\tilde{X}_L$ 的支集中去除。不断重复这一流程，可以确定 $\tilde{X}_L$ 在 R_y 上的算符均为 II。类似地讨论可知它在 R_z 及 R_x 上也为 II。

因此，初始的逻辑算符 X_L 与平凡算符 I 之间可通过一系列稳定子生成元的乘积相联系。故它自身也是平凡的。　　　　　　　　　　　　　　　　□

这一定理说明了 Haah 码中非平凡逻辑算符的支集必贯穿整个晶格，因此 Haah 码的码距具有宏观性，至少为 L。

(2) 宏观壁垒。

接下来，我们来证明 Haah 码满足自纠错的第二个条件，即非平凡逻辑操作具有宏观大小的能量壁垒。在定义 Haah 码的能量壁垒前，我们先来引入逻辑串片段的概念，其定义如下。

定义（逻辑串片段，logical string segment）　对支集大小有限的 Pauli 群中算符 P，给定两个全等（大小为 l^3）立方体 Ω_1 和 Ω_2。若支集在 Ω_1 和 Ω_2 之外的稳定子算符（X_c 和 Z_c）均与 P 对易[①]，则称三元组 $\zeta = (P, \Omega_1, \Omega_2)$ 为逻辑串片段（图 5.36）。ζ 的长度 d 定义为 Ω_1 与 Ω_2 之间的相对移动距离[②]；而 ζ 的宽度定义为 l。

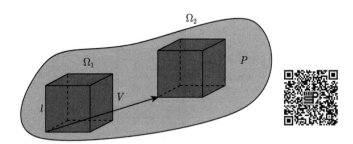

图 5.36　逻辑串片段：Ω_1 与 Ω_2 为边长为 l 的立方体，蓝色阴影区表示 Pauli 算符 P 的支集，其中浅蓝色部分（两个立方体之外）与 Haah 码的生成元对易，而深蓝色部分（两个立方体之内）不一定与生成元对易。两个立方体 Ω_1 与 Ω_2 的相对位移为 $\boldsymbol{V}$

逻辑串片段的定义与拓扑系统中成对激发任意子的算符串密切相关。在 Toric

[①] 支集在 Ω_1 和 Ω_2 内的稳定子算符 X_c 和 Z_c 与 P 可不对易，此时将产生局域的任意子。参见 Toric 码中"磁"任意子和"电"任意子。

[②] 距离度量采用 l_1 度量，即对任意矢量 $\boldsymbol{V}$，其长度为 $|\boldsymbol{V}| = |V_x| + |V_y| + |V_z|$。

码中，通过定义在路径上的算符串 $P = \Pi_{i \in \text{path}} \sigma_i^x$ 可在路径两端激发两个任意子（磁任意子）（图 5.5）。逻辑串片段 ζ 就是对任意子间非局域关联的一种刻画，两个全等立方体 Ω_1 和 Ω_2 对应于产生任意子的两个区域，而 Pauli 算符 P 对应于产生任意子激发的算符串。通过移动任意子所在区域，可研究产生任意子对的算符串 P 的性质，进而刻画拓扑码的性质。为此我们进一步定义 ζ 的连通性：若存在格点 $p_1 \in \Omega_1$，$p_2 \in \Omega_2$，使得 $\text{supp}(P) \cup \{p_1, p_2\}$ 形成一条连接 Ω_1 和 Ω_2 的路径，则称 $\zeta = (P, \Omega_1, \Omega_2)$ 连通。

在给定 Ω_1 和 Ω_2 尺寸 l 的基础上，我们来研究保持连通性的逻辑串片段 ζ 的长度上限。我们有如下定理。

定理 5.4.6 设逻辑串片段 $\zeta = (P, \Omega_1, \Omega_2)$ 的宽度为 l，且与 ζ 等价的所有逻辑串片段 $\zeta' = (P', \Omega_1, \Omega_2)$（$P'$ 由 P 乘以有限个生成元获得）均连通，则 ζ 长度 d 的上限正比于 l，即 $d_{\max} \leqslant \alpha l$（$\alpha$ 为常数）。

证明 不失一般性，设 P 为 X 型 Pauli 算符（支集为有限大），且令 Ω_1 位于原点而 Ω_2 位于 (a, b, c) 处，则逻辑串片段 $\zeta = (P, \Omega_1, \Omega_2)$ 的长度为 $|a|+|b|+|c|$，我们来估计 $|a|$、$|b|$ 和 $|c|$ 的上限。我们考虑 $a \geqslant 0$，$b \geqslant 0$，$c \geqslant 0$ 的情况。

(a) 根据逻辑串片段的定义，支集为有限集合的算符 P 与支集在 Ω_1 及 Ω_2 之外的算符 X_c 和 Z_c 均对易。因此，通过与定理 5.4.5 中完全相同的消除技巧（通过乘以某些稳定子生成元 X_c 每次消掉一个凸出的顶点），可从 3 个方向缩减逻辑算符 P 的支集，将其限制在 $(a+l) \times (b+l) \times (c+l)$ 大小的盒子内（将得到与 P 逻辑等价的新算符 P'。为简单，我们将不区分逻辑等价的算符，统一写为 P）。采用相同的约化方法，可将 P 的支集进一步限制在如图 5.37 中第三个图形所示的三个（不同方向的）长方体的并集上。

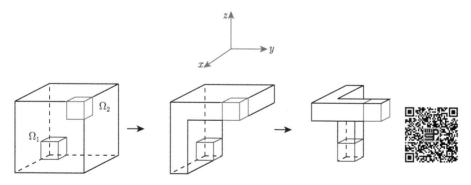

图 5.37 逻辑串片段的约化：根据 Pauli 算符 P 需与支集在 Ω_1 和 Ω_2 外的所有 Z_c 对易，利用与证明定理 5.4.5 中相同的约化方法（乘上适当的 X_c）可将 P 的支集范围约化在三个长方体的并集中，图中画出的是 $a, b, c \geqslant 0$ 的情况

（b）为进一步缩小算符 P 在三个长方体中的支集，考虑 a、$c=0$ 的逻辑串片段 ζ_y。对 ζ_y 中 $x=\dfrac{l}{2},z=-\dfrac{l}{2}$ 上的两个连续格点，如图 5.38 所示的立方元胞对应的算符 Z_c 在这两个格点上的算符为 $IZ\text{-}ZI$。为使算符 P 与 Z_c 对易，P 在这两个格点上的算符只能为 $II\text{-}IX$，$IX\text{-}XI$，$XI\text{-}II$ 这三情况的组合（共八种可能）。无论哪种情况，都可通过在 P 上乘以长方体中的 $X_{c'}$ 将这两个格点上的算符变为 $II\text{-}II$（前面的消除方法每次仅消除一个顶点，而此处一次可消除两个顶点）。经过此等消减，P 在 ζ_y 上的支集从长方体变为 $\Omega_1\cup\Omega_2$ 再并上两个单层长方形 $R_{xy}\left(\text{在平面}z=\dfrac{l}{2}\text{上}\right)$ 和 $R_{yz}\left(\text{在平面}x=-\dfrac{l}{2}\right)$。

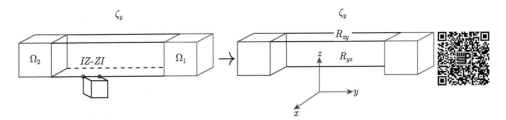

图 5.38　一维长方体支集的约化：非平凡逻辑算符 P 的支集为沿 y 方向的长方体，其在棱上两个格点的算符需与图中所示的 Z_c 算符对易（Z_c 与 P 仅在这两个格点上有交集，且在这两个格点上的算符为 IZ 和 ZI）。通过对 P 乘以合适的算符 $X_{c'}$ 可将棱上的这两个格点消去。

经过反复使用此方法，P 的支集除 Ω_1 和 Ω_2 外，最终只剩下两个单层薄片 R_{xy} 和 R_{yz}

（c）利用长方形 R_{xy} 沿 y 方向最外侧边 $\left(x=\dfrac{l}{2},z=\dfrac{l}{2}\right)$ 上两个连续格点需满足的条件来进一步约化 P 的支集。按逻辑串片段的定义，P 需与如图 5.39 所示的两个算符 Z_{c_1} 和 Z_{c_2} 对易，即它在任意两个连续格点上的算符需与 $IZ\text{-}ZI$ 和 $II\text{-}IZ$ 同时对易。满足此条件的算符仅有如下四种可能：

$$II\text{-}II,\quad XI\text{-}II,\quad IX\text{-}XI,\quad XX\text{-}XI$$

这组可能的算符给定了 P 在 R_{xy} 中最外侧边上的算符从左往右（坐标从小到大）的固定排序方式。如图 5.39 所示，无论沿 y 方向的最外侧平行线上第一个算符是什么，经过这条线上的几个格点后，格点上的算符都会自动变为 II（算符为 II 的格点均可从 R_{xy} 中去除，去除格点后，其内侧的一条沿 y 方向的平行线自动变为最外侧的边）：

- 以 XI 开始：

$$XI-II-II-\cdots$$

- 以 IX 开始：

$$IX - XI - II - II - \cdots$$

- 以 XX 开始：

$$XX - XI - II - II - \cdots$$

由此可见，每条最外侧平行线上新增的非平凡算符不超过两个，其他均为平凡算符（可从 P 的支集中去除）。由此得到 P 的如图 5.39 所示的支集分布。

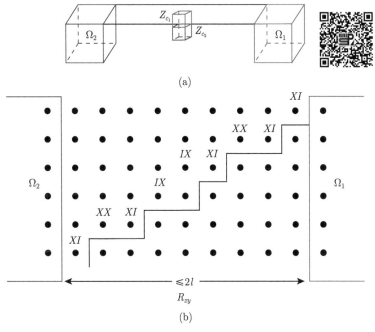

(a)

(b)

图 5.39　P 在 R_{xy} 平面中的非平凡算符：(a) 算符 P 与如图所示的生成元 Z_{c_1} 和 Z_{c_2} 均对易，这对相邻两个格点上的算符形成强限制（仅有四种可能的情况）。
(b) 在前面的强限制下，P 在平面上的非平凡算符按梯形分布。黑色折线右下方的算符均为平凡算符，可从非平凡算符 P 中消去

从 R_{xy} 的另一侧 $\left(x = -\dfrac{l}{2}, z = \dfrac{l}{2}\right)$ 开始也能得到类似的约化。因此，P 在 R_{xy} 上的支集变为长度不超过 $2l$ 的阶梯。对二维平面 R_{yz} 也有相同的结论。由此可见，当 $d > l + 2 \times 2l$ 时，逻辑串片段 ζ_y 将不再连通。

利用 Haah 码的三重旋转对称性质，另外两个方向的长方体也有相同的长度限制。因此，Haah 码中，宽为 l 的逻辑串片段 ζ，若所有等价的逻辑串片段 ζ' 均连通，则其长度 d 不超过 $3(l + 4l) = 15l$。　　　□

　　我们通过一系列定义来引入哈密顿量 H_{Haah} 的能量壁垒与 Haah 码上非平凡逻辑操作 P 间的关系。

　　（1）设 $|\Psi\rangle$ 为哈密顿量 H_{Haah} 的基态，算符 P 为物理比特上的 Pauli 算符，则哈密顿量 H_{Haah} 在量子态 $P|\Psi\rangle$ 上的能量可表示为 $E_g+\epsilon(P)$。其中 $E_g=\langle\Psi|H|\Psi\rangle$ 是 H_{Haah} 的基态能量；而 $\epsilon(P)$ 称为哈密顿量 H_{Haah} 在 Pauli 算符 P 上的能量开销，它等于 H_{Haah}（Haah 码）中与 P 反对易的算符 X_c 和 Z_c 数目。

　　（2）若一组有序 Pauli 算符：

$$S = P_0 \to P_1 \to \cdots \to P_t = T$$

中的两个相邻算符 P_i 和 P_{i+1} 至多相差一个量子比特上的非平凡算符（两者的支集仅有一个元素不同），则此序列称为从算符 S 到 T 的一个行走路径 γ[①]。对一个给定的行走路径 γ，哈密顿量 H_{Haah} 在 γ 上的能量壁垒 $E_b(\gamma)$ 定义为行走 γ 中的最大能量开销：

$$E_b(\gamma) = \max_{P_i \in \gamma} \epsilon(P_i)$$

其中 $\epsilon(P_i)$ 为算符 P_i 的能量开销。

　　（3）任意 Pauli 算符 P 均可从单位算符 I 以行走的方式实现，设实现 P 的不同行走形成集合 $\mathcal{W}(I,P)$，则算符 P 对应的能量壁垒[②]定义为 $\mathcal{W}(I,P)$ 中的最小能量壁垒：

$$\hat{E}_b(P) = \min_{\gamma \in \mathcal{W}(I,P)} E_b(\gamma) \tag{5.34}$$

　　基于此，Haah 码中非平凡逻辑操作 P 在系统 H_{Haah} 上产生的能量壁垒定义为

$$\bar{E}_{\mathrm{Haah}} = \min_{P \in \mathcal{N}(\mathcal{S})/\mathcal{S}} \hat{E}_b(P) \tag{5.35}$$

接下来，我们将利用反证法来证明此能量壁垒的宏观性。

　　证明　设 Haah 码中存在非平凡逻辑算符 P，其能量壁垒为常数（不大于某个常数 E），则对非平凡逻辑算符 P 的任意行走路径 γ

$$I = P_0 \to P_1 \to \cdots \to P_i \to \cdots \to P_t = P$$

中的 Pauli 算符 P_i（$i=0,1,\cdots,t$），与之反对易的算符（X_c 或 Z_c）数目均不大于 E（图 5.40）。

　　我们将与 P_i 反对易的算符 X_c 和 Z_c 构成的集合称为 P_i 的症状集合。定义

[①] 算符序列常用于模拟热噪声导致的起伏。

[②] H_{Haah} 系统的量子态从 $|\Psi\rangle$ 变为 $P|\Psi\rangle$ 的能量开销。

症状集合的稀疏等级 p 如下。

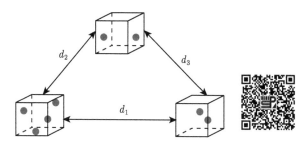

图 5.40   一个 1 级稀疏的症状集合：红色圆点表示与 P_i 反对易的 X_c 或 Z_c 所在的位置，
该症状集合包含 8 个反对易位置，可用 3 个边长不大于 10α 的立方体覆盖，
立方体间的两两距离（d_1、d_2 和 d_3）均大于 $(10\alpha)^2$

定义（稀疏等级 p）   若症状集合可被分割为若干个团簇，且每个团簇均位
于边长不大于 $(10\alpha)^p$ 的立方体内，而不同团簇所属的立方体间的距离均大于
$(10\alpha)^{(p+1)}$，则称该症状集合为 p 级稀疏。否则，称该症状集合为非 p 级稀疏。

此处 α 为定理 5.4.6 中的参数，而系数 10 是为了使用定理方便，可用任何其
他较大的常数代替。图 5.40 给出了一个 1 级稀疏症状的示意图。

对症状集合的级数我们有如下命题。

定理   若一个症状集合非 $0,1,\cdots,p$ 级稀疏，则其元素个数不少于 $p+2$。

证明

证明   设症状集合中的算符 X_c，Z_c 位于 $c_1^{(0)}, c_2^{(0)}, \cdots, c_g^{(0)}$（假设症状
集合含 g 个元素）。

由于症状集合非 0 级稀疏，根据定义，若用边长为 $(10\alpha)^0 = 1$ 的立方
体（元胞 $c_i^{(0)}$ 本身）将 X_c 和 Z_c 所在的位置包围起来，则必存在一对立方
体 $c_a^{(0)}$ 和 $c_b^{(0)}$，其距离不大于 $(10\alpha)^1$。因此，必有 $g \geqslant 2$。用一个边长不
大于 $(10\alpha)^1$ 的立方体 $c_a^{(1)}$ 将两个小立方体 $c_a^{(0)}$ 和 $c_b^{(0)}$ 整体包围起来，同
时保持其他立方体不变（但记号变更为 $c_i^{(1)}$）。由于症状也非 1 级稀疏，因
此，这 $g-1$ 个边长不大于 $(10\alpha)^1$ 的立方体中，也必存在一对立方体（记
为 $c_a^{(1)}$ 和 $c_b^{(1)}$）间的距离不大于 $(10\alpha)^2$。故 $g-1 \geqslant 2$。重复此过程，最终
将得到 $g-p \geqslant 2$。   □

按假设，行走 γ 中任意算符 P_i 的症状集合最多含有 E 个元素，显然，这样
的症状集合不可能同时非 $0, 1, 2, \cdots, E-2, E-1$ 级稀疏（否则按前面的命

题其元素个数至少为 $E+1$）。因此，存在 $p \leqslant E-1$，使得 P_i（$i = 0, 1, 2, \cdots,$ $t-1$）①的症状集合为 p 级稀疏。

对每个 P_i 都存在与之具有相同症状集合的有限 Pauli 算符 Q_i。令算符 $\tilde{P}_i = Q_i Q_{i+1} P_{i+1} P_i$，则算符 $\tilde{P}_i$ 的乘积 $\prod\limits_{i=0}^{t-1} \tilde{P}_i$ 与 P 之间至多相差一个负号②。因此，若能证明 $\prod\limits_{i=0}^{t-1} \tilde{P}_i$ 为平凡的逻辑算符，则与算符 P 的非平凡假设相矛盾。下面我们就通过计算 $\tilde{P}_i$ 的支集来证明这一点。

算符 $\tilde{P}_i$ 的支集是算符 Q_i、Q_{i+1} 和 $P_{i+1} P_i$ 的支集之并：P_{i+1}, P_i 为行走 γ 的相邻算符，因此，$P_{i+1} P_i$ 为单格点 Pauli 算符，其支集大小为 1。为此，我们只需讨论 Q_i，Q_{i+1} 的支集即可。由于 Q_i 与 P_i 具有相同的症状集合，因此，它的症状集合也必为 p（$p \leqslant E-1$）级稀疏。因此，按 p 级症状集合的定义，症状集合中元素最多被分在 E 个边长不超过 $(10\alpha)^p$ 的立方体中，且立方体间的距离大于 $(10\alpha)^{p+1}$。按定理 5.4.6，在两个立方体和算符 Q_i 组成的逻辑串片段中，由于两个立方体间的距离大于 $10\alpha(10\alpha)^p = 10\alpha l$（$l$ 为立方体边长），因此，它的支集被限制在至多 E 个边长 $l < (10\alpha)^p$ 的立方体中。

因此，$\tilde{P}_i$ 的支集数目不超过 $2E$ 个边长为 $(10\alpha)^p$ 的总体积。由于 E 和 α 均为常数，因此按定理 5.4.5，$\tilde{P}_i$ 均为平凡逻辑算符。显然，其乘积 $\prod\limits_{i=0}^{t-1} \tilde{P}_i$（与 P 仅相差符号）也是平凡逻辑算符，而这与 P 非平凡的条件矛盾，因此假设不成立。

从该证明过程中可以得知，Haah 码的非平庸逻辑算符 P 的任意行走路径，按规则需至少有一个 $\tilde{P}_i$ 为非平庸的逻辑算符，即能量势垒需满足 $2E(10\alpha)^{E-1}+1 \geqslant L$，故 E 至少为 $c \log(L)$，c 为与 α 相关的系数。

5.5　容错量子计算

5.5.1　容错量子计算与错误传播

量子计算过程中，量子态将不可避免地受到环境影响，进而使量子系统退相干；同时，量子操作的精度限制也将使量子计算产生相干误差。要实现高精度的

---

① P_0，P_1，$\cdots$，P_{t-1} 形成行走 γ。

② Pauli 算符均为对易或反对易，通过交换顺序可得 $\prod\limits_{i=0}^{t-1} \tilde{P}_i$ 与 $Q_t P_t P_0 Q_0$ 至多相差一个负号。由于 $P_t = P$ 为逻辑算符，$P_0 = I$，则其症状均为空集，因此，支集有限的 Pauli 算符 Q_0 及 Q_t 为平凡算符。

量子计算，这些影响都必须能被发现并消除（纠正）。量子纠错码和量子测量是实现高精度量子计算的关键，在计算过程中，通过稳定子测量获取量子态的症状，进而对当前量子态进行译码和纠错，以保证量子计算的正确性。要使纠错码中的纠错过程能顺利实施，码字中的错误比特数目必须小于纠错码能纠正的错误个数 $t\left(\text{等于}\left\lfloor\dfrac{d-1}{2}\right\rfloor, d\text{为码距}\right)$。因此，为使纠错过程切实可行，既需扩大纠错码码距[①]和稀释错误率[②]，也需利用纠错码的特性（通过特殊设计）减少错误传播对纠错的影响（控制同一逻辑比特中错误比特的数目）。容错性是实现量子计算精度可控的关键[③]。

错误在量子线路中的传播是导致逻辑比特纠错失败[④]的主要原因：尽管单比特量子门不改变错误在物理比特上的分布，但一个两比特门会将错误从一个物理比特传播到两个物理比特，而多个两比特门就可将一个物理比特上的错误传播到多个物理比特中，进而影响逻辑比特的纠错。由于任意量子计算均可由单比特门和两比特 CNOT 门实现，我们来考虑 CNOT 门对错误的传播特性。

例 5.25　CNOT 门对错误的传播

两比特系统中的基本量子错误包括如下四种：$I\otimes\sigma^x$、$I\otimes\sigma^z$、$\sigma^x\otimes I$ 和 $\sigma^z\otimes I$（其他类型的错误均可通过它们的组合产生），CNOT 门对这些错误的传播有显著的区别。

1. 控制比特 σ^x 错误的"前向"传播

控制比特中的 σ^x 错误，经过 CNOT 门后会传播为两比特错误 $\sigma^x\otimes\sigma^x$（错误从控制比特传播到目标比特），即

$$\text{CNOT}\cdot\sigma^x\otimes I\cdot\text{CNOT}=\sigma^x\otimes\sigma^x$$

2. 目标比特 σ^z 错误的"后向"传播

目标比特的 σ^z 错误，经过 CNOT 门后传播为两比特错误 $\sigma^z\otimes\sigma^z$（错误从目标比特反向传播到控制比特），即

$$\text{CNOT}\cdot I\otimes\sigma^z\cdot\text{CNOT}=\sigma^z\otimes\sigma^z$$

而控制比特上的 σ^z 错误和目标比特上的 σ^x 错误均不传播。

---

① 如扩大拓扑稳定子码规模。

② 通过级联方法。

③ 参见文献 P. W. Shor, in: Proceedings of 37th Conference on Foundations of Computer Science (1996), p. 56-65; D. Gottesman, Phys. Rev. A **57**, 127 (1998); E. Knill, R. Laflamme, and W. H. Zurek, Science, **279**, 342-345 (1998).

④ 单个逻辑比特中出现的错误比特数目超过了 t。

> 利用 CNOT 门的算符表示 CNOT $= I \otimes I + I \otimes \sigma^x + \sigma^z \otimes I - \sigma^z \otimes \sigma^x$，通过直接计算可得 CNOT 门对错误传播的上述结论。

尽管单个 CNOT 门对错误的传播并不复杂，但在实际的量子计算中，CNOT 门会形成复杂的线路，错误的传播就会变得异常复杂，单个逻辑比特（逻辑比特也称编码模块）中出现错误的物理比特数目随着错误的传播而快速增长并快速超过 $\left\lfloor \dfrac{d-1}{2} \right\rfloor$，进而导致量子纠错码无法对其进行正确的译码和纠错。为解决此问题，需对量子逻辑比特间的逻辑门提出额外要求：物理比特错误在逻辑门作用下不在同一个逻辑比特内传播（多个物理比特错误只能稀释到多个逻辑比特中，使每个逻辑比特仍可纠错）。事实上，量子计算中的所有过程都需进行类似的容错化处理。定性地说，在输入量子态的错误比特较少时，若量子过程（如量子门、量子测量等）在同一个编码模块内引入的错误也较少，并能保证输出量子态可纠错且纠错后的逻辑态实现了目标操作，则称此量子过程为容错量子过程[①]。若量子计算中的所有过程均容错，则称之为容错（fault-tolerant）量子计算。

为严格化容错量子过程，对定义在 n 量子比特上的任意稳定子码 $\mathcal{S}$，我们引入希尔伯特空间 $\mathbb{H}_n$ 中的量子态集合：

$$E_r(\mathcal{S}) = \{|\varphi\rangle \| |\varphi\rangle = P|\psi\rangle: |\psi\rangle \in \mathbb{H}_{\mathcal{S}}, P \in \mathcal{P}_n \text{ 且 } \mathrm{wt}(P) \leqslant r\} \tag{5.36}$$

其中 $\mathbb{H}_{\mathcal{S}}$ 为稳定子群 $\mathcal{S}$ 定义的逻辑比特空间。态集 $E_r(\mathcal{S})$ 由逻辑态空间 $\mathbb{H}_{\mathcal{S}}$ 中不多于 r 个物理比特上发生了错误的量子态组成。当 $r = t$ 时（$d = 2t+1$ 是稳定子码 $\mathcal{S}$ 的码距），$E_t(\mathcal{S})$ 表示能被稳定子码 $\mathcal{S}$ 纠错的态集。

一个编码模块[②]经过 r-错误发生器（图 5.41(a)）后，任意编码态最多会在 r 个比特上发生错误（$r = 0$ 时可省略图示中 r 的标注）。因此，编码空间中的理想量子态经过一个 r-错误发生器后一定在态集 $E_r(\mathcal{S})$ 中[③]。为定义容错过程方便，类似地引入如下理想过程：理想译码器、理想门操作、理想量子态制备、理想量子测量和理想量子纠错的图示（图 5.41）。在理想过程的图示上加数字 r 表示此过程将会在理想过程中引入不超过 r 个物理比特上的错误。

利用 r 错误发生器（态集 $E_r(\mathcal{S})$）以及其他的理想物理过程，可精确地定义量子计算所需的各个容错过程。

---

① 这里的错误少存在一个与系统规模无关的判据（即容错阈值），参见容错阈值部分。

② 在本章中，编码模块指编码某个逻辑比特的多比特物理系统。而编码空间是指编码模块上的码字张成的希尔伯特空间，因此，编码态是编码空间中的一个多比特量子态。

③ 换言之，$E_r(\mathcal{S})$ 中的量子态可通过 r-错误发生器生成。

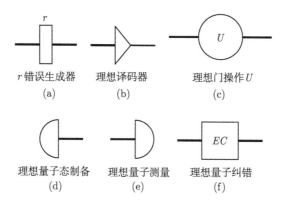

r 错误生成器
(a)

理想译码器
(b)

理想门操作 U
(c)

理想量子态制备
(d)

理想量子测量
(e)

理想量子纠错
(f)

图 5.41 容错计算中图例定义：粗线条表示多个物理比特（我们称之为编码模块，它编码一个逻辑比特）的量子态；细线条表示单个量子比特（逻辑或物理比特）的状态（在本章的相关图示中都遵循这一规则）。(a) r 错误生成器：它表示在一个编码模块中引入不超过 r 个比特的错误；(b) 理想译码器：它将错误权重不超过 t 的编码模块中的量子态转化为理想的单逻辑比特量子态，转化过程不引入误差；(c) 理想门操作，在编码模块中无错误地实现逻辑比特上的目标门操作；(d) 理想量子态制备：在编码模块中无误差制备目标逻辑量子态；(e) 理想量子测量：对编码模块中的量子态进行无误差测量；(f) 理想量子纠错：按理想的译码结果（对应正确的逻辑态），对编码模块中的量子态进行无误差纠错。若在理想器件上加上数字 r 则表示此器件最多引入 r 个比特错误

定义 5.5.1

1. 容错量子态制备

一个量子态制备过程 P_r 被称作容错量子态制备，需同时满足如下条件：

(1) P_r 过程制备的量子态 $|\Psi_P\rangle_L$[①]属于态集 $E_{r\leqslant t}(\mathcal{S})$（$t$ 为纠错码 $\mathcal{S}$ 能纠正的最大错误比特数目）。此条件可图示为图 5.42。

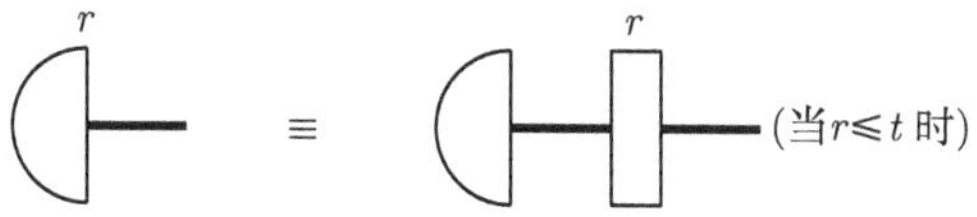

$$\equiv \quad \text{（当 } r\leqslant t \text{ 时）}$$

图 5.42

(2) 量子态 $|\Psi_P\rangle_L$ 的理想译码与制备目标态一致。此条件可图示为图 5.43。

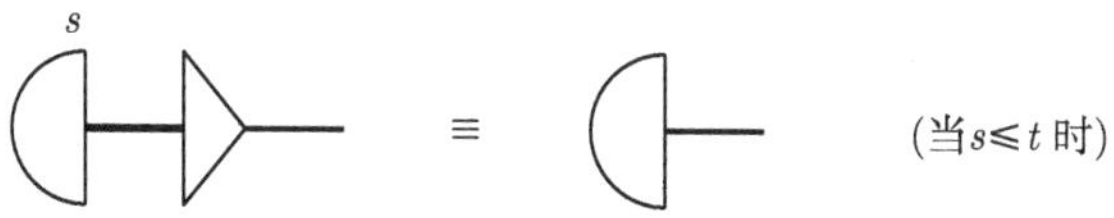

$$\equiv \quad \text{（当 } s\leqslant t \text{ 时）}$$

图 5.43

[①] L 用于强调制备的目标态在编码空间中。

2. 容错量子测量

量子测量 M 是容错量子测量需满足如下条件：对态集 $E_{r<t}(\mathcal{S})$ 中的任意量子态，根据其测量数据[①]获得的译码结果，与先对输入态 $|\Psi\rangle_L$ 进行理想译码，再进行理想测量得到的结果一致。此条件可图示为图 5.44。[②]

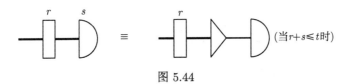

图 5.44

容错性暗含条件 $r+s\leqslant t$（否则译码会出现逻辑错误）。

3. 容错量子门

量子门 U 被称为容错量子门，需同时满足如下条件：

(1) 态集 $E_{r_i<t}(\mathcal{S})$ 中的任意量子态 $|\Psi_i\rangle_L$（量子门可能含多个输入编码模块），经过最多引入 s 个比特错误的量子门 U 后得到量子态 $|\Psi_U\rangle_L$，此量子态仍处于态集 $E_t(\mathcal{S})$ 中（可纠错）。此条件可图示为图 5.45。

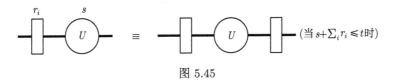

图 5.45

(2) 量子态 $|\Psi_i\rangle_L$ 经过含错误的 U 门后得到量子态 $|\Psi_U\rangle_L$，它经过理想译码器得到的结果与先对输入量子态 $|\Psi_i\rangle_L$ 进行理想译码，再通过理想 U 门后的结果一致。此条件可图示为图 5.46。

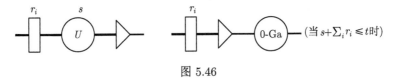

图 5.46

其中 0-Ga 表示 U 在逻辑空间中对应的理想门操作。第一个条件表明，即使错误可传播至不同的编码模块，但同一编码模块中的错误不能太多，仍要求能被正确译码。第二个条件要求此过程能完成目标逻辑功能。当逻辑门为多比特门时，每个比特的编码模块都需放置一个 r 错误发生器和理想译码。

[①] 测量结果包含输入态中不超过 r 个以及测量本身所导致的不超过 s 个比特错误的信息。

[②] 图 5.44 及其他几个定义图中，最左边的输入态为无误差的理想编码态。

4. 容错量子纠错

纠错过程 EC 为容错量子纠错需同时满足如下条件：

(1) 对任意输入的理想编码态 $|\Psi\rangle_L$，纠错后的编码态 $|\Psi_{EC}\rangle_L$ 仍在态集 $E_{s\leqslant t}(S)$ 中。此条件如图 5.47 所示。

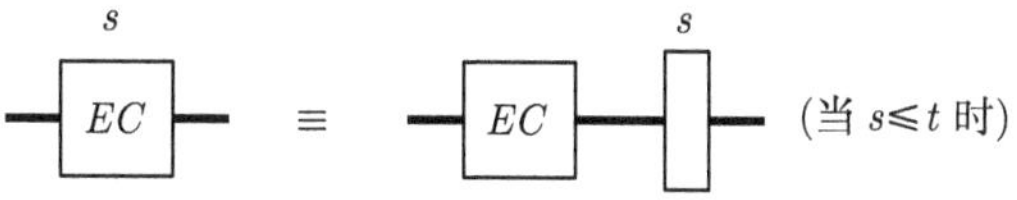

图 5.47

(2) 对输入态集 $E_{r<t}(S)$ 中的任意编码态 $|\Psi\rangle_L$，纠错操作后量子态 $|\Psi_{EC}\rangle_L$ 的理想译码，与输入态 $|\Psi\rangle_L$ 的理想译码一致。此条件可图示为图 5.48。

图 5.48

从上面各个容错过程的定义可知，容错过程均要求此过程不影响编码量子态的译码正确性。

任意量子计算都可通过量子态制备、量子门操作、量子纠错以及量子测量等过程实现，如果这些过程都具有容错性，那么，就可以实现容错量子计算。那么，如何才能让这些过程满足容错条件呢？事实上，实现普适量子门的容错构造是实现容错量子计算的核心，我们将留在 5.5.2 节中单独讨论。在本节中，我们先来介绍如何实现稳定子算符的容错测量。

量子纠错码中的纠错过程（EC 过程）由编码模块中的两个量子过程组成：稳定子测量过程以及根据译码结果[1]进行的纠错过程。稳定子生成元 $\{S_i\}$ 的一组测量值 $\{v_{S_1}, v_{S_2}, \cdots, v_{S_n}\}$ 往往称为一个症状。为消除测量本身的偶然错误对诊断造成的影响，可对稳定子进行多次测量，获得多个症状。将这组（多个）症状作为一个整体进行译码，最终确认编码空间中的错误算符。此错误算符为 Pauli 群中元素，它可由一系列单比特门纠正，这不会导致门错误在编码模块中的不同比特间传播（不影响其可译码性），因而具有容错性。由此，实现容错的纠错过程（EC 过程），其核心是实现容错的稳定子测量。我们下面来介绍两种稳定子的容错测量方法。

---

① 利用稳定子测量结果进行译码由经典计算机完成。

（1）Shor *方法*[①]。

利用第二章中介绍的 Hadamard Test 算法（2.2 节），通过引入辅助比特可对编码模块[②]上的稳定子算符 S（它是幺正算符）进行测量。

稳定子算符 S_x 的测量线路如图 5.49 所示。因稳定子算符 $S_x = X_1 \otimes \cdots \otimes X_k \otimes \cdots \otimes X_n$ 的 Pauli 算符直积形式，n 比特控制-S_x 门可分解为一组两比特控制门[③]之积 $\mathrm{CNOT}_1 \cdots \mathrm{CNOT}_k \cdots \mathrm{CNOT}_n$，且两比特控制门的控制比特均为辅助比特。

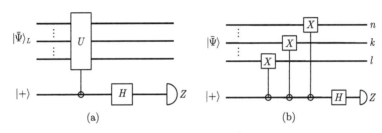

图 5.49　稳定子测量的 Hadamard Test 线路：(a) 通用的 Hadamard Test 线路，其中有一个多比特控制门。最下面比特为辅助比特。(b) 编码量子态上 X 型稳定子 $\sigma_l^x \cdots \sigma_k^x \cdots \sigma_n^x$ 的测量线路，线路仅包含两比特 CNOT 门

显然，图 5.49 中的线路（b）不具有容错性：辅助比特上的 σ^x 错误将通过控制门"前向"传播至 S_x 中具有非平凡 Pauli 算符的所有物理比特上（共有 $\mathrm{wt}(S_x)$ 个）。为避免辅助物理比特上的错误同时传播至同一个编码模块中的多个物理比特（使错误比特数目超过稳定子码 $\mathcal{C}$ 的纠错能力），需对辅助比特进行重复编码（重复编码中的 σ^x 错误可被探测[④]），并将此辅助用编码模块制备到量子态 $|+\rangle_{\mathrm{rep}} = \frac{1}{\sqrt{2}}(|0\rangle_{\mathrm{rep}} + |1\rangle_{\mathrm{rep}}) = \frac{1}{\sqrt{2}}(|00\cdots0\rangle + |11\cdots1\rangle)$（"猫态"）。此重复编码需要辅助编码模块中的物理比特数目与 S_x 的权重 $\mathrm{wt}(S_x)$ 相等。辅助编码模块与计算用编码模块间的控制-S_x 门分解为如图 5.50 所示的一组两比特 CNOT 门（控制比特为辅助模块中的物理比特，目标比特为计算模块中的物理比特）之积。经此改造，辅助编码模块中一个物理比特上的错误都仅影响计算用编码模块中的一个物理比特。

要使整个测量过程容错，还需对量子态 $|+\rangle_{\mathrm{rep}}$ 进行容错制备。在如图 5.50 所示的稳定子测量中，"猫态" $|+\rangle_{\mathrm{rep}}$ 中的 X 错误在 CNOT 门中会"前向"传播给

[①] 参见文献 P. W. Shor, in: Proceedings of 37th Conference on Foundations of Computer Science (1996), p. 56-65.

[②] 由纠错码 $\mathcal{C}$ 确定。

[③] 若稳定子中的 Pauli 算符为 σ^x，则两比特控制门为 CNOT 门；若为 σ^z，则两比特门为 CZ 门。

[④] 仅有 σ^x 错误才会通过 CNOT 门"前向"传播至计算用的编码模块中，探测此错误即可。

计算用编码模块中的物理比特，进而在计算模块中出现错误。因此，为减少 $|+\rangle_{\text{rep}}$ 中 X 错误的出现，引入如图 5.50 所示的辅助比特 0 来对 $|+\rangle_{\text{rep}}$ 中的 X 错误进行检测（通过对"猫态"上稳定子算符 $Z \otimes I \otimes \cdots \otimes I \otimes Z$[①]的测量来检测是否有辅助编码模块中的物理比特发生 X 错误）：若辅助比特 0 的 Z 测量结果为 1，则判定制备的"猫态"$|+\rangle_{\text{rep}}$ 中无 X 错误发生（"猫态"通过了本次检测，可进入稳定子测量步骤）[②]；反之，若辅助比特 0 的测量结果为 -1，则判定制备的"猫态"$|+\rangle_{\text{rep}}$ 中有比特出现了 X 错误，此时我们抛弃本次制备的量子态 $|+\rangle_{\text{rep}}$，并重新制备和检测，直到通过检测为止。

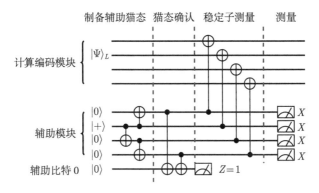

图 5.50 稳定子 $X^{\otimes 4}$ 的 Shor 测量方法：此线路分为四个部分：辅助编码模块的"猫态"$\frac{1}{\sqrt{2}}(|0000\rangle + |1111\rangle)$ 制备；对制备"猫态"中 X 错误的检测；稳定子测量对应的控制门；对辅助模块中每个量子比特沿算符 X 测量。计算用编码模块中物理比特上的 Z 错误将通过 CNOT 门"反向"传输给辅助模块中的物理比特，进而改变"猫态"稳定子 $X^{\otimes 4}$ 的值。换言之，通过测量"猫态"稳定子的值就能获得计算编码模块中的错误信息

辅助模块中单个物理比特上的 Z 错误并不会传播至计算用编码模块中，但它将影响算符 $\bar{X} = X^{\otimes \text{wt}}$ 的测量值。理想"猫态"本身是算符 $\bar{X} = X^{\otimes \text{wt}}$ 本征值为 1 的本征态，由于 Z 与 X 反对易，$\bar{X}$ 中奇数个物理比特上的 Z 错误都将导致算符 $\bar{X}$ 从 1 变为 -1。

猫态的 Hadamard 检测线路本身并不容错，但辅助比特 0 上的 X 错误并不会传播至辅助模块中，仅改变检测结果。因此，辅助比特 0 上的 X 错误也可通过对 Z 的测量发现。而当辅助比特 0 上发生 Z 错误时，它会同时传播给辅助模块中的两个（偶数）物理比特，这并不影响"猫态"上测量算符 $X^{\otimes 4}$ 的值。

---

① 任何位置的 X 错误会沿"猫态"制备线路的 CNOT 门传播至两端，因此可使用 $Z \otimes I \otimes I \otimes Z$ 而非 $Z \otimes Z \otimes Z \otimes Z$ 进行验证。

② 事实上，即使通过了检验，仍可能有错误发生，只是此类错误发生的概率很低。

(2) Steane **方法**①。

Steane 方法适用于所有的 CSS 码。与 Shor 方法中辅助模块使用重复码编码不同,在 Steane 方法中,辅助编码模块与计算用编码模块使用相同的纠错码(CSS 码 $\mathcal{S}$)。在 CSS 码中,稳定子生成元仅包含 X 型或 Z 型算符。因此,对所有物理比特上进行一次 X(或 Z)测量就可获所有 X 型(Z 型)稳定子生成元的测量值,故只需进行两次测量就可获得一个计算编码模块的诊断症状,这可大大减少稳定子测量的次数。另一方面,两个 CSS 码逻辑比特间的 $\overline{\text{CNOT}}$ 门都可容错地实现(5.5.2 节中将证明),而仅通过 $\overline{\text{CNOT}}$ 门就可实现 X 型或 Z 型稳定子的测量(图 5.51)。

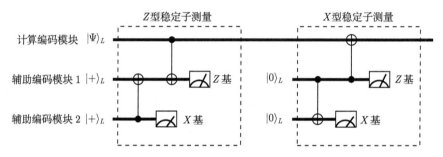

图 5.51　稳定子的 Steane 测量方法:前一个虚线方框对应于 Z 型稳定子测量;后一个虚线方框对应于 X 型生成元的测量。粗横线表示 CSS 码的编码模块。与 Shor 方法类似,辅助编码模块 1 用于测量稳定子的值,辅助编码模块 2 用于判定辅助编码模块 1 中是否出现可传播的错误

• 在测量 Z 型稳定子时 (第一个虚线框),将辅助编码模块 1(采用与计算编码模块相同的编码方式)制备到逻辑 $|+\rangle_L = \dfrac{1}{\sqrt{2}}(|0\rangle_L + |1\rangle_L)$ 态,它是所有稳定子(X 型和 Z 型)算符的本征值为 1 的本征态。辅助编码模块 1 与计算编码模块间实施 $\overline{\text{CNOT}}$ 操作 (两个编码模块中的对应物理比特两两做 CNOT 门),且辅助编码模块 1 作为目标比特 (图 5.51)。计算编码模块中任意物理比特上的 X 错误(X 错误从 CNOT 门的控制比特"前向"传播到目标比特)都将传播至对应的辅助编码模块比特上,进而影响其 Z 型稳定子的值:若辅助编码模块 1 的量子态 $|+\rangle_L$ 制备无误且计算编码模块中无 X 错误发生,则所有 Z 型稳定子的值都应为 1;若计算编码模块中有 X 错误发生并传播至辅助编码模块 1 对应的比特上,则某些 Z 型算符的测量值将变为 -1。

设辅助编码模块 1 中的测量结果为 $\boldsymbol{z} = [z_1, z_2, \cdots, z_n]$(其中 z_i 为辅助编

① 参见文献 A. M. Steane, Phys. Rev. Lett. **78**, 2252-2255 (1997).

码模块 1 中第 i 个物理比特上的测量结果），则 Z 型稳定子算符 $Z^{\boldsymbol{b}} = \prod_{i=1}^{n} Z^{b_i}$

（$b_i = 0$ 或 1）的测量值为 $\prod_{i=1}^{n} z_i^{b_i}$（不同 $\boldsymbol{b}$ 对应于不同的 Z 型稳定子）。因此，通过测量结果 $\boldsymbol{z}$ 就可得到计算模块上所有 Z 型稳定子的值。

• 类似地，对 X 型稳定子（用于探测计算比特上的 Z 错误）的测量中，辅助编码模块 1 被制备到逻辑 $|0\rangle_L$ 态，它也是所有稳定子（X 型和 Z 型）算符本征值为 1 的本征态。在辅助编码模块 1 与计算编码模块间实施 $\overline{\text{CNOT}}$ 操作（辅助编码模块 1 为控制比特）。计算编码模块中物理比特上的 Z 错误将"反向"地从目标比特传回控制比特，使辅助编码模块 1 中某些 X 型算符的测量值变为 -1。因此，通过辅助编码模块 1 上不同 X 型稳定子的测量值可获得计算比特上的 Z 错误信息。

同样地，设辅助编码模块 1 中的 X 测量结果为 $\boldsymbol{x} = [x_1, x_2, \cdots, x_n]$（其中 x_i 为辅助编码模块 1 中第 i 个物理比特的测量结果），则稳定子算符 $X^{\boldsymbol{a}} = \prod_{i=1}^{n} X^{a_i}$

（$a_i = 0$ 或 1）的测量值为 $\prod_{i=1}^{n} x_i^{a_i}$（不同 $\boldsymbol{a}$ 对应于不同的 X 型稳定子）。因此，通过一次测量的结果 $\boldsymbol{x}$ 就可获得计算编码模块上所有 X 型稳定子的测量结果。

与基于"猫态"的 Shor 方法类似，辅助编码模块 1 中的量子态 $|+\rangle_L$ 或 $|0\rangle_L$ 的制备过程也需一个检验过程来实现容错，只有通过检验的量子态才能进入下一个步骤，即通过 $\overline{\text{CNOT}}$ 与计算编码模块发生作用。

在 Z 型稳定子的测量线路中，辅助编码模块 1 作为 $\overline{\text{CNOT}}$ 门的目标比特，其物理比特上的 Z 错误都将"后向"传播至计算用编码模块的比特中。因此，我们需确认辅助编码模块 1 在制备量子态 $|+\rangle_L$ 的过程中没有 Z 错误发生。为此，需引入新的辅助编码模块 2（采用和计算编码模块相同的编码）来进行检验。

与前面类似，首先将辅助编码模块 2 制备到量子态 $|+\rangle_L$（其所有 X 型和 Z 型稳定子的值都为 1）；然后在辅助编码模块 1 和辅助编码模块 2 之间实施 $\overline{\text{CNOT}}$ 操作且辅助编码模块 2 为控制比特；最后，对辅助编码模块 2 中的所有物理比特做 X 测量。若辅助编码模块 1 中有物理比特发生了 Z 错误，则它将"后向"传播至辅助模块 2 中的比特上，进而影响算符 X 的测量结果。

设辅助编码模块 2 中 X 算符的测量结果为 $\boldsymbol{v} = [v_1, v_2, \cdots, v_n]$，通过 $\boldsymbol{v}$ 可得到所有 X 型稳定子的值。若有稳定子的测量值为 -1，我们就抛弃此次态制备。值得注意，从测量结果 $\boldsymbol{v}$ 也能得到 $\mathcal{S}$ 中 Pauli 逻辑算符 $\bar{X}$ 的值（往往 $\bar{X}$ 为所有 X 算符的直积）。若所有 X 型稳定子测量值均为 1，仅 $\bar{X}$ 的值为 -1，则表明逻

辑量子态为 $|-\rangle_L$。此时，要么抛弃此次态制备，要么对它实施容错的 Pauli 算符 $\bar{Z}$。辅助编码模块 2 中的 X 错误可通过 $\overline{\text{CNOT}}$ 门 "前向" 传播至辅助编码模块 1 中，进而影响稳定子的测量结果（与辅助编码模块 1 中的 X 错误一起）。此错误不直接影响计算编码模块，而是通过影响测量结果来影响逻辑比特中错误的判断，通过纠错过程影响计算用编码模块。而辅助编码模块 2 中的 Z 错误不会传播到辅助编码模块 1 中，仅影响辅助编码模块 2 上 X 型稳定子的测量值。对 X 型稳定子测量中辅助编码模块 1 的量子态 $|0\rangle_L$ 进行检测的方法类似（图 5.51）。

Steane 方法主要应用于 CSS 码且仅需用到 CSS 码中 CNOT 门的容错性，而 Shor 方法适用于所有稳定子码。两种方法中都通过引入检验过程来实现态制备的容错性。尽管检验结果具有随机性，但这一随机性并不会影响到计算编码模块，只有通过检验（错误受到限制）的量子态才能与计算模块相互作用，进而保证容错条件。直接计算可知，Shor 方法和 Steane 方法都满足容错定义中的两个条件。

5.5.2 容错量子门与横向性

具有任意精度的普适量子计算只能在编码空间中以容错的方式实现，而容错的普适量子门（单比特量子门 $\bar{H}$，$\bar{T}$，$\bar{S}$ 和两比特 $\overline{\text{CNOT}}$ 门）与容错的纠错过程相结合是实现普适容错量子计算的标准途径。这一节中我们将讨论如何容错地实现普适量子门。

5.5.2.1 横向量子门

横向门具有天然的容错性[①]，其定义如下。

定义（横向门） 作用于 m 个编码模块（逻辑比特）上的量子逻辑门 $\bar{U}$ 若能表示为直积形式 $\bar{U} = \otimes_{k=1}^{n} U_k$（其中 U_k 是 m 比特量子门，且 n 为编码单个逻辑比特所需的物理比特数），则称此逻辑门 $\bar{U}$ 为横向门（也称其具有横向性）。

横向门 $\bar{U}$ 如图 5.52。显而易见，横向门满足容错量子门定义 5.5.1 中的两个条件，具体地

(1) 横向门限制物理比特错误的传播。输入的 m 个编码模块中，设其错误比特数目分别为 r_i $(i = 1, 2, \cdots, m)$，而量子逻辑门 U 导致的物理比特错误为 s。根据横向门特征（$\bar{U} = \otimes_{k=1}^{n} U_k$），通过逻辑门 U 后，单个编码模块中的错误（物理）比特数目不超过：

$$\sum_i r_i + s$$

① 参见文献 P. W. Shor, in: Proceedings of 37th Conference on Foundations of Computer Science (1996), p. 56-65; D. Gottesman, Phys. Rev. A **57**, 127 (1998).

在 $\sum_i r_i + s \leqslant t$ 的条件下，每个编码模块上的错误均可被纠正。满足容错门所需的第一个条件。

(2) 当错误数目 r_i 和 s 满足可纠错条件时，容错门能执行正确的逻辑功能。经过逻辑门 U 后，每个编码模块中的错误最多为 $s + \sum_i r_i$（小于 t），经过理想译码和纠错得到的结果与先对 m 个输入的编码模块进行理想译码和纠错，再经过理想逻辑门 U 得到的结果一致。满足容错门所需的第二个条件。

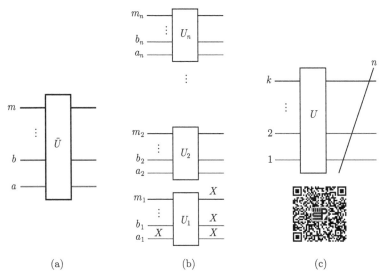

(a)   (b)   (c)

图 5.52　横向门：(a) m 逻辑比特上的量子门 $\bar{U}$。不同颜色的粗横线表示不同的逻辑比特，每个逻辑比特由 n 个物理比特编码。(b) 横向量子门 $\bar{U}$ 可通过 n 个作用在 m 物理比特（每个逻辑比特中一个）上的逻辑门 U_k（$k = 1, 2, \cdots, n$）实现。与 (a) 中颜色相同的细横线表示来自对应逻辑比特的物理比特。若某个物理比特发生了错误（X），它最多传播到 m 个物理比特，且每个逻辑比特中最多一个。(c) 很多时候 (b) 中 m 比特量子门 U_k 都等于 U，则 m 逻辑比特上的横向量子门 $\bar{U}$ 可记为 (c) 的形式

特别地，单（逻辑）比特横向门（如 $\bar{H}$，$\bar{T}$ 和 $\bar{S}$）不传播编码模块中任何物理比特上的错误；而在两（逻辑）比特横向门（如 $\overline{\text{CNOT}}$ 门）中，一个编码模块中物理比特上的错误在其所在编码模块内不传播，仅将此错误传播到另一个编码模块中的单个物理比特上。因此，若某个量子纠错码 $\mathcal{C}$ 中的普适逻辑门均为横向门，则所有幺正变换均可以容错的方式实现[①]。很遗憾，并不存在具有横向普适量子门的量子纠错码，每个量子纠错码都仅有部分普适逻辑门具备横向性。对不同量子纠错码，其横向逻辑门有如下的一些定理。

---

① 在容错纠错的协助下。

定理 5.5.1　稳定子码 $\mathcal{S}$ 中所有单比特 Pauli 逻辑门都具有横向性。

按稳定子码理论,稳定子码 $\mathcal{S}$ 中任意编码比特上的逻辑 Pauli 算符都是 $N(\mathcal{S})/\mathcal{S}$ 中元素。因此,它们是 Pauli 群 $\mathcal{P}_n$ 中元素(某些物理比特上 Pauli 算符的直积)。按横向门的定义,它们具有横向性。

例 5.26

[[7, 1, 3]] 码(Steane 码)中 $\bar{X}$ 和 $\bar{Z}$ 的横向性(图 5.53)。

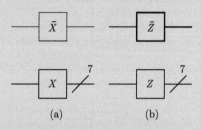

图 5.53　[[7, 1, 3]] 码 Pauli 算符的横向性: (a) 逻辑比特上的 $\bar{X}$ 门可通过每个物理比特上的 X 门实现 ($\bar{X} = \otimes_{i=1}^{7} X_i$); (b) 逻辑比特上的 $\bar{Z}$ 门可通过每个物理比特上的 Z 门实现 ($\bar{Z} = \otimes_{i=1}^{7} Z_i$)

定理 5.5.2　CSS 码中的 $\overline{\text{CNOT}}$ 门是横向门。

证明　CSS 码中稳定子生成元的辛表示具有如下形式:

$$\mathcal{M} = \left[\begin{array}{c|c} H(\mathcal{C}_2^{\perp}) & 0 \\ 0 & H(\mathcal{C}_1) \end{array} \right]$$

其中 $H(\mathcal{C}_1)$ 是线性码 $\mathcal{C}_1$ 的校验矩阵, $H(\mathcal{C}_2^{\perp})$ 为 $\mathcal{C}_2$ 对偶码的校验矩阵。因此,CSS 码的稳定子生成元分为两类: ① X 型生成元, $H(\mathcal{C}_2^{\perp})$ 中每行对应一个算符 g_x(对应行中所有值为 1 的比特上算符 σ^x 的直积); ② Z 型生成元, $H(\mathcal{C}_1)$ 中每行对应一个算符 g_z(对应行中所有值为 1 的比特上算符 σ^z 的直积)。

下面我们来证明,两个 CSS 码模块[1]中对应物理比特间两两[2]的 CNOT 门就是逻辑比特之间的 $\overline{\text{CNOT}}$ 门(图 5.54)。

要证明 $\otimes_{i=1}^{n} \text{CNOT}_i$ 确实是逻辑门 $\overline{\text{CNOT}}$,需说明两点: ① 算符 $\otimes_{i=1}^{n} \text{CNOT}_i$ 保持 CSS 码编码空间的稳定, 即 $\otimes_{i=1}^{n} \text{CNOT}_i$ 保持 $\mathcal{S} \otimes \mathcal{S}$ 不变(它属于 $\mathcal{N}(\mathcal{S} \otimes \mathcal{S})/\mathcal{S} \otimes \mathcal{S}$); ② 算符 $\otimes_{i=1}^{n} \text{CNOT}_i$ 在编码空间中实现了量子门 CNOT 的逻辑功能。

---

[1] 假设一个 CSS 码仅编码一个逻辑比特。
[2] 一个来自控制逻辑比特,另一个来自目标逻辑比特。

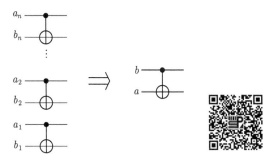

图 5.54 $\overline{\text{CNOT}}$ 门的横向性：任意 CSS 码中 $\overline{\text{CNOT}}$ 门（右边）可通过左边的 CNOT 门实现。右图蓝色粗线表示控制逻辑比特，而红色粗线表示目标逻辑比特。左图中蓝色线表示物理比特均来自控制编码模块，而红色线表示物理比特均来自目标编码模块

由于 $S \otimes S$ 中的生成元仅包括 $g_x \otimes I$，$g_z \otimes I$，$I \otimes g_x$ 和 $I \otimes g_z$ 型算符，因此，仅需考察它们在算符 $\bigotimes_{i=1}^{n} \text{CNOT}_i$ 作用下的变化即可。

$$(\otimes_{i=1}^{n}\text{CNOT}_i) \cdot (g_x \otimes I) \cdot (\otimes_{i=1}^{n}\text{CNOT}_i) = g_x \otimes g_x$$

$$(\otimes_{i=1}^{n}\text{CNOT}_i) \cdot (I \otimes g_x) \cdot (\otimes_{i=1}^{n}\text{CNOT}_i) = I \otimes g_x$$

$$(\otimes_{i=1}^{n}\text{CNOT}_i) \cdot (g_z \otimes I) \cdot (\otimes_{i=1}^{n}\text{CNOT}_i) = g_z \otimes I$$

$$(\otimes_{i=1}^{n}\text{CNOT}_i) \cdot (I \otimes g_z) \cdot (\otimes_{i=1}^{n}\text{CNOT}_i) = g_z \otimes g_z$$

右边的算符仍在稳定子群 $S \otimes S$ 中，因此，算符 $\otimes_{i=1}^{n}\text{CNOT}_i$ 保持 $S \otimes S$ 不变（即算符 $\otimes_{i=1}^{n}\text{CNOT}_i$ 保持编码空间不变）。

我们再来分析算符 $\otimes_{i=1}^{n}\text{CNOT}_i$ 对逻辑 Pauli 算符 $\bar{X}$ 和 $\bar{Z}$ 的作用，以确定它在编码比特上的功能。在 CSS 码中 $\bar{X}(\bar{Z})$ 算符是一系列物理比特上 $\sigma^x(\sigma^z)$ 的直积（具有横向性）。直接计算可得[1]

$$(\otimes_{i=1}^{n}\text{CNOT}_i) \cdot (\bar{X} \otimes I) \cdot (\otimes_{i=1}^{n}\text{CNOT}_i) = \bar{X} \otimes \bar{X}$$

$$(\otimes_{i=1}^{n}\text{CNOT}_i) \cdot (I \otimes \bar{X}) \cdot (\otimes_{i=1}^{n}\text{CNOT}_i) = I \otimes \bar{X}$$

$$(\otimes_{i=1}^{n}\text{CNOT}_i) \cdot (\bar{Z} \otimes I) \cdot (\otimes_{i=1}^{n}\text{CNOT}_i) = \bar{Z} \otimes I$$

$$(\otimes_{i=1}^{n}\text{CNOT}_i) \cdot (I \otimes \bar{Z}) \cdot (\otimes_{i=1}^{n}\text{CNOT}_i) = \bar{Z} \otimes \bar{Z}$$

---

[1] 任意两比特量子态 ρ 均可表示为

$$\rho = \frac{1}{4}\left[I \otimes I + \sum_i r_i \sigma_i \otimes I + I \otimes \sum_j u_j \sigma_j + \sum_{m,n} t_{mn} \sigma_m \otimes \sigma_n \right] \tag{5.37}$$

因此，两比特门可由它在 16 个两比特 Pauli 算符上的作用来完全确定。事实上，这 16 个两比特 Pauli 算符可进一步简化为四个生成元（$\sigma^x \otimes I$、$I \otimes \sigma^x$、$\sigma^z \otimes I$ 和 $I \otimes \sigma^z$）。

这表明 $\otimes_{i=1}^{n}\mathrm{CNOT}_i$ 实现了逻辑空间中 $\overline{\mathrm{CNOT}}$ 门的功能。这也就证明了 $\overline{\mathrm{CNOT}}$ 门是横向门。　　　　　　　　　　　　　　　　　　　　　　　　　　　　　□

定理 5.5.3　若 CSS 码为自对偶码，即 $\mathcal{C}_2^{\perp} = \mathcal{C}_1$，则此 CSS 码的 Hadamard 门也具有横向性。

证明　对偶 CSS 码稳定子生成元的辛表示可写为

$$\mathcal{M} = \left[\begin{array}{c|c} H(\mathcal{C}_2^{\perp}) & 0 \\ 0 & H(\mathcal{C}_1) \end{array} \right] = \left[\begin{array}{c|c} H(\mathcal{C}_1) & 0 \\ 0 & H(\mathcal{C}_1) \end{array} \right]$$

与 $\overline{\mathrm{CNOT}}$ 门的横向性证明类似，我们仍需证明 $\otimes_{i=1}^{n}H_i$（H_i 为作用于物理比特 i 上的 Hadamard 变换，n 是 CSS 码的物理比特数目）保持 CSS 码编码空间的稳定性（$\otimes_{i=1}^{n}H_i \in \mathcal{N}(\mathcal{S})$，稳定子群 $\mathcal{S}$ 在此变换下不变）且在 CSS 码的编码空间中实现了 Hadamard 门的功能。

X 型（Z 型）稳定子生成元 g_x（g_z）在算符 $\otimes_{i=1}^{n}H_i$ 作用下变为

$$(\otimes_{i=1}^{n}H_i) \cdot g_x^k \cdot (\otimes_{i=1}^{n}H_i) = g_z^k$$

$$(\otimes_{i=1}^{n}H_i) \cdot g_z^k \cdot (\otimes_{i=1}^{n}H_i) = g_x^k$$

其中 g_x^k（g_z^k）对应于 $H(\mathcal{C}_1)$ 中第 k 行的 X（Z）型算符。上面关系式的正确性可通过 Hadamard 门在单个物理比特上的作用（$H\sigma^x H = \sigma^z$ 和 $H\sigma^z H = \sigma^x$）得到证实。显然，在 $\otimes_{i=1}^{n}H_i$ 变换下，稳定子群 $\mathcal{S}$ 保持不变，编码空间稳定。

相同地，将 $\otimes_{i=1}^{n}H_i$ 作用到逻辑 Pauli 算符 $\bar{X} = \otimes_i \sigma_i^x$ 和 $\bar{Z} = \otimes_i \sigma_i^z$ 上，容易得知

$$(\otimes_{i=1}^{n}H_i) \cdot \bar{X} \cdot (\otimes_{i=1}^{n}H_i) = \bar{Z}$$

$$(\otimes_{i=1}^{n}H_i) \cdot \bar{Z} \cdot (\otimes_{i=1}^{n}H_i) = \bar{X}$$

这表明 $\otimes_{i=1}^{n}H_i$ 的确实现了逻辑空间中的 Hadamard 操作。因此，对偶 CSS 码中的 Hadamard 门具有横向性。　　　　　　　　　　　　　　　　　　　　□

Steane 码为对偶的 CSS 码，故它的 Hadamard 门、$\overline{\mathrm{CNOT}}$ 门，以及 Pauli 算符 $\bar{X}$ 和 $\bar{Z}$ 均具有横向性。事实上，Steane 码的 $\bar{S}$ 门也具有横向性且这些 Clifford 门的横向性可推广至任意的二维涂色码[①]。

---

① Steane 码是特殊的二维涂色码。

定理 5.5.4 对任意二维涂色码，其编码空间中所有的 Clifford 门均具有横向性。

由于逻辑空间中的任意 Clifford 算符都可由 $\{\bar{H}, \overline{\text{CNOT}}, \bar{R}_2\}$ 生成[①]，只需证明涂色码中的这 3 个逻辑门均具有横向性即可。

证明 首先，二维涂色码是 CSS 码，$\overline{\text{CNOT}}$ 门自动具有横向性。其次，二维涂色码是对偶码（涂色码定义中，同一个面上的稳定子 X_p 和 Z_p 具有相同的支集），因此，$\bar{H}$ 门也具有横向性。我们只需证明 $\bar{R}_2$ 门具有横向性即可。

事实上，$\bar{R}_2$ 门的横向性与定义涂色码的网格 $\mathbb{L}$ 的二分性相关。若网格中的顶点可以分为两个集合：T 和 $T^c = L - T$（L 是 $\mathbb{L}$ 中所有顶点的集合），使得 T（T^c）中的顶点仅与 T^c（T）中顶点相邻，而与其自身所在集合中的其他顶点不相邻。利用二分性可证明：只需适当地选取整数 k，算符 $R_2^k(T)R_2^{-k}(T^c)$ 就可实现逻辑算符 $\bar{R}_2$。

为证明 $\mathcal{R} = R_2^k(T)R_2^{-k}(T^c)$ 确实为 $\bar{R}_2$ 仍需说明两点：① 它在逻辑空间中实现了 $\bar{R}_2$ 对应的功能；② 它保持对应涂色码的编码空间不变。

(1) 单个物理比特上的算符 R_2 在其 Pauli 算符上的作用为

$$R_2 X R_2^\dagger = iXZ, \qquad R_2 Z R_2^\dagger = Z$$

涂色码中的逻辑 Pauli 算符 $\bar{X} = \otimes_{i=1}^n \sigma_x^i$ 在 $\mathcal{R} = R_2^k(T)R_2^{-k}(T^c)$ 的作用下变为

$$\mathcal{R}\bar{X}\mathcal{R}^\dagger = i^{k(|T|-|T^c|)}\bar{X}\bar{Z}$$

其中 $\bar{Z} = \otimes_{i=1}^n \sigma_x^i$，$|T|$ 表示集合 T 中的元素个数。为使 $\mathcal{R}\bar{X}\mathcal{R}^\dagger = i\bar{X}\bar{Z}$，需选择 k 使得 $i^{k(|T|-|T^c|)} = i$，即 $k(|T|-|T^c|) \equiv 1 \pmod 4$（在涂色码中，这样的 k 总存在）。在此条件下同时有 $\mathcal{R}\bar{Z}\mathcal{R}^\dagger = \bar{Z}$。因此，当选择合适的 k 时，直积算符 $\mathcal{R}$ 可实现 $\bar{R}_2$ 的功能。

(2) 考察涂色码中某个面 p 上的稳定子算符 X_p 和 Z_p 在算符 $\mathcal{R}$ 作用下的变化：

$$\mathcal{R}X_p\mathcal{R}^\dagger = i^{k(|T\cap p|-|T^c\cap p|)}X_pZ_p$$

由网格的二分性可知：任意回路（特别地，任意平面 p 由回路围成）在 T 和 T_c 中的顶点数目相同。因此，$|T\cap p| - |T^c\cap p| = 0$。所以，稳定子生成元 X_p 在 $\mathcal{R}$ 变换下为 X_pZ_p，仍在稳定子群 $\mathcal{S}$ 中。相同的计算表明，稳定子算符 Z_p 变换为 $\mathcal{R}Z_p\mathcal{R}^\dagger = Z_p$，它也在稳定子群 $\mathcal{S}$ 中。因此，算符 $\mathcal{R}$ 对编码空间保持稳定。

[①] R_2 门即为 $\frac{\pi}{4}$（S）门，此处为和高维涂色码保持一致用 R_2 表示。

综上，算符 $\bar{R}_2$ 也具有横向性。进而，整个二维涂色码上的 Clifford 算符均具有横向性。　　　　　　　　　　　　　　　　　　　　　　　　　　　　□

表 5.3 给出了一些常见量子码中的横向门和非横向门。

表 5.3　不同量子纠错码中的横向门和非横向门

量子码	横向门	非横向门
$[[7, 1, 3]]$	$\overline{\text{CNOT}}$, $\bar{H}$, $\bar{R}_2$	$\bar{T}$
$[[9, 1, 3]]$	$\overline{\text{CNOT}}$	$\bar{H}$, $\bar{S}$, $\bar{T}$
$[[15, 1, 3]]$	$\overline{\text{CNOT}}$, $\bar{T}$	$\bar{H}$
$[[2^m - 1, 1, 3]]$	$\overline{\text{CNOT}}$, $\bar{T}_m$	$\bar{H}$
2 维涂色码	$\overline{\text{CNOT}}$, $\bar{H}$, $\bar{R}_2$	$\bar{T}$
d 维涂色码	$\overline{\text{CNOT}}$, $\bar{H}$, $\bar{R}_n$	
CSS 码	$\overline{\text{CNOT}}$	

注：$T_m = \mathrm{diag}\{1, e^{\frac{i\pi}{2^{m-2}}}\}$；$R_n$ 的定义参见命题 5.5.9。

5.5.2.2　横向门的 no-go 定理

尽管二维涂色码中 Clifford 门都具有横向性，但根据 Gottesman-Knill 定理（定理 1.2.7），仅由 Clifford 门形成的线路均可被经典计算机有效模拟，它们并不能实现普适量子计算。为实现容错的普适量子计算，我们还需实现容错的 T 门，然而，二维涂色码中的 T 门并不具有横向性。那么，是否存在量子纠错码 $\mathcal{C}$ 使得所有普适量子门均为横向门呢？很遗憾，我们有下面的 no-go 定理[①]。

定理 5.5.5　局域错误可探测的量子码，其横向门非普适。

此否定结论是如下更普适命题的一个直接应用。

命题　局域错误可探测的任意量子码，其直积形式的逻辑门非普适。

此命题的证明需用到幺正变换所形成的李群及其对应李代数的性质：对任意量子系统，其所有幺正变换形成一个紧致的连通李群，且在此李群上有一个由厄密算符组成的李代数。换言之，量子系统上的任意幺正变换 U 均可表示为 $U = e^{i\mathfrak{H}}$（其中 $\mathfrak{H}$ 为厄密算符）。

设量子纠错码 $\mathcal{C}$ 定义于 n 个物理比特上，n 个量子比特形成的希尔伯特空间为 $\mathbb{H}^n$（其中 $\mathbb{H}$ 为单个量子比特的希尔伯特空间），而 $\mathcal{C}$ 的编码（码字）空间 $\mathbb{H}_{\mathcal{C}}$ 是 $\mathbb{H}^n$ 的子空间。纠错码 $\mathcal{C}$ 的所有逻辑门都保持码字空间 $\mathbb{H}_{\mathcal{C}}$ 不变并形成李子群 $\mathcal{L}_{\mathcal{C}}$。

我们将 $\mathbb{H}^n$ 上具有直积形式的幺正算符 $U = \otimes_{j=1}^n U_j$（U_j 为第 j 个物理比特上的幺正变换）组成的集合记为 $\mathcal{L}_{\otimes}$。由于 $\mathcal{L}_{\otimes}$ 由 n 个紧致李群 $\mathcal{L}_j$ $(j = 1, 2, \cdots, n)$

---

① 参见文献 B. Eastin and E. Knill, Phys. Rev. Lett. **102**, 110502 (2009).

的直积形成,因此,它也是紧致李群且对应李代数 $\mathfrak{L}_\oplus$ 由各子系统上李代数 $\mathfrak{L}_j$ ($j = 1, 2, \cdots, n$)(其元素为厄密算符)的直和生成。

因此,若令希尔伯特空间 $\mathbb{H}^n$ 到编码空间 $\mathbb{H}_C$ 的投影算符为 P,则 $\mathbb{H}^n$ 上的幺正算符 U 是量子纠错码 $\mathcal{C}$ 上逻辑门的充要条件是等式

$$(I - P)UP = 0 \tag{5.38}$$

对 $\mathbb{H}^n$ 中所有量子态成立。

证明 设李群 $\mathcal{L}_\otimes$(由 $\mathbb{H}^n$ 上的直积算符组成)与李子群 $\mathcal{L}_C$(由纠错码上的逻辑门组成)的交集为李子群 $\mathcal{L}_\cap$。李群 $\mathcal{L}_\cap$ 中含单位元 I 的连通分支形成 $\mathcal{L}_\cap$ 的正规子群 $\mathcal{L}_I$(其对应李代数记为 $\mathfrak{L}_I$),由此可得商群 $\mathcal{L}_\cap/\mathcal{L}_I$。下面我们将重点考察 $\mathcal{L}_I$ 及其商群的性质。

(1) 从纠错码逻辑门角度研究李子群 $\mathcal{L}_I$ 的性质。

由于李群 $\mathcal{L}_I$ 为紧致连通李群,它的任意群元素 g 均可表示为 $e^{i\epsilon\mathfrak{g}}$(其中 $\mathfrak{g}$ 为李群元素 g 对应的李代数,而 ϵ 为小量)的形式。由于 g 是量子纠错码 $\mathcal{C}$ 中的逻辑门,它应满足条件(5.38):

$$(I - P)e^{i\epsilon\mathfrak{g}}P = 0$$

特别地,单位元素 I 在李群 $\mathcal{L}_I$ 中,它显然满足 $(I - P)IP = 0$。因此,综合这两个式子得到

$$0 = \lim_{\epsilon \to 0}(I - P)\frac{e^{i\epsilon\mathfrak{g}} - I}{i\epsilon}P = (I - P)\mathfrak{g}P$$

由此可见,李代数 $\mathfrak{g}$ 也是纠错码 $\mathcal{C}$ 的逻辑门(在李子群 $\mathcal{L}_C$ 中)。

(2) 从直积形式角度研究李子群 $\mathcal{L}_I$ 的性质。

既然 $\mathcal{L}_I$ 是 $\mathcal{L}_\otimes$ 的子群,那么,李代数 $\mathfrak{L}_I$ 也是 $\mathfrak{L}_\oplus$ 的子代数。因此,李代数 $\mathfrak{L}_I$ 中的任意元素 $\mathfrak{g}$ 都可表示为

$$\mathfrak{g} = \sum_{i=1}^{n}\alpha_i\mathfrak{g}_i$$

其中 α_i 为实数,且 $\mathfrak{g}_i$ 为第 i 个子系统上的厄密算符(李代数 $\mathfrak{L}_j$ 中元素)。

由此可知,对李代数 $\mathfrak{L}_I$ 中的任意元素 $\mathfrak{g}$ 都有

$$\mathfrak{g}P = P\mathfrak{g}P = P\left(\sum_{i=1}^{n}\alpha_i\mathfrak{g}_i\right)P = \sum_{i=1}^{n}\alpha_iP\mathfrak{g}_iP \propto P$$

其中第一个等号使用了 $\mathfrak{g} \in \mathcal{L}_C$ 的结论;最后一个表达式使用了局域算符 $\mathfrak{g}_i$ 为 $\mathcal{L}_C$

中的平凡算符[①]。将此结果应用到李群 $\mathcal{L}_I$ 中的幺正变换上，则对 $\mathcal{L}_I$ 中的任意群元 g 有

$$gP = e^{i\epsilon_g P} \propto e^{iP} \propto P$$

由此可见：李群 $\mathcal{L}_I$ 中的所有幺正变换在编码空间中的作用都与单位算符 I 相同。

　　因此，直积形式的幺正算符 $\mathcal{L}_\otimes$ 在纠错码 $\mathcal{C}$ 编码空间中能实现的逻辑门数目与商群 $\mathcal{L}_\cap / \mathcal{L}_I$ 的元素个数相同。由于此处商群元素的有限性（参见附录中关于李群性质的定理 IIa.20），直积形式能实现的编码空间中逻辑门数目为有限个（非稠密），因此，无法实现普适计算。　　　　　　　　　　　　　　　□

5.5.3　基于横向门的普适容错量子计算

　　既然任何局域错误可探测的量子纠错码中的横向门都非普适，那么，要实现容错的普适量子计算必须使用非横向（但仍可容错）的量子门辅助[②]。我们下面介绍三种在横向门基础上，通过一种非横向方式辅助实现的普适容错量子计算方法。

5.5.3.1　级联码方法

　　在 Shor 码的构造中我们已经使用了级联（cascade connection）操作：对两个只能纠正一种量子错误（X 或 Z）的纠错码进行级联，形成同时能纠正这两种错误的量子纠错码（Shor 码）。由此可见，适当的级联可将不同量子纠错码的优点进行整合，进而提高量子纠错码的性能[③]。

　　我们以两个纠错码的级联为例（更多纠错码的级联类似）。设这两个量子纠错码 $\mathcal{C}_1$ 和 $\mathcal{C}_2$ 的码距都至少为 3（至少可纠正一个比特错误），它们级联产生的新量子纠错码记为 $\mathcal{C}$。一般地，两个量子纠错码的级联有两种不同的级联顺序，不失一般性，设纠错码 $\mathcal{C}_1$ 为 $\mathcal{C}$ 的第一层（内层）编码，而纠错码 $\mathcal{C}_2$ 为第二层（外层）编码。

　　设级联码的第一层纠错码 $\mathcal{C}_1$ 为 $[[m_1, k_1, d_1]]$ 码，其码字为

$$|\psi_i^1\rangle = \sum_{i_1 i_2 \cdots i_{m_1}} a_{i_1 i_2 \cdots i_{m_1}} |i_1 i_2 \cdots i_{m_1}\rangle$$

而第二层纠错码 $\mathcal{C}_2$ 为 $[[m_2, k_2, d_2]]$ 码，其码字为

$$|\mu_j^2\rangle = \sum_{j_1 j_2 \cdots j_{m_2}} b_{j_1 j_2 \cdots j_{m_2}} |j_1 j_2 \cdots j_{m_2}\rangle$$

[①] 局域错误可探测的纠错码中，局域错误一定是逻辑算符中的平凡算符。

[②] 横向门一定容错，但容错的未必是横向门。

[③] 参见文献 K. Emanuel, R. Laflamme, and W. H. Zurek, P. Roy. Soc. Lond. A. Mat. **454**, 365-384 (1998); E. Knill, Nature, **434**, 39-44 (2005); T. Jochym-O'Connor and R. Laflamme, Phys. Rev. Lett. **112**, 010505 (2014).

则级联码 $\mathcal{C}$ 的码字为

$$|\bar{\mu}_j\rangle = \sum_{j_1 j_2 \cdots j_{m_2}} b_{j_1 j_2 \cdots j_{m_2}} |\psi_{j_1}^1 \psi_{j_2}^1 \cdots \psi_{j_{m_2}}^1\rangle$$

它是一个 $[[m_1 m_2, k_2, d]]$ 量子纠错码，其中 $d \geqslant d_1 d_2$。由此可见，级联操作可稀释错误（码距变大），进而更容易满足容错要求（图 5.55）。

为使级联后的量子纠错码能实现普适的容错量子计算，量子纠错码 $\mathcal{C}_1$ 和 $\mathcal{C}_2$ 需满足如下条件：

(1) 纠错码 $\mathcal{C}_2$（第二层编码）中任何非横向逻辑门均可通过 $\mathcal{C}_1$（第一层编码）中的横向门实现（这可保障 $\mathcal{C}_2$ 中非横向门在级联码中的容错性，但它并非级联码 $\mathcal{C}$ 中的横向门）。

(2) $\mathcal{C}_1$ 和 $\mathcal{C}_2$ 中的稳定子测量以及纠错操作在级联码中具有横向性。

我们以 $\mathcal{C}_2$ 为 $[[7,1,3]]$ 码（QRM(1, 3)），$\mathcal{C}_1$ 为 $[[15,1,3]]$ 码（QRM(1, 4)）为例来说明如何在级联码中实现普适的容错量子计算。由于稳定子测量中仅需 $\overline{\text{CNOT}}$ 门且 QRM(1, 3) 和 QRM(1, 4) 均为 CSS 码，第二个条件自动满足。因此，我们主要关注第一个条件。

已知 $[[7,1,3]]$ 码中，普适量子门集合中仅 $\bar{T}$ 门不具备横向性，它的实现线路如图 5.56 所示。此线路仅包含两比特 CNOT 门及单比特 T 门。按级联码实现普适容错量子计算的要求（1），$\mathcal{C}_1$ 中的逻辑门 $\overline{\text{CNOT}}$ 门和 $\bar{T}$ 门均需具有横向性。下面我们就来证明 $[[15,1,3]]$ 码中的 $\bar{T}$ 门和 $\overline{\text{CNOT}}$ 门具有横向性。

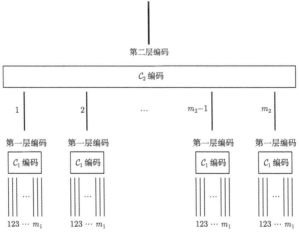

图 5.55　级联码示意图：量子纠错码 $\mathcal{C}_1$（m_1 个物理比特编码一个逻辑比特）与 $\mathcal{C}_2$（m_2 个物理比特编码一个逻辑比特）的级联。将 m_1 个物理比特编码成一个量子（逻辑）比特；然后，再将 m_2 个逻辑比特按 $\mathcal{C}_2$ 码编码成一个新的量子（逻辑）比特。因此，编码一个两层的逻辑比特需 $m_1 m_2$ 个物理比特

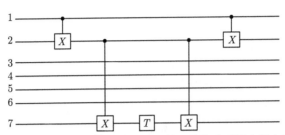

图 5.56　[[7, 1, 3]] 码中逻辑门 $\bar{T}$ 的实现：显然，此线路不具有横向性，也不具有容错特性，如物理比特 1 上的错误将在同一个逻辑比特内传播（传播到物理比特 2 和 7 上）

已知量子 QRM(r, m) 码为 CSS 码，且其对应稳定子生成元的辛表示为

$$\mathcal{M}_{\mathrm{QRM}}(r, m) = \left[\begin{array}{c|c} \bar{G}_{r,m}^{T} & 0 \\ 0 & \bar{G}_{m-r-1,m}^{\mathrm{T}} \end{array} \right]$$

每行都对应一个稳定子生成元。由于 CSS 码的 $\overline{\mathrm{CNOT}}$ 门均为横向门，我们只需说明 $\bar{T}$ 门具有横向性即可。为此，首先来确定 QRM(r, m) 码的逻辑 $|\bar{0}\rangle$ 和 $|\bar{1}\rangle$ 态（它们是稳定子生成元的本征值均为 1 的共同本征态）。

注意到 $|\mathbf{0}\rangle$[①]是 Z 型稳定子生成元（对应于 $\mathcal{M}_{\mathrm{QRM}}$ 中的 $[\mathbf{0}|\bar{G}_{m-r-1,m}^{\mathrm{T}}]$）的本征值为 1 的本征态。为获得 QRM$(r, m)$ 码的逻辑 $|\bar{0}\rangle$ 态，只需将 $|\mathbf{0}\rangle$ 投影到 X 型稳定子生成元（对应于 $\mathcal{M}_{\mathrm{QRM}}$ 中的 $[\bar{G}_{r,m}^{\mathrm{T}}|\mathbf{0}]$，记为 $\bar{G}_{r,m}^{X}$）的本征值为 1 的空间即可：

$$|\bar{0}\rangle = \prod_{g \in \bar{G}_{r,m}^{X}} \frac{I + g}{2} |\mathbf{0}\rangle = \frac{1}{|S_X|} \sum_{g \in S_X} g|\mathbf{0}\rangle = \frac{1}{|S_X|} \sum_{\boldsymbol{x} \in \bar{G}_{r,m}\text{的列}} |\boldsymbol{x}\rangle$$

其中 S_X 为所有 X 型稳定子组成的稳定子群，而 $\boldsymbol{x}$ 是经典 RM 码 $\mathcal{R}(r, m)$ 的码字。将 QRM(r, m) 码的逻辑 Pauli 算符 $\bar{X}$ 作用于 $|\bar{0}\rangle$ 态就能得到逻辑 $|\bar{1}\rangle$ 态，即

$$|\bar{1}\rangle = \frac{1}{|S_X|} \sum_{\boldsymbol{x} \in \bar{G}_{r,m}\text{的列}} |\boldsymbol{x} + \mathbf{1}\rangle$$

此方法对所有的 CSS 码均适用（CSS 码部分已有介绍，为完整性应用于 QRM 码）。

在此基础上，我们来证明如下定理。

定理　量子 QRM(r, m) 码上的逻辑门 $\bar{Z}(\omega_k)^{\dagger}$ 具有横向性，其中量子门

$$Z(\omega_k) = \left[\begin{array}{cc} 1 & 0 \\ 0 & \omega_k \end{array} \right]$$

---

① $|\mathbf{0} = |0^{\otimes(2^m - 1)}\rangle$，其中 $|0\rangle$ 是 Pauli 算符 σ^z 的本征值为 1 的本征态。

其中 $k = 2^{\lceil m/r \rceil - 1}$ 且 ω_k 是 1 的 k 次方根[①]。

与前面证明横向性的情况相同，我们只需证明两点：① 算符 $Z(\omega_k)^{\otimes(2^m-1)}$ 保持编码空间的稳定性（稳定子群 $\mathcal{S}$ 不变）；② 算符 $Z(\omega_k)^{\otimes(2^m-1)}$ 在编码空间中实现了算符 $\bar{Z}(\omega_k)^\dagger$ 的功能。

证明 对任意的 n 比特直积态 $|\boldsymbol{y}\rangle$（$y_i = 0$ 或 1；$i = 1, 2, \cdots, n$）有

$$Z(\omega_k)^{\otimes(2^m-1)}|\boldsymbol{y}\rangle = \omega_k^{|\boldsymbol{y}|(\mathrm{mod}\ k)}|\boldsymbol{y}\rangle$$

其中，$|\boldsymbol{y}|$ 表示 $\boldsymbol{y}$ 中 1 的个数。利用此结果以及量子 QRM(r,m) 码中逻辑态 $|\bar{0}\rangle$ 的表示，算符 $Z(\omega_k)^{\otimes(2^m-1)}$ 在 $|\bar{0}\rangle$ 上的作用为

$$Z(\omega_k)^{\otimes(2^m-1)}|\bar{0}\rangle = \frac{1}{|S_X|}\sum_{\boldsymbol{x}\in\bar{G}_{r,m}\text{的列}} Z(\omega_k)^{\otimes(2^m-1)}|\boldsymbol{x}\rangle$$

$$= \frac{1}{|S_X|}\sum_{\boldsymbol{x}\in\bar{G}_{r,m}\text{的列}} \omega_k^{|\boldsymbol{x}|(\mathrm{mod}\ k)}|\boldsymbol{x}\rangle$$

$$= \frac{1}{|S_X|}\sum_{\boldsymbol{x}\in\bar{G}_{r,m}\text{的列}} |\boldsymbol{x}\rangle = |\bar{0}\rangle$$

同时逻辑态 $|\bar{1}\rangle$ 变为

$$Z(\omega_k)^{\otimes(2^m-1)}|\bar{1}\rangle = \frac{1}{|S_X|}\sum_{\boldsymbol{x}\in\bar{G}_{r,m}\text{的列}} Z(\omega_k)^{\otimes(2^m-1)}|\boldsymbol{x}+\mathbf{1}\rangle$$

$$= \frac{1}{|S_X|}\sum_{\boldsymbol{x}\in\bar{G}_{r,m}\text{的列}} \omega_k^{2^m-1-|\boldsymbol{x}|(\mathrm{mod}\ k)}|\boldsymbol{x}+\mathbf{1}\rangle$$

$$= \frac{1}{|S_X|}\omega_k^{-1}\sum_{\boldsymbol{x}\in\bar{G}_{r,m}\text{的列}} |\boldsymbol{x}+\mathbf{1}\rangle = \bar{Z}(\omega_k)^\dagger|\bar{1}\rangle$$

上面两个计算式中的第三个等式均使用了经典 RM 码 $\mathcal{R}(r,m)$ 的码字 $\boldsymbol{x}$ 满足条件 $|\boldsymbol{x}| \equiv 0\ (\mathrm{mod}\ k)$。由此可见，算符 $Z(\omega_k)^{\otimes(2^m-1)}$ 在编码空间中的确实现了 $\bar{Z}(\omega_k)^\dagger$ 的功能。同时，前面的推导也表明由 $|\bar{0}\rangle$ 和 $|\bar{1}\rangle$ 张成的编码空间在算符 $Z(\omega_k)^{\otimes(2^m-1)}$ 作用下不变。 □

据此定理，当 $m \geqslant 3r+1$（$k = 2^{\lceil m/r \rceil - 1} \geqslant 8$）时，量子 QRM$(r,m)$ 码中的 T 门具有横向性。特别地，QRM$(1,4)$ 码中的 $\bar{T}$ 门具有横向性。因此，将 QRM$(1,3)$ 码中实现 $\bar{T}$ 门的线路图 5.56 换为图 5.57 所示的级联码线路图就能实现容错的 $\bar{T}$ 门。

[①] k 的取值与经典 RM 码 $\mathcal{R}(r,m)$ 中的码字 $\boldsymbol{x}$ 满足条件 $|\boldsymbol{x}| \equiv 0\ (\mathrm{mod}\ k)$ 相关。

　　值得注意，此级联码中的 T 门并非横向门（不违背定理 5.5.5）。在容错阈值部分我们还将证明，通过级联对物理比特上的错误进行稀释（码距的增大），高阶级联码确实可实现容错的普适量子计算。

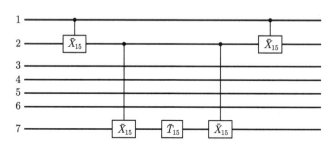

图 5.57　级联码中 T 门的实现：图中每条黑色粗实线对应 15 个物理比特，且 $\bar{X}_{15}$，$\bar{T}_{15}$ 分别为 QRM(1,4) 码中的逻辑 X 和 T 操作

5.5.3.2　基于稳定子子系统码的容错计算

　　与前面通过级联 QRM(1, 3) 码和 QRM(1, 4) 的方式实现容错普适量子计算不同，普适的容错量子计算还可通过稳定子码逻辑空间的转换来实现[①]。而逻辑空间的转换需借助稳定子子系统码中的规范比特，通过容错的量子测量来实现。

　　稳定子子系统码由规范群 $\mathcal{G}$ 和稳定子群 $\mathcal{S}$ 共同定义，它们确定了 $\mathcal{S}$ 的编码空间中一个直积结构 $A \otimes B$，其中子空间 A 用于编码量子信息，称为逻辑空间；而空间 B 称为规范空间。稳定子子系统码中编码空间（$A \otimes B$）中的操作有两种不同的情况。

　　(1) 裸逻辑门：

$$U_{\text{bare}} : \bar{U}|\psi\rangle_A \otimes |g\rangle_B = U^L|\psi\rangle_A \otimes |g\rangle_B$$

　　(2) 缀饰逻辑门：

$$U_{\text{dressed}} : \bar{U}|\psi\rangle_A \otimes |g\rangle_B = U^L|\psi\rangle_A \otimes |g'\rangle_B$$

其中 $|\psi\rangle_A$ 是逻辑空间 A 中的量子态，U^L 是逻辑空间 A 中的变换，而 $|g\rangle_B$ 表示规范空间 B 中的量子态。在裸逻辑门 U_{bare} 中，作用前后规范空间 B 中的状态不发生变化，仅在逻辑空间中实施目标操作；而在缀饰逻辑门中，除逻辑空间中实施了目标操作外，规范空间中的量子态也发生了变化。

　　为简单计，仅考虑满足如下条件的 CSS 型稳定子子系统码：①仅编码 1 个逻

① 参见文献 A. Paetznick and B. W. Reichardt, Phys. Rev. Lett. **111**, 090505 (2013); J. T. Anderson, G. Duclos-Cianci, and D. Poulin, Phys. Rev. Lett. **113**, 080501 (2014).

辑比特；②其逻辑空间中的 Pauli 算符 $\bar{X} = \otimes_i \sigma_i^x$ 和 $\bar{Z} = \otimes_i \sigma_i^z$ 均为裸 Pauli 算符[①]（我们用 $\bar{a}$ 表示作用于整个码空间（$A \otimes B$）中的算符，而用 a^L 表示作用于逻辑空间 A 上的算符）。此时，稳定子子系统码的逻辑态 $|\bar{0}\rangle$ 和 $|\bar{1}\rangle$ 可定义为[②]

$$
\begin{cases}
|\bar{0}\rangle = |0^L\rangle_A |g_X\rangle_B = \displaystyle\prod_{X_g \in \{\mathcal{G} \text{ 中} X \text{型生成元}\}} \frac{1 + X_g}{2} |0\rangle = \mathcal{N} \sum_{X_j \in X_{\mathcal{G}}} X_j |0\rangle \\
|\bar{1}\rangle = |1^L\rangle_A |g_X\rangle_B = X^L |0^L\rangle_A |g_X\rangle_B
\end{cases}
$$

其中 X^L 为逻辑空间中的 X 门[③]，$\mathcal{N}$ 为归一化系数，X_g 为 $\mathcal{G}$ 中的 X 型稳定子。按子系统码的定义 5.4.5，规范群 $\mathcal{G}$ 中的生成元可选为 $\{i, \mathcal{S} \text{ 中生成元}, g_1^x, g_1^z, \cdots, g_r^x, g_r^z\}$，其中 g_q^p（$p = x, z; q = 1, 2, \cdots, r$）是规范空间 B 上的 Pauli 算符。因此，$\mathcal{G}$ 中的 X 型算符生成元为

$$
X_{\mathcal{G}} = \{\mathcal{S} \text{ 中的 } X \text{ 型算符生成元}, g_1^x, g_2^x, \cdots, g_r^x\}
$$

因此，按定义将 $|0\rangle$ 投影到 $X_{\mathcal{G}}$ 中算符的本征值为 1 的本征态。此时的 $|\bar{0}\rangle$ 自动是 $\mathcal{S}$ 中所有算符本征值为 1 的共同本征态，同时 B 空间中的规范比特也被制备到特定量子态 $|g_X\rangle_B$[④]。

按 Pauli 算符 $\bar{Z} = \otimes_i \sigma_i^z$ 为裸算符的要求，量子态 $|0^L\rangle_A |g_X\rangle_B$ 和 $|1^L\rangle_A |g_X\rangle_B$ 满足

$$
\begin{cases}
\bar{Z} |0^L\rangle_A |g_X\rangle_B = Z^L |0^L\rangle_A |g_X\rangle_B = |0^L\rangle_A |g_X\rangle_B \\
\bar{Z} |1^L\rangle_A |g_X\rangle_B = -X^L Z^L |0^L\rangle_A |g_X\rangle_B = -|1^L\rangle_A |g_X\rangle_B
\end{cases}
$$

由此可见，量子态 $|\bar{0}\rangle$ 和 $|\bar{1}\rangle$ 确实为 $\bar{Z}$ 的对应本征态。

与稳定子码类似，稳定子子系统码也有一些具有横向性的逻辑门。在检验系统 $A \otimes B$ 上的操作 $U = \otimes_i U_i$ 是否逻辑空间 A 中的横向门 U^L 时，不仅要检验 U 在 A 中是否实现了操作 U^L，还需检验子系统码的空间结构 $A \otimes B$ 在 U 下是否稳定（即规范群 $\mathcal{G}$ 和稳定子群 $\mathcal{S}$ 在 U 操作下是否保持不变）。特别强调，子系统码中的横向门也不能实现普适的量子计算，然而，利用子系统码中规范比特可实现不同子系统码逻辑空间的转换，进而可实现普适的容错量子计算。

为说明此方法，我们先来看一个稳定子码（特殊稳定子子系统码）与稳定子子系统码逻辑空间转换的实例。

---

① 裸 Pauli 算符的定义在规范修复中至关重要，比特集 $\{i\}$ 与其他横向逻辑门的定义密切相关。此处假设此集合包含所有物理比特。

② 含 ⁻ 的量子态表示整个码空间中的态。

③ 它由裸逻辑门 $\bar{X} = \otimes_i \sigma_i^x$ 产生。

④ 规范比特 $1, 2, \cdots, r$ 均被制备到对应 Pauli 算符 g_i^x，本征值为 1 的本征态。

例 5.27　通过规范修复技术实现码字空间转换

给定两个定义在 15 个比特上的校验矩阵：

$$
H_1 = \begin{bmatrix}
1 & 1 & 1 & 1 & 1 & 1 & 1 & 1 & 0 & 0 & 0 & 0 & 0 & 0 & 0 \\
1 & 1 & 1 & 1 & 0 & 0 & 0 & 0 & 1 & 1 & 1 & 1 & 0 & 0 & 0 \\
1 & 1 & 0 & 0 & 1 & 1 & 0 & 0 & 1 & 1 & 0 & 0 & 1 & 1 & 0 \\
1 & 0 & 1 & 0 & 1 & 0 & 1 & 0 & 1 & 0 & 1 & 0 & 1 & 0 & 1
\end{bmatrix}
$$

和

$$
H_2 = \begin{bmatrix}
1 & 1 & 1 & 1 & 0 & 0 & 0 & 0 & 0 & 0 & 0 & 0 & 0 & 0 & 0 \\
1 & 1 & 0 & 0 & 1 & 1 & 0 & 0 & 0 & 0 & 0 & 0 & 0 & 0 & 0 \\
1 & 0 & 1 & 0 & 1 & 0 & 1 & 0 & 0 & 0 & 0 & 0 & 0 & 0 & 0 \\
1 & 1 & 0 & 0 & 0 & 0 & 0 & 0 & 1 & 1 & 0 & 0 & 0 & 0 & 0 \\
1 & 0 & 1 & 0 & 0 & 0 & 0 & 0 & 1 & 0 & 1 & 0 & 0 & 0 & 0 \\
1 & 0 & 0 & 0 & 1 & 0 & 0 & 0 & 1 & 0 & 0 & 0 & 1 & 0 & 0
\end{bmatrix}
$$

利用它们可在 15 个物理比特的系统上定义两个不同的量子纠错码 $\mathcal{C}_1$ 和 $\mathcal{C}_2$。

（1）稳定子码 $\mathcal{C}_1$ 有下面的辛表示定义：

$$
\mathcal{S}_{\mathcal{C}_1} = \begin{bmatrix}
H_1 & 0 \\
H_2 & 0 \\
0 & H_1
\end{bmatrix}
$$

其稳定子群 $\mathcal{S}_{\mathcal{C}_1}$ 中有 14 个独立生成元（而物理比特共 15 个），编码空间定义了一个逻辑比特。事实上，它就是 $[[15,1,3]]$ 码（量子 QRM(1, 4) 码）。稳定子码可看作稳定子子系统码的特例，此时规范群 $\mathcal{G}_{\mathcal{C}_1}$ 与稳定子群 $\mathcal{S}_{\mathcal{C}_1}$ 相同。

（2）稳定子子系统码 $\mathcal{C}_2$ 的规范群 $\mathcal{G}_{\mathcal{C}_2}$ 对应如下辛表示：

$$
\mathcal{G}_{\mathcal{C}_2} = \begin{bmatrix}
H_1 & 0 \\
H_2 & 0 \\
0 & H_1 \\
0 & H_2
\end{bmatrix}
$$

而稳定子群 $\mathcal{S}_{\mathcal{C}_2}$ 对应辛表示：

$$
\mathcal{S}_{\mathcal{C}_2} = \begin{bmatrix}
H_1 & 0 \\
0 & H_1
\end{bmatrix}
$$

显然，由稳定子群 $\mathcal{S}_{\mathcal{C}_2}$ 和规范群 $\mathcal{G}_{\mathcal{C}_2}$ 的形式可知 $\mathcal{C}_2$ 码为自对偶码。稳定子群 $\mathcal{S}_{\mathcal{C}_2}$ 中有 8 个稳定子生成元，它定义的编码空间 $A \otimes B$ 包含 7 个编码比特：1 个为逻辑比特，6 个为规范比特（H_2 的行数）。规范比特中的 Pauli 算符 X（g_i^x）由辛表示 $[H_2|\mathbf{0}]$ 确定，而 Pauli 算符 $Z\, g_i^z$ 由辛表示 $[\mathbf{0}|H_2]$ 确定，它们的成对出现保证了编码空间的直积结构。

按标准的 CSS 码和稳定子子系统码中的逻辑态定义，因 $\mathcal{G}_{\mathcal{C}_2}$ 中 X 型算符与 $\mathcal{G}_{\mathcal{C}_1}$（等于 $\mathcal{S}_{\mathcal{C}_1}$）中 X 型算符完全相同，故量子码 $\mathcal{C}_1$ 和 $\mathcal{C}_2$ 在编码空间中的逻辑态有如下关系：

$$\begin{cases} |\bar{0}\rangle_{\mathcal{C}_1} = \mathcal{N} \sum_{X_i \in \mathcal{S}_{\mathcal{C}_1}} X_i |\mathbf{0}\rangle = \mathcal{N} \sum_{X_j \in \mathcal{G}_{\mathcal{C}_2}} X_j |\mathbf{0}\rangle = |0^L \otimes g_X\rangle_{\mathcal{C}_2} \\ |\bar{1}\rangle_{\mathcal{C}_1} = \bar{X}|\bar{0}\rangle_{\mathcal{C}_1} = X^L |0^L \otimes g_X\rangle_{\mathcal{C}_2} = |1^L \otimes g_X\rangle_{\mathcal{C}_2} \end{cases}$$

其中 $|\alpha \otimes \beta\rangle_{\mathcal{C}_2}$ 中前一个状态 α 表示 $\mathcal{C}_2$ 码的逻辑空间 A 中的逻辑状态，而后一个状态 β 表示规范空间 B 的量子态[a]。第二行中的第二个等号利用了 $\bar{X}$ 是裸逻辑门。

已经证明 $[[15,1,3]]$ 码（$\mathcal{C}_1$）中的 $\bar{T}$ 门和 $\overline{\text{CNOT}}$ 门都具有横向性，而 $\mathcal{C}_2$ 码的自对偶性保障 $\bar{H}$ 门具有横向性[b]。$\mathcal{C}_1$ 码和 $\mathcal{C}_2$ 码单独都不能实现普适的容错量子计算，但通过稳定子子系统码 $\mathcal{C}_2$ 的辅助，可在稳定子码 $\mathcal{C}_1$ 中容错地实现 $\bar{H}$ 门，进而实现普适的容错量子计算。利用稳定子子系统码实现编码空间转换，进而在 $\mathcal{C}_1$ 中实现容错 $\bar{H}$ 门的过程如下：

(1) 对 $\mathcal{C}_1$ 编码空间中的量子态 $|\phi\rangle_{\mathcal{C}_1} = \alpha|\bar{0}\rangle_{\mathcal{C}_1} + \beta|\bar{1}\rangle_{\mathcal{C}_1}$（其中 $|\alpha|^2 + |\beta|^2 = 1$）作用算符 $H^{\otimes 15}$[c]，得到

$$\begin{aligned} H^{\otimes 15}(\alpha|\bar{0}\rangle_{\mathcal{C}_1} + \beta|\bar{1}\rangle_{\mathcal{C}_1}) &= H^{\otimes 15}(\alpha|0^L \otimes g_X\rangle_{\mathcal{C}_2} + \beta|1^L \otimes g_X\rangle_{\mathcal{C}_2}) \\ &= \alpha H^L |0^L\rangle_A \otimes |g_Z\rangle_B + \beta H^L |1^L\rangle \otimes |g_Z\rangle_B \\ &= |\psi\rangle_{\mathcal{C}_2} \end{aligned}$$

第一个等式使用了 $\mathcal{C}_1$ 与 $\mathcal{C}_2$ 码在编码空间中逻辑态的表达式。操作 $H^{\otimes 15}$ 在 $\mathcal{C}_2$ 的逻辑比特上实现了 H^L 变换，但同时将规范比特上的状态 $|g_X\rangle$ 改变为 $|g_Z\rangle$[d]，它是缀饰门。显然，经过 $H^{\otimes 15}$ 门后的量子态 $|\psi\rangle_{\mathcal{C}_2}$ 不再处于 $\mathcal{C}_1$ 码的编码空间中（处于 $\mathcal{C}_1$ 编码空间中的量子态，其规范比特应为量子态 $|g_X\rangle$ 而不是 $|g_Z\rangle$）。

(2) 为将变换后的量子态变回 $\mathcal{C}_1$ 码的编码空间，需将规范空间中的量子态 $|g_Z\rangle$ 变回 $|g_X\rangle$。这可通过如下的规范修复过程实现：

- 对处于 $\mathcal{S}_{\mathcal{C}_1}$ 中但不在 $\mathcal{S}_{\mathcal{C}_2}$ 中的稳定子生成元（辛表示 $[H_2|\mathbf{0}]$ 对应的 6 个 X 型算符[e]，记为 H_2^x）进行容错测量，测量后的量子态为 $|\Phi\rangle$。

- 当 H_2^x 中所有 X 型算符的测量值均为 1 时，测量后的量子态一定在 $\mathcal{C}_1$ 的编码空间中（$\mathcal{S}$ 中所有算符值为 1），因此，规范已被测量修复。此时，量子态 $|\Phi\rangle = \alpha H^L|1^L\rangle_A \otimes |g_X\rangle_B + \beta H^L|0^L\rangle_A \otimes |g_X\rangle_B = H^L\alpha|\bar{0}\rangle_{\mathcal{C}_1} + \beta|\bar{1}\rangle_{\mathcal{C}_1}$。

- 若有生成元 $X_{\text{anti}}^i \in H_2^x$（$i = 1,2,\cdots,m$）的测量值为 -1，则将其看作 $\mathcal{C}_1$ 中的量子态发生了 Z 错误，需通过诊断症状进行纠错[f]。纠错的核心是寻找到一个 Z 型算符 Z_{anti} 使得它与所有 X_{anti}^i 反对易，但与 $\mathcal{S}_{\mathcal{C}_1}$ 中其他算符均对易。这样的算符 Z_{anti} 可通过求解如下方程获得

$$\begin{bmatrix} H_1 \\ H_2' \\ X_{\text{anti}} \end{bmatrix} \cdot a_z = \begin{bmatrix} \mathbf{0} \\ \mathbf{0} \\ \mathbf{1} \end{bmatrix}$$

其中 n 维列矢量 a_z 是算符 Z_{anti} 的辛表示（它仅包含 Z 分量）；X_{anti} 是算符 X_{anti}^i（$i = 1,2,\cdots,m$）对应的辛表示；H_2' 表示 H_2 中去掉 X_{anti} 后的部分。当然，也可通过其他译码过程获得算符 Z_{anti}。

- 对测量后的量子态 $|\Phi\rangle$ 作用算符 Z_{anti} 得到 $Z_{\text{anti}}|\Phi\rangle$。可以证明，所有 $\mathcal{S}$ 中算符在 $Z_{\text{anti}}|\Phi\rangle$ 上的值均为 1，它已在 $\mathcal{C}_1$ 的编码空间中。换言之，规范比特上的量子态已从 $|g_Z\rangle$ 修复为 $|g_X\rangle$。

通过规范修复过程[g]，$\mathcal{C}_1$ 中就容错地实现了逻辑门 $\bar{H}$，加上 $\mathcal{C}_1$ 自身的横向门 $\bar{T}$ 和 $\overline{\text{CNOT}}$ 就可实现普适的容错量子计算。

---

[a] $|g_X\rangle$ 表示对应规范比特处于逻辑 X 算符本征值为 1 的状态。同样地，$|g_Z\rangle$ 表示对应规范比特处于逻辑 Z 算符本征值为 1 的状态。

[b] 参见定理 5.5.8。

[c] $\mathcal{C}_2$ 码中的裸 Pauli 算符为 $X = \otimes_{i=1}^{15} X_i$，$Z = \otimes_{i=1}^{15} Z_i$。

[d] $|g_Z\rangle_B$ 中规范比特均为对应 Pauli 算符 g_i^z 的本征值为 1 的本征态。

[e] 对应 6 个规范比特的 Pauli 算符 X。

[f] 可纠正错误需满足的条件参见式 (5.32)。

[g] 修复过程本身也是容错的。

事实上，规范修复技术可推广到任意两个满足 $\succ$ 关系的稳定子子系统码上。

定义（$\succ$ 关系）　定义在相同物理比特上的两个稳定子子系统码 $\mathcal{C}$ 和 $\mathcal{C}'$ 若满足如下条件：

(1) $\mathcal{C}$ 与 $\mathcal{C}'$ 编码相同数目的逻辑比特，且具有相同的裸逻辑 Pauli 算符；

(2) $\mathcal{C}$ 的规范群 $\mathcal{G}_{\mathcal{C}}$ 是 $\mathcal{C}'$ 的规范群 $\mathcal{G}_{\mathcal{C}'}$ 的子群，即 $\mathcal{G}_{\mathcal{C}} \subset \mathcal{G}_{\mathcal{C}'}$，

则称它们满足偏序关系 $\mathcal{C} \succ \mathcal{C}'$。

尽管 $\mathcal{C} \succ \mathcal{C}'$ 的条件中并未显式出现稳定子群 $\mathcal{S}_{\mathcal{C}}$ 和 $\mathcal{S}_{\mathcal{C}'}$ 的关系，但根据稳定子群 $\mathcal{S}$ 与规范群 $\mathcal{G}$ 间的关系（$\mathcal{S}$ 是 $\mathcal{G}$ 的中心）可以得到 $\mathcal{S}_{\mathcal{C}} \supset \mathcal{S}_{\mathcal{C}'}$ ($C(\mathcal{G}) \supset C(\mathcal{G}')$)。因此，$\mathcal{C}$ 的编码空间（由 $\mathcal{S}_{\mathcal{C}}$ 确定）在 $\mathcal{C}'$ 的编码空间（由 $\mathcal{S}_{\mathcal{C}'}$ 确定）内。通过 $\succ$ 关系，规范修复技术可推广至如下定理。

定理 5.5.6 (规范修复) 两个 CSS 型的稳定子子系统码 $\mathcal{C}$ 和 $\mathcal{C}'$ 满足条件 $\mathcal{C} \succ \mathcal{C}'$，若 $\mathcal{C}'$ 码具有自对偶性且 $\mathcal{C}$ 码中的逻辑门 $\bar{R}_d$ $(d \geqslant 3)$ 具有横向性，则通过规范修复技术可在 $\mathcal{C}$ 中实现普适的容错量子计算。

证明 设稳定子子系统码 $\mathcal{C}$ 的规范群 $\mathcal{G}_{\mathcal{C}}$ 的生成元（除 i 外）包含

（1）稳定子群 $\mathcal{S}_{\mathcal{C}}$ 中的 X 型和 Z 型生成元：

$$S_1^x, \cdots, S_{k_x}^x; \quad S_1^z, \cdots, S_{k_z}^z$$

（2）t 个规范比特上配对的逻辑算符 X 和 Z：

$$g_1^x, g_1^z; \cdots; g_t^x, g_t^z$$

其中 g_i^x 对应于逻辑算符 X，而 g_i^z 对应于逻辑算符 Z。

按偏序 $\mathcal{C} \succ \mathcal{C}'$ 的要求：$\mathcal{S}_{\mathcal{C}} \supset \mathcal{S}_{\mathcal{C}'}$；$\mathcal{G}_{\mathcal{C}'} \supset \mathcal{G}_{\mathcal{C}}$ 且 $\mathcal{G}_{\mathcal{C}}$ 与 $\mathcal{G}_{\mathcal{C}'}$ 确定的空间大小相同，则 $\mathcal{C}'$ 的规范群 $\mathcal{G}_{\mathcal{C}'}$ 中生成元（i 除外）由如下几部分组成：

（1）在 $\mathcal{S}_{\mathcal{C}'}$ 中生成元

$$S_1^x, \cdots, S_{m_x}^x; \quad S_1^z, \cdots, S_{m_z}^z$$

由于 $\mathcal{S}_{\mathcal{C}} \supset \mathcal{S}_{\mathcal{C}'}$，一定有 $m_x \leqslant k_x$ 且 $m_z \leqslant k_z$（两个等号不能同时成立）。

（2）在 $\mathcal{G}_{\mathcal{C}'}$ 与 $\mathcal{G}_{\mathcal{C}}$ 中 t 个相同规范比特上的 X 和 Z 算符

$$g_1^x, g_1^z; \cdots; g_t^x, g_t^z$$

（3）在 $\mathcal{S}_{\mathcal{C}}$ 中但不在 $\mathcal{S}_{\mathcal{C}'}$ 中的 X 型生成元对应规范比特上的 X 和 Z 算符

$$g_{X_1}^x, g_{X_1}^z; \cdots; g_{X_{k_z-m_z}}^x, g_{X_{k_z-m_z}}^z$$

（4）在 $\mathcal{S}_{\mathcal{C}}$ 中但不在 $\mathcal{S}_{\mathcal{C}'}$ 中的 Z 型生成元对应规范比特上的 X 和 Z 算符

$$g_{Z_1}^x, g_{Z_1}^z; \cdots; g_{Z_{k_z-m_z}}^x, g_{Z_{k_z-m_z}}^z$$

其中规范比特上的逻辑 Pauli 算符 X 和 Z 都成对出现。从上面规范群 $\mathcal{G}_{\mathcal{C}'}$ 的生成元可以看出，它与 $\mathcal{G}_{\mathcal{C}}$ 有相同数量的逻辑比特（信息逻辑比特加上规范比特）。又由于 $\mathcal{G}_{\mathcal{C}} \subset \mathcal{G}_{\mathcal{C}'}$，因此，$g_{X_i}^x$ $(i = 1, 2, \cdots, k_x - m_x)$ 可选择为 $\mathcal{G}_{\mathcal{C}}$ 中稳定子生成元 S_j^x $(j = m_x + 1, m_x + 2, \cdots, k_x)$ 的重排；而 $g_{Z_i}^z$ $(i = 1, 2, \cdots, k_z - m_z)$ 可选择为 $\mathcal{G}_{\mathcal{C}}$ 中稳定子生成元 S_j^z $(j = m_z + 1, m_z + 2, \cdots, k_z)$ 的重排。

从规范群 $\mathcal{G}_{\mathcal{C}'}$ 的生成元可见，$\mathcal{C}'$ 中的规范空间也分为三部分：第一部分是由算符 g_i^x 和 g_i^z $(i = 1, 2, \cdots, t)$ 对应的 t 个规范比特形成的空间 B（与码 $\mathcal{C}$ 中

的规范空间相同，它在整个过程中不携带信息）；第二部分是由 $g_{X_i}^x$ 和 $g_{X_i}^z$（$i = 1, 2, \cdots, k_x - m_x$）对应的 $k_x - m_x$ 个规范比特形成的空间 B_x；第三部分为算符 $g_{Z_i}^x$ 和 $g_{Z_i}^z$（$i = 1, 2, \cdots, k_z - m_z$）对应的 $k_x - m_x$ 个规范比特形成的规范空间 B_z。

定义 $\mathcal{C}$ 编码空间中的编码量子态

$$|0^L\rangle_A |g_X\rangle_B = \prod_{i=1}^{k_x} \frac{S_i^x + 1}{2} \prod_{i=1}^{t} \frac{g_i^x + 1}{2} |\mathbf{0}\rangle$$

$$|1^L\rangle_A |g_X\rangle_B = X^L |0^L\rangle_A |g_X\rangle_B$$

而 $\mathcal{C}'$ 编码空间中的基矢量定义为

$$|0^L\rangle_{A'} |g_X\rangle_{B_x} |g_Z\rangle_{B_z} |g_X\rangle_B = \prod_{i=1}^{m_x} \frac{S_i^x + 1}{2} \prod_{i=1}^{t} \frac{g_i^x + 1}{2}$$

$$\cdot \prod_{i=1}^{k_x - m_x} \frac{g_{X_i}^x + 1}{2} \prod_{i=1}^{k_z - m_z} \frac{g_{Z_i}^z + 1}{2} |\mathbf{0}\rangle$$

$$= \left(\prod_{i=1}^{m_x} \frac{S_i^x + 1}{2} \prod_{i=m_x+1}^{k_x} \frac{S_i^x + 1}{2} \right) \prod_{i=1}^{t} \frac{g_i^x + 1}{2} |\mathbf{0}\rangle$$

$$= |0^L\rangle_A |g_X\rangle_B$$

$$|1^L\rangle_{A'} |g_X\rangle_{B_x} |g_Z\rangle_{B_z} |g_X\rangle_B = X^L |0^L\rangle_{A'} |g_X\rangle_{B_x} |g_Z\rangle_{B_z} |g_X\rangle_B$$

$$= |1^L\rangle_A |g_X\rangle_B$$

其中 Pauli 算符 X^L 为逻辑空间中的裸算符，A' 为稳定子子系统码 $\mathcal{C}'$ 的信息空间。第二个等式使用了算符 $g_{x_j}^x$（$j = 1, 2, \cdots, k_x - m_x$）是 S_i^x（$i = m_x + 1, \cdots, k_x$）的重排，以及 $|\mathbf{0}\rangle$ 自动是 Z 型算符 $g_{z_i}^z$（$i = 1, 2, \cdots, k_z - m_z$）的本征值为 1 的本征态。请注意，此定义中规范空间 B_z 使用的是 Z 型算符而非 X 型算符。

由于稳定子子系统码 $\mathcal{C}$ 为 CSS 码，$\overline{\text{CNOT}}$ 门具有横向性（可仿后面的涂色码证明），而 CNOT 门，R_d（$d \geqslant 3$）门和 H 门组成普适的量子逻辑门，因此只需说明在 $\mathcal{C}$ 的逻辑空间 A 中如何容错实现逻辑 Hadamard 门 H^L 即可。由于自对偶码 $\mathcal{C}'$ 中的 $\bar{H}$ 门具有横向性，我们可在 $\mathcal{C}'$ 中实现 $\bar{H}$ 门，然后再通过规范修复技术变换回 $\mathcal{C}$ 码。为此，设 $\mathcal{C}$ 中的量子态为

$$|\Phi\rangle_\mathcal{C} = \alpha |0^L\rangle_A |g_X\rangle_B + \beta |1^L\rangle_A |g_X\rangle_B$$

将此量子态按 $\mathcal{C}'$ 码中的基矢量表示得到

$$|\Phi\rangle_\mathcal{C} = \alpha |0^L\rangle_{A'} |g_X\rangle_{B_x} |g_Z\rangle_{B_z} |g_X\rangle_B + \beta |1^L\rangle_{A'} |g_X\rangle_{B_x} |g_Z\rangle_{B_z} |g_X\rangle_B = |\Phi\rangle_{\mathcal{C}'}$$

对 $\mathcal{C}'$ 中每个物理比特做 Hadamard 门，由于其逻辑门 $\bar{H}$ 具有横向性，得到[1]

$$|\Phi_1\rangle = \otimes_{i=1}^{n} H_{c_i}|\Phi\rangle_{\mathcal{C}'}$$

$$= \alpha H^L|0^L\rangle_{A'}|g_Z\rangle_{B_x}|g_X\rangle_{B_z}|g_Z\rangle_B + \beta H^L|1^L\rangle_{A'}|g_Z\rangle_{B_x}|g_X\rangle_{B_z}|g_Z\rangle_B$$

变换后的量子态 $|\Phi_1\rangle$ 仍在 $\mathcal{C}'$ 的编码空间中，但它不在 $\mathcal{C}$ 的编码空间中。为此，我们需将规范比特空间 B_x 和 B_z 上的量子态修复到操作 $H^{\otimes n}$ 前的状态。值得注意，规范空间 B 中的状态不影响逻辑空间的信息。

为此，将量子态 $|\Phi_1\rangle$ 看作 $\mathcal{C}$ 码的编码空间中发生 Pauli 错误后的量子态。我们可通过 CSS 码的容错纠错过程（Steane 方案）对其进行纠错。具体地：

（1）在量子态 $|\Phi\rangle_1$ 上，对 X 型生成元 S_i^x $(i = m_x + 1, \cdots, k_x)$[2]进行容错测量，通过测量结果可修复规范空间 B_x。如果测量结果均为 1，那么，规范空间 B_x 中的态已从 $|g_Z\rangle$ 变为 $|g_X\rangle$。若某些算符 S_j^x $(j \in S_{-1}$，S_{-1} 是算符值为 -1 的集合）的测量值为 -1，那么，我们需找到一个 Z 型 Pauli 算符 Z_{anti}，它与 S_{-1} 中算符反对易，但对 $\mathcal{S}_{\mathcal{C}}$ 中其他 X 型算符对易。将此算符作用到测量后的量子态上，规范空间 B_X 上的量子态就被修复回了 $|g_X\rangle$。

（2）相同地，对修复规范空间 B_X 后的量子态做 Z 型算符 S_i^z $(i = m_z + 1, \cdots, k_z)$[3]的容错测量。与 X 型算符情况类似，规范空间 B_z 中的量子态也可被修复回 $|g_Z\rangle$。

（3）经此修复，量子态 $|\Phi_1\rangle$ 变为

$$\alpha H^L|0^L\rangle_{A'}|g_X\rangle_{B_x}|g_Z\rangle_{B_z}|g_Z\rangle_B + \beta H^L|1^L\rangle_{A'}|g_X\rangle_{B_x}|g_Z\rangle_{B_z}|g_Z\rangle_B$$

$$= \alpha H^L|0^L\rangle_A|g_Z\rangle_B + \beta H^L|1^L\rangle_A|g_Z\rangle_B$$

对比此表达式与 $\mathcal{C}$ 中的初始量子态 $|\Phi\rangle_{\mathcal{C}}$，逻辑空间 A 中已完成 Hadamard 变换。当然，这是一个缀饰逻辑门（子系统 B 的量子态发生了变化）。 □

例 5.28　涂色码与规范修复

d 维涂色码 $\mathrm{CC}_{\mathcal{C}_d}(x, z)$ 是典型的稳定子子系统码[4]。按偏序 $\succ$ 的定义，涂色码 $\mathrm{CC}_{\mathbb{L}}(x, z)$ 满足如下定理。

定理　d 维网格上的两个涂色码 $\mathrm{CC}_{\mathbb{L}}(x', z')$ 与 $\mathrm{CC}_{\mathbb{L}}(x, z)$ 满足偏序关系 $\mathrm{CC}_{\mathbb{L}}(x', z') \succ \mathrm{CC}_{\mathbb{L}}(x, z)$ 的充要条件是

---

[1] 原则上，$\bar{H} = \otimes_{i=1}^{m} H_{c_i}$ 由裸算符 $X^L = \otimes_{i=1}^{m} X_{c_i}$ $(Z^L = \otimes_{i=1}^{m} Z_{c_i})$ 确定。本部分我们已要求 $m = n$。
[2] 规范空间 B_x 中规范比特上的逻辑 X 算符 $g_{X_i}^x$。
[3] 规范空间 B_z 中规范比特上的逻辑 Z 算符 $g_{Z_i}^z$。

$$x' \geqslant x \quad \text{且} \quad z' \geqslant z$$

此定理的证明可直接通过涂色码和偏序 $\succ$ 的定义获得。按此定理，通过不等式的传递关系很容易得知偏序 $\succ$ 也具有传递性，即在 $\mathrm{CC}_{\mathbb{L}}(x_1, z_1) \succ \mathrm{CC}_{\mathbb{L}}(x, z)$ 且 $\mathrm{CC}_{\mathbb{L}}(x_2, z_2) \succ \mathrm{CC}_{\mathbb{L}}(x_1, z_1)$ 时，一定有 $\mathrm{CC}_{\mathbb{L}}(x_2, z_2) \succ \mathrm{CC}_{\mathbb{L}}(x, z)$。

为利用涂色码的 $\succ$ 关系和定理 5.5.6 实现普适的容错量子计算，我们先来研究高维涂色码（稳定子子系统码）中常见逻辑门的横向性[⑥]。

定理 5.5.7　d 维涂色码 $\mathrm{CC}_{\mathcal{C}_d}(x, z)$ 中的 $\overline{\mathrm{CNOT}}$ 门具有横向性。

证明　与稳定子码情况类似，需确认算符 CNOT^n（n 为 d 维涂色码中物理比特的数目）在逻辑空间 A 中的作用，以及它对 $\mathcal{S} \otimes \mathcal{S}$ 和 $\mathcal{G} \otimes \mathcal{G}$ 的影响。利用单个 CNOT 门在两个物理比特上的变换

$$XI \to XX, \quad IX \to IX$$

$$ZI \to ZI, \quad IZ \to ZZ$$

两个 d 维涂色码中的裸 Pauli 算符 $\bar{X}\bar{I}$[©] 在算符 CNOT^n 作用下可表示为

$$\bar{X}\bar{I} \to \mathrm{CNOT}^n \cdot X^{\otimes n} \cdot I^{\otimes n} \cdot \mathrm{CNOT}^n$$

$$= (\mathrm{CNOT} \cdot XI \cdot \mathrm{CNOT})^{\otimes n}$$

$$= (XX)^{\otimes n} = \bar{X}\bar{X}$$

同理可得

$$\bar{I}\bar{X} \to \bar{I}\bar{X}, \quad \bar{Z}\bar{I} \to \bar{Z}\bar{I}, \quad \bar{I}\bar{Z} \to \bar{Z}\bar{Z}$$

这说明，算符 CNOT^n 在逻辑空间 A 中实现了 $\overline{\mathrm{CNOT}}$ 门。

另一方面，规范群 $\mathcal{G}$ 和稳定子群 $\mathcal{S}$ 中的 X 型和 Z 型算符，在算符 CNOT^n 作用下变为

$$X(\delta)I \to \mathrm{CNOT}^n \cdot X(\delta)I \cdot \mathrm{CNOT}^n$$

$$= (\mathrm{CNOT} \cdot XI \cdot \mathrm{CNOT})^{\otimes \mathcal{Q}c_d(\delta)}$$

$$= (XX)^{\otimes \mathcal{Q}c_d(\delta)} = (X)^{\otimes \mathcal{Q}c_d(\delta)} \cdot (X)^{\otimes \mathcal{Q}c_d(\delta)} = X(\delta) \cdot X(\delta)$$

其中，$\mathcal{C}_d$ 是 d 维复形，δ 是 $\mathcal{C}_d$ 的内部单纯形[④]。同理有

$$IX(\delta) \to IX(\delta), \quad Z(\delta)I \to Z(\delta)I, \quad IZ(\delta) \to Z(\delta)Z(\delta)$$

按稳定子群 $\mathcal{S}$ 和规范群 $\mathcal{G}$ 的定义可知 $\mathcal{S} \otimes \mathcal{S}$ 和 $\mathcal{G} \otimes \mathcal{G}$ 均保持不变。　□

定理 5.5.8 d 维涂色码 $\mathrm{CC}_{\mathcal{C}_d}(x,x)$ 中的 $\bar{H}$ 门具有横向性。

证明 按前面的讨论，仅当涂色码中的稳定子算符具有对偶性时，其上的 $\bar{H}$ 门才具有横向性。按涂色码 $\mathrm{CC}_{\mathcal{C}_d}(x,z)$ 中稳定子群 $\mathcal{S}$（定义在 $\Delta'_{d-z-2}(\mathcal{C}_d)$ 和 $\Delta'_{d-x-2}(\mathcal{C}_d)$ 上）和规范群 $\mathcal{G}$（定义在 $\Delta'_x(\mathcal{C}_d)$ 和 $\Delta'_z(\mathcal{C}_d)$）的定义，仅当其 X 型和 Z 型算符都定义在相同的集合上时才具有对偶性。这要求 $x=z$。可以证明在此条件下，裸 Pauli 算符 $\bar{X}$ 和 $\bar{Z}$ 在 $H^{\otimes n}$ 作用下变为

$$\bar{X} \to \bar{Z}, \quad \bar{Z} \to \bar{X}$$

确实实现了 $\bar{H}$ 操作。而在 H^n 作用下

$$X(\delta) \to Z(\delta), \quad Z(\delta) \to X(\delta)$$

这也保障了规范群 $\mathcal{G}$ 和稳定子群 $\mathcal{G}$ 在 H^n 作用下不变。 $\square$

定理 5.5.9 d 维涂色码 $\mathrm{CC}_{\mathcal{C}_d}(x,z)$ 中的 $R_n = \mathrm{diag}(1, e^{\frac{2\pi i}{2^n}})$ 门[①]具有横向性（其中 $n \leqslant d/(x+1)$）。

证明 与证明二维涂色码 R_2 的横向性类似，需使用涂色码 $d+1$ 涂色的复形 $\mathcal{C}_d$ 所具有的二分性，即 $\Delta_d\mathcal{C}_d = T \cup T^c$，且对 $\mathcal{C}_d$ 中任意内部 m-单纯形 σ 有 $|\mathcal{Q}(\sigma) \cap T| = |\mathcal{Q}(\sigma) \cap T^c|$[①]。我们下面将说明，当选取合适的参数 k，R_n^L 可以被操作 $R = R_n^k(T)R_n^{-k}(T^c)$（对 T 中每个量子比特做 R_n^k 操作，而对 T^c 中每个量子比特做 R_n^{-k} 操作）实现。为此需证明操作 R 在 $k \in \{0, 1, \cdots, 2^n\}$ 满足某些条件时，R 确实在逻辑空间 A 中实现了 R_n^L 门，且保持子系统码的结构稳定。

首先，若 R 在逻辑空间 A 中实现了 $\bar{R}_n$，则下面的等式成立：

$$R|0^L\rangle|g_X\rangle = \sum_{X(a) \in \mathcal{G}} R_n^k(T)R_n^{-k}(T^c)X(a)|\mathbf{0}\rangle$$

$$= \sum_{X(a) \in \mathcal{G}} e^{\frac{2\pi i k}{2^n}|T \cap G_a|} e^{\frac{-2\pi i k}{2^n}|T^c \cap G_a|} X(a)|\mathbf{0}\rangle$$

$$= \sum_{X(a) \in \mathcal{G}} e^{\frac{2\pi i k}{2^n}(|T \cap G_a| - |T^c \cap G_a|)} X(a)|\mathbf{0}\rangle$$

$$\equiv \sum_{X(a) \in \mathcal{G}} X(a)|\mathbf{0}\rangle = |0^L\rangle|g_X\rangle$$

$$R|1^L\rangle|g_X\rangle = R_n^k(T)R_n^{-k}(T^c)\bar{X}|0^L\rangle|g_X\rangle$$

$$= e^{\frac{2\pi i k}{2^n}|T|} e^{\frac{-2\pi i k}{2^n}|T^c|} \bar{X}|0^L\rangle|g_X\rangle$$

$$= e^{\frac{2\pi i}{2^n}k(|T|-|T^c|)}\bar{X}|0^L\rangle|g_X\rangle$$

$$\equiv e^{\frac{2\pi i}{2^n}}|1^L\rangle|g_X\rangle$$

推导使用了等式 $R_n^{\pm k}|0\rangle = |0\rangle$ 和 $R_n^{\pm k}X = e^{\pm\frac{2\pi ik}{2^n}}XR_n^{\mp k}$ 且 G_a 为规范群 $\mathcal{G}$ 中的 X 型算符 $X(a) = \prod_j X(\delta_{a_i})$ 的支集。要使等式中的 $\equiv$ 成立，则如下条件

$$k(|T|-|T^c|) \equiv 1 \quad (\text{mod } 2^n)$$

$$|T \cap G_a| - |T^c \cap G_a| \equiv 0 \quad (\text{mod } 2^n)$$

需被满足。

（1） $k(|T|-|T^c|) \equiv 1 \ (\text{mod } 2^n)$ 为参数 k 的选择条件，只需证明存在 k 使其成立即可。由于总量子比特数为奇数，则 $|T|-|T^c| \equiv 1 \ (\text{mod } 2)$。所以有

$$\text{GCD}(|T|-|T^c|, 2^n) = 1$$

根据 Bezout 定理：对互质的两个整数 a, b，必存在整数 α 和 β 使 $a\alpha + b\beta = 1$ 成立。因此，必存在整数 k 和 β 使 $k(|T|-|T^c|) + \beta \cdot 2^n = 1$ 成立。这就确认了 k 的存在性。

（2）下面来说明另一个条件在涂色码中也成立。

规范群 $\mathcal{G}$ 中每个生成元 $X(\delta)$ 都定义在单纯形集合 $\mathcal{Q}(\delta)$ 上。设 $\mathcal{G}$ 中 X 型算符 $X(a)$ 由 m 个生成元 $\{X(\delta_i)|i = 1, 2, \cdots, m\}$ 的乘积组成，即

$$X(a) = \prod_{i=1}^{m} X(\delta_i)$$

容易看到 $X(a)$ 的支集 G_a 可表示为集合运算 $G_a = \mathcal{Q}(\delta_1) \oplus \mathcal{Q}(\delta_2) \oplus \cdots \oplus \mathcal{Q}(\delta_m)$（其中两个集合 A 和 B 的 $\oplus$ 运算定义为它们的对称差，即 $A \oplus B = (A - B) \cup (B - A)$[⑧]）。因此，利用集合运算 $\oplus$ 与 $\cap$ 间的关系可得

$$|T \cap G_a| = |T \cap \mathcal{Q}(\delta_1) \oplus \mathcal{Q}(\delta_2) \oplus \cdots \oplus \mathcal{Q}(\delta_m)|$$

$$= \sum_i |T \cap \mathcal{Q}(\delta_i)| - 2\sum_{i \neq j} |T \cap (\mathcal{Q}(\delta_i) \cap \mathcal{Q}(\delta_j))| + \cdots$$

$$+ (-2)^{m-1}|T \cap (\mathcal{Q}(\delta_1) \cap \mathcal{Q}(\delta_2) \cap \cdots \cap \mathcal{Q}(\delta_m))|$$

其中使用了集合运算关系式

$$|A_1 \oplus A_2 \oplus \cdots \oplus A_m|$$

$$= \sum_i |A_i| - 2 \sum_{i \neq j} |A_i \cap A_j| + \cdots$$

$$+ (-2)^{m-1} |A_1 \cap A_2 \cap \cdots \cap A_m|$$

这已经将计算支集的问题转化为计算集合 $\mathcal{Q}(\delta_i)$ 间交集的问题。因此，我们仅需考虑单纯形集合 $\mathcal{Q}(\delta_i)$ 的交集特征。事实上，任意一组单纯形集合 $\mathcal{Q}(\delta_i)$ 的交都满足如下条件：

$$\cap_{i=1}^m \mathcal{Q}(\delta_i) = \varnothing \quad \text{或} \quad \cap_{i=1}^m \mathcal{Q}(\delta_i) = \mathcal{Q}(\tau)$$

其中 τ 是涂色集为 $C = \cup_{i=1}^m \mathrm{color}(\delta_i)$ 的单纯形，它满足条件 $\delta_1, \cdots, \delta_m \subset \tau$。$\mathcal{Q}(\delta_i)$ 的交为空是平凡情况；仅需考虑第二种情况。此时有

$$|T \cap \cap_{i=1}^m \mathcal{Q}(\delta_i)| - |T^c \cap \cap_{i=1}^m \mathcal{Q}(\delta_i)|$$

$$= |T \cap \mathcal{Q}(\tau)| - |T^c \cap \mathcal{Q}(\tau)|$$

$$= 0$$

其中最后一个等式使用了涂色码网格的二分性命题 5.4.5。由此可见，条件二对任意交集均成立，而 G_a 是一组交集的组合，因此，条件二对 G_a 成立。

对前面两个条件的满足表明 R 操作在编码空间 A 中实现了 R_n^L 门。前面的推导本身就基于整个空间的直积结构，变换后这种直积结构仍得以保持。换言之，算符 R 不改变稳定子系统码的结构。综上，R_n 门具有横向性。 $\qquad\square$

根据定理 5.5.8 和定理 5.5.9，能容错实现普适量子计算的涂色码需满足如下两个条件：

$$\begin{cases} x = z & (\text{保证可横向实现逻辑门 } \bar{H}) \\ \dfrac{d}{x+1} \geqslant 3 & (\text{保证可横向实现逻辑门 } \bar{T}) \end{cases}$$

然而，在 $x = z$ 的条件下

$$\frac{d}{x+1} = \frac{x+z+2}{x+1} = \frac{2(x+1)}{x+1} = 2 < 3$$

由此可见，在第一个条件满足的情况下，第二个条件一定不满足。换言之，在可横向实现 $\bar{H}$ 门的涂色码中无法实现横向 $\bar{T}$ 门，这也就表明不存在涂色码 $CC_{\mathcal{C}_d}(x,z)$ 有普适的横向门。

不同涂色码间的偏序关系 $\succ$ 以及它们的横向 $\bar{R}_d$ 门情况如图 5.58 所示。利用涂色码的性质，以及规范修复定理 5.5.6 可得如下结论。

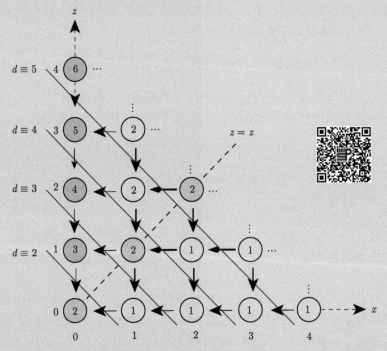

图 5.58　涂色码中的 $\succ$ 关系：箭头从 A 码到 B 码意味着 $A \succ B$。横轴为参数 x 的取值，纵轴为参数 z 的取值。图中圆圈里的数字表示对应涂色码能实现的容错 $\bar{R}_n$ 门中 n 的取值 $\left(n = \left\lfloor \dfrac{d = x + z + 2}{x + 1} \right\rfloor\right)$，蓝色直线代表维数 d 的不同取值，它的左下方表示此维数下可能的涂色码；绿色圈对应的点表示 $x = z$，它的 $\bar{H}$ 门具有横向性，且 $\bar{R}_2$ 也具有横向性，因此整个 Clifford 门都具有横向性；红色圈对应的点表示其 $\bar{T}$ 门具有横向性（$d \geqslant 3$）。这两种颜色无重合表明无涂色码能横向地实现普适量子门

命题　通过规范修正技术，通过 $d \geqslant 3$ 维涂色码 $CC_{\mathcal{C}_d}(0, d-2)$ 和 $CC_{\mathcal{C}_d}(0,0)$ 可实现容错的普适量子计算。

特别地，$d = 3$ 时，涂色码 $CC_{\mathcal{C}_3}(0,1)$ 与 $CC_{\mathcal{C}_3}(0,0)$ 通过规范修复可

实现普适的容错量子计算。

ⓐ 参见文献 H. Bombn, New. J. Phys. **17**, 083002 (2015); A. Kubica and M. E. Beverland, Phys. Rev. A **91**, 032330 (2015); H. Bombn, Phys. Rev. X **5**, 031043 (2015).

ⓑ 二维涂色码（稳定子码）中的横向门已在定理 5.5.4 中证明。

ⓒ 已假设裸算符 $\bar{X}$ 和 $\bar{Z}$ 是全部物理比特上 Pauli 算符的乘积。

ⓓ 相关定义参见定义 5.4.1。

ⓔ $n=2$ 时的情况参见定理 5.5.4。

ⓕ 为使符号简单，我们省略了 d 维复形 $\mathcal{C}_d$ 的标记。

ⓖ $A-B$ 表示从集合 A 中去除它与集合 B 共有元素后剩下的元素组成的集合。

5.5.3.3　基于魔幻态的容错计算

对 Clifford 门具有横向性的纠错码 $\mathcal{C}_1$（[[7,1,3]] 码以及图 5.58 中绿色点对应的涂色码），可通过容错地制备魔幻态（magic state），并利用态注入方式在 $\mathcal{C}_1$ 中实现容错的 $\bar{T}$ 门，进而实现容错的普适量子计算。此方法的核心是如何容错地制备 $\mathcal{C}_1$ 中的魔幻态。

1. 态注入

在 One-way 量子计算（参见第三章）中，通过对图态上单个量子比特的测量可实现普适的量子计算，当然，也就能通过测量在输入量子态上实现任意量子门。类似地，通过态注入 (state injection) 和测量的方式，可实现任意量子态 $|\psi\rangle$ 上与 σ^z 对易的量子门 U_z，其量子线路如图 5.59 所示。

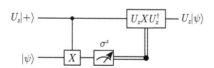

图 5.59　态注入线路图：在 U_z 与 σ^z 对易的情况下，任意未知输入态 $|\psi\rangle$ 上的 U_z 门均可通过此线路实现。第一个比特上的操作受控于第二个比特上 σ^z 测量的结果：当测量结果为量子态 $|0\rangle$ 时，第一个比特不作任何操作；当测量结果为 $|1\rangle$ 时，第一个比特上作用 $U_z X U_z^\dagger$ 门

首先我们来说明此线路的确在输入态 $|\psi\rangle$ 上实现了量子门 U_z：

（a）将第一个比特制备到量子态 $U_z|+\rangle$（作为注入态）。

（b）在第一个比特和第二个比特（处于输入量子态 $|\psi\rangle$[①]）间做 CNOT 门，得到量子态

$$U_z|+\rangle \otimes |\psi\rangle + U_z|+\rangle \otimes \sigma^x|\psi\rangle + \sigma^z U_z|+\rangle \otimes |\psi\rangle - \sigma^z U_z|+\rangle \otimes \sigma^x|\psi\rangle$$

———————————
① 无需量子态 $|\psi\rangle$ 的信息。

（c）对第二个比特做 σ^z 测量：

(i) 若测量结果值为 1（对应量子态 $|0\rangle$），则测量后第一个比特处于量子态

$$U_z|+\rangle\langle 0|\psi\rangle + U_z|+\rangle\langle 1|\psi\rangle + \sigma^z U_z|+\rangle\langle 0|\psi\rangle - \sigma^z U_z|+\rangle\langle 1|\psi\rangle$$

在 U_z 与 σ^z 对易情况下，量子态简化

$$U_z|+\rangle\langle 0|\psi\rangle + U_z|+\rangle\langle 1|\psi\rangle + U_z|-\rangle\langle 0|\psi\rangle - U_z|-\rangle\langle 1|\psi\rangle$$

$$= U_z(|+\rangle\langle 0| + |+\rangle\langle 1| + |-\rangle\langle 0| - |-\rangle\langle 1|)|\psi\rangle$$

$$= U_z(|+\rangle\langle +| + |-\rangle\langle -|)|\psi\rangle$$

$$= U_z|\psi\rangle$$

此时，第一个比特就是 $|\psi\rangle$ 经过 U_z 变换后的结果。

(ii) 若测量结果为 -1（对应量子态 $|1\rangle$），在 U_z 与 σ^z 对易情况下，第一个比特处于量子态

$$U_z|+\rangle\langle 1|\psi\rangle + U_z|+\rangle\langle 0|\psi\rangle + U_z|-\rangle\langle 1|\psi\rangle - U_z|-\rangle\langle 0|\psi\rangle$$

$$= U_z(|+\rangle\langle 1| + |+\rangle\langle 0| + |-\rangle\langle 1| - |-\rangle\langle 0|)\psi\rangle$$

$$= U_z(|+\rangle\langle +| - |-\rangle\langle -|)|\psi\rangle$$

$$= U_z(|1\rangle\langle 0| + |0\rangle\langle 1|)|\psi\rangle$$

$$= U_z\sigma^x U_z^\dagger U_z|\psi\rangle$$

若在此比特上执行操作 $U_z\sigma^x U_z^\dagger$，则得到量子态 $U_z|\psi\rangle$（目标结果）。

由此可见，态注入线路确能在注入态上实现与 σ^z 对易的量子门。

由于 T 门与 σ^z 对易[①]，T 门可通过此态注入的方式实现。特别地，除初态制备外，态注入线路中包含的 CNOT 门以及 $T\sigma^x T^\dagger$ 门都是 $\mathcal{C}_1$ 中的横向门[②]。因此，除初态制备外，态注入线路图 5.59 可在 $\mathcal{C}_1$ 中容错实现[③]。

因此，在 $\mathcal{C}_1$ 中实现容错 T_L 门的唯一问题就是如何在 $\mathcal{C}$ 码（Clifford 门具有横向性）中容错地制备量子态

$$|T\rangle_L = T_L|+\rangle_L = \frac{1}{\sqrt{2}}(|0\rangle_L + e^{i\pi/4}|1\rangle_L)$$

---

① 两者均为对角矩阵。

② 当 $U_z = T$ 时

$$U_z\sigma^x U_z^\dagger = T\sigma^x T^\dagger = e^{-i\pi/4}S\sigma^x$$

在忽略全局相位 $e^{-i\pi/4}$ 情况下，它仅包含 σ^x 门和 S 门。σ^x 和 S 门均是 $\mathcal{C}_1$ 中的横向门，因此，$T\sigma^x T^\dagger$ 也是其横向门。

③ 由于 Z_L 也具有横向性，其测量可容错实现。

有两种不同的方法来容错地制备量子态 $|T\rangle_L$，我们以 $[[7,1,3]]$ 码中 $|T\rangle_L$ 态的制备为例。

2. 量子态 $|T\rangle$ 的容错制备

（1）Knill-Laflamme-Zurek 方案。

通过对非容错方式制备的量子态 $|T\rangle_L$ 进行检测，仅将通过检测的量子态作为合格注入态。这种通过对含错量子态进行检测来制备高精度量子态的方法在容错的稳定子测量（Shor 方案和 Steane 方案）中已使用过。$[[7,1,3]]$ 码中含噪声量子态 $|T\rangle_L$ 可通过线路如图 5.60 进行制备。

那么，如何对制备的含噪声量子态 $|T\rangle_L$ 进行容错检测呢？事实上，量子态 $|T\rangle_L$ 是算符 $e^{-i\pi/4}S_L X_L$ 本征值为 1 的本征态。因此，仅需在含噪声量子态 $|\phi\rangle_L$ 上对算符 $e^{-i\pi/4}S_L X_L$ 进行容错测量即可。此测量过程中仅需控制-S_L 门和 CNOT_L 门。由于 S_L 门为横向门，控制-S_L 门也是横向门。因此，测量过程可在 $\mathcal{C}_1$ 码中容错实现。

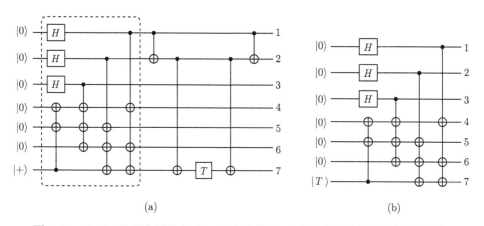

图 5.60　$[[7, 1, 3]]$ 码中量子态 $|T\rangle_L$ 的制备线路：(a) 虚线框中线路制备了逻辑态 $\frac{1}{\sqrt{2}}(|0\rangle_L + |1\rangle_L)$，后面的线路实现了一个非容错的 T_L 门; (b) 直接制备逻辑态 $|T\rangle_L$

（2）Bravyi-Kitaev 方案。

在前面的方案中，通过对算符 $e^{-i\pi/4}S_L X_L$ 测量结果的后选择（仅保留本征值为 1 的结果）来提高制备量子态 $|T\rangle_L$ 的保真度。事实上，还可将欲制备的量子态 $|T\rangle_L$ 编码到一个新的稳定子码 $\mathcal{C}_2$ 中，并通过蒸馏的方式来不断提高量子态的保真度。因此，在 Bravyi-Kitaev 方案中，需两个稳定子码 $\mathcal{C}_1$ 和 $\mathcal{C}_2$。

－ 稳定子码 $\mathcal{C}_1$ 中的 Clifford 门都具有横向性（$\mathcal{C}_1$ 码已取为 $[[7,1,3]]$ 码），目标量子态 $|T\rangle_L$ 就编码于此码中；

－ $\mathcal{C}_2$ 中的 $\overline{\text{CNOT}}$ 门以及 $\bar{T}$ 门具有横向性（$\mathcal{C}_2$ 码取为 $[[15,1,3]]$ 码），它用

于蒸馏量子态 $|T\rangle_L$。

将 $\mathcal{C}_1$ 码与 $\mathcal{C}_2$ 码进行级联（编码于 $\mathcal{C}_1$ 中的 15 个逻辑比特作为 $\mathcal{C}_2$ 码中的 15 个物理比特），通过对 $\mathcal{C}_2$ 码（$[[15,1,3]]$ 码）中 X 型稳定子的测量来蒸馏出 $\mathcal{C}_1$ 码中的量子态 $|T\rangle_L$。具体的蒸馏线路如图 5.61 所示。具体蒸馏过程如下：

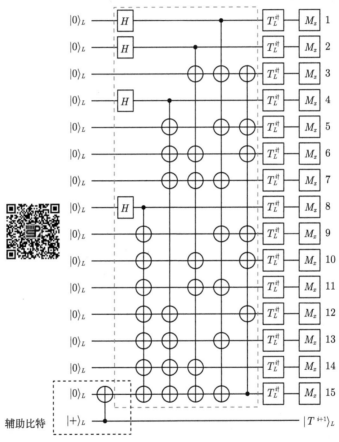

图 5.61 $|\bar{T}\rangle_L$ 的蒸馏线路：绿色虚线框表示 $[[15,1,3]]$ 码的编码线路，若编码于 $[[7,1,3]]$ 码的比特 15 处于量子态 $\alpha|0\rangle_L + \beta|1\rangle_L$，则级联 $[[15,1,3]]$ 码后的量子态为 $\alpha|\bar{0}\rangle_L + \beta|\bar{1}\rangle_L$。$T^{i\dagger}$ 是以第 i 次蒸馏得到的量子态 $|T^i\rangle_L$ 作为注入态通过线路图 5.59 实现的量子门（$T^\dagger = T^7$）。它与理想 T_L 门的偏差取决于量子态 $|T^i\rangle_L$ 与理想 $|T\rangle_L$ 态的偏差。当所有 X 型稳定子算符和 $\bar{X}$ 的测量值均为 1 时，$|T^{i+1}\rangle_L$ 就是此次蒸馏的输出态，它比 $|T^i\rangle_L$ 更接近理想目标态。
通过迭代此过程就能制备任意精度的 $|T\rangle_L$

（i）将编码于 $\mathcal{C}_1$ 中的量子态 $|+\rangle_L$ 作为辅助比特的输入，而其他 15 个编码于 $\mathcal{C}_1$ 中的量子态 $|0\rangle_L$ 作为 $\mathcal{C}_2$ 码中 15 个比特的输入。

（ii）在辅助逻辑比特和 $\mathcal{C}_2$ 码中的比特 15 之间作 CNOT_L 门，将这两个

$\mathcal{C}_1$ 中的逻辑比特制备到 Bell 态 $\frac{1}{\sqrt{2}}(|0^a\rangle_L|0^{15}\rangle_L + |1^a\rangle_L|1^{15}\rangle_L)$。$\mathcal{C}_2$ 中的比特 15 作为图中绿色方框内线路的输入,方框内的线路将比特 15 上的输入态转换为 $\mathcal{C}_2$ 码中的逻辑态[①],因此,绿色框后的输出量子态为

$$\frac{1}{\sqrt{2}}(|0^a\rangle_L|\bar{0}\rangle_L + |1^a\rangle_L|\bar{1}\rangle_L)$$

其中 $|\bar{0}\rangle_L$ ($|\bar{1}\rangle_L$) 是 $\mathcal{C}_1$ 和 $\mathcal{C}_2$ 级联后的逻辑 0 (1) 态。此时编码于 $\mathcal{C}_1$ 中的辅助比特与级联码中的逻辑比特间处于最大纠缠态。

(iii) 在 $\mathcal{C}_2$ 码的 15 个比特上实施操作 $T_L^{i\dagger}$。由于 $\mathcal{C}_1$ 中的 T 门不具有横向性,$T_{L,i}^{\dagger}$ 门需利用第 i 次(前一次)蒸馏产生的含噪声量子态 $|T_i\rangle_L$ 作为注入态通过线路图 5.59 实现。当然,量子门 $T_i^{\dagger}$ 的保真度与量子态 $|T_i\rangle_L$ 的保真度密切相关。另一方面,$[[15,1,3]]$ 码中的 $\bar{T}_L$ 门具有横向性,即

$$\bar{T}_L = \prod_{k=1}^{15} T_{L,k}^{\dagger}$$

因此,前面的操作相当于在 $[[15,1,3]]$ 码的逻辑空间实施了 $\bar{T}$ 门,因此,量子态变为

$$\frac{1}{\sqrt{2}}(|0^a\rangle_L \otimes \bar{T}|\bar{0}\rangle_L + |1^a\rangle_L \otimes \bar{T}|\bar{1}\rangle_L)$$

(iv) 对 $\mathcal{C}_2$ 码的 15 个比特做 X_L 测量,由于 $[[15,1,3]]$ 码为 CSS 码,此测量可获得其全部的 X 型稳定子以及逻辑 Pauli 算符 $\bar{X}$ 的值。若稳定子生成元的测量值有 -1,则抛弃本轮蒸馏结果。当稳定子生成元值均为 1 时:若 $\mathcal{C}_2$ 中的逻辑 Pauli 算符测量值也为 1,则编码于 $\mathcal{C}_1$ 中的辅助逻辑比特处于量子态

$$\frac{1}{\sqrt{2}}(\langle\bar{\mp}|\bar{T}|\bar{0}\rangle_L|0^a\rangle_L + \langle\bar{\mp}|\bar{T}|\bar{1}\rangle_L|1^a\rangle_L) \propto |T\rangle_L$$

此即为蒸馏输出量子态;若 $\mathcal{C}_2$ 中的逻辑 Pauli 算符测量值也为 -1,则需对编码于 $\mathcal{C}_1$ 上的逻辑比特实施操作 Z_L,操作后的量子态作为蒸馏结果输出。

(v) 将编码于 $\mathcal{C}_1$ 中的输出态作为下一轮蒸馏中实现 $T_L^{i\dagger}$ 门的注入态,重复前面的所有步骤,进入下一轮蒸馏,直到输出量子态 $|T\rangle_L$ 的精度足够高。

通过此方法可制备任意精度的量子态 $|T\rangle_L$,进而实现任意精度的容错 T_L 门。

[①] 当比特 15 的输入为 $\alpha|0\rangle + \beta|1\rangle$(其他 14 个比特的输入态为 $|0\rangle$)时,经过绿框内的线路后得到 $[[15,1,3]]$ 码中的逻辑态 $\alpha|\bar{0}\rangle + \beta|\bar{1}\rangle$。

5.5.4 容错量子计算的阈值

至此，我们已证明可容错地实现量子态的制备、测量、纠错以及普适量子门，我们下面就来证明，在这些容错组件基础上，若物理操作精度高于某个阈值 p_{th}（此阈值为常数）[①]就可实现任意精度的容错量子计算。其核心是需说明编码后的逻辑比特出现逻辑错误的概率比未编码前要低，且通过级联或增加拓扑码规模的方式可将逻辑错误降到任意低，进而实现精度可控的普适量子计算。

5.5.4.1 阈值定理

研究容错阈值的核心是研究错误对译码的影响（译码错误会导致逻辑错误）[②]。通过在每个操作前后各加上一个容错的纠错过程（若译码理想）可隔绝错误的传播，因而仅需研究局域错误对纠错的影响。为此，我们先将量子线路映射到具有纠错功能且便于分析的容错（模拟）线路上。

1. 容错线路 C^1

对一个含噪声量子线路 C^0，最直接的容错线路就是将 C^0 中相应的功能单元直接替换为对应的容错编码模块。为此，我们需将线路 C^0 分解为一系列基本的功能单元。

量子线路 C^0 的基本单元称为"位"（location），它按功能区分为制备位、测量位、量子门位以及闲置位等[③]，其中制备位引入新量子比特而测量位去除量子比特。一般地，量子线路可按时序分割为一系列片段，一个时间片段内每个量子比特只属于一个"位"；每个量子比特的第一个"位"一定是制备位，而最后一个"位"一定是测量位。如果两个"位"至少共用一个量子比特，且出现在共用量子比特连续的两个时间片段内，则称这两个"位"为连续位。

> **例 5.29 线路位**
>
> 我们以 Steane 码中实现 T 门的线路为例（不参与作用的 4 个量子比特已忽略）来看线路中"位"的概念，以及如何进行时间片段划分（图 5.62）。

[①] 当操作精度高于此阈值时，每个量子过程均可纠错，且纠错后量子态的错误不增加。

[②] 参见文献 D. Aharonov and M. Ben-Or, Proc. 29th Ann. ACM Symp. on Theory of Computation (ACM, 1998), p.176–188; E. Knill, R. Laflamme, and W. H. Zurek, Proc. Royal Soc. London A, **454** (1998); D. Aharonov and M. Ben-Or, SIAM J. Comput. **38**, 1207–1282 (2008); P. Aliferis, D. Gottesman, J. Preskill, Quant. Inf. Comput. **6**, 97-165 (2006).

[③] 制备位实现制备功能；测量位实现测量功能；量子门位完成量子逻辑门；而闲置位不执行任何操作，它等待其他比特完成操作。

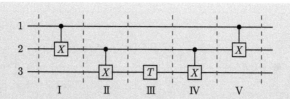

图 5.62 将线路分成一系列位的操作：整个线路按时序分为 7 个片段，每个比特在每个片段都对应一个"位"；最左边为制备位，最右边为测量位。在时间片段 I 中，比特 1、2 处于同一个量子门位，而比特 3 处于闲置位；时间片段 I 内的量子门位（包含比特 1、2）与时间片段 II 中的量子门位（包含比特 2、3）是连续位，它们在共同比特 2 上处于连续的两个时间片段

在"位"概念基础上，我们可通过"位"替换来定义线路 C^0 的容错线路 C^1。

定义　对任意量子线路 C^0，若将它的每个"位" C_i 都替换为其对应的容错组件 C_i^1，并在任意两个连续位之间加上容错的纠错组件 EC，这样形成的量子线路 C^1 称为线路 C^0 的容错线路或线路 C^0 的容错模拟。

编码空间中的容错线路 C^1 相对于未编码线路 C^0 中增加了纠错组件 EC（它可对编码空间中出现的错误进行探测和纠正，进而避免错误传播）。一般地，我们将容错线路 C^1 中的"位"组件及其紧随的 EC 组件看作一个整体，称为一个方框模块，记为 1-Rec（1 用于区分高阶级联过程中的模块）。

例 5.30　C^1 线路的形成

将 C^0 线路 5.62 中每个物理比特都换为 $[[15,1,3]]$ 码中的逻辑比特（$[[15,1,3]]$ 码中的 CNOT 门和 T 门都具有横向性，可容错实现）。按如下步骤得到其容错线路：

(1) 将原线路中的"位"用编码空间中对应的容错组件替换（图 5.63），即

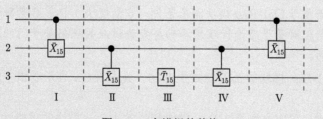

图 5.63　容错组件替换

(2) 在两个连续位之间加上容错的纠错组件 EC，得到如图 5.64 所示

的容错线路。

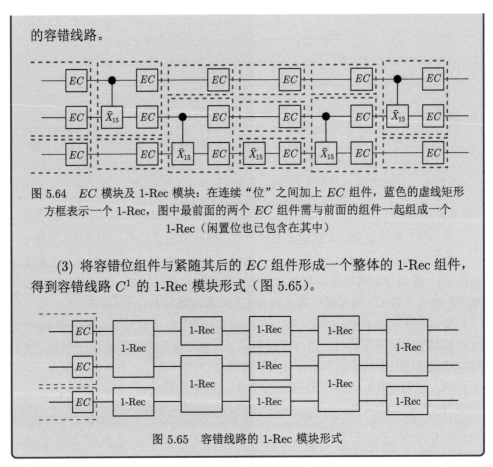

图 5.64　EC 模块及 1-Rec 模块：在连续"位"之间加上 EC 组件，蓝色的虚线矩形
方框表示一个 1-Rec，图中最前面的两个 EC 组件需与前面的组件一起组成一个
1-Rec（闲置位也已包含在其中）

(3) 将容错位组件与紧随其后的 EC 组件形成一个整体的 1-Rec 组件，
得到容错线路 C^1 的 1-Rec 模块形式（图 5.65）。

图 5.65　容错线路的 1-Rec 模块形式

EC 组件的加入，使错误可在 1-Rec 模块内被纠正而不至于传播（研究局域
模块即可）。因此，当 1-Rec 模块中的错误满足一定的条件时，此模块可精确模拟
C^0 中对应"位"的功能。为此，我们引入不同 1-Rec 模块的正确性定义。

• 量子门 1-Rec 模块的正确性定义。

定义　若量子门 1-Rec 模块满足条件：方框模块 1-Rec 后紧跟一个理想译码
得到的结果与先对量子态进行理想译码再实施对应的理想量子门的结果相同，则
称它是正确的。

量子门 1-Rec 模块的正确性如图 5.66。其中 0-Ga 表示逻辑空间中的理想量
子门。

• 相应地，可定义测量 1-Rec 模块和制备 1-Rec 模块的正确性，它们的性质
如图 5.67。

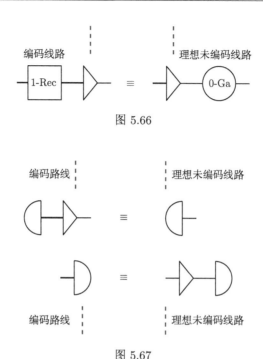

图 5.66

图 5.67

1-Rec 模块正确性可简单地理解为理想译码器可从 1-Rec 模块的右边移到左边（同时将 1-Rec 替换为其逻辑空间中的理想操作）而不改变结果。

通过各种 1-Rec 模块（局域模块）的正确性就可以建立编码空间中的容错线路 C^1 与理想逻辑线路 C^0 间的可模拟性。若容错线路中所有 1-Rec 模块均正确，则可将理想编码器从模拟线路 C^1 的最右侧移动到最左侧，模拟线路就变成了理想的逻辑线路。

遗憾的是，1-Rec 模块的正确性不能由 1-Rec 模块自身的出错信息完全确定，它还与输入（编码空间中）量子态的出错信息相关。我们期望模块的正确性能完全由模块自身决定。为此只需对 1-Rec 模块进行简单的扩展：在 1-Rec 的输入端加上 EC 组件（隔绝输入量子态中错误的影响），就能得到满足条件的模块。具体地，扩展方框模块定义如下。

定义 (扩展方框（extended rectangle）模块) 在容错线路 C^1 中，每个容错组件 C_i^1（对应 C^0 中的 C_i "位"）加上 C_i 前后两个连续位之间的 EC 组件形成一个整体称为一个扩展方框模块，记为 1-ExRec。时序上处于容错组件 C_i^1 前面（左侧）的 EC 组件称为前导 (leading)-EC，C_i^1 后面（右侧）的 EC 组件称为后延 (trailing)-EC，即图 5.68。

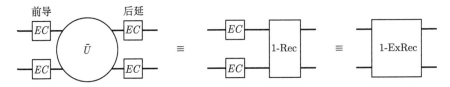

图 5.68   扩展方框模块

从定义可见扩展方框模块 1-ExRec 相当于在方框模块 1-Rec 中增加左侧的前导 EC 组件。

例 5.31   1-ExRec 模块与线路

仍以前面的线路 5.64 为例，将它按 1-ExRec 模块进行划分，为完整计，我们加上了制备和测量操作（图 5.69）。

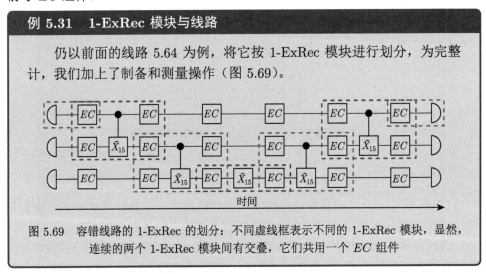

图 5.69   容错线路的 1-ExRec 的划分：不同虚线框表示不同的 1-ExRec 模块，显然，连续的两个 1-ExRec 模块间有交叠，它们共用一个 EC 组件

按定义，每个制备和测量 1-ExRec 模块都仅含有一个容错 EC 组件：制备 1-ExRec 只含右侧的后延 EC 组件；测量 1-ExRec 模块只含左侧的前导 EC 组件。每个量子门（或闲置）位对应的 1-ExRec 模块都含有两个 EC 组件。特别注意，两个连续的 1-ExRec 模块并不独立，它们共用同一个容错 EC 组件。

1-ExRec 模块上的正确性定义与 1-Rec 上类似。

定义 (1-ExRec 模块的正确性)

• 我们称一个量子门 1-ExRec（或闲置 ExRec）模块正确是指其错误满足如下条件（图 5.70）：

即输入的编码空间中任意量子态经过量子门 1-ExRec 模块后的理想译码，与经过左侧的前导 EC 组件后进行理想译码，并经过理想逻辑门后的结果一致。

• 称一个制备 1-ExRec 模块是正确的是指它满足如下条件（图 5.71）：制备 1-ExRec 模块给出的编码空间量子态的理想译码与理想的目标态一致。

• 称一个测量 1-ExRec 模块是正确的是指它满足如下条件（图 5.72）：测量 1-ExRec 模块得到的测量结果，与对 EC 组件后的量子态先进行理想译码再进行理想测量得到的结果一致。

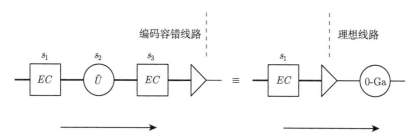

图 5.70 1-ExRec 编码模块正确性定义：理想译码器可从 1-ExRec 模块的右边移动到其前导 EC 组件后面（同时将量子门替换为理想逻辑门）而不改变结果

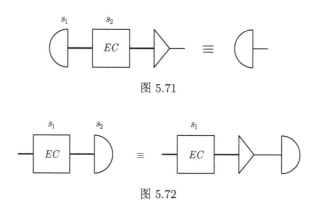

图 5.71

图 5.72

由此可见，1-ExRec 模块的正确性也可通过自身模块与理想译码器间的对易关系定义：理想译码器从右往左移动，且移动经过的操作均变为无误差的理想操作。特别地，当理想译码器移过 EC 组件时，EC 可去除（右边已是逻辑空间中的理想线路）。

值得强调，1-ExRec 模块的正确性可通过其自身确定。为明确此性质，我们先来定义 1-ExRec 模块的好与坏（它直接由模块中出现错误的比特数目定义）。

定义 (1-ExRec 模块的好坏定义) 若一个完整 1-ExRec 模块中包含至多 t 个错误，则称此 1-ExRec 模块为好的，其中 t 为对应纠错码能纠正的最大错误数。不满足好模块定义的 1-ExRec 模块称为坏 1-ExRec 模块。

1-ExRec 的正确性与它的好坏间有如下定理。

定理 5.5.10 一个好的 1-ExRec 模块一定是正确的。

直接利用 1-ExRec 模块好和正确性的定义即可证明此定理。因此，若容错线路 C^1 中所有 1-ExRec 模块均为好的，那么所有 1-ExRec 模块都是正确的。因此，我们有如下的可模拟定理。

定理 5.5.11 (可模拟定理)　如果量子线路 C^0 的容错线路 C^1 中只包含好的 1-ExRec 模块，那么，C^1 的输出分布与线路 C^0 的理想输出分布一致。简单地说，线路 C^1 可模拟线路 C^0。

证明　理想译码器提供了将线路 C^1 转换到理想 C^0 的数学工具。因此，从测量位 1-ExRec 模块的正确性引入理想译码器；然后，将理想译码器逆向使用正确性移过每个 1-ExRec 模块，理想译码器的左边是 C^1 中的线路，而它的右边是 C^0 中的线路；当理想译码器最后碰到好的 1-ExRec 制备模块时，它将被制备模块吸收，而整个线路也就转换成了 C^0。　　　　　　　　　　　□

至此，我们已将容错电路 C^1 与理想量子线路 C^0 间的关系转化为 1-ExRec 模块的好坏性质。C^1 中 1-ExRec 模块全好的条件要求线路中所有 1-ExRec 模块中的错误数目都不超过纠错码能纠正的错误数目（不导致译码错误，即逻辑错误）。然而，当线路规模足够大时，1-ExRec 模块全好的条件难以实现。事实上，无需要求 C^1 线路中每个模块都不出现错误，仅需每个 1-ExRec 模块出现逻辑错误的概率远小于线路 C^0 中"位"出现错误的概率即可[①]。

2. 层缩定理

在研究 1-ExRec 模块中出现错误的情况之前，我们先介绍物理比特上的错误模型。在独立错误的模型中，线路 C^0 中每个"位" C_i 都以一定的概率 p_i^j 独立地发生错误 E^j。当错误集合 $\{E^j\}$ 都是 Pauli 错误时，则称其为独立的 Pauli 错误模型。在此模型中，常假设概率 p_i^j 仅与 Pauli 错误的类型相关而与发生错误的位置无关，即 $p_i^j = p^j$。特别地，在独立退极化模型中，错误概率 p^j 与 Pauli 算符（$\sigma^x, \sigma^y, \sigma^z$）的类型也无关（模型仅由概率 p 刻画）。

不同"位"上错误的无关性在分析出错概率时极为重要。但很遗憾，在线路 C^0 中与"位"无关的错误模型，在容错线路 C^1 中并不能得出 1-ExRec 模块（完整或截断）之间错误的无关性。在 C^1 中，连续的两个 1-ExRec 模块之间共用一个 EC 模块，这破坏了它们错误间的独立性。因此，独立无关性在 C^1 中并不保持。为使错误模型在容错级联过程中不变，我们需引入局域随机错误模型。

定义 (局域随机错误模型)　给定一个含噪声的完整量子线路 C，且每个位 C_i 上出现错误的概率固定为 $p_i < 1$。设 P_S 表示位集合 S 中所有"位"均发生错误的概率，若线路 C 中任意的位集合 S 均满足 $P_S \leqslant \prod_{i \in S} p_i$，那么，我们就称此错误模型为局域随机错误模型。

对此定义有如下几点说明：

（1）尽管定义中对错误类型未作限制，但错误本身应满足因果结构，如时序

上靠前的位错误应先出现。

（2）定义只要求了给定集合 S 全部出错的概率上限，并未限制集合 S 之外的位是否发生错误。

（3）独立错误模型自动是一个局域随机错误模型。局域随机错误模型中每个"位"的固定出错概率 p_i 与无关联模型中一致。

在本章中我们总假设物理比特上的错误满足局域随机模型。

假设线路 C^0 中共含有 L 个位，假设物理比特上的错误为局域随机错误且错误在每个"位"上发生的概率均为 p。我们用码距为 $d\left(t=\left\lfloor\dfrac{d-1}{2}\right\rfloor\right)$ 的纠错码来编码容错线路 C^1。按定理 5.5.11，若所有 1-ExRec 均为好的，模拟线路的逻辑空间输出与理想线路 C^0 相同；但若有一个 1-ExRec 模块是坏的，则模拟就会失败（出现逻辑错误）。

我们首先来估计容错线路 C^1 中一个给定 1-ExRec 为坏的[①]概率 P_{bad}：一个 1-ExRec 模块（对应 C^0 中某个"位"）中指定的 $t+1$ 个"位"出现错误的概率为 p^{t+1}；若线路 C^1 中的 1-ExRec 模块最多含有 m 个位，则一个 1-ExRec 模块中至少 $t+1$ 个"位"有错误的概率不大于 $P_{\text{bad}}=\mathrm{C}_m^{t+1}p^{t+1}$（$\mathrm{C}_m^{t+1}$ 是从 m 个位中任选 $t+1$ 个的组合数）。

与未编码物理线路 C^0 中每个"位"的出错概率 p 相比，编码后的模拟线路 C^1 需比未编码前的物理线路 C^0 更可靠，这就要求

$$P_{\text{bad}}=\mathrm{C}_m^{t+1}p^{t+1}<p,\qquad 即\quad p<(\mathrm{C}_m^{t+1})^{-1/t}$$

若此条件得到满足，那么，我们通过级联编码的方式就可实现任意精度的量子计算（使容错线路 C^k 的逻辑输出渐近地趋近理想线路 C^0）。

模拟误差

模拟线路 C^1 与未编码物理电路 C^0 间的模拟误差定义如下。

定义　设置量子线路 C^1 和 C^0 的输入态分别为 $|\bar{0}\rangle^{\otimes n}$ 和 $|0\rangle^{\otimes n}$（n 为线路 C^0 中的量子比特数目），分别经过相应线路后在（逻辑或物理）计算基下测得的分布为 P^{sim} 和 P^{idea}，则 C^1 对 C^0 的模拟误差 δ 定义为

$$\delta=||P^{\text{sim}}-P^{\text{idea}}||_1=\sum_i|P_i^{\text{sim}}-P_i^{\text{idea}}|$$

其中 P_i^{sim}（P_i^{idea}）表示基矢量 $|\bar{i}\rangle$（$|i\rangle$）上的概率。

---

① 译码出现逻辑错误。

因此，线路 C^1 对 C^0 的模拟误差为

$$\delta = \sum_i |P_i^{\text{sim}} - P_i^{\text{idea}}|$$

$$= \sum_i |(1 - P_{\text{bad}})P_i^{\text{idea}} + P_{\text{bad}}q_i^f - P_i^{\text{idea}}|$$

$$= \sum_i |P_{\text{bad}}| \cdot |P_i^{\text{idea}} - q_i^f|$$

$$\leqslant 2NP_{\text{bad}} = 2N\mathrm{C}_m^{t+1}p^{t+1}$$

其中 $N = 2^n$，q_i^f 表示在出错情况下的量子态分布。

从此结论中可以看出，要使模拟达到给定精度 $1 - \epsilon$，则物理比特上的出错率需满足

$$p \leqslant \left(\frac{\epsilon}{2N\mathrm{C}_m^{t+1}}\right)^{\frac{1}{t+1}}$$

显然，若固定纠错码的码距 d（也就固定了最大纠错比特数 t），随着 N 的增加，p 将随系统规模指数减小并很快超出实验技术的能力范围。此困难可通过增加码距 d（增加拓扑稳定子码的系统规模或增加级码的层数）解决。

除可从码距增加的角度分析纠错码级联对容错的影响外，还可从级联对逻辑比特上错误概率 p 的影响进行分析。原则上，我们可从两个不同但等价的角度来分析。

(1) 将 k 阶级联码[①]看作一个整体，在 k 阶级联码上实现各种容错组件，然后用这些容错组件替换线路 C^0 中对应的"位"形成容错线路 C^1，最后用与前面相同的方法进行分析。

(2) 递归地构造一系列模拟电路 C^k $(k = 0, 1, 2, \cdots, L)$，其中 C^k 是线路 C^{k-1} 的容错模拟且所有容错线路都使用相同的纠错码编码。

我们这里采用后一种分析方式。按前面对局域随机错误的分析，当每个"位"在物理比特上的出错概率小于某个临界值时，编码后的容错线路 C^1 会比未编码的线路 C^0 更可靠。相同的分析可知，线路 C^k $(k = 1, 2, \cdots, L)$ 都比线路 C^{k-1} 更可靠。因此，通过递归的方式构造一系列容错线路 C^k，其可靠性随 k 逐步提

[①] 同一个纠错码，自身级联 k 次。

高。对此，我们有如下的层缩定理（level reduction theorem）[①]。

定理 5.5.12 C^k $(k = 1, 2, \cdots, L)$ 是由码距为 d 的纠错码按递归方式构造的一组容错的模拟线路。设 k 阶模拟线路 C^k $(k \geqslant 1)$ 中每个物理"位"上的局域随机错误强度为 p，则存在一个局域随机错误强度满足条件：

$$\tilde{p} \leqslant C_m^{t+1} p^{t+1} \tag{5.39}$$

的 $(k-1)$ 阶线路 C^{k-1}，使得这两个线路在逻辑空间中的输出概率分布相同。其中 $t = \left\lfloor \dfrac{d-1}{2} \right\rfloor$，$m$ 为 1-ExRec 模块中"位"数目的最大值。

因 C^k 由 C^{k-1} 编码获得，$\tilde{p}$ 对应于逻辑位上的错误强度。

证明 与证明 C^1 可模拟理想 C^0 线路类似，我们需考虑将理想译码器从线路最右边移到最左边（将 C^1 线路变为 C^0 线路）。其关键之处在于 C^1 中会有一些坏的 1-ExRec 模块，此时理想译码器将不再适用。

我们从测量 1-ExRec 模块开始分析，若 1-ExRec 测量模块是好的（它必是正确的），则可由理想译码器和理想的测量结果代替。继续将理想译码器左移，对每一个好的 1-ExRec 模块，我们都可将它移到对应 1-ExRec 模块左边，然后它右边的 1-ExRec 模块由对应的理想门操作 0-Ga 代替。直到遇到某个坏的 1-ExRec 模块，此时，理想译码器将被吸附在此 1-ExRec 模块左侧的前导 EC 右方，无法像好 1-ExRec 模块一样继续将译码器左移。因此，我们需研究译码过程在坏 1-ExRec 模块中的作用。

当错误总数超过纠错码的纠错能力时，将导致逻辑错误（发生逻辑错误的概率等于容错线路中的错误概率 $\tilde{p}$）。因此，我们期望能以如下方式将理想译码器移动至左边（图 5.73）。

图 5.73 坏 1-ExRec 的处理：由于 $s_1 + s_2 + s_3 > t$，此时 1-ExRec 模块为坏模块。将理想译码器向左移过此坏量子门模块 1-ExRec 组件后，量子门 $\bar{U}$ 被译码成一个含误差的逻辑空间的门操作 0-Ga'

其中的量子门操作 0-Ga'（由译码错误导致的逻辑错误，无错误的理想门应

① 参见文献 P. Aliferis, D. Gottesman, J. Preskill, Quant. Inf. Comput. **6**, 97-165 (2006); P. Aliferis, PhD Thesis of California Institute of Technology (2007).

为 0-Ga）不仅与逻辑门 U 和右侧的后延 EC 模块中的错误有关，还与左侧的前导 EC 模块（甚至前一个连续的 1-ExRec 模块中的错误）都相关。为表明译码后的量子门 0-Ga′ 与诊断症状相关这一事实，理想译码器需替换为一个如图 5.74 所示的相干译码器。

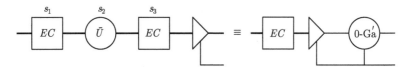

图 5.74 相干译码器：逻辑空间的幺正变换 0-Ga′ 由诊断症状及其译码确定

此相干译码器可看作一个与错误症状相关的幺正变换。设左侧量子态进入相干译码器前为量子态 $E_i|\psi_L\rangle$（其中 $|\psi_L\rangle$ 为编码空间中的逻辑态，而 $\{E_i\}$ 为纠错码 $[[n,k,d]]$ 中的错误算符（Pauli 群中的元素）），则相干译码器实现的幺正变换可形式地表示为

$$E_i|\psi_L\rangle \longrightarrow |\varphi_i\rangle \otimes |e_i\rangle \qquad (5.40)$$

其中 $|\varphi_i\rangle$ 是通过诊断症状译码的单比特逻辑量子态，而 $|e_i\rangle$ 是其余 $n-1$ 个量子比特上的状态（它们是 $n-1$ 个稳定子生成元的诊断信息）。由于式（5.40）两边的不同量子态间相互正交，总存在一个幺正变换连接这两组量子态。从相干译码器的定义可以看出，理想译码器是对 $n-1$ 个信息的存储症状比特求迹后的结果，仅在 1-ExRec 为好模块的条件下，逻辑比特与其余 $n-1$ 个比特解纠缠（在相干译码器中，它们相互纠缠）。

可类似地定义 1-ExRec 模块在相干译码器下的正确性。量子门 1-ExRec 模块在相干译码器中的正确性定义为图 5.75。

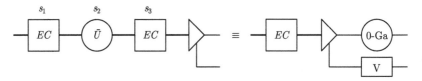

图 5.75 1-ExRec 模块在相干译码器的正确性定义：逻辑空间仍实施理想的量子门操作，且与辅助空间解纠缠

显然，两个译码器（理想译码器和相干译码器）定义的 1-ExRec 模块的正确性之间有如下关系。

定理 如果一个 1-ExRec 模块对理想译码器是正确的，那么，它对相干译码器也是正确的。

通过相干译码器，就可以构造与含坏 1-ExRec 模块线路等价的译码线路 $\hat{C}^0$ 了。

定理 5.5.13 ($\hat{C}^0$ 线路)　设 C^1 为量子线路 C^0 的容错线路，且标记 C^1 中每个 1-ExRec 模块的状态（好或坏）。按如下规则产生新的量子线路 $\hat{C}^0$ 与量子线路 C^1 的输出分布一致：

（1）若 C^1 中的 1-ExRec 模块 C_i^1 标记为好，则在 $\hat{C}^0$ 线路中用 C_i^0 对应的理想操作代替；

（2）若 1-ExRec 模块 C_i^1 标记为坏，则 $\hat{C}^0$ 线路中由含错误的量子门 0-Ga′ 代替；

（3）在线路 $\hat{C}^0$ 中用辅助寄存器存储控制 0-Ga′ 门的误差诊断信息[①]。

通过此定理，我们就可建立含坏 1-ExRec 模块的容错线路 C^1 与未编码线路之间的对应关系。同理可构造一个与 k 阶容错线路输出分布相同的 $k-1$ 阶容错线路。我们唯一需要做的就是估计 $k-1$ 阶容错线路的有效出错率 $\tilde{p}$。而此概率就是单个 1-ExRec 中出现逻辑错误的概率，即 $\tilde{p} \leqslant \mathrm{C}_m^{t+1} p^{t+1}$。　　　　□

3. 阈值定理

反复利用层缩定理（定理 5.5.12），我们就能得到下面的阈值定理。

定理 5.5.14 (阈值定理)　假设物理线路的错误由强度为 p 的局域随机错误模型描述，则存在错误强度阈值 p_{th}，使得当错误强度满足条件 $p < p_{th}$ 时，对任意理想量子线路 C 和给定精度参数 $\epsilon > 0$，都存在容错量子线路 C' 使得理想线路 C 与量子线路 C' 的输出概率间的距离（模拟误差）不超过 ϵ。

利用层缩定理，我们可构造性地证明此定理。

证明　对任意的量子线路 C，通过级联纠错码 $[[n,1,2t+1]]$ 的方式可构造其 k-阶容错量子线路 C^k。我们下面来证明当 k 足够大时，它就是满足条件的量子线路 C'。

设线路 C^k 中每个物理"位"上的错误均可用错误强度为 p 的局域随机错误模型描述，则根据层缩定理，线路 C^k 的 $[[n,1,2t+1]]$ 码逻辑空间中的输出与错误强度为 p_1 的 $(k-1)$-阶容错线路 C^{k-1} 的输出一致，其中

$$p_1 \leqslant \mathrm{C}_m^{t+1} p^{t+1}$$

反复使用层缩定理降低容错线路的阶数，直到得到错误强度为 p_k 的 0 阶量子线路 C^0。量子容错线路 C^i 中的错误强度 p_i 与物理比特上的错误强度 p 间有关系：

---

① 它们与对应的门操作 0-Ga′ 纠缠。

$$\frac{p_1}{p_{th}} \leqslant \left(\frac{p}{p_{th}}\right)^{t+1}$$

$$\frac{p_2}{p_{th}} \leqslant \left(\frac{p}{p_{th}}\right)^{(t+1)^2}$$

$$\vdots$$

$$\frac{p_k}{p_{th}} \leqslant \left(\frac{p}{p_{th}}\right)^{(t+1)^k}$$

其中 $p_{th} = A^{-1/t}$（在层缩定理中 A 取为 C_m^{t+1}，5.5.4.2 节我们将看到 A 可进一步优化，进而提高阈值 p_{th}）。显然，当 $p < p_{th}$ 时，随着级联层数 k 的增加，C^0 中逻辑比特的出错概率 p_k 随层数 k 呈双指数减小。

若要求 C^0 中与理想线路 C 对应"位"的出错概率不大于 $\tilde{\epsilon}$，则所需的级联层数 k 应满足

$$k \geqslant \left\lceil \log_{t+1}\left(\frac{\log\dfrac{\tilde{\epsilon}}{p_{th}}}{\log\dfrac{p}{p_{th}}}\right) \right\rceil \qquad\qquad \Box$$

5.5.4.2   基于级联的阈值计算

阈值定理告诉我们存在一个阈值 p_{th}，只要物理线路中局域随机错误模型中的误差强度 p 低于 p_{th}，我们就能通过级联的方式实现精度可控的量子计算。从实际可行性出发，总希望阈值越大越好（更容易实验实现），因此，在给定错误模型下，寻找具有更高容错阈值的纠错码是实现普适量子计算的关键问题。但此问题的核心仍是在给定纠错码和容错方式的情况下求容错阈值[①]。

从阈值定理（定理 5.5.14）的证明可知：阈值 $p_{th} = A^{-1/t}$，其中 A 是使 1-ExRec 模块的译码出现逻辑错误的不同错误数（所有模块中错误数目的最大者）。因此，在给定纠错码及容错方式[②]基础上，阈值 p_{th} 的计算问题实际上就是一个 1-ExRec 模块的计数问题（精确估计 A）。在式（5.39）中我们将 A 估计为 C_m^{t+1}（其中 m 为 1-ExRec 模块中"位"数目最大者），这一估计过于悲观和粗糙，未考虑 1-ExRec 模块的坏和出现逻辑错误之间的差异。事实上，即使某个 1-ExRec

---

① 参见文献 D. Aharonov and M. Ben-Or, Proc. 29th Ann. ACM Symp. on Theory of Computation (ACM, 1998), p. 176-188; E. Knill, R. Laflamme, and W. H. Zurek, Proc. Royal Soc. London A **454** (1998); D. Aharonov and M. Ben-Or, SIAM J. Comput. **38**, 1207–1282 (2008); P. Aliferis, D. Gottesman, J. Preskill, Quant. Inf. Comput. **6**, 97-165 (2006).

② 噪声模型假定为局域随机错误模型。

模块作为整体是坏的，但其核心的 1-Rec 模块仍可能是正确的[①]。

为进一步区分这种情况（更精确地估计 A），需细化 1-ExRec 中好的概念（尽量使其与 1-Rec 模块中的正确性贴近，但仍保持其局域可判断的性质）。为此，我们引入如下概念。

定义 (1-ExRec 模块中的良性集合) 给定 1-ExRec 模块，设 S 为此模块中某些"位"的集合，若无论 S 中的"位"发生何种错误，此 1-ExRec 中的 1-Rec 模块均为正确的，则称 S 为此 1-ExRec 模块的良性（benign）集合，反之称其为恶性（malignant）集合。

利用恶性集合就可将 1-ExRec 模块中好和坏的定义进一步细化。

定义 (细化的 1-ExRec 模块好坏定义) 对容错线路 C^1 中的一个 1-ExRec 模块，若其发生错误的"位"包含一个恶性集合 S，则称此 1-ExRec 为坏的；反之，则称其为好的。

利用这一细化的 1-ExRec 模块好坏定义可直接将一些明显不是恶性集合的情况从 A 中去除，从而提高容错阈值（减小 A）。

例 5.32

若一个 1-ExRec 模块中的所有错误都发生在左侧的前导 EC 组件中，则按定义其 1-Rec 一定为正确，故在计算 1-ExRec 中的恶性集合时，可直接排除掉这种情况。因此，对一个 n-比特量子门对应的 1-ExRec 模块其含 k 个元素的恶性集合数目上限不超过：

$$L_k \equiv \mathrm{C}_N^k - n\mathrm{C}_{N_{EC}}^k$$

其中 N 为此 1-ExRec 模块的总"位"数，N_{EC} 是一个 EC 组件所含的总"位"数。

利用细化的 1-ExRec 模块好坏定义，通过计算 1-ExRec 模块中含 k 个（$k = t+1, t+2, \cdots$；当 $k \leqslant t$ 时不存在恶性集合）元素的恶性集合数目 A_k 就可得到改进后的层缩定理及容错阈值 p_{th}。在实际计算中，我们往往将 k 截断到某个数 k_c[②]，并将元素个数超过 k_c 的恶性集合数目估计为：若 1-ExRec 模块中有前导 EC 存在，则 $A_{k_c+1} = L_{k_c+1}$；否则，A_{k_c+1} 等于 $\mathrm{C}_m^{k_c+1}$。而 $A_{t+1 \leqslant k \leqslant k_c}$ 可用更精确的方法计算：

[①] 正确性就能保障将理想译码器移到 1-Rec 左边（译码正确，无逻辑错误），而要求 1-ExRec 为好的要求显然过高（正确的 1-Rec 不保证对应 1-ExRec 模块一定是好的）。

[②] 显然，截断 k_c 越大，计算的阈值就越准确。

（1）当 1-ExRec 模块中的"位"数目 m 较少时，可通过遍历的方式来获得精确的数目 A_k。

（2）当 1-ExRec 模块中"位"数目较大时（无法进行遍历），可通过蒙特卡罗采样的方法来估计含 k 个错误的集合为恶性集合的概率 f_k，并通过 $A_k \simeq f_k L_k$ 来估计恶性集合的数目。

在获得 A_k（$k = t+1, t+2, \cdots, k_c$）的值后，层缩定理中容错线路的等效错误强度 $\tilde{p}$（式（5.39））可改进为

$$\tilde{p} \leqslant A_{t+1}p^{t+1} + A_{t+2}p^{t+2} + \cdots + A_{k_c}p^{k_c} + L_{k_c+1}p^{k_c+1} \tag{5.41}$$

此表达式可形式地写为

$$\tilde{p} \leqslant A'p^{t+1}$$

因此，局域随机错误强度 p 的阈值可改进为 $p_{th} = (A')^{-1/t}$。

根据 1-ExRec 模块中容错组件的构成，EC 组件中含有对制备量子态（如逻辑态 $|\bar{0}\rangle$ 和 $|\bar{+}\rangle_L$）的检验过程。在前面计算容错阈值 p_{th} 的过程中，辅助模块与其他模块同等处理，由此得到的概率 $\tilde{p}$ 是辅助模块成功且 1-ExRec 模块失败的联合概率。然而，在实际的计算中，仅有 {通过检验的辅助} 组件才能与 {计算用} 组件作用。显然，辅助模块成功前提下，1-ExRec 模块失败的条件概率 $\tilde{p}_c$ 才直接对应于物理比特上的错误限制。

我们使用贝叶斯方法来求此条件概率 $\tilde{p}_c$。设单个制备模块通过检验的概率为 $\tilde{p}_{\text{accept}}$，则条件概率 $\tilde{p}_c$ 与联合概率 $\tilde{p}$ 间的关系可表示为

$$\tilde{p}_c = (\tilde{p}_{\text{accept}})^{-n_a}\tilde{p} \tag{5.42}$$

其中 n_a 是 1-ExRec 模块中辅助模块的数量。当辅助模块的制备未通过检测时，则辅助模块中至少有一个"位"发生了错误，因此，一个辅助模块通过检测的概率下限为 $\tilde{p}_{\text{accept}} \geqslant 1 - C_{\max}p$，其中 $C_{\max}$ 是最大辅助模块中的"位"数目。因此，在假设 $p \leqslant (A')^{-\frac{1}{t}}$ 的条件下，将 $\tilde{p}$ 和 $\tilde{p}_{\text{accept}}$ 代入表达式（5.42）得到

$$\tilde{p}_c \leqslant (1 - C_{\max}p)^{-n_a}A'p^{t+1}$$
$$\leqslant (1 - C_{\max}(A')^{-\frac{1}{t}})^{-n_a}A'p^{t+1}$$
$$= A''p^{t+1} \tag{5.43}$$

其中 $A'' = (1 - C_{\max}(A')^{-\frac{1}{t}})^{-n_a}A'$。

根据条件概率 $\tilde{p}_c$ 的表达式可得最终的阈值估计为

$$p_{th} = (A'')^{-\frac{1}{t}}$$

下面我们以 $[[7,1,3]]$ 码的两种容错量子计算方式为例来计算其局域随机错误的阈值。

1. [[7, 1, 3]] 码与魔幻态蒸馏结合实现容错量子计算的阈值

[[7,1,3]] 码中所有 Clifford 操作都具有横向性（自动具有容错性），仅 $\bar{T}$ 门需使用其他方法实现其容错性。为确定性起见，我们使用魔幻态蒸馏的方法来实现 $\bar{T}$ 门的容错性且在 EC 组件中使用 Steane 方法进行稳定子测量（见 5.5.1 节中容错测量的部分）。在这些容错组件基础上，可以构造一组基本的 1-ExRec 模块（如制备 1-ExRec 模块、Hadamard 1-ExRec 模块、CNOT 1-ExRec 模块以及测量 1-ExRec 模块等），分别计算这些基本模块的容错阈值，其最小者（A 最大）就是其容错量子计算的阈值。仍假设每个物理位上的错误为局域随机错误，对每个 1-ExRec 模块计算包含 2 个 "位"（$k_c = 2$）的恶性集合数量[①]，进而确定此模块的阈值。

事实上，在此容错计算方式中，最小阈值模块的有力竞争者是 CNOT 1-ExRec 模块和量子态 $|T\rangle_L$ 制备的 1-ExRec 模块。下面我们来分别计算这两个模块中包含两个 "位" 的恶性集合数目。

• CNOT 1-ExRec 模块的容错阈值

CNOT 1-ExRec 模块的线路如图 5.76。

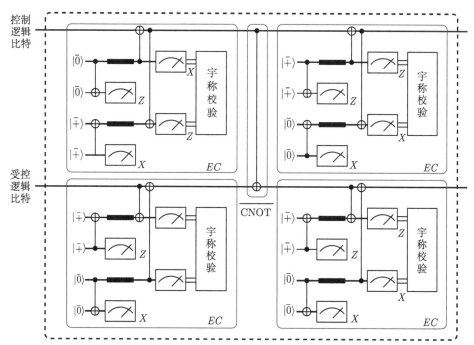

图 5.76 CNOT 1-ExRec 模块的线路：它包含 4 个 EC 容错组件和一个 $\overline{\text{CNOT}}$ 容错组件。图中粗线段表示闲置位所在处

[①] [[7,1,3]] 码中 $t = 1$（能纠正一个量子比特上的错误），因此，取 $k_c = 2$。

一个 CNOT 1-ExRec 模块含有四个 EC 组件和一个 $\overline{\text{CNOT}}$ 组件。为计算此 CNOT 1-ExRec 模块中包含的总"位"数，我们先来计算一个 EC 组件包含的"位"数：4 个逻辑态制备（每个逻辑态制备过程含 18 个"位"（参见图 5.77））、4 个稳定子测量（每个测量含 7 个"位"）、两个逻辑等待（每个逻辑等待含 7 个"位"）和四个 $\overline{\text{CNOT}}$（每个 $\overline{\text{CNOT}}$ 含 7 个"位"）。因此，一个 EC 组件共含有 $4 \times 18 + 4 \times 7 + 2 \times 7 + 4 \times 7 = 142$ 个"位"。因此，一个 CNOT 1-ExRec 模块共含有 $142 \times 4 + 7 = 575$ 个不同的"位"。

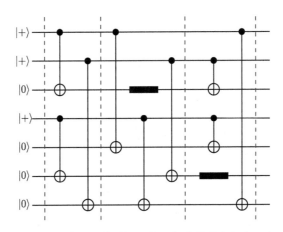

图 5.77 $|\bar{0}\rangle$ 态的制备：此过程分成三个时间片段，每个片段中包含三个 CNOT 操作和一个闲置位，在第一个时间片段内的闲置位可通过延后制备而略去。加上每个量子比特的初态制备位，此线路共有 $3 \times 4 - 1 + 7 = 18$ 个"位"

由于此模块中"位"数目不多，可通过遍历的方法来寻找恶性集。恶性集的具体结果可表示成一个 α 矩阵，其元素 $\alpha_{i,j}$ 表示两个不同类的"位" i 和 j 上发生错误（此模块中 $i, j = 1, 2, \cdots, 7$，它们对应如下 7 种不同类的"位"：1 表示门操作的等待位；2 表示测量的等待位；3 表示 $|0\rangle$ 态制备位；4 表示 $|+\rangle$ 态制备位；5 表示 X 测量位；6 表示 Z 测量位；7 表示 CNOT 门位）矩阵元素就是对应 i, j 位上使得模块不正确的数目：

$$
\alpha = \begin{bmatrix}
64 & & & & & & \\
624 & 630 & & & & & \\
160 & 468 & 96 & & & & \\
160 & 468 & 0 & 96 & & & \\
192 & 546 & 0 & 288 & 168 & & \\
192 & 546 & 288 & 0 & 0 & 168 & \\
2560 & 5924 & 1888 & 1888 & 2288 & 2288 & 13245
\end{bmatrix}
$$

计算中总假设错误发生在理想操作后。因此，1-ExRec 模块中含两个"位"的恶性集合总数为 $A_2 = \sum_{i,j} \alpha_{i,j} = 35235$ 个[①]。将此两个"位"的恶性集合的结果代入公式（5.41）得到

$$\tilde{p} \leqslant A_2 p^2 + A_3 p^3 = (A_2 + A_3 p)p^2 = A' p^2$$

其中

$$A' = A_2 + A_3 p \tag{5.44}$$

由此可得，阈值 $p_{th} = (A')^{-1}$。若将 $A_2 = 35235$、$A_3 = C_{575}^3$（粗略估计，可进一步估计为 L^3）以及 $p = (A')^{-1}$ 代入等式（5.44）可得 $A' \simeq 36108$。

正如前面所说，A' 对应于辅助模块通过检测且 CNOT 1-ExRec 失败的联合概率。按贝叶斯方法，令 p_{accept} 为辅助模块制备的量子态通过检验的概率，由于在 CNOT 1-ExRec 模块中有四个独立 EC 组件，且每个 EC 模块中有两个辅助模块，条件概率 p_c 与联合概率 p 之间满足关系：

$$p_c = p \cdot (p_{\text{accept}})^{-4 \times 2} \tag{5.45}$$

我们来估计 p_{accept} 的下限（对应 p_c 的上限）：当辅助模块的态制备未通过检验时，其 50 个"位"[②]中至少含有一个错误"位"。因此，辅助模块未通过检验的概率不超过 $50p$。换言之，检验模块的接受概率 $p_{\text{accept}} \geqslant 1 - 50p$。若将此不等式和假设 $p < (A')^{-1}$ 代入式（5.45）得到

$$p_c = p \cdot p_{\text{accept}}^{-8}$$

$$\leqslant A' p^2 (1 - 50 \cdot (A')^{-1})^{-8}$$

$$\leqslant A'' p^2$$

其中 $A'' \simeq 36511$. 因此，$[[7,1,3]]$ 码的 $\overline{\text{CNOT}}$ 门对应的 1-ExRec 模块所确定的阈值为

$$p_{th} = (A'')^{-1} = 2.739 \times 10^{-5}$$

- **制备 $|T\rangle_L$ 态的 1-ExRec 模块阈值**

此模块的线路如图 5.78 所示。此 1-ExRec 模块共含有 2 个 EC 组件（每个 EC 组件有 142 个"位"）、两个编码猫态的制备及确认组件（每个组件有 36 个

---

① 已假设每个位上发生 X 错误和 Z 错误的概率相同。
② 两个制备模块共含 36 个"位"（每个制备模块 18 个"位"），$\overline{\text{CNOT}}$ 模块含 7 个"位"，而测量模块含 7 个"位"。

"位"（参见图 5.79））、两个 $\hat{T}$ 组件（$\hat{T}$ 指在 [[7,1,3]] 码的 7 个量子比特上各作用一个 T 门，每个 $\hat{T}$ 组件有 28 个"位"）、两个 $\hat{T}^\dagger$ 组件（$\hat{T}$ 的逆，每个有 28 个"位"）、两个 $\overline{\text{CNOT}}$ 组件（每个 $\overline{\text{CNOT}}$ 组件 7 个"位"）、两个猫态测量组件（每个组件有 7 个"位"）、一个 $|\bar{0}\rangle$ 态的制备组件（18 个"位"）以及一个闲置组件（7 个"位"）。因此，它共含有 521 个"位"。

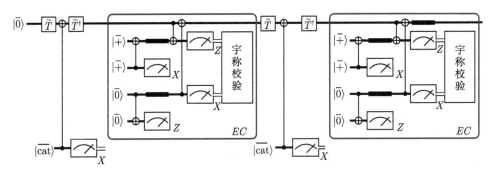

图 5.78 $|T\rangle_L$ 的容错制备线路：其中包括两个容错 EC 组件、两个猫态的制备和确认线路、两个 $\hat{T}$ 组件、两个 $\hat{T}^\dagger$ 组件、两个 $\overline{\text{CNOT}}$ 组件、两个猫态测量组件、一个 $|\bar{0}\rangle$ 态制备组件以及一个闲置组件。线路中的 $\tilde{T}$ 和 $\tilde{T}^\dagger$ 表示在编码的 7 个量子比特上都作用相同的量子门 T 和 $T^\dagger$

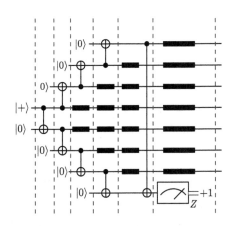

图 5.79 猫态 $|\overline{\text{cat}}\rangle$ 的制备及验证：按图中分割的时间片段逐步增加量子比特以减少闲置位，制备并验证一个 7 比特猫态 $|\overline{\text{cat}}\rangle = \dfrac{|0\rangle^{\otimes 7} + |1\rangle^{\otimes 7}}{\sqrt{2}}$ 需 36 个"位"

判断一个给定"位"集合 S（含两个"位"）是否为良性，只需在这两个"位"

上产生相应错误（X 或 Z）并让它们在线路图 5.78 中传播[1]，根据输出量子态是否制备成功进行判断[2]。与 CNOT 1-ExRec 模块类似，恶性集合的数目可用矩阵 β 表示，其元素 $\beta_{i,j}$ 表示在不同类的"位"（i 和 j）上发生错误且使 $|T\rangle_L$ 制备模块失败的数目。计算可得 β 矩阵[3]为

$$\beta = \begin{bmatrix} 144 & & & & & & \\ 168 & 133 & & & & & \\ 0 & 0 & 2 & & & & \\ 24 & 14 & 0 & 1 & & & \\ 168 & 98 & 0 & 14 & 49 & & \\ 0 & 0 & 1 & 0 & 0 & 0 & \\ 360 & 462 & 8 & 30 & 210 & 2 & 442 \end{bmatrix}$$

因此，此制备模块中含两个"位"的恶性集合总数为 $A_2 = \sum_{i,j} \beta_{i,j} = 2330$ 个，而 $A_3 = C_{521}^3 = 23434580$。将此结果和 $p_{th} = (A')^{-1}$ 代入公式（5.44）解得 $A' \simeq 6144 < 36108$。同样地，利用贝叶斯方法可将 A' 修改为 A''（约为 6713）。

对比两个 A'' 可知，CNOT 1-ExRec 模块的确设置了更低的阈值。由此可见，基于 $[[7,1,3]]$ 码并利用魔幻态蒸馏实现 T 门时，在 X，Z 出错强度相同的局域随机模型中，其容错阈值约为 2.7×10^{-5}。

2. 105 比特级联码的容错阈值

前面 $[[7,1,3]]$ 码通过魔幻态蒸馏来实现普适容错门，也可通过 $[[7,1,3]]$ 码与 $[[15,1,3]]$ 码的级联来实现容错的普适门。在此方法下，最大 1-ExRec 模块的有力竞争者包括 CNOT 门 1-ExRec 模块、H 门 1-ExRec 模块以及 T 门 1-ExRec 模块。

在 $[[7,1,3]]$ 码中，模块中的"位"比较少（比特数比较少），可通过遍历的方式计算其恶性集合数目，然而对 105 个量子比特编码一个逻辑比特的情况，任何 1-ExRec 中的"位"都非常多，此时常采用蒙特卡罗方法进行估计。

利用蒙特卡罗方法计算时，常采用如下假设：

---

[1] 此模块中含有非 Clifford 的 T 门，Pauli 错误 X 和 Z 经过此门后不再是 Pauli 错误。如 X 错误经 T 门后变为 $TXT^\dagger = X \cdot (I + iZ)/\sqrt{2}$，我们视其为随机发生的 X 错误或 XZ（Y）错误。

[2] $|S\rangle_L$ 制备成功是指其输出量子态投影到算符 $TXT^\dagger = \bar{S}\bar{X}$（整体相位已省略，参见 5.5.3.3 节）的本征态（本征值为 1）后，发生错误的比特数目不超过一个（可纠正），反之则称制备失败。

[3] 此模块中除前面 CNOT 模块中的 7 类"位"外，还包括 T 或 T^* "位"，但 T 或 T^* 位上的错误可被测量发现而使包含它的集合属于良性集合（注意，集合仅包含两个位）。

（1）物理系统的噪声为退极化信道：所有单比特门，发生任何一个 Pauli 错误（I，X，Y，Z）的概率都相同 $\left(\text{设为} \dfrac{p}{4}\right)$；所有两比特门中，发生任何一个两比特 Pauli 错误（16 个两比特 Pauli 基）的概率也相同 $\left(\text{设为} \dfrac{p}{16}\right)$，其中 p 为噪声强度。

（2）稳定子测量仍使用 Steane 方案。

为估计一个 1-ExRec 模块中出错"位"数目为 k 的恶性集合 A_k 的总数目，我们采取如下步骤：

（a）随机（均匀）地在 1-ExRec 模块中选取 k 个不同的出错位（由于退极化信道，无需指定出错类型）；

（b）按错误的传播判定此样本是否为恶性集合；

（c）设总采样数为 N 个，其中恶性集合样本为 a_k 个，则含 k 个"位"的集合 S 是恶性集合的概率 f_k 估计为 $\dfrac{a_k}{N}$（样本 N 越大，估计就越准确）。利用估计的 f_k 得到总恶性集的数目 $A_k \simeq f_k L_k$。

利用得到的恶性集数目 A_k 以及式（5.41），通过贝叶斯方法就可以得到不同 1-ExRec 模块的阈值，其模拟结果如表 5.4。

表 5.4 105 比特级联码不同 1-ExRec 模块的容错阈值

ExRec 模块	总位数	蒙特卡罗阈值 p_{th}
CNOT 门模块	28545	$(1.95 \pm 0.01) \times 10^{-3}$
T 门模块	14685	$(1.58 \pm 0.02) \times 10^{-3}$
H 门模块	15067	$(1.28 \pm 0.02) \times 10^{-3}$

值得注意，尽管 CNOT 1-ExRec 模块的规模（含 28545 个位）比 H 门 1-ExRec 模块（含 15067 个位）的规模大，但 105 比特级联码中的容错阈值由 H 门 1-ExRec 模块而非 CNOT 1-ExRec 模块确定（前者阈值更小）。因此，105 比特级联码的容错阈值约为 1.28×10^{-3}。

从前面的两个例子可以看出，基于不同的纠错码的横向门和容错方式，将得到不同的容错阈值。特别地，基于 105 比特级联码的阈值比 Steane 码基于魔幻态蒸馏的阈值高约两个量级（105 比特级联码的码距也远大于 Steane 码）。

我们将几种常见纠错码的容错阈值整理如表 5.5。

表 5.5　不同纠错码的局域随机错误模型阈值（除 105 比特的级联码外，均采用态注入方式实现普适容错）[a]

纠错码	最大 1-ExRec 模块位数	理论阈值 $p_{th}(10^{-4})$	蒙特卡罗阈值 $p_{th}(10^{-4})$
[[7, 1, 3]]	575	0.27	
Bacon-Shor 码 [[9, 1, 3]]	297	1.21	1.21 ± 0.06
Bacon-Shor 码 [[25, 1, 3]]	1185	1.94	1.92 ± 0.02
Bacon-Shor 码 [[49, 1, 3]]	2681		1.74 ± 0.01
Golay 码 [[23, 1, 7]]	7551		$\simeq 1$
级联码 [[105, 1, 9]]			12.8 ± 0.2

[a] 其中 [[7,1,3]] 的数据来自 P. Aliferis, D. Gottesman, and J. Preskill, Quantum Inf. Comput. **6**, 97 (2006)；其余数据来自 P. Aliferis, and A. W. Cross, Phys. Rev. Lett. **98**, 220502 (2007).

值得注意，在上面的阈值计算中，我们未对量子比特做任何空间上的约束和限制。换言之，两比特门可作用于空间上任意两个比特上，显然，这在物理上不现实。为将非近邻操作变为近邻操作，需要加入一系列 SWAP 操作，这将极大地增加 1-ExRec 模块中位的数目，从而使阈值减小。

5.5.5　拓扑稳定子码的普适容错量子计算

前面介绍的容错量子计算都基于纠错码编码空间中横向逻辑门的容错性（非横向门（如 T 门）采用其他容错方式），而在拓扑稳定子码中，容错量子计算主要基于拓扑保护逻辑门的容错性。拓扑保护逻辑门对应的线路具有常数深度[①]，而常数深度线路是横向门的自然推广（横向门的对应线路深度为 1）。一般而言，一个常数深度线路的刻画需用两个参数：线路深度 h 和单个量子门在空间上的最大跨度 r。为合理定义跨度 r，量子比特需置于度量空间中，而拓扑稳定子码中可自然定义 r（它可由稳定子生成元（局域）的直径确定）。在拓扑稳定子码中，由于稳定子生成元的局域性，错误在量子比特间的传播总被"光锥"限制，此"光锥"的大小（仅由 h 和 r 确定）与系统规模（码距 d）无关且仍保持局域性[②]。由于局域错误在拓扑稳定子码中不产生逻辑错误（拓扑稳定子码的码距具有宏观大小，其逻辑算符具有宏观支集），故此拓扑保护逻辑门具有内禀的容错性。

与横向门类似，拓扑保护逻辑门也不能实现普适的量子计算，仍需非拓扑保

[①] 线路深度的定义参见定义 1.1.24，而常数是指与码距 d 无关（与系统规模无关）。

[②] 也可理解为 hr 远小于码距 d。

护逻辑门的协助。我们下面首先介绍如何在拓扑稳定子码中实现拓扑保护逻辑门；然后，讨论在拓扑门基础上如何通过态注入（魔幻态蒸馏）方式实现容错的普适量子计算；最后，讨论它们的容错阈值。

5.5.5.1　拓扑保护逻辑门的实现

对不同的拓扑稳定子码，尽管其拓扑保护逻辑门的具体实现方法各不相同，但都基于如下两个基本的操作：

（I）对一组量子比特进行单比特测量（X 或 Z 测量），它们引入的错误均具有局域性。

（II）对稳定子生成元进行测量，并进行译码和纠错。由于拓扑稳定子码均为 CSS 码，其稳定子生成元的诊断（通过 Steane 方法）仅需 2 轮测量（由于稳定子的局域特征，其测量线路深度为常数）；而译码得到的算符为 Pauli 算符，因此其纠错线路深度为 1。

上面两个基本步骤的常数次（与系统规模无关）组合仍是拓扑保护操作。下面我们以孔洞编码的表面码以及边界编码的平面码为例来说明如何实现拓扑保护的逻辑门。

为稳定子测量方便，我们需在表面码中加入测量量子比特（又称诊断量子比特）。设所有物理比特（计算比特和诊断比特）都置于方形网格 $\mathbb{L}$ 的边上。网格 $\mathbb{L}$ 上的量子比特分为 $\mathbb{L}_1$（仅由测量比特组成，根据测量算符不同由图 5.80 中蓝色（Z 型算符）和红色方块（X 型算符）表示）和 $\mathbb{L}_2$（仅由计算比特组成，由图中黑球表示）两部分：$\mathbb{L}_1$ 中每个测量比特仅与 $\mathbb{L}_2$ 中的四个计算比特相连，而与 $\mathbb{L}_1$ 中的测量比特无连接；$\mathbb{L}_2$ 中每个计算比特也仅与 $\mathbb{L}_1$ 中的四个测量比特相连，而与 $\mathbb{L}_2$ 中的计算比特无连接。整个量子比特的分布如图 5.80 所示。

1. 孔洞（缺陷）编码表面码的拓扑保护逻辑门[①]

设两个孔洞（A 型或 B 型）编码一个逻辑比特，下面来说明在此编码下如何仅通过常数次的稳定子测量和单比特操作实现单比特 $\bar{H}$ 门与两比特 $\overline{\text{CNOT}}$ 门。在考虑平面码本身的性质时，仅需考虑 $\mathbb{L}_2$ 中量子比特组成的平面网格（无需考虑测量比特的作用）。对孔洞的操作（包括孔洞的产生、湮灭、形变、移动等）是产生逻辑比特以及实现编码比特逻辑门的基本步骤。因此，在讨论孔洞编码逻辑比特的拓扑保护门的具体实现之前，我们先来介绍如何通过操作（I）和（II）来实现"孔洞"的基本操作。

① 参见文献 E. Dennis, A. Kitaev, A. Landahl, and J. Preskill, J. Math. Phys. **43**, 4452 (2002); A. G. Fowler, M. Mariantoni, J. M. Martinis, and A. N. Cleland, Phys. Rev. A **86**, 032324 (2012).

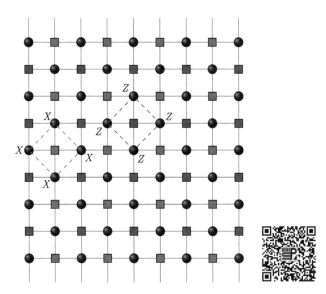

图 5.80　平面码中二维量子比特的排布构型：所有黑色圆点（属于 $\mathbb{L}_2$）表示计算比特，所有量子信息都存储在这些比特上；方块（属于 $\mathbb{L}_1$）表示诊断比特，通过它们实现计算比特上的稳定子算符测量。红色方块表示其相邻计算比特进行 B_x（X）型算符测量；而蓝色方块表示相邻计算比特上进行 A_z（Z）型算符测量

（1）新孔洞逻辑比特的产生①。

为在一个含光滑边界的有限平面（此平面上可存在其他孔洞（编码比特））上产生新的孔洞及逻辑比特，可采取如下步骤：

（i）对孔洞内的计算量子比特做 X 测量，其测量值在 ± 1 中随机出现。这些测量后的计算比特与 $\mathbb{L}_2$ 中其他量子比特解纠缠而处于直积状态。

（ii）将所有包含在孔洞内的稳定子生成元从表面码稳定子生成元集合中移除，并将孔洞边界上的 B 型（X 型算符）稳定子生成元替换为相应的 3-权重或 2-权重（如图 5.81 中红色三角形所示）的 X 型稳定子生成元。

（iii）由于权重为 3 的稳定子生成元的值与它最近邻的被测量计算比特上 X 算符的值相同，因此，计算比特上 X 值为 -1 时需对表面码进行纠错。若某两个权重为 3 的生成元的测量值均为 -1，则对连接这两个生成元的最短路径上的计算比特做 Z 操作。最终使"挖孔"后的所有稳定子本征值均为 $+1$。

这样一个"开孔"过程，既去除了一些稳定子生成元，同时也去除了一些物理比特，两者之间的数目相差 1，形成一个新的逻辑比特。若将单个 B 型孔洞作为一个新的逻辑比特，则其逻辑算符 Z_L 是环此孔洞一圈的路径（只经过浅红色

---

① 我们以光滑为例，非光滑孔情况可类似实现（光滑与非光滑互为对偶）。

区域）上所有比特的 Z 算符之积；而 X_L 是连接孔洞内边界与平面光滑外边界的连线（只经过蓝色区域）上所有比特的 X 算符之积。

　　可按前面的方法产生两个光滑孔洞，并用它们编码一个新的逻辑比特。则此逻辑比特的算符 $\bar{Z}$ 是环其中一个孔洞一圈（只经过浅红色区域）的所有比特上 Z 算符之积；而 $\bar{X}$ 算符是连接这两个孔洞内边界上两个量子比特的一条路径（只经过蓝色区域）上所有比特的 X 算符之积（图 5.81）。

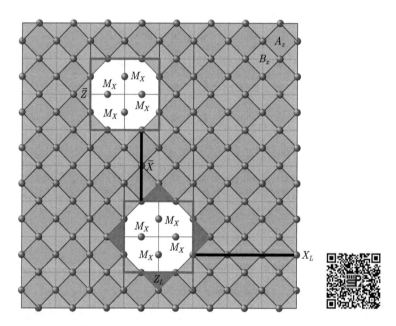

图 5.81　孔洞和逻辑比特的生成：对孔洞内的所有计算比特沿 X 测量，移除相关稳定子且将边界上的稳定子变为 3-权重算符 (红色三角形)。为简单，图中未标明测量比特（每个菱形中心都有一个相应的测量比特），红色菱形对应连接顶点的 B 型（X 型）算符测量；而蓝色菱形对应连接顶点的 A 型（Z 型）算符测量。下孔洞的红色环路对应于单个光滑孔洞（下孔洞）编码比特上的逻辑算符 Z_L，而连接下孔洞与外边界的黑色实线对应于单孔洞编码比特上的逻辑算符 X_L。环上孔洞的红色环线对应于两个光滑孔洞编码比特的逻辑算符 $\bar{Z}$（下孔洞的环路也是）；而连接两个光滑孔洞边缘的黑色路径对应于此编码比特上的逻辑算符 $\bar{X}$

　　在 B 型（光滑）孔洞的产生过程中，仅对孔洞内的计算比特进行 X 测量（线路深度为 1），此测量仅影响与孔洞相邻的局域稳定子算符的值（不影响离孔洞较远的稳定子算符）。因此，产生新孔洞的过程不会给平面上已存在的其他逻辑比特造成影响。特别地，两个新孔洞编码的逻辑算符 $\bar{Z}$ 可通过一个远离孔洞（两个孔洞间距离足够大）的环路来定义（通过与 Z 型稳定子生成元的乘积实现），因此，其值与产生孔洞前一致（产生孔洞前 $\bar{Z}$ 为一组 A 型算符的乘积，其值为 1），

仍为 1。换言之,产生两个光滑孔洞的过程自动将其编码的逻辑比特制备到逻辑 $|0\rangle_L$ 态(逻辑算符 $\bar{Z}$ 的本征值为 1 的态)[①]。

(2)孔洞的形变和移动。

孔洞的移动在拓扑保护逻辑门的构造中起着基本的作用,为简单计,我们假设孔洞形状在移动前后保持不变,这可通过先形变(扩大)再恢复的方式实现。最基本的移动是孔洞向某个方向移动一格,如图 5.82 所示为光滑孔洞向右移动一格的过程,它由下面的步骤实现:

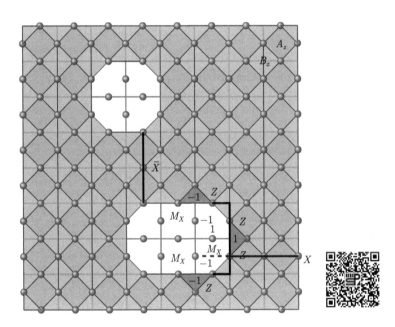

图 5.82 孔洞的扩张过程及其对逻辑算符 $\bar{X}$ 影响:当计算比特的 X 测量结果为 -1 时,其相邻的 3-权重稳定子以及与之相连的逻辑算符 X_L 的值都是 -1,此时需引入连接两个值均为 -1 的 3-权重生成元(在红色区域中)的最短路径,对路径上每个量子比特作用算符 Z 进行纠错。图中所示的两个 -1 的情况,可通过的链(沿孔洞的粗黑线)上的算符 Z 进行纠错,X_L 上的错误也同时被纠正

(i)将原光滑孔洞右边界上的相关计算比特(图 5.82 中所示的 3 个比特)沿 X 测量,得到结果 1 或 -1;此时,原来的 4-权重算符 B_x 都退化为 3-权重(图中红色三角形),其值与被测量的相邻比特上的值相同。

(ii)根据 X 的测量结果对系统进行纠错。假设如图所示的上下两个 3-权重

[①] 按相同的原理,可产生一对 A 型边界(非光滑)的孔洞,且产生过程自动将对应逻辑比特制备到量子态 $|+\rangle_L$(逻辑 Pauli 算符 $\bar{X}$ 的本征值为 1 的态)。

X 稳定子的值均为 -1，则通过对连接这两个稳定子的最短路径（只经过浅红色区域）上所有量子比特做 Z 操作就可纠错。容易验证，此纠错算符与值为 -1 的（3-权重）算符 B_x 反对易，而与其他算符均对易。

（iii）为实现孔洞的移动（移动后的形状应与移动前一致），还需将孔洞左边多余部分进行回填。这一任务通过对孔洞需回填部分的相应稳定子算符进行测量来实现（图 5.83）。若这些生成元的测量值均为 1，则孔洞右移结束；若某些生成元的测量值为 -1，则需根据测量结果中 -1 的分布进行纠错（X 型和 Z 型算符的错误可分别进行纠错，具体译码和纠错方法后面有专门的讲述），纠错过程结束后移动过程才算完成。

孔洞的移动可通过一次基本操作（I）和一次基本操作（II）实现。由此可见，孔洞的产生和移动等操作都通过基本操作（I）和（II）实现（仅影响孔洞附近的局域量子比特），它们都具有拓扑保护性。换言之，这些操作都不影响拓扑码中的逻辑量子态。

孔洞形变对逻辑量子态无影响

我们来分析逻辑空间量子态对孔洞形变的拓扑保护性。

• 若被移动的孔洞自身单独编码一个量子比特。由于孔洞的移动仅影响孔洞附近的局域算符，而其逻辑比特的 Pauli 算符 Z_L 可定义在环孔洞的任一（仅在红色区域）回路中⑨。因此，若选择环路远离孔洞附近，则其值不受局域移动的影响（移动前为 1，移动后仍为 1）。

为说明逻辑算符 X_L 的值与孔洞移动无关，我们特别考虑一条被移动影响的路径（图 5.82）：孔洞中被测量的量子比特是算符 X_L 对应路径的端点，此端点被测量后，路径上与端点相邻的比特成为新端点。如果被测比特的值为 1，显然，原 X_L 中剩余比特形成的新逻辑算符 X_L' 值为 1；若测量比特的值为 -1（X_L 剩余比特形成新的算符 X_L' 且值为 -1），则与之相邻的 3-权重算符 B_x 值也为 -1（图 5.82）。这表明需要进行纠错。由稳定子值的限制，内边界上值为 -1 的 3-权重算符必为偶数个，对它们进行配对并对连接这两个 3-权重生成元的最短路径（仅在红色区域中）上每个比特做 Z 操作。此路径与新逻辑 Pauli 算符 X_L' 相交于孔洞内边界的比特，因此，纠错后新算符 X_L' 的本征值仍为 1。孔洞的回填过程的讨论（图 5.83）类似。

• 对双孔洞编码的逻辑比特，若将 $\bar{Z}$ 定义为环另一个孔洞一圈（非移动孔洞）的算符，它显然不受孔洞移动的影响。因此，而对逻辑 Pauli 算符 $\bar{X}$ 的影响（图 5.83）。与前面讨论类似，纠错后它的值仍为 1。

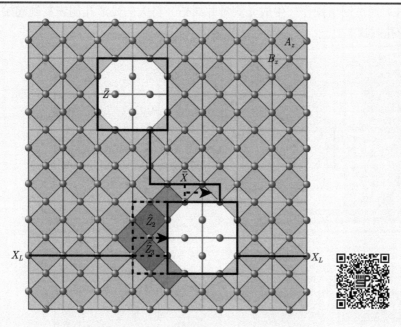

图 5.83 孔洞移动：为完成孔洞的移动，需对扩张后的孔洞进行部分回填。图中深红色菱形表示对它的四个顶点上的量子比特进行 B_x 算符的测量；而深蓝色菱形表示对它的四个顶点上的量子比特进行 A_z 算符的测量。若测量值中有 -1 出现，需对系统进行译码和纠错。当纠错过程结束时，孔洞的移动过程结束。在回填的过程（生成元测量和纠错）中，孔洞编码的逻辑比特上的 Pauli 算符的表达式也会发生相应变化，与扩张过程相似地讨论可知，回填过程结束后逻辑比特状态不变

因此，纠错后的移动对编码空间中的量子态无影响。

ⓐ 定义的任意性需由生成元本征值均为 1 保障（可乘以任意生成元）。

在孔洞移动等基本操作基础上，我们就可以来容错（拓扑保护）的实现一些量子计算模块了。

(1) 量子态 $|+\rangle_L$ 的容错制备。

前面我们已经知道，孔洞的产生过程自动将一对光滑孔洞编码的量子比特制备到量子态 $|0\rangle_L$，这一过程具有容错性。在此基础上，通过孔洞的形变操作，量子态 $|+\rangle_L$ 也可被容错地制备（具体制备过程如图 5.84 所示）。

(i)"挖孔"过程，自然地将两个光滑孔洞编码的逻辑比特制备到逻辑 $|0\rangle_L$ 上；

(ii) 通过孔洞的扩张操作沿逻辑算符 $\bar{X}$ 对应的一条路径 P 将两个光滑孔洞连为一个大的光滑孔洞；

(iii) 将路径 P 上的所有物理比特制备到状态 $|+\rangle$（线路深度为 1）；

（iv）通过回填操作（生成元测量并纠错）将大的光滑孔洞恢复到起始的双光
滑孔洞状态。

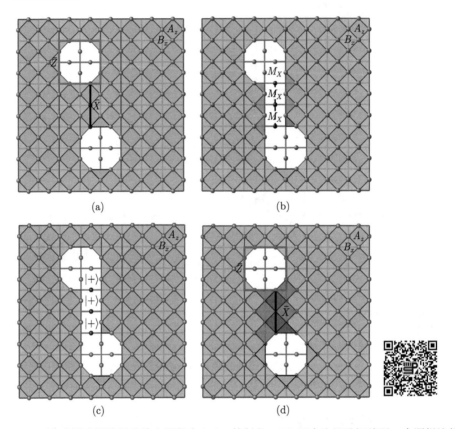

图 5.84　两个光滑孔洞编码比特上逻辑态 $|+\rangle_L$ 的制备：(a) 两个光滑孔洞编码一个逻辑比特，红色环路对应于逻辑算符 $\bar{Z}$，黑色实线路径 P 对应于逻辑算符 $\bar{X}$。(b) 通过孔洞的扩张将两个光滑孔洞连成一个。对 P 上的量子比特做 X 测量，并在 3-权重和 2-权重生成元（深红色三角形所示）上进行纠错。(c) 将路径 P 上的量子比特都制备到 $|+\rangle$ 态。(d) 对图中深色菱形对应的生成元进行测量并纠错以完成回填，由此实现逻辑态 $|+\rangle_L$ 的制备

　　为说明此过程的确实现了逻辑量子态 $|+\rangle_L$ 的制备，只需分析整个过程中逻辑算符 $\bar{X}$ 的本征值变化即可。

　　起始时，整个系统处于逻辑 $|0\rangle_L$ 态，所有稳定子生成元（A_z 和 B_x）的值均为 1，逻辑算符 $\bar{Z}$ 的值也为 1。经过孔洞的扩张（对 P 上的计算比特做 X 测量，并对由此得到的 3-权重、值为 -1 的生成元进行纠错），将两个光滑孔洞连成了一个孔洞。此时，P 上所有量子比特与其他量子比特解纠缠，且其他量子比特仍处于稳定子生成元值为 1 的空间中。将 P 上所有量子比特制备到 $|+\rangle$，此时，算

符 $\bar{X}$ 的值为 1。按与前面回填过程类似地分析，由于算符 $\bar{X}$ 与任意稳定子生成元均对易，回填过程的生成元测量及纠错过程都不影响 $\bar{X}$ 的值。因此，回填结束后，系统回到两个光滑孔洞编码的量子态空间，且算符 $\bar{X}$ 值仍为 1。这表明逻辑空间中的量子态为 $|+\rangle_L$。

算符 $\bar{X}$ 的测量过程可看作是态制备过程的逆过程（图 5.85）：通过孔洞的扩展将 $\bar{X}$ 对应路径 P 上的量子比特与其他比特孤立开来。最后，对 P 上的比特做 X 测量就能得到算符 $\bar{X}$ 的值。因此，对逻辑比特的 Pauli 算符（$\bar{X}$ 和 $\bar{Z}$）的测量也可容错实现。

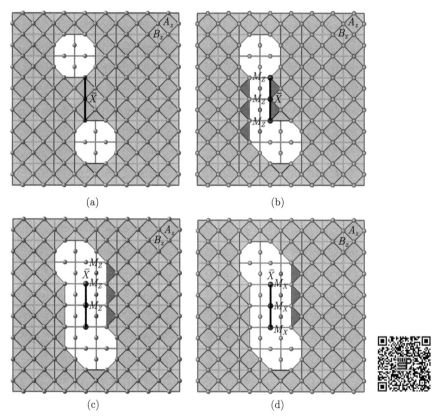

图 5.85　逻辑比特算符 $\bar{X}$ 的测量：(a) 两个光滑孔洞编码的逻辑比特处于量子态 $|\psi\rangle_L$，欲对黑粗线对应的 Pauli 算符 $\bar{X}$ 进行测量。(b) 利用光滑孔洞的扩张操作对算符 $\bar{X}$ 对应路径 P 左侧的量子比特测量算符 Z，并对两侧 3-权重稳定子生成元（深蓝色三角区域对应的生成元）进行纠错。(c) 利用光滑孔洞的扩张操作继续对算符 $\bar{X}$ 对应路径 P 右侧的量子比特测量算符 Z（此时，$\bar{X}$ 对应路径 P 上的量子比特已经隔离开来），并对两侧 3-权重和 2-权重的稳定子生成元（深蓝色三角区域对应的生成元）进行纠错。(d) 对隔离出来的路径 P 上的量子比特进行 X 测量

(2) 拓扑保护 $\bar{H}$ 门的实现。

下面我们来讨论如何拓扑保护地实现一对光滑孔洞编码的逻辑比特上的 Hadamard 门（非光滑比特可类似实现）。事实上，我们通过将编码在两个光滑孔洞上的量子态转移到平面（planar）码编码的逻辑比特上，并在平面码中容错的实现 Hadamard 门；然后，再将平面码上的量子态转换回一对光滑孔洞编码的量子比特上（转化过程容错）。具体的实现步骤如下：

(i) 对如图 5.86(a) 所示的环形链（处于浅红色区域内的绿色环）上所有量子比特做 Z 测量，将欲做 Hadamard 变换的光滑比特与其他逻辑比特进行隔离。绿色环上每个量子比特的测量值都会在 $+1$ 和 -1 上随机分布，3-权重算符 A_z 的值与它最近邻比特上的测量值相同。因此，根据 -1 在 3-权重算符 A_z 上的分布对系统进行纠错，以保证图 5.86 中所有算符 A_z（浅蓝色）的值均为 1。纠错过程完成后，两个光滑孔洞编码的比特上的 Pauli 算符 $\bar{Z}$（图 (a) 中红色实线）与图 (b) 中所有深蓝色算符 A_z（值均为 1）相乘，得到一个新的逻辑 Pauli 算符 $\bar{Z}$（图 (b) 中连接被隔离区域边界的红色实线）。

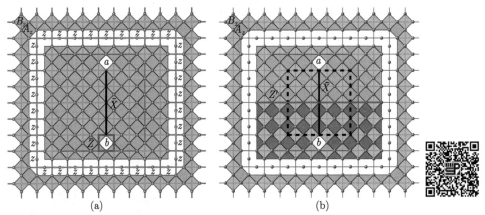

(a)　　　　　　　　　　　　　　(b)

图 5.86　$\bar{H}$ 的实现：(a) 沿绿色环 (需在浅红色区域内) 做 Z 测量，将欲进行 Hadamard 操作的逻辑比特与其他逻辑比特隔离。红色实线对应于光滑比特的逻辑算符 $\bar{Z}$，而黑色实线对应于逻辑算符 $\bar{X}$。(b) 初始逻辑算符 $\bar{Z}$ 乘以所有深蓝色菱形对应的算符 A_z 得到红色实线对应的算符 $\bar{Z}$；算符 $\bar{X}$ 未做变换，仍对应黑色实线。黑色虚线包围区域对应下一步将保留的量子比特，其他比特将做进一步测量

(ii) 继续对隔离区内的量子比特进行测量，直到去除两个光滑孔洞变成含两个非光滑边界的平面（图 5.87）。按前面对平面码的讨论，含两个非光滑边界的平面可编码一个逻辑比特。我们要将编码于两个光滑孔洞上的逻辑比特态转移到平面码空间中。为得到两个非光滑边界，图 5.87 中上下两排深黑色圆球表示的量子比特必须沿 X 测量（制造平面码的

两个光滑边界）；而与另两个边界最近的量子比特必须沿 Z 测量（制造平面码的非光滑边界）。剩余比特都沿 Z 测量。根据与边界最近邻比特的测量值，边界上的 3-权重生成元（对应边界上的三角形）的值可以为 1 或 -1，利用这些结果进行纠错，保障含边界平面上所有生成元的值都为 1。这个新制造的平面码逻辑比特的逻辑算符 X_L（黑实线）与 Z_L（红实线）如图 5.87 所示。对比两个光滑孔洞编码的逻辑比特上的算符 $\bar{Z}$ 与平面码的逻辑算符 Z_L，由平面的选取方式可知，这两条路径仅相差 4 个量子比特（左右各 2 个，都沿 Z 测量）。因此，在纠错（当测量值为 -1 时才会纠错）后，算符 $\bar{Z}$ 与算符 Z_L 的值相同。同理，也能保证算符 $\bar{X}$ 与算符 X_L 的值相同。

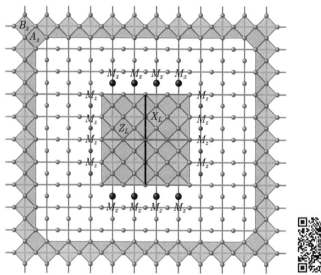

图 5.87 对隔离区域内的量子比特进行相应测量，并根据测量结果对测量后的系统进行纠错，保证所有未测量比特上定义的生成元值为 1。通过此操作可将编码于两个光滑孔洞中的量子态转移到新的含两个非光滑边界的表面码上

（iii）对新的平面码中所有物理比特做 Hadamard 操作，在此操作下，所有物理比特上的 X 和 Z 算符互换。因此，此平面码上所有 A_z（B_x）型生成元都变成 B_x（A_z）型生成元，特别地，光滑边界变为非光滑边界，而非光滑边界变为光滑边界。自然地，编码于此平面码上的逻辑比特算符 X_L 与 Z_L 互换。事实上，这就实现了平面码空间中的 Hadamard 变换。

值得注意，平面码区域内的稳定子算符 B_x（浅红色菱形）和 A_z（浅蓝色菱形）也同时互换（图 5.88）。

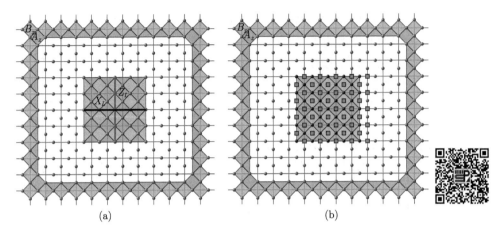

图 5.88 $\bar{H}$ 的实现：(a) 对平面码中所有物理比特做 Hadamard 操作，所有浅红色区域 (B_x 算符) 都变为浅蓝色 (A_z 算符)，而浅蓝色区域 (A_z 算符) 也变为浅红色 (B_x 算符)。光滑与非光滑边界也互换，最重要的是逻辑算符 X_L 与 Z_L 也互换，这直接对应于 Hadamard 变换。(b) 为下一步移动方便，我们将忽略的测量比特（矩形框表示）在表面码中明确标出

（iv）接下来，我们需将平面码中的量子态重新转换回光滑孔洞编码的量子比特上并与其他系统连接。直接向外扩展平面码，并不能实现这一目标：经过 Hadamard 变换后，浅蓝色区域与浅红色区域已经互换，与系统的其余部分无法直接对接。为解决此问题，需将平面码中的所有计算比特向右上方平移半格。这可在测量比特的辅助下分两步完成：先将平面码中每个计算比特与其右边的测量比特做 SWAP 门（相当于将整个数据比特向右平移了半格，如图 5.89）；然后，再将含数据的测量比特与其上方的计算比特（由于前一步的 SWAP 操作，它们不含任何数据信息）做 SWAP 门（相当于把整个数据比特上移了半格，如图 5.90）。完成这两步操作后，A_z 算符（蓝色区域）和 B_x（浅红色区域）就与最初的图 5.86(a) 中的位置对应上了。

（v）经平移后，我们就可通过生成元测量及纠错的标准方式进行扩张，并在算符 X_L 两端的位置产生两个光滑孔，进而将平面码中信息转移回两个光滑孔洞编码的逻辑比特上。特别注意，要将平面码上的 Pauli 算符 Z_L 与光滑逻辑比特上的 Pauli 算符 $\bar{Z}$ 联系起来需要光滑边界条件。在光滑边界条件下，原平面码位置的算符 Z_L 与其右边所有深蓝色区域对应的算符 A_z（值均为 1）相乘，得到环光滑孔洞的红色实线对应的算符 $\bar{Z}$（图 5.91 所示）。在扩展过程中，总是从原平面码的边界向外按对应稳定子 B_x 和 A_z 进行测量并纠错，以保证整个系统处于编码空间中。

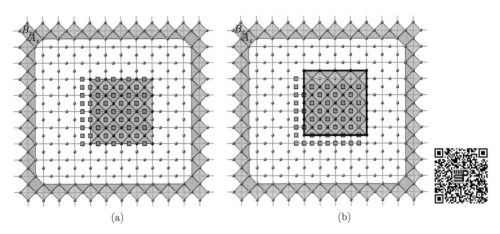

图 5.89 $\bar{H}$ 的实现：(a) 平面码上的每个数据比特（深黑色圆球）与其右边最近邻的测量比特做 SWAP 操作，相当于将平面码中所有计算比特右移了半格。(b) 平面码中含数据的比特（深黑色球，处于原辅助测量比特的位置）与其上方的最近邻计算比特（此前是测量比特，与数据比特呈直积关系，不含信息）做 SWAP 门。整个平面码中含数据的比特整体向上平移了半格，从测量比特位置回到了计算比特所在位置。至此，完成了斜上方平移半格的操作

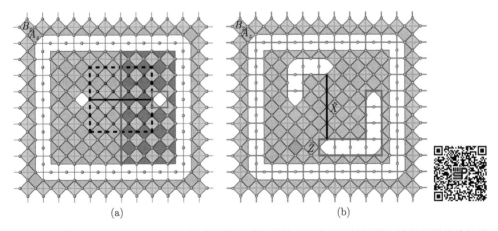

图 5.90 $\bar{H}$ 的实现：(a) 从平面码的边界向外进行算符 B_x 和 A_z 的测量，并根据测量结果进行纠错，进而保障所有稳定子生成元的值为 1。扩张过程中保留两个 A_z 算符不测量，保证与初始的两个光滑孔洞的相对位置相同。在光滑边界条件下，平面码中的逻辑算符 Z_L（对应红色路径）与两个光滑孔洞编码的逻辑比特上的算符 $\bar{Z}$（对应红色环路）等价（值相同）。黑色虚线框内部是扩张前的平面码。(b) 通过光滑孔洞的移动将要它们移动到初始位置

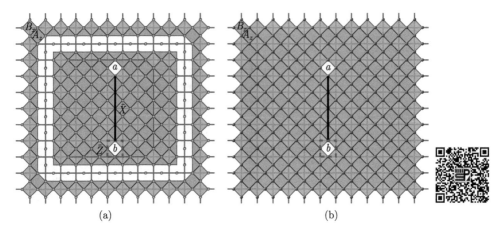

图 5.91　$\bar{H}$ 的实现：(a) 将两个光滑孔洞按保持码距的方式移动到与初始孔洞位置一致的地方。(b) 将隔离的区域（做 Hadamard 变换的逻辑比特）与其他比特进行连接。至此就完成了两个光滑孔洞编码的逻辑比特上的 Hadamard 变换

（vi）通过移动孔洞，将孔洞的位置移动到与初始位置相同的地方 (如图 5.91 所示)。值得注意，移动过程中需保持孔洞之间的距离不减小（在孔洞较大时，孔洞之间的距离确定编码的码距）。最后，将隔离的光滑量子比特部分与其他部分进行连接（图 (b)），连接方式与标准扩展方式一致，仍包括对新加入算符 B_x 和 A_z 的测量以及随后的纠错。在连接结束后，整个 Hadamard 操作即可完成。

　　显然，此过程的线路深度为常数，与系统规模以及其他逻辑比特无关，它具有拓扑保护性。值得注意，前面介绍的步骤仅为了理解方便，某些步骤的测量和纠错过程可合并。类似方法可用于实现非光滑孔洞比特上的 Hadamard 门。

　　(3) 拓扑保护 $\overline{\text{CNOT}}$ 门的实现。

　　首先，我们来说明两个光滑孔洞组成的逻辑比特（作为控制比特）中的一个孔洞绕两个非光滑孔洞组成的逻辑比特（作为目标比特）中的一个孔洞进行编织（braiding），可实现这两个逻辑比特间的 $\overline{\text{CNOT}}$ 门（图 5.92）。

　　因此，为说明编织过程（记为 $\mathcal{B}$）的确实现了 CNOT 门，只需说明它在四个逻辑算符上实现了如下作用：

$$\mathcal{B}(I \otimes \bar{X})\mathcal{B}^{\dagger} = I \otimes \bar{X}$$

$$\mathcal{B}(\bar{X} \otimes I)\mathcal{B}^{\dagger} = \bar{X} \otimes \bar{X}$$

$$\mathcal{B}(I \otimes \bar{Z})\mathcal{B}^{\dagger} = \bar{Z} \otimes \bar{Z}$$

$$\mathcal{B}(\bar{Z} \otimes I)\mathcal{B}^{\dagger} = \bar{Z} \otimes I$$

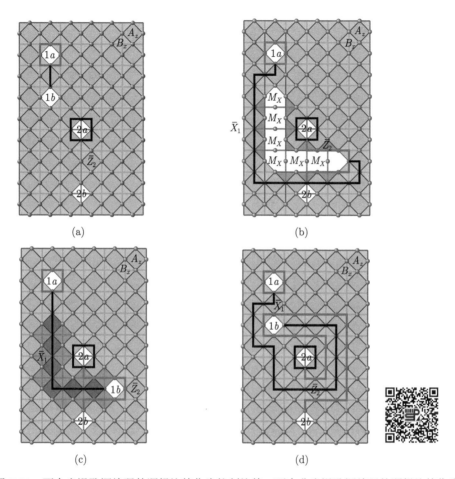

图 5.92 两个光滑孔洞编码的逻辑比特作为控制比特，两个非光滑孔洞编码的逻辑比特作为
目标比特，它们之间的 CNOT 门可通过光滑孔洞 1b 与非光滑孔洞 1a 之间的编织来实现：
(a) 红色路径表示对应逻辑比特的 $\bar{Z}$ 算符；而黑色路径表示对应逻辑比特的 $\bar{X}$ 算符。(b) 光
滑孔洞编码的逻辑比特中的一个孔洞 (1b) 沿 X 测量路线扩张。根据测量结果对两侧 3-权重
和 2-权重（一个深红色三角形对应一个生成元）稳定子生成元进行纠错。红色回路对应控制
比特上的逻辑 $\bar{Z}$ 算符；红色路径对应目标比特上的逻辑 $\bar{Z}$ 算符，它在光滑孔洞 1b 的扩张过
程中发生形变。黑色回路对应目标比特上的逻辑 $\bar{X}$ 算符；黑色路径对应控制比特上的逻辑 $\bar{X}$
算符，它在光滑孔洞 1b 的扩张过程中发生形变。(c) 对图中深色菱形对应的 A_z 和 B_x 型生成
元进行测量，并根据测量结果对系统进行纠错，进而实现光滑孔洞 1b 的移动。移动结束后，
对应逻辑算符 $\bar{X}_1$ 的路径移动到黑色实线所在位置，而对应算符 $\bar{Z}_2$ 的路径无变化。(d) 继续
移动光滑孔洞 1b，直到它回到初始位置

平面上一对光滑孔洞 (分别记为 1a 和 1b) 以及一对非光滑孔洞（分别记为
2a 和 2b）分别编码一个逻辑比特。不失一般性，设控制逻辑比特上的 Pauli 算

符 $\bar{Z}_1$ 选择在光滑孔洞 $1a$ 的边界上，其 Pauli 逻辑算符 $\bar{X}_1$ 由连接这两个光滑孔洞的路径 p_c^x 确定，即 $\bar{X}_1 = \otimes_{i \in p_c^x} X_i$；而目标比特上的逻辑 Pauli 算符 $\bar{X}_2$ 选择在非光滑孔 $2a$ 的边界上，其 Pauli 逻辑算符 $\bar{Z}_1$ 由连接两个非光滑孔洞的路径 p_t^z 确定，即 $\bar{Z}_2 = \otimes_{i \in p_t^z} Z_i$。将光滑孔洞 $1b$ 绕着非光滑孔洞 $2a$ 移动一圈并回到初始位置（图 5.92）。光滑孔洞 $1b$ 移动的轨迹（进行 X 测量的计算比特）记为 $p_0, p_1, p_2, \cdots, p_N, p_{N+1}$，其中 p_0 和 p_{N+1} 属于初始光滑孔洞 $1b$。

下面我们来看这一编织过程对四个生成元（$\bar{X} \otimes I$、$I \otimes \bar{X}$、$\bar{Z} \otimes I$ 和 $I \otimes \bar{Z}$）的影响。光滑孔洞 $1b$ 与 $2a$ 的编织过程，以及编码逻辑算符对应路径（环路）的变化如图 5.93 和图 5.94 所示。

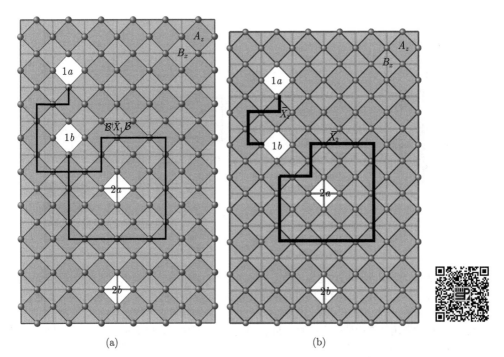

图 5.93　光滑孔洞 $1b$ 绕非光滑孔洞 $2a$ 编织对逻辑算符 $\bar{X}_1 \otimes I$ 的影响: (a) 黑色实线对应于初始算符 $\bar{X}_1$ 经过变换 Λ 后再乘以一个 B_x 算符后的结果 (不改变逻辑算符); (b) 简单地分析可将此算符分为图中所示的两部分 (乘一个 B_x 算符)。显然，路径部分的算符对应于光滑孔洞编码比特上的逻辑算符 $\bar{X}_1$，而回路部分等价于非光滑孔洞编码比特上的算符 $\bar{X}_2$

（1）从编织的过程可以看出，两个光滑孔洞编码比特的算符 $\bar{Z}_1$（环 $1a$ 的红色回路）和两个非光滑孔洞编码比特的算符 $\bar{X}_2$（环 $2a$ 的黑色回路）在整个过程中不受影响，无变化。这就意味着算符 $\bar{Z}_1 \otimes I$ 和 $I \otimes \bar{X}_2$ 在编织前后不变化。

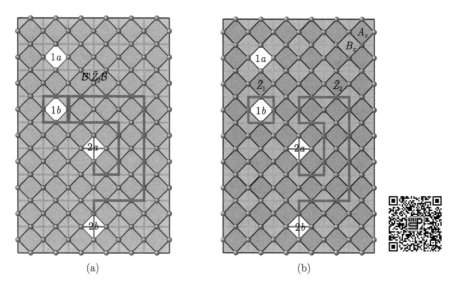

图 5.94 光滑孔洞 $1b$ 绕非光滑孔洞 $2a$ 编织对逻辑算符 $I \otimes \bar{Z}_2$ 的影响：(a) $\bar{Z}_2$ 编织变换后对应于红色路径，其中粗线部分表示其上的算符被乘了两次（等于单位算符 I）；(d) 算符 $\mathcal{B}^\dagger \bar{Z} \mathcal{B}$ 可分解为两部分：路径部分对应于非光滑孔洞编码比特上的逻辑算符 $\bar{Z}_1$，而回路部分等价于光滑孔洞编码比特上的算符 $\bar{Z}_2$

（2）编织过程对算符 $\bar{X}_1 \otimes I$ 和 $I \otimes \bar{Z}_2$ 的影响，可通过将编织变换后的算符 $\mathcal{B}^\dagger \bar{X}_1 \mathcal{B}$ 和 $\mathcal{B}^\dagger \bar{Z}_2 \mathcal{B}$ 改写成如图 5.93（b）和图 5.94（b）所示的等价形式得到明确。

综上，光滑孔洞 $1b$ 和非光滑孔洞 $2a$ 之间的编织，的确实现了这两个逻辑比特间的 $\overline{\text{CNOT}}$ 操作且它是一个拓扑保护的逻辑门。值得注意，仅当编织过程发生在光滑孔洞编码比特与非光滑孔洞编码比特之间，且光滑比特为控制比特，非光滑比特为目标比特时才成立。

通过引入辅助的光滑和非光滑比特，利用前面实现的 $\overline{\text{CNOT}}$ 门，可实现相同类型（光滑或非光滑）逻辑比特间的 $\overline{\text{CNOT}}$ 门。特别地，两个光滑比特之间的 $\overline{\text{CNOT}}$ 门可通过线路图 5.95 实现。此线路的正确性可通过对不同输入 $|00\rangle_L$，$|01\rangle_L$，$|10\rangle_L$，$|11\rangle_L$ 进行验证而获得。由于 CNOT 门的实现可通过编织过程实现，此线路还可用编织图形（参见 3.2 节）表示为图 5.95（b）的形式。

类似地，两个非光滑比特间的 CNOT 门也可通过图 5.96 (a) 所示的编织方式实现：

非光滑比特间的多比特控制门（一个控制比特同时控制多个受控比特）可通过如图 5.96 (b) 所示的编织实现。

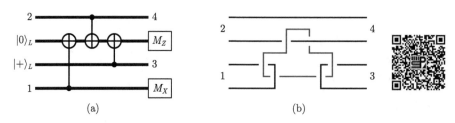

图 5.95　光滑逻辑比特之间 CNOT 门的实现。(a) 两个光滑逻辑比特之间 CNOT 门的实现线路，目标比特从 1 处输入，3 处输出，控制比特从 2 处输入，4 处输出，所有 CNOT 门都发生在不同类型的逻辑比特上，且光滑比特均为控制比特，非光滑比特为目标比特。因此，它们均可通过前面的编织过程实现。M_Z 和 M_X 分别表示对对应逻辑比特做 $\bar{Z}$ 和 $\bar{X}$ 测量，而这两个 Pauli 算符的测量已在前面介绍过。(b) 两个光滑比特间 CNOT 门的编织表示，它与 (a) 中的线路表示等价。中间蓝色环线表示一个非光滑的辅助比特

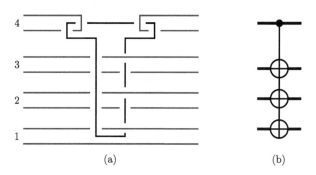

图 5.96　多个非光滑逻辑比特之间 CNOT 门的实现。(a) 多个非光滑比特间的受控操作，中间黑色环线表示一个光滑的辅助比特，该编织通过一个辅助光滑比特实现了 (b) 中的逻辑线路，一非光滑比特同时对三个非光滑施加 CNOT 门

2. 基于 lattice surgery 技术的拓扑保护逻辑门[①]

前面已经讨论论过，如图 5.8 所示的包含两个光滑边界和两个非光滑边界的平面晶格也可编码一个逻辑比特（称之为平面码，此逻辑比特上的逻辑算符 X_L 为连接两个光滑边界比特串上 σ^x 的直积；而逻辑操作 Z_L 为连接两个非光滑边界比特串上 σ^z 的直积）。我们下面将证明，在这样的逻辑比特中，我们也可实现拓扑保护逻辑门。

设每个这样的逻辑比特都编码在一个 $d \times d$ 晶格上（含两个（相对）光滑边界和两个非光滑边界，码距为 d）且按如图 5.97 所示的方式排列成二维晶格。两个相邻逻辑比特间的基本操作是晶格的"合并"（merging）与"拆分"(splitting)。

---

① 参见文献 C. Horsman, A. G. Fowler, S. Devitt and R. Van Meter, New J. Phys. **14**, 123011 (2012).

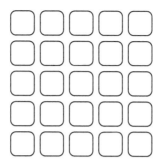

图 5.97 平面码的二维阵列：每个矩形表示一个 $d \times d$ 晶格编码的逻辑比特，每两个相邻逻辑比特间有一列或一行用于合并和分离操作的物理比特

晶格"合并"操作。

此操作将两个相邻的逻辑比特合并为一个逻辑比特（将两个小的平面码合并为一个大的平面码）。根据合并的边界不同（光滑还是非光滑）可分为两类。

（a）沿非光滑边界合并。

设两个逻辑比特编码在如图 5.46（a）所示的 $d \times d$ 的两个平面晶格上，且在这两个平面码间有一列处于量子态 $|0\rangle$（σ^z 的本征值为 1 的本征态）的物理比特。

合并前，图 5.98(a) 中浅蓝色三角形（非光滑边界）对应的 Z 型稳定子算符值为 1，而新增量子比特也处于算符 σ^z 的本征值为 1 的本征态，因此，图 5.98(b) 中深蓝色区域对应的 Z 型稳定子算符值也为 1。我们重点关注深红色区域对应的 X 型稳定子的值。事实上，所有深红色区域对应的 X 型稳定子算符的乘积等于 $X_{L_1} X_{L_2}$（中间新加物理比特上的算符 σ^x 被消掉，仅剩两个边界（粗黑线）上的算符），其中 X_{L_i}（$i = 1, 2$）是原平面码上的逻辑 X 算符。根据测量深红色区域内稳定子算符的值，就可得到算符 $X_{L_1} X_{L_2}$ 的值（记为 s，它可为 1 也可以为 -1）。这相当于将一个两比特系统向算符 $X_{L_1} X_{L_2}$ 的本征空间投影（此投影空间维数为 2 维）。

然后，将两个平面码和新加物理比特（中间一列）作为一个整体看作新的平面码，若深红色区域对应 X 型算符的测量值为 -1（新平面码中发生了错误），则需对此系统进行纠错。纠错后新平面码中所有稳定子的值均为 1，形成一个标准的平面码。此平面码只能编码一个逻辑比特（其基矢量为算符 $\bar{Z}$ 的本征值为 1 和 -1 的本征态，分别记为 $|\bar{0}\rangle$ 和 $|\bar{1}\rangle$）。因此，原两比特投影空间中的量子态与此单比特系统间存在一一对应关系。

下面我们来详细讨论此过程对编码空间中量子态的影响。设合并前左右两侧逻辑比特分别处于量子态：

$$|\psi\rangle_1 = \alpha_1 |0_1\rangle_L + \beta_1 |1_1\rangle_L, \qquad |\psi\rangle_2 = \alpha_2 |0_2\rangle_L + \beta_2 |1_2\rangle_L$$

其中 $|0_i\rangle_L$（$|1_i\rangle_L$）为算符 Z_L 本征值为 1（-1）的本征态。通过对算符 $X_{L_1}X_{L_2}$ 的测量（通过测量每个深红色菱形对应的 X 型稳定子获得），将量子态 $|\psi\rangle_1\otimes|\psi\rangle_2$ 投影到 $X_{L_1}X_{L_2}$ 的本征空间（其值为 1 时，空间由 $|++\rangle_L$ 和 $|--\rangle_L$ 张成；而其值为 -1 时，空间由 $|+-\rangle_L$ 和 $|-+\rangle_L$ 张成）[①]。因此，投影后量子态为

$$|\psi\rangle = (\alpha_1+\beta_1)(\alpha_2+\beta_2)|++\rangle_L + (\alpha_1-\beta_1)(\alpha_2-\beta_2)|--\rangle_L \qquad (s=-1)$$

$$|\psi\rangle = (\alpha_1+\beta_1)(\alpha_2-\beta_2)|+-\rangle_L + (\alpha_1-\beta_1)(\alpha_2+\beta_2)|-+\rangle_L \qquad (s=1)$$

其中 s 为算符 $X_{L_1}X_{L_2}$ 的测量值。

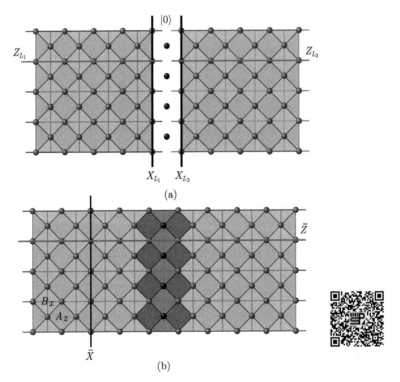

图 5.98　晶格沿非光滑边界合并：两个平面码分别编码一个逻辑比特且分别处于量子态 $|\psi\rangle_1$ 和 $|\psi\rangle_2$。在两个平面码之间加上一列处于量子态 $|0\rangle$ 的物理比特。通过测量图 (b) 中深红色区域对应的 X 型稳定子实现两个平面码的合并（这相当于将两逻辑比特量子态投影到算符 $X_{L_1}X_{L_2}$ 的本征空间）。合并后的晶格可编码一个逻辑比特，它与投影量子态存在如式（5.46）所示的关系。图中红色粗线对应于逻辑比特 Pauli 算符 $\bar{Z}$；而粗黑线对应于逻辑比特 Pauli 算符 $\bar{X}$

---

① $|+\rangle_L$（$|-\rangle_L$）是算符 X_L 的本征值为 1（-1）的本征态。

因新量子比特的逻辑算符 $\bar{Z}$ 与合并前量子比特间存在关系

$$\bar{Z} = Z_{L_1} Z_{L_2}$$

故 $|\bar{0}\rangle$ 处于 $|00\rangle_L$ 和 $|11\rangle_L$ 张成的空间中；而 $|\bar{1}\rangle$ 处于 $|10\rangle_L$ 和 $|01\rangle_L$ 张成的空间中。

由此，合并后的逻辑态 $|\bar{0}\rangle$ 和 $|\bar{1}\rangle$ 可表示为

$$|\bar{0}\rangle = \frac{1}{\sqrt{2}}(|00\rangle_L + (-1)^{\frac{s+1}{2}}|11\rangle_L)$$

$$|\bar{1}\rangle = \frac{1}{\sqrt{2}}(|01\rangle_L + (-1)^{\frac{s+1}{2}}|10\rangle_L)$$

而合并后的量子态 $|\psi\rangle$ 可表示为

$$|\psi\rangle = (\alpha_1\alpha_2 + \beta_1\beta_2)|\bar{0}\rangle + (\alpha_1\beta_2 + \beta_1\alpha_2)|\bar{1}\rangle \qquad (s=-1)$$

$$|\psi\rangle = (\alpha_1\alpha_2 - \beta_1\beta_2)|\bar{0}\rangle + (\alpha_1\beta_2 - \beta_1\alpha_2)|\bar{1}\rangle \qquad (s=1)$$

综上，合并过程对应的逻辑态变化可紧凑地写为

$$|\psi\rangle_1 \circ |\psi\rangle_2 = \alpha_1|\bar{\psi}\rangle_2 + (-1)^{\frac{s+1}{2}}\beta_1\bar{X}|\bar{\psi}\rangle_2$$
$$= \alpha_2|\bar{\psi}\rangle_1 + (-1)^{\frac{s+1}{2}}\beta_2\bar{X}|\bar{\psi}\rangle_1 \qquad (5.46)$$

其中 $\circ$ 表示合并过程，等式右侧的量子态定义在新逻辑比特上（将原量子态 $|\psi\rangle_i$ ($i=1,2$) 中的逻辑态 $|0\rangle_L$ ($|1\rangle_L$) 换为 $|\bar{0}\rangle$ ($|\bar{1}\rangle$)，且 $\bar{X}$ 是作用在新逻辑比特上的 X 算符）。

（b）沿光滑边界合并。

与沿非光滑边界合并类似，在光滑边界合并中也添加一列新的物理比特（其量子态制备为 $|+\rangle$）。对包含新加物理比特的一列 Z 型稳定子算符进行测量，进而将两个逻辑比特系统中的量子态投影到算符 $Z_{L_1}Z_{L_2}$ 的本征值为 s（测量值）的空间（2 维空间）中。经对整个平面码上的稳定子算符纠错后，新逻辑比特量子态与两个原逻辑比特量子态间的关系类似式（5.46）：

$$|\psi\rangle_1 \circ |\psi\rangle_2 = \alpha_1|\bar{\psi}\rangle_2 + (-1)^{\frac{s+1}{2}}\beta_1\bar{Z}|\bar{\psi}\rangle_2$$
$$= \alpha_2|\bar{\psi}\rangle_1 + (-1)^{\frac{s+1}{2}}\beta_2\bar{Z}|\bar{\psi}\rangle_1 \qquad (5.47)$$

• **晶格"拆分"操作。**

晶格"拆分"操作可看作晶格"合并"的逆过程：它将编码单逻辑比特的平面码晶格从中间拆分为两个晶格（分别编码一个逻辑比特）。与晶格合并类似，按拆分后的新边界为光滑还是非光滑边界可分为两种情况，我们以光滑分离为例（拆

分后的新边界为光滑边界)。

晶格拆分过程在操作上通过对中间一列物理比特做 σ^x 测量(对比晶格合并过程新加物理比特的初始状态 $|+\rangle$),并对新生成的两个平面码分别进行纠错来实现。为获得拆分前后逻辑量子态间的关系,需讨论拆分前后逻辑比特 Pauli 算符间的关系。

• 拆分后两个逻辑 Z 算符满足的关系

拆分后,左右两个平面码上的逻辑 Z 算符对应于图 5.99(b)中两条红色直线。与合并过程中类似地讨论可知:由于拆分前系统处于平面码的编码空间中,所有稳定子算符的值均为 1,因此,图 5.99(a)中所有深蓝色图形对应的 Z 型稳定子的值均为 1。特别地,这些稳定子的乘积值为 1。直接地计算可知,这些稳定子乘积等于拆分后两个平面码上的逻辑算符 Z_{L_1} 与 Z_{L_2} 之积(中间深黑色量子比特被消掉,其测量值无影响),即得到

$$1 = Z_{L_1} Z_{L_2}$$

这表明测量后的两比特量子态处于 $|00\rangle_L$ 和 $|11\rangle_L$ 张成的空间中。

• 拆分前后逻辑 X 算符的关系

由于拆分过程并不涉及逻辑 X 算符(图 5.99 中的粗黑线)上的物理比特,因此,分离前后的三个逻辑 X 算符之间有如下关系:

$$\bar{X} = X_{L_1} X_{L_2}$$

特别注意,由于中间量子比特(深黑色圆球)上 X 测量的值可为 1 或 -1,因此,新光滑边界上的 3-比特 X 型稳定子算符(图 5.99(b)中间部分的浅红色三角形)的值也可为 -1(左右两个与之相邻的 3-比特算符值相同),这将导致不同路径上的逻辑算符值不同。需通过纠错过程使逻辑算符的定义与路径无关。

设拆分前逻辑比特处于量子态 $|\psi\rangle = \alpha|\bar{0}\rangle + \beta|\bar{1}\rangle$,则通过前面的讨论可知,拆分测量和纠错后的两比特量子态为纠缠态 $\alpha|00\rangle_L + \beta|11\rangle_L$,即拆分操作实现了量子态变换:

$$\alpha|\bar{0}\rangle + \beta|\bar{1}\rangle \rightarrow \alpha|00\rangle_L + \beta|11\rangle_L \tag{5.48}$$

可以验证,变换前后量子态满足前面的逻辑算符的限制条件。

容易看到前面的晶格的"合并"和"分离"操作均具有拓扑保护性(对应线路深度为常数),利用这两个操作则可拓扑保护地实现逻辑比特上的 Hadamard 门和 CNOT 门。

(1)拓扑保护 CNOT 门的实现。

两个编码于平面码中的逻辑比特,其 CNOT 门可通过它们与辅助平面码之间的"合并"和"拆分"操作实现。设逻辑比特 1 为控制比特,且处于量子态

$|\psi_1\rangle_L = \alpha_1|0_1\rangle_L + \beta_1|1_1\rangle_L$；逻辑比特 2 为目标比特，且处于量子态 $|\psi_2\rangle_L = \alpha_2|0_2\rangle_L + \beta_2|1_2\rangle_L$。为完成它们间的 CNOT 门，在逻辑比特 1 和 2 之间引入辅助逻辑比特 A，且将其制备于逻辑态 $|+\rangle_L$。逻辑比特 1、2 和 A 均编码于具有相同结构的平面码上（图 5.100）。为合并方便，目标比特和辅助比特间以及控制比特与辅助比特之间分别引入一列（一行）物理比特（图中深黑色圆球），并分别制备到量子态 $|0\rangle$ 和 $|+\rangle$。

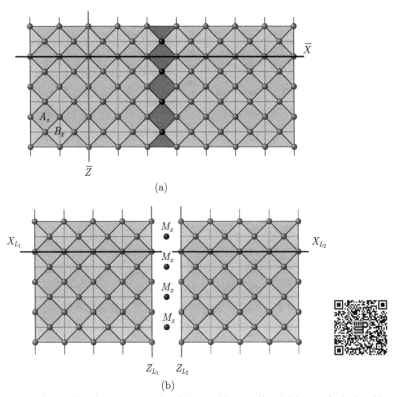

图 5.99 光滑边界晶格的拆分：对平面码中间一列物理比特（图中深黑色小球）做 σ^x 测量，将整个平面晶格分成两个平面码。对两个平面码分别进行纠错。此过程将原逻辑比特上的量子态变为两个逻辑比特上的纠缠态，具体变换见式（5.48）

按此设定，控制和目标逻辑比特间的 CNOT 门可通过如下过程实现：

（a）沿光滑边界将控制比特与辅助比特"合并"。按合并公式（5.47）可得合并后的逻辑比特量子态为

$$|\psi_1\rangle_L \circ |+\rangle_L = \alpha_1|\bar{\mp}\rangle + (-1)^{\frac{1+s}{2}}\beta_1\bar{Z}|\bar{\mp}\rangle$$

$$= \frac{1}{\sqrt{2}}[(\alpha_1 + (-1)^{\frac{1+s}{2}}\beta_1)|\bar{0}\rangle + (\alpha_1 - (-1)^{\frac{1+s}{2}}\beta_1)|\bar{1}\rangle]$$

其中 s 为合并过程中测得的 $Z_{L_1}Z_{L_2}$ 之值。

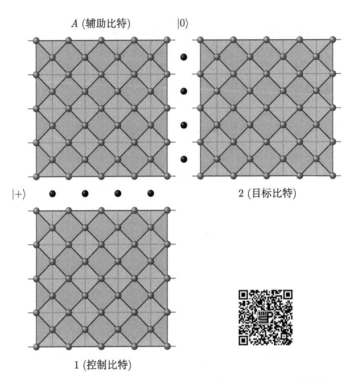

图 5.100　CNOT 门实现：利用制备为逻辑态 $|+\rangle_L$ 的辅助平面码 A，制备为 $|+\rangle$ 的一行物理比特以及制备为 $|0\rangle$ 态的一列物理比特，通过控制逻辑比特与辅助逻辑比特之间沿光滑边界的合并、拆分操作（含纠错过程）以及辅助逻辑比特与目标逻辑比特间沿非光滑边界的合并操作（含纠错）就可以实现控制逻辑比特与目标逻辑比特之间的 CNOT 门

若令 $s = 1$ 和 $s = -1$ 的基矢量（$|\bar{0}\rangle$ 和 $|\bar{1}\rangle$）相差一个比特反转操作，则上式可统一写为

$$|\psi_1\rangle_L \circ |+\rangle_L = \alpha|\bar{0}\rangle + \beta|\bar{1}\rangle$$

（b）在原合并处进行（光滑）拆分操作：对原新加的一行量子比特进行 σ^x 测量，然后对两个平面码分别进行纠错。由此得到控制比特与辅助比特间的纠缠态：

$$\alpha|0_1 0_A\rangle_L + \beta|1_1 1_A\rangle_L$$

（c）对辅助比特 A 和目标比特 2 间做非平滑边界 "合并"，由此得到量子态：

$$\alpha|0_1\rangle_L \otimes (|0_A\rangle_L \circ |\psi_2\rangle_L) + \beta|1_1\rangle_L \otimes (|1_A\rangle_L \circ |\psi_2\rangle_L)$$

$$= \alpha|0_1\rangle_L \otimes |\bar{\psi}_2\rangle + (-1)^{\frac{1+s'}{2}}\beta|1\rangle_L \otimes \bar{X}|\bar{\psi}_2\rangle$$

其中 s' 为合并过程中，测得的 $X_{L_1 X_{L_2}}$ 之值。通过单比特测量和纠错将整个平面码逐渐缩小到目标逻辑比特 2 所在晶格上。

（2）拓扑保护 Hadamard 门的实现。

若对平面码中每个物理比特做 Hadamard 门，则它的所有 X 型算符都将变换成对应的 Z 型算符，Z 型算符也将变换为对应的 X 型算符。特别地，逻辑算符 X_L 和 Z_L 算符互换，这说明此操作在逻辑空间中已实现了 Hadamard 门的变换。然而，经此变换后，平面码与标准形式存在一个 90° 旋转。使用与 5.5.5.1 节孔洞（缺陷）编码中相似的方法，在测量比特帮助下可实现平面码的旋转（图 5.101）。

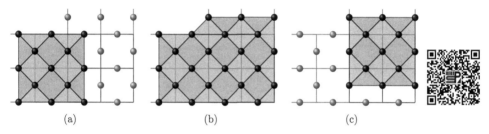

(a)　　　　　　　　(b)　　　　　　　　(c)

图 5.101　平面码的旋转：（a）初始平面码。上下两侧为光滑边界，左右两侧为非光滑边界。我们的目标是将此平面码旋转 90 度（上下两侧为非光滑边界，左右两侧为光滑边界）。（b）平面码的扩张。通过对稳定子的测量和纠错将平面码扩张为图中所示的形式。（c）对多余量子比特做 σ^z 测量，进一步纠错后形成如图（c）所示的平面码。此平面码相对于初始图形已实现 90° 旋转，但在两个方向上都平移了半格。再通过 SWAP 门就可将平面码移回本来的位置

5.5.5.2　拓扑保护逻辑门的 no-go 定理

我们已经看到，拓扑保护逻辑门都可以在常数步骤的局域操作下实现，拓扑保护门具有内禀的容错性。如果普适量子门都可通过拓扑保护逻辑门实现，那么，普适的容错量子计算就可由它们直接实现。很遗憾，与横向门类似，对于拓扑保护逻辑门也有 no-go 定理。

定理 5.5.15　设定义于 $d\,(d \geqslant 2)$ 维晶格上的拓扑稳定子码 $\mathcal{S}$ 的码字空间为 $\mathbb{H}_{\mathcal{S}}$，算符 U 是 $\mathbb{H}_{\mathcal{S}}$ 中拓扑保护（可由常数深度线路实现）逻辑门，则 U 属于逻辑空间中的 d 层 Clifford 层谱（$\mathcal{CH}_d$）[①]。

依据此定理和 Clifford 层谱的定义，第二 Clifford 层谱是 Clifford 群，这意味着二维空间中的拓扑保护逻辑门并不能实现普适的量子计算。因此，在二维拓扑稳定子码（比如表面码）中要实现普适的容错量子计算，需使用一些"非拓扑保护"的逻辑门。而非 Clifford 门 R_3（T 门）属于第三 Clifford 层谱，因此，要

① 参见文献 S. Bravyi and R. König, Phys. Rev. Lett. **110**, 170503 (2013).

实现拓扑保护的 R_3 门至少需在三维空间的拓扑稳定子码中（如 3 维空间中的涂色码）。特别强调，常数深度线路形成的集合不具有群结构，换言之，即使 $\bar{A}$ 和 $\bar{B}$ 均可被常数深度线路实现，但 $(\bar{A}\bar{B})^n$（n 为系统规模）与系统规模相关，它不再是常数深度线路。

证明　设码距为 D 的拓扑稳定子码 $\mathcal{S}$ 定义于二维晶格 Λ 上，其编码空间为 $\mathbb{H}_{\mathcal{S}}$。若支集在 M 中的任意 Pauli 算符 $P \in \mathcal{N}(\mathcal{S})$ 在编码空间 $\mathbb{H}_{\mathcal{S}}$ 中的作用与逻辑算符 I（单位算符）相同，即 $\bar{P} = P|_{\mathbb{H}_{\mathcal{S}}} \propto I$，则称集合 M 为可纠正（correctable）集。显然，当 $|M| < D$ 时，M 一定是可纠正集。可纠正集 M 具有如下性质：

(1) 对可纠正集 M 上的任意 Pauli 算符 P，都存在稳定子算符 S 使得 PS 在 M 上无非平凡算符[①]。

(2) 设 M 和 K 为两个可纠正集，若它们间的最小距离仍大于 $\mathcal{S}$ 中生成元的直径 r_0，则集合 $M \cup K$ 仍为可纠正集。

对 Pauli 算符 $P \in \mathcal{N}(\mathcal{S})$（其支集为 $\mathrm{supp}(P)$），我们来考察其在量子线路 $\mathbb{C}$ 作用下的支集变化。由于线路 $\mathbb{C}$ 的深度为 h，故 $U_c \hat{E} U_c^{\dagger}$（$U_c$ 为线路 $\mathbb{C}$ 对应的幺正变换）的支集[②]一定处于集合 $\mathrm{supp}(P)$ 的"光锥"区域 $\mathcal{B}_\rho(\mathrm{supp}(P))$[③]，其中 $\mathcal{B}_\rho(\mathrm{supp}(P))$ 为从支集 $\mathrm{supp}(P)$ 的边缘[④]（在晶格 Λ 上）向外扩张 $\rho = hr$（h 为量子线路 $\mathcal{C}$ 的深度，r 是线路 $\mathcal{C}$ 中最大门跨度）所形成的区域（图 5.102）。

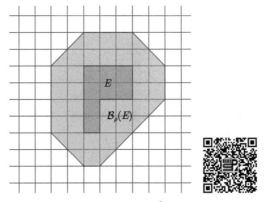

图 5.102　光锥区域图示：图中蓝色区域表示算符 $\hat{E}$ 的支集 E，而整个灰色区域（包括蓝色区域）表示光锥区域 $\mathcal{B}_\rho(E)$（图示中 $\rho = 2$）

---

① 此性质可通过清除引理 Vb.1 获得。

② 设幺正变换 U 可由 Pauli 群中的元素 $\hat{P}_i$ 展开为 $\sum_i a_i \hat{P}_i$，则 $U_c \hat{E} U_c^{\dagger} = \sum_{ij} a_i a_j \hat{P}_i \hat{E} \hat{P}_j^{\dagger}$。$U_c \hat{E} U_c^{\dagger}$ 的支集可定义为 $\cup_{ij}\mathrm{supp}(\hat{P}_i \hat{E} \hat{P}_j^{\dagger})$。

③ 线路 $\mathcal{C}$ 中光锥外的门操作在 $U_c \hat{E} U_c^{\dagger}$ 中可通过对易性消掉。

④ $\mathrm{supp}(P)$ 仅能沿与 $\mathrm{supp}(\mathbb{C})$ 相交部分的边缘向外扩张。

为证明定理，对定义拓扑稳定子码 $\mathcal{S}$ 的网格空间 Λ 进行有效划分。为此，选取满足条件 r_0[①]、$\rho = hr \ll R \ll \sqrt{D}$ 的参数 R，并将二维空间 Λ 按三角化方法划分为如图 5.103 所示的 A，B 和 C 部分。此划分满足

- $\Lambda = A \cup B \cup C$；
- $A = \cup_i A_i$，$B = \cup_i B_i$，$C = \cup_i C_i$；
- 每个 A_i、B_i 和 C_i 区域的直径，以及同类区域（如 A_i 和 A_j）间的距离均为 R 量级。

图 5.103　二维晶格划分：二维晶格的划分分几步完成：（1）将整个平面三角化，用边长为 R 的正三角形铺满整个空间；（2）以每个三角形的顶点为圆心画一个半径为 $R/4$ 的圆作为区域 C 的一个部分（图中灰色部分）；（3）在 Λ 除去 C 的部分中，在原三角形每条边两侧画出一个宽度为 $R/8$ 的区域作为 B 的一个部分（图中蓝色部分）；（4）剩下部分为区域 A（图中红色部分）

按 A、B、C 区域的划分，光锥区域 $\mathcal{B}_\rho(A_i)$、$\mathcal{B}_\rho(B_i)$ 和 $\mathcal{B}_\rho(C_i)$ 包含的比特数目都远小于 $\mathcal{S}$ 的码距 D。因此，它们都是可纠正集。又由于 A 中不同区域 A_i 和 A_j（以及它们的光锥区域）之间的距离也远大于稳定子生成元的半径 r_0，因此，按前面的性质（2），光锥区域 $\mathcal{B}_\rho(A) = \cup_i \mathcal{B}_\rho(A_i)$ 也是可纠正集。同理，$\mathcal{B}_\rho(B)$ 和 $\mathcal{B}_\rho(C)$ 均为可纠正集。

根据区域 $\mathcal{B}_\rho(A)$ 的可纠正性和性质（1），对 Λ 上的任意 Pauli 算符 $Q \in \mathcal{N}(\mathcal{S})$，都存在稳定子算符 S_A 使 QS_A 在 $\mathcal{B}_\rho(A)$ 上无非平凡作用。同理，对任意 Λ 上的 Pauli 算符 $P \in \mathcal{N}(\mathcal{S})$，也存在稳定子算符 S_B 使得 PS_B 在 $\mathcal{B}_\rho(B)$ 上无非平凡作用。值得注意，稳定子 S_A 和 S_B 的乘积并不改变算符 P 和 Q 在逻辑空间中的作用。因此，不失一般性，我们假设 Pauli 算符 P 和 Q 满足条件：

---

① r_0 为稳定子生成元的最大直径。

$$\mathrm{supp}(Q) \cap \mathcal{B}_\rho(A) = \varnothing, \qquad \mathrm{supp}(P) \cap \mathcal{B}_\rho(B) = \varnothing$$

下面我们通过分析算符 $K = P(U_c Q U_c^\dagger)P^\dagger(U_c Q^\dagger U_c^\dagger)$ 在网格 Λ 上的支集来确定其在 $\mathcal{S}$ 码逻辑空间中的作用。

- 算符 $R = U_c Q U_c^\dagger$ 的支集处于光锥区域 $\mathcal{B}_\rho(\mathrm{supp}(Q))$ 中，而根据条件 $\mathrm{supp}(Q) \cap \mathcal{B}_\rho(A) = \varnothing$ 可知光锥区域 $\mathcal{B}_\rho(\mathrm{supp}(Q))$ 在 $B \cup C$ 内。因此，$\mathrm{supp}(R)$ 在区域 $B \cup C$ 内。

- 由于 U_c 是线路深度为 h 的幺正变换，而 Pauli 算符 Q 的线路深度为 1，因此，$R = U_c Q U_c^\dagger$ 对应线路 $\mathbb{C}_R$ 的深度为 $2h+1$ 且其最大门跨度仍为 r[①]。为此，$RP^\dagger R^\dagger$ 的支集包含于光锥区域 $\mathcal{B}_{r(2h+1)}(\mathrm{supp}(P))$[②]中。

线路 $\mathbb{C}_R$ 中支集在光锥 $\mathcal{B}_{r(2h+1)}(\mathrm{supp}(P))$ 外的量子门可从线路 $\mathbb{C}_R$ 中删除而对 $RP^\dagger R^\dagger$ 的支集无影响[③]。删除后的线路为 $\mathbb{C}_w$（它对应于幺正变换 W_c），由于 $\mathbb{C}_w$ 中量子门的支集均在 $\mathcal{B}_{r(h+1)}(C)$ 中（图 5.104 中红色虚线内），因此，W_c 的支集也在 $\mathcal{B}_{r(h+1)}(C)$ 中。

- 由于算符 $PW_c P^\dagger$ 的支集在 $\mathcal{B}_1(\mathrm{supp}(W_c))$[④]中，而 $W_c^\dagger$ 本身在区域 $\mathcal{B}_{r(h+1)}$ (C) 中。因此，算符 $PW_c P^\dagger W_c$ 的支集在 $\mathcal{B}_{r(h+1)+1}(C)$ 中。

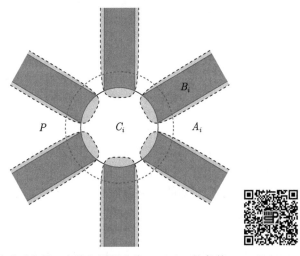

图 5.104　光锥关系示意图：虚线包围部分为 $\mathcal{B}_\rho(B)$，按条件 $\mathrm{supp}(P) \cap \mathcal{B}_\rho(B) = \varnothing$，$P$ 的支集为空白处。算符 R 的支集在 $B \cup C$ 中。B_i 中红色虚线是算符 P 在 B_i 中传播最远的地方（黑色虚线与红色虚线间的距离为光锥半径 $(2h+1)r$），红色虚线外的 B_i 中量子门不起作用。

---

① 与线路 $\mathbb{C}$ 相同。

② 算符 P 与 $P^\dagger$ 具有相同的支集。

③ 光锥外的量子门（幺正变换）可通过对易性在 $RP^\dagger R^\dagger$ 中消掉。

④ 算符 P 的线路深度为 1，且最大门跨度也为 1。

综上，算符 $K = PRP^\dagger R^\dagger$ 是一个支集在 $\mathcal{B}_{r(h+1)+1}(C)$ 中的算符。由于 $\mathcal{B}_{r(h+1)+1}(C)$ 为可纠正集，它在编码空间 $\mathbb{H}_C$ 中的作用应为逻辑算符 I，即有

$$K\Pi = \alpha\Pi$$

其中 $\Pi_{\mathbb{H}_C}$ 为编码空间 $\mathbb{H}_C$ 的投影算符且 $\alpha = \pm 1$[①]。

综上，对任意 $\mathcal{N}(\mathcal{S})$ 中的 Pauli 算符 P 和 Q 以及常数深度线路变换 U_c，有关系式：

$$P(U_c Q U_c^\dagger)\Pi = \pm(U_c Q U_c^\dagger)P\Pi$$

若将算符 P，Q 和 U_c 在编码空间 $\mathbb{H}_C$ 中的逻辑作用表示为 $\bar{P}$，$\bar{Q}$ 和 $\bar{U}_c$，则上面的等式可改写为

$$\bar{P}\bar{R} = \pm\bar{R}\bar{P}$$

其中 $\bar{R} = \bar{U}_c\bar{Q}\bar{U}_c^\dagger$。由此可见，逻辑算符 $\bar{R}$ 与 $\bar{P}$ 要么对易，要么反对易。因 $\bar{P}$ 为 Pauli 群中元素，则 $\bar{R}$ 也是 Pauli 群中元素。由 $\bar{R} = \bar{U}_c\bar{Q}\bar{U}_c^\dagger$ 可知，幺正变换 $\bar{U}_c$ 将任意 Pauli 算符 $\bar{Q}$ 变换为另一个 Pauli 算符 $\bar{R}$。这样的变换 $\bar{U}_c$ 就是 Clifford 算符。

对 $d > 2$ 的高维情况，可以对晶格 $\mathcal{L}$ 做类似划分，在保证相应区域的可纠正性基础上可类似地证明结论。 □

尽管 $\mathcal{CH}_d$ 为有限集合，但 $d \geqslant 3$ 时，$\mathcal{CH}_d$ 仍能生成一个稠密的幺正算符集合。那么，它是否能完成普适量子计算呢？对此，我们有如下的否定命题。

命题 5.5.16 对编码比特数目 k 与 d 维网格大小 L 无关的拓扑稳定子码 $\mathcal{S}$，由常数深度线路在编码空间 $\mathbb{H}_{\mathcal{S}}$ 中实现的逻辑门生成的群仍在 d 层 Clifford 层谱 $\mathcal{CH}_d$ 中。

值得注意，Haah 码的编码逻辑比特数目与系统尺寸参数 L 相关，上面的命题并不适用。

证明 考虑 $\mathcal{CH}_d$ 中的任意集合 $\mathcal{G}$ 及由它生成的群 $\langle\mathcal{G}\rangle$。若 $\langle\mathcal{G}\rangle$ 中元素并不完全在 $\mathcal{CH}_d$ 中，则存在元素 $U = U_1 U_2 \cdots U_s \notin \mathcal{CH}_d$，其中 $U_i \in \mathcal{G} \subset \mathcal{CH}_d$ 为独立算符，s 表示 U 中独立元素个数。定义 $s = s(\mathcal{G})$ 为使 $U \notin \mathcal{CH}_d$ 成立的最小 s（特别地，若 $\langle\mathcal{G}\rangle \in \mathcal{CH}_d$，$s = 0$）。遍历所有集合 $\mathcal{G}$ 可定义

$$\hat{s} = \max_{\mathcal{G}\in\mathcal{CH}_d} s(\mathcal{G})$$

[①] 因算符 K 为幺正算符，故必有 $|\alpha| = 1$。上式两边同乘算符 P 得到 $RP^\dagger R^\dagger\Pi = \alpha P^\dagger\Pi$，由此得到

$$e^{i\theta}\Pi = RP^\dagger R^\dagger \cdot RP^\dagger R^\dagger\Pi = RP^\dagger P^\dagger\alpha P^\dagger\Pi = \alpha^2 e^{i\theta}\Pi$$

其中根据 $P \in \mathcal{N}(\mathcal{S})$ 利用了等式 $(P^\dagger)^2 = e^{i\theta}$ 和 P 与 Π 的对易性。因此，$\alpha^2 = 1$。

特别强调，由于集合 $\mathcal{CH}_d$ 仅与（编码空间）逻辑比特数目 k 相关，因此，$\hat{s}$（也记为 $\hat{s}(k)$）也仅与 k 相关，而与系统规模无关。

假设常数深度线路对应幺正算符所生成的群 $\langle\mathcal{G}\rangle$ 中存在不完全包含在集合 $\mathcal{CH}_d$ 中的情况，那么，按 $\hat{s}$ 的定义，存在某个 $\langle\mathcal{G}\rangle$ 中的元素 $U \notin \mathcal{CH}_d$，它可表示为 $U_1 U_2 \cdots U_{\hat{s}}$（$U_i, i = 1, 2, \cdots, \hat{s}$ 均为可通过常数深度 h 实现的幺正算符）。然而，算符 $U_1 U_2 \cdots U_{\hat{s}}$ 可通过线路深度为 $\hat{s} \cdot h$ 的线路生成。由于 $\hat{s}$ 仅与 k 相关而与系统的规模 L 无关，所以它仍是常数（$\mathcal{O}(1)$）深度的线路，因此，它仍在集合 $\mathcal{CH}_d$ 中。这与假设矛盾。　　　　　　　　　□

按此命题，在逻辑比特数目与系统规模无关的拓扑稳定子码中，拓扑保护逻辑门并不能实现普适量子计算。与横向门中类似，我们可通过态注入的方式实现容错 $\bar{T}$ 门[①]，进而在拓扑稳定子码中实现容错的普适量子计算。

利用横向门中介绍的态注入方案（5.5.3.3 节），$\bar{T}$ 门的实现需要两个条件（线路图 5.59）：

(i) 以容错方式在编码空间中制备魔幻态；

(ii) 在对应纠错码中容错实现 $\overline{\text{CNOT}}$ 门以及 $\bar{S}$ 门。

与二维涂色码中 $\bar{S}$ 门具有横向性不同，平面码中的 $\bar{S}$ 门并非拓扑保护门。它也需通过态注入的方式实现，其态注入线路如图 5.105 所示。

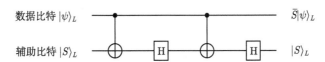

图 5.105　$\bar{S}$ 门的实现：第一个逻辑比特是计算比特，输入态为 $|\psi\rangle_L$（未知）；第二个逻辑比特为辅助比特，其输入态为量子态 $|S\rangle_L = \dfrac{1}{\sqrt{2}}(|0\rangle + i|1\rangle)$。两个逻辑比特间的操作仅包含 CNOT 和 Hadamard 门，二者均可在表面码中容错实现。最终输出量子态为 $\bar{S}|\psi\rangle_L \otimes |S\rangle_L$

此注入线路与 T 门略有不同，但仍仅需 CNOT 门和 Hadamard 门。根据前面的介绍，平面码中 $\bar{H}$ 门和 $\overline{\text{CNOT}}$ 门均为拓扑保护码（可容错实现），因而实现容错 $\bar{S}$ 门就转化为如何容错制备量子态 $|S_L\rangle$。

综上，实现容错 $\bar{T}$ 门最后转化为如何容错制备量子态 $|S\rangle_T$ 和 $|T\rangle_L$。而编码空间中量子态的容错制备一般分为两个步骤：首先通过非容错的方式制备一系列含噪声的量子态；然后通过量子态检验或蒸馏方式提高所制备量子态的保真度，最终获得可控的高品质量子态。下面我们分别讨论孔洞编码和边界编码系统如何

实现容错制备 $|S\rangle_L$ 和 $|T\rangle_L$。

1. 孔洞编码比特中 $|S\rangle_L$ 和 $|T\rangle_L$ 态的容错制备

量子态 $|S\rangle_L$ 和 $|T\rangle_L = \frac{1}{\sqrt{2}}(|0\rangle + e^{\frac{\pi}{4}i}|1\rangle)$ 可通过量子态 $|+\rangle_L$ 绕 $\bar{Z}$ 轴分别转动 $\frac{\pi}{2}$ 和 $\frac{\pi}{4}$ 获得。因此,通过对两个非光滑孔洞编码比特上 $|+\rangle_L$ 态的容错制备(其制备前面已介绍),然后以牺牲编码比特的拓扑保护性为代价将逻辑比特上的转动转化为物理比特上的局域转动(将码距减小到 1)。这一过程将不可避免地引入逻辑错误,最后再通过蒸馏方法提高欲制备量子态的保真度。其具体实现步骤如下:

(a)将编码于两个非光滑孔洞上的逻辑比特(码距为 d[1])制备到量子态 $|+\rangle_L$。此时,两个非光滑孔洞编码比特上的逻辑算符 Z_L 就是连接这两个非光滑孔洞的路径 P(如图 5.106(b) 中红实线所示)上所有物理比特的 Z 算符直积。

(b)通过孔洞的移动,沿路径 P 将两个非光滑孔移到相邻位置(图 5.106(a))。此时,这两个非光滑孔洞编码的量子比特的逻辑算符 $Z_L = Z_a$ 仅包含物理比特 a。这就将原编码比特上的整体逻辑算符 Z_L 转化为了单比特上的局域算符,因此,通过对物理比特 a 实施操作 $\exp\left(i\frac{\theta}{2}Z_a\right)$ $\left(|S\rangle_L\text{ 为目标态,}\theta = \frac{\pi}{2};\text{ 而}|T\rangle_L\text{ 为目标态时,}\theta = \frac{\pi}{4}\right)$,就能将这两个非光滑孔洞编码的量子比特制备到量子态 $|\hat{S}\rangle_L$ 或 $|\hat{T}\rangle_L$。值得注意,此时表面码的码距为 1(Z_L 的权重为 1),制备出的逻辑量子态受此转动的噪声影响[2]。

(c)通过孔洞的移动,将此"短"码距逻辑比特变为初始的码距为 d 的逻辑比特(变换后的逻辑比特信息受拓扑保护),此时,量子态也由 $|\hat{S}\rangle_L$ ($|\hat{T}\rangle_L$) 变为制备目标态 $|S\rangle_L$ ($|T\rangle_L$)。注意,由于短码距时编码空间中的量子态易受环境影响,制备的量子态都为含噪声目标态 $|S\rangle_L$ 或 $|T\rangle_L$,还需通过蒸馏来进一步提高量子态的品质。

含噪声量子态 $|S\rangle_L$ 或 $|T\rangle_L$ 的蒸馏,可通过量子纠错码实现:量子态 $|S\rangle_L$ 用 7 比特 $[[7,1,3]]$ 码蒸馏;而量子态 $|T\rangle_L$ 则需用 15 比特的 $[[15,1,3]]$ 码蒸馏。具体的蒸馏方法分别如下:

(1)基于 $[[7,1,3]]$ 码的 $|S\rangle_L$ 态蒸馏

Steane 码逻辑比特上所有 Clifford 门都具有横向性(S 门本身是 Clifford 门)。基于 Steane 码的 $|S\rangle_L$ 态蒸馏线路如图 5.107。

---

[1] 假设孔洞足够大,码距由逻辑算符 $\bar{Z}$ 确定。

[2] 码距为 1 的拓扑码不具有拓扑保护的逻辑门。

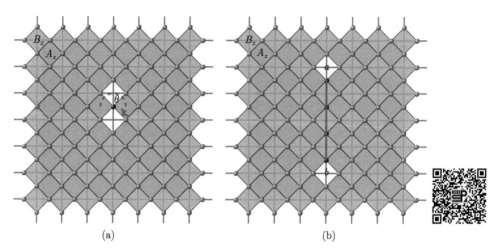

(a)   (b)

图 5.106 逻辑态转动的实现：(a) 将两个非光滑孔洞（编码一个量子比特）移动到近邻位置。此时它们编码比特上的逻辑操作 Z_L 只包含一个物理比特（如深黑色圆球所示）。对此物理比特沿 Z 轴转动角度 θ，即可将编码量子比特制备到量子态 $\frac{1}{\sqrt{2}}(|0\rangle + e^{i\theta}|1\rangle)$。(b) 将完成量子态制备的两个非光滑孔洞移开，直到回到初始的码距为 d 的位置，以实现含噪声量子态 $|\hat{S}\rangle_L(|\hat{T}\rangle_L)$ 的制备

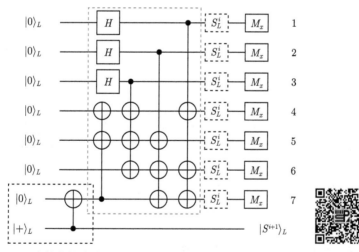

图 5.107 $|S\rangle_L$ 态的蒸馏线路：绿色虚线框表示 Steane 码的编码线路；第 7 个比特的输入状态将被编码到 Steane 码的逻辑态。S_L^i 是以前一次（第 i 次）蒸馏得到的量子态 $|S^i\rangle_L$ 作为态注入过程（参见线路图 5.105）中辅助比特的输入，进而实现的量子门 S_L^i，它与理想 S_L 门的偏差取决于量子态 $|S^i\rangle_L$ 与理想 $|S\rangle_L$ 态的偏差。$|S^{i+1}\rangle_L$ 是此次蒸馏过程的输出结果。通过测量后选择出来的 $|S^{i+1}\rangle_L$ 更接近理想目标态 $|S\rangle_L$。通过迭代此过程就可实现任意精度的 $|S\rangle_L$ 态的制备。此蒸馏过程仅需 Hadamard 门和 CNOT 门，它们是拓扑保护逻辑门

下面来说明此线路的确实现了量子态 $|S\rangle_L$ 的蒸馏（提高了目标态的保真度）：

（i）假设线路中的比特 1 到 7 均由表面码中的两个非光滑孔洞编码（称为表面码比特，用下角标 L 区分）。将表面码比特 7 和辅助表面码比特（也由两个非光滑孔洞编码）分别制备到 $|0\rangle_L$ 和 $|+\rangle_L$，然后，在表面码比特 7 和辅助表面码比特间做 $\overline{\text{CNOT}}$ 门（拓扑保护逻辑门）得到 Bell 态 $\dfrac{1}{\sqrt{2}}(|00\rangle_L + |11\rangle_L)$。

（ii）通过绿色方框内的线路，将表面码比特 7 上的量子态编码到 Steane 码中。此编码过程只涉及多比特控制门，而这些门都可通过孔洞的编织容错实现（参见图 5.96，它们也是拓扑保护逻辑门）。此时系统处于量子态：$\dfrac{1}{\sqrt{2}}(|0\bar{0}\rangle_L + |1\bar{1}\rangle_L)$，其中 $|\bar{0}\rangle_L$ 和 $|\bar{1}\rangle_L$ 是将表面码与 Steane 码级联后的逻辑态。

（iii）在 Steane 码中实现 $\bar{S}^{\dagger}$ 门。由于 Steane 码中的 $\bar{S}^{\dagger}$ 门具有横向性，只需对 7 个表面码比特分别作用 $S^{\dagger}$ 门即可。而 7 个表面码比特上的 $S^{\dagger}$ 门可通过将前一步产生的量子态 $|S^i\rangle_L$ 注入到线路（图 5.105）中实现。

（iv）由 Bell 态的对称性可知：对 Bell 态中一个比特上做 $S^{\dagger}$ 操作，与在另一个比特上做 $S^{\dagger}$ 操作的效果相同。换言之，若 Steane 码中的 $\bar{S}^{\dagger}$ 门未出现错误（即系统处于理想量子态 $\dfrac{1}{\sqrt{2}}(|0\bar{0}\rangle_L - e^{i\frac{\pi}{2}}|1\bar{1}\rangle_L)$），则对它做 $\bar{X}$ 测量（向正交基 $\dfrac{1}{\sqrt{2}}(|\bar{0}\rangle_L + |\bar{1}\rangle_L)$ 和 $\dfrac{1}{\sqrt{2}}(|\bar{0}\rangle_L - |\bar{1}\rangle_L)$ 投影）且测量结果为 1 时，辅助表面码比特上就实现了 S_L 门。

（v）由表面码量子态 $|S\rangle_L$ 的制备过程可知其主要错误为 Z_L（连接两个非光滑孔洞路径上的 Z 算符乘积）错误[①]。表面码中的 Z_L 错误可通过对 7 个表面码比特分别作 X_L 测量来探测。由于 Steane 码是 CSS 码，此测量可获得所有 X 型稳定子的值，即

$$\bar{X}_{S1} = X_{L3}X_{L4}X_{L5}X_{L6}, \quad \bar{X}_{S2} = X_{L2}X_{L5}X_{L6}X_{L7},$$
$$\bar{X}_{S3} = X_{L1}X_{L4}X_{L6}X_{L7}$$

在稳定子 $\{\bar{X}_{S1}, \bar{X}_{S2}, \bar{X}_{S3}\}$ 的测量值均为 $+1$ 时（在表面码中未探测到 Z_L 错误）：若 Steane 码的逻辑算符 $\bar{X} = X_{L1}X_{L2}\cdots X_{L7}$ 值为 $+1$ 时，辅助表面码比特处于量子态 $\dfrac{1}{\sqrt{2}}(|0\rangle_L + e^{i\frac{\pi}{2}}|1\rangle_L)$（假设无未探测到

---

① 我们不考虑系统的 X_L（环一个非光滑孔洞最小回路上 X 算符的乘积）错误，它可通过扩大孔洞大小而指数减小。

的错误），则此输出态就是本次蒸馏的结果 $|S^{i+1}\rangle_L$；若 $\bar{X}$ 的测量值为 -1（发生逻辑错误），辅助表面比特处于量子态 $\frac{1}{\sqrt{2}}(|0\rangle_L - e^{i\frac{\pi}{2}}|1\rangle_L)$，则需对此表面码比特做 Z_L 操作，然后，再将其作为本次蒸馏操作的输出结果 $|S^{i+1}\rangle_L$。

（vi）Steane 码的码距为 3，仅当 3 个以上比特发生错误时，错误才无法通过 X 型稳定子探测（对错误仅进行探测而不做纠正；Steane 码仅能纠正 1 个比特的错误）。因此，假设 $|S^i\rangle_L$ 中发生 Z_L 错误的概率为 p，则通过一次蒸馏得到的量子态 $|S^{i+1}\rangle_L$ 发生 Z_L 错误的概率将下降到 $\mathcal{O}(p^3)$。一般地，若表面码比特上初始制备的量子态 $|S^0\rangle_L$ 发生 Z_L 错误的概率为 p，则第 k 次蒸馏后的量子态发生 Z_L 错误的概率降为 $\mathcal{O}(p^{3k})$（呈指数下降）。换言之，蒸馏后量子态对目标态 $|S\rangle_L$ 的保真度迅速逼近 1。

（vii）事实上，蒸馏过程还可用如图 5.108 所示的逆 Steane 码编码过程实现。

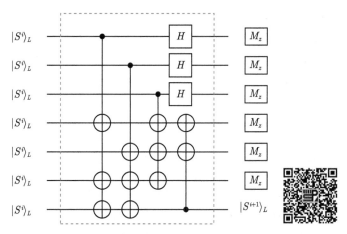

图 5.108　逆用 Steane 编码线路实现蒸馏：绿色虚线框内是 Steane 码的逆向编码线路。输入 $|S^i\rangle_L$ 是含误差的量子态 $|S\rangle_L$，当前 6 个比特的所有 Z_L 测量结果均为 1 时，第 7 个比特的输出态为蒸馏结果 $|S^{i+1}\rangle_L$

（2）基于 $[[15,1,3]]$ 码的 $|T\rangle_L$ 态蒸馏。

量子态 $|T\rangle$ 的蒸馏需用一个可横向实现 T 门的量子纠错码，我们一般选为量子 Reed-Muller 码（$[[15,1,3]]$ 码）。因此，孔洞编码量子态 $|T\rangle_L$ 的蒸馏可按图 5.61 所示的线路进行。

与蒸馏 $|S\rangle_L$ 态的方法完全一样，产生一个表面码比特的 Bell 对，将其中一个表面比特与 $[[15,1,3]]$ 码级联，并在此级联比特上实施含错误的 $\bar{T}_L$ 门（由于

$[[15,1,3]]$ 码的 $\bar{T}$ 门具有横向性），即

$$\bar{T} = \prod_{k=1}^{15} T_k^{\dagger}$$

此门可通过在每个表面码比特上作用 $T_L^{i\dagger}$ 门[①]实现。通过测量每个表面码比特上的逻辑算符 X_L（由此获知 $[[15,1,3]]$ 码中所有 X 型稳定子的值，包括其逻辑 Pauli 算符 $\bar{X}$）判定表面码比特中是否发生了 Z_L 错误（主要错误来源）。若 $[[15,1,3]]$ 码中所有 X 型的稳定子算符值均为 1，则当逻辑算符 $\bar{X}$ 也为 1 时，辅助表面码比特的输出态就是蒸馏结果 $|T^{i+1}\rangle_L$；而当 $\bar{X}$ 为 -1 时，辅助表面比特需作用算符 Z_L 后才是蒸馏结果 $|T^{i+1}\rangle_L$。

2. Lattice Surgery 中 $|T\rangle_L$ 和 $|S\rangle_L$ 态的容错制备

与孔洞编码的逻辑比特相同，Lattice Surgery 方法通过态注入方式（线路参见图 5.105 和图 5.59）实现 $\bar{T}$ 门和 $\bar{S}$ 门的核心仍是容错制备量子态 $|T\rangle_L$ 和 $|S\rangle_L$。而 $|T\rangle_L$ 和 $|S\rangle_L$ 的容错制备也分两步：量子态制备（非容错）和蒸馏。其蒸馏过程与孔洞比特中完全相同，我们仅需介绍边界平面码中的 $|T\rangle_L$（$|S\rangle_L$）的制备即可。

平面码中的任意量子态 $\alpha|0\rangle_L + \beta|1\rangle_L$ 均可通过如图 5.109 所示的过程（非容错）制备。

（i）将平面码中一个物理比特（图 5.109（a）中的深黑色小球）制备到量子态 $\alpha|0\rangle + \beta|0\rangle$，而将其他量子比特制备到量子态 $|0\rangle$。

（ii）通过量子比特间的 CNOT 门（可通过近邻计算比特与测量比特间的 CNOT 门和 SWAP 门实现）将如图 5.109（b）所示的一列物理比特制备到量子态 $\alpha|00\cdots0\rangle + \beta|11\cdots1\rangle$。

（iii）通过稳定子测量和纠错将量子系统扩张到整个平面码上，此时量子态已制备到量子态 $\alpha|0\rangle_L + \beta|1\rangle_L$ 上。

由此可见，通过拓扑保护逻辑门以及态注入的方法，我们就可以在拓扑稳定子码中实现容错的普适量子计算。

5.5.5.3 拓扑码的容错阈值

在基于拓扑稳定子码的计算过程中，需不断对稳定子进行测量，并根据测量结果对量子态进行纠错。系统的纠错能力与拓扑码的码距 d（系统规模）密切相关（在随机错误下，逻辑错误的出现概率随码距指数降低）。可以想象，当物理比特的错误概率 p 小于某个阈值时，通过增加码距 d 就能将逻辑比特的出错概率降

---

① 第 i 次蒸馏所得的量子态 $|T^i\rangle_L$ 作为注入态实现。

到任意低。

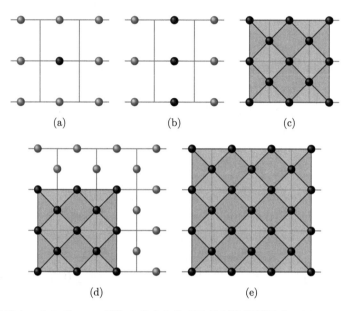

(a)   (b)   (c)

(d)   (e)

图 5.109   态注入：（a）将 3×3 晶格上的中心物理比特制备到量子态 $\alpha|0\rangle + \beta|1\rangle$，而其他物理比特制备到量子态 $|0\rangle$；（b）通过量子比特间的 CNOT 门将中间一列比特制备到量子态 $\alpha|000\rangle + \beta|111\rangle$；（c）通过稳定子测量和纠错实现 3×3 平面码，将逻辑态制备到 $\alpha|0\rangle_L + \beta|1\rangle_L$；（d）和（e）可通过测量和纠错将其扩张到任意规模的平面码上

如何利用稳定子的测量值对量子态上的错误进行诊断并纠正呢？我们仍以二维表面码为例来说明此问题[①]。一个 $n \times n$ 晶格 $\mathbb{L}$ 上，由 $2n^2 - 2n$ 个生成元定义的量子逻辑比特，每一轮稳定子测量都将生成一个 ± 1 取值的 $2n^2 - 2n$ 维向量 V_s，此向量构成量子纠错码的一个诊断症状。原则上，它可能有 2^{2n^2-2n} 个不同的症状且每个向量 V_s 都对应于一个与编码空间结构完全相同的简并子空间（记为 SP_{V_s}）（它们相互正交）。向量 V_s 中含有量子态 $|\Psi\rangle_L$ 上 Pauli 错误的所有信息，如何将此 Pauli 错误从症状 V_s 中提取出来是量子译码和纠错的核心。显然，测量获得的症状 V_s 按稳定子生成元在网格 $\mathbb{L}$ 上的位置形成二维晶格上一个 ± 1 分布。

• 拓扑稳定子码是 CSS 码，其 X 错误和 Z 错误分离（独立），可分别进行诊断和纠错。

• 拓扑码中，任何内部物理比特上的错误都将导致一对稳定子测量值为 -1，

---

① 参见文献 E. Dennis, A. Kitaev, A. Landahl, and J. Preskill, J. Math. Phys. **43**, 4452 (2002); R. S. Andrist, PhD Thesis of ETH(2012).

因此，拓扑码中任何错误都对应于一条链，而拓扑码中的诊断和纠错就是找到这些出错的路径。

• 将不同时刻测量得到的 B_x（A_z）型稳定子的值按时序画成如图 5.110 所示的三维图形。测量症状（图 5.110 中红色点（-1））的分布既包括计算比特本身的错误，也包括测量导致的错误。这两种错误在单次测量中无法区分，但若同一个稳定子在连续进行的多次测量中仅在某个孤立点出现错误，则很可能是测量本身的错误。对多次测量的症状进行联合诊断并纠错是更准确的纠错方式，其核心是在 3 维空间中找到一组最优的线段将这些值为 -1 的红点连接起来。

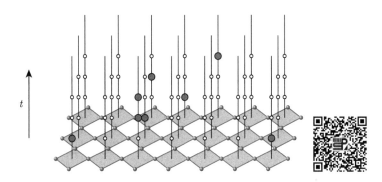

图 5.110 B_x 型稳定子的时序症状构成三维症状图：图中每一串圆圈代表一个 B_x 型稳定子在不同时刻的测量值，红色圆圈代表测量值为 -1，白色圆圈代表测量值为 1。为尽量减少偶然的测量错误带来的影响，同一稳定子可连续进行多次测量，对时序上孤立的错误可按测量误差处理

为简单起见，我们下面的讨论中仅对某个时刻测量获得的症状进行诊断和纠错，因此，其症状位于二维平面上（三维的联合诊断和纠错可类似进行）。我们仅讨论如何从 B_x 算符的症状中诊断出 Z 错误的信息，进而实现纠错（X 错误可在对偶格子中做相同处理）。

由同调理论可知（参见 5.4.4 节），表面码中的错误与 1-维链相对应，与 1-维链 c_1^e 相对应的 Z 错误记为 $Z(c_1^e)$[1]，如图 5.111。在错误 $Z(c_1^e)$ 下，拓扑码的编码空间被映射到与之具有相同结构的子空间 $SP_{V_{c_1^e}}$ 中（其中 $V_{c_1^e}$ 为错误 $Z(c_1^e)$ 对应的症状向量）。与 $Z(c_1^e)$ 反对易的稳定子算符 $B_x(m)$（值为 -1）均处于 1-维链 c_1^e 的边界（$c_0^s = \partial c_1^e$），如图 5.112 中深红色区域 B_1 和 B_2。故 c_0^s 与 $Z(c_1^e)$ 错误的症状相对应，而诊断纠错的核心任务就是通过症状 c_0^s 找到发生 Z（X）错误的 1-维链 c_1^r，使得[2]

---

[1] $Z(c_1^e)$ 是 1-维链 c_1^e 上所有量子比特的 Z 算符之积。

[2] 找到的错误与真实的错误只相差一个稳定子算符。

$$\partial(c_1^r + c_1^e) = 0$$

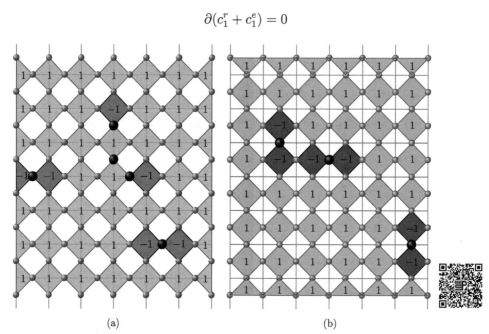

(a)　　　　　　　　　　　　　　　　　(b)

图 5.111　表面码中 X 错误和 Z 错误及其症状：(a) 当表面码中一些量子比特（深黑色小球）发生了 Z 错误，测量算符 B_x 得到的症状：深红色区域的稳定子算符值为 -1。(b) 表面码中部分量子比特（深黑色小球）发生 X 错误，测量算符 A_z 得到症状：深蓝色区域的稳定子算符值为 -1

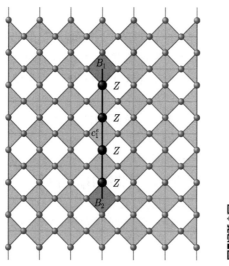

图 5.112　1-维链 c_1^e 对应的 Z 错误及其症状：深红色菱形对应于症状（稳定子生成元测量值为 -1），它处于 1-维链（黑色实线）的两端

为计算方便，假设每个物理比特都以概率 p 独立地发生 Z 错误。对一个给定的症状 c_0^s，它由满足条件 $\partial c_1 = c_0^s$ 的 1-维链 $c_1 = \sum_j a_j e_1^j$（其中 e_1^j 为 1-维元胞，$a_j \in \{0,1\}$）生成的概率为

$$p_{c_1|c_0^s} = \prod_j p^{a_j}(1-p)^{1-a_j} = \prod_j (1-p) \prod_j \left(\frac{p}{1-p}\right)^{a_j} \tag{5.49}$$

寻找满足 $\partial c_1 = c_0^s$ 的 1-维链 c_1^r 的最直接方法就是最大化概率 $p_{c_1|c_0^s}$[1]，即

$$c_1^r \equiv \max_{c_1} P_{c_1|c_0^s}$$
$$\Longrightarrow \max_{c_1} \left(\frac{p}{1-p}\right)^{\sum_j a_j}$$
$$\Longrightarrow \min_{c_1} \left(\sum_j a_j\right)$$

其中 a_j 满足 $\partial\left(\sum_j a_j e_j\right) = c_0^s$。这种诊断方法称为最小距离法。一般而言，最小距离问题是一个 NP-hard 问题，但由于诊断问题只需找到连接 c_0^s 中两个配对顶点的最小曼哈顿距离（minimum Manhattan distance）[2]即可，它有多项式时间的有效算法，称之为最小权重完美匹配（MWPM）算法，此算法的计算复杂度为 $\mathcal{O}(n^2)$（其中 n 为网格的线性长度）[3]。

设通过最小权重完美匹配计算得到的 1-维链为 c_1^r，它与实际错误对应的 1-维链 c_1^e 之和为 $c_1 = c_1^r + c_1^e$。若 c_1 为平凡回路（c_1^r 与 c_1^e 同调），则纠错成功；反之，若 c_1 为非平凡回路，则 c_1^r 对应的量子态发生了逻辑错误 Z_L（图 5.113）。

在计算容错阈值时，对具体的发生错误的 1-维链并不关注，而是关心其处于不同同调类的概率（发生逻辑错误的概率）。此时就需按同调类（包含一系列 1-维链）而非单个的 1-维链来优化症状的出现概率。而同调类 h_i 中出现症状 c_0^s 的概率为

$$p_i = \sum_{c_1|c_1 \in h_i \text{ 且 } \partial c_1 = c_0^s} P(c_1|c_0^s) \tag{5.50}$$

若平凡同调类的概率 p_0 大，则编码空间未发生逻辑错误；反之，若非平凡同调类

---

① 变量为 a_j。

② 两个点 (x_1, y_1) 和 (x_2, y_2) 间的曼哈顿距离定义为 $d = |x_1 - x_2| + |y_1 - y_2|$。

③ 参见文献 A. G. Fowler, A. C. Whiteside, and L. C. L. Hollenberg, Phys. Rev. Lett. **108**, 180501 (2012).

的概率 p_1 大，则发生了逻辑错误。

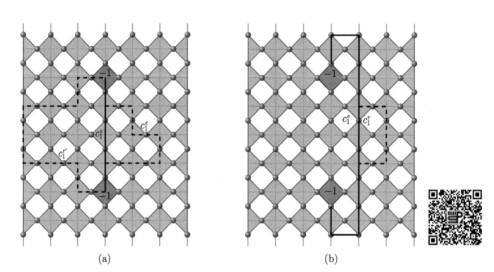

(a)　　　　　　　　　　　　　　(b)

图 5.113　错误症状与同调：(a) 给定症状 c_0^s（深红色区域对应算符 B_x 的值为 -1）可由同调的不同 1-维链生成（图中虚线对应的 1-维链 $c_1^{r'}$ 和 c_1^r，以及实线对应的 1-维链都同调且平凡）。此症状由同调且平凡的 1-维链产生的概率 p_0 需对所有同调且平凡的 1-维链求和。(b) 给定症状 c_0^s（深红色区域对应算符 B_x 的值为 -1）也可由不同的同调但非平凡的 1-维链产生（图中黑色实线以及虚线对应的 1-维链同调但非平凡）。此症状由同调但非平凡的 1-维链生成的概率 p_1 需对所有同调但非平凡的 1-维链求和。对比同调类概率 p_0 和 p_1，若 $p_1 \geqslant p_0$，则系统将会发生逻辑错误 Z_L。值得注意，同调等价的不同 1-维链之间相差一个平凡的回路

因此，译码和纠错问题变为：对给定症状 c_0^s，求最大可能的同调类 h_i 使概率 p_i 最大。此问题可通过将 p_i 映射为经典的随机键化伊辛模型（random-bond Ising model，RBIM）的配分函数进行求解。

为建立错误概率 p_i 与随机键化伊辛模型间的关系，将同调等价的 1-维链重新表示为

$$c_1 = \partial c_2^t + c_1^e \tag{5.51}$$

其中 $c_2^t = \sum_j s_j e_2^j$ 为一个 2-维链（e_2^j 是网格中的 2-维元胞）。因此，∂c_2^t 是一个 1-维链回路（无边界），它自动使 c_1 和 c_1^e 在同一个同调类中，且满足 $\partial c_1 = \partial c_1^e = c_0^s$（图 5.114）。若设

$$\begin{cases} \partial c_2^t = \sum_j a_j^t e_1^j \\ c_1^e = \sum_j a_j^e e_1^j \\ c_1 = \sum_j a_j e_1^j \end{cases}$$

则这些 1-维链的参数之间满足关系：

$$a_j^t + a_j = a_j^e \tag{5.52}$$

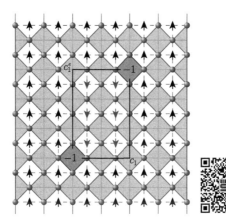

图 5.114　1-维链错误与随机键化伊辛模型间的对应：表面码中的错误对应于一条 1-维链。同调等价的 1-维链在编码空间的逻辑态上的效果相同，图中 1-维链 c_1 和 c_1^e 为同调等价的两条 1-维链（后者为真实的错误链），它们之间相差一个平凡的 1-维回路（一个 2-维链的边界）。通过在 2-维元胞（白色平面）上引入自旋（图中黑色箭头），可将症状（深红色菱形中的 -1）由某个同调类中 1-维链产生的概率 $p_{c_1|c_0^s}$ 对应到一个随机键化伊辛模型（对应情况见正文）。当自旋在 1-维链 c_1^e 两侧时，它们之间为反铁磁相互作用（自旋方向相反），其他情况为铁磁相互作用（自旋方向一致），这就形成了磁畴现象

为建立错误概率 $p_{c_1|c_0^s}$ 与 RBIM 间的关系，我们利用等式（5.52）先将 $p_{c_1|c_0^s}$ 表示为参数 a_j^t 的函数。从公式 (5.49) 得知

$$p_{c_1|c_0^s} \propto \prod_j \left(\frac{p}{1-p}\right)^{a_j}$$

而

- 对满足 $a_j^t = a_j$（0 或 1）的 1-维元胞 j（此时 $a_j^e = 0$），有

$$\left(\frac{p}{1-p}\right)^{a_j} = \left(\frac{p}{1-p}\right)^{a_j^t}$$

- 对满足 $a_j^t \neq a_j$ 的 1-维元胞 j（此时 $a_j^e = 1$），有

$$\left(\frac{p}{1-p}\right)^{a_j} = \left(\frac{p}{1-p}\right)^{1-a_j^t} \propto \left(\frac{1-p}{p}\right)^{a_j^t} = \left(\frac{p}{1-p}\right)^{-a_j^t}$$

于是，概率 $p_{c_1|c_0^s}$ 可统一表示为

$$p_{c_1|c_0^s} \propto \exp\left(\sum_j \beta J t_j u_j\right) \tag{5.53}$$

其中 $u_j = 1 - 2a_j^t \in \{1, -1\}$，$\exp(-2\beta J) = \dfrac{p}{1-p}$，且

$$t_j = \begin{cases} 1, & a_j^t = a_j \quad (a_j^e = 0) \\ -1, & a_j^t \neq a_j \quad (a_j^e = 1) \end{cases} \tag{5.54}$$

注意到参数 a_j^t 与 2-维链 c_2^t 中的参数 s_j 满足如下关系：

$$\begin{cases} a_j^t = 1, & \text{共用边 } j \text{ 的两个 2-维元胞中有且仅有一个 } s_m \text{ 取值为 } 1 \\ a_j^t = 0, & \text{共用边 } j \text{ 的两个 2-维元胞的 } s_m \text{ 取值相同} \end{cases}$$

因此，在每个 2-维元胞（对偶晶格中的格点）上引入一个自旋 $S_m \in \{-1, 1\}$（$S_m = -1$ 对应于 $s_m = 1$，而 $S_m = 1$ 对应于 $s_m = 0$，参见图 5.114），则上面的关系可总结为

$$u_j = S_m S_n, \qquad m \cap n = j$$

其中 m、n 为相邻的 2-维元胞。由此得到概率 $p_{c_1|c_0^s}$ 的新表达式

$$p_{c_1|c_0^s} \propto \exp\left(\beta \sum_{\langle m,n \rangle} J t_{mn} S_m S_n\right) \tag{5.55}$$

其中 $\langle m, n \rangle$ 表示仅对近邻 2-维元胞求和（近邻相互作用）。

令哈密顿量

$$H = -J \sum_{\langle m,n \rangle} t_{mn} S_m S_n$$

则此哈密顿量有如下性质：

• 当 $t_{mn} = 1$（当且仅当 m 与 n 所连的边与 1-维链 c_1^e 不相交）时，自旋 m 和 n 之间为铁磁相互作用，它们倾向于取相同的值使能量最小[①]。

• 当 $t_{mn} = -1$（当且仅当 m 与 n 所连的边与 1-维链 c_1^e 相交）时，自旋 m 和 n 之间为反铁磁相互作用，它们倾向于取相反的值使能量最小[②]。

• 由于症状 c_0^s 对应的 1-维链 c_1 为随机生成的，故 t_{mn} 将以 $1 - p$ 的概率为 1，以 p 的概率为 -1。

t_{mn} 的不同取值，使模型中出现磁畴。对不同的 p，系统将呈现出不同的磁序。对整个同调等价的 1-维链求和（即对（式（5.51））中所有的 2-维链求和）等价于对所有自旋参数 S_m 的取值求和，即

$$p_i = \sum_{S_m} \exp\left(\beta \sum_{\langle m,n \rangle} J t_{mn} S_m S_n \right)$$

这就是哈密顿量 H 的配分函数 $\left(\beta = \dfrac{1}{kT} \right)$。

通过对 H 的配分函数的研究，得到此模型如图 5.115 所示的相图，其中虚线称为 Nishimori 线 $\left(\text{满足} \exp\left(-2\beta J\right) = \dfrac{p}{1-p} \right)$。由图中可见，存在错误概率 p_c 使得：

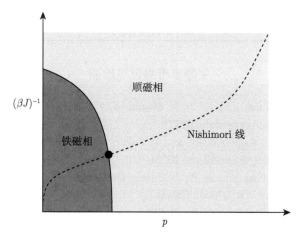

图 5.115　二维最近邻随机相互作用的 Ising 模型的相图。横坐标为错误概率 p，纵坐标 $(\beta J)^{-1}$ 是等效温度，图中实线为相变点集合，虚线是 Nishimori 线

[①] 参看图 5.114 中蓝色箭头和黑色箭头分别取相同的方向进行排列。
[②] 参看图 5.114 中分列 1-维链 c_1 和 c_1^e 两侧的蓝色箭头和黑色箭头取向相反。

- 当 $p < p_c$ 时，系统处于铁磁相（有序相）；
- 当 $p > p_c$ 时，系统处于顺磁相（无序相）。

在铁磁相中产生一个非平凡的环路翻转（对应于拓扑码中的一个逻辑错误）所需的自由能（系统自由能 F 与配分函数 Z 之间有关系 $F = -k_B T \ln Z$，k_B 为玻尔兹曼常数）会随系统尺度 L 的增长而增长，当 $L \to \infty$ 时，其所需自由能趋于无穷（对应的配分函数（发生逻辑错误的概率）趋于 0）。而在无序相中，产生非平凡环路翻转所需的自由能将随系统尺度 L 的增长而减小，当 $L \to \infty$ 时，所需自由能趋于 0（对应的配分函数（发生逻辑错误的概率）趋于 1）。由此可见，当 $p < p_c$ 时，拓扑码产生一个逻辑错误的概率随着系统大小 L 的增长而减小，当系统足够大时，发生逻辑错误的概率可任意小；当 $p > p_c$ 时，拓扑码产生一个逻辑错误的概率随着编码大小 L 的增长而增长。故 p_c 为该拓扑码的容错阈值。表 5.6 给出了不同拓扑码在不同错误模型下的阈值。

综上可得，无论是拓扑码还是其他稳定子码都存在一个物理比特的错误阈值 p_c，当系统错误低于此阈值时，通过增加纠错码的码距就能实现任意精度的量子计算。

表 5.6　不同拓扑码在不同错误模型下的阈值 [①]

错误模型	拓扑纠错吗	错误阈值 p_c
比特翻转	Toric 码	0.109
	涂色码（六方晶格）	0.087
退极化	Toric 码	0.189
	涂色码（六方晶格）	0.189

主要参考书目与综述

[1]　F. J. MacWilliams, and N. J. A. Sloane, *The Theory of Error Correcting Codes* (North-Holland, Amsterdam, 1977).

[2]　G. Casati, D. L. Shepelyansky, and P. Zoller, *Quantum Computers, Algorithms and Chaos* (IOS Press, Amsterdam, 2006).

[3]　S. J. Devitt, K. Nemoto and W. J. Munro, *Quantum Error Correction for Beginners*, Rep. Prog. Phys. **76**, 076001 (2013).

[4]　D. Gottesman, *Stabilizer Codes and Quantum Error Correction*, PhD Thesis of California Institute of Technology (1997).

[5]　D. Gottesman, *An Introduction to Quantum Error Correction and Fault-tolerant*

---

① Toric 码比特翻转部分的数据来自 E. Dennis, A. Kitaev, A. Landahl, and J. Preskill, J. Math. Phys. **43**, 4452-4505 (2002)；涂色码比特翻转部分的数据来自 N. Delfosse, Phys. Rev. A **89**, 012317 (2014)；退极化部分都来自 H. Bombin, R. S. Andrist, M. Ohzeki, H. G. Katzgraber, and M. A. Martin-Delgado, Phys. Rev. X **2**, 021004 (2012).

Quantum Computation, Proc. Sym. Ap. **68**, 13-58 (2010).

[6] J. Kempe, *Approaches to Quantum Error Correction*, Seminaire Poincare, **1**, 65-93 (2005).

[7] A. Y. Kitaev, *Quantum Computations: Algorithms and Error Correction*, Russ. Math. Surv. **52**, 1191 (1997).

[8] M. A. Nielsen and I. L. Chuang, *Quantum Computation and Quantum Information: 10th Anniversary Edition* (Cambridge University Press, Cambridge, 2010).

[9] J. Preskill, *Quantum Information and Computation*, Lecture Notes for Physics, 229 (1998).

[10] M. F. Araujo de Resende, *A Pedagogical Overview on 2D and 3D Toric Codes and the Origin of Their Topological Orders*, Rev. Math. Phys. **32**, 2030002 (2020).

[11] N. P. Breuckmann, *Quantum Subsystem Codes: Their Theory and Use*, PhD Thesis of Rwth Aachen University (2011).

[12] D. Browne, *Topological Codes and Computation*, Lecture Notes of University of Innsbruck (2014).

[13] K. Fujii, *Quantum Computation with Topological Codes: From Qubit to Topological Fault-tolerance* (Springer, Singapore, 2015).

[14] A. M. Kubica, *The ABCs of the Color Code*, PhD Thesis of California Institute of Technology (2018).

附　　录

IVa　马 修 方 程

在第四章量子计算的物理实现中，束缚阱中离子的运动（方程（4.4））以及超导系统中的比特能级（方程（4.94））都可转化为求解标准的马修方程：

$$\frac{\partial^2 y(x)}{\partial x^2} + (a - 2q\cos 2x)y(x) = 0 \tag{IVa.1}$$

因此，此方程的解对理解囚禁离子运动和超导中的电荷比特至关重要。为应用方便，我们将马修方程的主要性质罗列于此[①]。

1. 马修方程周期为 π 和 2π 的解

在物理过程中，我们往往对马修方程具有周期性（特别是周期为 π 或 2π）的解感兴趣。马修方程（IVa.1）周期为 π 或 2π 的解有如下形式。

(1) 周期为 π 的偶函数：

$$Se_{2m}(q,x) = \sum_{n=0}^{\infty} A_{2n}\cos(2nx) \tag{IVa.2}$$

(2) 周期为 2π 的偶函数：

$$Se_{2m+1}(q,x) = \sum_{n=0}^{\infty} A_{2n+1}\cos(2n+1)x \tag{IVa.3}$$

(3) 周期为 π 的奇函数：

$$So_{2m}(q,x) = \sum_{n=0}^{\infty} B_{2n}\sin(2nx) \tag{IVa.4}$$

[①] 这部分参考 M. Abramowitz and I. A. Stegun, Handbook of Mathematical Functions: with Formulas, Graphs, and Mathematical Tables (Courier Corporation, 1964); C. Brimacombe, R. M. Corless, and M. Zamir, SIAM Review, **63**, 653-720 (2021).

(4) 周期为 2π 的奇函数：

$$So_{2m+1}(q,x) = \sum_{n=0}^{\infty} B_{2n+1}\sin(2n+1)x \tag{IVa.5}$$

其中自然数 m 用于标记不同的周期函数，而不同的周期函数通过系数 A 和 B 区分。将这些形式的周期函数代入马修方程得到系数 A 和 B 的如下关系式：

(1) 周期为 π 的偶函数：

$$\begin{cases} aA_0 - qA_2 = 0 \\ (a-4)A_2 - q(2A_0 + A_4) = 0 \\ (a-(2n)^2)A_{2n} - q(A_{2n-2} + A_{2n+2}) = 0 \end{cases}$$

$$\iff \begin{cases} Ge_2 = V_0 \\ Ge_4 = V_2 - \dfrac{2}{V_0} \\ Ge_{2n} = \dfrac{1}{V_{2n} - Ge_{2n+2}} \end{cases}$$

(2) 周期为 2π 的偶函数解：

$$\begin{cases} (a-1)A_1 - q(A_1 + A_3) = 0 \\ (a-(2n+1)^2)A_{2n+1} - q(A_{2n-1} + A_{2n+3}) = 0 \end{cases}$$

$$\iff \begin{cases} Ge_3 = V_1 - 1 \\ Ge_{2n+1} = \dfrac{1}{V_{2n+1} - Ge_{2n+3}} \end{cases}$$

(3) 周期为 π 的奇函数解：

$$\begin{cases} (a-4)B_2 - qB_4 = 0 \\ (a-(2n)^2)B_{2n} - q(B_{2n-2} + B_{2n+2}) = 0 \end{cases}$$

$$\iff \begin{cases} Go_4 = V_2 \\ Go_{2n} = \dfrac{1}{V_{2n} - Go_{2n+2}} \end{cases}$$

(4) 周期为 2π 的奇函数解:

$$\begin{cases} (a-1)B_1 - q(B_1 - B_3) = 0 \\ (a-(2n+1)^2)B_{2n+1} - q(B_{2n-1} + B_{2n+3}) = 0 \end{cases}$$

$$\Longleftrightarrow \begin{cases} Go_3 = V_1 + 1 \\ Go_{2n+1} = \dfrac{1}{V_{2n+1} - Go_{2n+3}} \end{cases}$$

其中 $n \geqslant 1$ 且

$$Ge_k = \frac{A_k}{A_{k-2}}, \quad Go_k = \frac{B_k}{B_{k-2}}, \quad V_k = \frac{a - k^2}{q}$$

上面包含 3 个系数项的递推关系可表示为两种不同的连分式形式: 由 $V_{k \geqslant n}$ 获得 Ge_n 的 "由外而内" 的形式

$$Ge_n = \frac{1}{V_n - G_{n+2}} = \cfrac{1}{V_n - \cfrac{1}{V_{n+2} - \cfrac{1}{V_{n+4} - \cfrac{1}{\ddots}}}} \quad (n \geqslant 3)$$

(此形式中 Go_n 与 Ge_n 具有完全相同的形式) 以及由 $V_{0 \leqslant k \leqslant n}$ 获得 Ge_n 和 Go_n 的 "由内而外" 的形式:

$$Ge_{2n+2} = V_{2n} - \frac{1}{Ge_{2n}} = V_{2n} - \cfrac{1}{V_{2n-2} - \cfrac{1}{V_{2n-4} - \cfrac{1}{\ddots - \cfrac{2}{V_0}}}}$$

$$Go_{2n+2} = V_{2n} - \frac{1}{Go_{2n}} = V_{2n} - \cfrac{1}{V_{2n-2} - \cfrac{1}{V_{2n-4} - \cfrac{1}{\ddots - \cfrac{1}{V_2}}}}$$

$$Ge_{2n+3} = V_{2n+1} - \frac{1}{Ge_{2n+1}} = V_{2n+1} - \cfrac{1}{V_{2n-1} - \cfrac{1}{V_{2n-3} - \cfrac{1}{\ddots - \cfrac{1}{V_1 - 1}}}}$$

$$Go_{2n+3} = V_{2n+1} - \frac{1}{Go_{2n+1}} = V_{2n+1} - \cfrac{1}{V_{2n-1} - \cfrac{1}{V_{2n-3} - \cfrac{1}{\ddots - \cfrac{1}{V_1 + 1}}}}$$

其中 $n \geqslant 1$。将 Ge_k 和 Go_k 的连分式表示代入系数关系中第一个等式将得到只含 a 和 q 的表达式:

- 马修方程存在周期为 π 的偶函数,则 a、q 需满足方程:

$$V_0 - \cfrac{2}{V_2 - \cfrac{1}{V_4 - \cfrac{1}{\ddots}}} = 0, \tag{IVa.6}$$

在 q 已知的情况下,a 的可列个解按升序记为 a_{2r} ($r = 0, 1, \cdots$)。

- 马修方程存在周期为 π 的奇函数,则 a、q 需满足方程:

$$V_2 - \cfrac{1}{V_4 - \cfrac{1}{V_6 - \cfrac{1}{\ddots}}} = 0 \tag{IVa.7}$$

在 q 已知的情况下,a 的可列个解按升序记为 b_{2r} ($r = 0, 1, \cdots$)。

- 马修方程存在周期为 2π 的偶函数,则 a、q 需满足方程:

$$V_1 - 1 - \cfrac{1}{V_3 - \cfrac{1}{V_5 - \cfrac{1}{\ddots}}} = 0 \tag{IVa.8}$$

在 q 已知的情况下，a 的可列个解按升序记为 a_{2r+1}（$r = 0, 1, \cdots$）。

• 马修方程存在周期为 2π 的奇函数，则 a 需满足方程：

$$V_1 + 1 - \cfrac{1}{V_3 - \cfrac{1}{V_5 - \cfrac{1}{\ddots}}} = 0 \tag{IVa.9}$$

在 q 已知的情况下，a 的可列个解按升序记为 b_{2r}（$r = 0, 1, \cdots$）。

值得注意，连分式具有无穷多项，当将其看作 a 的方程（对任意给定参数 q）时会有无穷多（可列）个解，我们称这些解为马修方程的特征值。将施图姆（Sturm）理论用于马修方程可知其特征值（a_r 或 b_r）具有如下性质：

• 对一个给定实数 q，特征值 a_r 和 b_r 为不同的实数，且在 $q > 0$ 时，满足如下交错关系：

$$a_0 < b_1 < a_1 < b_2 < a_2 < \cdots$$

在 $q = 0$ 附近，$a_r(q)$ 和 $b_r(q)$ 还具有渐近性质：

$$a_r(q), b_r(q) \xRightarrow{q \to 0} r^2$$

• 马修方程（IVa.1）中与本征值 a_r（b_r）对应的本征解 $S_o(q, x)$（$S_e(q, x)$）在区间 $[0, \pi]$ 之间有 r 个零点。

• 对给定参数 (a, q)（$q \neq 0$），马修方程最多有一个周期为 π 或 2π 的解（而周期为 $k\pi$（$k \geqslant 3$）的解可能有多个）。

方程（IVa.6）—（IVa.9）中的解（特征值）可按 q 做级数展开（展开到 q^4）：

$$a_0(q) = -\frac{q^2}{2} + \frac{7q^4}{128} + \cdots$$

$$a_1(-q) = b_1(q) = 1 - q - \frac{q^2}{8} + \frac{q^3}{64} - \frac{q^4}{1536} + \cdots$$

$$a_2(q) = 4 + \frac{5q^2}{12} - \frac{763q^4}{13824} + \cdots$$

$$b_2(q) = 4 - \frac{q^2}{12} + \frac{5q^4}{13824} + \cdots \tag{IVa.10}$$

$$a_3(-q), b_3(q) = 9 + \frac{q^2}{16} - \frac{q^3}{64} + \frac{13q^4}{20480} + \cdots$$

$$\vdots$$

$$a_r(q) \approx b_r(q) = r^2 + \frac{q^2}{2(r^2-1)} + \frac{(5r^2+7)q^4}{32(r^2-1)^3(r^2-4)} + \cdots$$

其中最后一个表达式适用于 $r \geqslant 7$ 且 $|q|$ 为小量的情况。在 q 为小量和大数的极限情况下，有下面的进一步结论。

(1) q 为小量（$q \ll 1$）。

此时，表达式（IVa.11）是特征值的四阶近似结果，此时，对应本征函数（马修函数）也可二阶近似为

$$Se_0(x,q) = \frac{1}{\sqrt{2}}\left[1 - \frac{q}{2}\cos 2x + q^2\left(\frac{\cos 4x}{32} - \frac{1}{16}\right) + \mathcal{O}(q^3)\right]$$

$$Se_1(x,q) = \cos x - \frac{q}{8}\cos 3x + q^2\left[\frac{\cos 5x}{192} - \frac{\cos 3z}{64} - \frac{\cos x}{128}\right] + \mathcal{O}(q^3)$$

$$So_1(x,q) = \sin x - \frac{q}{8}\sin 3x + q^2\left[\frac{sin 5x}{192} + \frac{\sin 3x}{64} - \frac{\sin x}{128}\right] + \mathcal{O}(q^3)$$

$$Se_2(x,q) = \cos 2x - q\left(\frac{\cos 4x}{12} - \frac{1}{4}\right) + q^2\left(\frac{\cos 6x}{384} - \frac{19\cos 2x}{288}\right) + \mathcal{O}(q^3)$$

$$\text{(IVa.11)}$$

$$So_2(x,q) = \sin 2x - q\frac{\sin 4x}{12} + q^2\left(\frac{\sin 6x}{384} - \frac{\sin 2x}{288}\right) + \mathcal{O}(q^3)$$

$$Se_r(x,q) = \cos rx - q\left(\frac{\cos(r+2)x}{4(r+1)} - \frac{\cos(r-2)x}{4(r-1)}\right) + q^2\left(\frac{\cos(r+4)x}{32(r+1)(r+2)}\right.$$
$$\left. + \frac{\cos(r-4)x}{32(r-1)(r-2)} - \frac{\cos rx}{32}\frac{2(r^2+1)}{(r^2-1)^2}\right) + \mathcal{O}(q^3) \quad (r \geqslant 3)$$

$$So_r(x,q) = \sin rx - q\left(\frac{\sin(r+2)x}{4(r+1)} - \frac{\sin(r-2)x}{4(r-1)}\right) + q^2\left(\frac{\sin(r+x}{32(r+1)(r+2)}\right.$$
$$\left. + \frac{\sin(r-4)x}{32(r-1)(r-2)} - \frac{\sin rx}{32}\frac{2(r^2+1)}{(r^2-1)^2}\right) + \mathcal{O}(q^3) \quad (r \geqslant 3)$$

(2) q 为大数 $1 \ll q$。

在大 q 近似下，特征值 b_{r+1} 与 a_r 间的差随 q 指数减小，即

$$b_{r+1} - a_r \simeq \frac{2^{4r+5}}{r!}\sqrt{\frac{2}{\pi}}q^{\frac{1}{2}r+\frac{3}{4}}e^{-4\sqrt{q}}, \qquad q \to \infty \qquad \text{(IVa.12)}$$

因此，特征值 b_{r+1} 与 a_r 在大 q 极限下趋于相同，为

$$a_r \simeq b_{r+1} \simeq -2q + 2w\sqrt{q} - \frac{w^2+1}{8} - \frac{w+\dfrac{3}{w}}{2^7\sqrt{v}}$$

$$- \frac{d_1}{2^{12}v} - \frac{d_2}{2^{17}v^{3/2}} - \frac{d_3}{2^{20}v^2} - \frac{d_4}{2^{25}v^{5/2}} + \cdots$$

其中

$$w = 2r + 1, \quad q = w^4 v$$

$$d_1 = 5 + \frac{34}{w^2} + \frac{9}{w^4}$$

$$d_2 = \frac{34}{w} + \frac{410}{w^3} + \frac{405}{w^5}$$

$$d_3 = \frac{63}{w^2} + \frac{1260}{w^4} + \frac{2943}{w^6} + \frac{486}{w^8}$$

$$d_4 = \frac{527}{w^3} + \frac{15617}{w^5} + \frac{69001}{w^7} + \frac{41607}{w^9}$$

2. 马修方程的特征指数与一般解

马修方程包含的对称性使它具有如下性质：

• 当 $y(x)$ 是马修方程（IVa.1）的解时，$y(-x)$ 也是方程的解，但这两个解不一定独立。

• 函数 $\cos 2x$ 的周期性（周期为 π）使马修方程存在形如 $e^{isx}f(x)$ 的解，其中 $f(x)$ 也是与 $\cos 2x$ 周期相同（π）的周期函数。此性质称为马修方程的 Floquet 定理，它与晶格系统中的 Bloch 定理类似。

根据 Floquet 定理，设马修方程有如下级数形式的试探解：

$$y_1(x) = e^{isx} \sum_{-\infty}^{\infty} c_n e^{i2nx} \tag{IVa.13}$$

其中 s 称为此试探解的特征指数。将此试探解（IVa.13）代入马修方程（IVa.1）中，得到系数 c_n 之间的递推方程 (按同类项整理)：

$$c_{n+1} - D_n c_n + c_{n-1} = 0 \tag{IVa.14}$$

其中 $D_n = [a - (2n+s)^2]/q$。此含有连续三个系数项的递推公式建立了试探解中参数 s、c_n 与马修方程参数 a、q 之间的联系。

显然，若给定一组参数 $\{c_0, c_1, s\}$ 后，根据此递推关系（"由内而外"的形式）就可确定所有系数 c_n，进而确定整个试探解。然而，由此得到的级数（IVa.13）除对某些特殊取值的 $\{c_0, c_1, s\}$ 外，一般并不收敛。

递推关系（IVa.14）也可改写为"由外而内"的形式：

$$\frac{c_n}{c_{n-1}} = \cfrac{1}{D_n - \cfrac{c_{n+1}}{c_n}} \quad (n \leqslant 1), \qquad \frac{c_n}{c_{n+1}} = \cfrac{1}{D_n - \cfrac{c_{n-1}}{c_n}} \quad (n \leqslant -1) \qquad (\text{IVa.15})$$

显然，若 $\dfrac{c_{n+1}}{c_n}$ $(n \leqslant 1)$ 在大 n 情况下趋于 0，则 $\dfrac{c_n}{c_{n-1}}$ 中的分母可近似为 D_n，即

$\dfrac{c_n}{c_{n-1}} \approx -\dfrac{q}{4n^2}$ $(n \to \infty)\left(n \leqslant -1$ 的情况 $\dfrac{c_n}{c_{n+1}}$ 也有类似结论$\right)$。此时，级数 $y_1(x)$ 的收敛性将得到保障。

若反复使用 $\dfrac{c_n}{c_{n-1}}$ 的上述表达式，将得到如下无穷阶连分式：

$$\frac{c_n}{c_{n-1}} = \cfrac{1}{D_n - \cfrac{1}{D_{n+1} - \cfrac{1}{D_{n+2} - \cfrac{1}{\ddots}}}}, \qquad n \geqslant 1$$

$$\frac{c_n}{c_{n+1}} = \cfrac{1}{D_n - \cfrac{1}{D_{n-1} - \cfrac{1}{D_{n-2} - \cfrac{1}{\ddots}}}}, \qquad n \leqslant -1 \qquad (\text{IVa.16})$$

特别地，

$$\frac{c_1}{c_0} = \cfrac{1}{D_1 - \cfrac{1}{D_2 - \cfrac{1}{D_3 - \cfrac{1}{\ddots}}}}, \qquad \frac{c_{-1}}{c_0} = \cfrac{1}{D_{-1} - \cfrac{1}{D_{-2} - \cfrac{1}{D_{-3} - \cfrac{1}{\ddots}}}} \qquad (\text{IVa.17})$$

令 $n = 0$，则递推关系（IVa.14）变为

$$s^2 = a - q\left(\frac{c_1}{c_0} + \frac{c_{-1}}{c_0}\right) \tag{IVa.18}$$

若将 $\dfrac{c_1}{c_0}$ 和 $\dfrac{c_{-1}}{c_0}$ 的无穷阶连分式代入上式，则得到一个仅含参数 s 的自洽方程（假设参数 a 和 q 已知）。此自洽方程的解可通过如下方式求解：

(1) 随机选取 s 的初始值 s_0；

(2) 通过对连分式 $\dfrac{c_1}{c_0}$ 和 $\dfrac{c_{-1}}{c_0}$ 的有限截断来计算自洽方程右边的值（记为 s_1），将 s_1 作为 s 的新初始值；

(3) 重复前面的计算过程，直到更新前后参数 s 的差值小于某个给定阈值。

计算得到特征指数 s 后，通过连分式（IVa.17）可将 c_1 和 c_{-1} 表示为 c_0（可令 $c_0 = 1$）的形式，进而所有系数 c_n 均可通过连分式（IVa.16）获得。因此，形如（IVa.13）的解 $y_1(x)$ 就可以完全确定。

当 $y_1(x)$ 为马修方程的解时，由其对称性可知 y_1 的共轭函数

$$y_2(x) = y_1(-x) = e^{-isx}\sum_{-\infty}^{\infty} c_n e^{-i2nx}$$

也是马修方程（IVa.1）的解。根据特征指数 s 的取值差异，$y_1(x)$ 和 $y_2(x)$ 具有不同的相关性，进而马修方程具有不同形式的解：

(1) s 为整数。

$y_1(x)$ 和 $y_2(x)$ 成正比，它们线性相关。特别地，当 a 为马修方程的特征值 a_r 或 b_r 时，s 一定为整数。据此，可建立整数特征指数 s 与特征值 a_r、b_r 之间的对应关系。当 s 为非负整数时，方程

$$a = s^2 + q\left(\frac{c_1}{c_0} + \frac{c_{-1}}{c_0}\right) \tag{IVa.19}$$

的特征值解对应于 $a_s(q)$；而当 s 为负整数时，方程（IVa.19）的特征值解对应于 $b_{|s|}(q)$。

在此条件下，除 $y_1(x)$ 外，马修方程的另一个独立解可表示为

$$\tilde{y}_2(x) = xSe_r(x,q) + \sum_{k=0}^{\infty} d_{2k+p}\sin(2k+p)x$$

或

$$\tilde{y}_2(x) = xSo_r(x,q) + \sum_{k=0}^{\infty} f_{2k+p}\cos(2k+p)x$$

其中 $p=0$ 或 1，Se_r 表示 r 阶偶马修函数，而 So_r 表示 r 阶奇马修函数。因此，当 s 为整数时，马修方程的解可表示为 $Ay_1(x) + B\tilde{y}_2(x)$ 的形式，其系数 A、B 由边界条件决定。

(2) s 非整数。

此时函数 y_1、y_2 线性独立，马修方程的一般解可表示为 $y(x) = Ay_1(x) + By_2(x)$。

特别注意，s 的自洽方程（IVa.18）也可看作 a 的自洽方程（此时 s 和 q 已知），a 可通过不断迭代的方式得到

$$a = s^2 + \frac{q^2}{2(s^2-1)} + \frac{(5s^2+7)q^4}{32(s^2-1)^3(s^2-4)} + \mathcal{O}(q^6) \qquad (s \neq 1,2,3)$$

3. 马修方程的稳定区间

当马修方程解（IVa.13）中的特征指数 s 为实数时，我们称此解为方程的稳定解（此时，函数 $y_1(x)$ 在 $x \to \pm\infty$ 时仍保持有限值）。反之，若特征指数 s 为复数，当 $x \to \pm\infty$ 时，$y_1(x)$ 总会发散。那么，a 和 q 取怎样的值才能保证其稳定解的存在呢？我们把前面的递推关系（IVa.14）或连分式表示（IVa.15）写成等价的行列式形式。将 c_n 看作未知变量，所有递推关系（IVa.14）确定一个线性方程组：

$$\begin{bmatrix} \cdot & \cdot & \cdot & \cdot & \cdot & \cdot \\ \cdot & (\sigma+2)^2-\alpha^2 & \beta^2 & 0 & 0 & \cdot \\ \cdot & \beta^2 & (\sigma+1)^2-\alpha^2 & \beta^2 & 0 & \cdot \\ \cdot & 0 & \beta^2 & \sigma^2-\alpha^2 & \beta^2 & \cdot \\ \cdot & 0 & 0 & -\beta^2 & (\sigma-1)^2-\alpha^2 & \cdot \\ \cdot & \cdot & \cdot & \cdot & \cdot & \cdot \end{bmatrix} \begin{bmatrix} \cdot \\ c_2 \\ c_1 \\ c_0 \\ c_{-1} \\ \cdot \end{bmatrix} = 0$$

其中 $\sigma = \frac{s}{2}$，$\alpha^2 = \frac{a}{4}$ 且 $\beta^2 = \frac{q}{4}$。从前面的讨论可知，所有系数 c_n 都可表示为某个系数（如 c_0）的函数，因此，线性方程组系数矩阵的行列式应为 0，即

$$\Delta(s) = \begin{vmatrix} \cdot & \cdot & \cdot & & \cdot & \cdot \\ \cdot & \dfrac{(\sigma+2)^2-\alpha^2}{4-\alpha^2} & \dfrac{\beta^2}{4-\alpha^2} & 0 & 0 & \cdot \\ \cdot & \dfrac{\beta^2}{1-\alpha^2} & \dfrac{(\sigma+1)^2-\alpha^2}{1-\alpha^2} & \dfrac{\beta^2}{1-\alpha^2} & 0 & \cdot \\ \cdot & 0 & \dfrac{\beta^2}{-\alpha^2} & \dfrac{\sigma^2-\alpha^2}{-\alpha^2} & \dfrac{\beta^2}{-\alpha^2} & \cdot \\ \cdot & 0 & 0 & -\dfrac{\beta^2}{1-\alpha^2} & \dfrac{(\sigma-1)^2-\alpha^2}{1-\alpha^2} & \cdot \\ \cdot & \cdot & \cdot & & \cdot & \cdot \end{vmatrix} = 0$$

为计算方便，矩阵的每行（对应一个方程）都除以了系数 $n^2 - \alpha^2$。这是一个无穷大矩阵的行列式，称为 Hill 行列式。值得庆幸，此行列式的值可解析获得，即

$$\Delta(s) = \Delta_0 - \frac{\sin^2 \dfrac{\pi s}{2}}{\sin^2 \left(\dfrac{\pi \sqrt{a}}{2} \right)}$$

其中

$$\Delta_0 = \begin{vmatrix} \cdot & \cdot & \cdot & \cdot & \cdot & \cdot \\ \cdot & 1 & \dfrac{q}{36-a} & 0 & 0 & \cdot \\ \cdot & \dfrac{q}{a-16} & 1 & \dfrac{q}{16-a} & 0 & \cdot \\ \cdot & 0 & \dfrac{q}{a-4} & 1 & \dfrac{q}{4-a} & \cdot \\ \cdot & 0 & 0 & \dfrac{q}{a} & 1 & \cdot \\ \cdot & 0 & 0 & 0 & \dfrac{q}{4-a} & \cdot \\ \cdot & \cdot & \cdot & \cdot & \cdot & \cdot \end{vmatrix}$$

由参数 a 和 q 完全确定。由 $\Delta(s) = 0$ 可知 s 需满足等式：

$$\sin^2 \left(\frac{\pi s}{2} \right) = \Delta_0 \sin^2 \left(\frac{\sqrt{a}\pi}{2} \right) \tag{IVa.20}$$

我们将在此等式基础上来讨论马修方程解（IVa.13）的稳定性。当等式（IVa.20）右边小于零时，即满足

$$\Delta_0 \sin^2\left(\frac{\sqrt{a}\pi}{2}\right) = -\gamma^2 \qquad\qquad (\text{IVa.21})$$

（其中 γ 为实数），则

$$\sin\left(\frac{\pi s}{2}\right) = \pm i\gamma$$

为获得 s，将条件（IVa.21）改写为方程：$Z^2 \pm 2\gamma Z - 1 = 0$，其中 $Z = e^{i\frac{s\pi}{2}}$。此二次方程的判别式总大于零，因此它的解总为实数。换言之，特征指数 s 一定是纯虚数。此时，试探解（IVa.13）中因子 e^{isx} 的指数 is 为实数，因而 $x \to \pm\infty$ 将导致此试探解发散。故 $\Delta_0 \sin^2\left(\frac{1}{2}\pi\sqrt{a}\right) < 0$ 时，马修方程无稳定解。

当等式（IVa.20）右边大于 1 时，即 $\Delta_0 \sin^2\left(\frac{1}{2}\pi\sqrt{a}\right) = 1 + \gamma^2$（$\gamma$ 为实数），得到类似的方程：

$$Z^2 \pm 2i\sqrt{1+\gamma^2}Z - 1 = 0, \qquad Z = e^{i\frac{s\pi}{2}}$$

此方程的解 Z 为纯虚数，不妨记为 $e^{\frac{\epsilon(\gamma)\pi}{2}}e^{i\frac{\pi}{2}}$（其中 $\epsilon(\gamma)$ 为由 γ 确定的实数）。因特征指数 s 为复数 $1 + i\epsilon(\gamma)$，其虚部的存在同样将导致试探解不稳定。

因此，马修方程的稳定解区间应满足

$$0 < \Delta_0 \sin^2\left(\frac{1}{2}\pi\sqrt{a}\right) < 1$$

由于 $\sin$ 函数的周期性，马修方程存在多个稳定区间。

值得注意，$\sin\left(\frac{\pi s}{2}\right) = 0$ 时，$s = 2m$ 为整数；而 $\sin\left(\frac{\pi s}{2}\right) = 1$ 时，$s = 2m+1$ 也为整数（m 为满足 $-\infty < m < \infty$ 的整数）。按整数特征指数 s 与马修方程本征值 a_r 和 b_r 间的对应关系，s 对应的本征值 $a_s(q)$ 和 $b_s(q)$ 将使等式（IVa.20）成立。

换言之，当整数 s 确定后，等式（IVa.20）就是曲线 $a_s(q)$ 或 $b_{|s|}(q)$ 确定的 (a,q) 平面上一条连续曲线。因此，(a,q) 平面上马修方程的稳定和非稳定解区间可通过其特征值 $a_r(q)$ 和 $b_r(q)$ 进行刻画。

当 $q \geq 0$ 时，马修方程的稳定解区间位于曲线 $a_r(q)$ 和 $b_{r+1}(q)$ 之间；而在曲线 $b_r(q)$ 和 $a_r(q)$ 之间的区域为非稳定解区域（图 A.4）。

图 A.4　q 为正数时的特征值大小排序: 红色实线对应于稳定解区间；而蓝色实线
对应于非稳定解区间

当 $q < 0$ 时，马修方程的稳定解区间位于曲线 $b_{2r+1}(q)$ 和 $b_{2r+2}(q)$ 之间以及曲线 $a_{2r}(q)$ 和 $a_{2r+1}(q)$ 之间，其他区间（曲线 $a_{2r+1}(q)$ 和 $b_{2r+1}(q)$ 之间以及曲线 $b_{2r}(q)$ 和 $a_{2r}(q)$ 之间）为非稳定解区间（图 A.5）。

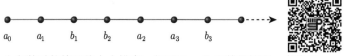

图 A.5　q 为负数时的特征值大小排序：相对于 q 为正数的情况，交换了 a_{2r+1} 和 b_{2r+1}（$r = 0, 1, 2, \cdots$）的位置。红色实线对应于稳定解区间；而蓝色实线对应于非稳定解区间

IVb　自由离子的多普勒冷却极限

在离子冷却部分，我们粗略估计了多普勒冷却的极限，此处我们对此极限进行更严格的计算[①]。

设自由离子速度为 v，它的一次散射事件包含吸收和自发辐射一个光子两个步骤。

1. 单光子吸收过程

在半经典近似下，共振吸收过程的能量和动量均守恒，因此有

$$\hbar\omega_{abs} + \frac{1}{2}mv^2 = \hbar\omega + \frac{1}{2}mv'^2 = \hbar\omega + \frac{1}{2m}(m\boldsymbol{v} + \hbar\boldsymbol{k}_{abs})^2 \tag{IVb.1}$$

其中 $\hbar\boldsymbol{k}_{abs}$ 为被吸收光子的动量，$\hbar\omega$ 为离子中上下能级之差，而 $k_{abs} = |\boldsymbol{k}_{abs}|$；$\boldsymbol{v}'$ 为吸收一个光子后离子的速度，$v' = |\boldsymbol{v}'|$ 且 $\omega_{abs} = k_{abs}c$；最后一个等式使用了动量守恒。根据等式（IVb.1）可得共振吸收频率：

$$\hbar\omega_{abs} + \frac{1}{2}mv^2 = \hbar\omega + \left(\frac{1}{2}mv^2 + E_{\mathrm{recoil}}^{abs} + \hbar\boldsymbol{k}_{abs} \cdot \boldsymbol{v}\right)$$

$$\Rightarrow \omega_{abs} = \omega + \boldsymbol{k}_{abs} \cdot \boldsymbol{v} + E_{\mathrm{recoil}}^{abs}/\hbar$$

其中 $E_{\mathrm{recoil}}^{abs} = \dfrac{(\hbar k_{abs})^2}{2m}$。

---

① 参见 D. J. Wineland, and W. M. Itano, Phys. Rev. A **20**, 1521 (1979).

2. 自发辐射过程

同理，由自发辐射过程的能量和动量守恒公式

$$\hbar\omega + \frac{1}{2}mv'^2 = \hbar\omega_{em} + \frac{1}{2}mv''^2 = \hbar\omega_{em} + \frac{1}{2m}(m\boldsymbol{v}' + \hbar\boldsymbol{k}_{em})^2$$

其中 $\boldsymbol{v}''$ 为辐射一个光子后离子的速度，而 $v'' = |\boldsymbol{v}''|$。由此可得自发辐射光子的频率：

$$\omega_{em} = \omega - \boldsymbol{k}_{em} \cdot \boldsymbol{v}' - E_{\text{recoil}}^{em}/\hbar$$

其中 $\hbar k_{em}$ 为自发辐射放出光子的动量，$E_{\text{recoil}}^{em} = \dfrac{(\hbar k_{em})^2}{2m}$。

因此，发生一次单光子散射事件（吸收+发射）后，离子的能量改变为

$$\Delta E = \frac{1}{2}mv''^2 - \frac{1}{2}mv^2 = \hbar\omega_{abs} - \hbar\omega_{em} = \hbar\boldsymbol{k}_{abs} \cdot \boldsymbol{v} + \boldsymbol{k}_{em} \cdot \boldsymbol{v}' + E_{\text{recoil}}^{abs} + E_{\text{recoil}}^{em}$$

由于整个 Doppler 冷却过程考虑的是离子能量在一段时间内的平均变化，因此需对上述能量做一个时间平均，其结果为

$$\langle \Delta E \rangle = \hbar\boldsymbol{k}_{abs} \cdot \langle \boldsymbol{v} \rangle + 2E_{\text{recoil}}$$

其中我们利用了 $\langle \boldsymbol{k}_{em} \cdot \boldsymbol{v} \rangle = 0$（即自发辐射的光子方向是随机的），$\boldsymbol{k}_{abs}$ 在实验室参考系下是恒定的，且离子吸收与辐射的光子动量涨落一致，即 $\langle E_{\text{recoil}}^{abs} \rangle = \langle E_{\text{recoil}}^{em} \rangle \equiv E_{\text{recoil}}$。为计算整体的散射效应，需引入离子对光子的散射截面。一般地，入射光子频率为 ω_L 时，离子对光子的散射截面为 Lorentz 线型：

$$\sigma(\omega_L) = \frac{\sigma_0 \Gamma^2}{4(\omega_L - \omega_{abs})^2 + \Gamma^2}$$

其中 Γ 为上能级线宽。设六个方向均有红失谐光且均失谐在冷却效率最大点（$\omega_L - \omega = -\Gamma/2$），若仅考虑 x 方向的冷却速率，则有

$$\frac{dE_x}{dt} = \frac{I}{\hbar\omega_L}[\sigma(\hbar k\langle v_x \rangle + 2E_{\text{recoil}}) + \sigma(-\hbar k\langle v_x \rangle + 2E_{\text{recoil}})]$$

其中第一项表示激光与离子同向时的散射截面，而后一项是它们背向时的散射截面。利用低速条件 $k\langle v_x \rangle \ll \Gamma$ 和 $E_{\text{recoil}} \ll \hbar\Gamma$，则上式的展开可近似为

$$\frac{dE_x}{dt} = \frac{I}{\hbar\omega_L}[\sigma(\hbar k\langle v_x \rangle + 2E_{\text{recoil}}) + \sigma(-\hbar k\langle v_x \rangle + 2E_{\text{recoil}})]$$

$$= \frac{I\sigma_0}{\hbar\omega_L} \left[\frac{\Gamma^2(\hbar k\langle v_x\rangle + 2E_{\text{recoil}})}{4(k\langle v_x\rangle + E_{\text{recoil}}/\hbar + \Gamma/2)^2 + \Gamma^2} \right.$$

$$\left. + \frac{\Gamma^2(-\hbar k\langle v_x\rangle + 2E_{\text{recoil}})}{4(-k\langle v_x\rangle + E_{\text{recoil}}/\hbar + \Gamma/2)^2 + \Gamma^2} \right]$$

$$\approx \frac{2I\sigma_0}{\hbar\omega_L} \left(\frac{E_{\text{recoil}}\Gamma^2}{(\Gamma + E_{\text{recoil}}/\hbar)^2 + E_{\text{recoil}}^2/\hbar^2} \right)$$

$$- \frac{\Gamma^3 \hbar k^2 \langle v_x\rangle^2}{[(\Gamma + E_{\text{recoil}}/\hbar)^2 + E_{\text{recoil}}^2/\hbar^2]^2}$$

$$\approx \frac{2I\sigma_0}{\hbar\omega_L} \left(E_{\text{recoil}} - \frac{\hbar k^2 \langle v_x\rangle^2}{\Gamma} \right)$$

在冷却极限下，要求 $dE_x/dt = 0$，即

$$E_{\text{recoil}} = \frac{\hbar^2 \langle k\rangle^2}{2m} = \frac{\hbar k^2 \langle v_x\rangle^2}{\Gamma}$$

化简可得 $E_x = \frac{m}{2}\langle v_x\rangle^2 = \frac{\hbar\Gamma}{4}$。因此，冷却温度的极限为

$$T = \frac{2E_x}{k_{\text{B}}} = \frac{\hbar\Gamma}{2k_{\text{B}}}$$

对束缚离子的多普勒冷却极限可类似地计算，但离子的空间自由度需用声子模式代替。

IVc　Gottesman-Kitaev-Preskill 编码

谐振子系统中能级间距相同，无法找到两个封闭的能级作为量子比特。D. Gottesman, A. Kitaev 和 J. Preskill 于 2001 年提出了一种利用谐振子来编码量子比特的方法（Gottesman-Kitaev-Preskill（GKP）码）[①]。在第四章的光量子计算机中，我们用它来实现容错的量子计算，此处我们补充一些此编码的基本性质。

为简单，我们先讨论 d 维 qudit 系统中如何编码一个量子比特（并能对某些错误进行探测和纠正），然后再取极限 $d \to \infty$ 来获得谐振子系统的情况。

设 d 维 qudit 系统的能级为 $\{|j\rangle | j = 0, 1, 2, \cdots, d-1\}$，定义此系统中的 Pauli 算符 X 和 Z[②]为

---

① 参见文献 D. Gottesman, A. Kitaev, and J. Preskill, Phys. Rev. A **64** (2001).
② 对应于量子比特中的 σ^x 和 σ^z。

$$\begin{cases} X: & |j\rangle \to |j+1 \pmod{d}\rangle \\ Z: & |j\rangle \to e^{\frac{2\pi i}{d}j}|j\rangle \end{cases}$$

与比特情况类似，单个 qudit 上的所有错误都可在算符基 $X^a Z^b$ 下展开

$$X^a Z^b; \quad a, b \in \mathbb{Z}_d$$

因此只需考虑错误 $X^a Z^b$ 即可。若将高维系统看作多比特系统，则利用稳定子码框架可将逻辑比特编码于 qudit 中并能对 $X^a Z^b$（$a, b \ll d$）型错误进行探测和纠正。为具体化，先来看一个具体的例子。

例 A.1   Qudit 编码量子比特

考虑 $d = 18$ 的 qudit 系统，将一个逻辑量子比特编码于此系统中并能对抗错误 $X^a Z^b$（$|a|, |b| \leqslant 1$）。为此，将逻辑比特编码为稳定子算符 X^6 和 Z^6 的本征值为 $+1$ 的共同本征态[a]

$$\begin{cases} |0\rangle_L = \dfrac{1}{\sqrt{3}}(|0\rangle + |6\rangle + |12\rangle) \\[2mm] |1\rangle_L = \dfrac{1}{\sqrt{3}}(|3\rangle + |9\rangle + |15\rangle) \end{cases}$$

此逻辑比特的逻辑操作为

$$\bar{X} = X^3, \qquad \bar{Z} = Z^3$$

在此编码下，qudit 上的 X^a 型和 Z^b 型错误可通过对稳定子算符 X^6 或 Z^6 的测量进行判断。以 X^a 型错误为例，它与稳定子算符 Z^6 间有对易关系

$$Z^6 X^a = e^{\frac{2\pi i}{3}a} X^a Z^6$$

因此，若逻辑比特上发生了 X^a 型错误，则通过测量 Z^6 的本征值即可获知参数 a（mod 3）[b]。特别地，若 X^a（$|a| \leqslant 1$）是错误的主要来源，则测量 Z^6 就能判定具体的错误（区分 X^1 和 X^{-1}）。类似地，Z^b 型错误也可通过测量 X^6 来诊断。

事实上，满足条件 $|a|, |b| \leqslant 1$ 的 $X^a Z^b$ 型错误共有 9 种可能（包括无错误发生的情况），而逻辑比特的空间维度为 2，$2 \times 9 = 18$ 恰好是整个 qudit 空间的维数。每种"错误"都对应算符 X^6 和 Z^6 一个本征值组合，因此，通过测量 X^6 及 Z^6 的本征值就能对所有形如 $X^a Z^b$（$|a|, |b| \leqslant 1$）

的错误进行诊断。测量结果与错误类型的对应见表 A.4。

表 A.4　$d = 18$ 的 qudit 中的逻辑比特中 $X^a Z^b$ 型错误的症状列表

	$a = -1$	$a = 0$	$a = 1$
$b = -1$	$X^6 = e^{\frac{2\pi i}{3}}$ $Z^6 = e^{-\frac{2\pi i}{3}}$	$X^6 = e^{\frac{2\pi i}{3}}$ $Z^6 = 1$	$X^6 = e^{\frac{2\pi i}{3}}$ $Z^6 = e^{\frac{2\pi i}{3}}$
$b = 0$	$X^6 = 1$ $Z^6 = e^{-\frac{2\pi i}{3}}$	$X^6 = 1$ $Z^6 = 1$	$X^6 = 1$ $Z^6 = e^{\frac{2\pi i}{3}}$
$b = 1$	$X^6 = e^{-\frac{2\pi i}{3}}$ $Z^6 = e^{-\frac{2\pi i}{3}}$	$X^6 = e^{-\frac{2\pi i}{3}}$ $Z^6 = 1$	$X^6 = e^{-\frac{2\pi i}{3}}$ $Z^6 = e^{\frac{2\pi i}{3}}$

ⓐ X^6 和 Z^6 作为稳定子，相互对易。

ⓑ 发生错误 X^a 后，量子态 $|\psi\rangle = \alpha|0\rangle_L + \beta|1\rangle_L$ 变为 $X^a|\psi\rangle$。由对易关系可知

$$Z^6 X^a |\psi\rangle = e^{\frac{2\pi i}{3} a} X^a Z^6 |\psi\rangle = e^{\frac{2\pi i}{3} a} X^a |\psi\rangle$$

这表明量子态 $X^a|\psi\rangle$ 是算符 Z^6 的本征值为 $e^{\frac{2\pi i}{3} a}$ 的本征态。

上述 qudit 系统（$d = 18$）上的逻辑比特编码方式可推广至高维系统，从而可对抗更长距离的位移错误（$|a|, |b|$ 可取更大的值）。具体地，有如下命题。

命题　$d = r_1 r_2 n$ 维的 qudit 系统可编码 n 维量子信息且能探测并纠正形如 $X^a Z^b \left(|a| \leqslant \dfrac{r_1}{2}, |b| \leqslant \dfrac{r_2}{2}\right)$ 的错误。

此命题中的 n 个逻辑状态由对易算符 $X^{r_1 n}$ 和 $Z^{r_2 n}$ 的本征值为 1 的共同本征态定义, 即

$$
\begin{cases}
|0\rangle_L = \dfrac{1}{\sqrt{r_2}} (|0\rangle + |nr_1\rangle + \cdots + |n(r_2 - 1)r_1\rangle) \\[2mm]
|1\rangle_L = \dfrac{1}{\sqrt{r_2}} (|r_1\rangle + |(n+1)r_1\rangle + \cdots + |n(r_2 - 1)r_1 + r_1\rangle) \\[2mm]
\qquad\cdots\cdots \\[2mm]
|n-1\rangle_L = \dfrac{1}{\sqrt{r_2}} (|(n-1)r_1\rangle + |(2n-1)r_1\rangle + \cdots + |(r_2 n - 1)r_1\rangle)
\end{cases}
$$

且此逻辑 qudit 上的 Pauli 算符为

$$\bar{X} = X^{r_1}, \quad \bar{Z} = Z^{r_2}$$

下面我们通过将 qudit 的维数 $d \to \infty$ 来获得 GKP 码。对给定参数 α、n 和 ϵ[①]，令

---

① ϵ 为小量。

$$r_1 = \frac{\alpha}{\epsilon}, \quad r_2 = \frac{1}{n\alpha\epsilon}, \quad d = nr_1r_2 = \frac{1}{\epsilon^2}$$

并选择谐振子系统中位置算符 q 的本征态 $\{|q = j\epsilon\rangle \equiv |j\rangle\}$ 为 qudit 能级。这样定义的 qudit 能级满足关系

$$e^{-ip\epsilon}|j\rangle = |q + \epsilon\rangle = |j + 1\rangle$$

$$e^{2\pi iq\epsilon}|j\rangle = e^{2\pi ij\epsilon^2}|j\rangle = e^{\frac{2\pi i}{d}j}|j\rangle$$

据此可将谐振子系统中的逻辑 qudit 定义为对易算符

$$Z^{r_2n} \to (e^{2\pi iq\epsilon})^{1/\alpha\epsilon} = e^{2\pi iq/\alpha}$$

$$X^{r_1n} \to (e^{-ip\epsilon})^{n\alpha/\epsilon} = e^{-inp\alpha}$$

的本征值为 1 的共同本征态（共 n 个量子态）

$$|\bar{j}\rangle = \sum_{s=-\infty}^{\infty} |q = \alpha(j + ns)\rangle \qquad (j = 0, 1, \cdots, n-1)$$

而此逻辑 qudit 上的 Pauli 算符为

$$\bar{X} = e^{-ip\alpha}, \qquad \bar{Z} = e^{2\pi iq/n\alpha}$$

此编码可纠正 $X^{\Delta q}Z^{\Delta p}\left(|\Delta q| < \alpha/2 \text{ 且 } |\Delta p| < \frac{\pi}{n\alpha}\right)$ 型错误。一般情况下，Δq 和 Δp 为同一量级，因此，常取 $\alpha = \sqrt{\frac{2\pi}{n}}$ 使编码具有最佳效果。特别地，当 $n = 2$ 时就给出了逻辑比特的编码方式。图 A.6 给出了 $n = 2, \alpha = \sqrt{\pi}$ 时，逻辑量子比特的码字：

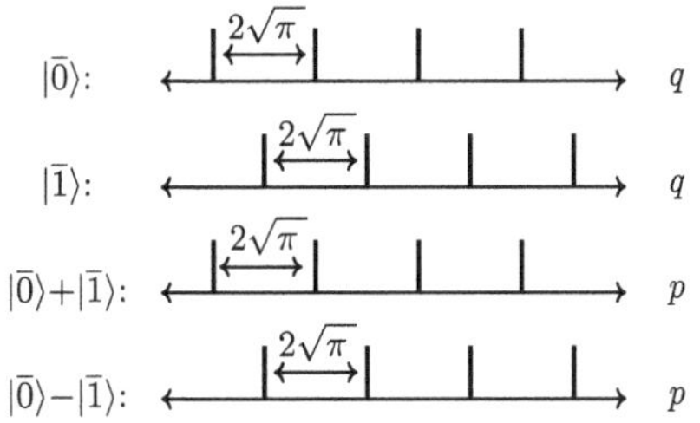

图 A.6 $n = 2$ 的 GKP 编码：逻辑态 $|\bar{0}\rangle, |\bar{1}\rangle$ 为位置本征态 $|q\rangle$ 的叠加，且相邻位置本征态间的本征值相差为 $2\sqrt{\pi}$。$|\bar{0}\rangle$ 与 $|\bar{1}\rangle$ 之间相差位移 $\sqrt{\pi}$，而逻辑态 $|\bar{0}\rangle \pm |\bar{1}\rangle$ 是逻辑算符 $\bar{X}$ 的本征态

Va　Reed-Muller 码的码字及性质

Reed-Muller 码不仅在经典编码中有重要应用，在量子码中也具有独特的优势[①]。此附录中我们将讨论它的码字及其性质。

Reed-Muller 码 $\mathcal{R}(r,m)$ 的码字可通过递归的方式定义。

- **$\mathcal{R}(1,m)$ 的码字**

定义 ($\mathcal{R}(1,m)$ 码定义 1)　$\mathcal{R}(1,m)$ ($m \geqslant 1$) 称为一阶 RM 码，其码字可通过如下的递归方式获得

当 $m=1$ 时，$\mathcal{R}(1,1) = \{00, 01, 10, 11\}$；

当 $m>1$ 时，$\mathcal{R}(1,m) = \{[\boldsymbol{u},\boldsymbol{u}], [\boldsymbol{u},\boldsymbol{u}+\boldsymbol{1}] : \boldsymbol{u} \in \mathcal{R}(1,m-1)$ 且 **1** 中所有分量均为 1$\}$。

由此可见 $\mathcal{R}(1,m)$ ($m>1$) 中码字的长度（物理比特个数）为 2^m，码字（逻辑状态）的个数为 2^{m+1}。$\mathcal{R}(1,m)$ 的码字由形如 $[\boldsymbol{u},\boldsymbol{u}+\boldsymbol{v}]$ ($\boldsymbol{u} \in \mathcal{R}(1,m-1)$) 的码字组成：

(1) $\boldsymbol{v}=\boldsymbol{0}$：后一半比特（$2^{m-1}$ 个比特）简单重复前 2^{m-1} 个比特；

(2) $\boldsymbol{v}=\boldsymbol{1}$：后一半比特（$2^{m-1}$ 个比特）为前 2^{m-1} 个比特与 1 逐位相加。

按此定义可直接得到

$$\mathcal{R}(1,2) = \{0000, 0101, 1010, 1111\ 0011, 0110, 1001, 1100\} \tag{Va.1}$$

$$\mathcal{R}(1,3) = \{00000000, 01010101, 10101010, 11111111,$$
$$00110011, 01100110, 10011001, 11001100,$$
$$00001111, 01011010, 10100101, 11110000,$$
$$00111100, 01101001, 10010110, 11000011\}$$

其中，红色部分对应 $\boldsymbol{u}$ ($\boldsymbol{v}=\boldsymbol{0}$)，而蓝色部分对应 $\boldsymbol{u}+\boldsymbol{1}$ ($\boldsymbol{v}=\boldsymbol{1}$)。

　　按 $[\boldsymbol{u},\ \boldsymbol{u}+\boldsymbol{v}]$（其中 $\boldsymbol{u}$ 和 $\boldsymbol{v}$ 为来自不同码空间的码字）方式构造的新线性码具有如下性质。

　　定理 Va.1　设 $\mathcal{C}_{i=1,2}$ 分别为 $[n,k_i,d_i]$ 线性码，新的线性码 $\mathcal{C}$ 定义为

$$\mathcal{C} = \{[\boldsymbol{u},\boldsymbol{u}+\boldsymbol{v}] : \boldsymbol{u} \in \mathcal{C}_1, \boldsymbol{v} \in \mathcal{C}_2\}$$

---

　　① 参见 I. Reed, Transactions of the IRE Professional Group on Information Theory, **4**, 38-49 (1954); D. E. Muller, Transactions of the IRE Professional Group on Electronic Computers, **EC-3**, 6-12(1954).

则 C 是 $[2n, k_1 + k_2, \min(2d_1, d_2)]$ 线性码。

证明   按新码 C 的定义，其码字的字符串长度（物理比特个数）显然为 $2n$。因此，它是一个 $[2n, k, d]$ 码。

为确定参数 k，考虑如下码字空间的一一映射：

$$C_1 \times C_2 \to C$$

$$[c_1, c_2] \to [c_1, c_1 + c_2]$$

这两个空间的维数相同，因此，C 码的空间维数为 $2^{k_1} \cdot 2^{k_2} = 2^{k_1 + k_2}$，即参数 $k = k_1 + k_2$。

为计算 C 的码距 d，需考虑 C 中的非零码字 $[c_1, c_1 + c_2]$ 的权重。为此需对 c_2 的不同情况进行讨论。

若 $c_2 = 0$，则 $c_1 \neq 0$（否则 $(c_1, c_1 + c_2) = \mathbf{0}$）。因此

$$\text{wt}([c_1, c_1 + c_2]) = \text{wt}([c_1, c_1]) = 2\text{wt}(c_1)$$

$$\geqslant 2d_1 \geqslant \min(2d_1, d_2) \tag{Va.2}$$

若 $c_2 \neq 0$，则

$$\text{wt}([c_1, c_1 + c_2]) = \text{wt}(c_1) + \text{wt}(c_1 + c_2)$$

$$\geqslant \text{wt}(c_1) + \text{wt}(c_2) - \text{wt}(c_1)$$

$$\geqslant \text{wt}(c_2) \geqslant d_2 \geqslant \min(2d_1, d_2)$$

因此，C 的码距 $d \geqslant \min(2d_1, d_2)$。

另一方面，按码距的定义，存在 $x \in C_1$ 和 $y \in C_2$ 满足 $\text{wt}(x) = d_1$，$\text{wt}(y) = d_2$。因此，码字 $[x, x] \in C$ 的权重 $\text{wt}([x, x]) = 2d_1$ 且码字 $[0, y] \in C$ 的权重为 $\text{wt}([0, y]) = d_2$。因此，C 的码距 $d \leqslant \min(2d_1, d_2)$。

综合可得 C 的码距为 $d = \min(2d_1, d_2)$。 $\square$

利用定理 Va.1 以及 $\mathcal{R}(1, m)$ 码的定义可知 $\mathcal{R}(1, m)$ 码有如下性质。

定理   对任意大于零的 m，$\mathcal{R}(1, m)$ 是 $[2^m, m + 1, 2^{m-1}]$ 线性码，除码字 $\mathbf{0}$ 和 $\mathbf{1}$ 外，所有码字的权重均为 2^{m-1}。

直接验证可知 $\mathcal{R}(1, 1)$，$\mathcal{R}(1, 2)$ 和 $\mathcal{R}(1, m)$ 都满足此定理。

证明   对 m 使用归纳法证明此定理。当 $m = 1$ 时，$\mathcal{R}(1, 1) = \{00, 01, 10, 11\}$，显然定理成立。

假设 $m = k$ 时结论仍成立, 即 $\mathcal{R}(1, k)$ 是 $[2^k, k+1, 2^{k-1}]$ 线性码, 且除码字 **0** 和 **1** 外, 所有码字的权重为 2^{k-1}。

则当 $m = k+1$ 时, 按 $\mathcal{R}(1, k+1)$ 码的递归定义

$$\mathcal{R}(1, k+1) = \{[\boldsymbol{u}, \boldsymbol{u}], [\boldsymbol{u}, \boldsymbol{u}+1] : \boldsymbol{u} \in \mathcal{R}(1, k)\}$$

可知它是 $\mathcal{C}_1 = \mathcal{R}(1, k)$ 码和 $\mathcal{C}_2 = \{\boldsymbol{0}, \boldsymbol{1}\}$ 码通过 $[\boldsymbol{u}, \boldsymbol{u}+\boldsymbol{v}]$ 构造的新线性码, 则按前面的定理 $\mathcal{R}(1, k+1)$ 是 $[2 \cdot 2^k, k+1+1, \min(2 \cdot 2^{k-1}, 2^k)] = [2^{k+1}, k+2, 2^k]$ 线性码。

为讨论 $\mathcal{R}(1, k+1)$ 中码字的权重, 我们按码字的两种形式 ($[\boldsymbol{u}, \boldsymbol{u}]$ 和 $[\boldsymbol{u}, \boldsymbol{u}+1]$) 分别讨论:

(1) $[\boldsymbol{u}, \boldsymbol{u}]$ 型码字。

设 $\boldsymbol{u} \neq \boldsymbol{0}$ 或 $\boldsymbol{1} \in \mathcal{R}(1, k)$ (否则, 码字 $[\boldsymbol{u}, \boldsymbol{u}] = \boldsymbol{0}$ 或 $\boldsymbol{1} \in \mathcal{R}(1, k+1)$), 按假设 $\mathcal{R}(1, k)$ 是 $[2^k, k+1, 2^{k-1}]$ 线性码 ($\mathrm{wt}_{\min}(\boldsymbol{u}) = 2^{k-1}$), 因此, $\mathrm{wt}_{\min}([\boldsymbol{u}, \boldsymbol{u}]) = 2 \cdot 2^{k-1} = 2^k$。

(2) $[\boldsymbol{u}, \boldsymbol{u}+1]$ 型码字。

(i) 若 $\boldsymbol{u} = \boldsymbol{0}$, 则 $\boldsymbol{u}+1 = \boldsymbol{1}$, 因此, $\mathrm{wt}([\boldsymbol{u}, \boldsymbol{u}+1]) = \mathrm{wt}([\boldsymbol{u}, \boldsymbol{1}]) = 0 + 2^k = 2^k$。

(ii) 若 $\boldsymbol{u} = \boldsymbol{1}$, 则 $\boldsymbol{u}+1 = \boldsymbol{0}$, 因此, $\mathrm{wt}([\boldsymbol{u}, \boldsymbol{u}+1]) = \mathrm{wt}([\boldsymbol{u}, \boldsymbol{0}]) = 2^k + 0 = 2^k$。

(iii) 对其他情况, 按假设 $\mathrm{wt}(\boldsymbol{u}) = 2^{k-1}$, $\boldsymbol{u}$ 中正好一半是 1, 一半是 0。而 $\boldsymbol{u}+1$ 也正好一半是 1, 另一半是 0。所以, $\mathrm{wt}([\boldsymbol{u}, \boldsymbol{u}+1]) = 2^{k-1} + 2^{k-1} = 2^k$。因此, 在 $m = k+1$ 时, 定理仍成立。

按归纳法, 定理得证。 □

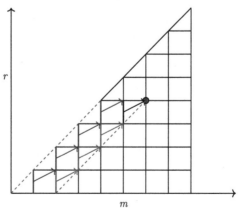

图 A.7　$\mathcal{R}(r, m)$ 的递推过程演示: 任意 $\mathcal{R}(r, m)$ 都可从 RM 码 $\mathcal{R}(1, 1), \mathcal{R}(2, 2), \cdots, \mathcal{R}(r, r)$ 以及 $\mathcal{R}(0, 1), \mathcal{R}(0, 2), \cdots, \mathcal{R}(0, m-r)$ 出发, 通过递归过程获得。图示为 $\mathcal{R}_{4,6}$ 的获得过程, 虚线所形成的平行四边形区域为所涉及的 RM 码

在一阶 RM 码 $\mathcal{R}(1, m)$ 基础上，r 阶 RM 码递归的定义如下。

定义 (r 阶 Reed-Muller (RM) 码 $\mathcal{R}(r, m)$ 的定义)   0 阶 RM 码 $\mathcal{R}(0, m)$ 定义为长度为 2^m 的重复码 $\{\boldsymbol{0} = 00\cdots 0, \boldsymbol{1} = 11\cdots 1\}$。任意 $r \geqslant 2$ 的 r 阶 RM 码 $\mathcal{R}(r, m)$ 中的码字递推定义为（图 A.7）

$$\mathcal{R}(r, m) = \begin{cases} \mathbb{Z}_2^{2^r}, & r = m \\ \{[\boldsymbol{u}, \boldsymbol{u} + \boldsymbol{v}] : \boldsymbol{u} \in \mathcal{R}(r, m-1), \boldsymbol{v} \in \mathcal{R}(r-1, m-1)\}, & m > r \end{cases}$$

例 A.2 $\mathcal{R}(2, 3)$

按定义，$\mathcal{R}(2, 3)$ 的码字需通过 $\mathcal{R}(2, 2)$ 和 $\mathcal{R}(1, 2)$ 中码字定义。$\mathcal{R}(1, 2)$ 的所有码字已在前面给出，而按定义 $\mathcal{R}(2, 2)$（$r = m$）的码字为 Z_2^4。因此，$\mathcal{R}(2, 3)$ 中包括如下码字：

$\boldsymbol{v} = 0000$:

   00000000, 00010001, 00100010, 00110011, 01000100,

   01010101, 01100110, 01110111, 10001000, 10011001, 10101010,

   10111011, 11001100, 11011101, 11101110, 11111111

$\boldsymbol{v} = 0101$:

   00000101, 00010100, 00100111, 00110111, 01000001, 01010000,

   01100011, 01110010, 10001101, 10011100, 10101111, 10111110,

   11001001, 11011000, 11101011, 11111010

$\boldsymbol{v} = 1010$:

   00001010, 00011011, 00101000, 00111001, 01001110, 01011111,

   01101100, 01111101, 10000010, 10010011, 10100000, 10110001,

   11000110, 11010111, 11100100, 11110101

$\boldsymbol{v} = 1111$:

   00001111, 00011110, 00101101, 00111100, 01001011, 01011010,

   01101001, 01111000, 10000111, 10010110, 10100101, 10110100,

11000011, 11010010, 11100001, 11110000

$\boldsymbol{v} = 0011$:

00000011, 00010010, 00100001, 00110000, 01000111, 01010110,

01100101, 01110100, 10001011, 10011010, 10101001, 10111000,

11001111, 11011110, 11101101, 11111100

$\boldsymbol{v} = 0110$:

00000110, 00010111, 00100100, 00110101, 01000010, 01010011,

01100000, 01110001, 10001110, 10011111, 10101100, 10111101,

11001010, 11011011, 11101000, 11111001

$\boldsymbol{v} = 1001$:

00001001, 00011000, 00101011, 00111010, 01001101, 01011100,

01101111, 01111110, 10000001, 10010000, 10100011, 10110010,

11000101, 11010100, 11100111, 11110110

$\boldsymbol{v} = 1100$:

00001100, 00011101, 00101110, 00111111, 01001000, 01011001,

01101010, 01111011, 10000100, 10010101, 10100110, 10110111,

11000000, 11010001, 11100010, 11110011

根据 RM 码 $\mathcal{R}(r, m)$ 中码字的定义，它具有如下性质。

定理 Va.2　$\mathcal{R}(r, m)$ 是线性码 $\left[2^m, \sum\limits_{i=0}^{r} C_m^i, 2^{m-r} \right]$。

证明　按 $\mathcal{R}(r, m)$ 的定义，它由两个 RM 码（$\mathcal{R}(r, m-1)$ 和 $\mathcal{R}(r-1, m-1)$）通过 $[\boldsymbol{u}, \boldsymbol{u}+\boldsymbol{v}]$ 型的构造获得。若假设结论对 $\mathcal{R}(r, m-1)$ 和 $\mathcal{R}(r-1, m-1)$ 均成立，即它们分别是 $\left[2^{m-1}, \sum\limits_{i=0}^{r} C_{m-1}^i, 2^{m-r-1} \right]$ 和 $\left[2^{m-1}, \sum\limits_{i=0}^{r-1} C_{m-1}^i, 2^{m-r} \right]$ 码。则

按 $\mathcal{R}(r,m)$ 码字的构造方式和定理 Va.1，它是如下线性码：

$$\left[2\cdot2^{m-1},\sum_{i=0}^{r}\mathrm{C}_{m-1}^{i}+\sum_{i=0}^{r-1}\mathrm{C}_{m-1}^{i},\min(2\cdot2^{m-r-1},2^{m-r})\right]$$

$$=[2^{m},1+[\mathrm{C}_{m-1}^{0}+\mathrm{C}_{m-1}^{1}]+[\mathrm{C}_{m-1}^{1}+\mathrm{C}_{m-1}^{2}]+\cdots+[\mathrm{C}_{m-1}^{r-1}+\mathrm{C}_{m-1}^{r}],2^{m-r}]$$

$$=[2^{m},1+\mathrm{C}_{m}^{1}+\mathrm{C}_{m}^{2}+\cdots+\mathrm{C}_{m}^{r},2^{m-r}]$$

$$=\left[2^{m},\sum_{i=0}^{r}\mathrm{C}_{m}^{i},2^{m-r}\right]$$

其中使用了等式：$\mathrm{C}_{m-1}^{k-1}+\mathrm{C}_{m-1}^{k}=\mathrm{C}_{m}^{k}$。因此，定理可归纳获证。□

根据定理 Va.2, RM 码 $\mathcal{R}(r,m)$（$r=0,1,2,\cdots,m$）均在同一个编码空间中（物理比特数目为 2^{m}），它们有如下关系。

定理 Va.3   对任意给定的 m,RM 码 $\mathcal{R}(r,m)$ 满足条件 $\mathcal{R}(0,m)\subset\mathcal{R}(1,m)\subset\cdots\subset\mathcal{R}(r,m)\subset\cdots\subset\mathcal{R}(m,m)$。

证明   仍对 m 做归纳法证明。当 $m=1$ 时，r 可取 0 和 1。此时，$\mathcal{R}(0,1)=\{00,11\}$，$\mathcal{R}(1,1)=\{00,11,01,10\}$。定理显然成立。

假设 $m=k-1$ 时结论成立，即 $\mathcal{R}(0,k-1)\subset\mathcal{R}(1,k-1)\subset\cdots\subset\mathcal{R}(r,k-1)\subset\cdots\subset\mathcal{R}(k-1,k-1)$。故当 $m=k$ 时，按 $\mathcal{R}(r-1,k)$ 和 $\mathcal{R}(r,k)$（$1\leqslant r\leqslant k$）的定义

$$\mathcal{R}(r-1,k)=\{[\boldsymbol{u},\boldsymbol{u}+\boldsymbol{v}]:\boldsymbol{u}\in\mathcal{R}(r-1,k-1),\boldsymbol{v}\in\mathcal{R}(r-2,k-1)\}\quad(r-1<k)$$

$$\mathcal{R}(r,k)=\{[\boldsymbol{u},\boldsymbol{u}+\boldsymbol{v}]:\boldsymbol{u}\in\mathcal{R}(r,k-1),\boldsymbol{v}\in\mathcal{R}(r-1,k-1)\}\quad(r\leqslant k)$$

由假设 $\mathcal{R}(r-2,k-1)\subset\mathcal{R}(r-1,k-1)\subset\mathcal{R}(r,k-1)$ 可知 $\mathcal{R}(r-1,k)\subset\mathcal{R}(r,k)$ 一定成立。当 $m=k$ 时，结论仍成立（图 A.8）。

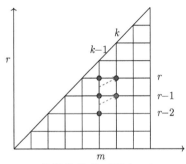

图 A.8 $\mathcal{R}(r-1,k)$ 和 $\mathcal{R}(r-1,k)$ 的递推关系：通过 $\mathcal{R}(r-2,k-1)$ 和 $\mathcal{R}(r-1,k-1)$ 可得 $\mathcal{R}(r-1,k)$；而通过 $\mathcal{R}(r-1,k-1)$ 和 $\mathcal{R}(r,k-1)$ 可得到 $\mathcal{R}(r,k)$

按归纳法，定理得证。   □

Vb　二维自纠错码的不存在性

在第五章中，我们证明了 Haah 码具有自纠错特性。这部分我们来证明一维、二维稳定子系统中并不存在自纠错量子码[①]。为此，我们需要下面的引理。

引理 Vb.1 (清除引理)　对定义于 D 维晶格 $\mathbb{L} = \{1, 2, \cdots, L\}^D$ 上的稳定子码 $\mathcal{S} = \langle S_1, S_2, \cdots, S_m \rangle$ 和比特集合 $M \in \mathbb{L}$[②]，下面的两个结论必有一个成立：

(1) 存在支集在 M 中的非平凡逻辑算符 $P \in \mathcal{N}(\mathcal{S})/\mathcal{S}$；

(2) 对稳定子码 $\mathcal{S}$ 中任意非平凡算符 $P \in \mathcal{N}(\mathcal{S})/\mathcal{S}$，都存在算符 $S \in \mathcal{S}$[③]使得算符 PS 在 M 上无非平凡作用[④]。

据此引理可知：若集合 M 中的比特数目 ($|M|$) 小于稳定子码 $\mathcal{S}$ 的码距 d，则对稳定子码 $\mathcal{S}$ 中的任意逻辑算符 P，都存在稳定子算符 $S \in \mathcal{S}$，使得 PS 在 M 上无非平凡算符。我们以平面码为例来说明此引理的有效性。

例 A.3

在如图 A.9 所示的二维正方晶格上，平面码定义为：每个顶点 i 上定义一个 X 型算符 B_i，而每个面 ν 上定义一个 Z 型算符 A_ν，它们组成稳定子群 $\mathcal{S}$。此平面码可定义一个逻辑比特，其非平凡的逻辑算符为 $\bar{X} = \sigma_2^x \sigma_9^x \sigma_{16}^x$，$\bar{Z} = \sigma_8^z \sigma_9^z \sigma_{10}^z \sigma_{11}^z$。

若选择比特 $\{6, 9, 10, 13\}$（图中红色比特）为集合 M。按前面的引理，由于没有非平凡的逻辑操作落在 M 上，因此，逻辑算符 $\bar{X}$ 和 $\bar{Z}$ 都可通过乘以一些稳定子算符使得 M 上的算符平凡。

若选择比特 $\{1, 2, 3, 4\}$ 为集合 M，则有逻辑算符 $\bar{Z} = \sigma_1^z \sigma_2^z \sigma_3^z \sigma_4^z$ 的支集正好等于 M。

---

① S. Bravyi, and B. Terhal, New J. Phys. **11**, 043029 (2009).

② 量子比特放置于格点处。

③ 它是 $\mathcal{S}$ 中稳定子生成元 S_i 的乘积。

④ 集合 M 不在算符 PS 的支集中。

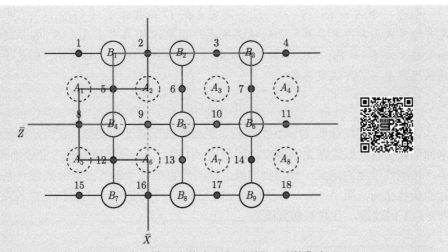

图 A.9　在含非光滑边界的二维正方格中定义平面码，比特集合 $M = \{6, 9, 10, 13\}$。红色虚线表示逻辑算符 $\bar{Z}$，它穿过集合 M （即 M 上有非平凡算符 σ^z），通过乘以稳定子 A_2 和 A_3，$\bar{Z}$ 变为红色实线，它与 M 无交集（M 上均为平凡算符）。相同地，蓝色虚线为逻辑算符 $\bar{X}$，它也在 M 上有非平凡算符 σ^x，通过乘以稳定子 B_4 使 $\bar{X}$ （对应蓝色实线）在 M 上作用平凡

为估计稳定子码的码距，需引入稳定子码的线性维度（linear dimension）的概念。

定义 (线性维度)　一个 Pauli 算符 P 的线性维度 $d_1(P)$ 定义为满足条件：

$$\mathrm{supp}(P) \subseteq R \times \{1, 2, \cdots, L\}^{D-1}$$

的连续区间 $R \in \{1, 2, \cdots, L\}$ 的最小长度。而稳定子码 $\mathcal{S}$ 的线性维度 $d_1(\mathcal{S})$ 定义为

$$d_1(\mathcal{S}) = \min_{P \in \mathcal{N}(\mathcal{S})/\mathcal{S}} d_1(P)$$

用一个超长方体来度量算符 P 的支集大小：对一个选定维度（其余 $D-1$ 个维度的尺寸设为最大）有个最小的覆盖值 R；通过对 D 个不同维度的最小值进行比对，其最小值定义为算符 P 的线性维度。而稳定子码的线性维度就是它所有非平凡逻辑算符线性维度的最小值[①]。

对稳定子码 $\mathcal{S}$ 的线性维度 $d_l(\mathcal{S})$，有如下引理。

---

① 前面的定义基于开边界条件，在周期边界条件中，只需将集合 $\{1, 2, \cdots, L\}$ 换为 $\mathbb{Z}_L$ 即可。

引理　令 $\mathcal{S} = \langle S_1, S_2, \cdots, S_m \rangle$ 是定义在 D 维晶格 $\mathbb{L} = \{1, 2, \cdots, L\}^D$（满足开边界或周期边界条件）上的稳定子码，假设 $\mathcal{S}$ 中每个生成元 S_a 都局域且限制于超立方体 r^D 内，那么，对足够大的 $(L \geqslant 2(r-1)^2)$ 晶格系统，稳定子码 $\mathcal{S}$ 的线性维度 $d_1(\mathcal{S})$ 满足条件

$$d_1(\mathcal{S}) \leqslant r$$

证明　我们仅证明 $D = 2$ 的情况，更高维情况的证明类似。我们是用反证法来证明此命题。假设结论不成立，即假设 $d_1(\mathcal{S}) > r$，我们来看是否会导出矛盾。

按线性维度的定义，我们将二维晶格沿垂直于某个轴的方向分割成一系列平行的条状空间（图 A.10）。分割满足如下条件：将长度为 L 的晶格分成长度为 r 和 $r-1$ 的线段，且共有偶数段①。

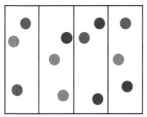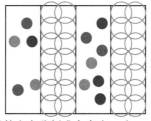

图 A.10　清除定理：将晶格沿垂直于某个轴的方向分割成宽度为 r 和 $r-1$ 的偶数个条状块

因此，晶格 $\mathbb{L}$ 已被分为不相交的 K（不妨设 K 为偶数）个条状区间，其长度为 r 或 $r-1$。按假设 $d_1(\mathcal{S}) > r$，即任何非平凡逻辑算符 P 的支集都必须分布在至少两个相邻的条形区间。按"清除引理"（附录Vb.1），存在稳定子群 $\mathcal{S}$ 中的元素 $S = S_{k_1} S_{k_2} \cdots S_{k_m}$，使得 $P' = PS$ 在相邻区间中的一个（设为偶数编号区间）上仅有平凡作用。由于稳定子生成元 S_i 的支集被限制在超立方体 r^D 中，一个稳定子生成元最多只能覆盖一个条形区间。因此，非相邻的条形区间中"清除引理"的使用互不影响（奇数编号区间起着隔离区的作用）。重复使用"清除引理"，使所有偶数条形区间 $A_2, A_4, \cdots, A_K$ 上的非平凡作用都被清除。

经过这些"清除"操作，非平凡逻辑算符 P 变为

$$P' = P'_1 P'_3 \cdots P'_{K-1}$$

其中，P_i 表示支集在第 i 个条形区间内的算符。

由于 $P' \in \mathcal{N}(\mathcal{S})/\mathcal{S}$，那么，所有 $P' \in \mathcal{N}(\mathcal{S})(i \in 1, 3, \cdots, K-1)$ 且至少有一个算符 $P'_m \notin \mathcal{S}$（$m \in \{1, 3, \cdots, K-1\}$）。这意味着 $P'_m \in N(\mathcal{S})/\mathcal{S}$，它是非平凡

---

① 这相当于要求 $L = ar + b(r-1)$ 且 $K = a + b$ 为偶数，这在 $L \geqslant 2(r-1)^2$ 下总有解。

的逻辑算符。显然，P' 的线性维度小于 r，这与前面的假设矛盾。 $\square$

利用命题中关于稳定子码 $\mathcal{S}$ 线性维度的结论，可直接得到稳定子码码距的如下定理。

定理 Vb.1 令 $\mathcal{S} = \langle S_1, S_2, \cdots, S_m \rangle$ 是定义在 D 维方格 $\mathbb{L} = \{1, 2, \cdots, L\}^D$ 上的稳定子码，若 $\mathcal{S}$ 中每个生成元 S_a 都局域且限制于超立方体 r^D 中，那么，此稳定子码的码距 d 满足条件：

$$d \leqslant r L^{D-1}$$

此定理的证明非常直接。按前面的命题，存在非平凡逻辑算符 P 的线性维度 $d_1(P)$ 满足条件 $d_1(P) \leqslant r$。这意味着算符 P 的支集都在条形区域 $r \times L^{D-1}$ 中，因此，其支集大小一定不大于 rL^{D-1}。由此定理可知：在 1 维系统中 $(D = 1)$，码距 d 为常数，不满足宏观性条件（自纠错性的第一个条件）。因此，不存在一维的自纠错量子存储器（自纠错稳定子码）；在二维系统中 $(D = 2)$，码距 d 与 L 相关，进而具有宏观性，可满足自纠错性的第一个条件。那是否存在二维系统满足能量壁垒的宏观性条件呢？对此，我们有如下定理。

定理 Vb.2 令 $\mathcal{S} = \langle S_1, S_2, \cdots, S_m \rangle$ 为定义在 2 维方格 L^2 上的局域稳定子码（S_a 限制在正方形 r^2 内），若每个量子比特仅在不超过 c（与系统规模 L 无关的常数）个生成元 S_a 中出现，则稳定子码 $\mathcal{S}$ 对应哈密顿量 H 在基态空间经历非平凡逻辑操作时，其能量壁垒被一个与系统尺寸 L 无关的常数所限制。

此定理说明在二维稳定子系统中不存在宏观大小的能量壁垒，因此，也不存在自纠错量子码。

按正文中的定义，稳定子码 $\mathcal{S}$ 中非平凡逻辑操作在系统 H 上产生的能量壁垒 $\bar{E}_b$ 定义为

$$\bar{E}_b(H) = \min_{P \in \mathcal{N}(\mathcal{S})/\mathcal{S}} \hat{E}_b(P)$$

(其中符号的具体含义参见第五章 Haah 码部分)。原则上，哈密顿量 H 与稳定子群 $\mathcal{S}$ 之间并非一一对应（它依赖于 $\mathcal{S}$ 中稳定子生成元的选取）。因此，H 上的能量壁垒也依赖于稳定子生成元的选取。为使问题确定化，我们限定每个量子比特只出现在 H 中不超过常数（与系统规模无关）个稳定子 S_α 中（当每个量子比特只出现在常数个生成元中时，H 的限定自动满足）。

证明 定理的证明依然直接利用稳定子码的线性维度命题。按此命题，二维稳定子码中任意非平凡逻辑算符 P，其线性维度满足条件 $d_1(P) \leqslant r$，这意味着 P 的支集可被一个宽度不超过 r 的准一维条形区间覆盖。沿准一维方向采用一行一行方式构造行走 $\gamma \in \mathcal{W}(I, P)$。

我们来计算行走 $\gamma = \{I \to P_1 \to \cdots \to P_i \to \cdots \to P\}$ 的中间步骤 P_i 的能

量花销 $\epsilon(P_i)$。由于 $\epsilon(P_i)$ 等于 H 中与 P_i 反对易的算符个数，我们来考虑 H 中哪些稳定子算符 S_i 才能与 P_i 反对易。对于算符 $P \in \mathcal{N}(\mathcal{S})/\mathcal{S}$，它与 H 中所有算符都对易。H 中有算符 S_a 与 P_i（行走的中间 Pauli 算符）反对易的原因是 S_a 与 P_i 的共同量子比特中 P_i 与 P 有不同算符。这种情况仅可能在图中行走的头部区域（r^2）内发生。此区域最多含有 r^2（常数）个量子比特，而每个量子比特只能出现在常数（设为 C）个稳定子中，因此，P_i 的能量花销 $\epsilon(P_i)$ 是常数（与系统规模无关），进而，行走 γ 的能量壁垒也是常数。由此，我们得到结论，非平凡逻辑操作 P 对应的能量壁垒 $\hat{E}_b(P)$ 只能是常数（图 A.11）。　　　　□

　　通过上面的两个定理可知，不存在满足两个自纠错条件的 2 维稳定子码。事实上，此结论还可以推广到子系统码中。

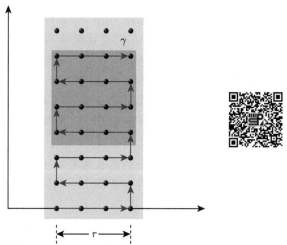

图 A.11　行走 γ 的构造：非平凡逻辑算符 P 的支集限制在灰色区域（宽度不超过 r 的准一维带状区间）内。产生算符 P 的行走 γ 按图中蓝色箭头所示的顺序添加新的非平凡 Pauli 算符。而黑色阴影部分表示算符 S_a 的支集与算符 P 支集的交，仅此区域中比特上 Pauli 算符的改变才会使 P_i 与 S_a 反对易

主要参考书目与综述

[1]　J. Preskill, *Quantum Information and Computation*, Lecture Notes for Physics 229 (1998).

[2]　M. A. Nielsen and I. L. Chuang, *Quantum Computation and Quantum Information: 10th Anniversary Edition* (Cambridge University Press, Cambridge, 2010).

[3]　J. J. Sakurai, and J. Napolitano, *Modern quantum mechanics, 3rd ed* (Cambridge University Press, Cambridge, 2021).

[4] 李尚志, 线性代数 (中国科学技术大学出版社, 合肥，2006).

[5] 马中骐，物理学中的群论（第二版）(科学出版社, 北京，2006).

[6] M. O. Scully, and M. S. Zubairy, *Quantum Optics* (Cambridge University Press, Cambridge, 1997).

[7] F. J. MacWilliams, and N. J. A. Sloane, *The Theory of Error Correcting Codes* (North-Holland, Amsterdam, 1977).

索　引